Rainer Alt
Ivo Cathomen

Handbuch Interorganisationssysteme

Anwendungen für die
Waren- und Finanzlogistik

Wirtschaftsinformatik / Business Computing

DV-gestützte Produktionsplanung
von Stefan Oeters und Oliver Woitke

Die Strategie der integrierten Produktenentwicklung
von Oliver Steinmetz

Informationssysteme der Produktion
von Birgid S. Kränzle

Datenbank-Engineering für Wirtschaftsinformatiker
von Anton Hald und Wolf Nevermann

PASCAL für Wirtschaftswissenschaftler
von Uwe Schnorrenberg et al.

Modernes Verkaufsmanagement
von Erik Wischnewski

Management von DV-Projekten
von Wolfram Brümmer

Handbuch Interorganisationssysteme
Anwendungen für die Waren- und Finanzlogistik
von Rainer Alt und Ivo Cathomen

Einführung von CSCW-Systemen in Organisationen
von Ulrich Hasenkamp (Hrsg.)

Unternehmenserfolg mit EDI
von Markus Deutsch

Vieweg

Rainer Alt
Ivo Cathomen

Handbuch Interorganisationssysteme

Anwendungen für die Waren- und Finanzlogistik

Das in diesem Buch enthaltene Programm-Material ist mit keiner Verpflichtung oder Garantie irgendeiner Art verbunden. Die Autoren und der Verlag übernehmen infolgedessen keine Verantwortung und werden keine daraus folgende oder sonstige Haftung übernehmen, die auf irgendeine Art aus der Benutzung dieses Programm-Materials oder Teilen davon entsteht.

Alle Rechte vorbehalten
© Friedr. Vieweg & Sohn Verlagsgesellschaft mbH, Braunschweig/Wiesbaden, 1995
Softcover reprint of the hardcover 1st edition 1995

Der Verlag Vieweg ist ein Unternehmen der Bertelsmann Fachinformation GmbH.

Das Werk einschließlich aller seiner Teile ist urheberrechtlich geschützt. Jede Verwertung außerhalb der engen Grenzen des Urheberrechtsgesetzes ist ohne Zustimmung des Verlags unzulässig und strafbar. Das gilt insbesondere für Vervielfältigungen, Übersetzungen, Mikroverfilmungen und die Einspeicherung und Verarbeitung in elektronischen Systemen.

Gedruckt auf säurefreiem Papier

ISBN 978-3-322-83082-1   ISBN 978-3-322-83081-4 (eBook)
DOI 10.1007/978-3-322-83081-4

Geleitwort

Nach und nach wird erkannt, dass die wichtigste Komponente von Computern und Computernetzen ihre Kommunikationsfähigkeit ist. Dies gilt sowohl für den intraorganisatorischen Bereich, in viel grösserem Masse aber für das interorganisatorische Umfeld. Interorganisationssysteme (IOS) beeinflussen tradierte Geschäftsabläufe erheblich und stellen für viele Unternehmen eine Möglichkeiten dar, ihre zukünftige Wettbewerbsfähigkeit zu sichern. IOS kommt eine den Schienen-, Strassen- und Telefonnetzen vergleichbare Infrastrukturfunktion zu. Die Auswirkungen sind jedoch in mancherlei Hinsicht grösser. Der Grund dafür ist ihre Fähigkeit, Informationen ortslos verfügbar zu machen. Damit entsteht für die Betriebe ein Medium, das den Raum für viele Tätigkeiten buchstäblich aufhebt und eine tiefgreifende Umgestaltung der Geschäftsprozesse und -beziehungen gestattet.

Das Buch beschreibt IOS, wie sie sich gegenwärtig präsentieren. Das Bild ist heterogen. Es zeigt eine Momentaufnahme in dieser neuen Infrastrukturrevolution. Gerade der ausgesprochen interorganisatorisch geprägte Logistikbereich ist für den Einsatz von IOS geeignet. Die Autoren zeigen die Breite der Anwendung am Beispiel eines die Waren- und Finanzlogistik umfassenden Logistikverständnisses auf. Sie stellen eine ausserordentlich breite Palette an Systemen vor, die sie einer Auswertung unterziehen. Für den Wissenschaftler offerieren die beschriebenen Systeme die Möglichkeit, verschiedene Muster und Argumentationslinien auch für ihre eigenen Arbeiten zu belegen, während der Praktiker sicherlich eine Reihe von Anregungen über den Status Quo erhalten dürfte. Es ist daher zu hoffen, dass das Werk eine entsprechende Resonanz findet.

Die Arbeit ist im Kompetenzzentrum Elektronische Märkte (CCEM) am Institut für Wirtschaftsinformatik der Hochschule St. Gallen entstanden. Das CCEM ist ein von sechs Unternehmen getragenes interdisziplinäres Projekt, das sich seit dem Jahre 1989 der Erforschung elektronischer Märkte widmet. Seit 1992 steht neben der

Weiterentwicklung von ökonomischen und technologischen Grundlagenarbeiten die Anwendung dieses Know-hows im Logistikbereich im Vordergrund. Zwar belegt die vorliegende Studie, dass gegenwärtig noch eine geringe Zahl an elektronischen Märkten in der Logistik existieren, jedoch besteht eine Vielzahl vielversprechender Ansatzpunkte, die eine Revolution in dieser informationsintensiven Branche erwarten lassen. Ansatzpunkte für elektronische Systeme sind sowohl in der Realisierung eines durchgängigen Informationsflusses (z.B. auf der Basis von EDI), als auch in der Entwicklung von Koordinationssystemen, wie sie etwa in Form von Börsen- oder Brokersystemen zu beobachten sind, zu finden. Indem die vorliegende Arbeit heutige Lösungen aufzeigt, repräsentiert sie auch einen wichtigen Bestandteil bei der Entwicklung künftiger Koordinationsmechanismen, wie sie im CCEM verfolgt wird.

Ich möchte an dieser Stelle meinen besonderen Dank an die Partnerunternehmen des CCEM und ihren Vertretern aussprechen. Sie haben mit ihrer finanziellen und inhaltlichen Unterstützung die Forschungsarbeiten des Kompetenzzentrums wesentlich mitgetragen. Es sind dies: *Dr. Heinz-Albert Tritschler* und *Christoph Handschin*, Danzas; *Dr. Karl Schnirel* und *Günter Aurnhammer*, F. Hoffmann-LaRoche; *Dr. Erich Hautz* und *Walter-Jürgen Hofheinz*, Siemens; *Erich Bachofen* und *Thomas Schulthess*, Schweizerische Bankgesellschaft; *Martin Steinbach* und *Michael Montoya*, Schweizerischer Bankverein sowie *Ulrich Surber* und *Adrian Vetsch*, Swisscos/PTT.

St. Gallen, im Februar 1995   Beat Schmid

Vorwort

Obwohl es beinahe als Mode betrachtet werden kann, Publikationen mit den Thesen der 'Information als Produktionsfaktor' oder der 'Zeit als knapper Ressource' zu beginnen, glauben wir, dass beide sehr treffend die gegenwärtige Situation in der Logistik sowie deren Unterstützung durch die Telematik charakterisieren. Das vorliegende Buch beschreibt, welchen ausserordentlichen Anpassungszwängen logistische Dienstleister derzeit ausgesetzt sind und welche Rolle der Informationslogistik dabei zukommt. Logistische Dienstleister sind stark abhängig von den Entwicklungen der verladenden Wirtschaft, die kurze Lieferabrufe, präzise Anlieferungen sowie ein umfassendes waren- und finanzlogistisches Dienstleistungsangebot fordert. Ein geeignetes Informationsmanagement ist zur Reaktion auf diese Entwicklung die zentrale Voraussetzung.

Vor diesem Hintergrund ist das vorliegende Buch entstanden. In einer seit 1992 im Rahmen des Kompetenzzentrums Elektronische Märkte (CCEM) durchgeführten Studie wurde eine Vielzahl an Beispielen gesammelt, wie sich mit Hilfe der Telematik neue Dienstleistungsbereiche erschliessen, bestehende Dienstleistungen differenzieren oder rationeller erbringen lassen. Dies geschieht unter Anwendung eines inhaltlich fokussierten Logistikverständnisses, das sich auf den interorganisatorischen Bereich und sowohl die Waren- wie die Finanzlogistik bezieht.

Nachdem das Buch einerseits eine konzeptionelle und andererseits eine empirische Dimension besitzt, möchten wir kurz auf seine Intention hinweisen. Vorab sei angemerkt: Ziel des Buches ist es nicht, von A bis Z durchgelesen zu werden. Vielmehr soll es, wie im Titel andeutet, sowohl dem interessierten Praktiker als auch dem Wissenschaftler und Studenten als Handbuch dienen. Die Einführung in unser Logistikkonzept und die Thematik der IOS dient dem Wissenschaftler und Studenten als Grundlage für die eigene Forschung, ist aber dennoch nicht so streng wissenschaftlich, dass sie dem Praktiker nicht als realitätsnahe konzeptionelle Unterstützung dienen kann. Anhand dieser Einführung erstellen wir das Gerüst für den umfangmässigen Hauptteil des Buches, die Fallstudiensammlung. Diese besitzt Nachschlagecharakter und setzt sich aus kurzen Einleitungen zum jeweiligen Anwendungsbereich sowie den Systembeschreibungen zusammen. Die Fülle an Fallstudien soll dem Mangel an empirischem Datenmaterial begegnen, wie er in der Wissenschaft immer wieder beklagt wird. Dem Nachteil, dass durch die grosse Anzahl beschriebener Systeme eine vertiefte Betrachtung nicht möglich ist, soll durch eine Anzahl ausführlicher Fallstudien entgegengewirkt werden. Das fünfte Kapitel dürfte mit der Auswertung sowohl für den Praktiker als auch den Wissenschaftler interessante Aussagen bereithalten. Sie soll ihnen dazu dienen, die gewonnen Erkenntnisse in ihre Arbeit aufzunehmen.

Entsprechend unserer persönlichen Vorkenntnisse, Vorarbeiten und Interessen lassen sich einige Abschnitte zuordnen. So hat *Rainer Alt* die Bearbeitung des Logistikkonzeptes, die Warenlogistik sowie die bereichsübergreifenden Systeme mit den dazugehörigen Fallstudien übernommen. *Ivo Cathomen* übernahm die Bearbeitung der einleitenden Ausführungen zu den Interorganisationssystemen sowie den Bereich der Finanzlogistik mit den dazugehörigen Fallstudien.

Unser Dank gebührt in erster Linie den vielen Unternehmen, die mit der Bereitstellung von Informationen zum Gelingen dieser breiten Studie beigetragen haben. Daneben gilt unser Dank einigen ehemaligen Mitarbeitern des CCEM für ihre Unterstützung beim Erstellen der Fallstudien, namentlich *Dr. Daniel Ritz* (CCS-CH), *Christian Eggenberger* (IDX) sowie *Dr. Thomas Langenohl* (Euro-Log). An dieser Stelle möchten wir auch einen herzlichen Dank an folgende Personen richten, die massgeblich zum Entstehen des Buches beigetragen haben: *Alice Nkulikyinka* für die Bearbeitung des Layouts und der Grafiken sowie für Korrekturen; *Dr. Stefan Klein*, Projektleiter CCEM, für die initiierende Idee zur Realisierung des Buches sowie die fachliche Unterstützung; *Heike Schad* und *Stefan Zbornik* für Korrekturen und inhaltliche Anmerkungen und *Prof. Dr. Beat Schmid*, für das Zurverfügungstellen des professionellen Forschungsumfeldes am Institut für Wirtschaftsinformatik und seine tatkräftige Unterstützung des Buchprojektes. *Dr. Reinald Klockenbusch* vom Vieweg Verlag sei für die Realisierung des Buchprojektes gedankt.

Anregungen und Feedback sind willkommen.

St. Gallen, im Februar 1995   die Autoren

Inhaltsverzeichnis

1 Einleitung

> *Nach den zwei grossen Rationalisierungs-*
> *wellen im Bereich der Warenproduktion*
> *und im Büro- und Verwaltungsbereich*
> *ergreift die dritte Welle den Bereich der*
> *zwischenbetrieblichen Kommunikation*
> *und Kooperation. Diese sind insofern weit-*
> *reichender, als sie über die Grenzen der*
> *Unternehmung hinausgehen und neue*
> *Formen des Wettbewerbs, aber auch neue*
> *Qualitäten der Kooperation, ja der Part-*
> *nerschaft, zwischen Geschäftspartnern -*
> *den öffentlichen Bereich eingeschlossen -*
> *ermöglichen [Klein/Klüber 1990, 13].*

1.1 Warum diese Studie?

Interorganisationssysteme (IOS) besitzen erhebliche Auswirkungen auf die Wettbewerbsfähigkeit von Unternehmen sowie ganzer Volkswirtschaften. Am 'Musterbeispiel' Singapur wird dies deutlich: Ein Grossteil der dort ansässigen, aber auch ausländische Unternehmen sind an →TRADENET, das vom Staat betriebene IOS, angeschlossen.[1] Statt ehemals bis zu 20 Dokumente wird bei Verzollungen, Schiffsabfertigungen etc. nur noch ein Dokument benötigt. Da es sich dabei um ein elektronisches Dokument handelt, kann es schnell übertragen und verarbeitet werden. Die ehemals für Verzollungen im Durchschnitt benötigten zwei Tage konnten auf 15 Minuten reduziert werden. Die elektronisch übertragenen Daten können durch die effiziente Verarbeitung auch schneller von anderen Beteiligten weiterverarbeitet werden. Singapurs informationelle Leistungsfähigkeit wurde zu einem wichtigen Standortfaktor,

---

[1] Eine Beschreibung der Situation in Singapur findet sich in Kapitel 4.6.

einerseits aus der Perspektive des angesammelten Know-hows und andererseits aufgrund der effizienten Güter- und Informationsströme. Stillstehende Güter infolge nicht vorhandener Information wie sie vielerorts zu beobachten sind, gibt es kaum mehr. Zu Singapur vergleichbare Entwicklungen gibt es an mehreren Orten, und Arbeiten zu einem weiteren Ausbau sind auf breiter Basis im Gange. Das vorliegende Werk gibt einen Überblick über die neueren Entwicklungen im Bereich der elektronisch unterstützten Geschäftsabwicklung.

Doch nicht nur die Geschäftsabwicklung ist von den Auswirkungen der Informationstechnologie (IT) betroffen. Unser gesamtes wirtschaftliches Handeln ist heute von der IT beeinflusst. Denn IT unterstützt prinzipiell alle informationsintensiven Tätigkeiten wie Planungs-, Entscheidungs- und Kontrollaktivitäten. Die Rolle der Information als viertem Produktionsfaktor neben den Faktoren Arbeit, Boden und Kapital ist bereits breit akzeptiert. Dabei ist die IT Ursache und Wirkung dieser Entwicklung zugleich: der Anwendungskontext schafft die Anwendungsmöglichkeiten, umgekehrt aber werden diese Anwendungen erst durch IT möglich. Dieser Sachverhalt ist in einer Fülle an Veröffentlichungen ausführlich dokumentiert [Augustin 1990; Antonelli 1992; Cronin/Davenport 1988].

Von IAS zu IOS

Im Brennpunkt der Diskussion stand von den 60er bis 80er Jahren die Entwicklung und die Integration unternehmensinterner, d.h. intraorganisatorischer Informationssysteme oder kurz Intraorganisationssysteme (IAS). Informationsprozesse der Funktionsbereiche Beschaffung, Produktion, Distribution und Verwaltung konnten effizienter gestaltet werden und gleichzeitig das gestiegene Informationsvolumen bewältigen. Zwar sind Informationssysteme[2] (IS) bereits auf breiter Front in diese Bereiche diffundiert, doch ist die Unterstützung i.d.R. an einen geographischen Standort (des Unternehmens) beschränkt. Insbesondere multinationale Unternehmen benötigen – gerade angesichts der vielzitierten Globalisierungs- oder Deregulierungstrends – die informationelle Verknüpfung verschiedener Standorte.

Diese Verknüpfung örtlich getrennter Standorte beruht auf der Telekommunikation: Durch die Verbindung von Telekommunika-

---

[2]   Auch traditionelle papierbasierte Berichtssysteme etc. sind als Informationssysteme aufzufassen. Für die weiteren Ausführungen soll jedoch davon ausgegangen werden, dass Informationssysteme stets auf elektronischen Informationstechnologien basieren.

tion und Information zur Telematik können interorganisatorische Informationsprozesse gestaltet werden, als wären es intraorganisatorische. Hersteller erhalten Einblick in die Lager ihrer Lieferanten, Versender in den Status ihrer Sendung oder Spediteure in den Stand der Zollabfertigung. Darüber hinaus schaffen Funktionen wie Informationsanfragen zuvor unbekannte Vergleichsmöglichkeiten zwischen einer Vielzahl von Produkten - Reservierungssysteme im Tourismusbereich zählen hier als Paradebeispiel.[3] Die Markttransparenz sowie die Effizienz der Beziehungen zwischen den Beteiligten erhöhte sich erheblich.

Hohe Komplexität der Logistik

Doch auch im Logistikbereich zeigen sich diese Potentiale. Dieser von jeher mit einer gewissen Komplexität behaftete Bereich besitzt eine Vielzahl interorganisatorischer Beziehungen. Beispiele sind die Kontakte zu Spediteuren, zu Frachtführern, zum Zoll, zu Banken und zu Versicherungen. IOS, Systeme also, die zwei Unternehmen verbinden[4], beschleunigen den traditionellen Informationsfluss zwischen diesen Beteiligten um ein Vielfaches. Doch über die reine Substitution papiergebundener Informationen hinaus, beeinflussen IOS auch die Wertschöpfungsaktivitäten von Speditionen, Banken oder Transporteuren. Als Beispiel lassen sich Kurierdienste wie etwa Federal Express nennen, deren Leistungsfähigkeit stark auf IOS beruht. Diese erlauben durch ständige Standorterfassung der Sendung und über einen vorauseilenden Informationsfluss die effiziente Koordination der Sendungen an den Umschlagpunkten. Wartezeiten, die auf Bearbeitung der Dokumente beruhen, werden dadurch eliminiert.[5]

Neben der vermehrten Aussenorientierung und den IOS sind die 90er Jahre durch die Vernetzung von Wertschöpfungsaktivitäten gekennzeichnet. Hier zeigt sich wiederum die Wechselwirkung zwischen Anwendungszusammenhang und Technologie. Die für viele Unternehmen verschärften Umweltbedingungen machen Kooperationen erforderlich. Interorganisatorische Zusammenarbeit, wie sie etwa das Just-in-time-Konzept (JIT) umfasst, wird ökonomisch notwendig, ist aber erst durch die Telematik möglich.[6]

---

[3]   Zur Entwicklung der Reservierungssysteme im Tourismusbereich vgl. Copeland/McKenney [1988, 353].

[4]   Diese vereinfachte Begriffsfassung wird in Kapitel 2.2 präzisiert.

[5]   Vgl. dazu die Beschreibung des Fedex-Systems →COSMOS.

[6]   Zur Wechselwirkung von ökonomischen und technologischen Faktoren vgl. Johnston/Vitale [1988, 153].

Vor diesen Wechselwirkungen bleiben auch die Branchenstrukturen nicht unberührt. Neben der Möglichkeit, dass angestammte Wettbewerber die neuen Informationsaktivitäten übernehmen, greifen vermehrt spezialisierte Akteure, wie Informationsdienstleister oder Mittler in das Geschäftsgeschehen ein. Dabei werden einerseits die bestehenden Funktionsbereiche der Unternehmen neu verteilt, z.B. müssen Finanzdienstleistungen nicht mehr ausschliesslich von Banken erbracht werden. Andererseits werden auch neuartige Dienstleistungen geschaffen, die einen Marktüberblick zur Verfügung stellen. Beispiele sind etwa das Anbieten von Informations- oder Mittlerdiensten. Für Unternehmen stellt sich das Problem, wie diese strategisch relevanten Entwicklungen auch zielgerichtet zur Realisierung von Rationalisierungseffekten und/oder Wettbewerbsvorteilen genutzt werden können.

Hier setzt das vorliegende Buch an, indem es eine Vielzahl von Lösungsmöglichkeiten beschreibt. Der Logistikbereich steht aus drei Gründen im Zentrum des Buches: (1) In der Logistik sind die interorganisatorischen Beziehungen besonders ausgeprägt; (2) diese Beziehungen sind ausserordentlich informationsintensiv; (3) die Mehrzahl von Unternehmen ist mit Logistikproblemen interorganisatorischer Art konfrontiert. Seit 1992 untersucht daher das Kompetenzzentrum Elektronische Märkte (CCEM) diesen Bereich, wobei das Vorgehen zweigeteilt ist. Es umfasst einerseits die Erfassung des Ist-Zustandes und andererseits die Definition eines Soll-Zustandes. Ersterer findet sich in Form des vorliegenden Buches dokumentiert. Letzterer umfasst die Erarbeitung eines Referenzmodelles für die computerintegrierte Logistik (CIL) [Alt et al. 1993]. Der integrative Gedanke von CIL liegt bereits der vorliegenden Ist-Analyse zugrunde.

1.2 Ziel und Vorgehensweise

Wie beschrieben, ist die vorliegende Analyse Bestandteil umfassender Arbeiten zur Unterstützung der interorganisatorischen Kommunikationsvorgänge im Bereich der Logistik. Im Vordergrund steht dabei eine möglichst effiziente und effektive Durchführung der nach einem Kaufabschluss anfallenden Aktivitäten wie Zustellung, Bezahlung und Versicherung eines Gutes. Für diese Bereiche bestehen eigenständige Märkte - der Transport-, Finanz- und Versicherungsmarkt -, die bereits teilweise elektronisch unterstützt sind. Die vorliegende Arbeit versucht die derzeitigen Entwicklungen zu erfassen, und dient als wichtiges Element für die Erarbeitung des erwähnten CIL-Referenzmodelles.

Unser Ziel ist es, die relevanten Systementwicklungen im Logistikbereich einzufangen und systematisch darzustellen. In Kapitel 2 wird der Anwendungskontext *Logistik* strukturiert, wobei uns eine breite Fassung des Logistikbegriffs von grosser Bedeutung erscheint. Zusätzlich zum traditionellen Logistikdenken, das primär auf Raum- und Zeitüberwindung materieller Güter und deren Informationsflüsse abstellt, werden Finanzströme einbezogen. Dies erscheint im Sinne einer ganzheitlichen Betrachtung als fruchtbare Erweiterung. Ein weiterer Abschnitt des zweiten Kapitels strukturiert aus technologischer Sicht die Potentiale von IOS. Beide Faktoren - Anwendungskontext und IOS - sollen auch zum Verständnis der gegenseitigen Bedingtheit und Beeinflussung bei der Entstehung solcher Systeme beitragen.

Kapitel 3 stellt den Hauptteil der Analyse dar. Die erfassten Systeme, 140 an der Zahl, finden sich in Anlehnung an die heute beobachtbare Situation in die Bereiche Waren- und Finanzlogistik eingeteilt. Damit wird ein Überblick geschaffen, wie er unseres Wissens an noch keiner anderen Stelle zu finden ist. Jedoch schliesst die Breite der Analyse eine tiefere Betrachtung aller Systeme aus Gründen des Umfangs aus. Diesem 'Mangel' versuchen wir zu begegnen, indem in Kapitel 4 sechs Systeme exemplarisch einer detaillierteren Untersuchung unterzogen werden, wodurch Rückschlüsse auf andere Systeme gezogen werden können. Kapitel 5 dient der Auswertung der beschriebenen Systeme anhand ausgewählter, in Kapitel 2 erarbeiteter Kriterien. Interessante Resultate ergeben sich bezüglich der Entstehung und Entwicklung der Systeme. Ein Ausblick auf künftige Entwicklungen schliesst die Analyse ab.

1.3   Ökonomische Trends

Der Logistikbereich ist traditionell von einer Vielzahl an Aussenkontakten geprägt. Üblich sind Beziehungen zu Banken, Spediteuren, Versicherungen, Zwischenhändlern und nicht zuletzt zum eigentlichen Handelspartner. Die Komplexität von Güter- und Informationsflüssen lässt sich anhand des internationalen Akkreditivgeschäftes gut illustrieren: im Durchschnitt sind dort 27 Unternehmen, 40 Originaldokumente und 360 Kopiedokumente involviert [Ott 1993, 7]. Entlang der logistischen Kette werden bis zu 200 Informationen registriert, wobei einige bis zu 620mal erfasst werden. Die meisten Dokumente werden zwar bei den einzelnen Unternehmen elektronisch verarbeitet, dann aber i.d.R. per konventioneller Post versandt, um schliesslich beim Empfänger erneut erfasst zu werden. Bis zu 79 Prozent aller Computerausdrucke dienen als Vorlage einer manuellen Wiedereingabe in ein anderes IS. Kaum überraschend ist es daher, dass 50 Prozent aller Akkreditive Fehler enthalten und dass bei Industrieprodukten bis zu 20 Prozent der Kosten auf die Logistik entfallen.[7] Angesichts der nachfolgend beschriebenen Trends wird dieser Kostenblock verstärkt Ziel neuer Rationalisierungskonzepte. Diese Konzepte gehen mit einer Neuverteilung in der zwischenbetrieblichen Aufgabenteilung einher, die den Logistikbereich in besonderem Masse betrifft.

Gesamtwirtschaftliche Trends

Durch ihre Einbindung in den volkswirtschaftlichen Arbeitsteilungsprozess unterliegen alle Unternehmen, wenn auch in unterschiedlicher Intensität, den gesamtwirtschaftlichen Rahmenbedingungen. Wie aus den Systembeschreibungen hervorgeht, sind viele Aktivitäten vor dem Hintergrund der veränderten Rahmenbedingungen erklärbar. Weil an verschiedener Stelle, insbesondere bei den Beschreibungen der Systementstehung, auf diese Entwicklungen zurückgegriffen wird, sollen die für die 90er Jahre relevanten Trends kurz beschrieben werden. Die fünf aufgeführten Trends sind dabei nicht isoliert voneinander, sondern als interdependentes Wirkungsgeflecht zu begreifen.

1. *Globalisierung.* Die Ausweitung von Wirtschaftsräumen ist ein vielseitiger Effekt. Er wird gefördert durch den Ausbau von Netzen zur Distribution physischer Güter, dem Ausbau globaler Informations- und Kommunikationsinfrastrukturen, sowie einer erleichterten internationalen Arbeitsteilung infolge von Deregulierung. Durch die gestiegene Zahl potentieller Handelspartner können Nachfrager aus dem Angebot mehrerer Anbieter auswählen und Anbieter eine erhöhte Zahl von Nachfragern bei erhöhter Wettbewerbsintensität erreichen.

---

[7] Beispielsweise betragen bei der Siemens AG die Logistikkosten 14 Prozent des Siemens-Weltumsatzes oder 10,2 Milliarden DM [Oesau 1992, 72].

2. *Individualisierung der Nachfrage.* Viele Märkte erfahren einen Wandel vom Verkäufer- zum Käufermarkt. Der höheren Wettbewerbsintensität begegnen die Anbieter mit einer Ausdifferenzierung ihrer Angebotspalette in Qualität und Varianten.

3. *Verkürzung von Produktlebenszyklen.* In Verbindung mit Globalisierung und Individualisierung erhöht sich die Frequenz neulancierter Produkte. Daraus ergeben sich kürzere Amortisationsperioden, was angesichts der gleichzeitig gestiegenen Entwicklungskosten für die Unternehmen bezüglich der Neuentwicklung von Produkten zu Problemen führen kann.

4. *Deregulierung.* Die verstärkte, grenzüberschreitende Arbeitsteilung infolge von Handelserleichterungen (z.B. EG-Binnenmarkt, Handelsabkommen) und die Deregulierung verschiedener Branchen (z.B. Transport- oder Telekommunikationssektor) gelten als weitere wettbewerbsverschärfende Faktoren.

5. *Verfügbarkeit globaler Telematikdienste.* Durch das Zusammenwachsen von Informatik und Telekommunikation zur Telematik entwickeln sich globale informationslogistische Infrastrukturen, die ohne Zeitverzögerung den weltweiten Zugriff auf Daten und deren direkte Weiterverarbeitung erlauben.

Folgen   Innerhalb des Logistikbereichs induzieren diese Trends eine Ausweitung des geographischen Handlungsspielraumes bzw. verstärkten Aussenhandel sowie eine steigende Anzahl zu koordinierender Logistikpartner. Insgesamt ergibt sich dadurch ein höheres Komplexitätsniveau. Im Bereich der Warenlogistik führt dies zu verstärkt integrierter Nutzung aller Verkehrsträger (See-, Luft-, Strassen- und Schienentransport) und einem erhöhten Informationsvolumen, da jede zusätzlich involvierte Instanz individuelle Dokumente (Informationen) benötigt. Gleiches ist in der Finanzlogistik zu beobachten, denn vermehrt länderübergreifende Abwicklung führt zu Währungsrisiken etc. Gleichzeitig stiegen die Markt- bzw. Kundenanforderungen bezüglich Zeit, Qualität und Kosten an die zu erbringende Leistung. So sind spätestmögliche Anlieferungen im Rahmen des JIT-Konzeptes nur bei exakter Zeiteinhaltung und einwandfreier Qualität möglich. Damit sind Konzepte angesprochen, die Industrie- und Handelsunternehmen als Nachfrager logistischer Dienstleistungen, als Reaktion auf die genannten Umwelttrends ergriffen haben.[8]

---

[8]   Eine vertiefte Erörterung der Situation im Logistikbereich findet sich in Kapitel 2.3.

Evolution der Bedeutung logistischer Prozesse

Logistik bei

Industrie-
und ...

Obschon Logistikprozesse in der einen oder anderen Form jedes Unternehmen tangieren, lassen sich unterschiedliche Handlungsmuster bei Industrie- und Handelsunternehmen erkennen. Erstere trachteten anfänglich, getrieben durch Individualisierung und Lebenszyklenverkürzung, nach erhöhter Flexibilität der internen Fertigungsprozesse. Eingesetzt werden flexible Fertigungssysteme, neue Fertigungsorganisationen (z.B. Fertigungssegmentierung) und neue Formen der Arbeitsorganisation (z.B. Job enlargement/ enrichment/rotation oder Gruppenarbeit). Daneben wird die Produktpolitik dahingehend verändert, dass mittels Baukastensystemen bzw. Variantenproduktion aus standardisierten Elementen individuelle Produkte erstellt werden können.

Handelsun-
ternehmen

Handelsunternehmen dagegen fokussierten sich, sicherlich auch in Ermangelung eines Produktionsbereiches im eigentlichen Sinne, auf die Rationalisierung von Beschaffungs- und Distributionsvorgängen. So belaufen sich die Logistikkosten eines Handelsbetriebes aufgrund der hohen Lagerhaltungskosten auf durchschnittlich ca. 40 Prozent der Gesamtkosten. Damit sind sie rund doppelt so hoch wie die eines Industriebetriebes [Bumba 1992, 161]. Im Handel gilt der Logistikbereich daher bereits seit längerem zur Rationalisierung und/oder zur Differenzierung im Wettbewerb. Diese Strategie wird zunehmend auch im Industriebereich eingeschlagen. Hier reichen die in der Produktion erzielbaren Economies of Scale immer weniger zur Erhaltung der Wettbewerbsfähigkeit aus. Ferner stehen den Kostensenkungen tendenziell steigende Logistikkosten gegenüber, die sich auf ca. 10 bis 25 Prozent belaufen.[9]

Grosse
Rationalisie-
rungspoten-
tiale

In beiden Sektoren bestehen durch die Integration der Logistik in die übrigen Wertschöpfungsaktivitäten noch erhebliche Rationalisierungspotentiale, was den Stellenwert der Logistik entscheidend erhöht.[10] Bei Siemens schätzt man beispielsweise den Rationalisierungseffekt auf bis zu 36 Prozent [Oesau 1992, 72]. Häufig wird

---

[9]   Generell ist jedoch anzumerken, dass Logistikkosten aufgrund der Abgrenzungskriterien zwischen Kostenstellen und mangelnd differenzierter Kostenarten (Logistikkosten sind in anderen Kostenarten enthalten), eher unterschätzt werden [Pfohl 1990, 41].

[10] Grund hierfür ist, dass im Logistikbereich, ähnlich dem Produktionsbereich, eine Funktionsoptimierung vorherrscht. Wie in Kapitel 2.2 gefordert, ist jedoch die ganzheitliche Betrachtung, d.h. eine Flussoptimierung über die gesamte logistische Kette, erforderlich [Zentes 1992, 221].

auch bereits der Logistik die Bedeutung eines strategischen Erfolgsfaktors zugesprochen [Delfmann 1992, 189; Hautz/Koepnick 1992, 8]. Wie später in Kapitel 2.3. ausgeführt, definieren die Strategien von Handels- und Industrieunternehmen das Anforderungsprofil an logistische Dienstleister (LDL). Vor diesem Hintergrund sind letztlich auch die Initiativen zur Gründung interorganisatorischer Logistiksysteme zu sehen, stellen doch diese einen wichtigen Bestandteil der logistischen Dienstleistung dar. Einerseits gilt es durch diese Systeme den Kundennutzen zu erhöhen und andererseits die Produktion logistischer Dienstleistungen effizienter zu gestalten [Weber/Kummer 1990, 777]. Da Telematiksysteme darauf unmittelbaren Einfluss nehmen, sollen ihre generellen Potentiale nun kurz beleuchtet werden.

1.4   Potentiale der Telematik

Elektronische Dokumente ... Aufgrund ihrer Beschaffenheit sind Informationen immer an IS gekoppelt. Elektronische IS eröffnen gegenüber solchen konventioneller Art eine Vielzahl an Möglichkeiten, welche die Geschäftsabwicklung erheblich beeinflussen. Papierbasierte Dokumente konnten Information wohl speichern, nicht aber transformieren. Der Mensch war als aktiver Problemlöser erforderlich. Die Abbildbarkeit dieser passiven Dokumente in IT-Systemen verändert den Sachverhalt grundlegend, wie am Beispiel der Textverarbeitung deutlich wird. Auf den elektronifizierten Dokumenten können Befehle ausgeführt werden. Texte können gedruckt, reformatiert, verändert etc. werden und somit Tätigkeiten, die früher Schreibhilfen innehatten, auf das System übertragen werden [Schmid 1994, 5].

... und deren Vorteile In Verbindung mit der Telekommunikation können diese Dokumente mit hoher Geschwindigkeit von einem IT-System zum anderen übertragen werden. Für den Bereich der Geschäftsabwicklung bedeutet dies, dass Rechnungen, Bestellungen, Zollanmeldungen etc. ortslos bzw. ubiquitär verfügbar werden. Wie am Beispiel der Schreibhilfe dargestellt, können durch die Möglichkeit der direkten Weiterverarbeitung in den Systemen der Geschäftspartner entsprechende Aufgabenverschiebungen, z.B. in der Auftragsbearbeitung eintreten. Weitere Potentiale ergeben sich mit dem Einsatz von Kommunikationsanwendungen wie etwa elektronischer Briefkästen, die ohne Verzögerung weltweit abgefragt werden können. Viele der nachfolgend beschriebenen Systeme des Logistikbereiches umfassen eine derartige Mailbox-Funktionalität. Denn durch schnellen Zugriff auf relevante Informationen werden die betriebswirtschaftlichen Funktionen wie Planung, Steuerung und Kontrolle wirkungsvoll unterstützt. IOS können aber auch direkt betriebswirtschaftliche Funktionen wahrnehmen: elektronische Produktkataloge oder Reservationssysteme unterstützen Beschaffungs- bzw. Distributionsfunktionen.

Ortslosigkeit Auf abstrakterer Ebene lassen sich IOS daher als ortslose Handelsplätze oder Drehscheiben begreifen, auf denen Güter und Dienstleistungen angeboten und nachgefragt werden (oder durch die zumindest deren Austausch unterstützt wird). Erste IOS gehen auf die 50er und 60er Jahre zurück und sind in erster Linie im Finanzsektor in Form von Börsenhandelssystemen zu finden. Im Logistikbereich sind vereinzelt Beispiele von DFÜ-Systemen anzutreffen, welche die Lagersysteme von Herstellern und Spediteuren koppelten oder den Dokumentenaustausch (Transportauftrag) unterstützten. Mit Technologien wie der elektronischen Post (E-Mail) oder dem Austausch unternehmensübergreifend strukturierter elektronischer Dokumente (EDI) werden diese Einzellösungen auf eine breitere Basis gestellt, die gleichzeitig als Plattform für IOS-Anwendungen dient.[11]

Reorganisation Als wichtiges Ergebnis der Telematik sind neue Formen der überbetrieblichen Zusammenarbeit zu nennen, die im wesentlichen auf der Reduktion der bei überbetrieblicher Interaktion anfallenden Transaktionskosten beruhen. Dadurch können einerseits bestehende Strukturen in ihrer Effizienz gesteigert, andererseits aber auch durch Neuorganisation effektivere Strukturen realisiert werden. Die in der vorliegenden Arbeit beschriebenen Systeme illustrieren eindrücklich den Einfluss von IOS auf Geschäftstransaktionen und damit auf Branchenstrukturen. Es zeigt sich, dass IOS auf Wettbewerbsfähigkeit und Kostensituation einen tiefgreifenden Einfluss ausüben können. Das Anwendungsfeld des äusserst kommunikationsintensiven Logistikbereiches erscheint uns als ein idealer Kontext, um diese Auswirkungen aufzuzeigen.

---

[11] Ein kurzer Abriss zur 'Historie' des elektronischen Handels findet sich in [o.V. 1993h, 1].

2 IOS in der Logistik

> *The difference between mediocre and excellent logistics is often the firm's logistics information technology capacities. The best corporations tend to rely heavily on advanced technology [Rogers et al. 1991, 247].*

Die Eignung des Logistikbereiches zur Untersuchung der Auswirkungen elektronischer Koordinationssysteme wurde durch die Erläuterungen zur Vielzahl an Beteiligten und der Vielzahl an interorganisatorischen Kommunikationsbeziehungen bereits angeschnitten. Im Vergleich zum Finanzbereich, der mit seinen elektronischen Börsensystemen neben dem Tourismusbereich als klassisches Einsatzgebiet elektronischer Handelssysteme gilt, befinden sich im Logistiksektor diesbezügliche Entwicklungen augenblicklich in vollem Gange. Die späte Entwicklung des Logistikbereiches ist umso erstaunlicher, wenn man sich die hohe Bedeutung, die IOS bei allen Verkehrsträgern besitzen, vor Augen führt.

Um die vielerorts anzutreffenden aktuellen Aktivitäten zu strukturieren und um letztlich für die Systembeschreibungen des Kapitels 3 einen Rahmen zu schaffen, wird in diesem Kapitel eine zweigeteilte Vorgehensweise gewählt. Eine exogene Perspektive charakterisiert die Systeme durch ihren Anwendungskontext in der Logistik (Kapitel 2.1). Dem steht die endogene Sicht, d.h. die Analyse von IOS nach ihren technologischen Bausteinen, gegenüber (Kapitel 2.2). Darauf aufbauend werden in Kapitel 2.3 die Auswirkungen von IOS im Logistikbereich und Handlungsmöglichkeiten der Beteiligten erörtert. Der Nutzen, den IOS im Logistikbereich induzieren können, ist Inhalt des Kapitels 2.4.

2.1 Logistik: Anwendungsgebiet von IOS

Grundlegend für das Verständnis von IOS im Logistikbereich ist eine Darstellung dieses Anwendungsbereiches. Dazu soll in einem ersten Schritt ein für die weiteren Ausführungen geeigneter Logistikbegriff zugrundegelegt werden. Der im Rahmen dieser Arbeitsdefinition abgesteckte Bereich wird in einem nächsten Schritt nach verschiedenen Kriterien strukturiert.

2.1.1 Einordnung der Logistik und Logistikverständnis

Der Logistikbegriff erfreut sich aufgrund seiner hohen intra- und interorganisatorischen Relevanz reger Anwendung. So werden einerseits sämtliche (intraorganisatorischen) Bereiche eines Unternehmens von logistischen Prozessen erfasst, was üblicherweise mit dem Querschnittscharakter der Logistik bezeichet wird. Andererseits sind aber auch bei Beschaffung und Distribution wichtige interorganisatorische Aktivitäten unter logistischen Gesichtspunkten zu organisieren. Der Anwendungsvielfalt logistischen Gedankengutes entsprechend, hat sich eine Vielzahl verschiedener Begriffsprägungen etabliert, die jedoch kaum die Breite unseres Untersuchungsfeldes abzudecken in der Lage sind.

Herleitung des Logistikbegriffes

Mit Blick auf ein pragmatisches und zugleich theoriegestütztes Vorgehen möchten wir den Anwendungskontext *Logistik* für IOS adäquat aufbereiten. Vor diesem Hintergrund sind insbesondere die Definitionen und Abgrenzungen zu beurteilen, die den Charakter von Arbeitsdefinitionen besitzen. Zur Herleitung unseres Logistikverständnisses werden wir uns im folgenden einer Güterklassifikation, dem transaktionsorientierten Phasenmodell sowie dem Wertschöpfungsprozess als situativem Rahmen bedienen. In Verbindung mit den Logistikprinzipien entsteht unser Logistikbegriff, der als wesentliche Erweiterung zu konventionellen, die physische Güterbewegung über Raum und Zeit umfassenden Begriffsprägungen, auch Finanzströme beinhalten wird.

Güterklassifikation

IS existieren nicht per se, sondern besitzen immer einen Verwendungszweck der in einem bestimmten Anwendungskontext eingebettet ist.[1] Findet daher eine Charakterisierung der Systeme nach ihrem jeweiligen Anwendungskontext statt, so ist danach zu fragen, welche Funktionen (Transformation) sie zu welchem Zweck (beabsichtigter Output) an welchem Objekt (Input) vollziehen. IS handhaben diese Prozesse, indem sie planend, steuernd und/oder kontrollierend auf diese einwirken. Damit wird eine für die nachfolgenden Abgrenzungen wichtige Trennung in ursprüngliche Prozesse und informationslogistische Prozesse vollzogen. Beide Prozesse können nicht alleine bestehen, da einerseits jede Tätigkeit (ursprünglicher Prozess, z.B. ein Transport) Informationen über Beginn, Ende etc. (informationslogistische Prozesse) benötigt und andererseits die Informationen über Beginn und Ende nicht ohne die zugrundeliegenden Tätigkeiten sinnvoll existieren können.

Abb. 2.1: Güterklassifikation [Corsten 1990, 17]

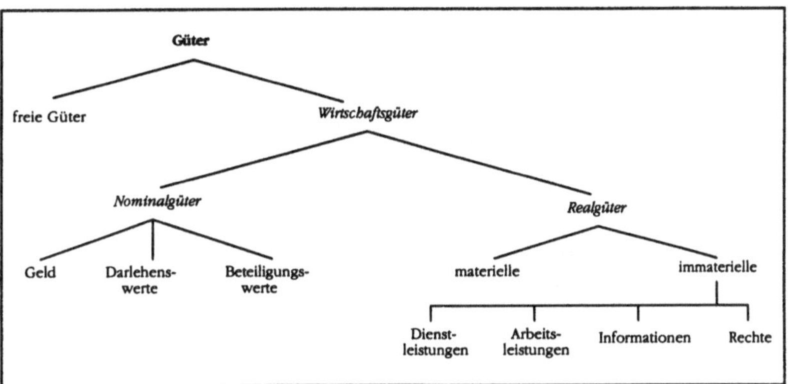

Wie deutlich wird, richten sich die informationslogistischen Prozesse nach jenen ursprünglicher Art, weshalb auch zunächst mit deren Analyse begonnen wird. Zu ihrer Strukturierung dient die auf Chmielewicz [1968, 15] zurückgehende und in Abb. 2.1 dargestellte Güterklassifikation. Als eine erste Eingrenzung wird daher der Input und Output ursprünglicher Prozesse auf Wirtschaftsgüter beschränkt, die sich ihrerseits in Nominal- und Realgüter unterscheiden lassen.[2]

---

[1] Denn da Informationen immer die Abbildung von etwas darstellen, müssen Informationssysteme existieren, auf denen diese Abbildung stattfindet.

[2] In der Literatur sind auch die Begriffe der Sach- und Wertebene zu finden, wobei jedoch immateriellen Wirtschaftsgütern nur ungenügend Rechnung getragen wird.

Phasenmodell

Einer Einordnung der informationslogistischen Prozesse kommt man näher, wenn diese aus prozessualer Perspektive in Phasen zerlegt werden. Danach lassen sich wirtschaftliche Transaktionen in Informations-, Vereinbarungs- und Abwicklungsprozesse aufteilen. Verbunden mit den Tätigkeiten innerhalb dieser Phasen sind jeweils spezifische Informationsinhalte [Schmid 1992, 89]. Im Rahmen der *Informationsphase* geht es zunächst um die Identifikation der Marktgegenseite. Hierbei gilt es sowohl das Problem (die Nachfrage) wie auch die Problemlösungen (das Angebot) für die nachfolgenden Entscheidungsprozesse adäquat darzustellen. Zur Auswahl potentieller Transaktionspartner (Spediteur, Frachtführer, Umschlagsbetrieb, Bank etc.) sind Informationen über diesen sowie seine angebotene Dienstleistung (räumliche und zeitliche Verfügbarkeit, Preis, sonstige Konditionen etc.) von Bedeutung. Im Rahmen der *Vereinbarungsphase* werden die Problemlösungen beurteilt und in Abhängigkeit von den individuellen Entscheidungskriterien priorisiert. Nach erfolgten Verhandlungen und dem Vertragsschluss werden die *Abwicklungsaktivitäten* initiiert. Sie umfassen im weitesten Sinne die Zustellung des im Vertrag spezifizierten Produktes zu den festgelegten Konditionen, sowie die Gegenleistung des Käufers, die Bezahlung. Mit den Abwicklungsprozessen verbunden ist ein intensiver Dokumentenaustausch (z.B. Lieferschein, Rechnung). Die wichtigsten Aktivitäten der drei Phasen finden sich in Abb. 2.2 zusammengefasst.

Einfluss der Marktform
Die Akzentuierung der Marktphasen wird wesentlich von der Art der Marktform beeinflusst. In der Informations- und Vereinbarungsphase spiegelt sich mit der Marktseitenbesetzung die Marktformentypologie der volkswirtschaftlichen neoklassischen Theorie wieder [Eucken 1959, 111]. Diese unterscheidet zwischen Monopol, Oligopol und Polypol, wobei weitere Formen wie etwa das Monopson existieren. In polypolistischen Strukturen besitzen Informationsprozesse eine höhere Bedeutung als in monopolistischen, sind hier doch Preis- und Anbietervergleiche zwischen mehreren potentiellen Marktpartnern durchzuführen. Innerhalb der Abwicklungsphase lassen sich hingegen kaum Unterschiede zwischen den Marktformen erkennen, weshalb auch Informations- und Vereinbarungsphase als originäre Bestandteile einer Markttransaktion angesehen werden.

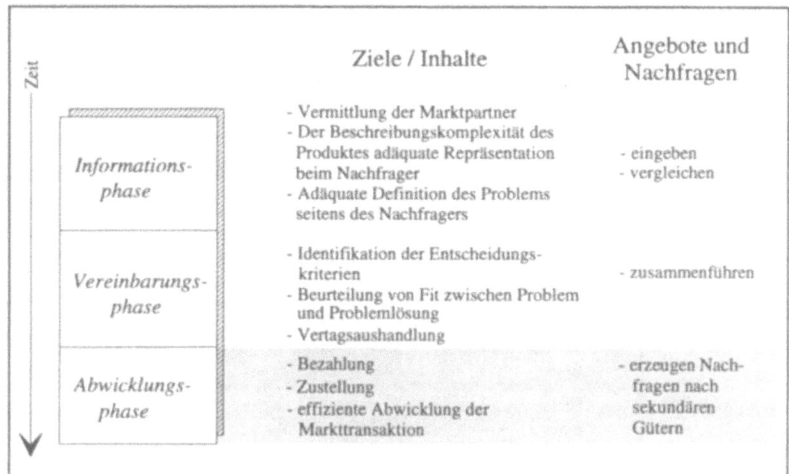

Abb. 2.2 Phasenmodell einer Geschäftstransaktion

Situativer Kontext: Der Wertschöpfungsprozess

Im Rahmen von Transaktionen zwischen den Marktteilnehmern kommt es jeweils zu jenen im Phasenmodell abgebildeten Aktivitäten. Einen geeigneten Rahmen für die Abbildung des Zusammenhanges und für die Analyse derartiger Prozesse stellt die Wertschöpfungskette dar, welche die Wertschöpfungsbereiche der Marktpartner verbindet [Galbraith 1987, 347]. Für unsere Analysezwecke verdeutlicht sie die Einbettung der Markttransaktionen in einen situativen Kontext und die Unterscheidung zwischen einem primären und einem sekundären Wertschöpfungsprozess (WSP).[3] Ersterer umfasst mehrere Beteiligte und reicht von der Beschaffung des Rohproduktes bis zum Verkauf des Fertigproduktes (vgl. Abb. 2.3). So reicht beispielsweise der primäre WSP eines Computers von der Rohstoffbeschaffung, der Chip- und Festplattenproduktion über die Montage und den Handel hin zum Endverbraucher. Im Verlauf des primären WSP kommt es demgemäss zwischen jedem Marktteil-

---

[3] Bei dem hier verwendeten Begriffspaar des primären und sekundären WSP handelt es sich um Arbeitsdefinitionen. Aus Gründen der Eindeutigkeit wird diesen gegenüber häufig anzutreffenden Abgrenzungen zwischen originären und derivativen Prozessen der Vorzug gegeben. Nicht zu verwechseln ist diese Art der Differenzierung mit den primären, sekundären und tertiären Wirtschaftszweigen, da alle Erzeugnisse dieser Bereiche sowohl einen primären als auch einen sekundären WSP durchlaufen.

nehmer zu Interaktionen, die sich nach obigem Phasenschema differenzieren lassen.

Abb. 2.3
Primärer und
sekundärer
Wertschöp-
fungsprozess

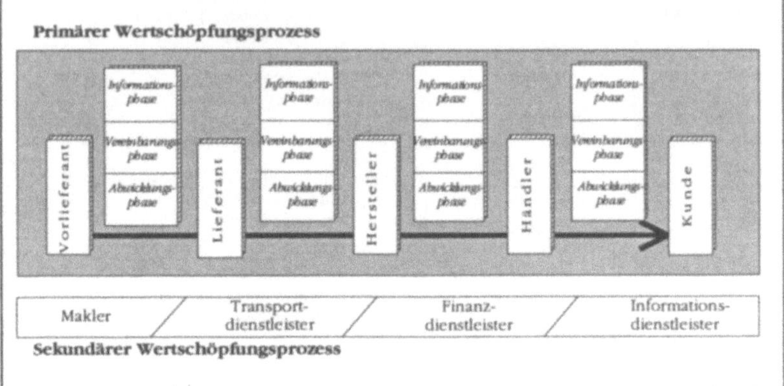

Die Nachfrage nach dem primären Produkt „Computer" erzeugt aber in der Abwicklungsphase eine abgeleitete Nachfrage nach sog. sekundären Produkten. In unserem Computer-Beispiel betrifft dies die Zustellung und Bezahlung von Roh-, Zwischen- oder Fertig-produkten zwischen den Wertschöpfungsstufen. Innerhalb der Abwicklungsphase entstehen daher Markttransaktionen bei der Nachfrage sekundärer Produkte wie etwa Transport- und Finanz-dienstleistungen. So gilt es, das geeignete Transportunternehmen zu identifizieren (Informationsphase) und mit diesem Konditionen und Preise auszuhandeln (Vereinbarungsphase). Innerhalb der (sekundären) Abwicklungsphase kommt es zum Austausch der Transportdokumente und zu Steuerungs- und Kontrollprozessen (z.B. Abfrage von Statusinformationen).[4] Aus Sicht des primären WSP sind daher Transport- und Finanzdienstleistungen die Neben-leistung einer Transaktion, während sie aus Sicht des sekundären WSP selbst, d.h. eines LDL, zum Gegenstand einer Transaktion werden. Primären und sekundären WSP zeigt Abb. 2.3.

Dienstlei-
stungen

Vergleichbar den ursprünglichen und informationslogistischen Prozessen sind auch primärer und sekundärer WSP untrennbar miteinander verbunden. Ohne die zugrundeliegenden primären Güter ist weder der Transport noch die Bezahlung sinnvoll. Anhand

---

[4]   Der Einfachheit halber soll von einer weiteren Unterteilung des sekun-
      dären WSP abgesehen werden.

dreier Punkte, die als die Eigenschaften von Dienstleistungen zu verstehen sind, lässt sich zeigen, dass die sekundären Aktivitäten dem Dienstleistungsbereich zuzuordnen sind.[5]

☐ *Integration des externen Faktors.* Dienstleistungen können nicht unabhängig von dem Objekt (dem primären Produkt), an dem sie erbracht werden sollen, realisiert werden. Beispielsweise sind Transporte ohne die zu transportierenden Güter – in unserem Beispiel dem Computer – nicht möglich. Sekundäre Güter sind damit von solchen primärer Art abhängig.

☐ *Immaterialität.* Im Gegensatz zu materiellen Gütern sind Dienstleistungen vor dem Erwerb nicht greifbar, sie lassen sich nur durch Informationen beschreiben.

☐ *Zeitliche Überschneidung von Produktion und Konsum.* Bei Dienstleistungen fallen Produktion und Konsum zeitlich zusammen, was zu einer stark eingeschränkten Reversibilität (z.B. Umtausch oder Rückgabe) und Lagerfähigkeit führt.

Eingrenzung des Analysegebietes

Auf der Basis des bislang geschaffenen Begriffsrahmens wird nun das Analysegebiet eingegrenzt (vgl. Abb. 2.4). Die Erhebung beschränkt sich bezüglich den Gütern im primären WSP auf materielle Realgüter. Eine Ausnahme bildet lediglich ein knapper Exkurs in den Bereich ursprünglicher Nominalgüter (Wertpapiere, Devisen etc.) in Kapitel 3.4.4. Das zur Strukturierung von Transaktionen verwendete Phasenmodell dient der Eingrenzung des primären WSP auf Abwicklungsaktivitäten. Diese schaffen eine Nachfrage im sekundären WSP, dem Dienstleistungen und damit die Klasse der immateriellen Realgüter zuzuordnen sind. Um eine Abgrenzung für die späteren Systembeschreibungen zu schaffen, werden die Dienstleistungen in Nominalgüter- und Realgüterdienstleistungen unterteilt. Unser Analysegebiet repräsentiert damit sämtliche Dienstleistungen des sekundären WSP, die der Abwicklung (primärer) materieller Realgüter dienen.

---

[5]   Pfohl [1992, 24] versteht unter einer Dienstleistung das immaterielle Ergebnis des Leistungserstellungsprozesses, das von personellen und materiellen Leistungsträgern an einem externen Faktor, der sich nicht im uneingeschränkten Verfügungsbereich des Leistungsgebers befindet, vollzogen wird. Dazu sind teilweise materielle Trägersubstanzen, wie z.B. Papier, Magnetbänder oder Disketten erforderlich.

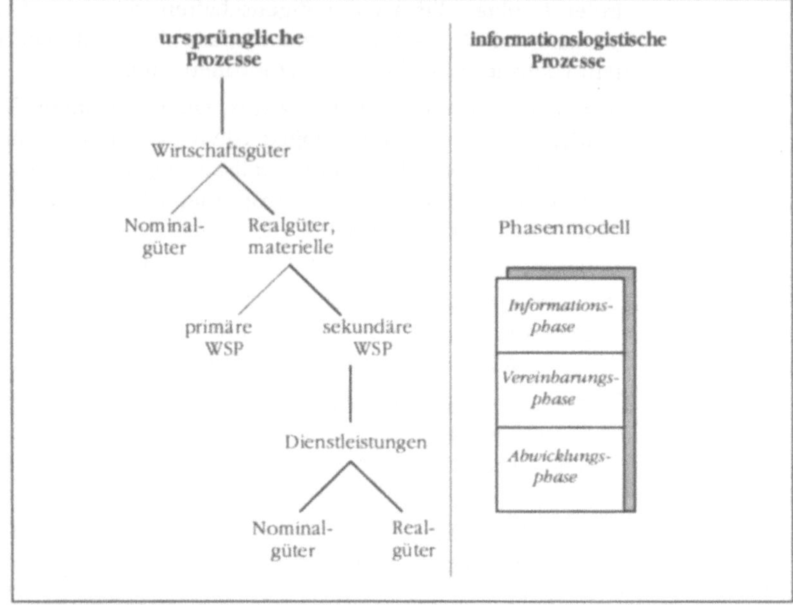

Logistikprinzipien

Durch ihre Abhängigkeit vom primären Gut werden die beschriebenen Dienstleistungen des sekundären WSP zu einem wichtigen
Bestandteil der primären Produkte. Das richtige primäre Gut soll
zum richtigen Zeitpunkt, in der richtigen Menge, der richtigen
Qualität und zu möglichst geringen Kosten am richtigen Ort eintreffen [Grundke 1992, 168]. Betroffen sind dabei einerseits die Überwindung von Raum und Zeit (die Zustellung) und andererseits die
Nominalgüterflüsse wie Bezahlung oder Versicherung. Diese Dienstleistungen beeinflussen durch ihr Rationalisierungs- und Differenzie-
rungspotential zunehmend die Wettbewerbsfähigkeit von
Unternehmen des primären WSP, denn einerseits addieren sich die
Kosten sekundärer Aktivitäten zum Preis primärer Produkte,
andererseits kann eine schlechte Qualität sekundärer Güter dazu
führen, dass selbst der Verkauf qualitativ hochwertiger primärer
Güter beeinträchtigt wird. Eine solche negative Wirkung entsteht
beispielsweise bei Zahlungsrisiken, einer hohen Verlust- oder
Beschädigungswahrscheinlichkeit beim Transport oder bei terminli-
cher Unzuverlässigkeit [Thomas 1994, 4]. Effektiv, effizient und
marktgerecht ablaufende Abwicklungsprozesse entwickeln sich

daher bei verschärften Marktbedingungen (vgl. Kapitel 1.3) zu einer wichtigen Voraussetzung guter Marktleistung. Die Forderung nach optimalem Fliessen der primären Güter und der ganzheitlichen Organisation dieses Prozesses führt zu drei, dem Logistikdenken inhärenten, Merkmalen:

❑ *Ganzheitlichkeit.* Gemäss dem Systemdenken trachtet die Logistik auf Optimierung von Gesamt- statt von Einzelsystemen.[6] Optimierungen sollen stets auf die Leistungsfähigkeit des Gesamtsystems (Flussoptimierung) und nicht auf jene von Teilsystemen (Funktionsoptimierung) abzielen. Daher umfasst die logistische Kette eines primären Produktes die gesamten Güter- und Informationsflüsse vom Beschaffungs- bis zum Absatzmarkt. Miteinzubeziehen sind auch die sekundären WSP, bei der wiederum die gesamte Transportkette vom Versender zum Empfänger und nicht eine verkehrsträgerbezogene Betrachtung[7] im Mittelpunkt stehen muss. Die logistische Kette ist daher als komplexes Geflecht vieler Unternehmen zu verstehen und nicht auf ein Unternehmen beschränkt.[8]

❑ *Optimales Fliessen.* Die Querschnittsfunktion Logistik stellt das optimale Fliessen des primären Gutes durch den primären und die sekundären WSP in den Vordergrund. Nach Piontek lässt sich diese Optimalität operationalisieren in die Minimierung von Kapitalbindung und Logistikkosten sowie die Maximierung der Flexibilität.[9] 'Optimales Fliessen' wird durch die Abstimmung von Güter- und Informationshandhabungsprozessen der Unternehmen erreicht, beispielsweise soll der Waren- nicht vom Informationsfluss gebremst werden und umgekehrt. Erreicht wird dies z.B. durch die Verwendung einheitlicher Transportgefässe, wie etwa Container, und die Minimierung von Informationsbrüchen zwischen den Unternehmen.

---

[6] Zum Systemdenken vgl. Pfohl [1972, 20].

[7] Dies betrifft beispielsweise die verbesserte Anbindung von an- und abführenden Verkehren beim See- oder Lufttransport. Eine isolierte Verbesserung der Transportzeit in der Luft nützt wenig, wenn nicht auch ein schneller Weitertransport, z.B. auf dem Schienenweg, erfolgt.

[8] Ziel ist daher keine institutionsbezogene Betrachtung der Logistik (für den Lufttransporteur hört die Logistik eines Produktes mit dem Abholen der Ware am Zielort auf), sondern eine produkt- bzw. objektbezogene.

[9] Diese Ziele lassen sich weiter untergliedern, z.B. in wirtschaftliche Transportstrukturen oder kurze Durchlaufzeiten [Piontek 1994, 25].

☐ *Marktorientierung.* Die Qualität logistischer Dienstleistungen bestimmt sich weitgehend aus erwarteter und wahrgenommener Dienstleistung seitens der Kunden. Sie wird traditionell charakterisiert mit Verfügbarkeit, Zuverlässigkeit, Regelmässigkeit, Geschwindigkeit, Massenleistungs- und Netzbildungsfähigkeit sowie Sicherheit.[10] Angesichts der verschärften Rahmenbedingungen (vgl. Kapitel 2.3.2) stellt der Lieferservice[11] häufig den nach der Produktqualität wichtigsten Einflussfaktor einer Kaufentscheidung dar. Logistische Dienstleistungen müssen sich daher an den Kundenbedürfnissen orientieren. Aufgrund dieser Kundennähe findet die Logistik, im Sinne einer aktiven Marktbeeinflussung, heute auch Eingang in Marketingstrategien.

Logistikbegriff

Auf der Grundlage der bisherigen Ausführungen soll nachfolgend unser Verständnis der Logistik dargelegt werden. Logistik umfasst nach Krulis-Randa [1992, 13] die planmässige Gestaltung, Steuerung und Kontrolle eines Objektstromes zur Erfüllung eines vorbestimmten Zieles. Der im folgenden gebrauchte Logistikbegriff bezeichnet *die ganzheitliche, marktorientierte und flussoptimale Abwicklung ursprünglicher Wirtschaftsgüter (primärer Objektstrom) durch sekundäre Nominal- und Realgüterdienstleistungen samt den damit verbundenen Informationsflüssen (Planung, Steuerung, Kontrolle).*

Unser Begriffsverständnis berücksichtigt damit neben den traditionellen logistischen Funktionen, wie Transport-, Lager- oder Umschlagsvorgängen (Realgüterdienstleistungen), und den damit verbundenen Informationsgüterflüssen auch explizit die in vielen Logistikdefinitionen[12] nicht berücksichtigten Nominalgüterdienstlei-

---

[10] Daraus lassen sich für die Qualität logistischer Dienstleistungen relevante Anforderungen, wie z.B. eine gleichbleibend hohe Zuverlässigkeit oder eine hohe Reaktionsfähigkeit auf Nachfrageänderungen, ableiten. Zur Messung bzw. Quantifizierung der Ausprägung der aufgeführten Grössen werden üblicherweise Kennzahlensysteme verwendet, die z.B. Durchlaufzeiten zur Operationalisierung der Geschwindigkeit messen.

[11] Lieferservice kann synonym zum Begriff 'Qualität' verwendet werden und lässt sich mittels Lieferzeit, Lieferzuverlässigkeit, Lieferbeschaffenheit und Lieferflexibilität operationalisieren [Möhlmann 1987, 80].

[12] Diese Arbeitsdefinition möchte sich damit explizit abheben vom häufig anzutreffenden synonymen Gebrauch von physischer Distribution und Logistik. Vgl. z.B. Ballou [1978, 9].

stungen wie etwa den Zahlungsverkehr oder das Factoring[13]. Als weiteres Charakteristikum stellt es den interorganisatorischen Kontext logistischer Prozesse in den Vordergrund und fokussiert sich weniger auf die Differenzierung der Unternehmenslogistik in beschaffungs-, produktions- und distributionslogistische Teilsysteme [Pfohl 1990, 15]. Während die in Kapitel 3 beschriebenen IOS aus Sicht der Unternehmen des sekundären WSP, also der LDL, alle unternehmensextern orientierten Bereiche unterstützen, sind davon bei Unternehmen des primären WSP hauptsächlich die Beschaffungs- und Distributionslogistik betroffen. Nachdem für Abwicklungsprozesse ein Leistungsobjekt, also ein marktfähiges Roh-, Zwischen- oder Fertigprodukt als Bezugsobjekt vorausgesetzt wird, bleibt die Produktionslogistik des primären Bereiches in den folgenden Ausführungen unberücksichtigt.[14] Die innerhalb dieses Kapitels getroffenen Annahmen und Abgrenzungen finden sich in Abb. 2.5 zusammengefasst.

2.1.2   Abgrenzungskriterien innerhalb der Logistik

Der nunmehr abgesteckte Logistikbereich soll nun nach unterschiedlichen Aspekten beleuchtet werden, wobei die Anknüpfungspunkte für die später darzustellenden IOS im Vordergrund stehen. Eine an die erwähnte Güterklassifikation anknüpfende Abgrenzung führt zu drei unterschiedlichen Logistikbereichen, wobei hier der Bereich der Informationslogistik die Verbindung zu IOS herstellt. In einem zweiten Schritt sollen die Aktivitäten der Nutzer (oder Anbieter) von IOS in Waren- und Finanzlogistik diskutiert werden. Besondere Bedeutung wird auf die organisatorischen Beziehungen zwischen den Beteiligten gelegt, weil damit häufig die Basis für den IOS-Einsatz geschaffen wird.

---

[13]   'Factoring' bezeichnet den regresslosen Forderungskauf durch Dritte. Der Begriff stammt aus dem angelsächsischen Raum und wurde dort ursprünglich in der Textilbranche angewendet.

[14]   Diese Abgrenzung erfolgt aufgrund der Einschränkung auf Abwicklungsprozesse und des Anwendungsbereiches der bestehenden IOS. Gleichzeitig halten wir jedoch eine Verbindung der sekundären Bereiche mit dem Produktionsbereich des primären WSP, z.B. eine Kopplung von PPS-Systemen an Speditionssysteme, für sinnvoll. Zur Integration von Produktion, Distribution und Service vgl. z.B. Drucker [1990, 101].

Logistikbereiche nach Güterarten

Ausgehend von den in Kapitel 2.1.1 getroffenen Abgrenzungen lassen sich verschiedene Logistikbereiche differenzieren. Damit wird der allgemeine Logistikbegriff in Bezug auf den Anwendungsbereich präzisiert, wobei die Logistikprinzipien weiterhin Gültigkeit besitzen. Wie Abb. 2.5 darstellt, werden die drei Bereiche der Waren-, Finanz- und Informationslogistik unterschieden.

Abb. 2.5:
Logistikbereiche in der Abwicklungsphase[15]

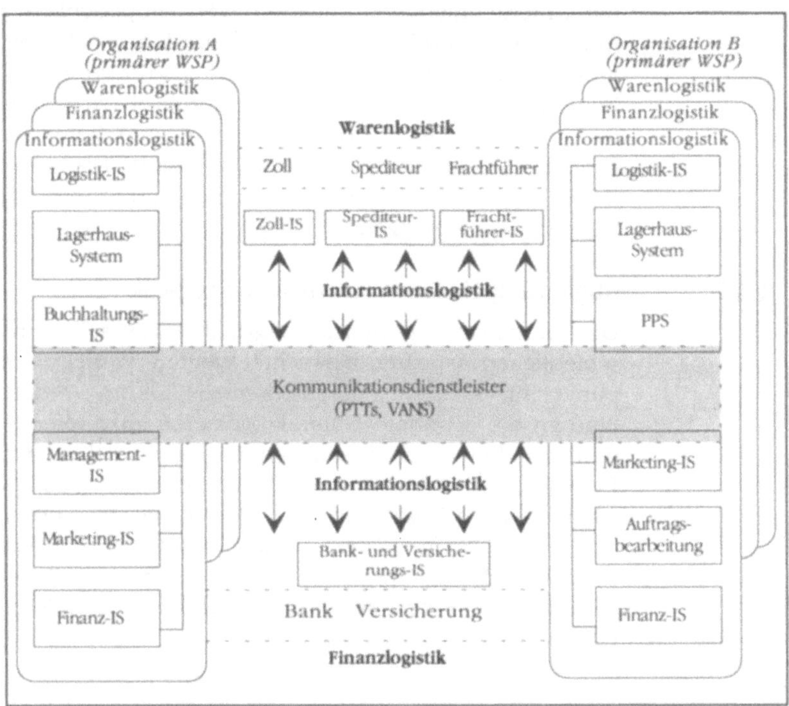

Waren-
logistik

Zur Abwicklung materieller Realgüter bestehen im Bereich der *Warenlogistik* Infrastrukturen. Es handelt sich dabei um Systeme für Transport-, Umschlags-, Verpackungs- und Lagervorgänge, die zusammen die notwendigen Funktionen einer physischen Gütertransformation über Raum und Zeit bilden. Aktuelle Entwicklungen im warenlogistischen Bereich umfassen den breiten Einsatz standardisierter Transportgefässe bzw. Laderaumeinheiten (z.B. Container) oder Konzepte wie jenes der Güterverteilzentren. Die informa-

---

[15]   In Anlehnung an Klein [1993, 12]

tionslogistischen Prozesse stellen durch Planungs-, Steuerungs-, und Kontrollfunktionen die ablauforientierte Verkettung, hin zur Realisierung eines optimalen, d.h. ganzheitlichen, markt- und flussorientiert gestalteten Güterflusses her.

Finanz-
logistik

Eine geringfügig anders gelagerte Situation ergibt sich im Bereich der *Finanzlogistik*. Ebenso wie bei der Warenlogistik erfordert die 'Produktion' von Nominalgüterdienstleistungen Infrastrukturen, die Nominalgüter befördern und lagern. Im Falle materiell verkörperter Nominalgüter, z.B. Geldscheine, Versicherungspolicen etc., sind dies der traditionelle Postdienst oder Kurierdienste. Haben wertsymbolisierende Dokumente wie Checks, Policen und Wechsel die physische Überbringung von Geld überflüssig gemacht, so macht wiederum die Einführung von IOS die physische Überbringung dieser Dokumente obsolet [Rowe 1987, 7]. Denn aufgrund ihres informationellen Charakters sind Nominalgüter nicht auf materielle Abbilder angewiesen, sondern können über IOS (z.B. Zahlungssysteme) auf den gleichen Infrastrukturen übermittelt werden wie die assoziierten informationslogistischen Prozesse. Letztere wirken planend, steuernd und kontrollierend auf den Nominalgüterstrom ein und realisieren die logistische Optimierung. Diese ist von Bedeutung, da sowohl realwirtschaftliche Lagerbestände wie auch ausstehende Zahlungen zu Kapitalbindungen führen. Gerade im grenzüberschreitenden Geschäftsverkehr kann nicht immer von einem reibungslosen Nominalgüterfluss gesprochen werden.

Informations-
logistik

Die informationslogistischen Prozesse von Waren- und Finanzlogistik gehören dem dritten Logistikbereich, dem Bereich der *Informationslogistik* an. Diese dient dem Transport und der Lagerung von Informationen [Piontek 1994, 46]. Einerseits gilt es, die Informationen über die primären Güter, wie Sendungsdaten oder Statusinformationen und andererseits die Informationen im sekundären WSP, also Zolldokumente, Reservierung von Frachtführerkapazitäten etc. zu handhaben. Diese Prozesse gilt es optimal, d.h. nach den genannten Logistikprinzipen, zu organisieren. Informationslogistik wird daher definiert als *die optimale Gestaltung des Informationsflusses über primäre Güter und sekundäre Güter*. Die Informationslogistik stellt den Ansatzpunkt für IS dar, da - von der erwähnten, spezifischen Eignung von Nominalgütern abgesehen - weder Waren- noch Finanzlogistik direkt durch informationslogistische Systeme ausgeführt werden können. So kann bei einem Transport statt eines Lkw's nicht ein IOS eingesetzt werden. Das IOS kann nur die Informationen über diesen Transport handhaben. IOS sind daher informationslogistischen Systemen[16] zuzuordnen, die interorganisatorisch ausgerichtet sind und auf informations- und kommunikationstechnischen Infrastrukturen basieren. Bei den in Kapitel 3 beschriebenen IOS handelt es sich daher um informationslogistische Systeme.

Tab. 2.1:
Arbeitsdefinitionen der Untersuchung

Logistik:	Die ganzheitliche, marktorientierte und flussoptimale Abwicklung ursprünglicher Wirtschaftsgüter durch sekundäre Nominal- und Realgüterdienstleistungen samt den damit verbundenen Informationsflüssen.
Warenlogistik:	Die Abwicklung des materiellen Realgüterflusses über Raum und Zeit unter Beachtung der Logistikprinzipien.
Finanzlogistik:	Die Abwicklung des sekundären Nominalgüterflusses unter Beachtung der Logistikprinzipien.
Informationslogistik:	Die optimale Gestaltung des Informationsflusses über primäre und sekundäre Güter.

Beteiligte, Aktivitäten und Dokumente

Mit den folgenden Ausführungen soll ein erster grober Überblick über die wichtigsten in der Abwicklungsphase beteiligten Akteure geschaffen werden. Diese Unternehmen stellen die Struktur des Logistikbereiches dar, die im Rahmen eines Prozesses, d.h. eines konkreten Geschäftsfalles, durchlaufen wird. Eine detailliertere Beschreibung der Beteiligten enthalten die Einführungskapitel der jeweiligen Analysebereiche. Es erscheint jedoch sinnvoll, diesen Beschreibungen noch eine Differenzierung der Aktivitäten voranzustellen. Bezüglich der Aktivitäten gilt es dabei zu unterscheiden zwischen ursprünglichen und informationslogistischen Prozessen. Erstere, als *Abwicklungsfunktionen* bezeichnet, ergeben sich unmittelbar aus der Beschreibung der verschiedenen Parteien, z.B. *transportieren* aus Transporteur bzw. Frachtführer und *versichern* aus Versicherung. Die Inanspruchnahme der Abwicklungsfunktionen wird jedoch erst möglich durch *informationslogistische Funktionen,*

---

[16] Informationslogistische Systeme stellen wirtschaftliche Anwendungen dar, die auf informations- und kommunikationstechnologischen Infrastrukturen basieren [Szyperski/Klein 1993, 197].

wie sie bereits auf abstrakterer Ebene im Rahmen des Phasenmodells (vgl. Kapitel 2.1.1) geschildert wurden. Sie reichen vom Angebot über die Rechnung bis hin zu den in der Abwicklungsphase ausgetauschten Dokumenten. Anhand des in Abb. 2.6 gezeigten Dokumentenflusses wird der Zusammenhang der nachfolgend beschriebenen Institutionen in der Abwicklungsphase deutlich.[17]

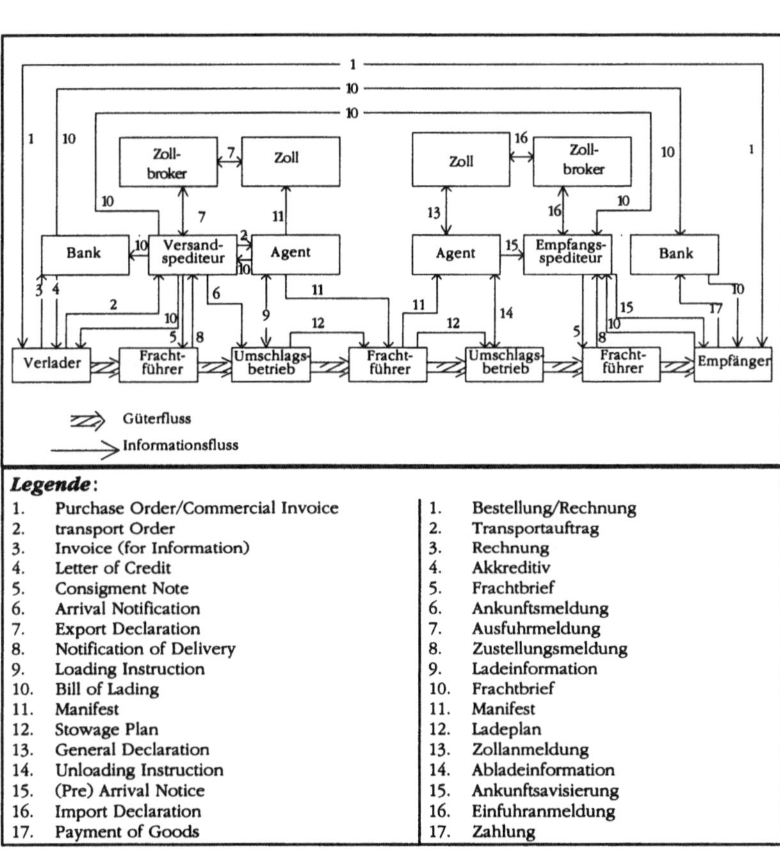

Abb. 2.6: Waren- und Informationsfluss zwischen Beteiligten in der Abwicklungsphase

Legende:

1.	Purchase Order/Commercial Invoice		1.	Bestellung/Rechnung
2.	transport Order		2.	Transportauftrag
3.	Invoice (for Information)		3.	Rechnung
4.	Letter of Credit		4.	Akkreditiv
5.	Consigment Note		5.	Frachtbrief
6.	Arrival Notification		6.	Ankunftsmeldung
7.	Export Declaration		7.	Ausfuhrmeldung
8.	Notification of Delivery		8.	Zustellungsmeldung
9.	Loading Instruction		9.	Ladeinformation
10.	Bill of Lading		10.	Frachtbrief
11.	Manifest		11.	Manifest
12.	Stowage Plan		12.	Ladeplan
13.	General Declaration		13.	Zollanmeldung
14.	Unloading Instruction		14.	Abladeinformation
15.	(Pre) Arrival Notice		15.	Ankunftsavisierung
16.	Import Declaration		16.	Einfuhranmeldung
17.	Payment of Goods		17.	Zahlung

Der Informationsfluss im Logistikbereich ist sehr heterogen. Zwar ist zur Durchführung einer logistischen Dienstleistung eine relativ standardisierte Informationsmindestmenge, wie Versender- oder Empfängerdaten, notwendig. Gleichzeitig sind aber vielfältige

---

[17] Der dargestellte Ablauf stellt eine dem Durchschnitt entsprechende Transaktion dar, von der es naturgemäss Abweichungen in der Anzahl beteiligter Parteien geben kann.

Spezialinformationen erforderlich, die i.d.R. für eine ausgewählte Stufe der Logistikkette bestimmt sind und nicht für alle Beteiligten bereitgehalten werden müssen [Möhlmann 1987, 151]. Vor diesem Hintergrund entwickelten die Beteiligten Dokumente mit einem auf ihren Aufgabeninhalt zugeschnittenen Informationsinhalt.

Initianten logistischer Prozesse

Der Initiant sekundärer Prozesse ist ein (Industrie- oder Handels-) Unternehmen aus dem primären WSP, das i.d.R. die Rolle des Versenders einnimmt. Bei unfreien Lieferungen, Lieferungen ab Rampe o.ä. ist auch der Empfänger als Initiant vorstellbar. Die im sekundären WSP beteiligten Unternehmen werden unterteilt nach solchen, die ihren Schwerpunkt im Handling der primären Güter und solchen, die ihren Schwerpunkt im Handling informationslogistischer Prozesse besitzen [CEC 1993, 5]. Die erste Gruppe umfasst die Frachtführer (Carrier), die den physischen Transport unter den vereinbarten Bedingungen durchführen und die Umschlagsunternehmen[18], die den Umschlag der Güter zwischen verschiedenen Frachtführern bzw. Verkehrsmodi ausführen. Umschlagsaktivitäten stellen vielfach auch den Anlass zu einer weiteren Funktion, der Lagerhaltung, dar. Diese wird sowohl von spezialisierten Unternehmen wie auch von Umschlagsunternehmen oder Speditionen erfüllt.

Spediteure

In der Gruppe der informationshandhabenden Unternehmen, die auch als *Verkehrsmittler* bezeichnet werden, stellen Speditionen die bedeutendsten Beteiligten dar. Diese Unternehmen sind erforderlich aufgrund der beträchtlichen Komplexität des Logistikmarktes, der gekennzeichnet ist von geringer Markttransparenz, hohen Risiken und Kosten[19] und einer Vielzahl administrativer Regelungen. Je nach Ausprägung dieser Faktoren, bilden sie die Existenzgrundlage für spezialisierte Unternehmen wie Spediteure, Agenten und Makler (Broker). Diese Beteiligten sind nicht klar trennbar, da die Unternehmen in der Praxis häufig mehrere Funktionsbereiche abdecken. Von grundsätzlicher Bedeutung für die Qualität der logistischen Dienstleistung ist die Existenz einer Instanz, die die gesamte Logistikkette organisiert, kontrolliert und steuert [Drechsler 1988, 74]. Ist diese Verantwortung nicht geregelt, kommt es zu Ineffizienzen in

---

[18] Andere Bezeichungen für Umschlagsunternehmen sind Terminalbetreiber oder Kaibetriebe (Seebereich).

[19] Dazu zählen z.B. die Kosten zum Aufbau und zur fortwährenden Auslastung eines Fuhrparks oder der Aufbau von Know-how in einem sich dynamisch verändernden Markt.

Form langer Transportzeiten. Dies ist beispielsweise in Entwicklungsländern zu beobachten.

Der *Spediteur* organisiert i.d.R. im Auftrag des Versenders den Transport, was Aktivitäten wie Auswahl der Frachtführer und Erstellung der notwendigen Dokumente beinhaltet. Beispiele aus der Praxis zeigen, dass Spediteure häufig auch Transport-, Lagerungs- und Umschlagstätigkeiten ausüben. In speziellen Bereichen, z.B. dem See- und Luftverkehr, kommt es infolge höherer Komplexität zusätzlich zur Einschaltung von Maklern und Agenten. Die Unterschiede zwischen den drei Gruppen liegen darin, dass Spediteure im eigenen Namen Transportverträge abschliessen, während Makler und Agenten i.d.R. nur Vertragsabschlüsse für Frachtführer vermitteln. Dabei arbeiten Agenten auf Dauer mit einem Frachtführer und Makler mit mehreren Frachtführern zusammen. Makler sind daher deutlich unabhängiger. Im grenzüberschreitenden Verkehr übernehmen diese Institutionen die Funktion eines Zollagenten bzw. -maklers. Eine weitere wichtige Instanz ist in diesem Zusammenhang die Zollbehörde.[20]

Banken und Versicherungen

Wie bei Spediteuren liegt der Schwerpunkt in der *Finanzlogistik* im Handling informationslogistischer Prozesse. Die Kompetenz von Banken und Versicherungen besteht in der Abwicklung der Finanztransaktionen bzw. in der Absicherung von Risiken bei Waren- und Finanztransaktionen. Dazu wird eine Vielzahl standardisierter und auf die jeweiligen Bedürfnisse zugeschnittener Abwicklungsverfahren wie etwa Akkreditive, Inkassi oder Factoring bzw. See-, Land- und Lufttransportversicherungen angeboten. Speziell im Versicherungsbereich führen die Transaktionsvolumina zu einer breiten Risikoverteilung und damit zu vergleichsweise tiefen Prämien. Die von Banken abgedeckten Risiken können im jeweiligen Vertragspartner selbst sowie in der politischen und wirtschaftlichen Situation eines Landes begründet sein.[21] Die von Versicherungen abgedeckten Transportrisiken lassen sich nach Art des Schadens in Verlust- und Beschädigungsrisiken sowie nach Art des Transportmittels in See-, Schienen-, Luft- und Strassentransport unterteilen [SKA 1991, 10].

---

[20] Eine detailliertere Funktionsbeschreibung der beteiligten Parteien findet sich z.B. bei Brauer [1979, 47].

[21] Zu den Risikoarten zählen bspw. Debitoren- (Delkredere-)Risiken, Fabrikations- bzw. Leistungsrisiken, politische Risiken sowie Transfer- und Währungsrisiken.

Schnittstellen und Interaktionsmuster

Durch verschiedene Beteiligte ergeben sich zwangsläufig Schnittstellen zwischen diesen Organisationen. IOS können als Instrumente zum 'Management' dieser Schnittstellen angesehen werden [Rockart/Short 1989, 7]. Wie oben ausgeführt, lassen sich aus Sicht der Logistik güterflussbedingte und informationell bedingte Schnittstellen unterscheiden. In beiden Fällen kann die Interaktion auf verschiedenen Ebenen und in verschiedener Intensität erfolgen.

Ebene der Interaktion

Horizontale und vertikale Interaktion

Schnittstellen verbinden mindestens zwei Beteiligte, die sich auf unterschiedlichen Positionen im WSP befinden. Die unterschiedlichen Interaktionsebenen werden üblicherweise durch die Unterscheidung von horizontaler und vertikaler Interaktion analytisch erfasst. Dabei versteht man unter *horizontaler Interaktion* die Zusammenarbeit von Unternehmen, die auf der gleichen Stufe des WSP angesiedelt sind. Ein Beispiel für IOS zur Unterstützung horizontaler Interaktion sind Systeme zur Kommunikation zwischen Spediteuren, zwischen Eisenbahngesellschaften, zwischen Geschäftsbanken oder zwischen Versicherungen.[22] Im Gegensatz dazu kennzeichnet die *vertikale Interaktion* die Zusammenarbeit von auf verschiedenen Ebenen des (primären oder sekundären) WSP angesiedelten Unternehmen [Hohagen/Schmid 1991, 9]. Sie kann sowohl bei der Schnittstelle primärer-sekundärer WSP als auch bei Schnittstellen innerhalb des sekundären WSP, z.B. zwischen Waren- und Finanzlogistik auftreten. Beispiele für vertikale Interaktionsbeziehungen sind Verlader-Spediteur- (traditioneller Stückgutverkehr), Verlader-Frachtführer-, Spediteur-Frachtführer-, Spediteur-Versicherung- oder Bank-Kunden-Beziehungen.[23]

Komplexere Interaktionsmuster ergeben sich, wenn der gesamte Abwicklungsprozess betrachtet wird. Eine erste Funktion dieser, dem ganzheitlichen Logistikdenken entgegenkommenden, Perspektive liegt in der Identifikation der an der Abwicklung beteiligten

---

[22] Vgl. zur Kommunikation zwischen Spediteuren die Frachten- und Laderaumbörsen in Kapitel 3.3.2, zur Kommunikation zwischen Bahngesellschaften die Beschreibung von →HERMES (Kapitel 3.3.3), zur Interbankkommunikation Kapitel 3.4.3 sowie zur Kommunikation zwischen Versicherungen Kapitel 3.4.5.

[23] Zur Kommunikation Verlader-Spediteur vgl. z.B. →DANZNET, zu Verlader-Frachtführer z.B. →CIS$_S$ oder die Hafensysteme in Kapitel 3.3.4 und zu Bank-Kunden-Beziehungen Kapitel 3.4.2.

Institutionen und deren Ebene im WSP. Dabei wird transparent, ob und wieviele Mittler bzw. Intermediäre, wie Spediteure, Agenten oder Makler eingeschaltet werden.[24] Zwingend vorgegeben ist lediglich die Interaktion zwischen Verlader und Empfänger sowie bei grenzüberschreitenden Verkehren zusätzlich jene mit den Zollbehörden. Im ersten Falle werden sämtliche Aktivitäten des sekundären WSP von Unternehmen des primären WSP selbst erbracht. Im Bereich der Warenlogistik betrifft dies typischerweise Werkverkehre bzw. im Bereich der Finanzlogistik Verrechnungsverfahren wie beispielsweise das Netting, das die Beteiligung an der Transaktion einer Bank nicht unbedingt erforderlich macht. I.d.R. umfassen warenlogistische Interaktionsmuster, insbesondere ausserhalb des Massengutverkehrs, die vertikale Zusammenarbeit mit einem Spediteur sowie einem Frachtführer. Auf finanzlogistischer Seite besteht eine Beziehung zu einer Bank und einer Versicherung [Drechsler 1988, 75].

Interaktionen sind offenbar immer dann erforderlich, wenn eine Partei nicht alle zu erfüllenden Funktionen eigenständig erbringt. Der Einbezug zusätzlicher Schnittstellen ist grundsätzlich nur dann ökonomisch sinnvoll, wenn die Kostenvorteile der Einzelelemente die Kosten des Koordinationsprozesses sowie der physischen Umschlagsvorgänge übersteigen. Eine wichtige Determinante der Kostenstruktur ist im konkreten Fall die Art der Interaktion und deren institutionelle Verankerung.[25]

Art der Interaktion und institutionelle Verankerung

Von generischen bis zu individuellen Lösungen

Die jeweiligen Interaktionen können einen unterschiedlichen Intensitätsgrad besitzen, der sich in der Dauer der Zusammenarbeit (nie, gelegentlich, regelmässig, dauerhaft) und im Umfang der Arbeitsteilung niederschlägt (Anzahl übernommener Funktionen). Letzterer bezeichnet ein Kontinuum, das sich vom generischen Transport bzw. von generischen Zahlung hin zu integrierten logistischen Systemlösungen erstreckt, im Rahmen derer etwa ein Industrieunternehmen seine Distributionslogistik vollständig auf einen Dienstleister ausgelagert hat. Je stärker ausgeprägt die Arbeitsteilung

---

[24] Einen Ansatzpunkt stellen beispielsweise die in Kapitel 3.3.1 erläuterten Transportketten dar, die die Beteiligung von Versand- und Empfangsspediteur oder Frachtführer darstellen.

[25] Durch die institutionelle Verankerung werden Beziehungen in eine gesellschaftlich anerkannte, feste Form gebracht. Dies geschieht üblicherweise durch Verträge, Beteiligungen etc.

ist, desto höher ist die Abhängigkeit vom Partner und damit die Spezifität der Interaktion.[26]

Tab. 2.2:
Unterscheidung der Koordinationsformen

	Hierarchie	*Kooperation*	*Markt*
Marktform	1:n (monopolistische Strukturen)	n:m (Monopson, oligopolistische Strukturen)	n:m (oligopolistische Strukturen, Polypol)
Eignung bei ...	hoher Ausprägung von Volumen, Unsicherheit, Spezifität und Opportunität	hoher Ausprägung von Spezifität, Unsicherheit	geringen Ausprägungen von Volumen, Unsicherheit, Spezifität und Opportunität
Koordinationsprinzip	Fremdsteuerung über Anweisungen	Zusammenarbeit mittels vertraglicher Übereinkünfte	Selbststeuerung über Preise
Abhängigkeit	Subordination	gegenseitige Bindung, Verpflichtung	Autonomie

Neben diesen beiden Einflussgrössen ist eine Interaktions- bzw. Transaktionssituation noch gekennzeichnet durch die aktuellen und zukünftigen Marktbedingungen und die sich daraus ergebende Unsicherheit einerseits, sowie durch opportunistisches Verhalten der Marktpartner andererseits. Diese vier Faktoren lassen sich zusammenfassen mit den Begriffen Transaktionshäufigkeit, Spezifität, Unsicherheit und Opportunität, die dem Gebäude der Transaktionskostentheorie entstammen. Diese stellt einen Ansatz zur Bestimmung dar, welche Art der institutionellen Verankerung für eine

---

[26] Die Spezifität bezeichnet die 'Besonderheit' einer Transaktion für ein Unternehmen, die dessen betriebliche Flexibilität einschränkt. Ein Beispiel hoher Spezifität ist das Lager eines Spediteurs, das eigens für die Ansprüche eines Verladers errichtet wurde. Die getätigten Investitionen sind transaktionsspezifisch, da das Lager nicht ohne weiteres für andere Kunden genutzt werden kann.

Interaktion sinnvoll ist.[27] Durch die institutionelle Verankerung werden die Kosten einer Interaktion bzw. die Kosten einer zusätzlichen Schnittstelle im Abwicklungsprozess massgeblich bestimmt.

Grundsätzlich werden drei Formen der institutionellen Verankerung bzw. Koordinationsformen unterschieden: Hierarchie, Kooperation und Markt.[28] Wie Tab. 2.2 zeigt, besitzen sie eine Verbindung zur Marktseitenbesetzung aus Kapitel 2.1.1, denn alle drei Formen unterscheiden sich in ihren informationslogistischen Prozessen, d.h. den Informations- und Vereinbarungsaktivitäten. Diese Aktivitäten verursachen Kosten, die zu den sog. Transaktionskosten gezählt werden.[29] Ein wichtiger und häufig genannter Bestandteil sind die Koordinationskosten, die die Kosten zur Informationsbeschaffung (über Produkte und Anbieter) und zur Vertragsaushandlung umschliessen. In Märkten gilt es häufiger und zwischen mehreren Marktteilnehmern auszuwählen sowie zu verhandeln als in kooperativen oder gar hierarchischen Strukturen. Letztere besitzen daher zwar tendenziell geringere Koordinationskosten, jedoch ist dort infolge geringerer Wettbewerbsintensität mit höheren Einstandskosten bei den Produkten zu rechnen.

Determinanten der Transaktionskosten

Transaktionskosten lassen sich damit auf zweierlei Weise aufschlüsseln: Erstens nach ihrer Verursachung aus einer spezifischen Transaktionssituation heraus und zweitens nach ihren Komponenten, die mit einer Koordinationsform verknüpft sind. Vor diesem Hinter-

---

[27] Der Einfachheit halber werden hier die Eigenschaften der Transaktionspartner, wie Opportunität und begrenzte Rationalität auch der Transaktionssituation zugeordnet, da eine Interaktion grundsätzlich auch die beteiligten Partner miteinschliesst. Zu einer detaillierteren Erörterung des Transaktionskostenkalküls sei auf Krähenmann [1994, 169] verwiesen.

[28] Den traditionell auf unternehmensinterne Beziehungen begrenzten Hierarchiebegriff weiteten Malone et al. [1987, 484] auf interorganisatorische Beziehungen aus, da auch in diesem Feld Informations- und Vereinbarungsvorgänge stark eingeschränkt bzw. vorbestimmt sein können. Beispielsweise besitzen bei JIT-Zulieferungen Hersteller gegenüber Lieferanten eine relativ stärkere Position. Durch Rahmenverträge werden Beziehungen geschaffen, innerhalb derer das Suchen neuer Produkte oder Marktpartner und Verhandlungen über Konditionen oder Preise nicht mehr vorgesehen ist.

[29] Die Transaktionskosten bestehen im wesentlichen aus den Kosten für die Informationssuche, die Vertragsaushandlung und Kosten zur Überwachung der Vertragserfüllung [Bössmann 1983, 105; Picot 1982, 270].

grund sind die drei idealtypischen Koordinationsformen zu beurteilen. Hierarchien sind am effizientesten, wenn die Transaktionssituation durch hohe Spezifität, Opportunismus und Unsicherheit gekennzeichnet ist. Hier versagen marktliche Mechanismen, da sie den Interaktionspartnern eine nur unzureichende Absicherung ermöglichen. Sind diese Faktoren jedoch nur gering ausgeprägt, so wiegen die Vorteile marktlicher Strukturen, wie Flexibilität, Nutzung externer Kompetenzen, beibehaltener betrieblicher Souveränität und stärkerer Anreize[30], die höheren marktlichen Koordinationskosten auf.

Zwischen den beiden Idealformen von Markt und Hierarchie bestehen eine Fülle von Arrangements, die unter dem Begriff der Kooperation subsummiert werden. Hierzu zählen netzwerkartige Strukturen, wie etwa strategische Allianzen, Wertschöpfungspartnerschaften oder die Quasi-Internalisierung bzw. -Externalisierung[31]. Sie basieren meist auf relationalen Verträgen, in denen primär die Ziele der Zusammenarbeit niedergelegt sind, und auf wechselseitigem Vertrauen, das durch eine gemeinsame Strategie und glaubwürdige Zusicherungen[32] bekräftigt ist. Kooperationen sind längerfristig angelegt und sollen gleichzeitig hohe Ausprägungen von Spezifität, Unsicherheit oder Opportunismus auffangen als auch Vorteile des Marktes wie Flexibilität und wettbewerbliche Anreize realisieren.[33] Auf diese Weise kann es den beteiligten Unternehmen gelingen, ihren Einflussbereich auszudehnen, ohne aufwendige organisatorische Strukturen dafür aufzubauen. Für dieses Phänomen sind in Anlehnung an die virtuelle Speicherverwaltung im EDV-Bereich die Schlagwörter *virtuelles Unternehmen* oder *virtuelle Organisation* geprägt worden [Davidow/Malone 1992; Klein 1994, 309].

Die Berücksichtigung von Koordinationsformen erlaubt nicht nur die Identifikation von Interaktionsmustern (deren Topologie),

---

[30] Höhere Anreize resultieren aus dem Wettbewerb auf dem Markt. Getrieben durch die Notwendigkeit wettbewerbsfähig zu bleiben, müssen Investitionen getätigt werden, die direkte Belohnung bzw. Sanktionierung durch Gewinn bzw. Verlust auf dem Markt erfahren.

[31] Im Rahmen einer Quasi-Internalisierung werden extern betriebene Funktionen so stark in die internen Abläufe integriert, als wären es eigene (interne) Funktionsbereiche [Sydow 1992, 105].

[32] Als Beispiel können Kapitalbeteiligungen oder Beiträge, die beim Ausscheiden eines Partners verfallen, genannt werden.

[33] Zum Vergleich der Koordinationsformen vgl. z.B. Williamson [1991, 269].

sondern auch deren Bewertung im Sinne der Transaktionskosten. Diese Kosten addieren sich zu den Kosten, die für die Erbringung einer Abwicklungsaktivität anfallen (den Produktionskosten). Fragt beispielsweise ein Spediteur (im Rahmen einer vertikalen Interaktion) einen Transport von einem Frachtführer nach, so setzen sich seine Kosten aus den Produktionskosten des Frachtführers sowie seinen Transaktionskosten zusammen. Die Transaktionskosten werden variabel durch die Wahl der Koordinationsform; d.h. durch engere Bindung von Spediteur und Frachtführer können die Kosten der Auswahl und Vereinbarung auf eine Vielzahl von Transaktionen verteilt werden. Dafür 'bezahlt' der Spediteur mit eingeschränkten Ausweichmöglichkeiten auf andere Frachtführer - beide Parteien werden in einem bestimmten Masse voneinander abhängig.

Koordinationsform und Logistik Die Ausführungen zur Koordinationsform sind für den Logistikbereich aus zweierlei Hinsicht von Bedeutung: einerseits bestimmen neue Kooperationsformen die Wettbewerbsfähigkeit von LDL, und andererseits können mittels geeigneter Koordinationsformen eine Reihe von Ineffizienzen in der logistischen Kette minimiert werden. IOS besitzen dabei einen wichtigen Stellenwert. Denn die Flexibilisierung interorganisatorischer Beziehungen, z.B. Kooperationen, beruht stark auf effizienter Informationslogistik. Auf diese Punkte geht, nachdem IOS detaillierter beschrieben wurden, Kapitel 2.3 ausführlicher ein.

2.2   IOS: Infrastruktur logistischer Prozesse

Unter organisatorischen Gesichtspunkten spielt der wachsende Bedarf überbetrieblicher Kontakte eine grosse Rolle. Diese können sowohl die Form eines Austausches von Informationsgütern als primäre Güter (z.B. Wirtschaftsdaten), als auch die Form eines Austausches von Waren- und Finanzgütern annehmen (vgl. Kapitel 2.1.1).

Die rasanten Entwicklungen der IT und der Telekommunikation und deren Verknüpfung zur Telematik sind als Moderatoren der angesprochenen wirtschaftlichen Entwicklungen zu sehen [Alt et al. 1993, 9]. Die wirtschaftlichen Trends haben jedoch auch einen grossen Einfluss auf die Entwicklung der Telematik: Ohne die entsprechenden Nutzenpotentiale für Betreiber und Nutzer würde die technische Entwicklung nicht in der heutigen Weise vorangetrieben. Zur Erhebung der Situation in der Waren- und Finanzlogistik gilt es vorerst in diesem Kapitel das weite Feld interorganisatorischer Anwendungen der Telematik zu strukturieren: Dazu bedarf es zuerst einer Begriffsbestimmung (Kapitel 2.2.1), einer Abgrenzung gegen aussen sowie einer Differenzierung innerhalb der IOS-Feldes nach verschiedenen Gesichtspunkten (Kapitel 2.2.2 bzw. 2.2.3).

2.2.1   Begriff des Interorganisationssystems

Zum Thema IOS sind, insbesondere im angelsächsischen Sprachraum, eine Anzahl von Veröffentlichungen erschienen [Johnston/Vitale 1988, 153; Barrett/Konsynski 1982, 92; Cash 1985, 199; Bakos 1987; Cunningham/Tynan 1993, 3; Suomi 1988, 105]. Aufgrund des teilweise unterschiedlichen Fokus haben sich verschiedene Definitionen herausgebildet. So sind beispielsweise für die Bezeichnung von IOS in der Literatur folgende gleichbedeutende Begriffe gebräuchlich [Suomi 1992, 93]: Inter-Organizational Information Sharing System [Barrett 1985, 263], Inter-Organizational Information System [Johnston/Vitale 1988, 153], Inter-Organizational Data System [Stern/Craig 1971, 73] und Inter-Organizational System [Cash 1988, 199]. In Anlehnung an den durch Cash geprägten und seither vielfach verwendeten Begriff *Inter-Organizational System* wird hier der in die deutsche Sprache übertragene Ausdruck Interorganisationssystem verwendet. Entsprechend der Anzahl der unterschiedlichen Bezeichnungen sind auch die Definitionen für die sich dahinter verbergenden Systeme unterschiedlich. Die meisten Autoren ziehen übereinstimmend mindestens die folgenden drei Aspekte zur Beschreibung eines IOS heran [z.B. Suomi 1992, 94]:

- ❑ Zwei oder mehr Organisationen sind an einem IOS beteiligt.
- ❑ Informationen und andere Ressourcen werden durch die Organisationen geteilt.
- ❑ IOS sind computerbasiert.

Diese drei Kriterien sollen auch im vorliegenden Kontext verwendet werden, jedoch bedarf das letzte Kriterium aus technischer Sicht *weiterer Spezifikation*: Der Austausch von strukturierten elektronischen Nachrichten ist als Basistechnologie für IOS zu sehen, auf der die anwendungsspezifischen Funktionen des IOS aufbauen. Dadurch gehen sie in ihrer Tragweite über EDI[34] hinaus,

---

[34]   EDI steht für Electronic Data Interchange und bezeichnet den Austausch strukturierter Daten zwischen Computerapplikationen.

indem sie neue, effizientere und zugleich effektivere Formen der Koordination zulassen (vgl. Kapitel 2.2.3). Den Begriff des IOS gilt es im nächsten Kapitel gegen benachbarte Gebiete der IT abzugrenzen.

2.2.2   Abgrenzung von IOS

Eine Abgrenzung gegen aussen hebt IOS von benachbarten Formen der IT-Anwendung ab. Diese Abgrenzung kann auf rechtlicher, technischer und ökonomischer Ebene erfolgen. Die benachbarten IT-Anwendungen, die es zu berücksichtigen gilt, sind IAS sowie elektronischer Handel.

Abgrenzung von IOS und IAS

Die vorliegende Bestandsaufnahme stellt die Distribution von Information über die Grenzen des Unternehmens hinaus in den Mittelpunkt der Betrachtung. Der hier verwendete Logistikbegriff umfasst deshalb die überbetriebliche Logistik. Diese Systeme der Informationslogistik werden im folgenden mit dem Begriff IOS umschrieben. Die wirtschaftlichen und technischen Fragestellungen im Zusammenhang mit der innerbetrieblichen Informationslogistik, den IAS, sind anders ausgerichtet. Die Zielsetzung dieser Systeme ist - mit einigen Ausnahmen - weniger die Unterstützung und Begleitung der verschiedenen Phasen einzelner Geschäftstransaktionen wie bei IOS, als vielmehr das Komplement, nämlich die Initialisierung bzw. Weiterverarbeitung von überbetrieblicher Informationslogistik. IAS lassen sich weniger einzelnen Transaktionsphasen, sondern eher einzelnen funktionalen oder prozessorientierten Bereichen des Unternehmens zuordnen (z.B. Buchhaltung, Produktionsplanungs- und -steuerungssystem).

Die Unterscheidung von IOS und IAS ist eine Dimension der definitorischen Abgrenzung. Dabei steht insbesondere die Grenze des Unternehmens im Vordergrund der Betrachtung. Barrett und Konsynski [1992, 93] definieren IOS als „... systems that involve resources shared by two or more companies". Verschiedene Sichtweisen erlauben jedoch unterschiedliche Festlegungen der Organisationsgrenze. Drei verschiedene Sichten sind für die Abgrenzung zweier Organisationen im Sinne des hier verwendeten Begriffes von Bedeutung [Suomi 1992, 95]:

Unternehmensgrenze als Kriterium

☐ *Rechtliche Sicht.* Diese Sicht definiert ein Unternehmen als Einheit mit Vermögenswerten und Verbindlichkeiten. Diese Definition ist insbesondere für internationale IOS aufgrund unterschiedlicher Rechtssysteme nicht eindeutig.

☐ *Technische Sicht.* Aus dieser Perspektive wird ein Unternehmen als Einheit mit Ressourcen in eigener Entscheidungsgewalt aufgefasst. In diesem Sinne haben Unternehmen eigene Mitarbeiter, Produktionsanlagen, IAS, Finanzen usw. Diese Sichtweise ist insofern kritisch, als einzelne Funktionen vermehrt ausgelagert werden. Zu nennen ist insbesondere das Outsourcing der Datenverarbeitung eines Unternehmens, bei der eine Grenze zwischen den beiden Unternehmen nur mehr schwer ersichtlich ist.

☐ *Managementsicht.* Diese Sicht stellt die dritte Perspektive im Zusammenhang mit IOS dar. Das Unternehmen wird als eigenständige Einheit aufgefasst, wenn es über die Teilnahme an IOS frei entscheiden kann. Die Problematik dieser Sicht liegt weniger in der Definition der Beurteilungskriterien als vielmehr in der Operationalisierbarkeit: Ob die Entscheidungsfreiheit gewährleistet wird, ist für Beobachter im Einzelfall nur schwer zu erkennen. Ausserdem sind Fälle vorstellbar, die aus Managementsicht zwar nicht als IOS gelten, jedoch sämtliche Merkmale eines überbetrieblichen Systems aufweisen und umgekehrt (z.B. Zulieferbeziehung in der Automobilbranche). An dieser Stelle sei auch auf die Verschiebung von Unternehmensgrenzen im Zusammenhang mit der Virtualisierung des Unternehmens hingewiesen [Vogt 1994, 6].

Abgrenzung aus rechtlicher Sicht

Obwohl unterschiedliche Rechtssysteme die Definition von IOS erschweren können, sprechen zwei wesentliche Argumente für eine Unterscheidung von IOS aufgrund von rechtlichen Kriterien: Erstens ist die Rechtsform einer Beziehung zwischen zwei Einheiten leicht feststellbar, und zweitens fasst die rechtliche Sicht den Begriff eines IOS genügend weit, um die wichtigsten Formen der überbetrieblichen Kommunikation im Bereich der Logistik zu erfassen.

Kosten / Nutzen in IAS und IOS

Im Gegensatz zu Organisationen, die an einem IOS beteiligt sind, haben Unternehmen, die ein IAS betreiben, immer volle Kontrolle über das System (Hierarchie). Die Kosten und der Nutzen des IAS können einer einzigen Organisation zugerechnet werden [Suomi 1992, 94]. Ganz im Gegensatz dazu die Kosten-/Nutzenverhältnisse bei IOS: Die Ausdehnung von IOS über die Grenzen der Unternehmung hat entsprechende Implikationen. IOS müssen allen Beteiligten einen Nutzen irgendeiner Art bieten. Weil diese jedoch unterschiedliche Ziele verfolgen, muss bei IOS stärkeres Gewicht auf die Datensicherheit, die Integrität und die Zuverlässigkeit des Systems gelegt werden als bei IAS [Johnston/Vitale 1988, 154]. Sowohl Nutzen als auch Kosten sind, wie bei IAS, bei der Beteiligung an einem IOS monetär nur schwer erfassbar. Eine Kategorisierung der Nutzeneffekte nach wirtschaftlichen Gesichtspunkten gibt Kapitel 2.4. Eine Abgrenzung eher technischer Art stellt diejenige gegenüber dem elektronischen Handel und elektronischen Märkten dar. Sie wird in den folgenden zwei Abschnitten erörtert.

IOS und elektronischer Handel

Elektronischer Handel lässt sich gleichsetzen mit *Electronic Commerce* oder *Electronic Trading*. Die Definition von Cunningham und Tynan [1993, 5], die Electronic Trading als „....any trading relationship which relies upon the use of computer technology, normally (but not necessarily) involving telecommunication links for interorganizational communications" auffasst, bestätigt die unterschiedliche Ausrichtung von IOS und elektronischem Handel. Ein elektronisches Handelssystem ist entsprechend ein System zur Unterstützung des elektronischen Handels.

Ähnliche, aber nicht gleiche Ausrichtung

Die Begriffe *elektronischer Handel* und *IOS* werden in der Forschung weitgehend gleichbedeutend behandelt [Cunningham/Tynan 1993, 9]. Kontext und Anwendungsgebiete eines IOS decken sich jedoch nicht vollständig mit dem eines elektronischen Handelssystems. Es lassen sich einzelne IOS eruieren, die nicht unter dem Begriff des elektronischen Handels subsumiert werden können. Systeme zum Austausch von Produktionsdaten sind Beispiele dafür. Umgekehrt existieren Beispiele für elektronische Handelssysteme, die nicht gleichzeitig IOS sind. Beispielsweise sitzen bei der Wertschriftenbörse in Hong Kong oder dem Hog Auction Market (HAM) zur Versteigerung von Schlachttieren in Singapur die Händler in einem gemeinsamen Handelsraum vor Terminals. Die Wertpapiere bzw. Schlachttiere werden über das Handelssystem vor Ort gehandelt. Im Fall der Hongkonger Börse hat man sich für diese Art des elektronischen Handels entschieden, da man dem Informationsfluss zwischen Händlern einen sehr hohen Stellenwert in der Preisfindung zurechnet. Teleshoppingsysteme sind ebenfalls nicht den IOS zuzuordnen, weil sie auf der Kundenseite vorwiegend Privathaushalte, also keine Organisationen einschliessen.

Die folgende Abbildung zeigt im Überblick den Deckungsbereich von IOS und elektronischen Handelssystemen. Die vorliegende Erhebung von IOS beschränkt sich basierend auf ihrer Definition auf diejenigen Systeme, die in einer Form den elektronischen Handel unterstützen. Eine Spezialform elektronischer Handelssysteme stellen elektronische Märkte dar. Der nächste Abschnitt geht näher auf diese Form ein.

Tab. 2.3:
Gegenüber-
stellung IAS
und IOS

org. Gliederung Zielausrichtung	*IAS*	*IOS*
Unterstützung der Datenverarbeitung	Normalform IAS	Statistiken, Produktions-daten, Bibliotheks-systeme usw.
Unterstützung des elektronischen Handels	lokale Handelssysteme	IOS zur Unterstützung von Waren- und Finanzlogistik

IOS und elektronische Märkte

Bei der Erläuterung des Begriffes elektronischer Markt ist zwischen einer engen und einer weiten Begriffsabgrenzung zu unterscheiden. In beiden Fällen impliziert Markt eine Vielzahl gleichberechtigter Anbieter und Nachfrager und unterstützt die Preisbildung. Die Unterschiede beruhen auf dem Ausmass der elektronischen Unterstützung. Wie in Abb. 2.2 dargestellt, lassen sich Informations-, Vereinbarungs- und Abwicklungsprozesse trennen. Unterschiede zwischen den beiden Marktformen ergeben sich aus der Form der Preisbildung (Übertragung von Preisinformationen, Aushandlung von Preisen, computergestützte Preisbildung) und in der Anzahl der unterstützten Marktphasen. Letztere beziehen sich auf die zeitliche und sinnlogische Reihenfolge der bei einer Transaktion (z.B. Kauf eines Produktes) ablaufenden Prozesse und haben sich als geeignetes Charakterisierungsinstrument für elektronische Märkte erwiesen [Schmid 1992, 6]. Am deutlichsten akzentuiert wird der Gegensatz von marktlichen und hierarchischen Transaktionen in der Informations- und Vereinbarungsphase, weshalb diese Phasen auch als originäre Bestandteile einer Markttransaktion angesehen werden. Ein elektronischer Markt i.e.S. unterstützt alle Phasen, während ein elektronischer Markt i.w.S. nur einzelne Phasen, z.B. nur die Informationsphase, unterstützt [Schmid 1993, 467].

Elektronische Märkte bergen ein grosses Potential in sich, die betreffenden Marktteilnehmer und Branchen tiefgreifend zu beeinflussen [Krähenmann 1994, 250]. Als vielzitiertes Beispiel sei auf die Reisebranche hingewiesen, die in einigen Segmenten seit der Einführung von Reservierungssystemen grosse Umwälzungen durchlaufen hat und auch in Zukunft noch wird [Ellis 1992, 1]. Durch die technische Entwicklung (z.B. Multimedia) ist das Einsatzgebiet elektronischer Märkte nicht mehr länger auf standardisierte Produkte (Commodities) beschränkt. Vielmehr lassen sich durch die neuen Technologien auch komplexe Produkte und Dienstleistungen effizienter über elektronische Märkte handeln [Ivanitzki 1993, 1].

Begriffliche Abgrenzung   Wie Systeme zur Unterstützung des elektronischen Handels lassen sich auch elektronische Märkte nicht strikt von IOS trennen: Wie die Beispiele zum elektronischen Handel gezeigt haben, lassen sich elektronische Märkte als lokale Systeme realisieren. Als verteilte Systeme - d.h. basierend auf Telekommunikationsnetzwerken - handelt es sich bei elektronischen Märkten jedoch um eine hochintegrierte Form von IOS. Bei der Abgrenzung von IOS und elektronischen Märkten handelt es sich aus diesem Grund weniger um eine funktionale, als vielmehr um eine begriffliche. Das folgende Kapitel geht zur Differenzierung von IOS vertieft auf die verschiedenen Formen und Funktionalitäten von IOS ein.

2.2.3   Differenzierung von IOS

Die Strukturierung des IOS-Feldes erfolgt ebenfalls nach verschiedenen Kriterien rechtlichen, technischen und vor allem ökonomischen Hintergrundes. So werden IOS anhand der Topologie, ihrer technischen Bausteine, ihrer Funktionalität, ihrer Entstehungsmuster und ihrer Offenheit differenziert.

Topologie von IOS

Vier Topologieformen   Die Unterscheidung von IOS anhand der Topologie weist Parallelen zur Gliederung der Marktstrukturen nach der Anzahl der Anbieter und Nachfrager auf, wie sie durch die mikroökonomische Preistheorie geprägt wurde [Schmid/Zbornik 1991, 20]. Wie in Kapitel 2.1.1 erwähnt, unterscheidet die Preistheorie zwischen einem, wenigen und vielen Marktteilnehmern auf der Anbieter- bzw. der Nachfragerseite. Durch die Kombination dieser jeweils drei Möglichkeiten ergeben sich neun verschiedene Marktformen. Vereinfachend wird in der IT zwischen einem und mehreren Teilnehmern auf der jeweils gleichen Stufe der Wertschöpfungskette unterschieden. Die sich durch die Kombination ergebenden vier Marktformen sind in Tab. 2.4 dargestellt.

Tab. 2.4: Topologie von IOS

Nachfrage / Angebot	monopolistisch (ein Teilnehmer)	oligopolistisch / atomistisch (mehrere / viele Teilnehmer)
monopolistisch (ein Teilnehmer)	1:1	1:n
oligopolistisch / atomistisch (mehrere / viele Teilnehmer)	n:1	m:n

Die Zahl der EDI-Anwender steigt derzeit weltweit mit zweistelligen Wachstumsraten. Die Zahl der Unternehmen, die EDI für die Kommunikation innerhalb oder zwischen Firmen anwenden, wurde 1992 auf rund 30'000 geschätzt [EDI 1992]. Ein grosser Anteil dieser Benutzer entfällt bezüglich Topologie auf die Gruppen der bilateralen (1:1) Verbindungen. Durch diese Systeme wird vorwiegend die papierbasierte Kommunikation ersetzt. Vorteile dieser Ablösung werden in erster Linie in der Produktivitätsverbesserung und der Kostenreduktion gesehen. In zahlreichen Fällen werden gar Lieferanten durch ihre Hauptabnehmer zur Einführung elektronischer Übermittlung gezwungen (z.B. General Motors). Einseitig bzw. beidseitig oligopolistisch/atomistische Systeme, 1:n-/n:1-, bzw. m:n-Systeme, bergen das Potential grundlegender wirtschaftlicher Strukturveränderungen in sich und eröffnen Teilnehmern und Betreibern die Möglichkeit neuer Marktstrategien und Produkte [Barrett/ Konsynski 1992, 101]. Vor diesem Hintergrund beschränkt sich die vorliegende Bestandsaufnahme auf Systeme der Topologie 1:n/n:1, und m:n.

Horizontale und vertikale m:n-Systeme Die m:n-Systeme lassen sich ihrerseits in zwei Gruppen unterteilen. Diese Unterscheidung der beidseitig oligopolistisch/atomistischen Systeme ist rechtlicher Natur. Die Teilnehmer in vertikalen m:n-Systemen sind typischerweise auf zwei oder mehreren Stufen der Wertschöpfungskette angesiedelt (vertikale Interaktion). Dadurch befinden sich die Beteiligten in einer statischen Rollenverteilung (Auftraggeber-Beauftragter), womit auch die Zahl der Beteiligten auf der jeweiligen Wertschöpfungsstufe unverändert bleibt [Bakos 1987, 44]. Zur Veranchaulichung seien hier die Systeme aus dem Flugreservationsbereich (SABRE, AMADEUS usw.) erwähnt. Im Gegensatz dazu ist die Rollenverteilung in der Gruppe der horizontalen m:n-Systeme dynamisch: Die Teilnehmer sind typischerweise auf derselben Stufe der Wertschöpfungskette angesiedelt und treten lediglich im Rahmen einzelner Geschäftstransaktionen als Auftraggeber bzw. Beauftrager auf (horizontale Interaktion). Während dadurch die Gesamtzahl der Beteiligten im System unverändert bleibt, ist die Verteilung auf Auftraggeber bzw. Beauftragte zufällig. Als Beispiele sind hier die Systeme aus dem Interbank- und dem Versicherungsbereich zu erwähnen. Die Unterscheidung in vertikale und horizontale m:n-Systeme ist insbesondere für die technische und rechtliche Ausgestaltung der IOS und deren Auswirkung auf den Wettbewerb von Bedeutung.

Technische Bausteine von IOS

Die Abwicklung innerbetrieblicher Geschäftsprozesse beruht heute zu einem grossen Teil auf IAS. Obwohl die Rationalisierungs- und Leistungssteigerungspotentiale auch von kleineren und mittleren Unternehmen (KMU) erkannt wurden, wird noch immer ein überwiegender Teil der überbetrieblichen Kommunikation mit Papier, Telefon, Fax und Telex betrieben. Diese Diskrepanz hat seinen guten Grund, denn im Vergleich zur begrenzten Welt der IAS sind IOS ungleich komplexer in ihrer Ausgestaltung und ihren potentiellen Folgen. Demgegenüber bieten verbesserte Hardware (HW), qualitativ höherwertige Kommunikationssoftware und die Etablierung von überbetrieblichen Nachrichtenstandards die Grundlage für eine zügige Verbreitung von IOS.

Die technische Sicht auf IOS rückt vor allem Kommunikationsnetzwerke, -dienste und -sprachen in den Mittelpunkt der Betrachtung. In Ergänzung zur Definition in Kapitel 2.2.1 definiert Suomi [1992, 94] IOS aus technischer Sicht als Systeme, die ...

☐   mittels Telekommunikationsnetzwerken

☐   strukturierte Wirtschaftsdaten in maschinenlesbarer Sprache

☐   zwischen IAS zweier Unternehmen austauschen.

EDI als Basis von IOS

Insbesondere die letzten zwei Kriterien weisen auf EDI als Basistechnologie für die anwendungsspezifischen Funktionen von IOS hin und unterscheiden diese von elektronischen Mailsystemen [Ritz 1995, 8]. Die Unterscheidung zwischen EDI-basierten Systemen und Online-Datenbanken anhand dieser Kriterien ist insofern kritisch, als bezüglich der EDI-Standards Bestrebungen im Gange sind, das Anwendungsgebiet auf den Bereich der Online-Datenbanken auszudehnen. Die Unterscheidung basiert vielmehr auf Gesichtspunkten wie beispielsweise wirtschaftlicher Anwendungsbereiche (vgl. Kapitel 2.2.2).

Die anwendungsbezogenen Funktionen von IOS bauen auf einem hierarchischen System von technischen Bausteinen auf, die in der Folge kurz dargestellt werden.

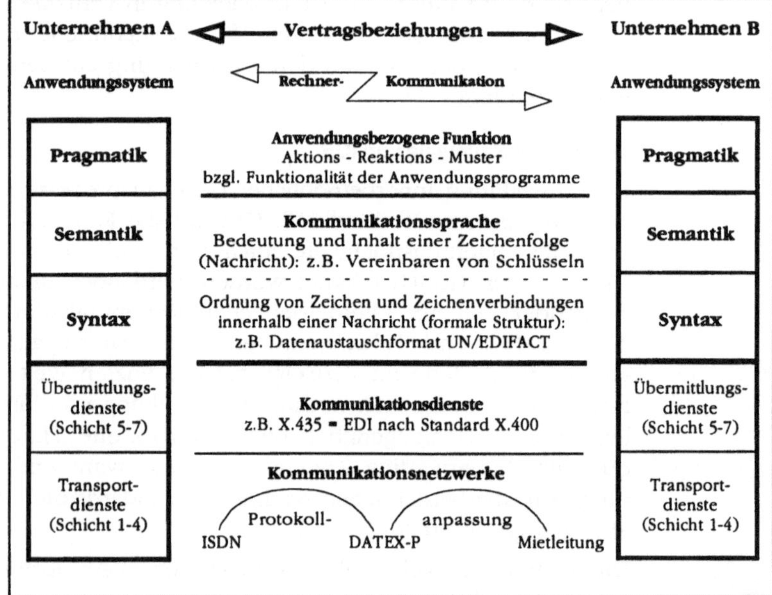

Abb. 2.7: Technologische Bestandteile von IOS [Schad 1994, 44]

Telekommunikationsnetzwerke und -dienste

Ein Kommunikationsnetzwerk ist eine Sammlung von Geräten und physischen Medien, die als ganzes zwei oder mehrere Rechner oder

Terminals miteinander verbinden [Umar 1993, 44]. Die Basis der zwischenbetrieblichen Kommunikation bilden vor allem öffentliche Netzwerke wie das Telefon-, Telex- oder Datex-P-Netz. Diese sind bereits weltweit aufgebaut und untereinander vernetzt. Nicht nur die räumlich zu überbrückende Entfernung wird immer grösser, auch die zu übermittelnde Datenmenge wächst beständig. Um diesen Trends entgegenzutreten, ist die Netzwerktechnologie und ihre Anwendungsfelder ständigen Neuentwicklungen und Verbesserungen unterworfen. Stark wachsende Verbreitung finden Digitalnetzwerke in Form von Schmalband- und Breitband-ISDN [Langenohl 1994, 170].

Um die in ihrer Funktionalität auf den Datentransport beschränkte Netzwerkebene zu erweitern, etablieren sich standardisierte anwendungsnahe Kommunikationsdienste. Diese Dienste der 7. Schicht des ISO/OSI-Referenzmodells ermöglichen den darüberliegenden Anwendungsprozessen den Zugang zu den Diensten der darunterliegenden Schichten des Referenzmodells. Anwendungsspezifische Prozesse befinden sich ausserhalb dieser Umgebung und repräsentieren diejenigen Teile einer auf Rechnern implementierten Anwendung, die für die Erfüllung ihrer Aufgaben auf Kommunikationsdienste angewiesen sind. Weit verbreitete Beispiele von Kommunikationsdiensten sind FTAM und X.400 [Plattner 1993, 36].

Kommunikations- oder Marktsprache

Parallel zu Kommunikationsnetzen und -diensten, jedoch mit anderer Ausrichtung, stellt die gemeinsame Kommunikations- oder Marktsprache in Form von strukturierten Wirtschaftsdaten eine weitere Grundvoraussetzung für das Funktionieren von EDI und damit IOS dar. Unter einer Sprache ist ein für Sender und Empfänger gemeinsames Repertoire von Zeichen sowie ein Regelsystem zur Bildung von Nachrichten aus diesen Zeichen zu verstehen (Syntax) [Maser 1971, 12]. Durch standardisierte Datendefinitionen (Data Keys) erlangen die Zeichen für die anwendungsbezogene Funktionen eine Bedeutung (Semantik).

Entwicklung von Standards

Mit der zunehmenden Verbreitung von EDI haben sich seit Mitte der siebziger Jahre verschiedene nationale und branchenbezogene formale Marktsprachen etabliert: Die wichtigsten Beispiele sind Ansi X12 (USA), Tradacoms (GB), →SWIFT (Finanzbereich), Odette (Europa, Automobilbranche), VDA (D, Automobilbranche), Sedas (D, Handel) und Cargo*Imp (Luftfracht). Mit UN/Edifact wird seit 1985 ein Standard entwickelt, der branchenübergreifende und internationale Gültigkeit hat.

Anwendungsbezogene Funktionen, Marktapplikation und Marktdienste
Aufbauend auf den erwähnten Bausteinen lassen sich vollständige
zwischenbetriebliche Anwendungen bzw. Mehrwertdienstleistungen
realisieren, die auf den Austausch von spezifischen Gütern und
Dienstleistungen ausgerichtet sind (Pragmatik).

Anwendungsbezogene Funktionen bauen auf der Grundlage von
Kommunikationsnetzen und -diensten einerseits und Marktsprache
andererseits auf. In der Form von handelsunterstützenden Marktdiensten können einzelne dieser anwendungsbezogenen Funktionen oder Gruppen von Funktionen als Systeme der Informationslogistik betrieben werden, wie sie für die vorliegende Bestandsaufnahme erhoben wurden. Der Bezug dieser Funktionen oder Marktdienste ist vielfältig: Der IOS-Einsatz ist praktisch in allen Anwendungsbereichen eines Unternehmens oder der Verwaltung möglich.

Abb. 2.8:
Marktdienste,
-applika-
tionen und
-sprachen

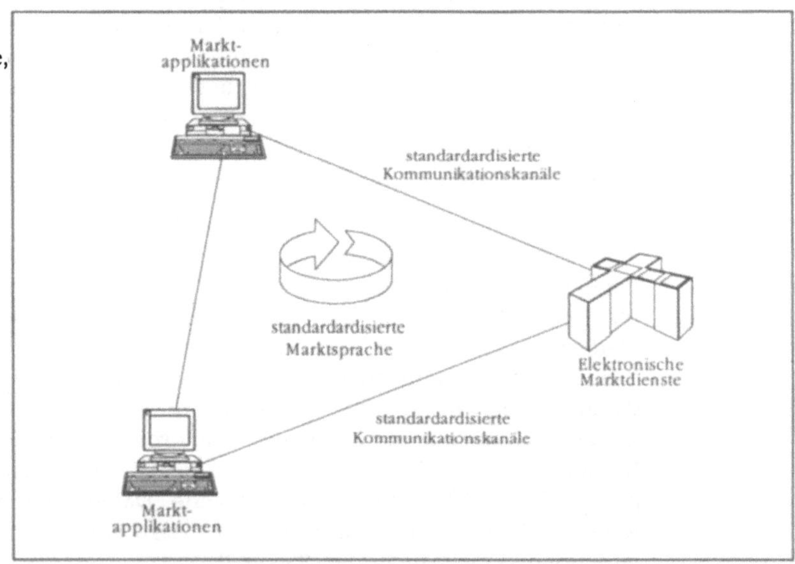

Die individuelle Marktapplikation verschafft dem Teilnehmer bzw.
seiner betrieblichen Applikation Zugang zum IOS und kann in
diesem Sinne als eine Schnittstelle zwischen den inner- und überbetrieblichen Anwendungen verstanden werden. Neben dieser
Schnittstellenfunktion kommt der Marktapplikation auch eine Auto-
matisierungs- bzw. Unterstützungsfunktion zu [Maser 1971, 163].

Funktionalität von IOS

Drei
Funktions-
gruppen von
IOS

IOS lassen sich auf Basis ihrer Funktion in drei Gruppen unterschiedlichen Umfanges einteilen. Diese funktionale Unterteilung ist bezüglich der benötigten telematischen Infrastrukturen mit den technischen Bausteinen und aus wirtschaftlicher Sicht mit dem aus ihnen resultierenden Nutzen verbunden (zum Nutzen der einzelnen technischen Bausteine siehe Kapitel 2.4) [vgl. auch Schumann 1992]:

- *Reine Datenübermittlung.* Diese Gruppe umfasst Systeme, die bezüglich ihrer Funktionen die reine Datenübermittlung über telematische Netzwerke umfassen. Gemeinhin werden diese als EDI-Systeme bezeichnet. Im Einzelfall schliessen sie sowohl auf Mietleitungen basierende Online-Systeme, als auch durch VANS unterstützten Datenaustausch ein. Funktionalitäten dieser Art umfasst das *Clearing-Center* Konzept. Aus topologischer Sicht repräsentieren Clearing-Center den zentralen Knoten in n:m-Strukturen, der die Komplexität multilateraler Beziehungen reduzieren soll. Statt viele bilaterale Beziehungen besitzen Handelspartner über Anschluss an ein Clearing-Center nur eine Kommunikationsverbindung. Die Dienste von Clearing-Centern beschränken sich i.d.R. auf kommunikationsorientierte Funktionen wie das Message-Routing, die Konvertierung von Protokollen und Marktsprachen, die Verwaltung von Mailboxen sowie den Betrieb von Gateways zu anderen Systemen.[35]

- *Gemeinsame Datenbestände.* Die zweite Gruppe umfasst IOS, mit denen zusätzlich gemeinsame Datenbestände für Logistikfunktionen genutzt werden können. Eine Datenbank mit Informationen über die momentane Verfügbarkeit von Frachtraum führt so beispielsweise bei den Beteiligten im Frachtbereich zu einer Wertsteigerung. Die Integration auf dieser Ebene ermöglicht es den IOS-Teilnehmern, bessere Serviceleistungen zu erzielen, indem durch schnellere Informationsverfügbarkeit und bessere Planungsinformationen intensivere Geschäftsbeziehungen geschaffen werden können. Transportunternehmen sind mit Unsicherheiten bei einer Reihe logistischer Probleme konfrontiert: Routenplanung, Bestimmung des Streckennetzes, Flottengrösse und Kosten-/Leistungsverhältnis. Durch den Einsatz von EDI können die Unsicherheiten reduziert werden, da durch EDI aktuellere und zuverlässigere Informationen möglich werden, die leichter (da in maschinenlesbarer Form) handhabbar und weiter-

---

[35] Zum Konzept des Clearing Centers vgl. z.B. Zbornik [1993, 58].

verarbeitbar sind (z.B. Aggregation, Import in weitere Applikationen etc.).

❑ *Automation.* Diese Gruppe der IOS umfasst die Automation von Prozessen in der Wertschöpfungskette. Ein Beispiel für die Automatisierung eines Teilprozesses in der Abwicklungsphase stellen z.B. Tracking- und Tracing-Systeme dar: Die Möglichkeit, jederzeit den Standort zu verfolgen und den Sendungsverlauf nachzuvollziehen, kann zur Senkung von Versicherungsprämien führen. Falls Sendungen abhanden kommen, kann genau eingegrenzt werden, an welcher Stelle dies geschehen ist [UNCTAD 1994, 8]. Tracking- und Tracing-Systeme können daneben auch dazu beitragen, die Kooperation zwischen den Frachtführern zu intensivieren. Denn wenn die Leistung des anderen Frachtführers transparent bzw. kontrollierbar wird (durch Anschluss an das System des anderen Frachtführers), wird auch Vertrauen des Frachtführers wachsen, dass er die Ladung und sein Transportbehältnis (z.B. Container) nicht gefährdet (vgl. Kapitel 2.2.2) [UNCTAD 1994, 9].

Entstehungsmuster von IOS

3 Aufbaumotive für IOS

Dem Aufbauprozess von IOS ist aufgrund der im Gegensatz zu IAS hohen Komplexität entsprechende Beachtung zu schenken. Der Entstehungsprozess von IOS kann nach verschiedenen Kriterien differenziert werden, z.B. nach Motivation, Initianten und Koordinationsformen bei der Initiative und beim Aufbau [Ritz 1995, 23]. Als Motivation für den Aufbau eines IOS kommen folgende in Frage:

❑ *Sicherung des Absatzkanals.* Ein mögliches Motiv, ein IOS aufzubauen, ist die Sicherung eines bestehenden Absatzkanales. Dies trifft insbesondere auf einzelne Unternehmen zu, die in der eigenen Branche ein IOS gründen. Unternehmen, die ein telematikgestütztes System zur Unterstützung des Geschäftsdatenaustausches einführen, versuchen u.U. ihre Geschäftspartner enger an sich zu binden. Bei der Betrachtung dieser Systeme ist zu unterscheiden zwischen anbieter- und nachfrageseitig induzierten Systemen. Im Falle nachfrageseitig induzierter Systeme geht die Initiative zur elektronischen Abwicklung von Transaktionen von einem oder mehreren Grosskunden aus, die ihre Anforderungen bezüglich Systemgestaltung ihren Lieferanten aufzwingen. Anbieterseitig induzierte Bestellsysteme sind dagegen in der Regel dadurch gekennzeichnet, dass Anbieter versuchen, ihre

Produkte oder Dienstleistungen über ein IOS zu vertreiben, um so einerseits in neue Absatzmärkte vorzustossen und andererseits für bestehende Kunden einen Zusatznutzen zu schaffen, der sie davor abhalten soll, die Beschaffungsquelle zu wechseln [Ritz 1991, 10]. IOS-Lösungen, die den Teilnehmern, insbesondere den Nachfragern, die Kontrahierung von Dienstleistungen erleichtern, können zu einer Differenzierung der am System teilnehmenden Anbieter gegenüber den Konkurrenzunternehmen beitragen. Die Teilnahme an einem System für die Abwicklung von Geschäftstransaktionen kann zur Festigung der Beziehungen zwischen teilnehmendem Anbieter und Nachfrager führen. Besonders ausgeprägt ist dieser Effekt immer dann, wenn für den Systemnutzer der Wechsel zu einem Geschäftspartner (z.B. seiner Bank) ausserhalb des Systems mit erheblichen Umstellungskosten verbunden ist. Aus der Sicht der Konkurrenten des Systemanbieters wird die dadurch verursachte Intensivierung der Austauschbeziehungen als Markteintrittsbarriere empfunden [Doch 1992, 15].

☐ *Schaffung eines neuen Absatzkanals.* Im Zusammenhang mit mehreren Unternehmen als Initianten eines IOS ist die Schaffung eines neuen Absatzkanales als Motiv für den Aufbau zu sehen. Im Unterschied zum vorangegangenen Szenario tritt hier weniger ein einzelnes Unternehmen, als vielmehr eine Mehrzahl als Systeminitiant auf. So ist beispielsweise eine Gruppe von Unternehmen in Form eines Branchenverbandes organisiert oder gründet ein Joint-Venture als rechtliche Grundlage für den späteren Betrieb des Systems. Der Hintergrund dieser Form des Systemaufbaus ist die Tatsache, dass einzelne Marktteilnehmer die Voraussetzungen und die Anforderungen für den Aufbau nicht allein zu erfüllen vermögen. Branchenweite Systeme sind meist darauf ausgerichtet, nicht einzelnen Branchenvertreter zu bevorteilen, sondern die Position der Branche (oder Gruppe) als ganzes zu stärken. Kennzeichnend für Systeme diesen Hintergrundes ist generell das Bestreben der Beteiligten, unter bewusstem Verzicht auf einen kurzfristigen operativen Nutzenvorteil zusammen mit den anderen Teilnehmern die gemeinsame Wettbewerbsposition zu stärken [Ritz 1991, 11].

☐ *Systembetrieb als eigenes Geschäftsfeld.* Informationsdienstleister (VANS) bieten Geschäftskunden des Logistikbereiches ihre Dienstleistungen zur Unterstützung ihrer Geschäftstätigkeiten an. Bedingt durch ihr angestammtes Geschäftsfeld verfügen VANS über weitreichende und leistungsfähige Kommunikationsnetze bzw. über Zugang zu solchen. Der Mehrwert, den VANS für den Logistikbereich erbringen, kann das Zurverfügungstellen ihrer Netze sowie von Rechnerleistung für den Betrieb von Marktdiensten beinhalten (vgl. beispielsweise →RINET, →IVANS). Der Vorteil, den VANS gegenüber anderen potentiellen Betreibern von IOS besitzen, besteht in der bereits vorhandenen Infrastruktur. Ein weiterer Pluspunkt im Hinblick auf den Betrieb von IOS ist die Tatsache, dass die Infrastrukturen von VANS mehrere Marktsprachen unterstützen bzw. auf branchenübergreifenden Standards wie Edifact aufbauen. Diesem Aspekt kommt insofern grosse Bedeutung zu, als dass er die Vernetzung verschiedener IOS unterstützt. Zudem verfügen VANS aus ihrer angestammten Geschäftstätigkeit über erhebliche Erfahrung darüber, wie IOS konzipiert werden müssen, um die erwünschten Nutzeneffekte bei gleichzeitig geringen Entwicklungs- und Betriebskosten zu liefern [Ritz 1991, 17].

Allen drei Motiven, der Sicherung eines bestehenden Absatzkanales, der Schaffung eines neuen Kanales sowie dem Systembetrieb als eigenes Geschäftsfeld, liegen Effizienzsteigerungsüberlegungen zugrunde. Die Zielsetzung besteht in der Etablierung möglichst effizienter und transaktionskostengünstiger Handelskanäle. Im Zusammenhang mit der Motivation ist es auch von Bedeutung, wer an der Initiierung des IOS beteiligt ist. Der folgende Abschnitt strukturiert das Feld der möglichen Initianten.

Initianten des Aufbaus

4 mögliche Konstellationen

Eng mit der Motivation zu einem Systemaufbau ist die Herkunft bzw. die Zusammensetzung des bzw. der Initianten verbunden. Durch die Einbindung von mindestens zwei unabhängigen Unternehmen erfordern IOS ein grosses Mass an Koordination zwischen den Beteiligten: Die partizipierenden Unternehmen haben beispielsweise über zu verwendende Kommunikationskanäle, Standards und Funktionalität zu entscheiden. Basierend auf empirischen Ergebnissen können vier verschiedene Konstellationen von Initianten im Entstehungsprozess unterschieden werden [Ritz 1995, 23; Monse 1994, 71]:

❏ *Initiative durch den Staat.* Der Staat unterstützt die Einführung eines IOS durch Finanzmittel, weil er das geplante System als Instrument zur Strukturveränderung von Wirtschaftszweigen oder zur Förderung bestimmter Regionen betrachtet.

- ❑ *Initiative durch Wirtschafts- und Industrieverbände.* Die Implementierung eines IOS kann alternativ durch Verbände vorangetrieben werden. Diese Verbände repräsentieren die Mitglieder eines Wirtschaftszweiges und unterstützen weder die Interessen einzelner Unternehmen noch sind sie gewinnorientiert.

- ❑ *Initiative durch einzelne bzw. eine Gruppe von Unternehmen.* Grosse Unternehmen eines Wirtschaftszweiges oder ein Konsortium eines oder mehrerer Wirtschaftszweige können als Förderer der Implementation eines IOS auftreten. Diese Form ist entweder dort anzutreffen, wo Verbände nicht über genügend Kompetenz und Finanzmittel für den Aufbau verfügen oder wo IAS die Grenzen der Organisation überschreiten und für Kunden oder Lieferanten geöffnet werden.

- ❑ *Initiative durch branchenfremde Dienstleister.* Die Initiative und die Ressourcen für den Aufbau eines IOS können zuletzt auch durch einen branchenfremden Dienstleister, i.d.R. ein VANS, eingebracht werden. Dies ist dann der Fall, wenn dieser im Aufbau und Betrieb eines Systems längerfristige wirtschaftliche Erfolgschancen sieht.

In der Realität treten in der Aufbauphase Mischformen auf. Vielfach werden die organisatorische und die technische Realisierung des IOS institutionell getrennt, wobei für letztere meist ein VANS beauftragt wird, während die Organisation beispielsweise bei einem Verband liegt [CEC 1992b, 40].

Offenheit von IOS

Juristische und technische Offenheit

Die verstärkte Dynamisierung und Internationalisierung stellt spezifische Anforderungen an die kommunikationstechnischen Realisierungsplattformen von IOS. Der Offenheit von Systemen kommt dabei eine zentrale Rolle zu. Unter Offenheit ist die Verfügbarkeit von Systemen für potentielle Benutzer und Benutzergruppen zu verstehen. Prinzipiell kann zwischen juristischer Offenheit, technischer Offenheit und Benutzeroffenheit unterschieden werden [Langenohl 1994, 34; Siemens 1987, 11]. Für den Verlauf dieser Studie wird letztere unter die technische Offenheit subsummiert.

- ❑ *Juristische Offenheit.* Systeme sind in ihrer Struktur bzw. juristisch offen, wenn sich jeder potentielle Teilnehmer am System beteiligen und mit dessen Hilfe mit anderen Teilnehmern kommunizieren kann. Aus der juristischen Offenheit ergibt sich ein Rechtsanspruch für die Teilnehmer, sich an einem IOS beteiligen zu dürfen. Der weltweit öffentliche Telefondienst, den beliebige Rechtspersonen nutzen dürfen, ist ein Beispiel für ein juristisch offenes Kommunikationssystem. Der Besitz eines Kontos bei einer Bank oder die Zugehörigkeit zur einer bestimmten Branche als Bedingung für die Zulassung zu einem IOS ist Hinweis für ein juristisch geschlossenes System.

❑ *Technische Offenheit.* IOS sind technisch offen, wenn verschiedene am Markt angebotene Endeinrichtungen ohne technische Schwierigkeiten ein gemeinsames Kommunikationssystem nutzen können. Technische Offenheit wird sowohl durch Normung als auch durch Anpassungsleistungen erreicht. Die Normung von Systemen bezieht sich auf Schnittstellen und Kommunikationsprotokolle, wobei die Normung von Schnittstellen in Bezug auf IOS sowohl Geräte (das Zusammenwirken von Hardwaremodulen über Hardwareschnittstellen) als auch Funktionen (das Zusammenwirken von Softwaremodulen über Softwareschnittstellen) betrifft. Kommunikationsprotokolle werden durch Vereinbarungen über die Verhaltensregeln und Formate zwischen gleichen logischen Schichten genormt.[36] Über die Protokolle hinaus kommt in IOS der Normierung der Marktsprache eine wesentliche Bedeutung zu. Standards wie Edifact ermöglichen die Kommunikation zwischen Geschäftspartnern unabhängig von deren Branchen oder Nationen. Eine abgeschwächte Form der technischen Offenheit stellt die Offenheit durch Anpassungsleistungen dar. Durch Anpassungsleistungen im System können Kommunikationsbeziehungen zwischen Partnern aufgebaut werden, die nicht direkt miteinander verkehren können. Die Kommunikation wird durch diese Leistungen dann offen, wenn innerhalb des Systems Dienste vorhanden sind, die die unterschiedlichen Übertragungsarten der beiden Systeme einander anpassen können.

Die Beschreibung von rechtlicher und technischer Offenheit lässt erkennen, dass es weder vollständig offene noch völlig geschlossene Systeme gibt [Langenohl 1994, 36]. Die Bandbreite zwischen offenen und geschlossenen Systemen ist fliessend und verlangt für die Bewertung des einzelnen Systems eine genaue Festlegung (vgl. Kapitel 5.1).

---

[36] Als Beispiel sei hier auf die Protokolle der 7 Schichten des ISO/OSI-Referenzmodells verwiesen.

2.3   Rahmenbedingungen für IOS in der Logistik

Wechselwirkungen zwischen Anwendungskontext und technologischen Potentialen sind im Bereich der Literatur ein breit diskutiertes Thema.[37] Einerseits bestimmt der Anwendungskontext die Einsatzmöglichkeiten von IOS, andererseits aber werden durch IOS neue Anwendungsbereiche eröffnet. Diese Zusammenhänge sollen nun anhand der organisatorischen Möglichkeiten im Logistikbereich aufgezeigt werden. Aufgrund des sekundären Charakters von Logistikprozessen sind für dieses Anwendungsfeld die Entwicklungen im primären WSP von besonderer Bedeutung. Sie sollen daher als Ausgangspunkt für die nachfolgend geschilderte Situation in der Logistik gelten.

2.3.1   Gesamtwirtschaftlicher Vernetzungstrend

Beschränkung auf Kernkompetenzen

Nachdem Logistikprozesse von den primären Gütern abhängen, ist auch die Nachfrage nach sekundären Gütern den Entwicklungen im Bereich der primären Güter unterworfen. Für viele Unternehmen des primären WSP treffen die unter Kapitel 1.3 aufgeführten allgemeinen Trends zu. Unternehmen streben angesichts der tendenziell höheren Wettbewerbsintensität nach Effizienzsteigerung in ihren Kernbereichen, d.h. denjenigen Funktionen mit deren Ausführung ein Wettbewerbsvorteil (Kostenvorteil, Differenzierung etc.) erzielt wird.[38] Bei Bereichen, die nicht zu den Kernbereichen zählen, ist die Frage zu beantworten, ob nicht statt einer Eigenfertigung kostengünstigere Zusammenarbeitsformen mit anderen Unternehmen (die ihre Kernkompetenz in diesem Bereich besitzen) existieren. Zwar trägt die Reduzierung der eigenen Fertigungstiefe[39] zur Variabilisierung von Fixkosten und zu höherer Flexibilität bei, doch ist das Verlassen der hierarchischen Koordinationsform, wie in Tab. 2.2 gezeigt, mit erhöhten Koordinationskosten verbunden.

Der Einsatz von IOS kann die Kosten interorganisatorischer Zusammenarbeit erheblich beeinflussen und den flexibleren Einsatz von

---

[37]   Zu nennen ist insb. die Wechselwirkung zwischen Organisation und IT [Orlikowski 1992, 398].

[38]   Vgl. die Diskussion der Lean-Production in [Womack et al. 1990; Prahalad/Hamel 1990, 79].

[39]   Die Fertigungstiefe bezeichnet die um den Gewinn verminderte Wertschöpfung eines Betriebes, bezogen auf den gesamten Produktionswert abzüglich Gewinn [Dichtl 1991, 54].

Koordinationsformen zulassen. Denn durch die Möglichkeit zur informationstechnischen Vernetzung von Wertschöpfungsbereichen verschiedener Unternehmen können Transaktionskosten gesenkt werden. Dies reicht von Informations- (Produkt- und Anbieterdatenbanken) über Vereinbarungs- (Buchungs- und Verkaufssysteme) hin zu Abwicklungsprozessen (Systeme zur Sendungsverfolgung, Zahlungsverkehrssysteme). Dabei können IOS nicht nur durch effiziente Vergleichsmöglichkeiten die Markttransparenz erhöhen, sondern auch Kontrollmöglichkeiten des Marktpartners sicherstellen, wie sie bislang nur bei intraorganisatorischen Beziehungen möglich waren.

Koordinationsform bestimmt Beziehung

Die im Einzelfall gewählte Koordinationsform bestimmt dabei den Charakter der Beziehung. Während bei hierarchischen und engen kooperativen Beziehungen auf eine effiziente Abwicklung und Kontrolle des Vertragspartners abgezielt wird, stehen bei marktlichen Lösungen die erwähnten Vorzüge des Marktes im Vordergrund. Beispiele enger Kooperationen, die neue Beschaffungs- und Distributionsstrategien eröffneten[40], sind aus dem Handel (z.B. laufende Warenpräsenz durch Continuous Replenishment-Systeme[41]) und der Industrie (z.B. JIT-Anlieferungen[42]) bekannt. Durch die enge Beziehung wird die bei Fremdbezug auf Lieferanten- wie Herstellerseite vorhandene höhere Ungewissheit wirkungsvoll reduziert. Während für erstere Investitionen nicht längerfristig planbar sind, besitzen letztere keine langfristige Planung von Bedarfen. Kontrollmöglichkeiten entstehen durch die zwischenbetriebliche Kopplung von Lagerhaltungs- oder Produktionsplanungssystemen, analog zu IAS.

Als Folge davon können aufgrund zu hoher Transaktionskosten getroffene Internalisierungsentscheide in Frage gestellt und Externa-

---

[40] So schreibt Bowersox [1990, 40]: „Computers hold logistics alliances together". Vgl. auch [Schulte/Schulte 1992, 1036].

[41] Beim Distributionskonzept des 'Continuous Replenishment' ist der Lieferant für eine ständige Warenpräsenz, d.h. für die Einhaltung der Ideallagermenge beim Kunden verantwortlich.

[42] Das JIT-Konzept umfasst die Konzepte der bestandslosen Fertigung, den Verzicht auf regionale Verteilläger, die zeitgenaue Anlieferung bestimmter Güterkontingente und die Minimierung des Umlaufvermögens.

lisierungen tendenziell günstiger werden [Malone et al. 1987, 484].[43] Somit begünstigt die Telematik in Verbindung mit einer geeignet gestalteten Organisation (Koordinationsform) prinzipiell die Fremdvergabe von nicht zu den Kernkompetenzen des Unternehmens gehörenden Aktivitäten. Wird diese Option in Anspruch genommen, so wird mit der *Vernetzungshypothese*[44] vermutet, dass verstärkt Nicht-Kernbereiche ausgegliedert und sich bei insgesamt höherem Vernetzungsgrad des wirtschaftlichen Geschehens Unternehmensgrössen und Fertigungstiefen verringern werden. Infolge verbesserter Kooperationsmöglichkeiten schrumpfen nach dieser Hypothese die Unternehmen auf einen schlanken Unternehmenskern, der jedoch aufgrund des Trends von der vertikalen Integration zur vertikalen Kooperation einen weit über die Unternehmensgrenzen hinausreichenden Einflussbereich besitzt. Es handelt sich dabei um die in Kapitel 2.1.2 erwähnte virtuelle Unternehmensform.

2.3.2   Folgen für den Logistikbereich

Anknüpfend an den soeben geschilderten Vernetzungstrend sollen dessen Folgen für den Logistikbereich kurz dargestellt werden. Ein Überblick über beobachtbare Trends im Logistikbereich zeigt hier den Kooperationsbedarf auf. Weshalb Kooperationen in diesem Bereich nicht bereits verbreiteter sind, wird in zwei weiteren Punkten thematisiert. Daraus gehen bereits die zwei grundlegenden Handlungsstrategien für LDL hervor.

Notwendigkeit zur Kooperation

Wie geschildert, streben Unternehmen des primären WSP nach Intensivierung von Kernprozessen bzw. nach Externalisierung von Nicht-Kernkompetenzen. Nachdem logistische Funktionen in den wenigsten Fällen zu den Kernkompetenzen dieser Unternehmen zählen, ist abhängig von der Transaktionskostenbeurteilung eine

---

[43] Mit dieser Entwicklung explizit nicht gleichgesetzt werden soll die Zahl der Handelspartner. So vermuten die genannten Autoren eine verstärkte Entwicklung zu mehr Partnern ('Move-to-the-Market'-Hypothese), der hier aber nicht gefolgt wird.

[44] Zu dieser, hier als 'Vernetzungshypothese' bezeichneten Entwicklung, vgl. Szyperski/Klein [1993, 203].

Externalisierung an LDL sinnvoller.[45] Letztere definieren die 'Produktion' sekundärer Güter als Kernkompetenz und können von den Mengenvorteilen durch verschiedene Kunden und der Konsolidierung von Logistikleistungen profitieren. Die Anforderungen sollen nun gemeinsam mit den in Kapitel 1.3 dargestellten gesamtwirtschaftlichen Entwicklungen in vier Effekte zusammengefasst werden [vgl. auch Büllingen 1994, 6].

4 Effekte auf die Logistik

1. *Güterstruktur- und Güterwerteffekt.* Als Folge des Individualisierungstrends und höherer Wettbewerbsintensität werden Sendungs- und Losgrössen tendenziell kleiner. Dies macht eine höhere Anzahl an zeitkritischen Transporten erforderlich, was bei Spediteuren und Frachtführern zu erheblichen Synchronisierungs- bzw. Koordinationsproblemen[46] führen kann. Eng verbunden mit dem quantiativen Güterstruktureffekt ist der Güterwerteffekt, der ein Ansteigen des Wertes je transportierter Volumeneinheit bezeichnet [Rothengatter 1989, 4].

2. *Logistikeffekt.* Mit veränderten Konzepten streben Industrie- und Handelsunternehmen verstärkt nach Reduktion ihrer Logistikkosten und nach Differenzierung der häufig standardisierten globalen Produkte durch kundenorientierte Funktionen wie etwa dem Lieferservice [Kruse 1991, 120]. Die bereits genannten Beispiele (JIT, Continuous Replenishment etc.) führen zu neuen Koordinationsformen zwischen Unternehmen des primären und sekundären WSP, die erhöhte Anforderungen qualitativer Art bedeuten.[47] Die Effekte 1 und 2 führen daher zu erhöhten

---

[45] Die obige Hypothese, Unternehmen würden ihren Logistikbereich mit Vorteil externalisieren, muss daher immer vor dem spezifischen Hintergrund der jeweiligen Unternehmung beantwortet werden. So kann eine Internalisierungsstrategie durchaus sinnvoll sein, wenn es um die Distribution sensibler oder hochwertiger Güter geht oder wenn bei Anlieferung des Produktes der einzige Kundenkontakt stattfindet.

[46] Das 'Synchronisierungsdilemma' ergibt aus der Vielzahl von Sendungen (bei BBC sind bspw. 60 Anlieferungen täglich zu koordinieren), die zu einem exakten Zeitpunkt angeliefert bzw. abgeholt werden müssen. Dem gegenüber steht das Streben des Frachtführers, seine Beförderungsmittel maximal auszulasten. Je determinierter die Anlieferungs- bzw. Abholzeiten des Kunden sind, desto geringer bleibt der Spielraum des Frachtführers bei der Kapazitätsmaximierung in der eigenen Tourenplanung.

[47] Zu Qualitätsfaktoren logistischer Dienstleistungen vgl. Kapitel 2.1.1.

quantitativen und qualitativen Anforderungen an die Leistungsfähigkeit logistischer Strukturen.

3. *Deregulierungseffekt.* Wie am Beispiel des EG-Binnenmarktes deutlich wird, führt die Liberalisierung der Verkehrsmärkte zu einschneidenden Umstrukturierungen im Logistikbereich. Schutzmassnahmen, die beispielsweise stabile Preise garantierten (Tarifbindungen) oder Ausländern den Marktzutritt verwehrten (Kabotageverbot[48]), führten zum Aufbau von Überkapazitäten im Transportbereich. Dieses Überangebot reduziert sich mit dem Wegfallen der Schutzmassnahmen und dem dadurch entstehenden verschärften Wettbewerb. LDL sind daher gezwungen zur Überlebenssicherung einerseits standardisierte und andererseits individuelle Lösungen auf regionaler wie überregionaler Ebene anzubieten.

4. *Technologieeffekt.* Die IT sorgte bereits für eine deutliche 'Industrialisierung des Güterverkehrs'. Aufgrund der hohen Bedeutung von Informationsaustausch und -verarbeitung im interorganisatorisch geprägten Logistikbereich stellen IOS einen wichtigen Baustein in der Leistungsfähigkeit von LDL dar [Piontek 1994, 46].

Diese vier Effekte unterstreichen den Wandel im Logistikbereich. Die Anforderungen an LDL sind gestiegen, was sich in quantitativer und qualitativer sowie in geographischer Hinsicht dokumentiert. Offenbar sind warenlogistische Dienstleister in besonderem Masse betroffen, doch sind auch im finanzlogistischen Bereich deutliche Veränderungen zu erkennen (vgl. Kapitel 3.4). Welche Optionen ergeben sich nun für Anbieter logistischer Leistungen? Ein Überdenken der bisherigen Formen interorganisatorischer Zusammenarbeit geht bereits aus den beschriebenen Effekten andeutungsweise hervor. Bevor nun genauer auf Kooperationsmöglichkeiten eingegangen wird, sollen einige damit verbundene Probleme angeschnitten werden.

Problematik interorganisatorischer Kooperation

Obwohl das ganzheitliche, marktorientierte, optimale Fliessen von Güter- und Informationsströmen dem Logistikdenken inhärent ist, lassen sich bei Betrachtung der heutigen Situation zahllose Beispiele für Ineffizienzen finden: Sendungen, die auf ihre Abfertigung

---

[48]   Danach dürfen ausländische Frachtführer im Inland keine Transporte durchführen (vgl. Kapitel 3.3.1).

warten, Lastwagen, die Leerfahrten durchführen oder der Frachtführer, der auf seine Bezahlung wartet. Häufig sind nicht vorhandene oder falsche Informationen die Ursache für Verzögerungen im Warenfluss. Die Einführung verbesserter IOS hängt jedoch häufig von der Art der Zusammenarbeit zwischen den Transaktionspartnern ab. Die Wahl der Koordinationsform ist daher von besonderer Bedeutung.

Wie in Kapitel 2.1.2 erwähnt, sind Abwicklungsaktivitäten und deren Organisation mit spezifischen Kosten verbunden, die sich aus den Kosten zu deren Produktion und den Transaktionskosten zusammensetzen. Im Logistikbereich zeigt sich, dass Schnittstellen im intraorganisatorischen Bereich verglichen mit solchen interorganisatorischer Art relativ leicht handhabbar sind. Beispielsweise kann Fedex[49] dank internalisierter (hierarchischer) Güter- und Informationshandhabung einen optimalen Güter- und Informationsfluss realisieren. Gerade die unten beschriebenen zurückhaltenden Kooperationstendenzen bei vertikalen und horizontalen Beziehungen im sekundären WSP führen zu schwerfälligen Güter- und Informationsflüssen im interorganisatorischen Bereich. Nachdem dieser Bereich, abgesehen vom Produktebereich der Integrators[50], die Regel bei Abwicklungsprozessen darstellt, fokussieren die folgenden Ausführungen auf diesen Bereich.

Schnittstellenproblem

An *informationellen* Schnittstellen kommt es, abhängig von der Koordinationsform, zu informationslogistischen Prozessen, die Transaktionskosten verursachen. Beispielsweise gilt es, einen geeigneten Frachtführer und / oder Spediteur zu finden. Durch institutionelle Absicherung, wie etwa Rahmenverträge oder Beteiligungen, wird versucht, die Koordinationskosten in Grenzen zu halten, da sich durch eine dauerhafte Kooperation die Wahlmöglichkeiten einschränken und der interorganisatorische Dokumentenfluss einen höheren Grad der Abstimmung erreichen kann. *Güterflussbedingte* Schnittstellen verursachen zusätzlich zu den informationslogistischen Prozessen Kosten für den Umschlagsvorgang und die Lagerung am Umschlagspunkt. Diese Kosten erhöhen sich naturgemäss bei ungenügender informationeller Kooperation, denn i.d.R. wartet der Warenfluss auf die Erledigung der Informationsaktivitäten (z.B. der Zollformalitäten). Die folgenden Beispiele

---

[49] Zu den Integrators vgl. Kapitel 3.3.5; zu den Dienstleistungen von Fedex vgl. die Beschreibung von →Cosmos.

[50] Es handelt sich dabei um Stückgut mit einem Gewicht von bis zu 30 kg.

sollen illustrieren, auf welche Weise Verzögerungen im Transport (z.B. Ausfall eines Lkw, Staus etc.) und an den Schnittstellen (schlechte Koordination) die Kosten der Abwicklung erhöhen:

Beispiele für
Ineffizienzen

- ☐ Jede der beteiligten Parteien plant i.d.R. das für ihre Aufgabe benötige Zeitfenster so grosszügig, dass auch bei unvorhergesehenen Ereignissen die Zielvorgaben erfüllt werden. Diese meist ungenutzten Pufferzeiten addieren sich über die logistische Kette hinweg auf [Streng/Sol 1992, 188].

- ☐ Im Strassengütertransport ist ein Anteil von bis zu 50 Prozent Leerfahrten üblich. In erster Linie werden Informationsdefizite dafür verantwortlich gemacht.

- ☐ In Seehäfen ist es nicht unüblich, dass Sendungen dort Wochen oder gar Monate gebunden sind. In Mali betragen die Verzögerungen im Hafen infolge ineffizienter Umschlagsvorgänge, Verzollungen und Informationsflüsse 29 bis 45 Prozent der gesamten Transportzeit und beanspruchen damit mehr Zeit als der Seetransport selbst. Am Beispiel Pakistan zeigt sich die Kostenwirkung derartiger Verzögerungen: Allein bei Containertransporten belaufen sich diese im Hafen von Karachi auf über 15 Millionen US$ jährlich [Thomas 1994, 11].

- ☐ In der EG verursachen Verzögerungen im Güterfluss infolge von Staus oder ungenügender Kooperation pro Jahe Kosten in Höhe von 500 Milliarden ECU oder 15 Prozent der gesamten Transportkosten [CEC 1992a, 3].

- ☐ Für Afrika wird geschätzt, dass in den 80er Jahren infolge schlechter Koordination und restriktiver staatlicher Regulierungen zu bestimmten Zeitpunkten 70 Prozent der afrikanischen Lkw-Flotte nicht eingesetzt war. Durch intensivierte Kapazitätsauslastung könnten die Transportkosten vermutlich erheblich reduziert werden: Eine Reduzierung von 10 Prozent dürfte für Afrika zu jährlichen Einsparungen von 20 Milliarden US$ führen [Thomas 1994, 16].

Wie die aufgeführten Beispiele zeigen, könnten die Transportkosten durch verbessertes Management der güterfluss- und informationell bedingten Schnittstellen erheblich beeinflusst werden. Nachdem die informationslogistische Leistungsfähigkeit als von der Art der Koordinationsform abhängig gesehen wird, erscheinen effiziente Kooperationsstrategien zwischen den Beteiligten neben den notwendigen technischen Voraussetzungen (vgl. Kapitel 2.2.3) als ein wichtiger

Bestandteil bei der Realisierung eines durchgängigen Informationsflusses.

Kooperationsstrategien

Im folgenden werden zwei grundlegende Kooperationsstrategien vorgestellt, wobei deren Bedeutung aus heutiger Sicht beschrieben wird. Der Nutzen dieser Strategien aus Sicht des IOS wird dann in Kapitel 2.4 thematisiert.

Beide Strategien knüpfen an einer kooperativen Ausgestaltung der in Kapitel 2.1.2 beschriebenen vertikalen und horizontalen Interaktionsbeziehungen an. Unterschieden wird die vertikale Beziehung zwischen primärem und sekundärem WSP sowie die Beziehung innerhalb des sekundären WSP, die horizontale wie vertikale Interaktionen besitzen kann.

Integration der Logistik

Schnittstelle zwischen primärem und sekundärem WSP

Die Integration der Logistik in den primären WSP betrifft die vertikale Schnittstelle von Unternehmen des primären WSP mit solchen des sekundären. Dem ganzheitlichen Denken folgend, gilt es, die Logistik als Teil des primären WSP zu verstehen und den Beschaffungs- und Distributionskonzepten angepasste Logistikkonzepte gegenüberzustellen. Ein „One-Stop-Shopping" Angebot ist für LDL immer wichtiger. Darunter ist eine umfangreiche Angebotspalette zu verstehen, die von standardisierten Diensten wie (flächendeckendem) Transport und Lagerung, über Verwaltung von Gütern, Bestellwesen, Verpackung, Fakturierung und Zahlungsverkehr hin zu individuellen Diensten, die etwa eine ständige Warenpräsenz im Handel oder die Übernahme ganzer Distributionsabteilungen reicht. Interessant ist auch die frühzeitige Integration des LDL im primären WSP, z.B. in Form der Rückwärtsintegration, die etwa die Verbindung des LDL mit dem PPS-System eines Herstellers vorsieht. Unterstützt werden diese Integrationsformen durch geeignete Koordinationsformen, z.B. Netzwerke, die trotz Externalisierung eine hohe Kontrolle und Verlässlichkeit sicherstellen. Die Wahl der Koordinationsform hat sinnvollerweise in Abhängigkeit der logistischen Dienstleistung zu erfolgen, da sich standardisierte Transporte mehr für marktliche Koordination eignen als individuelle Systemlösungen.

Warenlogistik

Im Bereich der *Warenlogistik* wird die Möglichkeit der Fremdvergabe logistischer Funktionen bislang erst beschränkt genutzt [Nowicki 1992, 28]. Beispiele enger Zusammenarbeit zwischen Verlader und

Spediteuren sind Hausspediteure, die umfangreiche Distributionsfunktionen erfüllen. Obwohl heute in erster Linie mit dem Transport und der Lagerung i.d.R. wenig spezifische Aufgaben fremdvergeben werden [Duerler 1992, 47], rechnet man mit einer verstärkten Inanspruchnahme des Outsourcings [Hautz/Koepnick 1992, 8; Schulte/Schulte 1992, 1034]. Ein Grund für das noch wenig verbreitete Outsourcing dürfte u.a. auch in der noch geringen Verbreitung von Telematiksystemen, d.h. auch IOS, liegen.[51] Ferner besteht die Möglichkeit, dass Unternehmen ihre Eigenerstellungsfähigkeiten überschätzen und daher Leistungen selbst erbringen, die kostengünstiger fremderstellt werden könnten [Picot 1991, 341].

In derartigen Systemlösungen ist jedoch die finanzlogistische Funktionalität nur teilweise enthalten. Während Transportversicherungen durchaus üblich sind, werden Funktionen des Zahlungsverkehrs i.d.R. über die jeweiligen Hausbanken abgewickelt. Diese werden angesichts des Globalisierungstrends immer häufiger danach ausgewählt, wie effizient internationale Zahlungsvorgänge abgewickelt werden können. In allen beschriebenen Fällen stellen IOS eine wichtige Funktion dar (vgl. Nutzenbeschreibung in Kap. 2.4).

Finanz-
logistik

Im Bereich der *Finanzlogistik* ist zwischen zwei gegenläufigen Entwicklungen zu differenzieren: Vor allem grössere Unternehmen besitzen aufgrund ihres Finanztransaktionsvolumens und ihres internationalen Geschäftsnetzwerkes eigene, meist zentralisierte Finanzabteilungen. Diese übernehmen Bankfunktionalitäten, indem sie das gesamte Cash Management des Unternehmens durchführen und die Zahlungsströme steuern. Letztere Funktion beinhaltet teilweise ein bilaterales oder multilaterales Netting von gegenläufigen Zahlungen mit eng kooperierenden Unternehmen [Holland/Lockett 1993, 450; Kuihara 1993, 35]. Im Gegensatz dazu ist vor allem bei KMU ein verstärkter Trend zum Outsourcing von Teilfunktionen im Bereich des Cash Managements festzustellen. Ein Beispiel ist die Ausgliederung der Debitoren- oder der gesamten Buchhaltung [Kruse 1991, 119]. Beide gegenläufige Entwicklungen werden gleichsam durch die zunehmende Nutzung von IOS im Bank-Kunden-Bereich sowie im Interbankbereich unterstützt.

---

[51]   Unangefochtene Spitzenstellung im überbetrieblichen Datenaustausch besitzt mit 91 Prozent der Telefaxdienst; DFÜ und Mailboxsysteme erreichen in führenden Branchen gerade einen Nutzungsgrad von bis zu 40 Prozent [Nowicki 1992, 29; o.V. 1993f, 16]. Zu den Hemmpotentialen vgl. Schulte/Schulte [1992, 1041].

Integrierte Logistik

Integration innerhalb des sekundären WSP

Neben der Integration der Logistik besteht als zweite, komplementäre Strategie jene der integrierten Logistik, d.h. die Integration innerhalb des sekundären WSP. Die Komplementarität zeigt sich darin, dass ein effizienter Informationsfluss zum primären WSP bei Ineffizienzen innerhalb des sekundären WSP relativ weniger nutzt. Im Sinne des TQM-Denkens gilt es, durch eine integrierte Logistik eine effiziente Kooperation zwischen den LDL herbeizuführen. Für den Bereich der Warenlogistik illustrierten die im Abschnitt „Problematik interorganisatorischer Kooperation" dargestellten Ineffizienzen die Bedeutung einer integrierten Logistik. Zwischen den LDL gilt es, ein optimales Fliessen von Gütern und Informationen zu gewährleisten - ein Ziel welches nur mittels verstärkter interorganisatorischer Zusammenarbeit auf vertikaler und horizontaler Ebene erreicht werden kann.

Besondere Bedeutung besitzt allerdings die Kooperation zwischen Waren- und Finanzlogistik. Am Beispiel des Cash Managements soll dies verdeutlicht werden: Insbesondere grosse, weltweit tätige Unternehmen haben die Bedeutung des effizienten Cash Managments erkannt und konsequent in IAS und IOS umgesetzt [Holland/Lockett 1993, 450; Kuihara 1993, 35]. Die Aufgabe von Cash Management Systemen ist die exakte Planung und Steuerung der Liquidität und somit der Geldflüsse der Unternehmung mit mindestens drei verschiedenen Zeithorizonten von deren Initiierung bis über die Ausführung hinaus (Money Supply Chain). Ziel der Cash Management Systeme ist es, den Bodensatz der Finanzmittelhaltung und die Anzahl der Geldbewegungen auf ein Minimum zu reduzieren, um damit die Opportunitätskosten der Geldhaltung oder umgekehrt Sollzinsen zu senken (JIT-Money) und Gebühren für Finanzdienstleistungen der Banken zu sparen [Kuihara 1993, 35].[52] Die Realisierung effizienter Cash Management Systeme erfordert die Möglichkeit, die Zahlungsströme proaktiv zu steuern. Dies wiederum lässt sich nur durch die konsequente Verknüpfung von Informationen sowohl über Finanz-, als auch Warenströme realisieren [Hitachi 1993, 103]. Bleiben von aussen über IOS an das Rechnungswesen übermittelte Finanzinformationen isoliert von Informationen über die korrespondierende Warentransaktion, so ist die

---

[52] Zur Erklärung der Money Supply Chain und des JIT-Money vgl. Holland/Lockett [1993, 453].

proaktive Aktionsfähigkeit des Cash Management Systems eingeschränkt.

Kooperation in der Warenlogistik

In der Realität kooperieren die Unternehmen der *Warenlogistik* vor allem auf vertikaler Ebene. Ein häufig anzutreffendes Beispiel vertikaler Kooperation stellt der Stückgutverkehr dar, der die Kooperation von Verlader, Abfertigungs- und Empfangsspediteur sowie eines Frachtführers beinhaltet. Häufig sind diese Kooperationen eher loser Art, was Ausdruck der Skepsis ist, die viele Unternehmen gegenüber engen Kopplungen besitzen. Zu den Gründen zählen die höhere Dispositionsfreiheit, die Option auf jederzeitigen Wechsel des Partners sowie die Angst vor der Offenlegung von Kundenkontakten.

Jedoch dürften mit den bestehenden Lösungen die geschilderten Anforderungen an LDL (One-Stop-Shopping), abgesehen von grossen Speditionen und Frachtführern, nicht zu erfüllen sein. Als Strategien für KMU im Logistikbereich ergeben sich daher die prinzipiellen Optionen der Kostenführerschaft oder der Differenzierung. Erstere erscheint angesichts des harten, beinahe ruinösen Wettbewerbes im Transportsektor alleine nur wenig erfolgversprechend. Die letztere Strategie wird hingegen in Verbindung mit einer Kooperationsstrategie, die auf Realisierung einer virtuellen Grösse zielt, häufig als einzige gangbare Option dargestellt. So wird mit fortschreitender Spezialisierung und Aufgabenverteilung in den Logistikstrukturen der Hersteller eine Spezialisierung der LDL auf Kernkompetenzen, d.h. bestimmte Güter, Leistungsangebote oder Strecken, erwartet [Delfmann 1992, 196]. Spediteure wandeln sich verstärkt zu logistischen Systemanbietern mit zentraler Kompetenz in der Organisation von Logistikleistungen. Demgegenüber nimmt ihr Selbsteintritt, also die Durchführung von Transporten durch die Spediteure selbst, zugunsten einer Auslagerung an Frachtführer ab.

Kooperation in der Finanzlogistik

Im Gegensatz zum warenlogistischen Bereich ist bei Unternehmen der *Finanzlogistik* die horizontale Zusammenarbeit deutlich ausgeprägter. Dort existieren im Interbank- und Interversicherungsverkehr schon seit längerem Integrationslösungen. Dagegen sind zwischen Banken und Versicherungen keine ausgeprägten vertikalen Kooperationen anzutreffen. Hier herrschen bilaterale Beziehungen vor, die sich aber meist nur auf administrative Funktionen (z.B. Kontoführung) und nicht das Anbieten gemeinsamer Problemlösungen beziehen.

Zielsetzung
der Logistik-
entwicklung

Als wichtiges Entwicklungsgebiet gilt daher die effiziente horizontale und vertikale Kooperation innerhalb des sekundären WSP, welche die effiziente Kopplung der waren- und informationslogistischen Systeme verschiedener Frachtführer (intra- und intermodal) und insbesondere die Integration der Aktivitäten von Waren- und Finanzlogistik beinhaltet [Soliman 1992, 146; Piontek 1994, 110]. Einen besonderen Stellenwert besitzt dabei die Informationslogistik, die als Steuerungs- und Kontrollinstrument waren- und finanzlogistischer Prozesse gleichbedeutend neben Waren- und Finanzlogistik tritt [Szyperski/Klein 1993, 197]. Unsere Systembeispiele in Kapitel 3 unterstreichen den Beitrag, den IOS zu einer effizienteren Koordination im Logistikbereich leisten, indem sie verschiedene Beteiligte verbinden und eine höhere informationelle Transparenz ermöglichen. Bislang auf einzelne Punkte des WSP beschränkte Informationen werden breiter verfügbar und lassen damit auch andere Kooperationskonzepte zu. Ein Beispiel sind die Lösungen der Zollverwaltungen (vgl. Kapitel 3.3.6), die versuchen, die Grenzkontrollen in die ein- bzw. ausführenden Betriebe zu verlagern.[53]

2.4   Nutzen von IOS in der Logistik

IOS besitzen bei den soeben skizzierten Kooperationsstrategien einen wesentlichen Stellenwert - viele Kooperationsoptionen werden dadurch gar erst möglich. Bevor auf diese Kooperationsstrategien genauer eingegangen wird und abschliessend ein Beurteilungsschema für die in Kapitel 3 dargestellten IOS erarbeitet wird, soll nun auf einer allgemeineren Ebene am Beispiel der Warenlogistik der Nutzen von IOS dargestellt werden. IOS können auf drei Engpässe entscheidenden Einfluss ausüben. Es sind dies der [Büllingen 1994, 15]:

3 Engpässe
im Logistik-
bereich

1. *Infrastrukturelle Engpass.* Die Kapazität des Infrastruktursystems, insbesondere des Strassensystems, rückt durch Güterstruktur- und Logistikeffekt an seine Grenzen. Veränderte Nachfragestrukturen seitens der Unternehmen bewirken eine Entwicklung hin zu Teilladungsverkehren und zum beschleunigten und synchronisierten Zuliefer- und Distributionsverkehr. Während sich das Transportaufkommen bis zum Jahre 2000 verdoppeln soll, ist die Infrastruktur kaum entsprechend ausbaubar. Als einzig gangbare

---

[53] Für weitere Konzepte der integrierten Logistik vgl. Cathomen [1994, 895].

Option erscheint daher die effizientere Nutzung der Infrastruktur (insbesondere des Strassennetzes). In dem Masse wie IOS Informationsdefizite beseitigen und damit vorhandene Kapazitäten besser auslasten helfen, repräsentieren sie einen integralen Bestandteil einer derartigen Intensivierungsstrategie.

2. *Gesellschaftlich-ökologische Engpass.* Insbesondere der Strassengüterverkehr ist von einer ökologisch motivierten Entwicklung betroffen, die deutlich auf eine verstärkte Einschränkung, Verlagerung oder gar Vermeidung von Strassentransporten hindeutet. Den durch die Anforderungen neuer Logistikkonzepte induzierten Entwicklungen wird jedoch durch die gesellschaftlich-politische Reglementierung Grenzen gesetzt. Eine Hoffnung liegt in der verstärkten Nutzung intermodaler Transporte. Da IOS die Kosten interorganisatorischer Zusammenarbeit senken können, werden intermodale Transporte, die i.d.R. eine Vielzahl an Beteiligten umfassen, begünstigt.

3. *Technologisch-organisatorische Engpass.* Der warenlogistische Bereich weist bezüglich der Durchdringung mit organisatorischen und technologischen Innovationen einen Rückstand gegenüber dem wirtschaftlichen Umfeld auf. Obwohl ein breites technologisches Potential vom Fahrzeugortungs- oder Flottenmanagementsystem bis hin zum EDI-Einsatz vorhanden ist, steht diesem eine bislang nur geringe Verbreitung gegenüber. Dieser *Rationalisierungsrückstand* begrenzt eine effiziente Produktion der geforderten logistischen Dienstleistungen. Dagegen versprechen die zukünftigen Anpassungen der organisatorischen Rahmenbedingungen (Schnittstellen- und Transporteinheitennormierung, vertikale und horizontale Kooperationen) eine Beseitigung des Engpasses und damit die Ausschöpfung erheblicher Rationalisierungspotentiale durch den Technologieeffekt. Adäquate organisatorische Regelungen stellen daher eine wichtige Grundlage integrierter informationslogistischer Systeme dar.

Nutzen und Technik
Der Nutzen eines IOS in der Logistik wird durch die technische Ausgestaltung des Systems einerseits und durch das dem System zugrundeliegende wirtschaftliche Logistikkonzept andererseits bestimmt. Jedes Konzept basiert auf einem eigenen Set von technischen Systemfunktionen. Umgekehrt ist die Funktionsfähigkeit eines Systems von einem entsprechenden Logistikkonzept abhängig. Ein Mass für die strategische Ausrichtung und ein wesentlicher Einflussfaktor auf den Nutzen eines IOS und seinen Einfluss auf die Branchenstruktur ist die Tiefe der Integration sowohl in vertikaler als

auch in horizontaler Richtung [Schumann 1990, 308]. Folgende Vorteile umschreiben exemplarisch den Nutzen einer (elektronischen) Kooperation in der Logistikkette [Jünemann 1989, 96]:

❑ Die Transparenz der Bestände in der Transportkette erhöht sich.

❑ Die logistischen Entscheidungen der zusammenarbeitenden Unternehmen können koordiniert werden.

❑ Durch die Kooperation wird der wirtschaftlichen Macht einzelner Unternehmen begegnet.

❑ Die Kooperation begünstigt die Abstimmungen zwischen einzelnen Logistiksystemen hinsichtlich der eingesetzten IS.

❑ Durch ein mittels Kooperation verbessertes Logistiksystem lässt sich die Kapitalbindung reduzieren.

Diese Nutzeneffekte sind auf den unterschiedlichsten Ebenen im Umfeld eines IOS angesiedelt. Dies macht eine Strukturierung der Effekte in verschiedene Kategorien erforderlich. In den folgenden zwei Abschnitten wird dediziert auf die in Kapitel 2.3 beschriebenen Formen der Integration und der daraus erwachsenden Nutzeneffekte eines IOS eingegangen.

Nutzen einer Integration der Logistik

Logistiknachfragern eröffnen sich durch IOS neben dem reinen Outsourcing auch Möglichkeiten der Rückwärtsintegration: LDL werden frühzeitig in den primären WSP eingebunden, z.B. durch Anschluss an das PPS-System eines Herstellers. Die informationslogistische Leistungsfähigkeit besitzt eine Schlüsselfunktion, die sowohl bei standardisierten Aufgaben (z.B. Sendungsverfolgung) den Kundennutzen erhöhen als auch die Basis einer Funktionsexternalisierung (z.B. Lagerbestandsführung, Auftragsbearbeitung, Rückwärtsintegration) darstellen kann.

Business Process Redesign der Logistik Diese Einbindung ist im Idealfall mit einem Überdenken sämtlicher interner Strukturen und Abläufe verbunden (Business Process Redesign/Reengineering) [Swatman/Swatman 1992, 169]. Das kritische Element einer erfolgreichen Integration ist denn auch nicht die IT, sondern vielmehr die Kultur der Organisation und deren Bereitschaft, Prozesse und Strukturen zu verändern. Vielfach bleiben die strategischen Potentiale der Integration aber auch unentdeckt, oder der Wille zur Veränderung von festgefahrenen Strukturen, Abläufen und Kompetenzverteilung sowie zur Integration über

Bereichsgrenzen und Produktsparten ist nicht gross genug [Dooley 1990, 69].

Beispiele erfolgreicher Integration

Aus der Sicht des LDL stellt die informationslogistische Leistungsfähigkeit eines der entscheidenden Kriterien für dessen Wettbewerbsposition dar. Beispielsweise für jüngste Eurologistik-Konzepte stellt die informationslogistische Kompetenz den Schlüsselfaktor dar [Schweichler 1992, 235], da mittels frühzeitig verfügbarer umfassender Informationen eine schnelle und flexible Distribution möglich wird [Schulte/Schulte 1992, 1039]. Der LDL kann ein IOS als Verkaufskanal nutzen, um damit Unternehmen des primären WSP enger anzubinden und damit eine Abwanderung zur Konkurrenz zu verhindern. Die Strategie, als erster auf dem Markt ein IOS aufzubauen und anzubieten, kann sich als Erfolg erweisen. Dadurch lässt sich beispielsweise die Stellung des Anbieters stärken, wenn sich wie in der Tourismusindustrie einzelne Airlines mit einem eigenen CRS Marktanteile sichern und mit dem System mehr Gewinne einfahren als mit dem Flugbetrieb.

Vergleichbar ist die Lage auch im Finanzbereich: IOS zwischen Geschäftspartnern und deren Banken kann zu Verbesserungen auf vielerlei Ebenen führen. Für die ein IOS betreibende Bank steht aus operativer Seite der Vorteil im Vordergrund, dass durch die elektronische Schnittstelle Daten nicht ein zweitesmal erfasst werden müssen. Aus strategischer Sicht ist die Sicherung einer bestehenden Kundenbeziehung durch engere Anbindung ein wichtiges Argument für die Einführung eines Bank-Kunden-Systemes. Auf der Kundenseite steht aus strategischer Sicht u.a. die Möglichkeit, durch eine elektronische Schnittstelle zur Bank das eigene Cash Management zu verbessern, da Bankkunden bereits vorab über eingehende Finanzströme informiert bzw. Informationen über den aktuellen Abwicklungsstand von Transaktionen erhalten (*Tracing* von Finanzstömen) können (vgl. auch Kapitel 2.3).

Nutzen einer integrierten Logistik

Im Gegensatz zur Integration der Logistik in den primären Wertschöpfungsbereich und dem daraus entstehenden Nutzen erwächst der Nutzen der integrierten Logistik aus der Kooperation zwischen den verschiedenen LDL. Der für die Logistikbeteiligten anfallende Nutzen einer vertieften Integration lehnt sich stark an die spezifische Ausgestaltung der Integration an. Als wesentliches Element einer integrierten Logistik steht die Verbindung zwischen Waren- und Finanzlogistik im Vordergrund. Der zusammenhängende

Informationsfluss durch die gesamte Logistikkette führt zu verschiedenen Nutzenerträgen: So kann beispielsweise eine Reduzierung der Kapitalbindung durch Abbau von Lagern, unmittelbare Bezahlung und Planbarkeit des Kapitalbedarfes erreicht werden. Die Arbeitsteilung im Logistikbereich wird gefördert, indem z.B. zwischen Spediteur und Frachtführer, zwischen Bank und Versicherung etc. effiziente Kommunikationsmedien aufgebaut werden. Durch diese Bildung logistischer Netzwerke wird die Konzentration auf den Kernbereich der einzelnen Logistikbeteiligten gefördert.

Die integrierte Logistik kann auch auf die Marktstrukturen einen Einfluss ausüben: Durch die Netzwerkstrukturen wird die Flexibilität innerhalb des Logistikbereiches grösser. Die Teilnehmer an IOS haben nicht mehr nur einen, sondern eine Vielzahl von potentiellen Partnern zur Verfügung und können bei Bedarf ausweichen. Das Anbieten von IOS ermöglicht es Frachtführern, Intermediäre auszuschalten, indem direkte Verbindungen zu den Verladern eingerichtet werden.

Modell zur Nutzenbeurteilung bei IOS

Tiefe der Integration als Ansatz

Die verschiedenen Nutzen, die sowohl aus der Integration der Logistik, als auch aus der integrierten Logistik erwachsen, gilt es in Kategorien zu strukturieren. Dazu ist jedoch, insbesondere zur Untersuchung der in Kapitel 3 beschriebenen IOS, ein grösserer Betrachtungsrahmen zu wählen, der eine Analyse bezüglich Zielsetzung, des Nutzens für die beteiligten Unternehmen und der Auswirkungen auf den Markt erlaubt. Einen Ansatz zur Klassifikation bietet die *Tiefe der Integration*.

Bis vor verhältnismässig kurzer Zeit wurden IOS in erster Linie ein operativer Nutzen bei der Unterstützung der Leistungserstellung und der Distribution von primären Gütern zugesprochen. Während der achtziger Jahre begannen die Institutionen jedoch das Potential der IOS zur Erlangung strategischer Vorteile zu erkennen. Dieser Wechsel des Blickwinkels, der zu einer stark steigenden Anzahl von Systemen führte, ist auf drei wesentliche Faktoren zurückzuführen: die sinkenden Preise in der Telematik, die Deregulierung verschiedener Branchen und die daraus resultierende Globalisierung der Märkte. Jedoch nicht alle IOS bergen per se ein strategisches Potential zur Beeinflussung der Unternehmensbeziehung oder der Umwelt [Swatman/Swatman 1992, 169]. Clemons [1986, 131] führt das unterschiedliche Potential im wesentlichen darauf zurück, ob das System primär intern fokusiert ist (IOS zielt in erster Linie auf die Unterstützung der unternehmensinternen Prozesse ab) oder primär extern fokusiert (Kunde und Lieferant haben einen strategischen Nutzen aus dem IOS).

Dreistufige Einteilung der Integrationstiefe

Für die vorliegende Erhebung wird eine dreistufige Einteilung der Integrationstiefe von IOS gewählt. Mit dem Integrationsgrad der Systeme lässt sich der Umfang des Systemnutzens darstellen und damit die möglichen Änderungen aufzeigen, die durch das System *potentiell* ausgelöst werden können. Allgemein gilt, dass eine höhere Integrationsstufe zu einer engeren Beziehung der beteiligten Firmen führt [vgl. auch Schumann 1992, 65]:

1. *Integration auf der Netzwerkebene.* Der ersten Stufe der Integration sind Systeme zuzuordnen, die bezüglich ihrer Funktionalität den Systemen zur reinen Datenübermittlung entsprechen. Der automatisierte Datenaustausch dient in erster Linie der Beschleunigung des Geschäftsablaufes und liefert bezüglich der Wettbewerbswirkung in den meisten Anwendungsfällen einen Beitrag zur Kostenführerschaft. Marktbarrieren lassen sich kaum aufbauen. Der Nutzen dieser Systeme resultiert in erster Linie aus der Beschleunigung des Dokumentenflusses, der Reduktion des Papieraufkommens sowie der Fehlerreduktion durch einmalige Erfassung. Die durch Effizienzsteigerung des Informationsflusses gewonnenen Zeit- und Geldeinsparungen können für Leistungssteigerung des physischen Güterflusses investiert werden [King 1992a, 30]. Die Verfügbarkeit eines Informationsnetzwerkes, über das sämtliche externe real- und finanzwirtschaftlichen Informationen des primären und sekundären WSP in das IAS eines Unternehmens eingespeist werden können, stellt den ersten Schritt der Integration dar. Viele Unternehmen, insbesondere KMU, sind durch die Einbindung verschiedener IOS mit unterschiedlichen Formaten überfordert [Webster 1994, 292]. VANS oder bereichsübergreifende IOS (vgl. Kapitel 3.5) vermögen diese Lücke zu schliessen. Erstere ermöglichen ihren Kunden ein Outsourcing des Managements externer Informationsverarbeitung und sichern ihnen dafür ein globales Netzwerk und einen reibungslosen Betrieb rund um die Uhr. Der VANS stellt seinerseits die Verbindung zu allen Logistikbeteiligten und Marktpartnern sicher. Zwischen VANS und Kunden ist in vielen Fällen die Bindung derart eng, dass sämtliche Informationsdienste unabhändig ihres Anwendungsbereiches im Betrieb aus einer Hand bezogen werden. Nutzenstiftend wirkt sich vor allem die Unabhängigkeit des IAS von Formaten und Standards über-

betrieblicher Anwendungen aus. Diese Unabhängigkeit stellt ein
wichtige Voraussetzung für die horizontale und vertikale
Integration des IAS eines Unternehmens dar.

2. *Integration auf der Funktions-/Informationsebene.* Auf der
zweiten Ebene sind IOS einzuordnen, die über die Integrations-
leistungen der ersten Stufe hinaus die Ablauforganisation der
beteiligten Unternehmen im System zu verändern vermögen. Im
Vordergrund steht dabei das Zusammenfassen oder das Ver-
schieben von Teilfunktionen im Wertschöpfungsprozess von
Lieferanten bzw. von LDL zu Kunden und umgekehrt. Dies
resultiert tendenziell in einer kalkulierbaren Produktivitätsverbesserung durch Ver- bzw. Auslagerung von Funktionen, einer
Umgestaltung von Prozessabläufen und/oder einer zeitlichen
Verkürzung von Vorgängen. Durch den Einsatz von EDI können
die von den Transportbeteiligten eingeplanten Pufferzeiten
verringert werden. EDI ist nicht an Öffnungszeiten, Zeitzonen
etc. gebunden, d.h. Informationen können auch verarbeitet
werden, wenn kein Personal vor Ort ist [Streng/Sol 1992, 188].
Durch diese Form der Integration werden Funktionen und
Informationen des primären mit jenen des sekundären WSP
(vertikale Interaktion) und innerhalb des sekundären WSP jene
des Waren- mit jenen des Finanzstroms (horizontale Interaktion)
in Bezug gesetzt.[54] Sie stellt eine im Vergleich zur Integration auf
der Netzwerkebene vertiefte Form dar und baut auf dieser auf.
Die Beispiele dieser Stufe sind vielfältiger und heterogener, entsprechend unterschiedlich ist auch deren Auswirkung auf den
Prozessablauf und den Nutzen für die beteiligten Organisationen. Beispiele dieser Integrationsstufe stellen beispielsweise
Continuous-Replenishment-Systeme oder Anwendungen mit
enger Verknüpfung der Informationen über Waren- und Finanzströme, wie beispielsweise beim Factoring, dar. Die Konzentration auf die Kerngeschäfte, die Globalisierung der Märkte und
das damit zusammenhängende Bedürfnis nach Absicherung der
Zahlungsströme veranlasst viele Firmen - insbesondere KMU -
dazu, ihre Debitorenbuchhaltung auszugliedern. Factoring kann
wie andere, nicht transport- und lagertypische, aber mit dem

---

[54] Die Integration auf der Informationsebene durch Verknüpfung von
      Waren- und Finanzinformationen einerseits und Informationen des
      primären und sekundären WSP andererseits stellt diejenige Form der
      Kopplung dar, die in der Literatur als integriertes EDI bezeichnet wird
      [Hitachi 1993, 103].

Warenfluss zusammenhängende Funktionen, ein komplementäres Dienstleistungsangebot der Speditions- und Transportbranche sein. Da Factoring kein bankübliches Geschäft ist, muss aus rechtlichen Gründen keine Beteiligung einer Bank vorhanden sein. Der Spediteur/Frachtführer etc. kann selbst Factor sein. So werden beispielsweise in Deutschland bereits 12 Prozent des Factoring-Umsatzes von einer Nichtbank, nämlich der Bertelsmann Distribution kontrolliert.[55] Das Unternehmen lagert und transportiert die Ware für seine Kunden und finanziert die aus den Warenlieferungen entstehenden Forderungen durch Forderungskauf gegenüber dem Absender.

3. *Integration auf der Prozessebene.* Die 'oberste' Ebene der Integration in IOS ist bezüglich der Funktionalität eng mit der Gruppe der automatisierten Teilprozesse verbunden. Durch eine Integration auf der Prozessebene vermögen die teilnehmenden Unternehmen tendenziell einen strategischen Wettbewerbsvorteil zu erzielen, indem sie beispielsweise den Kundenservice verbessern, in neue Märkte vorstossen oder eine engere Abnehmerbindung erzielen können. IOS auf dieser Stufe der Integration ermöglichen den Aufbau von Wettbewerbsbarrieren, die von Konkurrenten nur langfristig überwunden werden können.

Die wichtigsten Anwendungen dieser Gruppe sind die in Kapitel 2.2.2 erwähnten elektronischen Märkte. Die IT-Unterstützung einzelner bzw. aller drei Phasen einer Markttransaktion (vgl. Kapitel 2.1.1) können zu einer Auslagerung und Automation der entsprechenden Funktionen führen. Elektronische Märkte wirken sich in ganz besonderem Masse auf die Kosten einer Handelstransaktion und damit indirekt auf die Make-or-Buy-Entscheidung, auf die Produktivität, den Beschäftigungsstand, Produkte und Dienstleistungen, Produktionsverfahren usw. aus.[56] Direkte wirtschaftliche Effekte elektronischer Märkte können empirisch nachgewiesen werden, indem die Kosteneffekte auf Unternehmensebene ermittelt werden. Diese spiegeln jedoch lediglich einen Teil der Auswirkungen wider. Gesamtwirtschaftliche Veränderungen und Strukturverschiebungen der entsprechenden Branche lassen sich schwer monetär erfassen und treten u.U. auch zeitlich verzögert auf.

---

[55] Zum Konzept der Bertelsmann Distribution vgl. Kruse [1991, 119].

[56] Zur Ausgestaltung und den Auswirkungen elektronischer Märkte siehe ausführlich Krähenmann [1994] und Schmid [1993].

Nutzen-
muster

Die verschiedenen Beschreibungsdimensionen von IOS in der Logistik eröffnen verschiedenste ökonomisch und technisch orientierte Perspektiven auf die Systeme. Die Muster der einzelnen Systeme weisen dabei teilweise unterschiedliche Kombinationen von Ausprägungen der einzelnen Dimensionen auf, so dass sich im allgemeinen ein systemspezifisches Profil durch die drei in Abb. 2.5 dargestellten Nutzendimensionen ergeben dürfte.

Tab. 2.5:
Modell zur
Nutzenbeur-
teilung

Integrations-grad	Nutzen-umfang	Funktions-umfang
Prozessebene	entscheidbarer Wettbewerbsvorteil	Automation
Funktions-/ Informations-ebene	kalkulierbare Produktivitäts-verbesserung	gemeinsame Datenbestände
Netzwerkebene	rechenbare Kostenersparnis	Daten-übermittlung

3 Systembeschreibungen

Der nun folgende Hauptteil des Buches enthält 140 IOS aus der Waren- und Finanzlogistik. Unserem breiten Logistikverständnis folgend, stammen die IOS sowohl aus der Waren- (vgl. Kapitel 3.3) als auch aus der Finanzlogistik (vgl. Kapitel 3.4). Systeme, die Funktionalitäten aus beiden Bereichen unterstützten, werden unter der Kategorie der bereichsübergreifenden IOS (vgl. Kapitel 3.5) aufgeführt. Um ein systematisches Vorgehen sicherzustellen, sind die heute in der Logistik anzutreffenden IOS nach einem einheitlichen Kriterienraster (vgl. Kapitel 3.1) beschrieben. Die erfassten IOS sind im Überblick in Kapitel 3.2 enthalten.

3.1 Aufbau der Studie

Die Ausführungen des Kapitels 2 dienten dazu, eine Grundlage für das Verständnis für IOS in der Logistik zu schaffen. Aufbauend auf diesen Zusammenhängen werden nun die heute wichtigsten Systeme in diesem Bereich analysiert, um Aussagen über Entstehungsmuster und Entwicklungsmuster für IOS zu erhalten. Das Analysegebiet möchten wir in dreierlei Hinsicht eingrenzen:

Analyse-
gebiet

☐ *Geographische Fokussierung.* Aus geographischer Sicht liegt der Schwerpunkt der erhobenen IOS auf Europa. Über diesen Bereich hinaus konnten nur IOS berücksichtigt werden, die entweder eine besondere Bedeutung erlangt haben oder zusätzliche Erkenntnisse vermitteln.

☐ *Inhaltliche Fokussierung.* Aus geographischer Sicht stehen IOS in Europa im Vordergrund. Die Untersuchung der Systeme erfolgt jedoch nicht aus geographischer Sicht, d.h. die IOS-Situation in einzelnen Ländern soll nicht beurteilt werden. Vielmehr sollen die Systeme Aufschluss zu Punkten wie Entstehung, Trägerschaft, Teilnehmern oder technischer und funktionaler Leistungsfähigkeit geben. Bei der unter diesen Gesichtspunkten erfolgenden Erörterung der IOS steht ferner nicht die Tiefe, sondern die Breite im Vordergrund. Es sollten möglichst viele IOS beschrieben werden, wobei nur begrenzte Informationen über das einzelne IOS erfasst wurden. Tiefgreifende Analysen (Fallstudien) sind in Kapitel 4 enthalten.

❑ *Quantitative Fokussierung.* Das soeben formulierte Ziel soll aus quantitativer Sicht präzisiert werden. Zwar zielt unsere Erhebung auf einen möglichst breiten Überblick ab, doch können wir keinen Anspruch auf Vollständigkeit erheben, da die Gesamtzahl der analyserelevanten Systeme jene der erfassten IOS deutlich übersteigt. Die Entwicklung der IOS verläuft ferner sehr dynamisch, so dass eine Bestandsaufnahme immer nur eine Momentaufnahme darstellt.

❑ *Übertragbarkeit.* Trotz der grossen Grundgesamtheit an Systemen, muss die Repräsentativität der Erhebung eingeschränkt werden. So sind die Ergebnisse nur beschränkt auf andere geographische Räume und andere wirtschaftliche Anwendungsfelder extrapolierbar.

Vorgehensweise

Aufgrund der Vielzahl erfasster IOS haben die Systembeschreibungen den Charakter von Kurzbeschreibungen. Auf diese Weise wurden 134 IOS erfasst. Daneben wurden sechs Fallstudien durchgeführt, die jeweils Systeme aus unterschiedlichen Bereichen vertieft erörtern (vgl. Kapitel 4). Das allen Fallbeschreibungen zugrundeliegende Datenmaterial stammt aus Fachzeitschriften, Firmenunterlagen sowie aus wissenschaftlichen und praxisorientierten Publikationen. In Ergänzung wurden Befragungen von Fachleuten, Mitarbeitern von Betreiber- und Teilnehmerfirmen, Fachverbänden sowie Behördenstellen durchgeführt. Anzumerken ist, dass auf Firmenunterlagen und Mitarbeiterbefragungen beruhende Systembeschreibungen nicht wertfrei sind und auf diesem Weg keine negative Erfahrungsberichte übermittelt werden. Die Systembeschreibungen verzichten daher weitgehend auf Wertungen.

Tab. 3.1:
Erhebungs-
raster[1]

> ## Motivation und Zielsetzung
>
> ☐ *Branche und Umfeld*
> ☐ Situation vor Einführung
> ☐ Gründe der Einführung
> ☐ Zielsetzung
>
> ## Institutionelle und finanzielle Aspekte
>
> ☐ *Beteiligung an der Initialisierung und am Aufbau*
> ☐ Finanzierung
> ☐ *Verwaltung des IOS*
> ☐ *Betrieb des IOS*
> ☐ *Teilnehmer*
> ☐ *Topologie*
> ☐ Benutzergruppen
>
> ## Funktionalität
>
> ☐ *Unterstützte kommunikationsorientierte Prozesse*
> ☐ Unterstützte Logistikfunktionen
> ☐ Marktfunktionalität
> ☐ Marktobjekte
>
> ## Technisches Konzept
>
> ☐ Systemarchitektur
> ☐ *Kommunikationslösung*
> ☐ *Marktsprache*
> ☐ *Systemverbindung*
>
> ## Stand und Entwicklung
>
> ☐ Heutiger Stand
> ☐ Funktionale und institutionelle Weiterentwicklung
> ☐ Technische Weiterentwicklung

Zeitlicher
Rahmen

Die Informationen zu den IOS wurden im Zeitraum zwischen 1992 und 1994 von den beschriebenen Informationsquellen erhoben. Die Datenerhebung konzentrierte sich auf die Jahre 1992 und 1993 erfasst. Sofern nicht anders vermerkt, bezieht sich der Stand der Systeme immer auf diesen Zeitraum. Um dem Anspruch einer struk-

---

[1] Die Erhebungskriterien in kursiver Schrift sind gleichzeitig auch Klassen der Auswertung (vgl. Kapitel 5).

turierten Beschreibung zu entsprechen, wurde ein Erhebungsraster entworfen, das sowohl der Datenerhebung, den Systembeschreibungen, den Fallstudien und der Auswertung zugrundeliegt. Dieses Raster wurde an die Mehrheit der Befragten verteilt. Die Systembeschreibungen umfassen nach Möglichkeit sämtliche Klassen des Rasters, wobei in verschiedenen Fällen nicht zu allen Klassen Angaben gemacht wurden. Dies führt dazu, dass Vollständigkeit nicht bei allen Beschreibungen vorhanden ist.

Darstellung

Um die aktuelle Situation differenziert darstellen zu können, liegen den Beschreibungen die auf der Güterklassifikation (vgl. Abb. 2.1) beruhenden Logistikbereiche des Kapitels 2.1.2 zugrunde. Dort wurden die Bereiche Waren-, Finanz- und Informationslogistik unterschieden. Nachdem IOS der Klasse der informationslogistischen Systeme zuzuordnen sind, wird unterschieden, welchen Bereich - Waren- oder Finanzlogistik - die Systeme unterstützen. IOS, die Funktionalitäten aus beiden Bereichen erfüllten, wurden einer dritten Kategorie, den bereichsübergreifenden IOS, zugeordnet. Aus dieser Einteilung ergeben sich drei Bereiche (vgl. Abb. 3.1):

Teilgebiete

1. *IOS für die Warenlogistik.* Diese Systeme dienen der Speicherung und dem Transport von Informationen über primäre Realgüter materieller Art. Mit Planung, Steuerung und Kontrolle warenlogistischer Vorgänge, z.B. der physischen Zustellung, erstreckt sich diese Kategorie auf den Transportbereich. Weil der grenzüberschreitende Transport Kontakte zum Zoll impliziert, rangieren hier aber auch Behördensysteme.

2. *IOS für die Finanzlogistik.* Die Systeme dieser Kategorie dienen der Speicherung und dem Transport von Informationen über Nominalgüter. Sie können die Abwicklung sowohl primärer Realgüter wie auch primärer Nominalgüter unterstützen. Aufgrund unserer Beschränkung auf materielle Realgüter, umfasst die Finanzlogistik sämtliche mit einer derartigen Transaktion verbundenen Dienste. Beispiele sind der Zahlungsverkehr zwischen Banken sowie mit ihren Kunden oder Transportversicherungen.

3. *Bereichsübergreifende IOS.* Eine Minderheit von Systemen ist derart angelegt, dass sie sich keinem der genannten Bereiche eindeutig zuordnen lassen würde. Sowohl der waren- wie auch der finanzlogistische Bereich werden in einer bestimmten Weise unterstützt.

Die Beschreibung der Systeme erfolgt derart, dass jedem Bereich ein allgemeines Kapitel vorangestellt ist, welches die wichtigsten Beteiligten, Aktivitäten und informationslogistische Aspekte beleuchtet. Zu letzteren zählen u.a. Ausführungen zur bisherigen Situation und Entwicklung von IOS, Kommunikationsprobleme oder Informationsflüsse im jeweiligen Bereich. Damit wird ein Hintergrund geschaffen, der dabei hilft, die jeweiligen Systeme in einen breiteren Kontext zu rücken. Die Systembeschreibungen sind über alle Bereiche hinweg laufend durchnumeriert. Um die IOS auch optisch von anderen Systemnamen abzuheben, sind sämtliche IOS in Kaptitälchen kenntlich gemacht (z.B. BACS). Handelt es sich darüberhinaus um ein System, das in der vorliegenden Erhebung enthalten ist, ist es mit einem Pfeil (→) versehen (z.B. →BACS).

In Verbindung mit einer kurzen Charakterisierung und der jeweiligen Seitenzahl sind die erfassten System im folgenden Kapitel 3.2 im Überblick enthalten.

Abb. 3.1:
Klassifikation der Systeme nach Güterbereichen

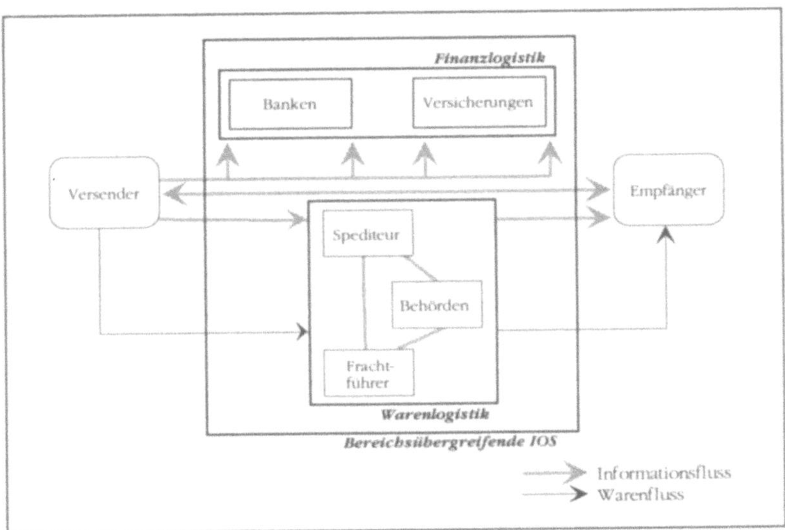

3.2　Überblick

Tab. 3.2:
Erfasste Systeme, geordnet nach Güterart

IOS-Nr.	Systemname	Kurzbeschreibung	Seite
Strassenbereich			
1	BIFANET	*IOS zwischen Spediteuren (GB)*	102
2	DALOG	*VANS für Strassentransport (D)*	103
3	DANZNET	*Kommunikationsnetzwerk von Danzas (intern.)*	104
4	EDI*TSL	*IOS der Vereinigung Deutscher Kraftwagenspediteure (D)*	105
5	EDITRANS	*TEDIS-Projekt der EG für multimodales EDI (Eur.)*	106
6	EURO-LOG	*IOS zur Frachtverfolgung (Eur.)*	107
7	FRAME	*DRIVE-Projekt der EG für den Gefahrengüterbereich (Eur.)*	107
8	IFMS	*DRIVE-Projekt der EG für mobiles EDI (Eur.)*	109
9	INTAKT	*Frachten- und Laderaumbörsen-projekt (D)*	110
10	LOG	*Frachten- und Laderaumbörsen-projekt (D)*	111
11	LOGSPED	*Verbund mittelständiger Speditionen (D)*	113
12	NEPTUNE	*Kommunikationsnetzwerk der Royal Nedlloyd Group (NL)*	114
13	PROFITMAX	*IOS zur Frachtverfolgung (USA)*	114
14	SENARDIS	*IOS eines Paketdistributions-unternehmens (F)*	116
15	TELEROUTE INTERNATIONAL	*Frachten- und Laderaumbörse (Eur.)*	117
16	TELEWAYS	*IS nach Börsenprinzip (CH)*	122

IOS-Nr.	Systemname	Kurzbeschreibung	Seite
Strassenbereich (Forts.)			
17	TRACKNET	*IOS-Projekt zwischen Spediteu-ren (Amerika)*	124
18	TRADICOM	*Frachten- und Laderaumbörse (NL)*	126
19	TRANSPONET	*IS für Strassengütertransport (B)*	127
20	TRANSPOTEL STRASSE	*Frachten- und Laderaumbörse (Eur.)*	129
Schienenbereich			
21	CIS	*Logistikinformationssystem der SBB (CH)*	133
22	DOCIMEL	*Projekt der europäischen Bahnen zur elektronische Frachtbrief-übertragung (Eur.)*	138
23	GATEWAY	*IOS der DB zur Kommunikation mit Kunden (D)*	140
24	HERMES	*Kommunikationsnetz der euro-päischen Eisenbahnen (Eur.)*	142
25	KURS '90	*Reservationssystem von DB und DR für den Personenverkehr (D)*	145
26	RAILINC	*VANS für den schienengebunde-nen Verkehr (USA)*	147
27	TS' 90	*Denzentrales, flächendeckendes Transportsteuerungssystem der DB (D)*	149
Seebereich			
28	ACES	*HIS in New York und New Jersey (USA)*	158
29	ADEMAR	*HIS in Le Havre (F)*	159
30	BIMCOM	*Weltweites Kommunikations-netzwerk der BIMCO (GB)*	161

IOS-Nr	Systemname	Kurzbeschreibung	Seite
Seebereich (Forts.)			
31	CNS	*HIS in englischen Häfen (GB)*	161
32	DBH	*HIS in Bremen (D)*	163
33	DAKOSY	*HIS in Hamburg (D)*	168
34	DOVER DTI	*HIS in Dover und Folkstone (GB)*	173
35	EDICOM	*HIS in Montreal (CAN)*	174
36	EDIPORT ATLANTIC	*HIS in Halifax (CAN)*	175
37	EDISHIP	*EDI-Konsortium britischer Reedereien (GB)*	175
38	FCP80	*HIS in Felixstowe (GB)*	176
39	INTIS	*HIS in Rotterdam (NL)*	178
40	LINX	*HIS in Seattle (GB)*	179
41	OCEAN	*IOS-Projekt amerikanischer Hochseeredereien (USA)*	181
42	PACE	*HIS in London (GB)*	181
43	PROTECT	*EDI-Projekt für den Gefahren-güterbereich (Eur.)*	184
44	PROTIS	*HIS in Marseille (F)*	184
45	SEAGHA	*HIS in Antwerpen (B)*	185
46	SHIPNETS	*HIS in japanischen Häfen (J)*	188
47	TELEPORT	*HIS in Duisburg (D)*	189
Luftbereich			
48	AVEX	*CCS in Huntsville (USA)*	199
49	BCS	*CCS in Brüssel (B)*	201
50	CCN	*CCS in Singapur (SGP)*	202
51	CCS-UK	*CCS in London (UK)*	204
52	CCS-CH	*CCS in Zürich (CH)*	205
53	CIS	*CCS in Frankfurt a.M. (D)*	205
54	CARGONAUT	*CCS in Amsterdam (DK)*	207

IOS-Nr	Systemname	Kurzbeschreibung	Seite
Luftbereich (Forts.)			
55	CIES	*CCS in Hong Kong (HGK)*	209
56	COSMOS	*Kommunikationssystem von Fedex (USA)*	211
57	FRETAIR	*CCS in Paris (F)*	213
58	ICARUS	*CCS in Dublin (IRL)*	214
59	MOSAIK	*Frachtbuchungssystem der LH (D)*	216
60	NACCS	*CCS in Tokio (J)*	217
61	TOTEM	*Frachtbuchungssystem der Air Canada (CAN)*	218
62	TRADEVISION	*CCS in Kopenhagen (DK)*	219
63	TDNI	*CCS in Vancouver (CAN)*	221
64	TRAXON	*CCS in Frankfurt, Hong Kong und Tokio (intern.)*	222
65	USC	*CCS in Atlanta (USA)*	226
Behördenbereich			
66	ACCESS	*Luftfrachtorientiertes Zollsystem (SGP)*	238
67	ACS	*Zollsysteme (AUS)*	238
68	ALFA	*Luftfrachtorientiertes Zollsystem für Einfuhren (D)*	239
69	CHIEF	*Zollsystem für Ein- und Ausfuhren(GB)*	241
70	DEPS	*Zollsystem für Einfuhren (GB)*	243
71	DOUANE	*Zollsystem für Einfuhren (D)*	245
72	EDCS	*Datenerfassungssystem des Zolls für den Intrahandel (GB)*	246
73	INET	*Zoll- und Frachtinformationssystem (IRL)*	247
74	NODI	*Zollsystem für Ein- und Ausfuhren (N)*	248

IOS-Nr	Systemname	Kurzbeschreibung	Seite
Behördenbereich (Forts.)			
75	SADBEL	*Zollsystem für Ein- und Ausfuhren (B, L)*	250
76	SOFI	*Zollsystem für Ein- und Ausfuhren (F)*	251
77	TDS	*Zollsystem für Ein- und Ausfuhren (S)*	251
78	ASC	*Zollsystem für Ein- und Ausfuhren (USA)*	254
79	VIES	*Mehrwertsteuerverrechnungssystem für den europäischen Binnenhandel (Eur.)*	257
80	ZADAT	*Erfassungssystem des Zolls für Einfuhren (D)*	259
81	ZOLLMODELL 90	*Zollsystem für Einfuhren (CH)*	259
Bank-Kunden-Bereich			
82	BANKLINE INTERCHANGE	*Electronic Banking System der National Westminster Bank (GB)*	275
83	BANKLINK INTERNATIONAL	*Electronic Banking System der Chemical Banking Corp. (GB)*	276
84	CASHSCREEN	*Electronic Banking System von Fides Informatik (CH)*	277
85	CITICASH	*Electronic Banking System der Citibank (USA)*	279
86	CIC	*Electronic Banking System der Schweizerischen Bankgesellschaft (CH)*	280
87	ELBA	*Electronic Banking System der Raiffeisen Zentralbank (A)*	280
88	EDPI	*Electronic Banking System der Chemical Bank (USA)*	281
89	FEDI-SERVICE₁	*Electronic Banking System der Canadian Bank of Commerce (CAN)*	281

IOS-Nr	Systemname	Kurzbeschreibung	Seite
Bank-Kunden-Bereich (Forts.)			
90	FEDI-SERVICE$_2$	*Electronic Banking System der Bank of Montreal (CAN)*	282
91	FEDI-SERVICE$_3$	*Electronic Banking System der Pittsburgh National Bank (USA)*	284
92	FEDI-SERVICE$_4$	*Electronic Banking System der National Bank of Canada (CAN)*	284
93	HEXAGON	*Electronic Banking System der Hongkong and Shanghai Banking Corp. (HKG)*	285
94	LLOYDSLINK	*Electronic Banking System der Llyods Bank (GB)*	286
95	PAY-/ RECEIPT$TREAM	*Electronic Banking System der First National Bank of Chicago (USA)*	287
96	POSTAL GIRO	*Elektronisches Girosystem der schwedischen PTT (S)*	288
97	SCOTIA*EDI	*Elektronic Banking System der Bank of Nova Scotia (CAN)*	289
98	TRADEPAY	*Electronic Banking System der Midland Bank (GB)*	289
99	TRADING MASTER	*Electronic Banking System der Barclays Bank (GB)*	291
100	V. SERVICE 7777	*Electronic Banking System des SBV (CH)*	293
Interbankbereich			
101	ACH	*Clearingsysteme für den Interbankzahlungsverkehr (USA)*	300
102	BISS	*Clearingsystem für den Interbankzahlungsverkehr (I)*	302
103	BACS	*Clearingsystem für den Interbankzahlungsverkehr (GB)*	303
104	BGC	*Clearingsystem für den Interbankzahlungsverkehr (NL)*	304

IOS-Nr	Systemname	Kurzbeschreibung	Seite
Interbankbereich (Forts.)			
105	BOJ-NET	*Clearingsystem für den Interbankzahlungsverkehr (J)*	305
106	CEC	*Clearingsystem für den Interbankzahlungsverkehr (B)*	307
107	CHAPS	*Clearingsystem für den Interbankzahlungsverkehr (GB)*	308
108	CHIPS	*Clearingsystem für die New Yorker Banken (USA)*	309
109	EIL-ZV	*Clearingsystem für den Interbankzahlungsverkehr (D)*	312
110	EAF	*Clearingsystem für den Interbankzahlungsverkehr (D)*	313
111	ECHO	*Clearingsystem für den internationalen Devisenhandel (intern.)*	315
112	FEDWIRE	*Clearingsystem der Federal Reserve Banken (USA)*	317
113	FXNET	*Clearingsystem für den internationalen Devisenhandel (intern.)*	319
114	IDX	*Clearingsystem für den Interbankzahlungsverkehr (GB)*	320
115	IIPS	*Clearingsystem des kanadischen Interbankzahlungsverkehrs (CAN)*	320
116	IBOS	*Clearingsystem europäischer Geschäftsbanken (Eur.)*	322
117	RIX	*Clearingsystem für den Interbankzahlungsverkehr (S)*	323
118	SIPS	*Clearingsystem für den Interbankzahlungsverkehr (I)*	324
119	SWIFT	*System für den Interbankzahlungsverkehr (intern.)*	325
120	SIC	*Clearingsystem für den Interbankzahlungsverkehr (CH)*	329

IOS-Nr	Systemname	Kurzbeschreibung	Seite
Interbankbereich (Forts.)			
121	SAGITTAIRE	*Clearingsystem für den Inter-bankzahlungsverkehr (F)*	330
122	SIT	*Clearingsystem für den Inter-bankzahlungsverkehr (F)*	331
123	ZENGIN	*Clearingsystem für den Inter-bankzahlungsverkehr (J)*	333
Wertpapier-Abwicklungsbereich			
124	CEDEL	*Clearingsystem für den Wert-schriftenhandel (intern.)*	335
125	EUROCLEAR	*Clearingsystem für den Wert-schriftenhandel (intern.)*	337
Versicherungsbereich			
126	ADN	*IOS der Versicherungsbranche (NL)*	343
127	ASSURNET	*IOS der Versicherungsbranche (B, F)*	344
128	BROKERNET	*IOS der Versicherungsbranche (GB)*	346
129	IVANS	*IOS der Versicherungsbranche (USA, CAN)*	347
130	LIMNET	*IOS der Versicherungsbranche (GB)*	349
131	RINET	*IOS der Rückversicherungsbranche (intern.)*	350
132	RITA	*IOS der Versicherungsbranche (I)*	352
133	TIDE	*IOS für den Schiffversicherungs-branche (Eur.)*	353

IOS-Nr	Systemname	Kurzbeschreibung	Seite
Bereichsübergreifend			
134	CETS	*IOS zur bereichsübergreifenden Förderung von EDI (HGK)*	355
135	EDI*EXPRESS	*EDI-Dienst von GEIS (intern.)*	358
136	ENCOMPASS	*Globales, bereichsübergreifendes IOS (intern.)*	358
137	INFORMORE	*IOS zur Systemintegration in Waren- und Finanzlogistik (NL)*	361
138	KTNET	*IOS zur Integration der Logistik (KR)*	363
139	TRADEGATE	*IOS zur Integration verschiedener Verkehrsträger (AUS)*	365
140	TRADENET	*IOS für Waren- und Finanzlogistik (SGP)*	365

3.3   IOS für die Warenlogistik

3.3.1   Überblick

Bei funktionaler Betrachtung des sekundären Gutes 'Warenlogistik' trifft man auf Aktivitäten zur Überbrückung von Zeit (Speicherung bzw. Lagerung) und Raum (Transport bzw. Überwindung geographischer Distanzen). Die relevanten logistischen Teilfunktionen sind daher das Lagern, das Bewegen, das Umschlagen mit den Unterfunktionen Zusammenfassen, Auflösen und Sortieren, sowie das Verpacken und Signieren. Auf Informationsebene gilt es, diese Aktivitäten zwischen den verschiedenen ausführenden Parteien zu koordinieren; d.h. parallel zur physischen Transportkette wird eine Informationskette über alle Beteiligten hinweg aufgebaut, die z.B. Auftragsübermittlung und -bearbeitung betrifft [Pfohl 1990, 8]. Im folgenden werden im Überblick waren- und informationslogistische Aspekte dargestellt, die weitgehend für alle IOS dieses Bereiches Gültigkeit besitzen. Es erfolgt eine genauere Erörterung der Beteiligten und ihrer Aufgaben einerseits sowie der informationslogistischen Aktivitäten wie Informationsinhalte, -fluss und -bedarf andererseits.

Beteiligte

Wie bereits im Überblick des Kapitels 2.1.2 angeschnitten, können in der Abwicklungsphase abhängig von der Geschäftsart und den individuellen Präferenzen und Möglichkeiten (eigener Fuhrpark, eigene Versandabteilung) der Handelspartner eine Vielzahl von Beteiligten auf unterschiedlichen Stufen involviert sein. Auf Seite der physischen Güterbewegung kommt es dadurch zur Bildung sog. Transportketten, die je nach Anzahl der beteiligten Unternehmen unterschiedlich komplex sind.

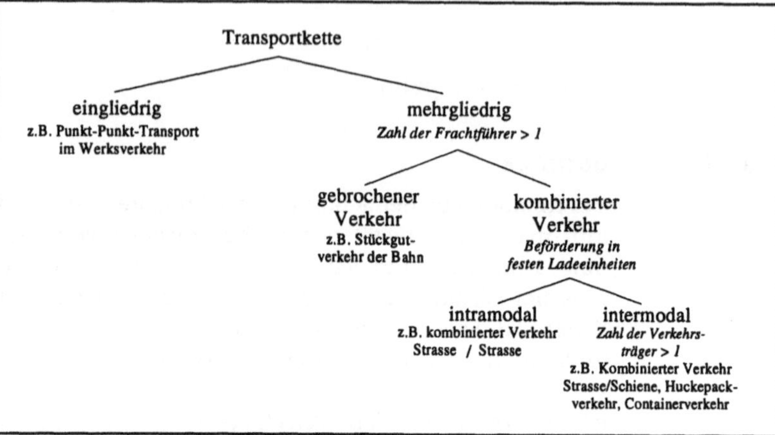

Den einfachsten Fall mit der geringsten Schnittstellenzahl stellt eine eingliedrige Transportkette (vgl. Abb. 3.2) dar, in der z.B. der Versender im Werksverkehr die Zustellung der Güter besorgt (ungebrochener Punkt-Punkt-Transport unter Nutzung eines Verkehrsmittels). Es kommt zu zwei Schnittstellen (vgl. Transportkette 5 in Abb. 3.3): dem Beladungsvorgang am Quellort und dem Entladevorgang am Zielort. In mehrgliedrigen Transportketten führt die Funktion des physischen Transportes der *Frachtführer* oder Carrier aus. Es handelt sich dabei um die im Transportbereich zahlenmässig grösste Gruppe, zu der Strassentransporteure, Bahn-, Luftverkehrs- und Schiffahrtsgesellschaften gehören [Städtler 1984, 21]. Diese Unternehmen sind auf Verkehrswege und Stationen (z.B. Flughäfen, Bahnhöfe) angewiesen, die staatlich oder privatwirtschaftlich vorgehalten werden. Mehrgliedrige Ketten beinhalten mindestens einen Umschlagsvorgang zwischen den Verkehrsmitteln und haben zum Ziel, die komparativen Kosten- und Leistungsvorteile der jeweiligen Verkehrsträger[2] zu nutzen.

---

[2] Als Verkehrsträger bezeichnet Brauer [1979, 47] die „Gesamtheit von Verkehrsbetrieben, die eines der Transportmedien Land, Wasser oder Luft und spezielle Verkehrswege, wie Strassen, Schienen oder Schiffahrtswege, bevorzugt benutzen".

Tab. 3.3:
Vor- und
Nachteile
alternativer
Verkehrs-
träger[3]

Transportart	*Vorteile*	*Nachteile*
Strassengüter-transport	- Zeit- und Kostenersparnis bei kurzen bis mittleren Entfernungen - Flexible Fahrpläne - Eignung für spezifische Ladegüter - Anpassungsfähig bei Annahmezeiten - Eignung für Stückgut- und Flächenverkehre	- Keine genauen Fahrpläne - Abhängigkeit von Witterung und Verkehrsströmen - Begrenzte Ladefähigkeit - Ausschluss gewisser Gefahrengüter
Schienenverkehr	- Grössere Einzelladegewichte als beim LKW - Exakte Fahrpläne - Weitgehend störungsfrei, witterungsunabhängig - Gefahrengüter zulässig - Eignung für Wagenladungsverkehre	- Privates Schienennetz / Gleisanschluss nötig - Geringe Eignung für Flächenverkehre - Kosten bei Anmietung von Spezialwaggons - Geringe Flexibilität für wechselnde Kundenanforderungen
Seetransport	- Grosse Einzelladegewichte - Grosse Laderäume - Angebot von Spezialschiffen	- Witterungsabhängig - Geringe Transportgeschwindigkeit - Ohne eigene Anlegestelle Kosten durch gebrochenen Verkehr
Lufttransport	- Hohe Transportgeschwindigkeit - Wegfall seemässiger Verpackung	- Hohe Transportkosten
Kombinierter Verkehr	- Nutzung der spezifischen Vorteile der Verkehrsträger	- Zeitverbrauch für Umschlagsvorgänge - Bindung an Fahrpläne

Wie Tab. 3.3 zeigt, besitzen alle vier[4] Verkehrsträger ihre ihnen eigenen Stärken und Schwächen. Dies prädestiniert sie für Güter eines bestimmten Transportsegments, wobei Faktoren wie Zeitempfindlichkeit, Kostenempfindlichkeit, Risikopotential und Volumen (Massengut, FTL und LTL[5]) des Gutes und natürlich die

---

[3] Verändert nach Schulte [1991, 64].

[4] Abgesehen wird von den sog. Leitungsverkehren, die bei der Beförderung von Wasser, Mineralölprodukten, Erdgas und Strom von Bedeutung sind.

[5] FTL bezeichnet Full Truck Load-Sendungen (z.B. Bahnwaggons) und LTL Less than Truck Load-Sendungen (z.B. Beförderung von Stückgut).

Destination ausschlaggebend sind. So wird beispielsweise bei interkontinentalen Transporten der Luft- oder Seeverkehr (je nach Zeit- und Kostensensitivität) und bei intrakontinentalen Transporten der Strassen- (kurze bis mittlere Entfernungen) und Schienenverkehr (mittlere bis hohe Entfernungen) bevorzugt.

Am Beispiel des intrakontinentalen Bereiches zeigt Tab. 3.4, wie die Leistungsprofile der Verkehrsträger deren Bedeutung beeinflusst. Während der Strassenverkehr hier eine hohe Bedeutung besitzt, ist jene des Luftverkehrs zu vernachlässigen. Interkontinentale Transporte kehren dieses Verhältnis um, da hier in fast jedem Fall die Kooperationsnotwendigkeit mit einem See- oder Luftfrachtführer erforderlich ist.

Tab. 3.4:
Güteraufkommen in D in Mrd. Tonnenkilometern [Schulte 1991, 59]

Transportart \ Jahr	1970	1980	1988
Strassengütertransport (Güterfernverkehr)	41,9	80,0	106,2
Schienenverkehr	71,5	64,9	60,0
Binnenschiffahrt	48,8	51,4	52,9
Luftfrachtverkehr	0,14	0,25	0,39

Umschlagsbetriebe

In mehrgliedrigen Transportketten sind neben den verschiedenen Verkehrsträgern weitere Beteiligte im Warenstrom von Bedeutung. Die aus den physischen Be-, Um- und Entladeprozessen bestehende Funktion des Umschlagens wird häufig von spezialisierten *Umschlagsbetrieben* wahrgenommen, zu deren Aufgabenspektrum auch das transportgerechte Verpacken und das Stauen zählen können. Zur Kategorie der Umschlagsbetriebe zählen u.a. Containerterminals (selbständige Unternehmen oder Regiebetriebe von Hafenbehörden), Luftfrachtterminals (betrieben von Airlines oder Flughafenbetrieben), Sammelgutumschlagsstellen (betrieben von Sammelladegesellschaften der Spediteure) sowie Verpacker-, Stauerei- und Ladungskontrollbetriebe (Tallybetriebe) [Brauer 1979, 91].

Umschlagsbetriebe agieren wegen der komplexen Koordination der unterschiedlichen Transportmittel häufig auch als *Lagereibetriebe*. In Abwicklungsprozessen betrifft diese Funktion vor allem das Vorhalten von Sammel- und Verteilungslagern zur Zwischenlagerung von Stück- und Massengut sowie von Spezialgütern (z.B. Kühl- und

Tiefgefriergüter).[6] Durch diese zusätzlich involvierten Instanzen erhöht sich in mehrgliedrigen Transportketten die Anzahl an Schnittstellen, was einen höheren Koordinationsaufwand impliziert.[7] In Abb. 3.2 sind die Arten mehrgliedriger Transportketten[8] dargestellt, wobei das Abgrenzungskriterium jeweils kursiv gekennzeichnet ist.

Informations-
logistische
Dienstleister:
Spediteure,
Makler und
Agenten

Neben der geschilderten Arbeitsteilung, die infolge des physischen Warenflusses in der Warenlogistik entsteht, ergibt sich eine weitere Differenzierung der Beteiligten durch die Abwicklung informations-logistischer Aufgaben. Es handelt sich dabei um Verkehrsmittlerbetriebe, zu denen Spediteure, Agenten und Makler zählen. Häufig von einem Versender beauftragt, führt der *Spediteur* die Versendung, insbesondere die Wahl der Frachtführer, Verfrachter und Zwischenspediteure aus.[9] Die Auswahl des Spediteurs erfolgt für jeden Auftrag in Abhängigkeit von Preis und Zuverlässigkeit. Nachdem der Spediteur mit der Planung und Koordination hauptsächlich planende, dispositive und steuernde informationelle Aufgaben erfüllt, kommt er mit den Gütern selbst nicht in Kontakt. Zu seinem Bereich zählt beispielsweise die Auswahl geeigneter Transportmittel, -wege und -methoden, das Erstellen der notwenigen Dokumente, aber auch die Konsolidierung der Sendungen verschiedener Versender zu einem Transportvorgang. Bei grenz-

---

6   Neben Sammel- und Verteillägern existiert noch die Dauerlagerung, die aber im Rahmen von Abwicklungsprozessen kaum relevant ist.

7   Höheren Aufwand erfordert einerseits das physische Güterhandling (Umschlagsvorgänge an den Terminals etc.) und andererseits die Bereitstellung der Informationen bei den unterschiedlichen Verkehrsträgern (vgl. Kapitel 2.1.2).

8   Bei mehrgliedrigen Transportketten wird unterschieden zwischen gebrochenen und kombinierten Verkehren. Im Gegensatz zum gebrochenen Verkehr (z.B. dem Stückgutverkehr der Bahn) werden im kombinierten Verkehr die Güter in festen Ladeeinheiten (z.B. Container) befördert, d.h. beim Wechsel zwischen Verkehrsmitteln eines oder verschiedener Verkehrsträger ist kein Umladen innerhalb der Ladeeinheit erforderlich. Ist nur ein Verkehrsträger beteiligt (z.B. mehrere Strassentransporteure), so spricht man von intramodalem kombinierten Verkehr. Sind verschiedene Träger beteiligt, spricht man von inter- oder multimodalen Ketten. Der wesentlichste intermodale Verkehr ist der kombinierte Verkehr Strasse/Schiene. Daneben bestehen Huckepack- und Containerverkehre [Backhaus et al. 1992, 45].

9   Diese Aufgabenbeschreibung folgt § 408 (1) HGB, der in Deutschland den Tätigkeitsbereich von Spediteuren definiert.

überschreitenden Verkehren erhöht sich die Aufgabenkomplexität durch die Kenntnis der sich häufig ändernden rechtlichen Vorschriften. Die höhere Komplexität stellt, wie in Kapitel 2.1.2 erwähnt, die Existenzgrundlage für *Agenten und Makler* dar. Der Agent handelt im Auftrag eines Frachtführers (meistens einer Reederei oder einer Airline) und organisiert für diesen die Ladungsakquisition und das physische Handling (z.B. durch einen Stauer). Makler sind unabhängiger in ihrem Handeln und erwerben Laderaum auf Transportmitteln (meistens Schiffe oder Flugzeuge), um diesen dann an Versender oder Spediteure zu verkaufen. Eine besondere Rolle spielen diese beiden Gruppen im Zollbereich, wo spezielle Zollagenten und -makler zur Organisation des grenzüberschreitenden Informationsflusses existieren.

Abb. 3.3:
Transport-
ketten
[Städtler
1984, 22]

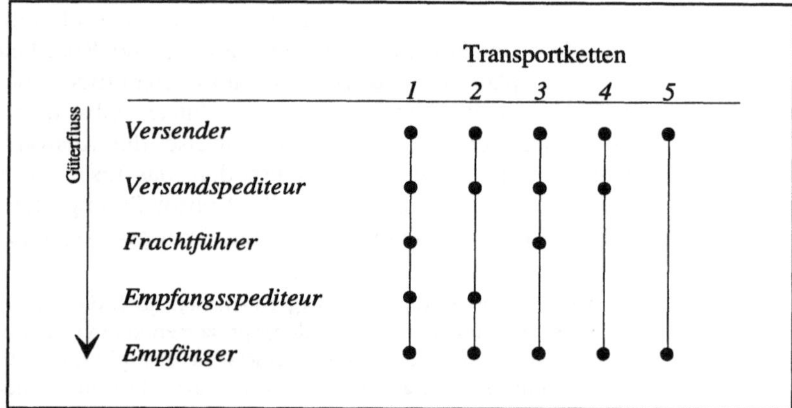

Innerhalb der drei Gruppen (Spediteure, Agenten, Makler) besitzen die Spediteure die grösste Bedeutung. Neben ihren Kernaufgaben erfüllen Spediteure vielfach Umschlags-, Lager- und Transportaktivitäten. Führt der Spediteur im sog. Selbsteintritt Transporte selbst durch (Transportketten 2 und 4 in Abb. 3.3), nimmt er gleichzeitig die Rolle des Frachtführers ein. In der Regel kooperieren bei einem Transport mehrere Spediteure miteinander (Transportketten 2, 3 und 4); ebenso können in Abhängigkeit der Art des Transportes (z.B. im grenzüberschreitenden Verkehr oder beim Wechsel von Transportmitteln) mehrere Frachtführer beteiligt sein [Petri 1990, 128]. Die Ketten 1-4 veranschaulichen nochmals die Komplexität der Transportketten in Abhängigkeit der Beteiligten: informationell bedingte Schnittstellen entstehen bei Spediteuren (neben Agenten und

Maklern) und güterflussbedingte Schnittstellen mit den involvierten Frachtführern (neben Umschlags- und Lagereibetrieben). Es sei erinnert, dass sich mit jeder zusätzlich involvierten Instanz die Anzahl an (physischen und/oder informationellen) Schnittstellen erhöht, was einen höheren Koordinationsaufwand impliziert.[10] An diesen Schnittstellen setzen die Effekte von IOS an.

Abb. 3.4:
Waren- und Informationsfluss in der Warenlogistik

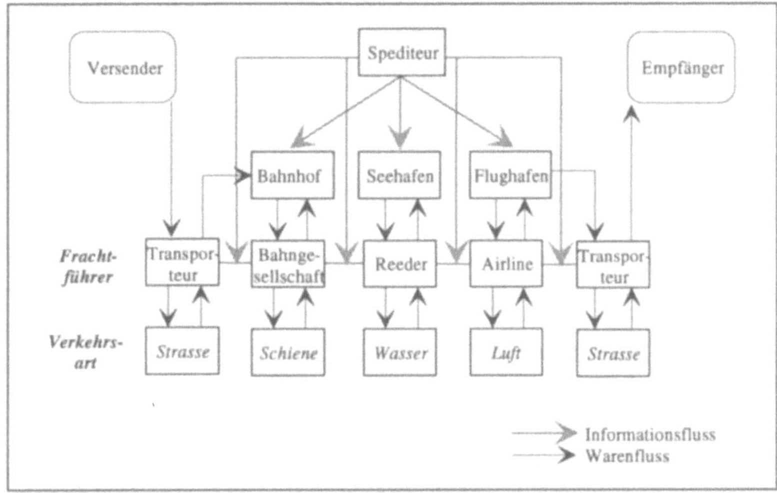

Kommunikation

Die Funktionsfähigkeit und die Effizienz des physischen Transportes hängt in grossem Masse von der Effizienz der informationslogistischen Kette ab, die für die rechtzeitige Verfügbarkeit der richtigen Informationen auf dem effizientesten Weg zwischen den Beteiligten sorgt. Als wichtige Bestandteile werden im folgenden die kommunizierten Informationsinhalte, der Informationsfluss, sowie der Informationsbedarf thematisiert.

---

[10] Höheren Aufwand erfordert einerseits das physische Güterhandling (Umschlagsvorgänge an den Terminals etc.) und andererseits die Bereitstellung der Informationen bei den unterschiedlichen Verkehrsträgern (vgl. Kapitel 2.3.2).

Tab. 3.5:
Informationsinhalte
[Städtler 1984, 27]

von \ an	Versender	VS	FF	ES	Empfänger
Versender		- Daten für Versender, Empfänger, Sendung und Stati - Termine - Nachnahme - Gutschrift			- Angebot - Rechnung - Mahnung
Versand-spediteur (VS)	- Termine - Statusdaten - Frachtrech-nung		- Daten für Versender, Empfänger, ES, Sendung und Stati - Termine - Nach-nahmen - Gutschrift	- Daten für Versender, Empfänger, FF, Sendung und Stati - Termine - Nach-nahmen - Gutschrift	- Termine
Fracht-führer (FF)		- Statusdaten - Frachtrech-nung		- Termine - Nach-nahmen - Statusdaten - Frachtrech-nung	- Nach-nahmen
Empfangs-spediteur (ES)		- Statusdaten - Frachtrech-nung	- Statusdaten		- Daten für Versender, Sendung und Stati - Termine - Frachtrech-nung
Empfän-ger	- Anfrage - Lieferabruf - Empfangs-bestätigung - Reklama-tionen - Gutschrift				

Informations-inhalte in der Warenlo-gistik

Aus Sicht des *Informationsinhaltes* betrifft die Warenlogistik Informationen über die Art und den Zustand materieller Realgüter. Zu unterscheiden sind hier einerseits Daten, die ohne Veränderungen weitergeleitet werden (Stammdaten), wie Sendungsdaten, längerfristige Planungsdaten, Versender- und Empfängerdaten. Andererseits existieren Daten, die an den einzelnen Stufen in der Kette verändert werden (Bewegungsdaten), wie Stati (Schiff bereits gelöscht, Sendung verzollt etc.) oder Termine.[11] Aktuelle Statusdaten sind von zunehmender Bedeutung, da die reine Aussage des Versenders, die Ware sei versandt, unter zeitkritischen Rahmenbedingungen (z.B. JIT) nicht mehr genügt. Die Beteiligten erteilen daher dem Empfänger Zwischeninformationen über den augenblicklichen Ort seiner

---

[11] Zu Stamm- und Bewegungsdaten vgl. Mertens [1991, 16].

Sendung in der Transportkette, was diesem frühzeitig Zeit für evtl. erforderliche Notbeschaffungen, Umlagerungen etc. einräumt [Petri 1990, 136]. Häufig besitzt der Empfänger dazu ein gesondertes Bestellüberwachungsprogramm. Weiterhin existieren Informationen wie Rechnungsdaten und Reklamationen, die nur an einzelne Beteiligte übermittelt werden. Eine Übersicht der relevanten Informationen enthält Tab. 3.5.

Tab. 3.6: Begleitpapiere für Strasse, Spedition und Bahn [Binnenbruck 1982, 50]

Formulare/ Dokumente/ Belege	**Strasse**		**Spediteur**			**Bahn**	
	I	E	I	E	Ü	I	E
Frachtbrief	•	•	•	•	•	•	•
Abliefernachweis	•	•	•	•	•	•	•
Ausfuhrnachweis		•		•	•		•
Ausfuhrpapiere		•		•			•
Akkreditivunterlagen		•		•	•		
Behälterkontrollschein	•	•	•	•		•	•
Palettenbehandlungsschein	•	•	•	•		•	•
Einlagerungsanzeigen			•	•	•		
Ladelisten	•	•	•	•	•	•	•
Lieferscheine	•	•	•	•	•	•	•
Packstückadressaufkleber	•	•	•	•	•	•	•
Übergabebescheinigungen	•	•	•	•	•	•	•
Übernahmebescheinigungen				•	•		
Ursprungszeugnisse		•		•			•
Versandaufträge				•	•		
Warenverkehrsbescheinigungen		•		•	•		•
Zoll- und Handelsrechnungen		•		•	•		•
Zollpapiere		•		•	•		•
Abrechnung	•	•	•	•	•	•	•

Legende: I = Inland, E = Europ. Ausland, Ü = Übersee

Die Informationen sind abgebildet in zahlreichen Begleitpapieren, wie Lieferschein, Rollkarte[12], Wareneingangsavis, Wareneingangsschein, Speditionsübergabeschein, Ladehilfsmittel-Begleitschein, Leergutschein und Frachtrechnung. Tab. 3.6 enthält eine verglichen

---

[12] Die Rollkarte stellt eine Art vorläufigen Frachtbrief dar und enthält Fahrtanweisungen für die Lkw-Fahrer im Nahverkehr.

mit der Darstellung in Kapitel 2.1.2 detailliertere Auflistung von Begleitpapieren zwischen Spedition und Frachtführern (Strasse, Schiene).

Trennung von Informations- und Warenfluss

Aufgrund ihrer immateriellen Eigenschaft, können Informationen losgelöst vom physischen Warenstrom übertragen werden. Traditionelle Beispiele dafür sind die nach dem Transport gestellte Rechnung oder der vor dem Transport zugestellte Lieferavis. Damit sind bereits zwei der drei Optionen bei einem zum Güterfluss parallel verlaufenden *Informationsfluss* angedeutet. Die drei prinzipiellen Optionen sind [Städtler 1984, 23]:

1. *Dem Güterfluss vorauseilende Informationen.* So kann z.B. der Spediteur bereits vor Eintreffen der Güter die vorauseilend übertragenen Auftragsdaten als Steuerungs- und Planungsdaten von Personal, Laderaum etc. verwenden. In diesem Bereich liegen die grössten Nutzenpotentiale der nachfolgend beschriebenen Systeme, da im Gegensatz zur häufig verwendeten Briefpost die Geschwindigkeit der Informationsübertragung erheblich höher, vor allem aber über der Beförderungsgeschwindigkeit der physischen Güter liegt.

2. *Den Güterfluss begleitende Informationen.* Auch die traditionell das physische Gut begleitenden Informationen, wie Bordero, Ladeliste, Rollkarte oder Frachtbrief können mit IOS so gesteuert werden, dass sie zum Zeitpunkt des Eintreffens des Gutes direkt im IS verfügbar sind. Dadurch muss beispielsweise der Lieferschein nicht mehr unmittelbar auf der Sendung befestigt sein.

3. *Dem Güterfluss folgende Informationen.* Zu traditionell nachfolgenden Informationen zählen Rechnungen. Sie repräsentieren eine Verbindung zum Bereich der Finanzlogistik (vgl. Kapitel 3.4). IOS können den Zahlungsfluss beschleunigen und damit die Liquidität erhöhen.

Daneben können Informationen auch dem Güterfluss entgegengesetzt fliessen. Beispiele sind Bestellungen, Kontrollinformationen, Gutschriften und Reklamationen. IOS können alle genannten Formen des Informationsflusses unterstützen. Dies gilt sowohl für die Richtung wie auch für das zeitliche Verhältnis zum Güterstrom. Sie bieten damit, insbesondere bei der zeitlichen Steuerung des Informationsflusses, ein höheres Mass an Flexibilität.

Die soeben geschilderten Vorteile von IOS bieten sich als ein wirksames Instrument an, die Komplexität von Transportketten zu handhaben, steigt doch mit der Anzahl an Beteiligten auch die Zahl an Schnittstellen sowie der *Informationsbedarf.* Dies erschwert zunehmend die Gestaltung des Informationsflusses [Meyer 1993, 1; Möhlmann 1987, 125]. Mit der Anzahl zu bewegender Sendungen und im Zuge der Globalisierungstendenzen wächst auch das Bedürfnis der Beteiligten die Informationen ohne Medienbruch elektronisch verarbeiten zu können. Die daraus resultierenden Nutzenpotentiale führten unter der Bezeichung DFÜ in der Transportbranche schon frühzeitig zum Einsatz von IOS. Allerdings erstreckten sich diese Systeme nicht auf alle Beteiligten der Transportkette, sondern nur auf einzelne Beziehungen (z.B. Versand- und Empfangsspediteur). Zudem setzen bislang nur wenige, meist grosse Unternehmen, EDI – eine wichtige Basis für IOS – ein [Meyer 1993, 2].

Probleme bei der Kommunikation

Organisatorische und technische Störpotentiale

Grundsätzlich beeinhaltet jede informationelle Schnittstelle ein Potential für die Verzögerung, die Verfälschung oder gar den Verlust von Informationen [Braganza 1992, 16]. Den logistischen Prinzipien folgend, sind IOS daher derart zu gestalten, dass der physische Güterfluss, der nicht zuletzt durch integrierte Transportsysteme (Containerisierung etc.) auch schneller fliesst, nicht durch den Informationsstrom gebremst wird. Unvollständige, zu spät oder nicht vorhandene Informationen zwischen den Frachtführern und Spediteuren einer Transportkette führen zu Koordinationsdefiziten, die sich in hohen Stand- und Wartezeiten von Fahrzeugen und Sendungen niederschlagen [Möhlmann 1987, 138]. Wie in Kapitel 2.3.2 angedeutet, existiert heute noch eine Vielzahl von Ineffizienzen in der vertikalen und horizontalen Interaktion. Denn häufig sind die organisatorischen Rahmenbedingungen (Koordinationsform) eines effizienteren Informationsflusses nicht vorhanden. Bei grenzüberschreitenden Transporten stellt der Zoll häufig einen weiteren Problembereich dar.

Neben den organisatorischen Defiziten können auch auf technischer Seite Trägheitskräfte identifiziert werden. Als wichtige Voraussetzung von IOS wurde in Kapitel 2.2.3 die Marktsprache erwähnt. IOS benötigen strukturierte Informationen, die je einheitlicher definiert, umso besser interorganisatorische Prozesse unterstützen. Breit anerkannte, standardisierte Nachrichten bzw. Formulare reduzieren den Abstimmungsaufwand erheblich. In der Warenlogistik wurde eine derartige Vereinheitlichung durch die hohe Heterogenität der Beteiligten (Branche und Land) sowie die gewachsenen Strukturen (viele KMUs, wenig Kooperationsbereitschaft) bislang jedoch stark erschwert. Heute unterscheiden sich seeseitig benötigte Informationen (z.B. Informationen für das Beladen oder das Löschen eines Schiffes im Hafen) gänzlich von den landseitig benötigten Informationen. Beispielsweise kann die Nachricht, die ein Seehafen für einen Container erhalten muss, in Deutschland völlig anders aussehen als in einem anderen europäischen Land oder gar einem Land in Übersee. Unterschiede ergeben sich durch unterschiedliche Informationsinhalte bzw. Formulare, unterschiedliche Definitionen der Transportwege sowie durch unterschiedliche gesetzliche Bestimmungen [Geiser 1991, 218].

Standardisierungsbestrebungen

Erste Bestrebungen, die Dokumente zu standardisieren, reichen in das Jahr 1975 zurück, als in den USA vom TDCC[13] die Rail Transportation Industry Applications-Richtlinien definiert wurden. Seit dieser Zeit war eine Reihe weiterer Initiativen bemüht, die vielerorts eingesetzten, bilateralen und zueinander inkompatiblen Datenformate auf eine breitere Basis zu stellen. Zu nennen ist die AWV in D, die im Jahre 1981 eine Dokumentation geordneter Dateninhalte für die Kommunikation zwischen Versender-Spediteur/Frachtführer vorgelegt hat, welche die Verkehrsarten Schiene, Strasse, See und Luft sowie den kombinierten Verkehr berücksichtigt. Auf europäischer Ebene arbeitet der Ausschuss für die Vereinfachung von Handelsverfahren (COMPROs) an Empfehlungen (TDID) und Datenelementen (TDED) für den Handels- und Transportdatenaustausch. Für den internationalen Bereich ist die Europäische Wirtschaftskommission der UN (UNECE) zu nennen, die Empfehlungen für einheitliche Formulare ausspricht [Möhlmann 1987, 168]. Zur Akzeptanzförderung wurden auf Benutzerseite mit UNCID Verhaltensregeln für EDI-Anwender formuliert.

Wie deutlich wird, sind am Normungsprozess sowohl nationale wie internationale Gremien beteiligt. Die von diesen seit Mitte der 80er Jahre begonnene Arbeit am Edifact-Standard nährt die Hoffnung auf eine einheitliche Marktsprache im Transportbereich. So wurden mit dem in diesem Rahmen entstandenen IFTM-Rahmenwerk sechs

---

[13] TDCC bezeichnet das Transportation Data Coordinating Comittee.

wichtige Nachrichten[14] für die Kommunikation zwischen Spediteuren und Frachtführern normiert (vgl Abb. 3.5). In Entwicklung befindet sich ein weiteres Rahmenwerk für den Containerbereich (CO-Framework).

Abb. 3.5:
Nachrichten
im IFTM-
Rahmenwerk

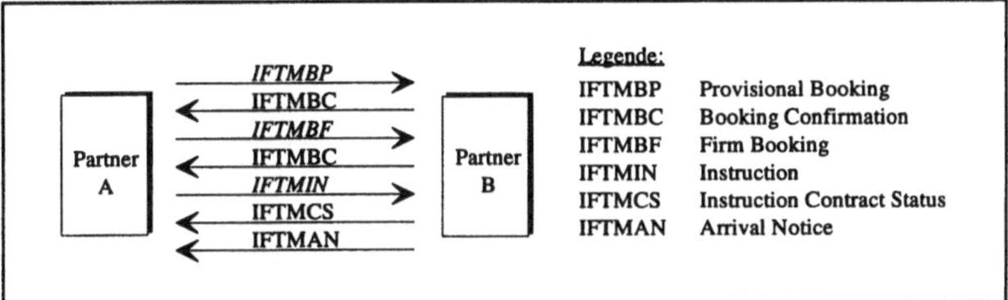

Verkehrsträger als Gliederungskriterium

Der warenlogistische Bereich weist eine stark verkehrsträgerbezogene Prägung auf. LDL fokussieren i.d.R. auf den Strassen-, den Schienen-, den See- oder den Lufttransport. Vor diesem jeweiligen verkehrsträgerspezifischen Hintergrund entstanden auch die IOS, welche folglich die Bedürfnisse eines bestimmten Verkehrsträgers widerspiegeln. Aus diesem Grund bietet sich eine Abgrenzung der IOS in der Warenlogistik nach der Art des primär unterstützten Verkehrsträgers an. Die Analyse konzentriert sich dabei auf Systeme des Güterverkehrs und nicht solche des Personenverkehrs. Daraus ergeben sich fünf Gliederungsbereiche:

1. IOS im Strassengütertransport (Kapitel 3.3.2),

2. IOS im Schienengüterverkehr (Kapitel 3.3.3),

3. IOS im Seefrachtbereich (Kapitel 3.3.4),

4. IOS im Luftfrachtbereich (Kapitel 3.3.5), sowie

---

[14] Es handelt sich dabei um Nachrichten im Status 2, d.h. um stabile Nachrichtenstrukturen. In Entwicklung befindet sich eine Reihe weiterer Nachrichten. Im Status 1 (Draft Recommendation) befinden sich derzeit IFTCCA (Forwarding and Transport Shipment Charge Calculation Message), IFTRIN (Forwarding and Transport Rate Information), IFTSAI (Forwarding and Transport Schedule and Availability Information) sowie IFTSTA (International Multimodal Status Report Message). In Status 0 (Draft) befinden sich IFTDGN (Dangerous Goods Notification Message), IFTFCC (International Freight Costs and other Charges), IFTIAG (Dangerous Cargo List Message) sowie IFTSTQ (International Multimodal Status Request) [Schlieper 1993, 89].

5. IOS im Behördenbereich (Kapitel 3.3.6), da dieser für alle Verkehrsträger bei grenzüberschreitenden Verkehren von Bedeutung ist.

Speditionen als Teil des Strassenbereichs

Der Speditionsbereich stellt einen Bereich dar, der inhaltlich und von seiner Stellung in Transportketten heraus, eigentlich eigenständig behandelt werden müsste. Denn Speditionsdienstleistungen können nach Funktionen (z.B. Sonder-, Schwertransporte, Seehafenabfertigung, Luftfrachtabfertigung etc.), nach Güterklassen (z.B. Gefriergut, Gefahrengut, Glas) oder nach Regionen/Relationen (z.B. lokal, Naher Osten etc.) unterschieden werden. Somit können sie je nach individueller Strategie der Spedition (Generalisierung, Spezialisierung) unterschiedliche Verkehrsträger unterstützen. Der Speditionsbereich wird jedoch nicht als gesondert thematisiert, weil die meisten IOS dieses Bereiches einen Schwerpunkt im strassengebundenen Transport besitzen.[15] Besteht hingegen bei einem IOS eine ausgeprägte Unterstützung verschiedener Verkehrsträger, so wird es als verkehrsträger- bzw. bereichsübergreifendes System eingestuft (Kapitel 3.5).

3.3.2   Strassenbereich

Dem Strassenbereich werden traditionell diejenigen Verkehre zugeordnet, die landgebunden weder auf Schiene noch zu Wasser erfolgen. Wie erwähnt, besitzt der Strassengüterverkehr im intrakontinentalen Transport bei kurzen bis mittleren Entfernungen aufgrund der zeitlichen und räumlichen Ubiquität den bedeutendsten Anteil (vgl. Tab. 3.4). Im Vergleich zu seinem wichtigsten Konkurrenten, dem Schienenverkehr, besitzt er damit wichtige Vorteile. Strassentransporte sind sowohl zur Bedienung der Fläche (Sammel- und Verteilverkehre über kurze Strecken) als bei auch Ferntransporten im Haus-zu-Haus-Verkehr gefragt. Sie zeigen sich häufig für die Zustellung von Gütern verantwortlich und figurieren i.d.R. als erstes und letztes Glied in Transportketten.

---

[15] Spediteure sind aufgrund vielfältiger Überschneidungen nur schwer von anderen Gruppen von Verkehrsunternehmen abzugrenzen. Nachdem mit Unternehmen des Strassenverkehrs, die sich häufig als Speditionen bezeichnen, grösste Deckungsgleichheit besteht, wird daher der Speditionsbereich unter dem Strassenbereich subsumiert. Diese Zusammenfassung erfolgt in Anlehnung an Drechsler [1988, 129]. Zur Gliederung der Speditionsleistung vgl. Drechsler [1988, 149].

Innerhalb Europas stellt die Strasse mit einem Anteil von 60 Prozent am gesamten Transportvolumen den bedeutendsten Verkehrsträger dar. In Ländern wie Italien oder GB erreicht er sogar 80 Prozent [Delahaie 1992, 8]. Infolge wachsender Transporte auf der Ost/West-Achse dürfte dieser Anteil noch zunehmen. Die Anbieterseite unterliegt im nationalen Bereich Regelungen, die mehr oder weniger Wettbewerbsverzerrungen beinhalten. In Europa ist angesichts des EG-Binnenmarktes seit 1989 eine Tendenz hin zur einer Wettbewerbsentzerrung und zu einer Gleichberechtigung der Beteiligten zu beobachten. Einen wichtigen Punkt repräsentiert die Beseitigung des Kabotageverbotes, das bisher Frachtführern eines Landes A die Ausführung von Transporten in einem Land B untersagte. Die Rechtsgrundlage für internationale Strassengütertransporte ist seit 1956 in einem internationalen Übereinkommen (CMR) geregelt.[16]

Beteiligte im Strassentransport

Beteiligte im Strassengütertransport sind Frachtführer, Speditionen aber auch interne Werksverkehre. Ihr Aufgabenbereich umfasst die Organisation und Abwicklung sämtlicher Informations- und Güterhandhabungsprozesse zwischen zwei vereinbarten geographischen Orten. Im Gegensatz zu alternativen Verkehrsträgern wie Schiene, Luft oder Wasser, ist die Benutzung der Wegeinfrastruktur nicht von der Nutzung oder Existenz bestimmter Stationen (z.B. Flug- oder Seehäfen) abhängig. Wie in Kapitel 2.3.2 angedeutet, zeichnet sich bei den Spediteuren eine Verschiebung ihres Tätigkeitsfeldes ab, weg von den reinen Güterbewegungsaktivitäten, hin zu differenzierten Warenverteil-, Lagerhaltungs- und Beschaffungsaktivitäten und umfassenden logistischen Komplettlösungen. Für die Durchführung von Transporten greifen sie zunehmend auf 'reine' Transporteure zurück [BSL 1990, 21]. Andererseits sind letztere zur Erhaltung ihrer Wettbewerbsfähigkeit wiederum gezwungen, ihre Angebotspalette zu erweitern. Dem steht jedoch die traditionelle atomistische Marktstruktur entgegen. Speditions- und Transportunternehmen sind verhältnismässig kleine Unternehmen mit begrenzter Real- und Humankapitalausstattung.[17] Viele der Transportunternehmen sind

---

[16] CMR steht für Convention Relative au Contrat de Transport International des Marchandises par Route. Es regelt u.a. Haftungsfragen, Masse, Gewichte [Piontek 1994, 68].

[17] In Deutschland gelten 70-75 Prozent der Speditions- und Lagereiunternehmen als 'klein', 15-20 Prozent als 'mittel', 5-7 Prozent als 'gross' und 2-5 Prozent als 'sehr gross'. Die Anzahl der Unternehmen, die unter 50 Mitarbeiter beschäftigen liegt über 82,5 Prozent [Drechsler 1988, 130].

Selbstfahrer, die bei geringen Margen stark untereinander konkurrieren und damit nur begrenzte Ressourcen für Innovationen besitzen [Hastings 1992, 13]. Um die Know-how intensiven, umfassenderen Dienstleistungsaufgaben wahrnehmen zu können, sind im Speditionsbereich seit den 80er Jahren Konzentrations- und Kooperationstendenzen zu beobachten, da oft nur über die Betriebsgrösse die erforderliche Flächendeckung und das notwendige Know-how erzielt werden können [Röcker et al. 1991, 65].[18]

Kommunikation

Schnittstellenfunktion des Spediteurs

Ein zentraler Bestandteil der Speditionsdienstleistung stellt mittlerweile die informationslogistische Leistungsfähigkeit dar. Spediteure werden verstärkt in den Waren- und Informationsfluss zwischen Versender und Empfänger eingebunden und müssen angesichts des wachsenden Aussenhandels (Globalisierung) höhere Informationsbedürfnisse erfüllen. Dabei ergeben sich nicht nur Schwierigkeiten, die mit dem investitionsintensiven Aufbau und Unterhalt einer informationslogistischen Infrastruktur zusammenhängen. Vielmehr erfordert die Schnittstellenfunktion des Spediteurs, dass er mit Verlader, Frachtführer, Zoll etc. auch kommunizieren kann. Dazu müssen aufgrund der heterogenen Systemwelten unterschiedliche, proprietäre Protokolle (z.B. DEC, IBM-Protokolle) und Formate (z.B. AWV, VDA, ODETTE, CEFIC etc.) unterstützt werden. Denn Spediteure besitzen i.d.R. nicht die Marktmacht zur Durchsetzung ihrer eigenen Kommunikationskonfiguration.

Die hohe strategische Bedeutung der Kundenbeziehung führt aber dazu, dass trotz dieser Probleme seit längerem Beispiele für IOS anzutreffen sind.[19] Mehrheitlich unterstützen diese Systeme den vorauseilenden vertikalen Informationsfluss zwischen Versender, Frachtführer etc. In horizontalen Beziehungen (Spediteur-Spediteur) kommt es dagegen nur innerhalb von Filialnetzen zum IOS-Einsatz [Drechsler 1988, 134]. So verfügen insbesondere die grossen multinationalen Speditionsbetriebe über weltumspannende informationslogistische Strukturen[20]. Lange Zeit ausschliesslich intern genutzt, werden diese Netze auch zunehmend zu Verladern oder

---

[18]   Zu den Kooperationstendenzen vgl. Schmidt/Kaus [1990, 22].

[19]   Beispiele aus den frühen 80er Jahren finden sich z.B. bei Städtler [1984, 83].

[20]   Vgl. dazu →DANZNET von Danzas oder →NEPTUNE von NedLloyd.

dem Zoll geöffnet.[21] Trotz dieser Beispiele beschränkt sich in der Mehrzahl der Speditionen - dabei handelt es sich hauptsächlich um KMU - der IT-Einsatz aber auf IAS. Beispiele sind Systeme im Verwaltungsbereich oder Tourenplanungssysteme zur verbesserten Auslastung des eigenen Fuhrparks.

Atomistische Struktur als Hemmnis

Zentrale Ursache für die zögernde Einführung von EDI und die geringe Anzahl an IOS sind die atomistischen Anbieterstrukturen. Einerseits bestehen, sicherlich infolge der geringeren Innovationsstärke, bei KMU noch geringe Telematikkenntnisse. Andererseits besitzen sie keine Instanz, welche der Entwicklung und Diffusion einer Marktsprache den erforderlichen Nachdruck verleihen könnte. Zwar gab es in der Vergangenheit einige Entwicklungsansätze für Marktsprachen, doch konnte sich keine auf breiter Basis etablieren. Erwähnenswert sind die INOVERT-Aktivitäten in Frankreich Mitte der 80er Jahre, der SUTC[22] in den Niederlanden und das →LOG-Projekt Anfang der 80er Jahre in D.[23] Vorteilhaft erscheint, dass in diesen Projekten bereits erste Erfahrungen gesammelt werden konnten, die nun Eingang in die Edifact-Normierungen finden. Diese haben bereits, insbesondere aufgrund des bereits existierenden IFTM-Rahmenwerks, die Einführung von IOS im Strassenbereich stark vorangetrieben. Während im Jahre 1985 13 Prozent der insgesamt 4'500 Speditions- und Lagereibetriebe die Datenübertragung per Diskette oder mittels DFÜ praktizierten, waren es im Jahre 1990 bereits 25 Prozent im Bereich DFÜ bzw. EDI [Weidenbach 1991, 13]. Starke Förderung erhält der Strassenbereich von der EG, wo insbesondere im Rahmen von TEDIS (→EDITRANS) und DRIVE[24] (→FRAME) die Einführung von Telematik in Pilotprojekten gefördert wird.[25] Im Rahmen von DRIVE wurden auch Projekte lanciert, die auf die Einbindung des Lkws in den EDI-Nachrichtenfluss mittels Satellitensystemen abzielen (→IFMS, METAFORA).

---

[21] So bieten viele grosse Speditionsunternehmen den Verladern bereits Zugangssoftware für die Erstellung elektronischer Speditionsaufträge an [Handschin 1993, 6]. Daneben bestehen auch Schnittstellen zu den Zollsystemen (vgl. Kapitel 3.3.6).

[22] SUTC bezeichnet den Stichting Uniform Transport Code.

[23] Zu INOVERT und SUTC vgl. Delahaie [1992, 8].

[24] TEDIS steht für 'Trade Electronic Data Interchange Systems' und DRIVE für 'Dedicated Road Infrastructure for Vehicle Safety in Europe'.

[25] Ein umfassender Überblick über das DRIVE-Programm ist zu finden in: [CEC 1992a].

Die nachfolgend beschriebenen Systeme vermitteln einen Einblick in die Systeme grosser Speditionen (1:n-Systeme) und in Systeme, wie sie im Rahmen der angesprochenen Forschungsprojekte (DRIVE, TEDIS) durchgeführt werden. Daneben sind die als Frachten- und Laderaumbörsen benannten IOS ein wichtiger Bestandteil des Strassenbereiches. Einen Überblick über Entwicklung und Funktionsweise von Frachten- und Laderaumbörsen liefert die Beschreibung von →TELEROUTE INTERNATIONAL.

1 BIFAnet

IOS zwischen Spediteuren (GB)

BIFANET ist ein von der British National Freight Association (BIFA) gegründetes Netz zur horizontalen Kommunikation zwischen Spediteuren. Nach Scheitern des EDI-Projektes *Freight Network* ist dies bereits der zweite EDI-Anlauf dieses Verbandes. Als wichtigste Ursache des Scheiterns wurde die atomistische Marktstruktur verantwortlich gemacht. Nachdem die Hälfte der britischen Spediteure weniger als zehn Mitarbeiter beschäftigt, waren vielen dieser Unternehmen die Eintrittskosten für EDI in den 80er Jahren zu hoch. Diese Zielgruppe versucht, die BIFA gemeinsam mit dem VANS GEIS durch das im Februar 1992 eingeführte BIFANET erneut anzusprechen. Jedoch hofft man infolge gesunkener HW-Kosten und intensiverem Wettbewerb auf eine deutlich bessere Resonanz seitens der Spediteure.[26] Dabei muss es sich nicht um BIFA-Mitglieder handeln, denn über GEIS können sich auch Nicht-Mitglieder anschliessen [White 1992, 16; o.V. 1991b, 2; o.V. 1993b, 5].

Sowohl das Netz wie die Rechner werden von GEIS betrieben. Durch das Outsourcing des Netzbetriebs an GEIS kann gleichzeitig auch eine umfangreiche Palette kommunikationsorientierter Funktionen angeboten werden. Dazu zählen die E-Mail und die EDI-Funktionalität (QuickComm), wie sie unter →EDI*EXPRESS geschildert ist. Die logistikorientierte Funktionalität umfasst die Übertragung von Buchung, Buchungsbestätigung, Frachtbrief (Luft, See, Strasse), Statusinformationen, Ankunfsmeldung, Frachtabrechnung

---

[26] Die Teilnahme an BIFANET ist mit folgenden Kosten verbunden: 600£ für den Erwerb der Marktapplikation Cargoconnect, 200£ jährlich für Updates etc., 200£ jährlich für den Anschluss an GEIS, 50£ monatlich für BIFANET (35£ für BIFA-Mitglieder), sowie 0,16 je 1'000 übertragener Zeichen [Macleod 1993c, 12].

und von Gefahrengüterinformationen. Daneben sind mittels einem BBS (BusinessTalk 2000) Informationen abfragbar. Beispiele sind BIFA-Nachrichten (z.B. die elektronische Version der monatlichen Zeitschrift BIFAlink), Nachrichten über den EG-Binnenmarkt (z.B. Rechtssprechung, Verfahren), Weiterbildungsdaten mit Buchungs-möglichkeiten und Branchennachrichten. Ferner können für einzel-ne Unternehmen geschlossene Benutzergruppen eingerichtet wer-den.

Die Kommunikation mit BIFANET erfolgt über PC und der Marktap-plikation Cargoconnect. Die von dieser SW erstellten Meldungen besitzen mehrheitlich die Edifact-Syntax. Dabei kann es sich sowohl um standardisierte Meldungen wie CUSDEC, CUSRES oder die Cargo*Fact Air waybill der IATA, als auch um individuell definierte Meldungen handeln. Letztere werden von der BIFA für einen Betrag von höchstens 500 Pfund erstellt. Weitere Nachrichten, z.B. für den Export, sollen im Zuge der Realisierung von →CHIEF eingeführt werden. Bereits realisiert ist die Anpassung der Funktionalität an den EG-Binnenmarkt. Die Erweiterung Customsconnect dient der Erstellung von Handelsstatistik-(INTRASTAT) und Umsatzmeldun-gen, die über BIFANET an →EDCS übertragen werden.

BIFANET hatte Anfang 1993 54 Teilnehmer, wobei die 'virtuelle' Teilnehmergemeinde durch die Verbindung von BIFANET mit INS Tradanet, dem wichtigsten nationalen VANS in GB, und durch die Vielzahl an GEIS-Nutzern deutlich höher liegen dürfte. Für die Zukunft erscheint eine Verbindung zu →CNS und MCP (→FCP80) möglich.

2 Datenkommunikation in der Logistik (DALOG)
VANS für Strassentransport (D)

DALOG ist ein Clearing-Center, das von der Gesellschaft für Daten-fernverarbeitung mbH (GSI Datel) in Darmstadt, einem Toch-terunternehmen der Deutschen Bundespost Telekom, der France Telecom und der französischen Générale de Service Informatique betrieben wird. Es besitzt ein eigenes multinationales Netzwerk mit etwa 500 Teilnehmern verschiedenster Branchen (Transport/ Logistik, Tourismus, Handel) und Verbindungen zu mehreren VANS-Anbietern (IBM, Transpac, Allegro und Infonet). Über dieses Netz können nach Wunsch der Transportbeteiligten grenz- und systemüberschreitende Verbindungen hergestellt werden. Ein eigentliches Gemeinschaftssystem in Form einer allgemein zugänglichen Datenbank mit feststehender Funktionalität (wie etwa bei den unten beschriebenen Frachten- und Laderaumbörsen) besteht nicht. Die Funktionspalette umfasst Lösungen, die vom einfachen Routing über Konvertierungsdienste bis zur vollständig ausgelagerten Datenverwaltung reichen. Beispiele sind die automatische Verteilung von Daten, die Einrichtung von Mailboxen, die Datensicherung und die Verwaltung zentraler Daten (z.B. zum Tracking und Tracing). Ferner wird die Nutzung von Speditions-SW (Frachtoptimierung, Fakturierung etc.) angeboten.

DALOG ist auf dem IBM 3090-200 Zentralrechner in Darmstadt implementiert, der mit den Rechnern in Paris, Camberley, Pittsburgh und Barcelona verbunden ist. Wie bei VANS üblich, wird Teilnehmern eine Vielzahl an Zugangsmöglichkeiten (Wählleitung, Datex-J, Datex-L, Datex-P, Standleitung) und Marktsprachen (z.B. VDA, ODETTE, EDIFACT, BSL) angeboten. Der Anschluss an DALOG verursacht einmalige Kosten von DM 1'500 und laufende Kosten zwischen DM 0,13 und DM 0,18 pro Datensatz [o.V. 1989, 28; Oevermann 1991, 24].

3　Danzas Network (DANZNET)
Kommunikationsnetzwerk von Danzas (intern.)

Danzas ist als globaler Spediteur und Frachtführer mit 706 Geschäftsstellen in mehr als 40 Ländern tätig. Das Produktspektrum, das in sechs Bereiche gegliedert ist, reicht von der Organisation bzw. Durchführung reinen eingliedrigen Transports über intermodale Transporte hin zu individuellen Lösungen wie Warehousing & Distribution. Eine wichtige Komponente in der konzernweiten (internen) Kommunikation mit entsprechenden Schnittstellen zu Verladern, Frachtführern, Zoll etc. stellt dabei das Netzwerk DANZNET dar. Die Funktionalität von DANZNET umfasst:

1. Die Übermittlung von Speditionsaufträgen nach Edifact (IFTMIN) und SSV-Norm vom Verlader an Danzas. Dazu wird in der Schweiz die PC-basierte Marktapplikation Danzlink eingesetzt.[27] Bei der Verwenung einer Edifact-Zollanmeldung bietet Danzas gleichzeitig die Nutzung des vereinfachten Ausfuhrverfahrens (→ZOLLMODELL 90).

---

[27]　Zu Danzlink vgl. Handschin [1993, 6]. Ein europaweiter Einsatz von Danzlink befindet sich derzeit in Planung.

2. Den Austausch sendungsbezogener Daten (Manifest-, Luftfracht-briefdaten etc.) zwischen den Geschäftsstellen und externen Systemen (z.B. Zoll und Frachtführer). Dazu sind intern 17 proprietäre Nachrichtentypen definiert.

3. Die zentrale Datenverwaltung (z.B. für den Bereich European FLT) für Sendungen und Betriebsmittel.

4. Interne Funktionalitäten, wie Kommunikation zwischen allen Geschäftsstellen (Inter-Office Communication) und Funktionen des Rechnungswesens. Für letzteres besteht eine Verbindung zu einem externen Dienstleister.

DANZNET ist auf einer sehr heterogenen HW implementiert. Die Systeme stammen von Digital, NCR, IBM, Honeywell Bull und Hewlett Packard. Verbunden sind die Systeme auf Basis von X.25, wobei soweit als möglich die Edifact-Syntax für die externe Kommunikation verwendet wird. Neben den Kunden bzw. Verladern bestehen eine Vielzahl von Verbindungen zu externen Systemen, z.B. →CCS-CH, →TRAXON, →SOFI, →ZOLLMODELL 90, →ALFA, →DOUANE, →ZADAT, →FCP80 oder ACP80 (→CCS-UK), sowie ABI (→ACS) [Seelig 1991, 422].

4   EDI für Transport, Spedition und Logistik (EDI*TSL)
IOS der Vereinigung Deutscher Kraftwagenspediteure (D)

EDI*TSL entstand aus der Motivation heraus, dass Transportbeteiligte wie Spediteure aufgrund ihrer Schnittstellenfunktion in Transport-ketten, zunehmend zum Anschluss an einen VANS gezwungen sind. Dabei befinden sie sich in einem Dilemma, da aufgrund der spezifi-schen Machtkonstellation den Kunden, die i.d.R. unterschiedliche Kommunikationsverfahren (VANS etc.) nutzen, nicht die Benutzung eines bestimmten VANS vorgeschrieben werden kann. Angesichts der hohen Wettbewerbsintensität besitzen Kunden eine starke Verhandlungsposition, weshalb der Spediteur in der Folge verschie-dene Kommunikationsverfahren unterstützen muss. Um diese Schnittstellenkomplexität einzudämmen, entwickelte die Vereini-gung Deutscher Kraftwagenspediteure gemeinsam mit der MLC Unternehmensberatung ein neutrales System.
Dieses System fungiert als einheitliche Schnittstelle für die gesamte externe Kommunikation eines Unternehmens und gewährt Zugriff auf alle gängigen Kommunikationsnetze (z.B. Datex, HfD, IBM, GE oder SITA). Der Spediteur sendet seine Daten im proprietären oder

standardisierten Format (Edifact) an EDI*TSL wo sie dann konvertiert und weiterverarbeitet werden. Wie bei →CIS$_L$, ist der Edifact-Konverter EDI*SYS ein wesentlicher Bestandteil des Systems. Damit können typische Dokumente des Transportbereiches, z.B. Speditionsauftrag, KVO-Frachtbrief, Bordero, Lieferschein oder Anlieferungsbestätigung ausgetauscht werden. Wie Abb. 3.6 zeigt, ist auch eine Verbindung zur finanzlogistischen Dienstleistern prinzipiell möglich.

Abb. 3.6:
Prinzip von
EDI*TSL

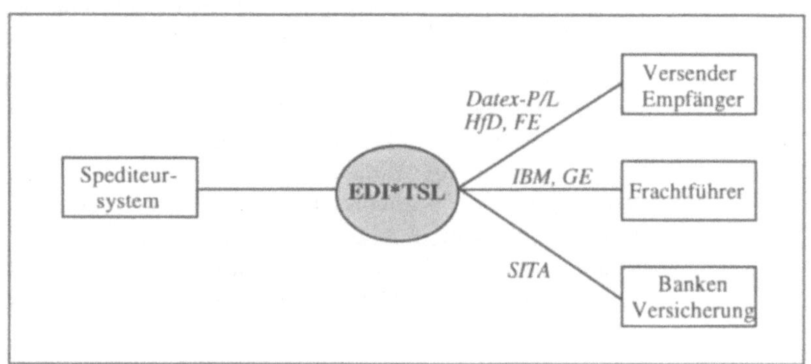

5 EDITRANS
TEDIS-Projekt der EG für multimodales EDI (Eur.)

In der Zeit zwischen 1989 und 1990 führte im Rahmen des TEDIS-Programms der EG die Studiengesellschaft für den kombinierten Verkehr e.V., die niederländische Beratungsgesellschaft Cetima, das französische Inrets sowie die Projektgruppe COST-306 das Projekt EDITRANS durch. Hieraus geht auch die Zielsetzung des Projekts hervor, nämlich der multimodale Datenaustausch in Europa. EDITRANS war in zwei Phasen aufgeteilt: (1) Datenaustausch auf Grundlage der im Rahmen des COST 306-Projektes erarbeiteten Nachrichtenformate und (2) Datenaustausch in sieben ausgewählten Transportketten zwischen KMU unter Einsatz von Edifact (IFTM-Rahmenwerk) [CEC 1992b, 65].

Beteiligt an der Übertragung von Sammelaufträgen war eine geschlossene Gruppe von Transporteuren und Verladern (ohne Zoll), die über X.25 an GEIS angeschlossen waren. GEIS wurde in das Projekt aufgenommen, da sich Probleme bei der Kopplung der nationalen X.25-Netze ergaben. Weitere Schwierigkeiten werden beim Einsatz von Edifact berichtet. Diese verursachten Probleme bei branchenübergreifenden Verbindungen, da sich z.B. ein Transporteur zur Sendungsbeschreibung der Attribute Grösse und Gewicht bedient, während Handelsunternehmen detailliertere Artikelbeschreibungen, Qualitäten etc. verwenden [Röcker et al. 1991, 70]. Dies bezeichnet die sog. *semantische Lücke* von Edifact [Kubicek 1993], da eine branchenübergreifend definierte Syntax nicht gleichbedeutend mit einer branchenübergreifenden Normierung der Inhalte ist. So können beispielsweise europäische und amerikanische Artikelnummern unterschiedliche Artikel bezeichnen.

6 European Logistic Information System (EURO-LOG)
IOS für Frachtverfolgung (Eur.)

Beschreibung als Fallstudie in Kapitel 4.3.

7 Freight Management in Europe (FRAME)
DRIVE-Projekt der EG- für den Gefahrengüterbereich (Eur.)

FRAME ist ein Projekt aus der zweiten Phase des DRIVE-Programms der EG. Das DRIVE-Programm wurde im Juni 1988 für eine Dauer von drei Jahren vom EG-Ministerrat ins Leben gerufen. Innerhalb dieser ersten DRIVE-Phase wurden 72 Einzelprojekte mit dem Ziel durchgeführt, Technologien zur Erhöhung der Sicherheit, Effizienz und Umweltverträglichkeit des Strassenverkehrs zu entwickeln. Diese Konzepte sollen im Rahmen von DRIVE II (1992-94) in insgesamt 56 Projekten validiert, beurteilt und miteinander verknüpft werden.

Ziel von FRAME ist es, ein europaweites IOS für die Kontrolle und Koordination von Gefahrengütertransporten zu konzipieren, um die von diesen Transporten ausgehende Gefahr für Bevölkerung und Umwelt einzudämmen. Eine ständige Überwachung des Transportes soll sicherstellen, dass keine Sendung verloren gehen und bei Störfällen unmittelbar Massnahmen ergriffen werden können. An FRAME sind die HIS →INTIS, →INET und →CNS, die Frachtführer/Spediteure Maersk, P&O Containers und Tank Freight, sowie weitere Institutionen aus dem Beratungs- bzw. universitären Bereich[28] beteiligt. Um die geschilderten Ziele zu erreichen, wird für FRAME eine Kommunikationsinfrastruktur konzipiert, die aus drei Bausteinen bestehen soll:

❑ einer zentralen Datenbank (Information Storage Centre) mit Informationen über Fahrzeug, Ladung, Route, aktuellem Standort und dem voraussichtlichen Fahrplan.

❑ einem Fahrzeugortungssystem, das die Verfolgung auf Sendungsebene erlaubt.

❑ den Kommunikationsverbindungen zu den Teilnehmern (Administrative/Emergency Centres).

Diese drei Bausteine können wie folgt zusammenspielen: Während des Transportes wird die Position des Gefahrengutes anhand der gespeicherten Informationen im Information Storage Centre ständig überprüft (Tracking). Im Falle eines Abweichens von der vorgegebenen Strecke oder eines Unfalls wird im zuständigen Administrative/Emergency Centre ein Alarm ausgelöst. Beispielsweise überträgt ein HIS die Ankunfts- und Abfahrtszeiten der Fahrzeuge aus dem Hafen an die jeweiligen Behörden, die bei einem Unfall die Ladungsart ermitteln und weitere Massnahmen ergreifen können. Untersucht werden auch Überwachungsmöglichkeiten der Gefahrengüter an Bord der Schiffe [Macleod 1993c, 13].

Die bei der Kommunikation verwendeten Nachrichten werden den Edifact-Meldungen für Gefahrengüter entsprechen. Zur satellitengestützten Kommunikation mit den Lkws arbeitet man eng mit →IFMS zusammen, für die Kommunikation zu den Frachtführern/Spediteuren werden neben EDI aber auch Telex und Telefax-Verbindungen vorgesehen. Eine enge Zusammenarbeit besteht mit dem EWTIS-Projekt[29], dessen Inhalt die Entwicklung eines Gefahrengutüberwachungssystem zwischen den nordeuropäischen Häfen umfasst.

Die ersten Pilotexperimente betreffen die Seerouten im Kanal zwischen England und dem Kontinent, die Seerouten zwischen Wales

---

[28] Dazu zählen Impetus Consultants, W.S. Atkins Consultants, Sistemas Y Tratimiento de Informacion und Interactive Learning Services sowie The Welsh Office, AQUILA, University of Ulster und das Imperial College of Science, Technology and Medicine.

[29] EWTIS bezeichnet das European Water Traffic Information System, eine Initiative im Rahmen des ENS-(European Nervous System) Programms der EG. Vgl. auch →ADEMAR.

und Irland sowie landgebundene Relationen zwischen den Niederlanden und Griechenland.

Integrated Freight Logistics Fleet and Vehicle Management Systems (IFMS)

8

DRIVE-Projekt der EG- für mobiles EDI (Eur.)

Wie →FRAME ist IFMS eines von 56 Projekten aus der zweiten Phase des DRIVE-Programms der EG. Die Arbeiten wurden im Jahre 1992 von einem aus 19 europäischen Unternehmen bestehenden Konsortium unter Federführung von Daimler-Benz aufgenommen.[30] Das IFMS-Projekt beabsichtigt, den Lkw in den EDI-Nachrichtenfluss einzubinden, um dadurch die Aktualität von Statusdaten (Positionsdaten, Sendungsstatus) zu erhöhen und um Informationen (z.B. Sendungsinformationen oder E-Mails) mit dem Fahrer auszutauschen. Das Projekt wird beschrieben, weil es auch Schnittstellen zu externen Systemen, z.B. dem System des Empfängers oder von Behörden, behandelt. Gerade bei Selbstfahrern, die mit einer Spedition oder dem Empfänger kommunizieren, wird deutlich, dass es sich dabei auch um IOS handeln kann. Um die informationstechnische Einbindung des Lkw's zu realisieren, besitzt das Projekt zwei Schwerpunkte [Röcker 1993, 30; CEC 1992a, 221]:

1. Definition eines *EDI-Standards* für die mobile Kommunikation. Basierend auf den Nachrichten des früheren DRIVE-Projekts FLEET[31] und auf Erfahrungen bei der Umsetzung dieser Nachrichten im Rahmen des EUREKA-Projekts PROMETHEUS[32] wird eine neue Edifact-Meldung IFTMEM entwickelt. Daneben finden die bestehenden Edifact-Nachrichten IFTMIN, IFTMAN, IFCSUM und IFTSTA Verwendung.

2. Konzipierung einer integrierten *Kommunikationsinfrastruktur* für die bidirektionale Kommunikation zwischen dem Disponen-

---

[30] Mitglieder dieses Konsortiums sind: CAP Debis und CAP Gemini, Mercedes-Benz, Schenker-Rhenus, MAN-Nutzfahrzeuge und Technologie, TFT+VTI-Transportforschung, IVECO Eltrac, VOLVO, Bilspedition, IBM Niederlande, NEA Transportation Research & Training, GLC Global Logistique Conseil, →TELEWAYS, sowie das Centro Studi sui Sistemi di Transporto.

[31] FLEET steht für Freight and Logistics Effort for European Traffic.

[32] PROMETHEUS steht für Programme for a European Traffic with Highest Efficiency and Unprecedented Safety.

ten und dem Fahrer. Ersterer besitzt dazu ein IS, das die Verbindung zu seinen Inhouse-Systemen (z.B. Auftragsbearbeitung), zu satellitenbasierten Fahrzeugortungssystemen sowie zur Kommunikation mit dem Fahrer. Dieser besitzt ein On-Board Computersystem (OBC), das Anweisungen des Disponenten an den Fahrer und Statusmeldungen des Fahrers an den Disponenten überträgt.

Ein dem IFMS-Projekt nahestehendes, weiteres DRIVE-Projekt ist METAFORA, das sich ebenfalls auf den EDI-Einsatz in Verbindung mit Satellitenkommunikation konzentriert. Im Vergleich zu IFMS liegt der Schwerpunkt auf der Sammlung von Erfahrungen mit Bordcomputern und EDI bei KMU. Bei IFMS soll der Integrationsgedanke mit anderen Logistiksystemen im Vordergrund stehen [Browne 1992, 17; CEC 1992a, 215].

Interaktives Gewerbeinformationssystem für den Strassengüterverkehr (INTAKT)

9

Frachten- und Laderaumbörsenprojekt (D)

INTAKT ist ein umfassendes, staatlich gefördertes Forschungsprojekt zur Realisierung einer Frachten- und Laderaumbörse in Deutschland. Unter finanzieller Förderung des Deutschen Bundesministeriums für Forschung und Technologie (BmFT) waren folgende Institutionen an der Entwicklung beteiligt: Bundesverband des Deutschen Güterfernverkehrs (BDF), Dornier GmbH Friedrichshafen, Siemens AG Frankfurt, PTV Karlsruhe und Heusch-Boesefeld Aachen. Die erste Projektphase von INTAKT wurde Mitte der 80er Jahre begonnen und von einem Nachfolgeprojekt (INTAKT II) gefolgt. Ziel des gesamten INTAKT-Projektes war die Entwicklung eines Systems, das in seiner Funktionalität über den Laderaumausgleich hinaus auch Funktionalität zur Tourenoptimierung und dem Abruf von Verkehrsinformationen bereitstellt. Dementsprechend umfangreich präsentiert sich auch die Funktionspalette von Intakt. Zu nennen sind:

❏ der Laderaum- bzw. Ladungsausgleich, der in analoger Weise wie bei →TRANSPOTEL STRASSE skizziert erfolgt. Anhand von baumartig strukturierten Bildschirmmasken kann der Benutzer nach Ladungen und Laderaum suchen bzw. selbst Transportaufträge und Transportkapazitäten anbieten.

❏ die Auftrags-, Laderaum- und Fahrzeugverwaltung, die jeweils als lokale Routinen implementiert sind.

◻ die Disposition, Routenplanung, Kalkulation und Kontenführung, sowie Einigungsroutingen und der Verkehrsinformationsdienst.

Obwohl das von INTAKT entwickelte SW-Paket infolge der Förderung durch öffentliche Mittel allen Spediteuren zur Verfügung stand, wurden die Dienste von INTAKT nicht am offenen Markt angeboten, sondern ausschliesslich innerhalb geschlossener Benutzergruppen. Als Grund wird genannt, dass die Teilnehmer eine Vielzahl innerbetrieblicher Daten offenlegen mussten.

Die technische Infrastruktur basiert auf einem zentralen Datenbankrechner für den Laderaum- und Frachtenausgleich, die Servicefunktionen und die Verkehrsdienstinformationen. Über das Datex-P-Netz war dieser Rechner mit dem Rechner der Post (Btx-Zentrale) und den Terminals der Disponenten verbunden. Innerhalb von Videotex (Vtx)[33] spiegelt sich der Charakter der geschlossenen Benutzergruppe wieder.[34]

INTAKT beinhaltete die in Kapitel 2.3.2 herausgestrichenen organisatorischen Rahmenbedingungen (Koordinationsform). Durch die engere interorganisatorische Kooperation wurden Produktivitätsverbesserungen bei den Teilnehmern zwischen 37 und 55 Prozent erzielt. Gleichzeitig wurden aber die Einschnitte in die betriebliche Autonomie als Nachteil empfunden. Obwohl INTAKT wesentliche Ergebnisse erzielen konnte, wurde die Projektphase nie verlassen - ein beantragtes INTAKT III Projekt nicht weiter gefördert.[35]

10 Logistische Optimierung von Gütertransportketten (LOG)
Frachten- und Laderaumbörsenprojekt (D)

Wie auch →INTAKT, ist LOG ein Projekt des Deutschen Ministeriums für Forschung und Technologie (BmFT). Es wurde Anfang der 80er Jahre ins Leben gerufen und führte zur Pilotrealisierung im Jahre 1986. Auf Speditionsseite waren das Logistikunternehmen Fiege sowie zwei weitere Speditionen und auf Verladerseite Ford und General Motors Belgien beteiligt. Ziel des Projektes war es, einen Informationsverbund auf horizontaler und vertikaler Ebene zu realisieren. Dabei sollte nicht die Errichtung bilateraler Verbindun-

---

33 Videotex (Vtx) in der Schweiz entspricht Bildschirmtext (Btx) in D.
34 Zu INTAKT vgl. ausführlich Schmidt/Kaus [1990].
35 Zur Systembeurteilung vgl. Büllingen [1994, 31].

gen zwischen den Beteiligten (z.B. ein Verlader mit seinem Spediteur), sondern eines Informationsnetzes über mehrere Beteiligte hinweg im Mittelpunkt stehen. Im Rahmen von LOG wurde ein SW-Paket samt den erforderlichen Nachrichten (z.B. Formate zur Verwaltung von Stückgut) entwickelt, wobei jedoch nur LOG-Teilnehmer Zugang zu diesen Anwendungen hatten. Die dabei unterstützen Funktionen umfassten die folgenden drei Bereiche:

❑ Auftragsabwicklung mit den Funktionen Transportnachfrage, Transportangebote und -aufträge.

❑ Berichts- und Kontrollaufgaben mit den Funktionen Transportauftrag bestätigen, Sendungsavis anfertigen, Übermittlung sendungsbezogener Informationen und Meldung von Bestätigung oder Abweichung vom Auftrag.

❑ Steuerungsfunktionen, die Anpassungen und Änderungen vornahmen, z.B. die Beschleunigung oder Verlangsamung des Transportablaufes.

LOG wurde bei den Teilnehmern auf sog. Front-End-Prozessoren (PCs unter UNIX) installiert, die einerseits mit dem Inhouse-System und andererseits über Datex-P nach dem Teletex-Protokoll mit dem LOG-Zentralrechner verbunden waren. Daneben waren auch direkte, aber einfachere Verbindungen zu LOG über Telex- und Teletex-Geräte möglich. Die Nachrichten, der sog. BSL-Datensatz, wurden in Zusammenarbeit mit dem BSL entwickelt und stimmten nicht mit der späteren Edifact-Syntax überein. Die Projektaktivitäten fanden keine Fortsetzung.[36]

Obschon eine Vielzahl von Nutzeffekten realisiert werden konnten zu denen eine grosse Reichweite innerhalb der Transportketten, geringe technologische Eintrittsbarrieren und die Handhabbarkeit grosser Datenmengen zählen [Drechsler 1988, 202], scheiterte das Projekt an zentralen Fragen: der ablehnenden Haltung der Verlader (asymmetrische Nutzenverteilung zugunsten der Spediteure), den zu geringen und zu wenig attraktiven Ladungsangeboten (Problem der kritischen Masse), der Angst vor Kundenverlusten und Problemen in der Qualitätssicherung [Büllingen 1994, 30; Bumba/Fiege 1984, 33]. Der Nachteil der einseitigen Ausrichtung auf Strassengüterverkehre sollte durch Erweiterungen auf Bahn-, See-, Luft- und internationale Transporte beseitigt werden. Ergebnisse finden sich jedoch nur im

---

[36] Die Aktivitäten und Ergebnisse wurden (wie auch bei →INTAKT) im Jahre 1986 in Form eines Abschlussberichts dokumentiert [TÜV 1986].

Bereich der Luftfracht (LOG-Luft) [Teichmann 1988, 69]. Wichtig für diese Aktivitäten, die sich in der Entwicklung des Konverter EDI*FRA ($\rightarrow$CIS$_L$) fortsetzten, war die Migration vom proprietären BSL-Standard hin zur allgemein akzeptierten Edifact-Syntax.

11	**Logsped** *Verbund mittelständischer Speditionen (D)*

Bei der Logsped-Gruppe handelt es sich um eine horizontale Kooperation von 20 mittelständischen deutschen Speditions- und Transportunternehmen. Weil horizontale Zusammenschlüsse (von Fusionen abgesehen) in der gesamten Branche noch relativ selten sind, wird Logsped häufig als *Referenzbeispiel* für mögliche neue Kooperationsstrategien angeführt. Das primäre Ziel liegt in der Fähigkeit, ein qualitativ hochstehendes Gesamtangebot anbieten zu können. In diesem Kontext sind auch die informationslogistischen Aktivitäten zu beurteilen. Im Jahre 1982 entschloss man sich zur Beteiligung am Btx-Feldversuch der Deutschen Bundespost und entwickelte das Frachten- und Laderaumbörsensystem TELEFRACHT. Als geschlossenes System, d.h. nur Logsped-Teilnehmer durften das System nutzen, sollten Lager- und Transportdienstleistungen effizienter zwischen den beteiligten Unternehmen abgewickelt werden. Im Jahre 1985 wurde der Systembetrieb jedoch wieder eingestellt, da eine Umstellung des Systems vom verwendeten (englischen) PRESTEL-Videotex-Standard auf den CEPT-Standard zu hohe Kosten verursacht hätte. Man machte jedoch die Erfahrung, dass ein grösserer Benutzerkreis sowohl die Attraktivität als auch die Kostensituation von TELEFRACHT beträchtlich verbessert hätte.[37]

In der Folge erfuhr die Logsped-Gruppe einige Umstrukturierungen, u.a. im Jahre 1987 zur Aktiengesellschaft und weiterhin zum 1. Januar 1993. Seitdem werden 50 Prozent des Aktienkapitals von der AGIV AG für Industrie und Verkehrswesen in Frankfurt/M. und 50 Prozent von zwei Privatpersonen gehalten. Heute bietet Logsped unter dem Namen 'Fünf-Sterne Warenhotel' eine Dienstleistungspalette an, die aus Informationsdienstleistungen (z.B. Adressverwaltung), warenlogistischen Dienstleistungen (z.B. Kommissionierung), Finanzdienstleistungen (z.B. Inkasso), Beratungsdienstleistungen

---

[37] Eine genaue Beschreibung von TELEFRACHT findet sich bei Möhlmann [1987, 248]. Vgl. auch Wehnert [1986, 76] und Oevermann [1991, 13].

und konzeptionellen Dienstleistungen besteht [Schmidt 1991, 39; o.V. 1993e, 21].

12 Nedlloyd Private Telecommunications Universal Network (NEPTUNE)
Kommunikationsnetzwerk der Royal Nedlloyd Group (NL)

NEPTUNE ist ein konzeptionell mit →DANZNET vergleichbares System und wie dieses den 1:n-Systemen zuzuordnen. Es dient der niederländischen Royal Nedlloyd Gruppe zur weltweiten unternehmensinternen Kommunikation zwischen ihren Niederlassungen. Das paketvermittelnde Netz (X.25) hat Knoten in allen grossen Handlungsorten der Welt wie etwa Singapur, Hong Kong, San Francisco und Rotterdam. Das System wurde aufgebaut von der Nedlloyd Telecom und im Juli 1992 an die niederländische PTT (Unisource) outgesourct. Das Netz unterstützt DEC und IBM Protokolle und besitzt ca. 3'000 angeschlossene Terminals bzw. Systeme. Den Teilnehmern ermöglicht NEPTUNE die Kommunikation mittels unstrukturierter Nachrichten (E-Mail) und mittels (proprietär) strukturierter Nachrichten (Frachtbriefe, Statusmeldungen). Neben den Kommunikationsfunktionen werden logistikorientierte Anwendungen wie etwa Tracking und Tracing auf der Basis von NEPTUNE eingesetzt.

Seit Ende 1992 wird ein NEPTUNE X.400 Dienst angeboten, der Zugriff auf Telex, Telefax und weitere öffentliche Netzwerke bietet. Beispiele sind PSS (GB), Itapac (I), Transpac (F), Datex-P (D), Telepac (Singapur), Venus-P (J) und DNS (Korea). Gateways bestehen zu VANS wie GEIS und Plessey-Telenet. Letztere tragen bereits die potentielle Möglichkeit in sich, verstärkt externe Teilnehmer in das, primär Nedlloyd-Stellen umfassende, Netz einzubinden. Die Öffnung zu Kunden, Regierungsstellen, Hafenbehörden etc. ist bereits z.T. realisiert und soll künftig ausgebaut werden.

13 ProfitMAX
IOS zur Frachtverfolgung (USA)

PROFITMAX wurde von dem Unternehmen Integrated Cargo Management Systems (ICMS) entwickelt und besteht aus zwei Komponenten: der Monitoring Station der Zentrale in San Antonio, Texas, und der sendungsbegleitenden PROFITMAX-Box. Letztere, auch als

'Wächter über die Sendung' bezeichnet, stellt das eigentlich Innovative des Systems dar und wird jeder Sendungseinheit, z.B. einem Container oder einem Fahrzeug beigegeben. Wie Abb. 3.7 darstellt, besteht sie aus fünf Modulen und einer eigenen Stromversorgung, wobei die Module je nach Kundenwunsch aktiviert werden. Möglich sind neben Standortmeldungen (GPS-Modul), Zustandsmeldungen (Sensor-Modul) oder Videoüberwachungen (Videokamera in Video-Modul) auch Dokumentenübertragungen über ein noch zu schaffendes EDI-Modul[38], das sich an die Edifact-Syntax anlehnen wird. Dadurch können z.B. Verlader direkt Dokumente an Fahrer oder die Fahrer voraussichtliche Ankunftstermine, Zollinformationen etc. übertragen. Die Verbindung von PROFITMAX-Box zur Monitoring Station erfolgt über Mobilfunk- oder Satellitenverbindungen (Kommunikations-Modul).

Der Vorteil von PROFITMAX beruht darauf, dass Verlader direkt und ohne eine Verbindung zum Frachtführer aufbauen zu müssen, Informationen über Zustand oder Standort ihrer Sendung ermitteln können. Nach Eingabe eines Passwortes können sich diese über Modem in das Monitoring System von ICMS einwählen, das ihnen einen Report übermittelt. Das System soll sich vor allem für hochwertige Sendungen eignen, beispielsweise müssen Frachtführer von Cray Computers PROFITMAX in jedem Container installieren. Die Kosten beinhalten einen einmaligen Anschaffungsbetrag von US$2'000 sowie eine nutzungsabhängige Komponente, die sich nach dem nachgefragten Leistungsumfang (z.B. nur Standortbestimmung, zusätzliche Videoüberwachung etc.) richtet und von US$125 bis US$400 reicht. PROFITMAX befindet sich bereits auf einigen Relationen im Pilotbetrieb[39] und soll im Juli 1994 den operativen Betrieb aufnehmen. Obwohl ICMS in Relationen zwischen USA und Mexico einen besonderen Einsatzbereich sieht, soll das System weltweit Anwendung finden. Als potentielle Einsatzgebiete gelten Südamerika (Brasilien), Europa und der Ferne Osten [o.V. 1994j, 7].

---

[38]   Vgl. dazu auch das funktionell ähnliche System →IFMS.

[39]   Es handelt sich dabei um Relationen von der amerikanischen Grenze nach Mexico City und von Miami und New York nach Südamerika.

Abb. 3.7:
Module von
PROFITMAX

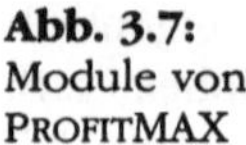

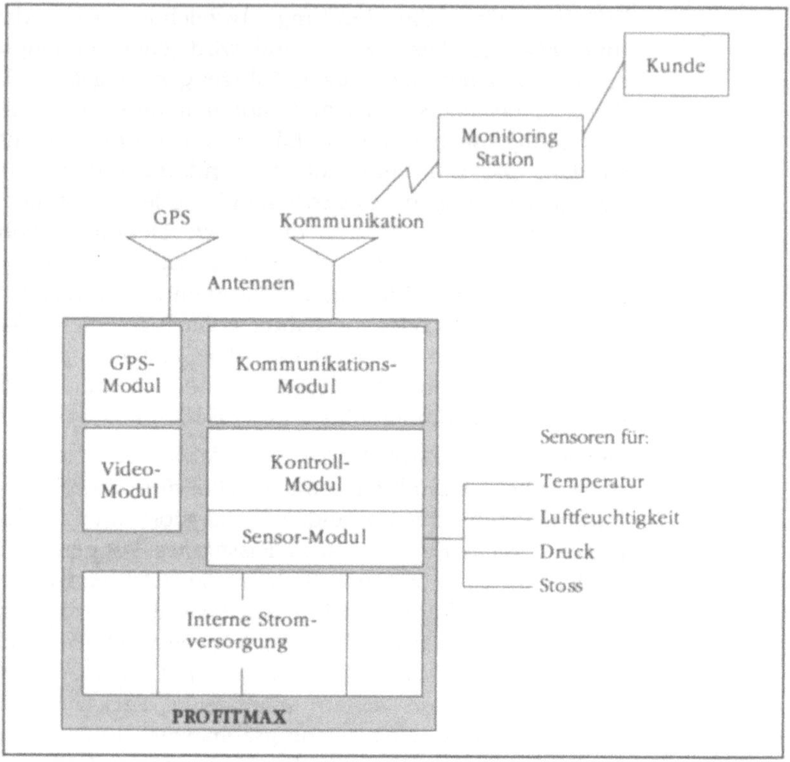

14   Senardis

IOS eines Paketdistributionsunternehmens (F)

Senardis ist ein mittelgrosses französisches Paketdienstunternehmen, das einen Kundenkreis von etwa 500 Verladern bedient. Täglich werden ca. 12'000 Aufträge bearbeitet. Dazu werden ca. 60 Frachtführer eingesetzt, die insgesamt etwa 12'000 Adressen in Frankreich anfahren. Senardis und die angeschlossenen Frachtführer arbeiten zum überwiegenden Teil im 24-Std.-Service. Dazu wird mit einer hohen Umschlagsgeschwindigkeit und kurzen Verweildauern der einzelnen Sendung in den Umschlagsdepots gearbeitet [Hohagen/Schmid 1991, 10; Ovum 1990].

Zur Kommunikation zwischen Verlader, Spediteur und Frachtführer wurde eine Infrastruktur auf Basis des französischen E-Mail Systems Atlas 400 aufgebaut. Die daran angeschlossenen Verlader können dadurch jederzeit Transportaufträge direkt in das System eingeben. Diese Aufträge dienen als Grundlage für die tägliche Einsatzdisposition der mit Senardis verbundenen Frachtführer, die ihre Aufträge ebenfalls via E-Mail erhalten. Die Frachtführer senden für alle bearbeiteten Aufträge Berichte über die Auslieferung an die Spedition zurück, die sie ihrerseits wieder den Verladern zur Verfügung stellt. Die Meldungen zur Empfangsbestätigung, für Ladelisten oder Zustellhinweise sind dabei in einem eigenen Format definiert, da zum Zeitpunkt der Inbetriebnahme noch keine verbindlich normierten Datenformate vorlagen.

15   Teleroute International
Frachten- und Laderaumbörse (Eur.)

TELEROUTE zählt zu den als Frachten- und Laderaumbörsen bezeichneten Systemen. Nachdem es unter den Systemen dieses Genres die grösste Bedeutung erlangen konnte, soll an dieser Stelle kurz auf Entwicklung und Prinzip von Frachten- und Laderaumbörsen eingegangen werden. Beiden Typen liegt die Absicht zugrunde, den zwischen 30 und 50 Prozent liegenden Anteil an Leerfahrten im Strassengüterverkehr zu reduzieren. Als Hauptursache für die hohe Unterauslastung der Fahrzeugkapazitäten wird die unvollständige Kenntnis über die Transporte anderer Frachtführer genannt. Die konventionellen Informationsmöglichkeiten durch Annoncen in der Fachpresse oder bilaterale Telefonkontake sind angesichts der schlechten Markttransparenz ungenügend und können das Informationsdefizit kaum beseitigen. Durch die damit verbundenen hohen Koordinationskosten wird statt der Nutzung möglicher freier Kapazitäten anderer Transporteure häufig ein eigener Transport durchgeführt, d.h. ein zusätzlicher Lkw auf die Strasse geschickt.

Frachten- und Laderaumbörsen versuchen diese Koordinationskosten zu reduzieren, indem sie zentrale 'Anschlagbretter' vorhalten, die jederzeit einen aktuellen Marktüberblick gewähren. Die geringeren Koordinationskosten sollen den Anreiz darstellen, die vorhandenen Kapazitäten zwischen den Frachtführern besser zu allozieren, d.h. Angebots- und Nachfrageüberhänge abzubauen und die Auslastung gesamtheitlich zu steigern. In der Folge sollen Kostensenkungspotentiale realisiert (ein höherer Auslastungsgrad verringert die Zahl eingesetzter Lkw für die gleiche Ladungsmenge) und ein Anreiz für aktiven Umweltschutz offeriert werden.

Die Idee zur Einrichtung derartiger Systeme geht auf die 70er Jahre zurück, wobei als frühestes System häufig das SVG-DATAFRACHT-System genannt wird.[40] Vor allem Anfang der 80er Jahre wurden verschiedene Projekte initiiert, die jedoch teils aufgrund unbefriedigender technischer Realisierung oder mangelnder Akzeptanz entweder scheiterten (→LOG, →INTAKT, AMÖ-UMZUGSBÖRSE[41]) oder nur wenig erfolgreich (→TRANSPOTEL STRASSE) waren. Daneben sind auch IAS wie etwa das System für relationsbezogenen Laderaumausgleich innerhalb der Schenker-Spedition bekannt. Für Systeme neueren Datums können die BWV-VERLADERBÖRSE[42] sowie →TELEWAYS genannt werden.

Wie bereits die Bezeichnung andeutet, lassen sich Frachten- und Laderaumbörsen unterscheiden. Bei Frachtenbörsen geben Verlader oder Spediteure ihre Ladungen in ein i.d.R. zentrales System ein. Dort können angeschlossene Frachtführer dann nach passenden Frachten suchen. Nach dem gleichen Prinzip unterstützen Laderaumbörsen die Allokation zwischen verfügbarer Lkw-Kapazität und Frachten. Sie richten sich jedoch primär auf die horizontale Interaktion zwischen Spediteuren und Frachtführern, während Frachtenbörsen sowohl vertikale als auch horizontale Beziehungen unterstützen können [Hohagen/Schmid 1991, 11]. Wie die Unterschei-

---

[40] Das SVG-DATAFRACHT-System der Bundeszentralgenossenschaft des Strassenverkehrsgewerbes wurde im Januar 1973 eingeführt. Es stiess jedoch auf derart starke Probleme, dass es binnen eines Jahres wieder eingestellt wurde. Als Gründe werden die unzureichende Zahl attraktiver Frachten, die mangelnde Kooperationsbereitschaft der Spediteure sowie der geringe Komfort und die hohen Kosten der technischen Infrastruktur genannt [Eckstein 1985, 127].

[41] Die AMÖ-UMZUGSBÖRSE wurde im Mai 1985 von der Arbeitsgemeinschaft Möbeltransport (AMÖ) gegründet, um Leerfahrten bei Gelegenheitsverkehren (Umzügen) zu reduzieren. Von den 1'450 AMÖ-Mitgliedern waren ca. 90 an das Btx-System angeschlossen. Nach kurzer Laufzeit wurde der Betrieb aufgrund der geringen Attraktivität der Ladungen, des bereits gut etablierten (telefonischen) Kooperationsnetzes zwischen Spediteuren und der Angst vor Kundenverlusten wieder eingestellt [Büllingen 1994, 28].

[42] Das System des deutschen Bundesverbandes Werkverkehr und Verlader e.V. (BWV) verbindet Verlader (Anbieterseite) mit Spediteuren und Frachtführern (Nachfragerseite) und dient der europaweiten Allokation von Frachten- und Laderaum. Über das Mark-III-Netz von GEIS kann u.a. mittels Vtx und X.25 auf das System zugegriffen werden [o.V. 1990, 62].

dungskriterien zwischen beiden Systemtypen in Tab. 3.7 zeigen, liegen die Unterschiede auf inhaltlicher, nicht aber technischer Ebene.

Tab. 3.7: Unterscheidung von Frachten und Laderaumbörse

	Frachtenbörse	*Laderaumbörse*
Gehandeltes Produkt	Frachten/Ladungen	Laderaum/Lkw-Kapazität
Teilnehmer	Verlader, Spediteure	Spediteure, Frachtführer
Interaktion	vertikal und horizontal	horizontal

Aufgrund der weitgehend deckungsgleichen Funktionalität von Frachten- und Laderaumbörse wird auf diese am Beispiel der Frachtenbörse genauer eingegangen. Hier übertragen Verlader ihre Transportaufträge (Komplett-, Teilladungen, Stückgut), die im allgemeinen Lade- und Lieferdaten, Art, Gewicht und Ausmass der Ladung, sowie Kontaktadresse und -person umfassen an das zentrale System. Nicht enthalten sind Preise und Konditionen [Becker/ Rosemann 1993, 129]. Die angeschlossenen Spediteure und Frachtführer können diese Informationen dann nach regionalen und/oder güterspezifischen Kriterien auswerten.

Die Börsen sind damit als elektronisches Pendant zu Annoncen zu begreifen und funktionieren nach den Prinzipien eines zentralen schwarzen Brettes (BBS oder Insertionssystem), wobei meistens das Medium Videotex verwendet wird [Anner 1992a]. Aus dieser Beschreibung geht bereits hervor, dass die Systeme hauptsächlich Informations-, nicht aber Vereinbarungsfunktionalität besitzen. Nach Vermittlung eines Marktteilnehmers muss für den Geschäftsabschluss auf eine telefonische Verbindung gewechselt werden. Insofern ist die Bezeichnung *Börse* irreführend, da es sich nicht um eine vollelektronische Börse bzw. einen elektronischen Markt (wie etwa der SOFFEX[43]) handelt, sondern um eine Datenbank zur Reduzierung der Informationsasymmetrie zwischen Anbietern und Nachfragern. Solange daher keine Vereinbarung innerhalb des gleichen Mediums besteht, kommt dem Börsenbegriff weitgehend der Charakter einer Metapher zu.

---

[43] SOFFEX ist das Akronym der Swiss Options and Financial Futures Exchange, einer im Jahre 1988 gegründeten elektronischen Börse für den Terminhandel (Optionen und Futures) in der Schweiz [Langenohl, 1994, 63].

TELEROUTE INTERNATIONAL ist ein Beispiel für ein derartiges 'Börsensystem'. Ziel ist die Intensivierung von vertikalen und insbesondere von horizontalen Kooperationen. Das System wurde 1986 in Frankreich ins Leben gerufen und ist im Besitz der international tätigen Verlagsgruppe Wolters Kluwer, die insgesamt ca. 8'700 Mitarbeiter in acht Ländern und einen Umsatz von zwei Milliarden SFr. besitzt. Wie in Tab. 3.8 dargestellt, ist das Unternehmen derzeit in elf Ländern mit nationalen Betreibergesellschaften vertreten. Neben TELEROUTE INTERNATIONAL, das internationale Verkehre enthält, gibt es verschiedene nationale Systeme (→TELE-WAYS) bei den jeweiligen Betreibergesellschaften, die für nationale Verkehre zuständig sind. TELEROUTE wurde durch die Firma SEGIN, einem zur französischen AXIME-Gruppe gehörigen Rechenzentrum, realisiert.[44]

Tab. 3.8: Betreibergesellschaften von TELEROUTE INTERNATIONAL

Land	*Nationale Betreibergesellschaft*	*in Betrieb seit*
Frankreich	Lamy/Wolters Kluwer	1986
Belgien/Lux	Wolters Kluwer België	1986
Grossbritannien	Maclean Hunter / Routel	1992
Niederlande	Wolters Kluwer DSS	1988
Deutschland	Teleroute Medien	1989
Schweiz	TF Telefracht	1990
Italien	Transpobank	1990
Spanien	Asociacion Transporte Internacional (ASTIC)	1991
Portugal	Pinhos Communicaçoes Sistemas (PCS)	1991
Dänemark	Foreningen af Danske Eksportvogn-maend (FDE)	1993

Die *Funktionalität* des Systems variiert länderbedingt. In allen Ländern werden angeboten: Frachten- und Laderaumbörse, elektronischer Versicherungsantrag, Nachrichten und Informationen über Vorschriften bzw. Reglements. Die Aktualität der Daten wird durch automatische Löschung am Tag nach der Eingabe sichergestellt. Zusätzlich zu diesen Diensten bieten einzelne Länder den Austausch

---

[44] AXIME Services/SEGIN ist ein Mehrwertdiensteanbieter mit Sitz in Paris. Die Firma besitzt ein europaweites Kommunikationsnetz mit Verbindungen zu den nationalen Anbietern und unterstützt eine Vielzahl an Nachrichtenstandards und Kommunikationsprotokollen.

von Frachtpapieren mittels EDI, die Abfrage von Lagerhauskapazitäten, die Abfrage von Gefahrengüterinformationen, E-Mail, Tarifberechnungen und eine Fahrzeugbörse an. Die internationalen Dienstleistungen sind über Vtx (Terminal- oder PC-Basis) zugänglich und werden zentral vom Rechenzentrum SEGIN in Lille gesteuert. Vtx wird verwendet, um die technische Eintrittsbarriere für potentielle Kunden möglichst tief anzusiedeln. Dies wird am Beispiel Deutschland deutlich: Dort basiert TELEROUTE auf Datex-J, wobei die Anschlusskosten der Telekom dem Kunden zurückerstattet werden und das Terminal von TELEROUTE zur Verfügung gestellt wird. An Kosten fallen eine fixe, monatliche Nutzungsgebühr von 175 DM, sowie variable Kosten in Höhe von einer DM je Nutzungsminute an.

Abb. 3.8: Technische Infrastruktur von TELEROUTE

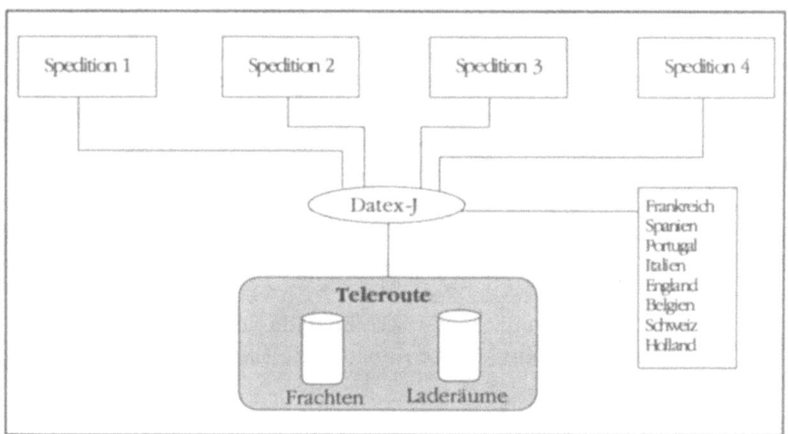

TELEROUTE INTERNATIONAL war in der Vergangenheit nur mässig erfolgreich, wenn man die getätigten Transaktionen dem möglichen Volumen im Strassentransport gegenüberstellt. Hingegen ist es gemessen an den übrigen Börsensystemen (z.B. →TRANSPOTEL STRASSE) das erfolgreichste in Europa [Ehlers 1991, 328]. Beim internationalen System spricht man von etwa 20'000 Benutzern[45], wobei das System 1991 etwa 100'000 Eingaben und Abfragen verarbeitete. International bestehen pro Tag etwa 8'000 Frachtangebote, auf den nationalen Börsen etwa 12'000 [Anner 1993, 8]. Dabei handelt es sich deutlich um mehr Frachten als Laderäume. Erwartet wird eine jährliche Steigerung des Börsenvolumens von

---

[45] Davon sind ca. 10'000 Frachtführer, 2'000 Spediteure und 10'000 Verlader.

20 bis 25 Prozent. Als Gründe für den Erfolg sind zu nennen [Becker/Rosemann 1993, 35]:

❑ die hohe Diffusion des französischen Videotex-Systems Minitel, das von etwa 95 Prozent der französischen Transportunternehmen genutzt wird.

❑ die französischen Bestimmungen, die Spediteure zum öffentlichen Anbieten von 40 Prozent ihres Laderaumaufkommens zwingen. Dies sichert die 'Liquidität' von TELEROUTE.

❑ die länderübergreifende Ausrichtung und der Beitrag des Systems, dadurch entstehende Sprachbarrieren, Marktintransparenz und Unkenntnis potentieller Kooperationspartner abzubauen.

Als Perspektiven des Systems sind im funktionalen Bereich die zunehmende Verbreitung von ISDN und der elektronische Vertragsabschluss zu nennen. Gerade durch die Unterstützung von Vtx durch ISDN erhofft man die langsame und damit auch kostenintensive Kommunikation zu verbessern. Die Unterstützung von Vereinbarungsprozessen und damit die Evolution des IS zu einem Börsensystem im eigentlichen Sinne ist ein weiteres Entwicklungsfeld. Hier arbeitet TELEROUTE im Rahmen des EG-Projektes IMPACT an der Entwicklung eines genormten, mehrsprachigen Vertragsformulars. Die regionale Perspektive von TELEROUTE INTERNATIONAL liegt in der Anbindung von Skandinavien und Ungarn, wobei als weitere potentielle Märkte Kanada, die USA und Südafrika genannt werden.

16 Teleways
Frachten- und Laderaumbörse (CH)

TELEWAYS ist ein nationales, für den Schweizer Markt bestimmtes System der Kategorie *Frachten- und Laderaumbörse*, das in die Aktivitäten von →TELEROUTE INTERNATIONAL eingebunden ist. Der Initiierung gingen bereits einige gescheiterte Versuchen, ein derartiges System in der Schweiz zu verbreiten, voraus. Die Erfahrungen aus den früheren Aktivitäten sollen insbesondere im Qualitätskonzept und der technischen Realisierung Berücksichtigung finden. Die Einführung ist vom Unternehmen TF Telefracht AG, das im Besitz der Zürcher Kantonalbank, der Teleways AG, der Coop Schweiz mit dem Verband Schweizer Warenhäuser sowie 90 Verladern und

Frachtführern ist, auf November 1994 geplant.[46] Das Investitionsvolumen wird auf etwa drei Mio. SFr. veranschlagt, wobei sich das Schweizer Bundesamt für Energiewirtschaft mit einer Mio. beteiligte [o.V. 1994s]. Das Ziel von TELEWAYS ist es, nationale Verkehre abzudecken, gleichzeitig aber auch mit der Einbindung in →TELE-ROUTE INTERNATIONAL grenzüberschreitende Verkehre zu ermöglichen. Das nationale System unterstützt folgende Funktionalität:

1. *Fracht (respektive Laderaum) eingeben, suchen, ändern/löschen.* Im Vergleich zum internationalen System werden erweiterte Suchmöglichkeiten angeboten. Während dort genaue Postleitzahlen der Start- und Zielorte eingegeben werden müssen, bietet das nationale System die Suche nach Postleitzahlkreisen, Tonnagen (Gewichtsklassen), Zeitfenstern und Routen an. Gerade die letztere Suchvariante soll das Zuladen unterwegs erleichtern. Ist eine Fracht bzw. ein Laderaum gefunden, erfolgt die weitere Kommunikation bilateral mit dem jeweiligen Unternehmen mittels Telefon oder Fax.

2. *Abfrage elektronischer Verzeichnisse über Firmen und Transporte.* Firmenregister sind Bestandteil der Qualitätssicherungsstrategie von TELEWAYS und sollen es erleichtern, potentielle Geschäftspartner bzgl. Adresse, Dienstleistungspalette, Dauer der Branchenzugehörigkeit etc. einzuordnen. Die Angaben werden i.d.R. nicht überprüft. Daneben sind für Berechtigte im Rahmen eines XPS Vorschriften für Gefahrenguttransporte abrufbar.

3. *Kommunikationsfunktionen* dienen der Übermittlung einfacher EDI-Formulare (Transportauftrag, Auftragsbestätigung etc.) über Mailbox oder Fax.

Mit der Möglichkeit, geschlossene Benutzergruppen einzurichten, kann die beschriebene Funktionalität auch in einer genau definierten Teilnehmergruppe (z.B. grosse Spedition, bisherige Handelspartner etc.) genutzt werden. Daher wird zwischen der Allgemeinen Börse (AB) und der Börse für geschlossene Benutzergruppen (GBG) unterschieden. Beide schliessen sich im Zugang nicht aus, d.h. Teilnehmer einer GBG können zwischen GBG und AB beliebig wechseln. Die Unsicherheit für Beteiligte einer GBG ist geringer, da nur bekannte Handelspartner teilnehmen und damit Qualität wie Vertrauen leichter gewahrt werden können. Im Rahmen der AB ist

---

[46] Die Zürcher Kantonalbank ist erst seit kürzerem Teilhaber. Zuvor war das Aktienkapital unter den drei Beteiligten gleichmässig verteilt [o.V. 1994s, 25].

man sich dieser Problematik bewusst, weshalb eine Reihe von Qualitätssicherungsmassnahmen ergriffen wurden. Neben den Firmenregistern, welche die Anonymität des Geschäftspartners (zumindest teilweise) beseitigen soll, bestehen Rahmenverträge zur Zulassung zur Börse, die mit der Wahrung einer zugesicherten Qualität verbunden sind. Kommt es dennoch zu Beschwerden, besteht ein Qualitätssicherungsausschuss, der ggf. Sanktionen (z.B. den Ausschluss aus der Börse) verhängt.

Der Zugriff auf TELEWAYS erfolgt im wesentlichen durch Vtx auf Basis des Telefon- oder ISDN-Netzes. Dabei können sowohl Terminals als auch Disponenten-Arbeitsplätze (PC mit Windows-Marktapplikation) eingerichtet werden. Letztere erlauben die Verwaltung von Stammdaten, die interne Fuhrparkverwaltung, das Flottenmanagement sowie die Integration mit Inhouse-Systemen. Daneben ist für kleinere Unternehmen bzw. mobile Teilnehmer auch die Einwahl über eine 157-Nummer möglich.

Das Ziel von TELEWAYS ist es, jede 2'000. Sendung in der Schweiz (0,05 Prozent des gesamten Schweizer Sendungsvolumens) über die Börse abwickeln zu können. Bei 600'000 täglichen Sendungen in der Schweiz hofft man, mit 300 täglichen Sendungen die Gewinnschwelle bis 1998 zu überschreiten. Nach TELEWAYS-Angaben rechnet man mit bis zu 800 Sendungen täglich, wobei man beabsichtigt, im Sektor der Gefahrengüter einen wesentlichen Anteil zu erzielen. Im November 1994 waren nach Angaben des Betreibers etwa 10 Prozent der Schweizer Verlader und Frachtführer am System angeschlossen.

17　TrackNet
IOS-Projekt zwischen Spediteuren (Amerika)

Im Jahre 1992 schlossen sich etwa 75 unabhängige amerikanische Speditions- und Transportunternehmen zur Hi-Tech Forwarder Network Inc. (HTFN) zusammen. Alle Mitglieder dieser horizontalen Kooperation verpflichten sich dabei, bestimmte Anforderungen an Qualität und Finanzausstattung zu erfüllen. In der Regel handelt es sich um innovative mittelständische Unternehmen mit 40 bis 100 Mitarbeitern, die vorwiegend im Luftfrachtgeschäft tätig sind.[47]

Das Ziel von HTFN ist es, die Wettbewerbsfähigkeit dieser Unternehmen gegenüber globalen Transportunternehmen zu erhöhen. Dazu wurde in mehrjähriger Zusammenarbeit mit GEIS ein IOS entwickelt, das die Kommunikation zwischen den Unternehmen und ihren Kunden unterstützt und dadurch zur Differenzierung und Effizienzsteigerung (Kostensenkung) bei den Mitgliedern beitragen soll. Neben dem amerikanischen Markt liegt ein wesentlicher Schwerpunkt auf der Erschliessung des lateinamerikanischen Raumes, dem ein beträchtliches Entwicklungspotential eingeräumt wird. Dies erklärt auch die Einbeziehung von GEIS, denn neben deren Know-how im EDI-Bereich gewährleistet der VANS durch das eigene Netzwerk auch Verbindungen in Regionen mit schlecht ausgebauten öffentlichen Telekommunikationsinfrastrukturen.

Die *Funktionalität* des von GEIS betriebenen TRACKNET besteht aus den zwei Komponenten E-Mail und EDI. Erstere ist bereits realisiert und beinhaltet die Kommunikation zwischen den Mitgliedern von HTFN, die in vielen Ländern von Lateinamerika bis Asien angesiedelt sind. Die EDI-Komponente umfasst neben dem Austausch von Dokumenten (Manifeste, Bestellungen etc.) den Aufbau einer zentralen Logistikdatenbank, die vor allem auch Verladern geöffnet werden soll (vertikale Interaktion). Diese sollen die relevanten Dokumente mittels EDI (Host-Kopplung oder PC-SW) an TRACKNET übertragen, das dann die Informationen weiterleitet und auch sendungsbezogene Daten verwaltet. Neben ihren Kunden können die Spediteure auch Frachtführer (Airlines, Strassentransporteure) mittels EDI ansprechen. Auf technischer Seite liegt ein Schwerpunkt auf der Integration heterogener Systeme. Die Verwendung des GEIS-Netzwerkes lässt durch die Vielzahl unterstützter Standards und Protokolle auf die technische Offenheit des Systems schliessen (→EDI*EXPRESS). Während die erste Komponente von TRACKNET bereits realisiert ist, wird für die Einführung der EDI-Funktionalität Oktober 1994 genannt [o.V. 1994m, 19A; o.V. 1994j, 8].

---

[47] Der Vielzahl beteiligter Spediteure aus dem Luftfrachtbereich könnte auch eine Zuordnung des Systems zu diesem Bereich rechtfertigen. Jedoch erfolgt die Systembeschreibung aufgrund der multimodalen Ausrichtung des IOS und der getroffenen Zuordnung von Spediteuren zum Strassenbereich an dieser Stelle.

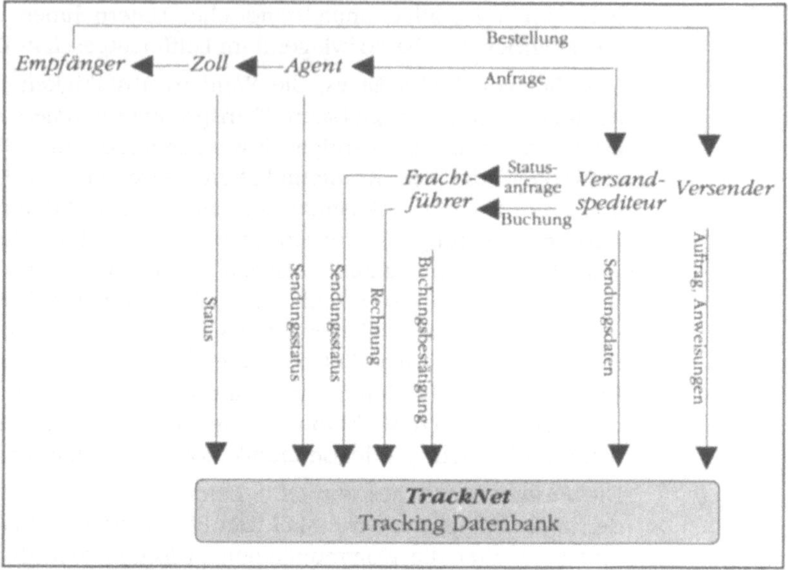

18   Tradicom

Frachten- und Laderaumbörse (NL)

In den Niederlanden wurde im April 1982 vom Lkw-Verband (NOB Wegtransport) ein Frachten- und Laderaumbörsensystem für den Strassenbereich gegründet. Neben dem Informationsdefizit über Frachten bzw. Laderaum stand bei der Systemgründung auch die effiziente Informationsversorgung der Teilnehmer mit Strassenverkehrsberichten, Gesetzesänderungen etc. im Vordergrund. Das Herz des TRADICOM-Börsensystems bilden die beiden Datenbanken *Frachtaustausch Konzessionäre* und *Frachtaustausch Konzessionäre/Spediteure*. Beide Datenbanken enthalten jeweils Frachten und Laderäume, sind jedoch getrennt, weil man Spediteuren keinen Einblick in die Kundenbeziehungen der Frachtführer gewähren wollte. Sie sind daher vom *Frachtaustausch Konzessionäre* ausgeschlossen. Zur Funktionsweise von Frachten- und Laderaumbörsen sei hier auf die Ausführungen bei →TELEROUTE INTERNATIONAL und →TRANSPOTEL STRASSE verwiesen. Die Informationsfunktionen von TRADICOM umfassen u.a. die Module:

❑ *Info/Aktua* für Wetter, Strassenlage, Situation an Grenzübergängen, Gesetzesänderungen, Fahrverbote, Gewichtsgrenzen etc.

❑ *Tele-Atlas* für nationale Entfernungsberechnungen und Routenplanung.

❑ *Gefährliche Stoffe* für Gefahrengutinformationen (Meldepflicht, Verpackung etc.).

❑ *Öffentlicher Index* zur Plazierung von Werbung (nicht innerhalb der Börse) bzw. für Firmeninformationen.

❑ *Kommunikation* zum Zugriff auf ERTIS[48] und damit auf Systeme in Dänemark, Belgien und Grossbritannien. Daneben kann TRADICOM zum Senden und Empfangen von Telexen dienen.

Neben der allgemeinen Börse können auch geschlossene Benutzergruppen eingerichtet werden. Ein Beispiel ist die Datenbank *anerkannte Möbelspediteure* zum Frachtaustausch zwischen Möbelspeditionen. Aufgrund des geschlossenen Teilnehmerkreises sind zusätzlich zu den allgemeinen Funktionen weitere Funktionalitäten verfügbar. Beispiele sind detaillierte Teilnehmerverzeichnisse, eine Bestelliste (für Umzugskartons etc.) oder Informationen für Grenzüberschreitung (Dokumente etc.). Die Funktionalitäten werden über das niederländische Videotex-System Viditel angeboten, das vom Nutzer ein entsprechendes Terminal bzw. eine entsprechende PC-SW erfordert. Über das System sind etwa 1'200 Teilnehmer angeschlossen, die ca. 7'000 Angebote pro Monat aufgeben [Oevermann 1991, 5]. Eine Perspektive zum Ausbau der Teilnehmerbasis ist die geplante Verbindung von TRADICOM und dem Luftfrachtsystem →CARGONAUT am Flughafen in Amsterdam.

19   Transponet
Frachten- und Laderaumbörse (B)

TRANSPONET wurde im Jahre 1991 als Joint venture der Eucom[49], der niederländischen PTT und dem Unternehmen GSI (→DALOG) gegründet. Mit der Gründung wurde das Ziel verfolgt, ein EDI-System für alle Teilnehmer im Logistikprozess anzubieten. Der Schwerpunkt des Systems liegt allerdings im Strassengütertransport. In diesem Bereich bietet es eine zweiteilige Funktionalität an, die wiederum modulartig aufgebaut ist (vgl. Abb. 3.10).

---

[48] ERTIS steht für European Road Transport Information Services.

[49] Die EUCOM GmbH ist ein 1988 gegründetes Tochterunternehmen der Deutschen Telekom und der France Télécom zur Entwicklung und Vermarktung branchenspezifischer Mehrwertdienste [o.V. 1993d, 79].

❑ *Kommunikationsanwendungen.* Typische Clearing-Center Funktionalitäten wie Message Routing, Benutzerverwaltung und Syntaxkonversion fallen in diese Kategorie. Konversionen können zwischen proprietären und Edifact-Formaten, sowie zwischen Edifact und Telex bzw. Fax durchgeführt werden.

❑ *Logistikanwendungen.* Unterstützt durch eine zentrale Datenbasis bietet TRANSPONET Dienste für Tracking und Tracing sowie Statistik an. Letztere geben einen historischen Überblick über getätigte Transaktionen.

Wie in Abb. 3.10 dargestellt, kann auf dreierlei Weise auf TRANSPONET zugegriffen werden. Dies ist gleichzeitig mit einem spezifischen Funktionsumfang verbunden. Für Teilnehmer mit kleinem Sendungsvolumen (<10 Sendungen/Tag) bietet TRANSPONET einen Videotex-Zugang an, der Frachtbriefeingabe und -übertragung sowie Abfrage und Aktualisierung der Statusdatenbank (z.B. Proof of Delivery) unterstützt. Die Datenverwaltung sowie Konvertierungen finden zentral bei TRANSPONET statt. Für Teilnehmer mit einem Volumen bis zu 50 Sendungen täglich wird die Lösung *Dedicated Workstation* angeboten. Im Gegensatz zur Videotex-Lösung bietet es zusätzlich die Möglichkeit, lokal auf dem PC Daten zu verwalten. Kommunikationsseitig ist der PC über asynchrone Protokolle (incl. X.32) angeschlossen, wobei die Nachrichten wie in der Videotex-Lösung nach einem proprietären TRANSPONET-Standard strukturiert sind. Eine umfangreichere Funktionalität enthalten die Lösungen *Stand-alone Workstation* und *Front End Processor (FEP) Workstation.* In beiden Fällen erfolgt der Zugriff über die X.400-Schnittstelle von TRANSPONET auf der Basis von X.25 oder asynchroner Protokolle. Für direkte Host-Anbindungen über die FEP-Workstation werden Protokolle nach den Industriestandards SNA oder BSC eingesetzt. Als Marktsprache wird durch den in beiden Lösungen integrierten Konverter grundsätzlich Edifact verwendet. Alle Varianten der Workstation-SW erfordern PCs ab 80286-Prozessor unter DOS oder Windows.

Abb. 3.10:
Zugriffs-
möglichkei-
ten und
Dienste von
TRANSPONET

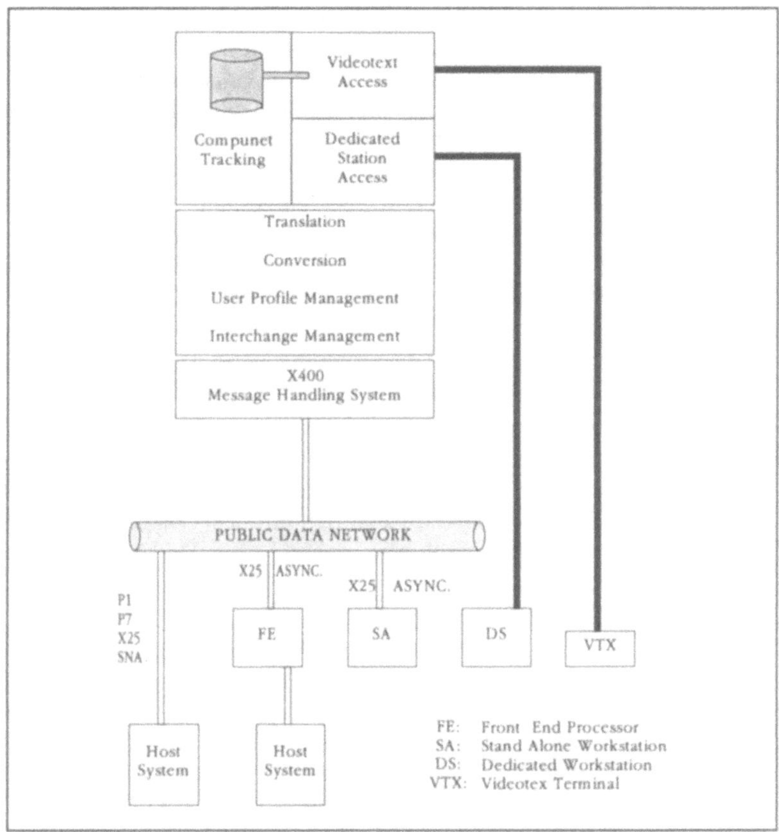

TRANSPONET besitzt mit der Eucom einen Teilhaber, der mit →EURO-
LOG an einem weiteren ambitiösen Projekt beteiligt ist. Um die Kräf-
te zu bündeln, wurden beide Projekte zusammengefasst und die
Trägerschaft von EURO-LOG um die niederländische PTT erweitert.
Zu dem bereits erreichten Projektstand und weiteren Entwicklungen
sei daher auf die Ausführungen bei →EURO-LOG verwiesen.

20   Transpotel Strasse
Frachten- und Laderaumbörse (Eur.)

TRANSPOTEL STRASSE ist ein Frachten- und Laderaumbörsensystem,
das von der Transpotel Deutschland GmbH, einer hundertprozenti-
gen Tochter des Deutschen Verkehrs-Verlags, angeboten wird. Wie

→TELEROUTE INTERNATIONAL umfasst das System eine europaweite Laderaum- und Frachtenbörse mit Schwerpunkt im deutschen Markt. Daneben bestehen lokale Repräsentanzen u.a. in Österreich (Management Data) und Skandinavien (KD-Nett). Das System wurde in Deutschland im Jahre 1985 als Videotex(bzw. Btx)-System TRANSPOTEL erstmalig eingesetzt [Antz 1986, 39; Anner 1988, 71], im Jahre 1989 jedoch wieder eingestellt. Als Grund wird die geringe Akzeptanz genannt, die auf die geringe nationale Ausrichtung, die starke Konkurrenz nationaler Systeme, die Zurückhaltung der Anwender (Spediteure, Frachtführer) und deren vielfach noch ungenügende DV-Ausstattung zurückgeführt wird [Oevermann 1991, 14]. Nach einer Überarbeitung wird das System seitdem unter dem Namen TRANSPOTEL STRASSE wieder angeboten.

Beim erneuten Anlauf Anfangs der 90er Jahre blieben zwar Funktionsweise und technische Basis (Btx bzw. Datex-J) unverändert, jedoch suchte man die Zusammenarbeit mit dem VANS-Anbieter GEIS. Die Funktionalität des nun als TRANSPOTEL STRASSE bezeichneten Systems soll nun anhand des Marktphasenschemas skizziert werden.

❏ *Informationsphase.* Laderaum und Frachten können nach bestimmten Kriterien, z.B. Relationen oder Regionen, selektiert und angezeigt werden. Bei der Suche nach Frachten werden bis zu acht Angebote der gesuchten Relation mit den Kurzinformationen Lade- und Zielort, Ladetermin, Ladungsart und Anbieter angezeigt. Zusätzlich können weitere Informationen wie Lade- und Lieferdaten, Ladung, Gewicht, Ausmass, Zusatzinformationen, Adresse, Telefon-, Telefax- und Telexnummer abgerufen werden. Analog zu →TELEWAYS, können die Angebote in einer geschlossenen Benutzergruppe (GBG) oder in der allgemeinen Börse (AB) plaziert werden. Teilnehmer einer GBG können dabei zwischen GBG und AB wechseln. Zusätzlich besitzen Anbieter die Option, Werbung im System zu plazieren.

❏ *Vereinbarungsphase.* Wurde eine geeignete Position gefunden, werden über Telefon oder Telex die Konditionen mit der Gegenseite ausgehandelt. Bei der Laderaumbörse bestimmen sich diese im wesentlichen aus dem Preis bzw. den Kosten für den Laderaum (Gewicht, Volumen, Entfernung, Handhabung). In der Frachtenbörse tritt der übernehmende Spediteur gegen eine Vermittlungsgebühr in das bestehende Vertragsverhältnis ein. Wie →TELEROUTE INTERNATIONAL, ist daher auch TRANSPOTEL STRASSE keine Börse im eigentlichen Sinne, da die Funktionalität des IOS auf die Informationsfunktion beschränkt bleibt [Hohagen/Schmid 1991, 12].

Das System ist auf einem zentralen Rechner realisiert, der an das GE Mark III-Netz und das Btx-Netz angeschlossen ist. Die Kosten des Systems sind abhängig von der Nutzungszeit, wobei für DM 187,50 zwei und DM 262,50 vier Stunden Systemnutzung im Monat enthalten sind. Jede weitere Minute Nutzungszeit kostet DM 1.- zzgl. der Btx-Kommunikationskosten. Anfänglich zählte TRANSPOTEL STRASSE zu den eher erfolgreichen Börsensystemen und hatte zeitweise bis zu 700 Teilnehmer aus dem Bereich von KMU. Unattraktive und tendenziell abnehmende Laderaumangebote, die Angst vor Kundenabwerbungen bei den Spediteuren sowie Qualitätsprobleme führten jedoch dazu, dass seit 1991 TRANSPOTEL verstärkt als Inhouse-Lösung für grosse Speditionen angeboten wird [Büllingen 1994, 34].

3.3.3   Schienenbereich

Der Schienenbereich umfasst jene Landverkehre, bei denen die Transportmittel spurgebunden auf Gleisanlagen fortbewegt werden [Brauer 1979, 54]. Aus Anbietersicht unterscheidet sich dieser Sektor stark vom vorgehend beschriebenen Verkehrsträger 'Strasse'. Während der Abbau staatlicher Wettbewerbsbeschränkungen im gewerblichen Lastwagenverkehr und Binnenschiffsverkehr insbesondere im europäischen Binnenmarkt rasch voranschreitet, trifft man zumindest in Europa im Schienenverkehr weitestgehend auf staatliche Angebotsmonopole. Diese gehen auf den Anfang des 20. Jahrhunderts zurück, als die regionalen Bahnunternehmen gegen den aufkommenden Strassenverkehr zum Aufbau einer nationalen Schieneninfrastruktur geschützt wurden. Dieser Schutz hält bis heute aufgrund massiver Wettbewerbsbeschränkungen im Strassen- und Binnenschiffsverkehr an. Neben den nationalen Monopolisten gibt es nur kleinere Anbieter für spezielle regionale Transporte.[50] Trotz der vielfach diskutierten Privatisierungsbestrebungen wird geschätzt, dass die Monopole auf nationale schienengebundene Transporte noch auf Jahre aufrechterhalten

---

[50] In Deutschland üben etwa 165 nichtbundeseigene Eisenbahnen (NE) Zubringer- und Verteilerfunktionen aus. Ein Beispiel sind die Hafenbahnen in den Häfen von Hamburg (→DAKOSY) und Bremen (→DBH). Neben den NE gibt es ausserdem rechtlich unselbständige Werkbahnen bei Industrieunternehmen.

werden. Auf internationaler Ebene kooperieren die Bahngesellschaften seit langem. Sie sind innerhalb der Internationalen
Eisenbahnunion (UIC) zusammengeschlossen und besitzen auch auf
rechtlicher Ebene internationale Regelungen, z.B. CIM und die
Eisenbahn-Verkehrsordnung (EVO).[51]

Protektio-
nismus
Der staatliche Konkurrenzschutz hat sich vor allem in ständig
schrumpfenden Marktanteilen der Bahn niedergeschlagen. So ist im
Güterverkehr der Marktanteil der Bahn von knapp 56 Prozent im
Jahr 1950 auf 20 Prozent stetig gesunken [Hamm 1993], wofür vor
allem die stark behördlich geprägten Verwaltungsstrukturen verantwortlich gemacht werden [Drechsler 1988, 170]. Befördert werden
i.d.R. Güter mit niedrigem logistischem Anforderungsprofil wie
Papier und Pappe in Wagenladungsverkehren (FTL). Wie eine
Studie ergab, wird für individuelle, systemorientierte Lösungen noch
zu wenig, d.h. lediglich für grosse Kunden, das dazu notwendige
Wissen intern oder extern mobilisiert [Backhaus et al. 1992, 42].
Daneben sind die Umschlagsanlagen, die etwa für den intermodalen Transport (z.B. Containertransporte) benötigt werden, häufig
noch nicht ausreichend vorhanden. Die Steigerung der Wettbewerbsfähigkeit des Schienenbereiches beruht stark auf dem
kostenoptimalen Angebot flexibler Dienstleistungen. Dies impliziert
eine Produktionskostenreduzierung bei gleichzeitiger Steigerung der
Dienstleistungsqualität.

Kommunikation

IAS tragen durch verbesserte Koordinationsmöglichkeiten auf Pro-
duktionsseite zur effizienteren und effektiveren Nutzung der Real-
und Humanressourcen bei. Dies stellt eine notwendige Basis *distri-
butionsseitiger* Informationsdienstleistungen dar, denn: „how should
one charge for an information service that announces a delay or
some incident affecting the transport service itself?" [Delahaie 1992,
12] Im Schienenbereich müssen IS drei wesentliche Funktionen als
Voraussetzung für die Wettbewerbsfähigkeit umfassen:

Funktion von
Schienen-IOS
1. Die Organisation der bahninternen Abläufe, worunter z.B. die
   Leerwagendisposition und die Wagenverfolgung fallen. Hier
   besitzen die nationalen Bahnen seit längerem IS, die jedoch
   noch selten integriert sind. Damit sind auch Funktionen wie die
   Verfolgung auf Sendungsebene, die eine höhere Verfeinerung
   als die Zugs- oder Waggonebene erforderlich machen, noch

---

[51] Zur UIC vgl. Ihde [1991, 73]. Zu CIM und EVO vgl. Piontek [1994, 75].

kaum unterstützt.[52] Weiterentwicklungen wie etwa das Computer Integrated Railroading-Konzept der DB werden hierzu getätigt.[53]

2. Die informationslogistische Kopplung zwischen Verkehrsträgern, d.h. die bahnexterne Kommunikation für einen vorauseilenden Informationsfluss zwischen den verschiedenen Frachtführern.

3. Die Koordination grenzüberschreitender Transporte, was infolge der nationalen Organisation der Bahnanbieter zwangsläufig auch eine interorganisatorische Kooperation und damit IOS erfordert.

Die bestehenden IAS sind jedoch noch kaum auf einen durchgängigen Informationsfluss eingerichtet. Zwar sind grosse Bahnkunden seit längerem elektronisch angebunden, doch sind die Lösungen einzelfallbezogen und proprietär. In Entwicklung bzw. Erprobung befinden sich Projekte zur Öffnung und Standardisierung der externen Schnittstellen ($\rightarrow$CIS$_S$), zur Realisierung eines länderübergreifenden Informationsflusses ($\rightarrow$DOCIMEL, $\rightarrow$HERMES) sowie zur Verbindung der Bahnsysteme mit IS anderer Verkehrsträger. Der erwähnte Konkurrenzschutz der Bahnen zeigt sich auch in jüngsten Aktivitäten der europäischen Bahnen. Zur verbesserten Koordination von Neuwagentransporten richten diese ab Ende 1994 ein IOS zur besseren Nutzung der Kapazitäten und zur Verringerung von Leerfahrten ein. Dies wurde genehmigt, obwohl das EU-Wettbewerbsrecht solche Absprachen im Prinzip verbietet [o.V. 1994r, 27].

21   Cargo-Informations-System (CIS$_S$)
Logistikinformationssystem der SBB (CH)

Die ersten wichtigen Aktivitäten zur Unterstützung von Marketing-, Produktions- und Abrechnungsfunktionen durch IS gehen bei den Schweizerischen Bundesbahnen (SBB) auf Mitte der 70er Jahre zurück. Die z.T. noch in Betrieb befindlichen Systeme - GM aus dem Jahr 1976 und WIKAS/WAMS aus dem Jahr 1975 - werden ab 1991 stufenweise im Rahmen des CIS$_S$-Projektes ersetzt. CIS$_S$ liegt dabei als zentrale Idee die Datenerfassung am Ort ihres Entstehens und die erweiterte externe Kommunikation mit Privatbahnen, Spediteuren und Zollämtern zugrunde. Damit sollen eine höhere Qualität der Bahndienstleistung und eine höhere Effizienz der bahninternen und -externen Aktivitäten erreicht werden.

---

[52]   Einen kurzen Überblick über Produktions- und Abrechnungsfunktionen einer Bahn ist unter $\rightarrow$CIS$_S$ zu finden.

[53]   Zum CIR-Konzept der DB vgl. Götz [1992, 1188].

Beginnend mit der Datenerfassung auf den Bahnhöfen soll sich CIS_S auf die Bereiche der elektronischen Angebotsabgabe, des frachtbrieflosen Verkehrs, der Fahrplanauskunft und des Transportlaufes erstrecken. Durch gemeinsames Handeln der in →HERMES zusammengeschlossenen Bahnen sollen diese Funktionen nicht auf die Schweiz beschränkt sein, sondern weitgehend die europäischen Länder abdecken. Die Funktionalität soll nun stellvertretend für vergleichbare Systeme der Branche genauer dargestellt werden.

Beispiel
eines
Ablaufes

Wichtiger Bestandteil von CIS_S ist der *Transportauftrag*, der auf einer zentralen Sendungsdatenbank gespeichert ist. Er besteht aus der Wagenbestellung, den Sendungsdaten und ggf. aus dem Abholauftrag. Der Transportauftrag wird entweder am Abgangsbahnhof erfasst, künftig von →DOCIMEL (beim Import- und Transitverkehr) übernommen oder vom Verlader bzw. Spediteur übertragen. Die Sendungsdatenbank sorgt für den sog. provisorischen *Aufbau der Transportkette*, d.h. des Soll-Fahrplans. Mittels gespeicherter Güterzugfahrpläne werden Transportweg und Transportkapazität eingelastet, sowie eine Reihe von Vormeldungen (i.S.v. vorauseilenden Informationen) getätigt. Zu den Adressaten zählen der Domizildienst, die Rangier-, Übergangs- und Empfangsbahnhöfe, die Umladezentren und die Empfänger. Dabei werden nicht alle Vormeldungen automatisch übermittelt, sondern müssen z.T. vom Nachrichtenempfänger abgerufen werden.

Durch den Transportkettenaufbau können noch während sich die Sendung im Abgangsbahnhof befindet, provisorische *Frachtberechnungen* vorgenommen werden.[54] Diese Berechnungen können dann an den Kunden rückgemeldet werden. Steht der Wagen schliesslich am Abgangsbahnhof bereit, wird als *Abgangskontrolle* ein Soll-/Ist-Vergleich auf Vollständigkeit durchgeführt, wobei auch die Reihenfolge der Wägen innerhalb eines Zuges in der Datenbank abgelegt wird. Dieser Vergleich erfolgt laufend, d.h. bei jedem Zugwechsel. Treten Differenzen auf, werden Zugbelegung und Vormeldungen zu einer neuen Transportkette aktualisiert. Bei Ankunft am Bestimmungsbahnhof werden in einer *Eingangskontrolle* die Sendungsdaten geprüft. Daraufhin können die Daten in Form des gesamten Sendungsdossiers an den Empfänger weitergeleitet werden, der seinerseits mit einer Empfangsbestätigung antwortet. Zur *Abrechnung* wird periodisch eine Sendungsliste mit sämtlichen

---

[54] Berechnungen im Ausland an denen die SBB nicht mehr beteiligt sind, werden im betreffenden Land vorgenommen.

abgerechneten Transporten übermittelt, deren Saldi dann der Fakturierung dienen.

Abb. 3.11:
Schnittstellen
in CIS_S [Marti
1993, 5]

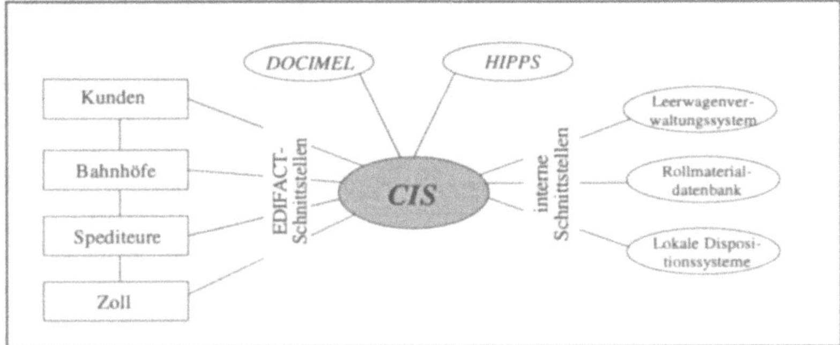

In der Zentrale läuft CIS_S auf einem IBM Mainframe ES/9000 unter IMS/DC. Zur Kommunikation ist auf einem Front-End-Rechner (FEP), einer IBM RS/6000 unter AIX, der Marktsprachen-Konverter EDI*SYS installiert. Die Kommunikation der Bahnhöfe zum zentralen Rechenzentrum geschieht mittels APPC über das SNA-Netz der SBB. An den Bahnhöfen selbst sind PCs unter OS/2 installiert. Während für kleinere und mittlere Kunden die Dateneingabe über die Terminals des Bahnhofs geschieht, können Grosskunden direkt über X.400 und X.435 auf Basis von X.25 oder X.28 (Filetransfer) an CIS_S angeschlossen werden. Sie übertragen über den FEP Edifact-Nachrichten (z.B. Frachtabrechnung). Diese Verbindungen werden derzeit in einem Pilotprojekt mit drei Kunden getestet. Die Schnittstellen von CIS_S zeigt Abb. 3.11. Bei der in Teilprojekten erfolgenden Realisierung konnte bzw. wird (künftig) folgender Stand erreicht werden:

Heutige
Funktio-
nalität

☐ *Sendungsabfertigung.* Die im Jahre 1992 begonnene Ausrüstung aller Schweizer Bahnhöfe mit CIS_S-Terminals soll 1994 abgeschlossen werden. Anfang 1994 waren nach Angaben der SBB bereits 320 Bahnhöfe angeschlossen [Jäggi 1994, 7]. Realisiert sind Sendungserfassung, die zentrale Sendungsdatenbank und die Erfassung leerer Wagen und Kurswagen. Diese erste Phase erfordert weiterhin einen konventionellen Frachtbrief, der im Zuge einer auf Sommer 1995 terminierten zweiten Phase durch einen elektronischen Frachtbrief (CIM-Frachtbrief) ersetzt werden soll. Daneben steht der Datenaustausch mit ausländischen Bahnen und mit Kunden im Vordergrund. Nach Schätzungen sollen etwa 20 Prozent der Sendungen direkt zwischen Kunde und CIS_S ausgetauscht werden können [Lehmann 1991, 2].

☐ *Produktionsangebot.* Seit 1991 werden die Erstellung von Fahrplänen (Güterzugsfahrplan und Übergangspläne zwischen Zügen) und der Aufbau der Transportkette für Fahrplanauskünfte (keine Zuordnung zu Zügen) für die Schweiz elektronisch unterstützt. Im Jahre 1994 soll das Modul Produktionsangebot mit HIPPS[55] zur internationalen Fahrplanauskunft innerhalb der HERMES-Bahnen verbunden werden. Eine wichtige Erweiterung wird die Anfrage von nationalen und internationalen Preisauskünften darstellen, was als Schritt hin zu einem Buchungssystem interpretiert werden könnte.

☐ *Produktionsdurchführung.* Gemeinsam mit der Phase 2 der Sendungsabfertigung soll der Transportkettenaufbau mit Zuordnung zu Zügen und Sendungen realisiert werden. Dadurch kann von den Bahnhöfen ein Soll-Ist-Vergleich erstellt und die genaue Wagen- und Sendungsreihenfolge abgerufen werden. Anfang 1996 soll das System in der ganzen Schweiz verfügbar sein.

☐ *Gateway und GM-Schnittstelle.* Das Modul Gateway unterstützt den Datenaustausch zwischen externen Systemen wie lokalen Bahnhöfen oder Kundensystemen. Der weitere Ausbau sieht ab 1994 Verbindungen zu internationalen Bahnsystemen (HIPPS, →HERMES) und 1995 zu Systemen ausländischer Bahnen vor. Der Schweizer Zugriff auf internationale Bahnsysteme soll immer über CIS_S erfolgen. Die GM-Schnittstelle stellt die Abrechnung der über CIS_S erfassten Sendungen über das GM-System sicher.

Die geschilderte Funktionalität von CIS_S spiegelt sich in den ausgetauschen Nachrichten wider. Tab. 3.9 gibt einen Überlick über spezifizierte und geplante Nachrichtentypen. Im Rahmen der weiteren Entwicklung von CIS_S stehen die Brutto- und Nettofrachtberechnung Schweiz und international, die Kundenabrechnungen, die internationalen Bahnabrechnungen, die Bahnauskunft und die Buchungsbelege auf der Agenda. Diese Funktionen sollen im Zuge der Einführung einer CASE-Projektentwicklungsumgebung[56] in kürzere Teilprojekte als bisher aufgeteilt werden. Die ursprüngli-

---

[55] Das Hermes International Produktions-, Planungs- und Steuerungssystem HIPPS ist kurz beschrieben unter →HERMES.

[56] Die SBB führte von Mai 1993 bis Mitte 1994 ein CASE (Computer Aided Software Engineering) Tool ein, das Funktionseinheiten mit einer Realisierungszeit von etwa sechs Monaten abwickeln soll.

chen Zeithorizonte, z.B. 1993 für Brutto-Frachtberechung CH, wurden dadurch verschoben.

	Spezifizierte Meldungen	*Geplante Meldungen*
Tab. 3.9: Spezifizierte und geplante Nachrichten in CIS_S	Beförderungsauftrag und zurückgewiesener Beförderungsauftrag	Nachträgliche Verfügung (Änderung eines abgeschlossenen Frachtvertrages)
	Korrektur-/Ergänzungsauftrag und zurückgewiesener Korrektur-/Ergänzungsauftrag	Löschauftrag (Löschung eines bestehenden Beförderungsauftrages)
	Anfrage und Rückmeldung „Wagen im Empfang"	Anfrage Sendungsdossier (Abfrage des Sendungsstatus)
	Anfrage und Rückmeldung Transportkette (Güterzugsfahrplan)	Wagen im Versand (Meldung mit allen Sendungen im Versand)
		Wagenlokalisierung (Standortermittlung)
		Empfangsbestätigung
		Wagen- und Transportmittelbestellung
		Anfrage Preisauskünfte national und international
		Frachtmeldungen
		Betriebsmeldungen (Ist-Fahrplan weicht von Soll-Fahrplan ab)

CIS_S illustriert eindrücklich die Neuorientierung der Bahnen. Der gestiegene Wettbewerbsdruck für Bahngesellschaften macht sich in der vermehrten Kundenorientierung und der Rationalisierung bahnspezifischer Aktivitäten bemerkbar. Dass die europäischen Bahnen dabei im Konzert agieren, erscheint als ein wichtiger Punkt, liegt doch ein wesentlicher Vorteil der Schiene in der Abdeckung von Relationen über grössere Distanzen.

Document CIM Electronique (DOCIMEL)

22

*Projekt der europäischen Bahnen zur elektronischen Fracht-
briefübertragung (Eur.)*

DOCIMEL ist ein Projekt europäischer Bahngesellschaften, das die
Interaktionen zwischen den Bahnen, deren Kunden, dem Zoll
sowie übrigen Verkehrsträgern elektronisch unterstützen möchte.
Die Bahnen erkannten, dass die informationslogistische Leistungsfähigkeit eines Frachtführers zunehmend die 'Kaufentscheidung'
des Verladers beeinflusst. Ein erleichterter Zugang zum Verkehrsträger 'Bahn' wurde daher gefordert. Denn obwohl die Mehrzahl der
europäischen Bahnen durch das →HERMES-Netz verbunden sind,
bestehen Medienbrüche, Mehrfacherfassungen und Informationsdefizite (die Züge häufig zum unnötigen Halten zwingen), weil
→HERMES keinen Online-Datenaustausch von Frachtbrief-Daten
unterstützt. Einige Bahnen realisierten einen solchen in Eigeninitia-
tive, wobei aber die bestehenden Papierdokumente weiterverwen-
det wurden [Trolliet 1988, 13; Trolliet 1991, 91; Delahaie 1992, 8].

Diese Dokumente sollen mit DOCIMEL durch elektronisische Dokumente ersetzt werden. Hohe Bedeutung besitzt vor allem der internationale CIM-Frachtbrief[57]. Im Sinne eines vorauseilenden Informationsflusses sollen die elektronischen Dokumente dann über
→HERMES übertragen werden. Das Projekt wird getragen von den
im Internationalen Eisenbahnverband UIC und im Internationalen
Transportkomitee CIT zusammengeschlossenen europäischen Bahnen.[58] Die Projektverantwortung, d.h. Systemkonzipierung, Wartung
und Weiterentwicklung, liegt bei der Steuergruppe HERMES-G der
UIC.

Die *Funktionalität* von DOCIMEL umfasst folgende drei Kategorien:
die Vormeldung der Sendungen, die elektronische Zollbehandlung
und die verbesserten Informationsmöglichkeiten für Kunden. Diese
Funktionalität soll in zwei Etappen erreicht werden. In der ersten
Phase sollen die Dokumente ersetzt werden. Dies geschieht primär

---

[57] Jede internationale Sendung benötigt heute einen Frachtbrief nach den
    Regeln des internationalen Vertrages über die internationale Eisenbahn-
    beförderung von Gütern (CIM). Je nach Bedarf werden im internationa-
    len Verkehr noch bis zu 20 weitere Dokumente verwendet. CIM steht
    für Regle Uniformes concernant le Contrat de Transport International
    Ferroviaire des Marchandises.

[58] UIC bezeichnet die Union Internationale des Chemins de Fer und CIT
    das Comité Internationale des Transports Ferroviaires.

in bilateralen Projekten, z.B. lief zwischen Januar und Dezember 1990 ein Pilotprojekt zwischen der Schweiz und Frankreich. In der zweiten Phase wird auf dieser Grundfunktionalität aufbauend eine erweiterte Logistikfunktionalität realisiert. Die Basis stellt das sog. Sendungsdossier dar, das u.a. die Daten des CIM-Frachtbriefes enthält. Das Dossier wird nach Übermittlung der Meldung *Transportauftrag* generiert und dient den Bahnen zur Erfüllung zahlreicher Funktionen, z.B. Sendungsdatenverwaltung (Stati), Statistiken, Finanzwesen etc. Angeschlossenen Kunden sollen damit erweiterte Informationsmöglichkeiten angeboten werden.

Realisie-
rungsop-
tionen

Bei der Realisierung von DOCIMEL ergaben sich infolge von Abstimmungsproblemen zwischen den Bahnen und deren unterschiedlichem informationslogistischem Entwicklungsstand zwei Realisierungsszenarien:

1. *Zugbegleitendes, elektronisches Sendungsdossier.* Die Frachtbriefdaten werden national erfasst und bearbeitet und gleichzeitig mit der physischen Übergabe des Wagens an der Grenze übermittelt. Informations- und Warenfluss sind zeitgleich. Es bestehen bilaterale Absprachen über die Korrekturverfahren, ein zentrales Sendungsdossier besteht nicht.

2. *Dezentrale Lösung mit zentraler Integrationsfunktion.* Die Daten werden über eine international genormte Schnittstelle an das zentrale DOCIMEL-System bei Euraildata (→HERMES) übertragen. Dies ermöglicht einen vorauseilenden Informationsfluss, da alle beteiligten Bahnen auf das aktuelle Sendungsdossier zugreifen können.

Die erste Variante wurde von den französischen und den britischen Bahnen gewählt, die letztere Variante von den übrigen partizipierenden Bahnen (DB, DSB, FS, NS, ÖBB, PKP, SBB, SJ, SNCB). Beide Varianten werden parallel entwickelt, wobei genormte Schnittstellen (z.B. Edifact als Marktsprache) festgelegt werden. Der unterschiedliche Entwicklungsstand der Bahnen führt nicht zuletzt auch zu einer schrittweisen Einführung. Ab 1995 soll DOCIMEL in Teilverkehren eingesetzt werden; das vollständige System soll danach in einem abgeschlossenen Segment, z.B. dem kombinierten Verkehr oder Eurail Cargo, erprobt werden.

23 **GATEWAY**
IOS der DB zur Kommunikation mit Kunden (D)

GATEWAY soll die externe Kommunikation der Deutschen Bundesbahn (DB) mit ihren Kunden unterstützen und gilt daher als strategisches Projekt zur Erhaltung bzw. Steigerung der Wettbewerbsfähigkeit. Einerseits soll die Effizienz der DB-Operationen gesteigert und andererseits ein neues Produkt geschaffen werden. Alle Transportbeteiligten sollen bei Binnentransporten (Deutschland incl. Nordseehäfen) über diese zentrale, in Frankfurt angesiedelte Kommunikationsschnittstelle Informationen mit der DB austauschen können.

Abb. 3.12:
Prinzip von
GATEWAY
[Deutschland
1992, 168]

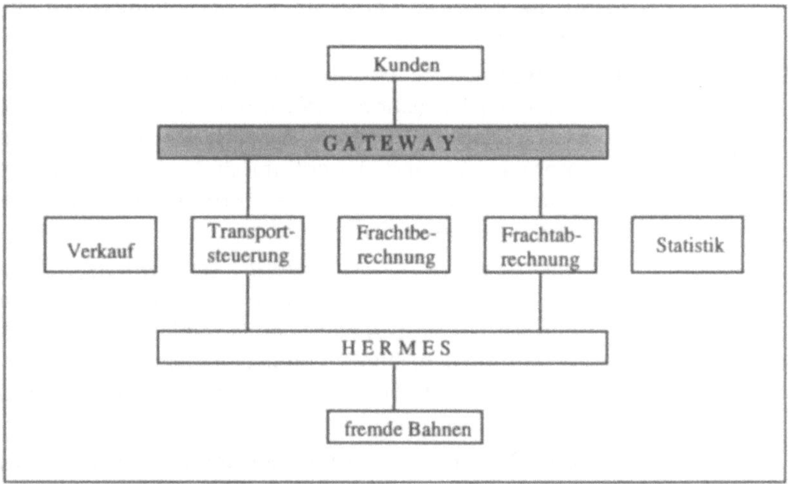

Die Kommunikation mit anderen Bahngesellschaften erfolgt über
→HERMES [Henrich 1991a, 3]. Wie Abb. 3.12 zeigt, stellt GATEWAY
analog zu →HERMES nur die Kommunikation sicher, die Daten selbst
werden von anderen Systemen (z.B. →Ts'90, FIV[59]) bereitgestellt.
GATEWAY wurde im Rahmen eines Pilotprojektes mit einem Grosskunden 1985 implementiert.

---

[59] Das 1984 implementierte Fahrzeuginformations- und Vormeldesystem
FIV erfasst die Informationen im Versand- und Empfangsbahnhof und
stellt Informationen über die Güterbewegungen bereit. Es ist der bedeutendste Datenlieferant von GATEWAY.

Die *Funktionalität* von GATEWAY umfasst fünf Kategorien, die jeweils von verschiedenen Meldungen unterstützt werden. Die Meldungstypen sind in Tab. 3.10 aufgeführt und umfassen Informationen zwischen Kunden (Lieferscheindaten, 4), transportvorauseilende Informationen (6, 7), transportbegleitende und -steuernde Informationen (1, 2, 3, 5), Sendungs- und Fakturierungsdaten (9) sowie die zentrale Frachtberechnung (8).

Tab. 3.10:
Unterstützte
Meldungen
von GATEWAY

Meldung	*Funktion*
1. Wagendatenvormeldung (VOWA) von FIV	DB übermittelt auf den Kunden zulaufende Züge/Wagen automatisch an den Kunden
2. Transportdaten FIV (TPA)	Kunde überträgt Frachtbriefdaten an GATEWAY
3. Reihungsdaten FIV	Kunde überträgt Zugreihung an DB
4. Info-Container	Kunde sendet Textinformationen (Frachtbrief, Frachtavisierung) an einen anderen Kunden
5. Privat-Wagen-Auskunft	DB übermittelt Standort bzw. Bewegungen von Privatgüterwagen
6. Containervormeldung (CVM)	Austausch von Containerdaten zwischen den Häfen Hamburg, Bremen, Rotterdam und Antwerpen und der Transfrachtgesellschaft mit der DB
7. Servicemeldung Verkehr (SMV)	Austausch von Sendungsinformationen (Gutart, Gewicht, Ladestelle etc.) zwischen Kunde und DB
8. Zentrale Frachtabrechnung (ZF)	DB überträgt dekadisch Abrechnungsdaten an Kunden (→Ts'90)
9. Sendungs- und Fakturierungsdaten (SFD)	Kunde überträgt Stückgutinformationen

GATEWAY besitzt Verbindungen zum DB-Güterverkehrssystem ITS (integriertes Transportsteuersystem, →Ts'90) und dem ZF-System. Die Daten aus ITS werden in einem bahneigenem Nachrichtenstandard (TA 1069) in die zentrale GATEWAY-Datenbank übernommen, während Daten aus dem ZF-System unter Verwendung eines Kommunikationsvorrechners über Datex-P, X.400 oder ISDN direkt an die Kunden übertragen werden. Nachdem sich die gesamte Kommunikation an das OSI-Referenzmodell anlehnt, können die meisten Rechnersysteme (PC/DOS, BS2000, IBM MVS, Tandem) angeschlossen werden.

An GATEWAY waren Ende 1992 31 Grosskunden der DB beteiligt. Darunter sind auch die Nordseehäfen Hamburg und Bremen, deren Anbindung im Rahmen des Programms 'Innovative Seehafentechnologien' (ISETEC) gefördert wurde (vgl. HABIS (→DAKOSY) und WADIS (→DBH)).[60] Man schätzt den Anteil von GATEWAY am Güterverkehrsaufkommen auf zwei Prozent. Täglich werden ca. 1'200 bis 2'600 Meldungen abgewickelt. Über die →HERMES-Schnittstelle werden täglich rund 400 Meldungen an FIV und 300 von FIV zwischen den Bahnen ausgetauscht. Weiterentwicklungen von GATEWAY liegen in einer Überarbeitung der GATEWAY-Schnittstelle (Realisierung standardisierter Schnittstellen) sowie erweiterten Abfragemöglichkeiten (z.B. Empfangszeitpunkt, generelle Standortabfrage). Ein weiterer Bereich liegt in der Integration externer Systeme (vgl. Abb. 3.13) und der Abstimmung mit →Ts'90.

Abb. 3.13:
Zusammenhang von GATEWAY und externen Systemen[61]

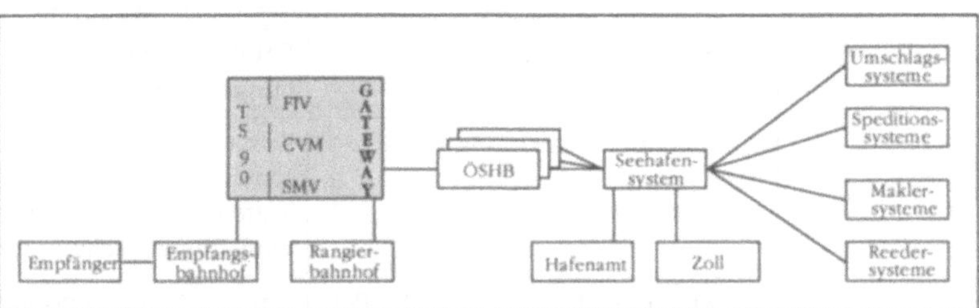

24

Handling through European Railways Message Electronic System (HERMES)

Kommunikationsnetz der europäischen Eisenbahnen (Eur.)

HERMES ist das grenzüberschreitende Kommunikationssystem der in der UIC (Union Internationale des Chemins de Fer) zusammengeschlossenen europäischen Bahnen für den internationalen Güterverkehr. HERMES entstand, um Waggons auch nach einem Grenzübertritt verfolgen zu können. So entwickelten zahlreiche europäi-

---

[60] Weitere Nutzer sind u.a. Krupp, Quelle, Hoechst AG, Bayer AG, RWE, BP, Opel, VW und Danzas.

[61] Verändert nach Deutschland [1992, 169]

sche Bahnen anfangs der 80er Jahre Systeme zur Standortbestimmung ihrer Wagenflotte (Tracking und Tracing). Diese nationalen Systeme waren jedoch überfordert, sobald Waggons die Landesgrenze überschritten. Man spricht daher vom 'schwarzen Loch nach der Grenze'. Die Bedeutung eines europaweiten IOS unterstreicht die Verflechtung der Handelsbeziehungen in Europa und die damit ansteigenden europäischen Verkehre. Die HERMES-Bahnen[62] gründeten daher die HIT-Holding (HERMES Information Technology), die das Eurail-Data Rechenzentrum, das HERMES-Europa Netzwerk und gemeinsam mit einem Partnerunternehmen das Systemhaus PSG besitzt.

System-
evolution

Als erste Anwendung von HERMES wurde 1985 die *betriebliche Vormeldung* eines Güterzuges (Zug-, Wagen- und Zeitangaben) zwischen DB und SBB in Betrieb genommen. Später übernahmen auch SNCF, SNCB und FS diese Funktionalität. Mit der Möglichkeit der Waggonortung wurde es möglich, die Fracht zu orten. Voraussetzung ist offensichtlich die Verfügbarkeit derartiger Daten bei den jeweiligen nationalen Systemen. Der Funktionsumfang der Waggonortung wurde in der Folge um eine Nachricht über Absendung und Ankunft, eine Grenzübertrittsmeldung, eine Waggonschadenmeldung, eine Wagenmietabrechnung, Meldungen an Dritte[63] sowie eine Mitteilung über Zwischenfälle beim Transport erweitert. Die Bahnen BR, DB, DSB, FS, SBB und SNCF nutzen HERMES darüber hinaus für die elektronischen Platzreservierungssysteme im Personenverkehr (EPA unter →KURS '90).

HERMES ist ein nach der ISO-Norm 7498 (Kommunikation offener Systeme) entworfenes Host-host-Kommunikationssystem, durch das verschiedene Dialog- und Filetransfer-Applikationen von europäischen Bahnen verbunden sind. Die Basis stellt ein X.25 Kommunikationsnetz dar, das aus neun Knoten besteht, die wiederum mittels einer modifizierten X.75-Verbindung gekoppelt sind (vgl. Abb. 3.14). Die Knoten stellen die Zugangspunkte für die Bahnsysteme

---

[62] An HERMES beteiligt sind folgende Bahnen: Britische Eisenbahnen (BR), DB, Dänische Staatsbahnen (DSB), Italienische Staatsbahnen (FS), Niederländische Eisenbahnen AG (NS), Schweizerische Bundesbahnen (SBB), Schwedische Staatsbahnen (SJ), Nationalgesellschaft der Belgischen Eisenbahnen (SNCB), Nationalgesellschaft der Französischen Eisenbahnen (SNCF) und die Österreichischen Bundesbahnen (ÖBB). Weitere Teilnehmer sind Intercontainer und Interfrigo.

[63] Dabei handelt es sich um die Gesellschaften Intercontainer, Interfrigo und Euro-Pool.

dar [Henrich 1991a, 19]. Eine Vielzahl von HERMES-Bahnen benutzt als Zugang zu HERMES die jeweiligen nationalen EDI-Systeme (z.B. →CIS$_S$ der SBB, FIV der DB (→TS'90) oder EDIFRET der SNCF).

Abb. 3.14:
Das HERMES-Netz
[Waldinger 1991, 1080]

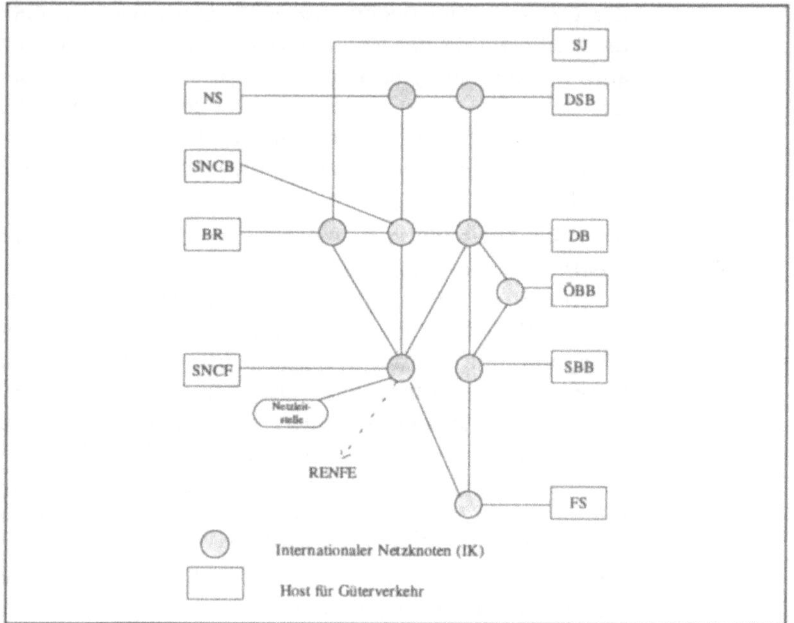

Obwohl das Netz zu Beginn nur schwach ausgelastet war, konnten Nutzung und Teilnehmerkreis deutlich ausgebaut werden. Heute werden über HERMES ca. 3,7 Mio. Platzbuchungstransaktionen und 120'000 Meldungen im Güterverkehr pro Jahr von insgesamt 15'000 in Europa angeschlossenen Terminals getätigt. Potentielle neue Teilnehmer sieht man insbesondere in osteuropäischen Bahngesellschaften erachtet. Mit einem weiteren Ausbau des Teilnehmerkreises dürften auch die Kosten je Teilnehmer sinken, da diese nach einem festgelegten Schlüssel zwischen den Teilnehmern aufgeteilt werden.

Als künftige Projekte wurden von der UIC die Projekte →DOCIMEL und HIPPS (Hermes Internationales Produktions-Planungs- und Steuerungssystem) lanciert. HIPPS soll im grenzüberschreitenden Verkehr Fahrplanauskünfte, Routenberechnung, Transportüberwachung, sowie den Vergleich von Ist- und Soll-Transportzeiten erlauben. Bei Abweichungen sind Korrekturmassnahmen bzw. die

Benachrichtigung der Empfänger vorgesehen. HIPPS soll die Systeme der nationalen Bahnen zu einem europäischen Gesamtsystem verbinden. Die Fahrplanauskunft soll ab 1994 und die übrigen Funktionalitäten ab 1995 bereitstehen [Marti 1993, 5]. Zur Entwicklung der beiden Projekte wurde von den HERMES-Beteiligten das gemeinsame Systemhaus HITRail[64] gegründet. HITRail soll HERMES auch zu einem pan-europäischen Netzwerk auf Glasfaserbasis ausbauen, das dann als diensteintegriertes Netz in Konkurrenz zu den Netzen der PTTs treten könnte und gleichzeitig die Kapazitätsengpässe des heutigen Netzes beseitigt [Yankee 1993, 18]. Die Entwicklung soll 1995 unter dem Namen Hermes Europe, einer Kooperation der Hermes-Bahnen mit dem amerikanischen Unternehmen San Francisco Moscow Telecommunication beginnen. Nachdem in vielen Staaten die Bahnen neben den nationalen PTT-Gesellschaften und dem Militär als einzige physische Telekommunikationsnetze aufbauen durften, ist die Perspektive, als Anbieter auf dem Telekommunikationsmarkt aufzutreten, durchaus naheliegend [Alt/Zbornik 1993, 89].

25   Kundenfreundliches Reise-, Informations- und Verkaufssystem der 90er Jahre (KURS '90)

Reservationssystem von DB und DR für den Personenverkehr (D)

Als interessante Parallele zu den Entwicklungen im Güterverkehr und als Beispiel für eine weitere Anwendung von →HERMES, soll kurz auf ein europaweites System im Personenverkehr eingegangen werden. KURS '90 wurde in den Jahren 1987 bis 1991 von der DB entwickelt und dient im wesentlichen der Unterstützung von Fahrplanauskunft, Platzreservierung und Fahrscheinverkauf. Die jeweiligen Subsysteme sind EVA für die Elektronische Fahrplan- und Verkehrsauskunft, EPA für die Elektronische Platzreservierung[65] und FIN/FAUS für die Fahrscheinausgabe. Als anregende Ansatzpunkte für Anwendungen im Güterverkehr werden insbesondere die Reservierungs- und die Zahlungslösung betrachtet.

---

[64]   An diesem Konsortium sind die Bahnen folgender Länder beteiligt: D, F, GB, I, E, NL, B, CH, S, D und A.

[65]   Über EPA können Sitz-, Liege-, Bett- und Stellplätze (Park&Rail, Autoreisezug), Vorbestellungen von Mietwagen, sowie Plätze auf Fährschiffen und in Intercity-Hotels gebucht werden. Daneben sind Anfragen zum Belegungsstand möglich. EPA wird gemeinsam und gleichberechtigt von CFL, DB, JZ, MAV, NS, ÖBB und SNCB genutzt [Henrich 1991a, 32].

1. *Express-Reservierungen* können bis wenige Minuten vor Zugab-
   fahrt am jeweiligen Bahnhof getätigt werden, d.h. das
   Buchungsgeschäft läuft während der Fahrt des Zuges weiter.

2. *Bargeldloser Zahlungsverkehr* im Personenverkehr mittels Kredit-
   karte. KURS '90 kommuniziert zur Autorisierung und der Weiter-
   reichung von Umsätzen mit den Kreditkartenunternehmen. Ein
   weiteres Verfahren, das sog. Online-Lastschrift-Verfahren wird
   eingeführt, wenn der Zentrale Kreditausschuss die Bedingungen
   mit den Banken verabschiedet hat. Hierbei kann mit der Euro-
   cheque-Karte ohne Ausstellen eines Schecks oder Angabe einer
   PIN bezahlt werden.

Das zentrale System besteht aus 40 Prozessoren und 93 Plattenlauf-
werken (ges. 56 GB) und insgesamt 29'160 angeschlossenen Terminals. Davon 280 POS-Terminals. Von letzteren sind 2'500 auf ca.
900 deutschen Bahnhöfen (entspricht 90 Prozent der Verkäufe) und
17'000 bei anderen Bahnen[66]. Über →HERMES können insgesamt 17
europäische Bahnen über den sog. internationalen Reservierungs-
verbund teilnehmen, wobei für Bahnen, die KURS '90 nicht direkt
als Partner nutzen, ein Host-host-Verbund besteht. Beispielsweise ist
seit April 1992 das EXPRESS2-System der GUS-Bahnen angeschlossen. Als wichtige Abnehmergruppe von Bahndienstleistungen
können Reisebüros über START[67] (9'000 Terminals) auf KURS '90
zugreifen. Weiterhin sind Verbindungen zu Systemen von Miet-
wagen-, Kreditkarten- und Touristikunternehmen zu nennen.

Über KURS '90 werden wöchentlich durchschnittlich 5,2 Mio.
Geschäftsvorfälle verarbeitet. Dabei handelt es sich um 2,5 Mio.
Fahrplanauskünfte, um 1,8 Mio. Fahrscheine und um 0,9 Mio.
Platzreservierungen. Der Ausbau von KURS '90 betrifft vor allem die
Integration der parallel vorhandenen Systeme von DB und DR.
Daneben wird mit KURS '21 ein System entwickelt, das viele
Funktionen der Computerreservierungssysteme (CRS) im
Tourismusbereich aufweisen soll und in der Folge mit CRS
verbunden werden soll [Timm/Fugmann 1992, 1194].

❑ Analog zu den Yield-Management Systemen der Airlines soll die
   Preisgestaltung flexibler werden [Enzweiler 1990, 246].

❑ Stammdaten von Kunden sollen in einer einheitlichen Akte
   (Passenger Name Record - PNR) verwaltet werden.

---

[66] Dazu zählen ÖBB, NS, SNCB, CFL, MAV, DSB, NSB und PKP.

[67] Bei START handelt es sich um ein nationales Reservationssystem für den
      Tourismusbereich in Deutschland [Bommer 1992].

❑ Die Anwendungen Fahrplanauskunft, Reservierung und Fahrscheinverkauf sollen auch dem Benutzer gegenüber verzahnt werden, sodass er eine einheitliche Oberfläche erhält.

26 RAILINC
VANS für den schienengebundenen Verkehr (USA)

Unter dem Motto *'produce more with less resources'* versucht die Association of American Railroads (AAR) einen vorauseilenden Informationsfluss und bessere Informationsqualität für den Schienentransport in den USA und Kanada zu realisieren. Dazu gründete dieser Verband die hundertprozentige Tochter RAILINC. Mit dem gleichnamigen IOS versucht RAILINC die Informationslogistik der gesamten Transportkette im Schienenbereich zu unterstützten. Von Bedeutung sind die Interaktionen der Bahnen mit ihren Kunden (Spediteure, Verlader), der Bahnen untereinander, der Bahnen mit anderen Frachtführern (See- und Strassentransporteure) sowie die Interaktion mit den Zollbehörden. Eine besondere Bedeutung kommt der horizontalen Kommunikation zwischen den Bahnen, z.B. bei gebrochenen Verkehren, zu. Alle wichtigen nordamerikanischen Bahnen, die sog. Class I-Bahnen (> USD 92 Mio. Umsatz p.a.), deren Kunden, sowie kleinere Bahngesellschaften sind heute an RAILINC angeschlossen.

Das RAILINC-System unterstützt hauptsächlich die Kommunikation zwischen diesen Beteiligten, wobei die häufig verwendeten Meldungstypen in Tab. 3.11 wiedergegeben sind. Neben dem Message Routing werden auch Anwendungen wie etwa TRAIN II oder Anwendungen zur Verwaltung der Car Location Messages (CLM) durch RAILINC für die Bahnen angeboten. Ein Tracking ist jedoch nicht möglich, da die Zeitangaben, z.B. die Estimated Time of Arrival (ETA), nicht in den Meldungen enthalten sind.

Tab. 3.11:
Unterstützte
Meldungs-
typen bei
RAILINC

U.S. Customs Manifest Document	Ansi 309
Canadian Customs Information	Ansi 311
U.S. Customs Release Information	Ansi 350
U.S. Customs Events Adivsory Details	Ansi 353
U.S. Customs Manifest Acceptance/Rejection	Ansi 355
U.S. Customs Consist Information	Ansi 358
Railroad Bill of Lading	Ansi 404
Waybill	Ansi 417
Advance Train Consist	Ansi 418

RAILINC ist implementiert auf einer IBM-Plattform in Washington DC und unterhält Standleitungen zu allen Class I-Bahngesellschaften. Synchrone Verbindung besteht zu grösseren Teilnehmern mit hohem Transaktionsvolumen, während für kleinere Teilnehmer (asynchrone) Wählleitungen angeboten werden. Die verwendeten Kommunikationsprotokolle sind daher vielfältig und reichen von ASYNC über 3270 und 3280 hin zu SNA und LU 6.2. Real-time Verbindungen auf dem IBM LU 6.2-Protokoll bestehen seit jüngstem[68] auch zum amerikanischen (→ACS) und kanadischen[69] Zoll. Neben einem Direktanschluss unterstützt RAILINC auch die Verbindung über einen VANS (GEIS, Kleinschmidt, BT Tymnet). Als Marktsprache werden die Nachrichten nach Ansi/Tdcc-Spezifikation (vgl. Tab. 3.11) verwendet.

An das System sind etwa 450 Teilnehmer angeschlossen, die im Durchschnitt 600'000 Nachrichten täglich austauschen. Damit besitzt RAILINC bereits eine gute Marktposition. Dazu hat neben den technischen Möglichkeiten vor allem das veränderte Klima zwischen den Frachtführern und dem Zoll beigetragen. Die lange von kalter Notwendigkeit geprägte Beziehung wich in den vergangenen Jahren dem Bewusstsein, dass beide Parteien durch Kooperation erheblich

---

[68] Die seit 1989 bestehende SNA-Verbindung zu →ACS wurde 1994 auf LU 6.2 umgestellt, während das kanadische System seit Anschluss im Juli 1993 dieses Protokolls verwendet.

[69] Der kanadische Zoll besitzt die beiden Systeme CADEX und PARS/INPARS. Ersteres unterstützt EDI auf Basis von Ansi X12, Tdcc und Edifact (CUSDEC, CUSREP, CUSCAR). Letzteres dient zur Festlegung der Zollbehandlung (übersprungene physische Prüfung, physische Zollprüfung an der Grenze etc.).

profitieren können. So konnten die Bahngesellschaften den Kundennutzen steigern, während der Zoll erhebliche Rationalisierungseffekte erzielte. So glaubt man 1 Mio. Papierdokumente jährlich einzusparen, wenn 80 Prozent aller schienengebundener Dokumentation elektronisch erfolgt. Neben der Kooperationsstrategie wird als zweite Erfahrung die schrittweise Realisierung hervorgehoben, die bei komplexen Projekten - so sie erfolgreich verlaufen sollen - unvermeidbar seien. Zum Erfolg beigetragen hat auch die Begrenzung der Kundenerwartungen, um Enttäuschungen auf Kundenseite zu vermeiden.

Für die Zukunft plant RAILINC aus funktioneller Sicht die Weiterentwicklung von Nachrichtentypen und neuer EDI-Lösungen. Hierbei wird insbesondere die Einführung von Edifact-Meldungen genannt, was spätestens 1997 geschehen soll. Zu diesem Zeitpunkt wird in Amerika die Weiterentwicklung von Ansi X12-Meldungen eingestellt und nur noch Edifact verwendet. Aus geographischer Sicht plant RAILINC die Erschliessung des mexikanischen Raumes. Im Zuge ausgebauter Wirtschaftsbeziehungen zu Mexiko (NAFTA[70]) setzten die Bahnen auf ein steigendes Verkehrsvolumen. Die nationale Bahngesellschaft Mexikos FNM besitzt ein ausgebautes Streckennetz (15'000 Meilen) und erneuert gegenwärtig ihre gesamte informationslogistische Infrastruktur. Dazu zählt auch die Schnittstelle zum Zoll, der die Einführung eines Zollsystems auf Edifact-Basis plant [Ready 1994,105].

27	**Transportsteuersystem für die 90er Jahre (TS'90)** *Transportsteuerungssystem der DB (D)*

Transportsteuersystem für die 90er Jahre (TS'90)
Transportsteuerungssystem der DB (D)

Die DB hat Mitte der 70er Jahre mit der Realisierung von Informations- und Steuerungssystemen für den Güterverkehr begonnen. 1979 wies eine Studie auf die vielen manuellen Schnittstellen zwischen diesen Systemen (z.B. zum Weiterreichen von Strecken- und Fahrplandaten) hin, wobei als bedeutendste Mängel Mehrfacherfassungen und Redundanzen genannt wurden. Die Vielzahl der IS bei der DB illustriert Tab. 3.12.

---

[70]   NAFTA steht für das North American Free Trade Agreement.

Tab. 3.12: Überblick über die Datenverarbeitung bei der DB[71]

Zeit	Güterverkehr	Personenverkehr	Produktion / Technik	Querschnittsaufgaben	DV-Infrastrktur
1987	GATEWAY II: Einführung DISK (Dispositions- und Informationssystem KLV) an 3 Bahnhöfen	KURS'90: Fahrausweisverkauf unter START		BKZ (Bürokommunikation in der DB-Zentrale) PSV (Personaldatenverarbeitung) in 4 BD ÖPDV (Örtliche Personaldatenverarbeitung)	KURS'90: PC-Installation PSV: Installation IBM/36
1988	Anwendung für Kunden-Sondervereinbarungen im Binnenverkehr GATEWAY: Datenaustausch mit HIS in Antwerpen, Rotterdam etc.			Migration PSV und ÖPDV auf neue Systembasis	Ablösung der IBM /36 durch AS/400
1989		KURS '90: Fahrausweisverkauf EVA (Elektronische Fahrplanauskunft) EPA: Anschluss an HERMES	IFB (Interaktive Fahrplanbearbeitung) UX-SIMU (Simulation von Fahrstrassenknoten in Bahnhöfen) LARSYG (Laufleistungs- und lastabhängiges Revisionsverfahren für Güterwagen)	EMA (Einkauf und Materialwirtschaft), Pilot mit SAP-SW Pilot für Bürokommunikation	12 PC bei BD für UX-SIMU
1990	Anwendung 'Nicht-tarifgebundene Preismassnahmen'	Anschluss von EPA-Partnern Pilot EVA bei der DR	ISP (Informationssystem Produktion) Fahrplan-Konstruktion S-Bahn München	FW'90 (Finanzwirtschaft Kasse): Einführung	FW'90-Terminals bei jeder BD Je eine DEC/VAX 3500 mit bis zu 6 Arbeitsplätzen für IFB bei jeder BD
1991 - 1992	LWV (Leerwagenverteilung) FIV bei DR DISK (Umschlags-Bahnhöfe) ÖS Rbf (Örtliche Systeme Rbf)	EPA: Anschluss von DR, SJ und SZD EVA unter Btx ICE-LOCO-Preissystem	ISP bundesweit im Einsatz	PSV bei allen BD EMA: Anschluss von 90 Dienststellen FW'90/AWIBA Produktionsbetrieb	750. AS/400 KURS'90: 1'700 PCD-3 installiert Duplex-System AS/400 für ICE-Bw 650 SAP-Terminals

Zentraler Bestandteil der heutigen DV ist das Integrierte Transportsteuerungssystem (ITS), das in den alten Bundesländern flächendeckend genutzt wird. Bestandteile von ITS sind das Fahrzeug-Informations- und Vormeldesystem (FIV), das Vormeldeverfahren für Container (CVM), die Servicemeldung Wagenladungsverkehr (SMW), die Verkehrliche Datenerfassung (VEDE), das →GATEWAY für Kundenanbindung und die Anbindung an →HERMES.

Nachdem diese Systeme weitgehend auf veralteter HW und SW basiert, wurde im Herbst 1990 das Projekt Transportsteuersystem für die 90er Jahre (TS'90) ins Leben gerufen. Siemens wurde mit der

---

[71]   In Anlehnung an Waldinger [1991, 1077]

Realisierung der örtlichen Systeme (öS) für die Rangierbahnhöfe München Nord und Nürnberg beauftragt. Als Hauptziele von Ts'90 werden die lückenlose Informationskette Versender - DB/DR - Empfänger und die Erhöhung der Produktivität genannt. Dazu soll Ts'90 schrittweise die Lücken der bahninternen Informationskette schliessen und diese für Kunden und die Bahn(en) öffnen. Ts'90 schliesst in erster Linie die Lücken, die bei der Nutzung von FIV in jedem Knoten- und Rangierbahnhof entstehen. Es besteht aus vier eigenständigen Teilprojekten:

☐ *PVG.* Beim Produktionsverfahren Güterverkehr handelt es sich um örtliche Bahnhofsysteme, die mit Fahrplandaten-, Betriebsführungs- und Überwachungssystemen zur lückenlosen Begleitung des Wagenlaufes gekoppelt sind.

☐ *FIS.* Das Fracht-IS umfasst eine gemeinsame Datenbank und ein darauf aufbauendes logistisches IS. Es dient der Erfassung, der Verwaltung und Bereitstellung bzw. Weitergabe von Sendungsdaten.

☐ *WIS.* Über eine Fahrzeugdatenbank stellt das Werkstatt- und wagentechnische IS Rollmaterial-Daten an PVG und FIS bereit.

☐ *öS HB.* Das örtliche System Hafenbahn Bremen repräsentiert den DB-Anteil am Projekt WADIS (→DBH) in den Bremischen Häfen.

Auf technischer Seite ist bei TS'90 ein zentrales System geplant, das über das Integrierte Datennetz[72] (IN) der DB bzw. dem sich in Aufbau befindlichen IN der DR, mit den örtlichen oder regionalen Systemen oder direkt mit Arbeitsplatzsystemen (PCs) vernetzt ist. Ziel bei TS'90 ist es, bis Ende 1994 die Grundstufe ITS in allen wesentlichen Komponenten abzulösen [Henrich/Heil 1992, 1206].

3.3.4   Seebereich

Beim Transport auf Schiffen gilt es, traditionell zwischen Binnen- und Seeschiffahrt zu unterscheiden. Beide Bereiche kommen zum Einsatz, wenn nicht-zeitempfindliche Massengüter zu geringen Kosten zu bewegen sind. Weil der primäre Einsatzbereich der erhobenen Systeme der Seebereich ist, wird die Binnenschiffahrt nicht

---

[72] Das IN ist ein offenes, anwendungsneutrales Netz und gleichzeitig das derzeit grösste private datenpaketvermittelnde Netz in Deutschland. Es stellt die Infrastruktur für Applikationen wie →KURS '90, DISK oder →Ts'90 zur Verfügung und soll im Rahmen des Computer Integrated Railroading-Konzeptes (CIR) zum CIRnet ausgebaut werden.

weiter betrachtet.[73] Die Seeschiffahrt ist aufgrund ihrer unumgänglichen Rolle im interkontinentalen Transport[74] traditionell von grosser Bedeutung, die durch den wachsenden Containerisierungsgrad noch zugenommen hat [Schulte 1991, 61]. Einer Studie der UNCTAD zufolge besitzen seegebundene Transporte einen Anteil von etwa 90 Prozent des gesamten internationalen Handels [Thomas 1994, 4].

Seehäfen als Verkehrsknoten

Zentraler Punkt im Seetransport sind die Seehäfen, die sich von ihrer traditionellen Funktion, dem Güterumschlag (zwischen Seeschiff und den Binnenverkehrsträgern Bahn, Lkw und Binnenschiff) und -zwischenlagerung zu einem umfassenden logistischen Dienstleister entwickelt haben [Geiser 1991, 215; Naumann 1991, 16]. Das beinhaltet z.B. die differenzierte Warendisposition, die Einbindung in JIT-Konzepte oder Entsorgungs- und Recyclingdienstleistungen. Einen wichtigen Faktor in dieser Entwicklung und damit auch für die Wettbewerbsfähigkeit der Seehäfen stellt ihre Anbindung an Hinterlandverkehre dar. Von Bedeutung sind sowohl die Erreichbarkeit des Hafens durch möglichst viele Verkehrsträger als auch die Effizienz und Ausgestaltung dieser Anbindungen [Bollinger 1987, 426]. Die Effizienz, d.h. der schnelle An- bzw. Abtransport ist nötig, damit sich die hafeninterne Abwicklung auch in einer Reduzierung der Gesamttransportzeit niederschlägt. Die Ausgestaltung kann zur Wettbewerbsfähigkeit beitragen, wenn etwa die Sendungsverfolgung auch den Strassentransport, d.h. den kombinierten Verkehr, umfasst.

3 Gruppen von Beteiligten

Neben den in Kapitel 3.3.1. beschriebenen Transportbeteiligten, kommen im Seehafen noch weitere Beteiligte hinzu. Aus Anbieterperspektive sind drei Gruppen zu unterscheiden [Drechsler 1988, 189]:

a. Speditionen und Umschlagsunternehmen ohne eigenen Schiffsraum sowie spezialisierte Hilfsgewerbe, wie Verpackungs-, Stau-

---

[73] Dieser 'Mangel' relativiert sich jedoch, wenn man davon ausgeht, dass die bislang gültige Trennung in See- und Binnenschiffahrt zunehmend unhaltbar wird [Danckwerts 1991, 78]. Das Abgrenzungsproblem zeigt sich auch bei der Unterscheidung von Binnenschiffahrt und Küstenschiffahrt. Letztere zählt zur Seeschiffahrt und erfüllt Gütersammel- und -verteilverkehre zwischen kleineren Seehäfen und grossen Überseehäfen.

[74] Dazu zählen insb. transatlantische und transpazifische Verkehre, sowie Verkehre von Europa mit dem fernen Osten.

ungs- und Schiffsladungskontroll-(bzw. Tally-)unternehmen.[75] Diese Gruppe umfasst fast alle hafeninternen Stellen, z.B. Schiffsmakler und -agenten, die Hafenbehörde und den Zoll.

b. Schiffseigner und Reedereien, die keine eigenen Transportleistungen anbieten, sondern nur die technische und organisatorische Verfügbarkeit der Schiffe gewährleisten.

c. Reedereien, die selbst Transportleistungen anbieten und Carrier, die Transporte ausschliesslich mit gechartertem Transportraum durchführen (NVOCC).

Grosse Reedereien decken i.d.R. mehrere Funktionsbereiche ab, z.B. Lagerungs-, Umschlags-, Transport- und Spediteursfunktionen. Sie stellen damit einflussreiche Spieler im wassergebundenen Transport dar. Daneben haben sich wie Kategorie *a* zeigt, eine Vielzahl an Unternehmen etabliert, die im logistischen System 'Hafen' tätig sind. Obwohl nicht alle dieser Stellen mit dem physischen Gut in Kontakt kommen, sind doch alle über den Informationsfluss an der Abwicklung beteiligt. Je effizienter die einzelnen Beteiligten ihre Dienstleistung erbringen (z.B. schnelle Umschlagsvorgänge oder Zollabfertigungen) und je effizienter die Koordination zwischen diesen Unternehmen gelöst ist, desto höher ist die Effizienz und Wettbewerbsfähigkeit des gesamten Hafens. Bereits die Kommunikation innerhalb des Logistiksystems 'Hafen' stellt daher hohe Anforderungen an IOS.

Kommunikation

Im Seebereich entstanden IOS vor dem Hintergrund Containerisierung, die den interkontinentalen Seeverkehr revolutionierte, indem sie dem Stückguttransport Massengutcharakter gab. Containertransporte konnten erheblich billiger und schneller erfolgen [Backhaus et al. 1992, 56].[76] Gleichzeitig traten durch den beschleunigten Warenfluss die Mängel innerhalb des Informationsflusses zutage [Danckwerts 1992, 78]. Diese sind drei Ursachen zuzuschreiben: (1) der weitgehend sequentiellen und bilateralen Organisation des Informationsflusses, (2) der traditionellen Kommunikationsmittel (Telefon, Telex oder Post), sowie (3) der Vielzahl hafeninterner Stellen.

---

[75] Umschlagsbetriebe werden in Häfen auch als Kaibetriebe bezeichnet, da sie dort häufig Kaianlagen (Containerterminals, Kräne etc.) betreiben [Brauer 1979, 91].

[76] Zum Containertransport vgl. Piontek [1994, 82].

Hafenin-
formations-
systeme

Die Punkte 1 und 2 und sicherlich auch die Tatsache, dass grosse Speditionen die Daten ohnehin in internen Systemen gespeichert hatten, standen im Mittelpunkt der seit Anfang der 80er Jahre begonnen Arbeiten an Hafeninformationssystemen (HIS). So galt es für die hafeninterne Kommunikation eine zentrale informationelle Anlaufstelle zu schaffen, um dadurch die Komplexität der vielen 1:1-Beziehungen durch eine einzige n:m-Beziehung zu reduzieren. Gleichzeitig wurden damit die konventionellen Kommunikationsmittel durch schrittweise Integration der hafeninternen Betriebe auf Computerkommunikation umgestellt. Heute verfügen fast allen grösseren Häfen über ein HIS. Zentrale Funktionalitäten sind neben der hafeninternen Kommunikation die Sendungsverfolgung, insbesondere von Containern und Gefahrengütern. Die wichtigsten europäischen HIS sind unten beschrieben. In Nordamerika befinden sich HIS in New York (→ACES), Los Angeles, San Francisco, New Orleans, Seattle (→LINX), Delaware und Houston, daneben ist →TDNI in Kanada zu nennen. In Südostasien bestehen Systeme in Singapur (→TRADENET) und Japan (→SHIPNETS), wobei Entwicklungen in Taiwan, Malaysia[77], China[78] und Korea (→KTNET) derzeit im Gange sind.

Fast sämtliche HIS weisen aufgrund der zugrundeliegenden organisatorischen Abläufe eine Sternstruktur auf (vgl. Abb. 3.17 und Abb. 3.18). Der Informationsfluss bei HIS beginnt i.d.R. beim Spediteur, welcher die Sendungsdaten an das HIS übermittelt.[79] Von dort aus werden die Informationen an die hafeninternen Stellen weitergeleitet. Neben ihrer Sterntopologie sind die Informationsflüsse zudem bidirektionaler Art. Dies zeigt allgemein Tab. 3.13 und Abb. 3.19 am Beispiel von →SEAGHA.

---

[77] Als Pilotprojekt wurde im April 1994 im wichtigsten malaysischen Hafen das Port Klang Community System (PKCS) in Betrieb genommen, das bereits 2'000 Einfuhranmeldungen täglich verarbeitet [Bakar 1994, 361].

[78] Das Shipping Document Exchange System (SHIPDES) wird als erstes EDI-System Chinas genannt. Es wurde im Auftrag der staatlichen Reederei China Ocean Shipping Company (COSCO) von GEIS realisiert und stellt eine Weiterentwicklung eines globalen Verfolgungssystem für Schiffe und Container dar. SHIPDES wurde im Mai 1991 eingeführt, um die elektronische Dokumentation mit Filialen und Agenten zu ermöglichen.

[79] In einigen Fällen sind Verlader auch direkt an HIS angeschlossen. Vgl. z.B. →DAKOSY und →DBH.

	Von	An	Dateninhalt
Tab. 3.13: Dateninhalte zwischen Beteiligten in einem Seehafen [Städtler 1984, 88]	Spedition	HIS	Sendungsdaten
	Spedition	Umschlag	Hafenauftrag
	Spedition	Zoll	Hafenauftrag (insb. Zollinformationen)
	Spedition	Hafenamt	Hafenauftrag (insb. Gefahrengüter)
	Spedition	Makler	Hafenauftrag bereitgestellt
	Spedition	Tally	Hafenauftrag bereitgestellt
	Umschlag	Spedition	Auftragserledigung, Beschädigungs- und Abweichungsmeldungen
	Umschlag	Spedition	Fakturierungsdaten
	Zoll	Spedition	Zollstempel
	Hafenamt	Spedition	Quittung für Abgabe der Daten
	HIS	Bahn	Sammelladung
	Spedition	Makler	Konossementsdaten (Seefrachtbrief)
	Versender	Spedition	Speditionsauftrag
	Makler	Spedition	Schiffsinformation
	Bahn	HIS	Eingangsmeldung der Sendung
	Makler	HIS	Freigabe der Konossemente
	Umschlag	Makler	Aktualisierung der Schiffsmeldedaten
	Makler	Umschlag	Auftrag
	Zoll	Umschlag	Zollstempel
	Hafenamt	Umschlag	Quittung für Meldung des Gefahrgutes
	Umschlag	Stauerei	Kopie des Hafenauftrages
	Umschlag	Tally	Kopie des Hafenauftrages
	Makler	Umschlag	Schiffsdaten
	Makler	Tally	Schiffsdaten, Container-Packanweisung
	Makler	Ablader	Schiffsdaten
	Makler	Spedition	Konossemente
	Tally	Makler	Masse, Fehlerhinweise
	Inlandspediteur	Spedition	Speditionsauftrag

Neben der Kategorie *a* wurden auch von Unternehmen der Kategorien *b* und *c* frühzeitig Systeme gegründet. Ziel war dabei der Zugriff auf die Transportdaten, um frühzeitig auf transportwirksame Ereignisse, wie Störungen, reagieren zu können. Die Funktionalitäten der Systeme umfassten die Containergestellung und -beladung (zu vergleichen mit der Fahrzeugauslastung im Strassenbereich), die zeitgerechte Dokumentation, die Transportverfolgung, sowie die Equipmentkontrolle und -verfolgung [Meyer 1993, 1]. Wie die grossen Speditionen (→DANZNET, →NEPTUNE) besitzen auch fast alle grossen Reedereien, wie Hapag Lloyd, Sea-Land, P&O und Maersk, derartige proprietäre internationale Systeme.[80] Im Gegensatz zu den HIS handelt es sich bei diesen Systemen noch hauptsächlich um IAS. Zunehmend werden neben den internen Kontakten (z.B. zu Agenten) aber auch externe Kontakte (z.B. zum Zoll, Umschlagsbetrieben, grossen Verladern) von den Systemen unterstützt, wodurch sie sich in einem nächsten Schritt auch zu IOS entwickeln dürften [Drechsler 1988, 190]. Dies unterstreicht die zunehmende Kooperation der Unternehmen, z.B. die Gründung der amerikanischen ISA (Information Services Agreement), die sich aus Frachtführern zusammensetzt.[81]

Hemmnisse bei HIS
:   Vor allem aus zwei Gründen konnten sich IOS in den Bereichen *b* und *c* nicht auf breiter Front etablieren: (1) den Branchenstrukturen sowie (2) der bislang fehlenden einheitlichen Marktsprache.

Auf der Seite der *Branchenstrukturen* verhinderte das gegenseitige Misstrauen zwischen Reedereien, Zollbehörden, Frachtführern und Spediteuren bislang eine effizientere Zusammenarbeit. Zudem bestehen infolge niedriger Gewinnmargen wenig Anreize Investionen zu tätigen. Vom Zoll abgesehen, besitzt keiner der Beteiligten eine Position, aus welcher heraus er Zwang ausüben und damit die breite Einführung eines IOS durchsetzen könnte [Macleod 1993c, 10]. Grosse Verlader besitzen zwar grossen Einfluss, doch kommen diese aufgrund ihrer Kernkompetenzen i.d.R. nicht als IOS-Betreiber in Betracht. Je mehr Verlader jedoch EDI bereits in anderen Geschäftsbeziehungen einsetzen, desto grösser wird der Anpassungsdruck für Reedereien, Spediteure und Frachtführer.

Seitens der *Marktsprache* sind erst in jüngster Zeit relevante Aktivitäten zu verzeichnen. Das allgemeine Seefrachtsrecht, das in den Haager (für Konnossemente) und den Hamburger Regeln verankert ist, sieht noch keine elektronischen Dokumente vor.[82] Daher nahmen sich Anwendergruppen dieser Standardisierung an. Weil aber aufgrund der Vielzahl und der Heterogenität der Beteiligten viele solcher Gruppen existieren, wurden vielfältige Datenstandards

---

[80]   Bspw. besitzt Maersk MAERSKNET, ein Kommunikationssystem an das 60 Länder angeschlossen sind [King 1992b, 20].

[81]   In der ISA zusammengeschlossen sind American Presidential Lines, Crowley American Transport, Hapag-Lloyd, Maersk, Orient Overseas Container Line, P&O Containers und Sea-Land. Das Ziel der ISA ist es, eine multimodale EDI-Schnittstelle für seine Teilnehmer zu schaffen [Bugbee 1993, 16].

[82]   Vgl. zu diesen Regeln Piontek [1994, 77].

geschaffen. Die ersten Gemeinschaftsprojekte wurden Mitte der 80er Jahre in England unter den Namen DISH und SHIPNET gestartet.[83] Beide definierten EDI-Nachrichten zum Austausch innerhalb der aus Verladern, Reedereien, Spediteuren und Banken bestehenden Gruppen. Anwendergruppen, die an der Schaffung von Nachrichten arbeiten, finden sich ebenfalls weitgehend in England. Beispiele sind die ASSET[84] und das EDISC[85], welche die ITMS-Nachrichten[86] verwenden, aber im Rahmen der EDIA Lotus[87] an deren Überführung in das IFTM-Rahmenwerk arbeiten [o.V. 1994p, 5]. Teilweise in Zusammenarbeit mit diesen Gremien bestehen weitere Standardisierungsaktivitäten bei der BIMCO (→BIMCOM), dem CMI (Comité Maritime Internationale) und →EDISHIP. Daneben schlossen sich auch die Hafenbehörden und Betreiber einiger HIS in einer Transport Community Information Exchange Group[88] zusammen, um in Abstimmung mit dem Edifact-Board, dem CCC, dem ICS und der IAPH hafenspezifische Meldungen zu erarbeiten.

---

[83]   DISH steht für Data Interchange for Shipping, ein Projekt das von 1986 bis 1987 lief. SHIPNET bezeichnete mehrere Pilotprojekte zwischen IBM-Anwendern, die heute als IBM EDI User Group firmieren.

[84]   Die britische Association of Short Sea Electronic Traders (ASSET) ist eine Vereinigung von 40 Abladern, die im Juli 1989 gegründet wurde. ASSET besteht aus drei Untergruppen: der Message Design Gruppe (Gestaltung der 6 Nachrichtentypen Movement Instruction, Pre-Shipment Advice, Movement Response, Freight Invoice, Movement Tracking und Transport Contract Status), der technischen Gruppe (Evaluation von SW und VANS) und der Short Sea Trialist Group (Pilotprojekte).

[85]   EDISC bezeichnet das britische EDI Shippers' Council, eine Anwendergruppe von 9 Abladern (BAT, United Distillers, LEP Int., British Steel, Courtaulds Chemicals, Rothmans, GKN Freight Services, Monsanto und Robert Fletcher Ltd.).

[86]   ITMS steht für International Transport Message Scenario, einem Nachrichten-Rahmenwerk, das u.a. aus Nachrichten für Buchung, Frachtbrief, Rechnung, Terminänderungen und Ladeinformationen besteht. Es entwickelte sich aus den DISH-Pilotprojekten heraus [Willmott/Still 1991, 21].

[87]   LOTUS (Logistics and Transport Users) ist eine Anwendergruppe der EDIA.

[88]   Diese Gruppe wurde Mitte 1991 gegründet und umfasst Mitglieder der Häfen von Felixstowe (→FCP80), Hamburg (→DAKOSY), Rotterdam (→INTIS), Montreal (→EDICOM), Sydney, Houston, Long Beach, New York, New Orleans, Philadelphia und Seattle (→LINX) sowie →TDNI [o.V. 1991h, 4].

Die wichtige Rolle des Containers spiegelt sich auch auf Nachrichtenseite wieder. Zwar besitzen Containerreedereien und HIS bereits eigene containerbezogene Nachrichten, doch wird der Entwicklung der INTRACON-Nachrichten[89] grosse Bedeutung beigemessen. Diese in Entwicklung befindlichen Edifact-Containernachrichten unterstützen in der intermodalen Kommunikation die Containerverfolgung und die Übertragung containerbezogener Informationen[90]. Mit einer einheitlichen Marktsprache im Containerbereich dürfte eine zentrale Voraussetzung für CICH, einem Computer Integrated Container Handling, geschaffen sein [o.V. 1992l, 8].

28 Automated Cargo Expediting System (ACES)
HIS in New York und New Jersey (USA)

In Zusammenarbeit mit GEIS wurde in den amerikanischen Häfen von New York und New Jersey von der Hafenbehörde, der New York Port Authority, ein System zur verbesserten Kommunikation zwischen den Hafenbeteiligten eingerichtet. Im Jahre 1992 hatte das System rund 90 Teilnehmer aus sieben Bereichen (Hafenbehörde, Verlader, Hochseereedereien, Spediteure, Umschlags- und Tallybetriebe und Strassentransporteure), wobei die Spediteure mit 47 Teilnehmern das Gros darstellen. Gemäss der Zielsetzung, ein Kommunikationssystem einzurichten, operiert ACES primär als Clearing-Center, wobei es →EDI*EXPRESS von GEIS einsetzt. Wie aus der dortigen Systembeschreibung hervorgeht, sind damit umfassende kommunikationsorientierte Dienste (Konvertierungs- und Mailboxdienste) verbunden. Eigene Datenbanken bietet ACES nicht an.

Als Marktsprache für die übertragenen Dokumente (Frachtbriefe, Buchungen, zollamtliche Anmeldungen für Ein- und Ausfuhren) wird Edifact und Ansi X12 verwendet. Über das Mark III-Netz von GEIS wird die Verbindung zu Handelspartnern und zu anderen HIS (→ADEMAR, →DBH, →DAKOSY) hergestellt. Der Anschluss an ACES ist über Host-Kopplung oder mittels PC möglich, wobei in letzterem

---

[89]   INTRACON steht für 'Inter-modal Transport of Containers', ein international standardisiertes Rahmenwerk von EDI-Nachrichten für das landgebundene Containerhandling.

[90]   Beispiele sind Ladeinformationen mit der Position des Containers an Bord sowie Informationen für das Löschen und die Lagerdisposition im Hafen.

Fall den Teilnehmern eine eigenentwickelte Marktapplikation kostenfrei zur Verfügung gestellt wird [IFPCD 1993, o.S.].

29 Automatisation du Dédouanement de la Marchandise / Accélération des Expéditions Maritimes (ADEMAR)
HIS in Le Havre (F)

Le Havre ist der grösste französische Hafen für Auslandshandel und für Containerverkehre. Aufgrund stark zunehmender Containerverkehre wurde 1982 den in Le Havre ansässigen Spediteuren vom Zoll der Anschluss an das →SOFI-System vorgeschlagen. In der Folge wurde von der Hafenbehörde in Le Havre und der Hafengemeinde UMEP (Port Employer's Association) die Gesellschaft SOGET gegründet. Diese entwickelte 1983 das in den Häfen von Le Havre und Rouen implementierte zentrale System ADEMAR (Automatisation du dédouanement de la marchandise), um damit die Spediteure bei Im- und Exportabwicklung in der Kommunikation mit dem Zoll elektronisch zu unterstützen. Angesichts der guten Nutzung des Systems waren weitere Unternehmen der Hafengemeinde an einem ADEMAR-Anschluss interessiert. Deshalb wurde das System im Jahre 1987 zu ADEMAR+ weiterentwickelt.[91] Diese Weiterentwicklung umfasst EDI-Funktionalitäten zwischen allen Beteiligten sowie Tracking-Funktionalitäten i.V.m einer Containerdatenbank. Letztere dient der Überwachung aller Containerbewegungen im Hafengebiet und der Verwaltung aktueller Zustände und Standorte von Sendungen. Die Teilnehmer sind entweder direkt mit dem System verbunden oder können über Videotex (Minitel) zugreifen.

Das technologisch proprietäre System wurde ab 1990 schrittweise geöffnet. Einen wichtigen Schritt stellte dabei die Einführung des EDI Forums (Téléport) dar. Dieses erfüllt die Funktion eines Gateways zwischen den unterschiedlichen Teilnehmersystemen (vgl. Abb. 3.15). Es gewährt Zugriff auf öffentliche Netze wie Numeris (ISDN) oder Transpac (X.25), zu internationalen Netzen (NTI[92], GEIS und IBM IN) und unterstützt X.400 und X.435 Protokolle. Neben Konvertierungsdiensten für Protokolle werden Marktsprachenan-

---

[91] Mit der Weiterentwicklung änderte sich auch die Terminologie: Statt ursprünglich 'Automatisation du Dédouanement de la Marchandise' bezeichnet ADEMAR + nun 'Accélération des Expéditions Maritimes'.

[92] NTI steht für Nœuds de Transit Internationaux, einem nationalen VANS, der ADEMAR z.B. mit dem Telepac-Netz in Singapur verbindet.

passungen (z.B. Edifact, Ansi X12, TDED) und Sicherheitsdienste angeboten. Gemeinsam mit den Mailbox-Funktionen stellt die Palette von Téléport jene eines Clearing-Centers dar. Es verbindet die Teilnehmer mit den Anwendungssystemen ADEMAR+, →SOFI oder GINA. Daneben besteht seit Februar 1991 eine Verbindung zum Hafen von Singapur (→TRADENET) zur Übertragung der Meldung VEDSEP (Schiffs- und Containerinformationen) und zu →TRANSPONET, einem IS für den Strassengüterverkehr. Geplant ist der Anschluss von SNCF und Verladern, sowie eine Verbindung zu →ACES in New York (Austausch von Beladungsplänen) und anderen Häfen [Denel/Lelarge 1993, 369].

Abb. 3.15: Aufbau und Zusammenhang von ADEMAR+ und EDI Forum

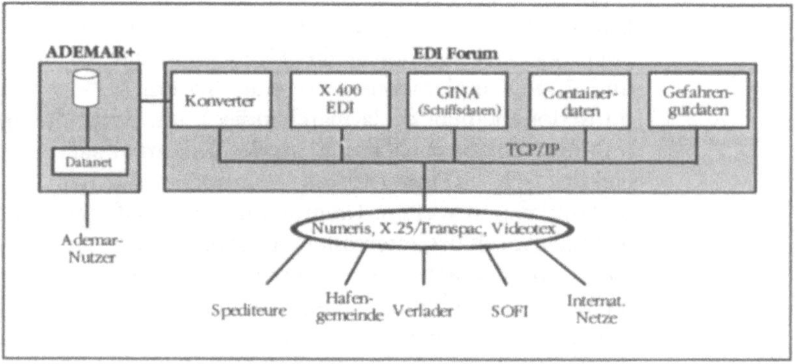

Heute sind ca. 250 Unternehmen aus dem Frachtbereich (inkl. Zoll) an ADEMAR+ angeschlossen, die in ihrer Gesamtheit für etwa 1'000'000 Transaktion pro Monat sorgen. Das System hat sich damit zu einem wichtigen Kommunikationsknoten zwischen den Hafenbeteiligten einerseits und der verladenden Wirtschaft andererseits entwickelt. Während man sich anfänglich auf die horizontalen Beziehungen in der Hafengemeinde konzentrierte, wurden mit Téléport auch vertikale Beziehungen angestrebt. Durch die externen Verbindungen von ADEMAR+ sollen Teilnehmer mit einem Anschluss auch alle anderen Handelspartner erreichen können. Die Weiterentwicklungen betreffen, neben dem bereits erwähnten Anschluss anderer Häfen, den Gefahrengüterbereich. Hier soll das

Vessel Traffic System (VTS) im Rahmen von EWTIS[93] und →PROTECT der Verfolgung von Gefahrengütern dienen.

30   Baltic & International Maritim Council Communications Network (BIMCOM)
Weltweites Kommunikationsnetzwerk der BIMCO (GB)

Das in England ansässige Baltic&International Maritim Council (BIMCO) ist die älteste und grösste internationale Organisation im Seebereich. Die Vereinigung zählt über 3'000 Mitglieder (Frachtführer, Agenten, Spediteure) und tritt seit Bestehen für eine internationale Standardisierung der seegebundenen Dokumentation ein. Die dabei gesammelte Erfahrung möchte man im EDI-Bereich zur Entwicklung eines elektronischen Frachtbriefes (Bill of Lading) einsetzen. Der komplexe Frachtbrief wurde gewählt, weil man ihm eine Schlüsselstellung in der Akzeptanz von EDI bei den Mitgliedern zuschrieb. Gerade der elektronische Frachtbrief würde zeigen, dass sich EDI auch bei komplexen Dokumenten einsetzen liesse und dadurch auch die elektronische Übertragung einfach strukturierter Dokumente fördern [King 1992b, 20]. Das Projekt basiert auf dem IFTM-Rahmenwerk, den UNCID-Regeln, sowie den Arbeiten des CMI (Comité Maritime International) über elektronische Frachtbriefe.

Neben den organisatorischen Aufgaben versucht BIMCO auch die Umsetzung von EDI zu fördern. Unternehmen ohne eigenes Netzwerk unterstützt BIMCO mit BIMCOM im Geschäftsverkehr zu ihren Handelspartnern. BIMCOM ist ein aus acht Knoten bestehendes weltweites Komunikationsnetzwerk, das Telex-, Telefax-, E-Mail- und EDI-Dienste anbietet [Willmott 1991, 21].

31   Community Network Services (CNS)
HIS in englischen Häfen (GB)

Das Unternehmen Community Network Services Ltd (CNS) betreibt ein Netzwerk, das auf den Frachtbereich spezialisiert ist. CNS wurde im Jahre 1987 gegründet und ist im Besitz der Southampton Contai-

---

[93]   EWTIS bezeichnet das European Water Traffic Information System, eine Initiative im Rahmen des ENS-(European Nervous System) Programms der EG.

ner Terminals Ltd. (SCT)[94]. Der Umschlagsbetrieb SCT führte bereits Ende 1985 ein System unter dem Solent Scheme SCP85 in den Häfen von Southampton, Poole, Portsmouth und Hull ein. Dieses System stellte die Ausgangsbasis der weiteren Aktivitäten von CNS dar. CNS entwickelte sich von einem Umschlagsbetrieb zu einem VANS für Flug- und Seehäfen. Diesen stellt es informationslogistische Funktionen sowie das private Kommunikationsnetz zur Verfügung. Ein wichtiger Produktbereich stellt das Anbieten von DTI-Verzollungssystemen[95] dar, die eine Reihe von See- und Flughäfen einsetzen.

Die *Funktionalität* des CNS-Systems unterscheidet sich von Standort zu Standort. Als 'generische' Funktionen umfasst es Kommunikationsfunktionen, wie E-Mail und EDI. Erstere erlauben die unstrukturierte Kommunikation unter den CNS-Teilnehmern, z.B. der Häfen mit dem Zoll. Mittels EDI können Sendungdaten (Manifeste), Ladepläne (BAPLIE), Bestandsinformationen von und nach ICDs (Inland Clearance Depot), Zolldaten (Zollanmeldung, Statistik) sowie Statusinformationen übertragen werden. Ausgeprägte Logistikfunktionen wie etwa Sendungsverfolgung, DTI oder Informationen sind mit eigenen Datenbasen realisiert. Für Informationen über Schiffahrtsrouten besitzt CNS, wie auch →FCP80, einen Anschluss an die Routel-Datenbank [o.V. 1992l, 12].

Technische Aspekte

CNS unterhält am Standort Southern Hampshire einen ICL 3900 Rechner unter VME, der X.25 i.V.m. Edifact unterstützt. Zur Datensicherheit ist ein vollständiges Backup-System vorhanden. Das private CNS-Netz besteht aus gemieteten Leitungen von BT (BT Kilostream) und verwendet das proprietäre C03-Protokoll. Dies ist die einzige unterstützte Protokollart für PCs. Beim Anschluss von UNIX oder Mainframes werden Protokollkonverter eingesetzt.

Wie die Zahlen in Tab. 3.14 zeigen, konnte sich CNS in England zu einem wichtigen Spieler bei Zoll- und Hafensystemen entwickeln. So verarbeiteten die an den etwa 40 See- und Flughäfen insgesamt angeschlossenen 1'000 Teilnehmer 1992 ein Transaktionsvolumen von ca. 2,5 Mio. Im Bereich der DTI-Systeme ist CNS mit 38 Prozent aller britischen Zollanmeldungen der führende Anbieter. Die neun angeschlossenen Flughäfen decken 30 Prozent aller britischen

---

[94] Teilhaber von SCT sind Associated British Ports und P&O Containers Ltd.

[95] Zum Direct Trader Input-Verfahren des englischen Zolls vgl. →DEPS.

Luftfrachtverzollungen ab. Allerdings wird für das Jahr 1993 mit einem Rückgang des Transaktionsvolumens auf 1,3 Mio. gerechnet.

Tab. 3.14: Teilnehmersysteme von CNS (Ort, Teilnehmerzahl, Transaktionen p.a.)

Avonmouth&Portbury (8, 13'000)	Fishguard (4/15'000)	Luton Airport (1/15'000)
Belfast (18/25'000)	Gatwick Airport (17/40'000)	Manchester (67/90'000)
Birmingham Containerbase (26/24'000)	Goole (7/10'000)	Milton (12/20'000)
Birmingham Airport (24/220'000)	Grimsby&Immingham (61/190'000)	Newhaven (15/25'000)
Boston (4/15'000)	King´s Lynn (4/4'000)	Northampton (3/25'000)
Bournemouth int. Airport (7/48'000)	Heathrow Airport (90/280'000)	Pembroke (1/12'000)
Border Clearing Agents (68/200'000)	Leeds/Bradford (35/36'000)	Plymouth (11/12'000)
Colchester (4/4'000)	Liverpool (56/110'000)	SCP 85 (193/310'000)
East Midlands Airport (33/150'000)	London (→PACE)	Shoreham (2/3'000)
		South Wales (11/10'000)
		Thanet Ports (29/160'000)
		Trent Wharves (3/4'000)
		Tyne (3/8'000)

Im Rahmen des EG-Programmes DRIVE 2 ist CNS an →FRAME beteiligt. Weiterhin wurde ein Dienst zur Übertragung von INTRASTAT-Meldungen[96] unter dem Namen CNS VATSTAT eingeführt [o.V. 1994c, 6]. CNS verdeutlicht eindrücklich die Ortslosigkeit der Systeme, da diese nicht im jeweiligen Hafens betrieben werden müssen. Einen besonderen Reiz stellt die Möglichkeit eines vereinfachten Zusammenschlusses der bei CNS realisierten HIS dar.

Datenbank Bremische Häfen (DBH)
HIS in Bremen (D)

Die DBH GmbH & Co KG ist ein privatwirtschaftlich geführtes Gemeinschaftsunternehmen, das im Jahre 1973 von 108 Unternehmen gegründet wurde. Um Neutralität des Systems herbeizuführen, wurden die Kapitalanteile breit gestreut: Speditionen (42 Prozent), Makler (11 Prozent), Umschlagsbetriebe (38 Prozent), Stauereibetriebe (7 Prozent) und Tallybetriebe (2 Prozent). Der Gründung des Systems lag die Idee zugrunde, dass die Leistungs- und Wettbe-

---

[96] Zu den INTRASTAT-Meldungen vgl. Kapitel 3.3.6.

werbsfähigkeit eines Hafens[97] durch informationslogistische Vernetzung der Beteiligten[98] gesteigert werden kann [Lampe 1991, 6]. Unter dem Namen Compass wurde 1981 ein derartiges HIS in Betrieb genommen. Bis 1985 flossen 24 Mio. DM in die Entwicklung des Systems, wobei sich das BmFT mit 10,5 Mio. DM beteiligte. Im Laufe der Zeit wurde Compass um die Module Teleport und Lotse sowie einige BLG-Anwendungen erweitert.

4 System-
module
von DBH

Die *Funktionalität* von DBH soll nun anhand dieser vier Systemmodule (Compass, Lotse, Teleport Bremen, BLG-Anwendungen) dargestellt werden. Den Zusammenhang der Komponenten zeigt Abb. 3.16. Die eigentliche logistische Funktionalität enthalten Compass und die BLG-Systeme. Nachdem Lotse und Teleport die kommunikationstechnologischen Voraussetzungen für diese enthalten, werden sie vorab beschrieben.

Lotse (LOgistik-TeleSErvice), auch als Hafensteckdose bezeichnet, wurde 1985 installiert und stellt die Verbindung zwischen Transportbeteiligten und Anwendungen (z.B. Compass) her. Im Sinne eines FEP unterstützt es die Rechnerkopplung oder den direkten Zugriff über Terminalverbindungen. Lotse umfasst kommunikationsorientierte Dienste wie Protokoll- und Marktsprachenkonvertierung, Routing und Store-and-forward. Damit wird der Anschluss an DBH unabhängig von der eingesetzten HW und SW (z.B. MS-DOS, UNIX, VMS, BS2000 oder MVS) möglich.

Teleport Bremen ist das EDI-Modul von DBH. Es dient der nationalen und internationalen Vernetzung von IS und liegt allen EDI-Verbindungen zugrunde. Einerseits betrifft dies die Verbindungen zu den Transportbeteiligten und den Beteiligten der Gefahrengutabwicklung. Andererseits dient Teleport der internationalen Kommunikation. In Verbindung mit VANS (GEIS, INFONET, BT THYMNET) verbindet es seit 1989 die DBH mit anderen Häfen in der WTA (World Teleport Association), z.B. der Port of Singapore Authority (→TRADENET). Eine vergleichbare Verbindung wird mit dem Hafen von New York (→ACES) vorbereitet. Daneben sollen mit neuen Diensten wie Datenbankrecherchen, E-Mail, Telex- und Fax-Dienste

---

[97]　Der Bremer Hafen besitzt ein Gesamtgütervolumen von etwa 30 Mio. t p.a., wovon ca. 60 Prozent hochwertige Güter und 500'000 t Gefahrengüter sind.

[98]　Zielgruppen sind Verlader, Schiffsmakler, Spediteure, Assekuranzmakler, Hafenverwaltung, Bahn und der Zoll.

verstärkt Kunden angeschlossen werden, wobei man auch auf neue Zielgruppen (Aussenhandel, Banken, Versicherungen) hofft.

Compass (Computerorientierte Methode für Planung und Ablauf-Steuerung im Seehafen) betrifft die Prozesse zwischen den Beteiligten im Hafen, z.B. die Übermittlung und Verwaltung von Speditionsaufträgen, Versicherungspolicen oder Zollanmeldungen. Unterstützt werden sowohl die Datenverwaltung in einer zentralen Datenbasis als auch die aktionsorientierte Datenverarbeitung. Compass besitzt dazu die fünf Submodule ZAV, WADIS, Zoll, GIV und SIS.[99]

Module von Compass

1. ZAV unterstützt mit der Abwicklung und Verfolgung von Hafenaufträgen die aktionsorientierte Verarbeitung (Vorprüfung, Dokumentation, Rückmeldung) zwischen den Hafenbeteiligten.

2. WADIS unterstützt den für Seehäfen wichtigen Datenaustausch (Auskünfte, Sendungsverfolgung) mit der Bahn. Dabei besitzt Bremen wie Hamburg (→DAKOSY) ein hafeninternes Streckennetz, das an das Netz der DB angebunden ist. WADIS teilt sich daher in zwei Komponenten auf: WADIS-SEE für den Informationsverbund mit der DB und WADIS-ÖSHB[100] für die lokale Hafenbahn.

3. Eine weitere wichtige Schnittstelle stellt jene zum Zoll dar. Auf Ausfuhrseite besteht seit über 10 Jahren eine Verbindung zum System KOBRA[101] des deutschen Zolls. Seit Mai 1991 ist durch den Anschluss an →DOUANE auch die elektronische Einfuhrverzollung möglich. Importgüter werden i.d.R. innerhalb einer halben Stunde freigegeben. Für die Verkehrslenkung und die Verwaltung von Gefahrengut und Hafengebühren besitzt Compass das Submodul BREPOS[102], das die beiden Systeme GIV und SIS umfasst.

4. GIV betrifft die Abwicklung und Überwachung von Gefahrgütern. Die Informationen (Gefahrengüterbewegungen und Stati) werden mittels EDI übertragen und in der GIV-Datenbank verwaltet. Diese wird durch alle am Gefahrenguttransport

---

[99] ZAV steht für Zentrale AuftragsVerfolgung, WADIS für WAgen-Disposition- und Informations-System, GIV für Gefahrgut-InformationsVerbund und SIS für SchiffsInformationsSystem.

[100] ÖSHB steht für örtliches System Hafenbahn Bremen.

[101] KOBRA ist ein System des deutschen Zolls und steht für Kontrolle bei der Ausfuhr.

[102] BREPOS bezeichnet das Bremen Port Operations System.

Beteiligten (Spediteure, Umschlagsbetriebe, Wasser- und Schiffahrtsämter, Polizei, Feuerwehr etc.) gepflegt.

5. SIS besteht aus einer Datenbank, die Schiffsankünfte und Schiffsabfahrten enthält.

BLG-Anwen-
dungen

Neben der Compass wurden von der *BLG* verschiedene Anwendungen für spezifische Teilnehmerbedürfnisse geschaffen. Die wesentlichen Systeme sind STORE, DAVIS, CCL, CAR und ANALOG[103]. Die beiden letzten Systeme sollen beispielhaft kurz beschrieben werden [Salzen 1992, 293; Muckelberg 1987, 86]. Um die Position Bremens als wichtigem Pkw-Verladeort beizubehalten, galt es den Logistikkonzepten der Automobilhersteller gerecht zu werden. CAR verwaltet Stati von Fahrzeugbeständen in einer Datenbank, die den Beteiligten über Teleport zugänglich ist. Automobilhersteller übertragen ihre ausgehende Fahrzeuge an CAR und Spediteure deren Eintreffen im Hafen. Die aktuellen Zustände sind laufend abrufbar. Eine ähnliche Funktionalität unterstützt ANALOG für den Industrieanlagenbereich. Durch Aktualität und ständige Kontrollmöglichkeit über die Informationen wurde hier ein Outsourcing an einen LDL möglich.

Beispiel

Das Zusammenspiel der Komponenten soll nun anhand der Module Compass, Teleport und Lotse verdeutlicht werden. Die Teilnehmer (z.B. der Verlader Bosch[104]) sind über Lotse an Compass angeschlossen. Unterstützt wird die Kommunikation durch Teleport. Die Möglichkeiten der multilateralen Kommunikation nutzt Bosch zur Übertragung von Speditions-, Transport- und Handelsdaten[105] zwischen Töchtern und Zulieferern. Analog können auch Seehafenspediteure mit ihren Niederlassungen bzw. dem Korrespondenzspediteur kommunizieren.

---

[103] CAR steht für Controlled Automobile Reporting, CCL für Container Control and Logistics, STORE für Stock Report, DAVIS für Datenfernverarbeitungsorientierte Abwicklung von Industrieanlagengeschäften im Seetransport und ANALOG für Anlagenlogistik.

[104] Bosch nutzt seit 1990 DBH zur Kommunikation von Bosch-Niederlassungen in Deutschland mit seinen hiesigen Dienstleistern und Bosch (USA) samt den dortigen Dienstleistern. Die Verbindung zu anderen Ländern wie etwa Südafrika, Brasilien und Singapur ist geplant [Lampe, 1991, 12].

[105] Ein Beispiel sind Handelsrechnungen an ausländische Tochtergesellschaften.

Abb. 3.16: Zusammenhang von Compass, Lotse, Teleport und BLG-Anwendungen

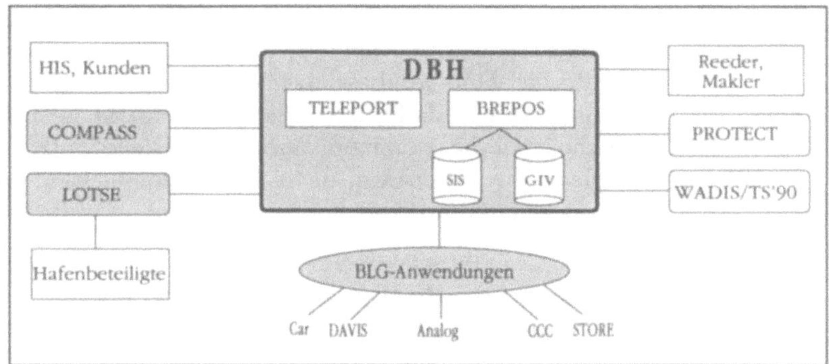

Technische Infrastruktur

DBH ist auf einer Siemens-Infrastruktur unter BS2000 implementiert, wobei als Hauptrechner je ein 7580-I und H90-A2-System und als Back-up-Rechner ein H60-F2-System eingesetzt wird. Die beiden Hauptrechner sind mit zwei Kommunikationsrechnern verbunden, die über Multiplexer eine Vielzahl an Protokollen unterstützen. Dazu zählen HDLS, SDLC, MSV1 und 2, DATEX-P und L, ASYNC, BSC und X.3. Die Verbindung zu den externen Systemen, z.B. →DAKOSY oder →ACES erfolgt über X.25. Neben den noch mehrheitlich (auf Kundenwunsch) verwendeten proprietären Standards, kann als Marktsprache auch Edifact verwendet werden. Dem Teilnehmer entstehen neben der HW-Ausrüstung (PC unter MS-DOS oder UNIX) laufende Kosten, die abhängig von der in Anspruch genommenen Funktionalität gestaffelt sind (DM 1,85 bis DM 7,65; zzgl. Kommunikationskosten) [BSL 1989].

Über die geschilderten Verbindungen waren Anfang 1992 mit insgesamt 134 Unternehmen die wichtigsten Teilnehmer im Hafenumfeld mit der DBH verbunden. Neue Teilnehmer sucht man im Verladerbereich und durch Kopplung mit HIS in anderen geographischen Regionen. Diese verstärkte Betonung externer Kontakte, die bereits aus Beschreibung von Teleport hervorging, umfasst bisher Verbindungen zu HIS in Singapur (PORTNET, vgl. →TRADENET), New York (→ACES), Hamburg (→DAKOSY) und Bremen (→DBH). Eine Rechnerkopplung besteht auch zu dem ungarischen Institut für Konjunktur, Marktforschung und Informatik (KOPINT DATORG) in Budapest, wodurch ungarische Unternehmen direkt Statusabfragen, z.B. zur Containerverfolgung, tätigen können.

Zwar sind die umfassenden informationslogistischen Leistungen von DBH einerseits mit hohen Investitionen und damit auch einer höher liegenden break-even-Schwelle verbunden.[106] Andererseits konnte DBH und letztlich der Standort Bremen und Bremerhaven dadurch andererseits seine Wettbewerbsfähigkeit erhalten. Dies dokumentiert sich nicht zuletzt darin, dass Unternehmen wie Bosch DBH als einheitliche, externe Kommunikationsschnittstelle nutzen, auch wenn der physische Güterstrom nicht über Bremen, sondern über Hamburg oder Frankfurt-Flughafen verläuft.

33   Datenkommunikationssystem (DAKOSY)
HIS in Hamburg (D)

DAKOSY wurde im Jahre 1982 als Initiative der Hamburger Umschlagbetriebe gegründet. Diese strebten aufgrund des hohen Datenvolumens und der Mehrfacherfassung bereits elektronisch vorliegender Daten die Rationalisierung des warenbegleitenden Informationsflusses an. Alle Transportbeteiligten im Hafen sollten durch ein IOS elektronisch verbunden werden. Daneben sollten auch Beteiligte ausserhalb des Hafenbereiches (Spediteure, Linienagenten) berücksichtigt werden. Mit Blick auf eine hohe Neutralität des Systems wurde die Dakosy GmbH als Joint Venture folgender Organisationen gegründet: DIHS (30 Prozent), DHU (30 Prozent), DIHLA (30 Prozent), DIHL (10 Prozent).[107] Der genannten Zielsetzung folgend, setzt sich der Teilnehmerkreis von Dakosy aus Reedereien, Spediteuren, Umschlags- und Tallybetrieben, Behörden und Verladern zusammen.

Die Dakosy GmbH entwickelte und betreibt das mit einem Investitionsvolumen von vier Mio. DM bezifferte, gleichnamige HIS. Ähnlich der Entwicklung bei →DBH, wurde die Funktionalität von DAKOSY schrittweise ausgebaut. Anfänglich auf die hafeninterne Kommunikation für den strassen- und seeseitigen Transport beschränkt, wurde das System um externe Kommunikationsmodule und die Kommunikation zum Verkehrsträger 'Schiene' erweitert. Die *Funktionalität* wird nun anhand der Systemmodule detaillierter illustriert.

---

[106] Im Zeitraum von 1988 bis 1991 wurden rund 7 Mio. DM in HW und SW investiert.

[107] DIHS steht für die Dakosy Interessengemeinschaft Hamburger Spediteure GmbH, DHU für die Gesellschaft Datenverarbeitung Hamburger Umschlagbetriebe mbH, DIHLA für die Dakosy Interessengemeinschaft Hamburger Linienagenten GmbH und DIHL für die Dakosy Interessengemeinschaft Hamburger Ladungskontrollunternehmen GmbH.

<table>
<tr><td valign="top">8 Module
von DAKOSY</td><td>

❏ *Seedos* (Seehafendokumentations-System) ist vergleichbar mit Compass (→DBH) und unterstützt Seehafenspediteure mit Funktionen zur Dokumentation von Export- und Importabwicklung (Kaianträge, Konnossemente etc.), zur Stammdatenverwaltung, sowie zur Fakturierung. Seedos besteht seit 1984 und wurde 1992 von etwa 50 Spediteuren genutzt.

❏ *Condicos* (Container-Dispositions- und Controll-System) unterstützt mit dem Containerhandling einen Bereich, der mit einem Anteil von 70 Prozent am gesamten Stückgutvolumen des Hafens ein hohes Rationalisierungpotential beinhaltet. Condicos verwaltet den Nachrichtentyp 'Container-Bewegungssatz', der durch Verbindungen zu verschiedenen Container-Kontrollsystemen gepflegt wird. Während anfänglich lediglich die Hamburger Container-Terminals angeschlossen waren, können heute auch Systeme in Bremen und Rotterdam auf Condicos zugreifen. Aufgrund des hohen Stellenwertes des Containertransportes stellen die später eingeführten Systeme HABIS und Action eine wichtige Erweiterung zu Condicos dar.

❏ *HABIS* (Hafenbahn-Betriebs- und IS) ist ein Gemeinschaftsprojekt der Stadt Hamburg und der DB und verbindet die IS von Hafenwirtschaft und DB. Der schienengebundene Verkehr repräsentiert mit einem Drittel aller umgeschlagenen Güter (20 Mio. t p.a.) den wichtigsten Verkehrsträger zwischen Hafen und Hinterland.[108] Das Ziel liegt im effizienteren Betriebsmitteleinsatz (Loks, Waggons, Personal) bei gleichzeitig optimaler Infrastrukturnutzung (Gleise, Rangieranlagen etc.). HABIS besteht aus den vier Funktionsbereichen: DB-Produktion (Zugbildung, Rangieren, Zerlegen), Bahnversand und -empfang (Container, konventionelle Ladung) und Sonderfunktionen (Frachtabrechnung, Palettentausch). Die Realisierung erfolgt in drei Ausbaustufen: HABIS I ist realisiert und ermöglicht mit der Frachtpapierbearbeitung[109] die Kommunikation zwischen DB, Transfrachtgesellschaft (TFG), Kaibetrieb, Zoll und dem Kunden. HABIS II soll ab 1994 die Verkehrslenkung und HABIS III die Anlagensteuerung (Anbindung

</td></tr>
</table>

---

[108]   Innerhalb des Hamburger Hafens wird gemeinsam von der Stadt Hamburg und der DB die Hafenbahn betrieben. Diese besitzt ein Gleissystem von 650 km Gesamtlänge, wobei es sich bei 425 km um 'städtische km' und bei 225 km um Privatanschlussgleise handelt.

[109]   Die Frachtpapierbearbeitung umfasst die Frachtbriefübermittlung, Statusmeldungen, Vorprüfungen, Abfertigungen, Ergänzungen, Transportanmeldungen, Rangieraufgaben und Leerwageninformationen.

an →Ts'90) unterstützen. Auf HABIS kann sowohl über DAKOSY als auch direkt zugegriffen werden.

☐ *Action* (Agent's Container Transport Improving and Organizing Network) wurde im April 1992 als Initiative der Linienagenten (DIHLA) in Betrieb genommen und dient der Disposition nationaler und internationaler Container-Hinterlandtransporte. Linienagenten bzw. Makler können ihre Transportaufträge und Freistellungen mittels Fax, Telex oder EDI direkt an DB/TFG oder Feeder-Reedereien[110] übermitteln. Ferner können Tarifvergleiche[111], Entfernungsberechnungen (Strassen- und Schienenentfernungsdatei) und die Fakturierung von Transportaufträgen vorgenommen werden. Integriert ist eine *Container-Auftragsbörse* zur Konsolidierung von Containertransporten verschiedener Agenten zu einem einzigen Transport.

☐ *Zodiak* (Zoll Dienstleistungssystem für die Importabwicklung und Kommunikation) wurde für die elektronische Zollabfertigung via →DOUANE entwickelt. Mittels Datenübernahme aus Seedos können die erforderlichen Zolldaten erstellt und an den Zollrechner in Frankfurt sowie zuständige Zollstellen übertragen werden. Die →DOUANE-Ware wird an speziell eingerichteten Schnellrampen abgefertigt, wobei der Spediteur bzw. der Deklarant spätestens einen halben Tag nach der Gestellung die Orignaldokumente vorlegen muss, um die abschliessende Prüfung der Handelsrechnungen, Ursprungszeugnisse und Einfuhrgenehmigungen zu ermöglichen. Seit März 1992 sind sieben Zolldienststellen rund um den Hafen an →DOUANE angeschlossen. Weitere Zollanwendungen wie Eingabe Gestellungsbuch, Sammelzollanmeldung, Begleitung von Versandverfahren sind geplant.

☐ *Gegis* (Gefahrgut-Informations-System) dient der Überwachung von Gefahrengutlagerung und -bewegungen im Hafengebiet. Dazu bestehen seit November 1990 Datenbanken für den Gefahrengutort, Massnahmenkatalog für Prophylaxe und den Gefahrenfall sowie für verkehrsträgerspezifische Transportdaten. Die Ein- und Auslagerung und das Verladen gefährlicher Güter melden Spediteure, Umschlagsbetriebe und Reeder an die Behörden

---

[110] Feeder sind Frachtschiffe für den Containertransport im Kurzstrecken- und Zubringerdienst.

[111] Es handelt sich um Kostenvergleiche bei der Wahl unterschiedlicher Bestimmungsbahnhöfe und Transporteure.

wie Feuerwehr und Wasserschutzpolizei. Künftig soll Gegis alle am Gefahrengüterhandling Beteiligten verbinden, was u.a. die Integration von Schiene und Strasse und die Integration von Stoffdatenbanken der Hersteller gefährlicher Güter umfasst.

☐ *Taldos* (Tally-Dokumentations-System) dient den Ladungskontrollbetrieben zur Erfassung von Kaianträgen und zur Dokumentation der Schiffsabfertigung. Künftig soll ein sog. elektronischer Zollstock realisiert werden, der neben der Dokumentation (Stauvermerke, Messangaben) auch die Erfassung abdeckt.

☐ *Ships* (Schiffs-Informations-System) ist eine Datenbank, an die alle Linienagenten ihre geplanten Schiffsabfahrten melden. Sie wurde auf Initiative der Vereinigung Hamburger Schiffsmakler und Schiffsagenten (VHSS), des Deutschen Verkehrsverlages und des Seehafenverlages gegründet. Ships enhält Ankunftszeiten, Kursdaten, Abnahmetermine der auf Hamburg zulaufenden und abfahrenden Schiffe bis zu vier Monaten im voraus.

Abb. 3.17: Bausteine von DAKOSY

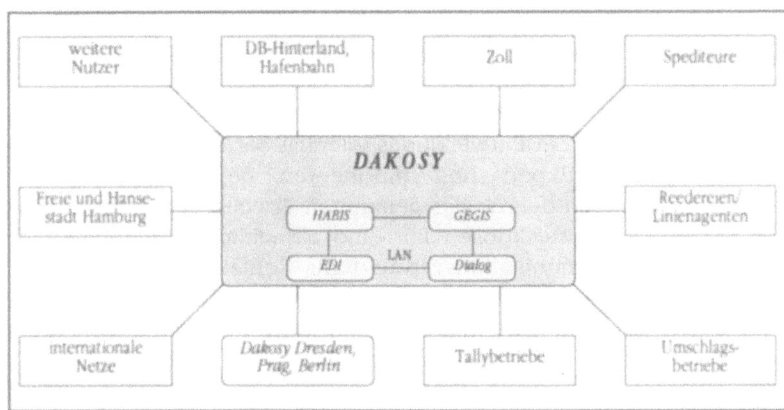

Technische Lösung

Aus *technischer* Sicht besteht DAKOSY aus einem Rechnerverbund in Hamburg (2 IBM AS/400 und 4 Kommunikationsvorrechner) und drei dezentralen Systemen in Prag, Dresden und Ost-Berlin (hauptsächlich AS/400). An letztere sollen vor allem Verlader und Spediteure angeschlossen werden. Der Anschluss kann erfolgen über Wähl- oder Standleitung, ISDN oder einen VANS (GEIS, IBM, Infonet). Unterstützt werden die Protokolle X.25, X.28, SDLC, X.400, 3270BSC und BSC2780. Zur weltweiten Kommunikation mit Niederlassungen, Geschäftspartnern und anderen Hafensystemen (→ACES, →TRADENET, →INTIS, →DBH) über die Netze von GEIS, IBM und

Infonet wurde bei DAKOSY im Oktober 1991 die Applikation Databridge International implementiert. Als Marktsprache ist neben proprietären Formaten[112] seit jüngstem auch Edifact möglich.

Ende 1992 waren etwa 90 unterschiedliche IS mit DAKOSY verbunden. In 80'000 monatlichen Rechnerkopplungen wird ein Übertragungsvolumen von mehr als sieben Mio. Datensätzen erreicht [Erdelbrock 1992, 277]. Für diese Zahlen sorgt ein Teilnehmerkreis von 203 Unternehmen, die sich Mitte 1992 wie folgt zusammensetzen: 111 Spediteure, 15 Kaibetriebe, 7 Tallyunternehmen, 54 Linienagenten und 16 Sonstige (Exporteure, DB, Behörden). Zu letzteren zählen die DB und Behörden (Umweltbundesamt, Freihafenamt, Wasserschutzpolizei, Feuerwehr, Zoll), aber auch Verlader wie Siemens, Stahlwerke Peine, Salzgitter oder Bosch.[113] Ein erweiterter Teilnehmerkreis ergibt sich, wenn die externen Beziehungen zu anderen HIS einbezogen werden. Verbindungen existieren zu den HIS in Bremen (→DBH), Rotterdam (→INTIS), New York (→ACES) und Hong Kong. Gerade zu →DBH sind aus der Beschreibung eine Reihe von Parallelen ersichtlich.

Entwicklung   Solche Parallelen ergeben sich auch bezüglich der *geplanten Aktivitäten*. Beide Häfen haben es erreicht, alle relevanten Unternehmen im geographischen Hafenumfeld anzuschliessen, jedoch besteht noch ein Entwicklungspotential bei der Anbindung von Speditionen und Export- und Importeuren. Bei der Systemfunktionalität sind neben den bereits genannten Erweiterungen der Systemmodule, die Hafensteckdose, d.h. eine einheitliche Teilnehmerschnittstelle, ein Kommunikationsverbund für Containerverkehre und eine zentrale Auskunftsdatei zu nennen. Der Kommunikationsverbund soll die am Containerhinterlandtransport beteiligten Unternehmen einbinden. Die Auskunftsdatei betrifft die Avisierung aller auf Strassen- oder Seeweg (analog der für den Schienenbereich bestehenden HABIS-Funktionalität) auf den Hafen zulaufenden Ladungen. Arbeiten zur Überwachung von Güterbewegungen erfolgen auch im Rahmen von →PROTECT.

DAKOSY ist ein etabliertes System, das einen Einblick in die Nutzenpotentiale eines derartigen Systems auf Betreiberseite vermittelt. Die

---

[112] Es handelt sich dabei primär um einen Sendungsdatensatz, der sich an den Normungsvorschlag 'Transport-Daten-Organisation' (TDO) des AWV anlehnt.

[113] Für die Nutzungsformen eines HIS durch Verlader sei auf die Beispiele bei →DBH verwiesen.

umfangreiche Funktionalität und die vergleichsweise hohe Aussenorientierung (Anschluss anderer Häfen, Verladern etc.) veranlasst die Teilnehmer aufgrund der verbesserten Informationslogistik, trotz weiterer Anfahrt ihre Ware auch weiterhin über Hamburg zu verschiffen.

34   Dover Direct Trader Input (Dover DTI)
HIS in Dover und Folkestone (GB)

Der Hafen von Dover (GB) ist Europas grösster Hafen für Roll on/Roll off Verkehre und umfasst gleichzeitig 20 Prozent aller Importe aus EFTA-Ländern. Bereits Mitte der 70er Jahre verwendeten viele Spediteure IS zur Erstellung ihrer Einfuhrdeklarationen, die der Zoll seit 1978 (nach erneuter Erfassung) dann automatisch verarbeitete. Die manuelle Wiedererfassung und Versendung stellte angesichts des steigenden Verkehrsaufkommens einen zeitlichen Engpass dar. Finanziert vom Hafenamt (Dover Harbour Board), Spediteuren und dem Zoll wurde im August 1986 daher in Dover und Folkestone das DOVER DTI System[114] eingeführt.

Es unterstützt die direkte Übertragung der Deklarationen von den Handelstreibenden (Spediteure etc.) an den Zollrechner. DOVER DTI besitzt dazu einerseits eine Datenbank mit Informationen der Sendungen, Fahrzeuge und Güterwaggons und andererseits Kommunikationsbeziehungen zu den Frachtführern und →DEPS. Die externe Kommunikation erfolgt über 32 IBM 3270 Ports und vier X.25 Verbindungen (u.a. zu P&O European Ferries und Sealink Stena Line). Die Speditionssysteme sind direkt angeschlossen, da ein Zugriff über VANS zwar zu Beginn angeboten, in der Folge aber nur wenig genutzt wurde. Das auf Tandem HW implementierte DOVER DTI unterstützt ferner die Konvertierung der Deklarationen von proprietären Standards in den Zollstandard. Das System verarbeitete 1992 1,6 Mio. Deklarationen, für 1993 werden 150'000 Nicht-EG Deklarationen prognostiziert. DOVER DTI konnte sich im Hafen gut etablieren. An Erweiterungen sind für Oktober 1993 eine neue Terminalemulation und die Einführung von Edifact geplant. In einer zweiten Stufe soll nun die Sendungsverfolgung innerhalb des Hafens eingeführt werden [o.V. 1992l, 12].

---

[114] Zum Direct Trader Input-Verfahren des englischen Zolls vgl. →DEPS.

Daneben wird im Zuge des europäischen Binnenmarktes die Einführung des Dover CLEARWAY Systems geplant, das dann die Abwicklung des Handels innerhalb der EG sowie mit Nicht-EG-Ländern (Verzollungen) unterstützen soll. Während DOVER DTI mit →DEPS kommuniziert, soll CLEARWAY mit dem →CHIEF-System des englischen Zolls verbunden werden. CUSDEC-Nachrichten sollen über EDI oder durch manuelle Eingabe von CLEARWAY an →CHIEF übertragen werden. Neben der Übertragung unterstützt CLEARWAY die Erstellung der Anträge und die Verwaltung des Bearbeitungsstatus der Deklarationen. Für den Intrahandel (vgl. Kapitel 3.3.6) ist CLEARWAY zur Übertragung der INTRASTAT-Nachrichten an →EDCS angeschlossen. Dabei werden die sog. SEMDEC-Nachrichten verwendet, welche die Intrastat-Meldungen und/oder Umsatzdaten enthalten. Der Zugriff auf CLEARWAY ist über direkte Leitung, Wählleitung oder Global Network Services von BT geplant.

Electronic Data Interchange for Commerce (EDICOM)
HIS in Montreal (CAN)

Im März 1990 wurde im Hafen von Montreal unter dem Namen EDICOM ein IOS für die dortige Hafengemeinde in Betrieb genommen. Die Gründungsmitglieder sind der Port of Montreal, Canada Maritime Agencies, Cast North America, the Montreal Chamber of Commerce, CP Rail, Protos Shipping, Les Transports Provost, Canadian National, Livingston International und der kanadische Zoll. Die Initiative bildete sich aus zweierlei Motivation heraus: Einerseits identifizierte eine im Jahre 1986 durchgeführte Studie (Picard Commission Report) die Wettbewerbsfähigkeit des Hafens als wichtig für den Standort Montreal. Für die Erhaltung der Wettbewerbsfähigkeit des Hafens, insbesondere neben den Häfen von New York (→ACES), Baltimore und Hampton Roads, wurde die Einführung von EDI als ein Schlüsselfaktor angesehen. Andererseits existierten zum Gründungszeitpunkt bereits eine Vielzahl von EDI-Systemen für den Transportsektor, jedoch gab es noch wenige Community-Systeme (HIS) und noch wenige Systeme, die KMU als Zielgruppe hatten. EDICOM möchte daher auch für diese Zielgruppe die Dienste eines HIS schaffen.

Die Realisierung von EDICOM soll in vier Phasen ablaufen, wobei für die ersten drei Phasen (Systemanalyse, Systemdesign, Pilot-Implementierung) insgesamt Can$ 3,23 Mio. veranschlagt werden. Neben privatwirtschaftlicher Finanzierung leistet auch die kanadische

Regierung einen beträchtlichen Kostenbeitrag (z.B. über die Hälfte der Investitionskosten der ersten Phase).

36   EDIPORT ATLANTIC
HIS in Halifax (CAN)

Im Jahre 1991 wurde im Hafen von Halifax unter Federführung von DMR, GEIS und Ediport Atlantic das Implementation Project zur Einrichtung eines HIS gegründet. Dabei handelt es sich um eine Benutzerinitiative zur Förderung der EDI-Diffusion. Im Vergleich zu anderen HIS nimmt in Halifax ein VANS eine stärkere Rolle ein. Die gesamte Informationsinfrastruktur wird von GEIS vorgehalten. EDIPORT ATLANTIC konzentriert sich auf konzeptionelle und nicht zuletzt marketingorientierte Fragestellungen.

Die Funktionalität von EDIPORT ATLANTIC entspricht weitgehend jener von HIS: (1) Die Verbindung zwischen den Hafenbeteiligten (Agenten, Umschlagsbetriebe, Hafenbehörde, Zoll, Bahn), (2) den Datenaustausch zwischen diesen unter Verwendung von Edifact, (3) den Abruf und Vergleich von Tarifen, Verfügbarkeiten, Fahrplänen etc., (4) die Unterstützung von Zollfunktionen (Entscheidung über physische Prüfung) und (5) die Verwaltung von Liegeplätzen, Hafenzöllen etc. Diese Funktionalitäten stellen den geplanten Funktionsraum dar und wurden erst teilweise realisiert. Mittlerweile sind 12 Parteien beteiligt, z.B Reedereien, Umschlagsbetriebe, CN North America, Canadian Coast Guard, Canada Customs, Agriculture Canada und die Halifax Port Corporation. In Zukunft sollen verstärkt Strassentransporteure angeschlossen werden.

37   EDISHIP
EDI-Konsortium britischer Reedereien (GB)

EDISHIP ist ein Zusammenschluss von Hochseereedereien mit dem Ziel, elektronisch mit ihren Kunden zu kommunizieren. Es wurde im Oktober 1990 gegründet und hat mittlerweile zehn Teilnehmer aus dem Abladerbereich: CGM, EacBen Container Services, Hapag-Lloyd, Maersk Line, Misui O.S.K. Lines, Nedlloyd Lines, NYK Line, OOCL, P&O Containers und Sealand. Bislang bestehen Pilotprojekte mit Frachtführern, Exporteuren (BAT, United Distillers, Chivas Seagram) und Agenten [Macleod 1993c, 10]. Als Ziel verfolgt EDISHIP die Durchsetzung einheitlicher Nachrichten, die über ein einziges

Netzwerk mittels einer einheitlichen Marktapplikation übertragen werden [King 1992b, 20].[115]

Die EDISHIP-Gruppe unterstützt ihre Mitglieder aktiv bei der Einführung von EDI. Sie bietet dazu Dienstleistungen an, die sich auf die vier Elemente Standards, SW, VANS und Beratung stützen. Im ersten Bereich (Marktsprache) werden neun ITMS-Nachrichten[116] verwendet, die jedoch durch IFTM-Nachrichten ersetzt werden sollen. Dazu arbeitet man mit den Anwendergruppen EDISC, ASSET und Lotus zusammen. Im Bereich der SW bietet man unter dem Namen Ediship Express eine PC-Lösung (Marktapplikation) für Erstellung, Versendung und Empfang von Edifact-Meldungen an. Im Netzwerkbereich (VAN) arbeitet EDISHIP mit dem britischen VANS INS-Tradanet zusammen.

Zum April 1994 hat sich die strategische Ausrichtung von EDISHIP geändert. Um das Engagement der Teilnehmer zu erhöhen, übernimmt die Vereinigung bei Projekten nicht mehr die zentrale Koordination. Vielmehr müssen die Teilnehmer die Projekte in Eigenverantwortung durchführen [o.V. 1994h, 4].[117]

Felixstowe Cargo Processing in the Eighties (FCP80)

38

HIS in Felixstowe (GB)

Der englische Hafen Felixstowe ist der wichtigste Containerhafen Englands. Seine Leistungsfähigkeit sollte durch ein IOS gesteigert werden. Untersuchungen zufolge waren insbesondere die Informationsströme zum Zoll ineffizient gestaltet. So benötigte die Abwicklungszeit eines Containers durchschnittlich drei Tage. Nachdem der britische Zoll bereits ein elektronisches System (→DEPS) zur Verarbeitung von Zollanmeldungen besass, wurde im Januar 1984 vom Unternehmen Maritime Cargo Processing (MCP) ein IOS entwickelt, das unter dem Namen FCP80 örtlichen Spediteuren den Zugriff auf →DEPS erlaubte. In der Folge reduzierte sich die Zeit von drei Tagen auf sechs Stunden. Aufbauend auf dieser Funktionalität

---

[115] Zu EDISHIP vgl. auch [o.V. 1992e, 75].

[116] Die neun ITMS-Nachrichten sind: 1. Booking, Provisional (INTRBP); 2. Booking, Firm (INTRBF); 3. Transport Order (INTROR); 4. Transport Contract Status (INTRCS); 5. Schedule Change (INTRSC); 6. Freight Invoice (INTRFI); 7. Statement of Charges (INTRCH); 8. Response (INTRRE); 9. Arrival Notice (INTRAN).

[117] Für Beispiele derartiger Allianzen vgl. [o.V. 1994p, 5].

wurde im darauffolgenden Jahr eine Sendungsdatenbank entwik-
kelt, die eine weitere Reduktion auf zwei Stunden bewirkte. An
FCP80 sind Umschlags- und Lagereibetriebe, Hafenamt, Reedereien,
Spediteure, Transporteure sowie Behörden (z.B. Zoll- und Gesundheitsbehörde) angeschlossen. Die zwei Module, DTI und Sendungsdatenbank, decken einfuhr- wie ausfuhrseitig folgende Funktionalität ab:

1. *DTI* ermöglicht den Spediteuren und Zollbrokern ihre Import-
   und Exportzolldeklarationen zu erstellen und direkt an →DEPS
   zu übermitteln. Gleichzeitig kann die Funktionalität von →DEPS
   genutzt werden.[118]

2. In der *Sendungsdatenbank* werden schiffs- und sendungbezoge-
   ne Daten verwaltet. Für jedes ankommende Schiff wird ein
   Datensatz mit Schiffsname, Tonnage, Länge und Flaggung,
   Reederei, Schiffsagent, Ziel- und Herkunftshafen, Ankunftszeit
   und Liegeplatz angelegt. Dies kann bereits zwei Monate vor
   Ankunft des Schiffes geschehen und führt zur Vergabe einer
   eindeutigen UVI-Nummer (Unique Vessel Identifier). Daneben
   wird ein Datensatz für jede Sendung (Manifest) angelegt, der
   Güterbeschreibung, Frachtbriefnummer, Kennzeichen und
   sonstige Sendungsnumerierung enthält. Jede Sendung erhält eine
   einheitliche UCN-Nummer (Unique Consignment Number). Die
   Daten bilden die Grundlage für die Verzollung und können vor
   und nach Schiffsankunft übertragen werden. FCP80 vergleicht
   dabei die Daten der Zolldeklaration automatisch mit jenen des
   Manifests. In der Sendungdatenbank werden sowohl die
   Zolldaten (Nummer, Datum) wie auch der aktuelle
   Verzollungsstatus verwaltet. Neben den Statusabfragen der
   Teilnehmer können die Betroffenen bei Statusveränderung (z.B.
   Freigabe der Ware durch den Zoll) auch automatisch
   benachrichtigt werden.

Weiterhin unterstützt FCP80 den Zugriff auf die Maritime Database
und das Transport Unit Packing System (TUPS) des Unternehmens
Exis Technologies Ltd. Die Datenbank International Maritime Dangerous Goods (IMDG) verwaltet Informationen über Gefahrengüter
wie Klassifizierung, Ladevorschriften, Verpackung etc. Das TUPS-
System dient zur Prüfung, ob die in einem Container enthaltenen
Sendungen den IMDG-Vorschriften entsprechen.

---

[118] Zum Direct Trader Input-Verfahren des englischen Zolls vgl. →DEPS.

Neben →Cns ist MCP der zweite wichtige Anbieter von DTI-Systemen in England. Ausser in Felixstowe wird FCP80 in weiteren 16 englischen Häfen und Lagerstätten eingesetzt. In Felixstowe konnte die Nutzung des Systems beständig ausgebaut werden, was sich in der Zahl an Zollanmeldungen dokumentiert. Diese stieg von etwa 240'000 im Jahre 1985 auf 514'000 im Jahre 1989. Die weiteren Aktivitäten von FCP80 umfassen die Gefahrengüterbehandlung an der im Rahmen von →PROTECT mit anderen europäischen HIS gearbeitet wird. Ferner werden der Ausbau von Verbindungen zu anderen Gemeinschaftssystemen (eine Anbindung an das IBM IE-Netz besteht bereits) und eine verbesserte Funktionalität, insbesondere bei der Unterstützung von Ausfuhren (z.B. verbesserte Buchungsmöglichkeiten) genannt.

39 International Transport Information System (INTIS)
HIS in Rotterdam (NL)

Um die Wettbewerbsfähigkeit des weltweit grössten Hafens zu erhalten bzw. auszubauen, wurde auf Initiative des Hafens von Rotterdam im Jahre 1985 das Joint Venture Intis B.V. gegründet. Teilhaber von INTIS sind die PTT Telecom (53 Prozent), die Rotterdam Port Authority (17 Prozent), das Softwarehaus BSO (16 Prozent), sowie zu 14 Prozent Unternehmen innerhalb des Hafens und der gesamten Transportbranche (Reedereiagenten, Spediteure, Containertransporteure, Terminalbetreiber, Lagerhausbetriebe, Bahn und Banken). INTIS B.V. ist eine privatwirtschaftliche Holding mit drei Gesellschaften: INTIS Communications, INTIS EDI Consultancy und INTIS Research and Development. An das 1986 errichtete INTIS-System sind etwa 150 Unternehmen angeschlossen, darunter die niederländische Rabobank, sowie Exporteure in Rotterdam und Singapur.

INTIS ist gegenwärtig eine Mailboxlösung der niederländischen PTT und arbeitet mit dem System Memocom 400. Unterstützt wird der Nachrichtenaustausch zwischen den Beteiligten, nicht aber eine zentrale Sendungsdatenverwaltung. Für den Nachrichtenaustausch wurden verschiedene Meldungen spezifiziert, die einen Verschiffungsauftrag, eine Containerladungs- und -löschungsliste, einen Transportauftrag an die Holländische Bahn sowie eine Einfuhrerklärung umfassen. Dabei werden proprietäre Formate verwendet, die über die Marktapplikation Intisface EDI Join in das Format der jeweiligen Teilnehmer konvertiert werden. Unterstützt werden auch

Meldungen zum Zoll, welche über eine spezielle Zugangs-SW direkt an das niederländischen Zollsystem SAGITTA übertragen werden. 30 Unternehmen nutzen diese Verbindung zur Importverzollung und wickeln darüber monatlich etwa 55'000 Verzollungen ab. Damit stellen die Zollanmeldungen mit Abstand das Gros der übertragenen Nachrichten dar (insgesamt ca. 59'000 im Jahre 1992). Eine Verbindung zu internationalen Handelspartnern kann über →EDI*EXPRESS von GE hergestellt werden [Helmink 1991,   301]. Die erwähnten Handelspartner in Singapur sind über eine Verbindung zu den Singapur Network Services (→TRADENET) im Rahmen des Projektes ROSIE (Rotterdam-Singapore EDI Project) angebunden.

Bis zum Januar 1994 soll die geschilderte Lösung durch ein eigenes System nach Client-Server Architektur abgelöst werden, d.h. die Teilnehmer sind dann direkt mit dem Host bei INTIS verbunden. Damit soll sich die Funktionalität von reinem Store-and-Forward von Nachrichten ausweiten auf: Protokoll- (X.25, X.28, X.400, 3270BSC) und Nachrichtenkonvertierung (vor allem nationaler Standard und Edifact) und das Electronic Window. Letzteres sorgt unter einer einheitlichen Oberfläche für ein Durchschalten autorisierter Teilnehmer auf lokale Systeme anderer Benutzer (z.B. für Tarifabfragen). Mittels dieses Systems sollen auch branchenfremde Anbieter wie Banken Dienstleistungen (z.B. für Home-banking) anbieten können. Zwar besteht eine Informationsdatenbank für Zeitpläne etc.; eine Datenbank für Logistikdaten mit Tracking und Tracing-Funktionalität ist jedoch nicht vorhanden und auch vorerst nicht geplant. Höhere Priorität besitzt die Verbindung mit anderen Systemen.

40   LINX

HIS in Seattle (GB)

Der Hafen von Seattle verfügt seit dem Jahre 1981 über ein HIS und ist damit zu den Pionieren im HIS-Bereich zu zählen. Getrieben von den Aktivitäten der dortigen Hafenbehörde, wurde ein erstes System unter dem Namen *Port of Seattle Distribution System* (PSDS) in Zusammenarbeit mit einem VANS entwickelt. Das System beschränkt sich auf die hafengebundene Kommunikation und umschliesst 16 Teilnehmer aus folgenden Bereichen: Hafenbehörde, Verlader, Zoll sowie Frachtführer (Strasse und Schiene). Die sechs angeschlossenen Eisenbahngesellschaften und fünf Strassentransporteure verdeutlichen die Bedeutung des Hafens für andere Verkehrsträger.

Die Funktionalität des PSDS-Systems umfasst die Übertragung von Frachtbriefen und Zollanmeldungen (vor allem Importe) und bedient sich einer zentralen Datenbasis. Die Inanspruchnahme der angebotenen Dienste unterstreicht die Zahl von etwa 100'000 monatlich übertragenen Nachrichten (Stand 1992). Kommunikationsseitig bestehen Zugangsmöglichkeiten zu PSDS über Wähl- oder Standleitung sowie über VANS. Die dabei unterstützten Protokolle umfassen SDLC und 3270BSC; die verwendeten Marktsprachen basieren auf Ansi X12 und proprietären Formaten.

Von PSDS
zu LINX

Nachdem PSDS hauptsächlich im Hafengebiet eingesetzt wird, wurde im Jahre 1991 ein weiteres System für die hafenübergreifende Kommunikation geschaffen. Als Initiator tritt wieder die Hafenbehörde auf, die in Zusammenarbeit mit dem VAN-Anbieter Sterling Software zur Kommunikation mit anderen amerikanischen Häfen (z.B. Tacoma) und Überseehäfen das IOS LINX ins Leben rief. Nachdem die Hafenbehörde selbst Lagerhäuser und Umschlagsanlagen betreibt, tritt sie selbst als wichtiger Nutzer des EDI-Netzwerkes auf. Bereits ein Jahr nach Systemgründung waren 34 Unternehmen an LINX angeschlossen, die zusätzlich zu den obigen Branchen aus den Bereichen Hochseereederei, Spedition (NVOCC), Umschlagsbetrieb, Bank und Luftfracht stammen. LINX unterscheidet sich von PSDS bezüglich der Funktionalität vor allem durch das Nichtvorhandensein einer zentralen Datenbasis und bezüglich der Realisation durch die Verwendung neuerer Technologien. Beispielsweise ist der Zugriff über ISDN und digitale Standleitung und (zusätzlich) den Protokollen X.25 und X.28 möglich. Seitens der Marktsprache werden neben den proprietären Formaten und Ansi X12 nun auch Edifact-Nachrichten verwendet. Unterschiede werden auch in der Kostenstruktur genannt: Während die Teilnahme an PSDS kostenfrei war (berichtet werden jedoch hohe Kosten für den VAN), fallen bei LINX USD 900 monatlich zzgl. der Kommunikationskosten an.

Beurteilung

Mit der Einführung von LINX wurde der 'Pionier' Seattle seiner Rolle gerecht. Die hohen Transaktionsraten von PSDS lassen sich vermutlich (den Fortbestand von PSDS angenommen) nur auf LINX perpetuieren, wenn attraktive externe Verbindungen bestehen. Die verfügbaren Informationen deuteten neben den Verbindungen zu anderen VANS über Sterling bislang nur auf die Kopplung mit →BIMCOM hin. Jedoch bestehen durch die branchenübergreifende Teilnehmerzusammensetzung, die eine Bank und zwei Luftfrachtunternehmen umfasst, gute Voraussetzungen für horizontale und vertikale Kooperationsmuster. Für die Zukunft werden für LINX neben dem Ausbau der Teilnehmerzahl die Einführung von interaktivem EDI und die verstärkte Nutzung von EDI genannt [IFPCD 1993, o.S.].

41   Ocean Carrier's Electronic Access Network (OCEAN)
IOS-Projekt amerikanischer Hochseereedereien (USA)

OCEAN ist ein in Entwicklung befindliches System, das die Kommunikation der Reedereien mit ihren Kunden unterstützen soll. Die Initiative wird getragen von den sieben, innerhalb der ISA zusammengeschlossenen Reedereien[119], die jeweils proprietäre Kundensysteme besitzen. Diese sollen mit OCEAN durch ein einheitliches, EDI-basiertes System ersetzt werden. Ein wichtiges Ziel liegt in einem effizienteren Informationsfluss zum Zoll im Ausfuhrbereich. Im Rahmen des Projekts ist daher die Verbindung zum amerikanischen Zoll (→ACS) zur Ausfuhranmeldung sowie der Entwurf eines elektronischen Dokuments für Ausfuhren geplant. Letzteres beschreibt die Sendung und wird vom Verlader oder Spediteur an die Seefrachtführer übertragen. An weiterer Funktionalität soll das System Buchungen, Frachtbriefe, Rechnungen und Statusmeldungen unterstützen. Das System soll Ende 1994 den Betrieb aufnehmen [o.V. 1994u, 4].

42   Port Automated Cargo Environment (PACE)
HIS in London (GB)

PACE entstand im Jahre 1987 zur computergestützten Anmeldung von Einfuhren, nachdem sich die Zollabfertigung im Hafen von London als wesentlicher Engpass im Güterfluss erwiesen hat. Das vermehrte Aufkommen von Containerverkehren sowie neue Handhabungsmethoden legten offen, dass ein beschleunigter Informationsfluss zu früherer Warenabfertigung und zur Effizienzsteigerung des Hafens beitragen würde. Einen Engpass sah man vor allem in der Zollabfertigung. Bei der Gründung von PACE konnte die Hafenbehörde auf die frühen Aktivitäten und Erfahrungen der britischen Zollverwaltung am Londoner Flughafen zurückgreifen. Gerade diese

---

[119] Wie im Überblick von Kapitel 3.3.4. beschrieben, handelt es sich bei den Mitgliedern des Information System Agreements (ISA) um American Presidential Lines, Crowley American Transport, Hapag-Lloyd, Maersk, Orient Overseas Container Line, P&O Containers und Sea-Land.

Erfahrungen motivierten den Zoll zur Öffnung seines →DEPS-Systems für Zollagenten in Seehäfen. Das DTI-Konzept[120] des Zolls gilt damit als der 'Startschuss' von PACE.

Dabei konnte die Port of London Authority (PLA), die sich für die grösste Seehafengemeinde Englands verantwortlich zeigt, bereits auf eigene Anwendungen zurückgreifen. Die PLA besitzt seit Beginn der 80er Jahre das POLARIS[121], das als weltweit erstes System mittels Radar sämtliche Schiffsbewegungen im Hafengebiet erfasst und zentral verwaltet. Dadurch enthält die Datenbank von POLARIS ständig aktuelle Informationen über Standort und Schiffsbewegungen im Gebiet der PLA. Gemeinsam mit dem DTI-Verfahren sollte die Funktionalität von POLARIS unter dem Namen PACE zu einem HIS ausgebaut werden. Die Einfuhranmeldung und eine effizientere Sendungsverfolgung waren wichtige Bausteine des neuen, nicht-gewinnorientierten Systems. Die *Funktionalität* lässt sich wie folgt skizzieren:

❑ *Logistikorientierte Funktionen.* 'Dreh- und Angelpunkt' der Logistikfunktionalität ist die zentrale Datenbank von PACE, die von relevanten Beteiligten gepflegt und abgefragt wird. Zur Dokumentation und Überwachung gesetzlicher Kontrollen besitzen die Gesundheitsbehörde und die Hafenbehörde Zugriff. Die physischen Güterbewegungen werden von POLARIS, Frachtführern, Agenten, Umschlagsbetrieben etc. bereitgestellt. Bei der Verzollung überträgt der Teilnehmer die Daten des Schiffsmanifestes (bei Einfuhren) an die Datenbank, wobei PACE anschliessend die Verbindung zu →DEPS bzw. später zu →CHIEF herstellt. Die Beteiligten zeigt Abb. 3.18.

❑ *Kommunikationsorientierte Funktionen.* Über das London Port Network erhalten Teilnehmersysteme Zugriff auf die hostbasierte Datenbank und zur Schnittstelle zu anderen Netzen. HW-, SW-sowie die auf dem BT-Netz aufsetzende Kommunikationsarchitektur wurden entwickelt von →CNS, der seit 1990 auch für den Systembetrieb zuständig ist. Das London Port Network schliesst alle Teilnehmer im Grossraum London an, für alle anderen Teilnehmer werden Wählverbindungen oder der Kontakt über →CNS angeboten. Unterstützt werden die Kommunikationsprotokolle ICL CO3, X.400 über X.25, IBM 3270 und VT100.

---

[120] Zum Direct Trader Input-Verfahren des englischen Zolls vgl. →DEPS.
[121] POLARIS steht für Port of London Authority's River Information System.

Abb. 3.18:
Teilnehmer
an PACE

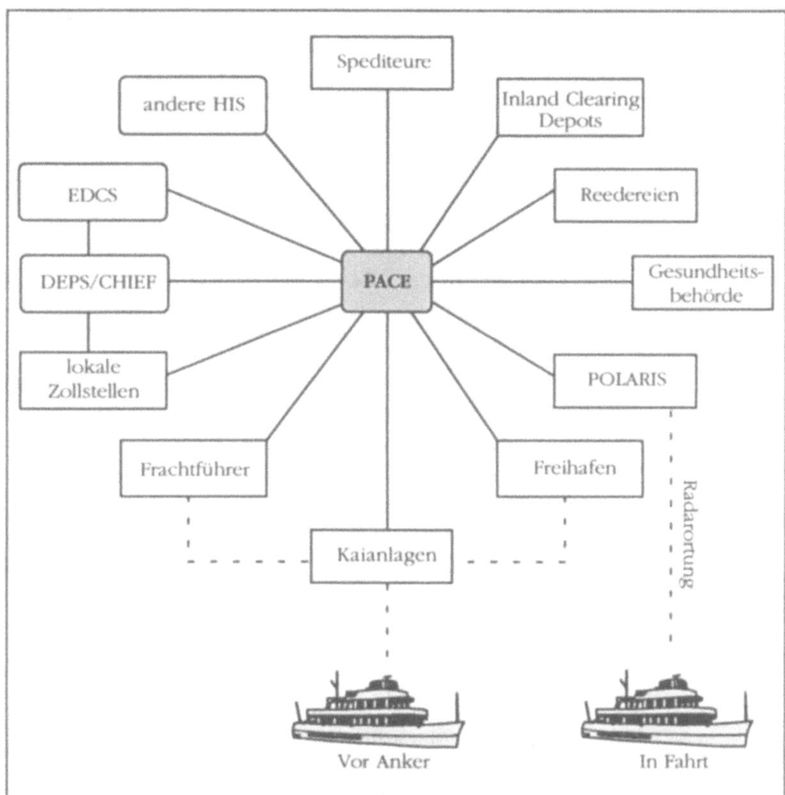

Bereits im ersten Jahr verarbeitete PACE über 95 Prozent aller Verzollungen im Londoner Hafen. 1991 wurden 337'000 Einfuhranmeldungen verarbeitet, wobei PACE etwa 200 Teilnehmer zählte. Diese erhalten über PACE die direkte Verbindung zu Verzollungssystemen (→DEPS/→CHIEF), Mehrwertsteuersystemen (→EDCS) und zu POLARIS. Über →CNS kann ferner eine Verbindung zu den meisten HIS in England, zu →INET und zu GNS (Global Network Services von BT) hergestellt werden. In der Hoffnung, das System für weitere Speditionsagenten attraktiver zu machen, sind künftig eine Exportdatenbank, weitere Verbindungen zu anderen HIS sowie eine Verbindung zum amerikanischen VAN-Anbieter SPRINT geplant.

PROTECT
EDI-Projekt für den Gefahrengüterbereich (Eur.)

PROTECT ist ein gemeinsames Projekt nordeuropäischer Häfen für den Datenaustausch über Gefahrengüter zwischen den teilnehmenden Häfen. Beteiligt sind die Häfen von Antwerpen (→SEAGHA), Bremen (→DBH), Hamburg (→DAKOSY), Rotterdam (→INTIS), Felixstowe (→FCP80) und Le Havre (→ADEMAR). In einer ersten Phase sollen die Gefahrengutdeklarationen über X.400 vom Spediteur an die Hafenbehörden übertragen werden. Die zweite Phase betrifft den Austausch von Gefahrengutinformationen zwischen den Agenten in den sechs an PROTECT beteiligten Häfen.

Ziel ist es, nach Eingabe einer UVI-Nummer (Unique Vessel Identifier), automatisch einen Datensatz für jedes bewegte Gefahrengut zu erstellen, der dann während des Transportes laufend aktualisiert werden kann. Die für den Austausch geschaffene Nachricht enthält Angaben über das Gefahrengut und den Ort des Containers an Bord des Schiffes. Sie wurde als Edifact-Nachricht übernommen und befindet sich auch in Australien im Einsatz [Macleod 1993c, 13].

PROTIS
HIS in Marseille (F)

Im Hafen von Marseille wurde 1989 von der Hafenbehörde und dem Verband AXONE PROTIS in Betrieb genommen. Das eigenentwickelte System besitzt 1992 150 Teilnehmer, welche die Hafenbehörde, den Zoll, Verlader, Spediteure, Frachtführer und Umschlagsbetriebe (keine Tallybetriebe) in den Häfen von Marseille und dem 75 km entfernten Fos umfassen.

Das System ist primär auf die Abwicklung von Ausfuhren ausgerichtet und bietet dazu folgende Funktionen an: Übertragung von Dokumenten (z.B. Frachtbriefen), Buchungen, Zollanmeldungen und Informationsdienste (Gefahrengutinformationen, Schiffsabfahrten). Gewährleistet wird die Funktionalität u.a. durch eine zentrale Datenbank.

Aus technischer Sicht agiert PROTIS als Clearing-Center. Es unterstützt eine Vielzahl kommunikationsorientierter Funktionen wie etwa die Protokoll- (X.25, X.28, SDLC, X.400) und Standardkonvertierung (Edifact und proprietär) oder Mailboxdienste. Teilnehmer können über Wähl- oder Standleitung, über das nationale Transpac Atlas 400 oder über VANS wie GEIS oder IBM IN angeschlossen werden.

Für 1992 wird eine Zahl von etwa 25'000 monatlich übertragenen Meldungen genannt. Die weiteren Entwicklungen von PROTIS umfassen die Entwicklung eines Netzes zwischen Mittelmeerhäfen (MEDITEL), die Unterstützung von Einfuhren (im Jahre 1994) sowie den Anschluss von Unternehmen aus dem Hinterland [IFPCD 1993, o.S.].

45 **System voor Electronisch Aangepaste Gegeven-suitwisseling in de Haven van Antwerpen (SEAGHA)**
HIS in Antwerpen (B)

Das privatwirtschaftliche Unternehmen Seagha wurde im Oktober 1986 von sechs Schiffahrtsorganisationen und der Handelskammer von Antwerpen mit dem Ziel, ein hafenweites EDI-Netzwerk im Hafengebiet von Antwerpen zu errichten, gegründet. Das eigenentwickelte gleichnamige SEAGHA-System vereint Teilnehmer aus folgenden Bereichen: Übersee-Spediteure, Agenten, Umschlags- und Lagereibetriebe (keine Tallybetriebe), Airlines und Unternehmen im Hinterland (Bahn, Transporteure). Wie Abb. 3.19 zeigt, kommunizieren diese Teilnehmer über SEAGHA Waren-, Lade- und Fahrpläne, Ankünfte und Frachtbewegungen, sowie Wertstellungen und Zollerklärungen. Das System verfügt über keine zentrale Datenbasis und ist in seiner Funktionalität weitgehend auf spezialisierte Clearingdienste begrenzt. Zwei Komponenten lassen sich abgrenzen:

☐ *SEAGHA-Clearing.* Diese, den Marktdiensten zuzuordnende Komponente, stellt das 'Herz' des Systems dar. Auf der Basis zweier DEC VAX 4000/300 und einer MicroVAX werden zentral Mailbox-, Message Routing- und Konvertierungsdienste angeboten. Die unterstützten Protokolle umfassen X.25, X.28, X.400 und DECNET.

☐ *SEAGHA-Bridge.* Diese Marktapplikation umfasst einen Konverter, der proprietäre Formate in die Edifact-Syntax umsetzt. Der Nachrichtenumfang umfasst die in Abb. 3.19 aufgeführten 33 Standardnachrichten, die alle, bis auf die Meldungen zum Zoll, auf Edifact basieren. Technische Voraussetzungen für SEAGHA-Bridge sind ein PC mit Modem. Bei direktem Anschluss an SEAGHA-Clearing muss der Teilnehmer einen eigenen Edifact-Konverter besitzen. Für die gesamte HW und SW sowie den Support besteht ein auf fünf Jahre laufender Leasing-Vertrag zwischen dem HW-Anbieter DEC und SEAGHA.

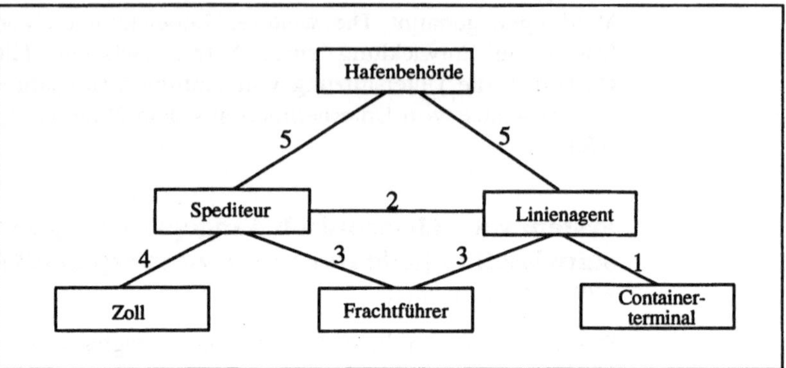

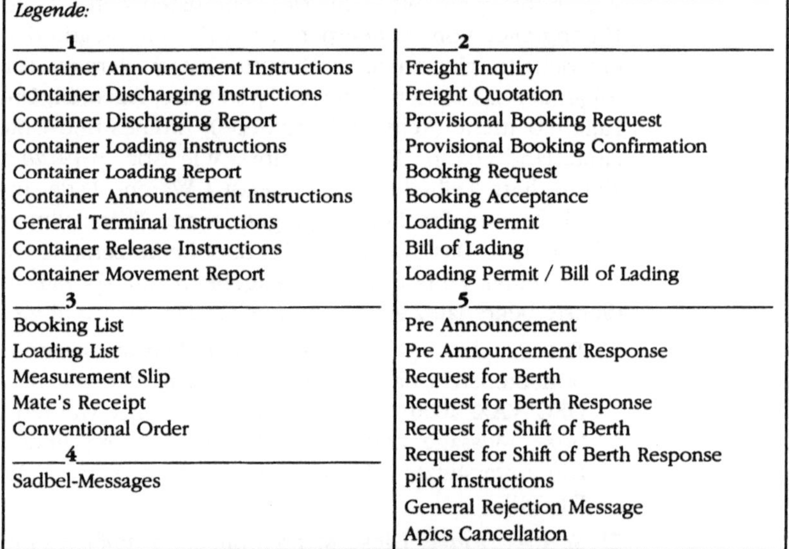

Legende:

1	**2**
Container Announcement Instructions	Freight Inquiry
Container Discharging Instructions	Freight Quotation
Container Discharging Report	Provisional Booking Request
Container Loading Instructions	Provisional Booking Confirmation
Container Loading Report	Booking Request
Container Announcement Instructions	Booking Acceptance
General Terminal Instructions	Loading Permit
Container Release Instructions	Bill of Lading
Container Movement Report	Loading Permit / Bill of Lading
3	**5**
Booking List	Pre Announcement
Loading List	Pre Announcement Response
Measurement Slip	Request for Berth
Mate's Receipt	Request for Berth Response
Conventional Order	Request for Shift of Berth
4	Request for Shift of Berth Response
Sadbel-Messages	Pilot Instructions
	General Rejection Message
	Apics Cancellation

SEAGHA erzielte 1990 einen Umsatz von 3,6 Mio. BF und 1991 von 5,5 Mio. BF. Dennoch wurde der Break-even noch nicht erreicht, weil die seit Gründung aufgelaufenen Verluste BF100 Mio. betragen. Die Transaktionszahlen lassen jedoch eine positive Entwicklung vermuten. So wurden 1991 216'822 Nachrichten und 1992 510'188 Nachrichten zwischen 108 angeschlossenen Unternehmen ausgetauscht. Dabei zeigte sich allein der Containerbereich (Bereich 1 in Abb. 3.19) mit den vier grössten Betreibern von Umschlagsanlagen[122] 1991 für 50'000 und 1992 für 180'000 Nachrichten verantwortlich. Für 1993 erwartet man eine Verdoppelung.

Im Bereich 2 waren es 1991 3'500 und 1992 4'603 Nachrichten. In der seit dem Januar 1990 bestehenden Verbindung zum belgischen Zollsystem →SADBEL wurden 1991 160'000 und 1992 300'000 Zolldeklarationen ausgetauscht. Über die Anbindung des Systems des Antwerpener Hafenamtes APICS (Antwerp Port Information and Control System) werden 30 Prozent aller einlaufenden Schiffe an SEAGHA gemeldet, was 1991 einem Transaktionsvolumen von 3'500 Nachrichten und 1992 von 19'000 Nachrichten entsprach [o.V. 1992h, 13]. Wie Abb. 3.20 zeigt, besteht auch eine Verbindung zum →BCS-System, bei dem SEAGHA als Subunternehmer Know-how, Netzwerk sowie SW zur Verfügung stellt.

Abb. 3.20: Zusammenhang der Frachtsysteme in Belgien

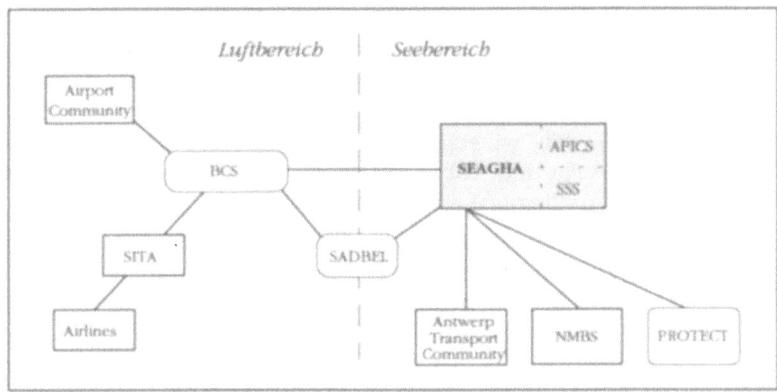

Grosse Rationalisierungseffekte werden insbesondere der APICS-Anbindung zugeschrieben. Deshalb soll diese Verbindung künftig auch zum Austausch seebezogener Nachrichten und von Finanznachrichten genutzt werden. Ferner sollen auf Seite der Belgischen Eisenbahnen die bestehenden Telexverbindungen durch elektronische ersetzt werden, was in der Folge ein Tracking der Wägen und die Abfrage der Ankunftszeiten über SEAGHA ermöglichen soll. In der zweiten Phase soll →DOCIMEL realisiert werden, d.h. über die Schnittstelle SEAGHA-Rail soll der Teilnehmer seinen elektronischen Frachtbrief an die belgischen Eisenbahnen weiterleiten können. Für

---

[122] Es sind dies die Unternehmen ACT, Hessenatie, Noordnatie und Seaport, die gemeinsam für 90 Prozent aller im Hafen bewegten Container verantwortlich sind.

Informationen über den Standort der Schiffe ist eine Verbindung mit der Datenbank der Shipping and Signalling Services (SSS) geplant. Einen weiteren Bereich stellt der Ausbau von Verbindungen zu anderen HIS und der Ausbau der Gefahrengüterfunktionalität ($\rightarrow$ PROTECT) dar.

46 Shipping Cargo Information Network System (SHIPNETS)
HIS in Japan (J)

Die privatwirtschaftliche Shipnets-Center Organisation richtete mit Hilfe eines VANS im Jahre 1985 ein gleichnamiges IOS ein. Daran waren 1992 rund 170 Unternehmen angeschlossen, die vier Bereichen zuzuordnen sind: Hochseereedereien, Spediteuren sowie Umschlags- und Tallybetrieben. Bemerkenswert ist, dass weder Zoll, Hafenbehörde noch Verlader angeschlossen sind. Die Teilnehmer können auf eine zentrale Sendungsdatenbank zugreifen, welche die übertragenen Dokumente (Frachtbriefe etc.) verwaltet. SHIPNETS ist in den wichtigsten Häfens Japans (Tokio, Yokohama, Nagoya, Osaka und Kobe) installiert, womit es einen verhältnismässig grossen 'Einzugsbereich' besitzt.

Die Teilnehmer senden ihre Nachrichten über Wähl- oder Standleitung an SHIPNETS, wobei sie sich der Protokolle X.25, X.28, DT1211 und DT9611 bedienen können. Dienste für eine Protokollanpassung werden nicht zur Verfügung gestellt. Die Nachrichten selbst sind durchweg in proprietärer Form strukturiert, wobei hauptsächlich der proprietäre SHIPNETS-Standard verwendet wird. In diesen Standards sind insgesamt acht Nachrichten definiert.

Obgleich die verhältnismässig fokussierte Teilnehmergruppe eine Zahl von rund 47'000 Nachrichten pro Monat überträgt, werden aus der Vergangenheit Akzeptanzprobleme berichtet. So entsprach die Nutzung von SHIPNETS im Jahre 1989 einer Systemauslastung von lediglich 37 Prozent. Als ursächliche Faktoren werden genannt:

☐ *Kosten.* Die verhältnismässig hohen Teilnehmerkosten halten viele potentielle Systemnutzer von einer Systemnutzung ab.

☐ *Funktionalität.* Sowohl der logistik- als auch der kommunikationsorientierte Funktionsumfang ist begrenzt. Beispielsweise existiert keine Protokollanpassung, wodurch Teilnehmer ihre Protokolle selbst anpassen müssen, was wiederum die Anschlusskosten erhöht.

❏ *Konkurrenz.* Die Gründung vergleichbarer Netzwerke durch grosse Unternehmen, z.B. Reedereien oder Speditionen

Diese Mängel stellen die Anknüpfungspunkte der Weiterentwicklungen von SHIPNETS dar. Kommunikationsseitig sind sowohl Anwendungen zur Protokoll- und Marktsprachenkonversion, die vor allem Edifact unterstützen sollen, als auch die Entwicklung von Marktapplikationen zur komfortableren Dokumentenerstellung geplant. Daneben sollen verstärkt Verbindungen mit VANS und anderen Häfen gesucht werden. Für den Ausbau der Funktionalität soll ein internes Netzwerk (S.C.NET und S.F.NET) errichtet werden [IFPCD 1993, o.S.].

47   Teleport
HIS in Duisburg (D)

Ausgehend von einer 1988 durchgeführten Studie über den Standort Ruhrgebiet, die eine grosse Nachfrage nach EDI-Dienstleistungen feststellte, wurde 1989 von sechs Unternehmen (grösstenteils Speditionen) die Teleport GmbH gegründet. Inzwischen ist die Duisburg-Ruhrorter Häfen AG[123] alleinige Eignerin. Klare Aufgabe von TELEPORT ist die Sicherung des Duisburger Hafens im Wettbewerb. Dieser ist mit einem Güterumschlag von 53,5 Mio. t (Stand: 1989) der Welt grösster Binnenhafen. Angesichts der Umweltveränderungen entwickelte sich der Hafen vom traditionellen Massenguthafen zum Logistik- bzw. Güterverteilzentrum für Stück- und Containerverkehre. Letztere sind mit einer Vielzahl von Dokumenten verbunden, beispielsweise enthält ein Container eine Vielzahl von Sendungen, die alle assoziierte Dokumente besitzen. Die Einsparungspotentiale von EDI sind daher tendenziell grösser als bei Massensendungen.

Funktionen Das Ziel von TELEPORT ist es, ein Clearing-System für KMU anzubieten, das nicht nur die hafeninterne, sondern auch die hafenexterne Kommunikation unterstützt. Zielgruppe sind Speditionen und Frachtführer verschiedener Verkehrsträger sowie Behörden wie Polizei und Zoll. Einen Schwerpunkt soll der kombinierte Transport darstellen. Für TELEPORT sind insgesamt etwa 15 Mio. DM an Investitionen (Anschaffungen, Systementwicklung, Vorlaufkosten) vorge-

---

[123] Die Duisburg-Ruhrorter Häfen AG ist zu je einem Drittel im Besitz der Bundesrepublik Deutschland, dem Land Nordrhein-Westfalen und der Stadt Duisburg.

sehen, wovon vier Mio. DM aus Fördermitteln der EG und des Landes stammen [Weinel 1992a, 24; o.V. 1992c, 134]. Die jährlichen Betriebskosten werden mit etwa 1,5 Mio. Mark beziffert [Weinel 1992b, 22].

Die Dienste von TELEPORT lassen sich in die Kategorien TELEPORT EDI-Service, TELEPORT FT-Service und TELEPORT Mail-Service einteilen. Ersterer umfasst Protokoll- und Formatkonvertierung sowie Message-Routing. Er unterstützt eine Vielzahl von Protokollen, z.B. asynchron, HDLC, SNA LU6.2, BSC 3780/3270, MSV und X.400. Eine ähnliche Vielfalt ergibt sich bei den Marktsprachen: VDA, Sedas, Odette, BSL, Ansi X12, Edifact, Edifice, Cefic und Eancom. Der FT-Service umfasst File-Transfer-Dienste und der Mail-Service den Betrieb von Mailboxen. Daneben werden mit Identifizierung, Authentisierung, Audit-Trails, Verschlüsselung und elektronischer Unterschrift (geplant) eine Vielzahl an Sicherheitsdiensten angeboten [Groß 1992, 324]. Realisiert ist TELEPORT auf einem Stratus XA2000 Zentralrechner, der direkt über Datex P, Datex-L, Fernsprech- und ISDN-Netz angesprochen werden kann [Werzinger 1992, 179]. Für den Seebereich wurde eine Verbindung zu →INTIS realisiert, die der Übertragung von Schiffsfahrplänen dient.

Die Absicht von TELEPORT ist es, die angebotene Dienstleistungspalette weitgehend kundenorientiert und doch anwendungsneutral zu gestalten [Werzinger 1993, C516.08]. Diese, mit einem VANS vergleichbare Strategie, dokumentiert sich auch in der ausgebauten Clearing-Center-Funktionalität, die eine Vielzahl unterstützter Protokolle und Marktsprachen umfasst. Ausgehend von diesen kommunikationsorientierten Diensten können im Bedarfsfall auch eine Fracht- oder Laderaumbörse, eine Gefahrengutdatenbank und Sendungsverfolgung implementiert werden. Die Realisierung steht bei letzteren jedoch noch aus.

3.3.5   Luftbereich

Neben der Seefracht besitzt in interkontinentalen Verkehren die Luftfracht einen hohen Stellenwert. Angesichts der Globalisierungstendenzen gilt es, diesen Bereich in Logistikstrategien vermehrt zu berücksichtigen. Bis zum Jahre 2005 wird eine Verdoppelung des Luftfrachtaufkommens von 71 Milliarden Tonnenkilometern (Stand: 1992) auf 185 Milliarden Tonnenkilometer erwartet.[124] Die gesamte Kapazität (einschliesslich Kombifrachtern und Passagierflugzeugen) soll in diesem Zeitraum von 174,1 auf 503,5 Milliarden Tonnenkilometern zunehmen, was einer Zunahme von 858 im Jahre 1992 im Einsatz befindlichen Frachtflugzeugen auf 1'645 Frachtflugzeuge entspricht. Als Frachtmärkte mit überdurchschnittlichem Wachstum gelten Verkehre zwischen den USA und dem Fernen Osten (von 19 auf 22 Prozent des Welt-Luftfrachtverkehrs), zwischen Europa und dem Fernen Osten (von 18 auf 21 Prozent), sowie zwischen Nordamerika, Ost- und Südostasien und Australien [o.V. 1992b]. Im intrakontinentalen Bereich ist der Luftfrachtanteil erwartungsgemäss gering, doch wird in Europa im Zuge der Öffnung Osteuropas auch hier eine Zunahme des Luftfrachtaufkommens erwartet. Die Ursache ist dabei weniger in ihrer klassischen Eignung für kleine Sendungen sowie zeitkritische oder hochwertige Güter zu suchen.[125] Vielmehr dürfte die verkehrstechnische Erschliessung aufgrund der zur Errichtung landgebundener Verkehrsinfrastrukturen erforderlichen Zeit zunächst vor allem über den Ausbau der vorhandenen Luftverkehrseinrichtungen erfolgen.

Mit der tendenziell höheren Nachfrage nach Luftfrachtkapazitäten werden insbesondere die Erbringer von Luftfrachtleistungen konfrontiert. An der Erbringung sind im wesentlichen drei Gruppen beteiligt [Drechsler 1988, 184]:

Beteiligte Gruppen

a. allgemeine Fluggesellschaften bzw. Airlines, die neben ihrem Hauptgeschäft, dem Passagierverkehr, auch Luftfracht von Flughafen-zu-Flughafen befördern. In den Verkauf eingeschaltet sind teilweise Luftfracht-Agenten.

b. Integrated Carriers bzw. Integrators, die sich auf das Frachtgeschäft konzentrieren, wobei Haus-Haus-Express-Dienste mit kleineren Sendungen im Vordergrund stehen. Sie operieren damit als multimodale Frachtführer (Luft, Strasse) und Spediteur gleichzeitig.

c. Dienstleistungsunternehmen, die Luftfracht organisieren oder abwickeln. Dazu zählen Speditionen, die Lufttransporte innerhalb der von ihnen abzuwickelnden Transporte einsetzen. Dominierend ist die Teil- oder Vollcharterung bzw. die

---

[124] Dieser Trend spiegelt sich auch in den Frachttransporten des ersten Halbjahres 1994 wider. Gegenüber der Vorjahresperiode stiegen die Transporte um 13 Prozent [o.V. 1994n, 23].

[125] Zum traditionellen Aufgabenbereich der Luftfracht vgl. Ihde [1991, 74].

Frachtraumbuchung in Linienflugdiensten der allgemeinen Fluggesellschaften. Zu den abwickelnden Unternehmen zählen vor allem Flughafengesellschaften und der Zoll.

Zwischen den Anbietern von Luftfracht (*a* und *b*) besteht ein intra- sowie ein intersektoraler Wettbewerb von zunehmender Stärke. Innerhalb der Gruppe *a* schlägt der Wettbewerb aus dem Passagebereich durch. Zwischen *a* und *b* existeren hauptsächlich Leistungsunterschiede. Nachdem Integrators über ihre flächendeckenden Distributionsnetze eine gesamte Transportkette abzudecken und damit die engen Zeitvorgaben einzuhalten in der Lage sind, beschränken sich die Airlines auf den reinen Lufttransport. Bereits für vor- und nachgelagerte Transporte, wie das logistische Handling am Flughafen oder gar für die Zustellung an den Kunden, fehlen Kapazitäten. Dies dokumentiert sich auch in den benötigten Transportzeiten: dem CART-Bericht der IATA [1975] zufolge beansprucht der eigentliche Lufttransport nur 8 Prozent der Gesamttransportzeit. Für bodengebundene Transporte (Zustellung etc.) werden 12 Prozent der Zeit benötigt. Das Gros entfällt mit 80 Prozent auf die Warte- bzw. Liegezeiten (z.B. Warten auf freie Kapazitäten, zur Verzollung etc.). Der Geschwindigkeitsvorteil der Luftfracht, als zentrale Basis im Wettbewerb, geht dadurch teilweise verloren. Als Gründe für diesen hohen Anteil lassen sich zwei Punkte festhalten: (1) die ungenügenden Handlingkapazitäten am Boden und (2) die ungenügende Abstimmung der Informationsflüsse zwischen den Beteiligten.

Kommunikation

Produktions- und Distributionsseite

Der Informationsfluss trägt auch im Luftbereich entscheidend zu dessen Wettbewerbsfähigkeit bei. Zwei Faktoren sind von Bedeutung: Einerseits die *Produktions-* und andererseits die *Distributionsseite* der Luftfrachtdienstleistung. Erstere setzen an einer Effizienzsteigerung der Luftfrachtleistung selbst, d.h. einer Reduzierung der Gesamttransportzeit, an. *Distributionsseitige* Massnahmen steigern die Wettbewerbsfähigkeit der Luftfracht, indem Kunden z.B. ständigen Zugriff auf den Status und den Zustand ihrer Sendung besitzen.

Eine Effizienzsteigerung bedingt, dass der Geschwindigkeit des physischen Güterflusses auch jene des Informationsflusses entspricht. Aus dem primär interkontinentalen und damit grenzüberschreitenden Charakter der Luftfracht folgen eine Vielzahl an Beteiligten (Flughäfen, Spediteure und Zollbehörden im Versender- und Empfängerland) und eine Vielzahl auszutauschender Dokumente.

Tab. 3.15:
Dateninhalte zwischen Beteiligten im Luftfrachtbereich [Städtler 1984, 96]

Von	An	Dateninhalt
Versender	VS	Voravis, Versandauftrag, Ladeliste, Begleitpapiere (Rechnung, Zollausfuhrpapiere)
VS	Airline (V)	Reservierung, Air-Waybill, House-Air-Waybill, Master-Air-Waybill, Manifest
VS	Zoll (V)	Ausfuhrantrag
VS	ES	Avis
Airline (V)	VS	Reservierungsbestätigung, Frachtabrechnungen
Zoll (V)	VS	Ausfuhrgenehmigung
Airline (V)	Flughafen (V)	Beladeinformationen, Transfer-Frachtabrechnung
VS	Airline (V)	Ladeliste, Off-load-Informationen
VS	Versender	Empfangsbestätigung, Rechnung
Airline (V)	Frachtführer (Airline)	Transfermanifest, Air-Waybill, Begleitpapiere, ULD-Information, Verrechnung von Transportleist., ULD-Verwendung, Abfertigung
Airline (V)	Airline (E)	Load-Message
Airline (V)	ES	Avis
Frachtführer (Airline)	Airline (V)	Verrechnung von Transportleistungen, ULD-Verwendung, Abfertigung
Frachtführer (Airline)	Airline (E)	Sendungsdaten (Manifeste, Frachtbriefe, Begleitpapiere)
Airline (E)	Flughafen (E)	Fluginformationen (Abflughafen, Landedaten, Beladungsinformationen), Beladeplan, (Transfer-)Manifest, Spezialgüterinformationen, ULD-Information
Airline (E)	Zoll (E)	Manifest-Daten
Airline (E)	ES	Avis, Manifest, Air-Waybill, Begleitpap., Fakturierung, Tracing-Informationen, Auslieferungsantrag
Flughafen (E)	Airline (E)	Positionsdaten
Zoll (E)	Airline (E)	Empfangsbestätigung, Manifest-Daten
ES	Zoll (E)	Manifest-Daten (Soll und Ist), Zollantrag, Auslieferungsantrag
Zoll (E)	ES	Zollfreigabe
ES	Empfänger	Voravis, Air-Waybill, Begleitpapiere, Rechnung
Empfänger	ES	Advice (Verzollung, Zahlungsbedingungen, Auslieferung, Empfangsbestätigung)

Legende: ES = Empfangsspediteur, VS = Versandspediteur, V = Versenderseite, E = Empfängerseite

Die Informationsströme sind komplex, wobei Tab. 3.15 Dateninhalte zwischen den Beteiligten, in sinnlogischer Reihenfolge darstellt. Vor dem Hintergrund des grenzüberschreitenden Charakters sind auch die Beziehungen zu den Zollbehörden enthalten. Diese Informationsflüsse werden innerhalb der oben geschilderten drei

Gruppen in unterschiedlichem Masse durch IOS unterstützt. Ein
wesentlicher Unterschied ist bei *b* sowie zwischen *a* und *c* festzustellen. Anders als die Integrators, die eigene Kapazitäten zur Abwicklung einer Transportkette besitzen, sind die Beteiligten *a* und *c*
in ihrem Aufgabenbereich auf Teile der Kette beschränkt. Von der
Kundenschnittstelle abgesehen, benötigen erstere zur Transportab-
wicklung lediglich eine Schnittstelle zum Zoll. Letztere besitzen
höheren Interaktionsbedarf mit anderen Beteiligten (z.B. Versand-
spediteur-Airline-Zoll-Empfangsspediteur), was sich in einem vermehrten Bedarf für interorganisatorischen Datenaustausch niederschlägt.

Situation bei den Integrators

Zur Steuerung ihrer Güterströme besitzen Integrators (Bereich *b*)
wie Fedex, DHL, Emery Worldwide, UPS oder Burlington Air Express weltumspannende und multimodale Kommunikationsnetze.[126]
Diese stellen sowohl das Rückgrat der kurzen Transportzeit als auch
der Kundenzufriedenheit dar. Beides wäre angesichts des hohen
Sendungsvolumens ohne IT nicht mehr realisierbar gewesen.[127]
Prinzipiell sind die Netze den Speditionsnetzen vergleichbar, jedoch
decken sie aufgrund des Leistungsspektrums der Integrators eine
ganze Transportkette ab. Zur optimalen Integration der Zoll-Schnitt-
stelle bestehen wie beispielsweise bei UPS enge Kooperationen mit
den Zollbehörden. Die Verlader bzw. Empfänger erhalten, analog
den Reservierungssystemen im Luftpassagebereich (CRS), über
einen PC Zugriff auf das jeweilige Netz des Integrators (1:n-Bezie-
hung) und können dadurch Buchungen und Statusabfragen tätigen.
Beispielsweise können Standort und Zustand von Sendungen
innerhalb von Sekunden bestimmt werden, eine Funktionalität die
angesichts der hohen Relevanz des Faktors 'Zeit' im Lufttransport
zentrale Bedeutung besitzt [Evans 1993, 12].

Informationslogistische Systeme tragen sowohl auf Produktions-
(geringe Gesamttransportzeiten) wie auf Distributionsseite
(Informationsbereitschaft) stark zur Wettbewerbsfähigkeit der Integrators bei. Letzteres wird durch die Aussage eines britischen Luftfrachtagenten unterstrichen: „It's not the speed with which integrators can deliver freight which wins them business, it's the ability to

---

[126] Beispiele sind die Systeme →COSMOS von Fedex oder UPSNET von UPS.

[127] Dies unterstreicht die Aussage eines Managers von Burlington Air
Express: „We see EDI relationsships at the crux of our global customer
initiatives" [King 1992a, 31].

provide information on the status of that shipment throughout its movement" [Macleod 1993a, 8]. Dabei ist auch der Preis von untergeordneter Bedeutung, denn Integrators weisen einen steigenden Marktanteil auf, obwohl sie nicht die günstigsten Tarife besitzen [Gräf/Bumba 1992, 16].

Situation bei Airlines und Dienstleistern

Dem vermehrten Kommunikationsbedarf zwischen *a* und *c* wurde auf Seite der IOS bislang nur ungenügend Rechnung getragen. Dass sich in beiden Bereichen auf breiter Front IAS mit fehlenden inter-organisatorischen Schnittstellen etabliert haben, erklärt die hohen Ineffizienzen (resp. Wartezeiten) im Luftfrachtbereich zumindest partiell. So besitzen die Beteiligten in *a* und *c* jeweils die relevanten Informationen, diese sind jedoch wegen fehlender Verbindungen und inkompatibler Marktsprachen nicht über die gesamte Luft-frachtkette verfügbar. Eine zunehmende Vernetzung der Systeme könnte neben der Beschleunigung des Informationsflusses auch den *distributionsseitigen* Nutzen erhöhen, indem Stati etc. in der ganzen Kette verfügbar wären und damit den Informationsbedarfen der Kunden nach Standort oder Ankunft ihrer Sendung besser entsprochen werden könnte.

Heute: IAS und SITA

Die heutige Situation in den beiden Bereichen lässt sich wie folgt zusammenfassen: Heute besitzt jede Airline ein sog. Cargo-IS, das ähnlich den Systemen im Passagebereich (CRS) zur Verwaltung von Kapazitäten, Buchungen und Stati eingesetzt wird. Grössere Airlines haben eigene Systeme aufgebaut[128], kleinere Airlines können derartige Funktionen von der SITA beziehen.[129] Die SITA ist ein im Jahre 1949 entstandener, nicht-gewinnorientierter Zusammenschluss von über 400 Airlines weltweit. Herzstück der SITA ist ein weltweites Kommunikationsnetz zur Übertragung von nicht-kommerziellen Informationen (z.B. Flugbewegungen). Auch im Bereich *c* wurden frühzeitig (insbesondere bei Spediteuren und Agenten) IS zur Erstellung der Zolldokumente und zur Verwaltung von Kunden- und Sendungsdaten eingesetzt. Zu nennen sind hier die weltum-

---

[128] Beispiele sind die Systeme BA80 von BA, Carido von Swissair, Falcon von Aer Lingus, FAST von Alitalia, Forsc von Singapore Airlines, Cubic von Cathay Pacific, Cardinal von Northwest, Cargo Sabre von AA und Usas*Cargo von LH [Macleod 1992, 8].

[129] Bislang haben 29 kleinere Airlines von einem Outsourcing ihres Fracht-systems Gebrauch gemacht [Jeker 1991, 263]. Zu SITA-Dienstleistungen vgl. auch →Usc.

spannenden Netze globaler Spediteure (z.B. →DANZNET) und die SW Cargo One der IATA.

Cargo-Community Systeme (CCS)

Die Flughafengesellschaften mit ihren den Seehäfen ähnlich komplexen hafeninternen Logistik- und Kommunikationsstrukturen, waren die 'Urväter' von IOS im Luftfrachtbereich. Auch hier gilt es, alle Teilnehmer einer Hafengemeinde bzw. Cargo Community (Flughafenbehörde, Spediteure, Zoll, Agenten) zu verbinden. Für derartige IOS hat sich die Bezeichnung Cargo Community System (CCS) etabliert. Eine der ersten Initiativen war LACES anfangs der 70er Jahre am Londoner Flughafen Heathrow. Daneben wurden auch in New York und Miami Pilotprojekte gestartet, die jedoch scheiterten, weil sie in Anlehnung an HIS Funktionalitäten (z.B. Datenbanken zur Sendungsverfolgung) besassen, die in den internen Systemen der Beteiligten bereits vorhanden waren [Jeker 1991, 264]. LACES hingegen stellte diese Strukturen nicht in Frage, da es primär als Drehscheibe zur Weiterleitung von Nachrichten diente und damit eingespielte Interaktionsmuster bei minimalem Kostenaufwand beibehielt. Dem Beispiel des laufend weiterentwickelten LACES[130] folgend, wurden an vielen weiteren Flughäfen ähnliche CCS initiiert.

Initianten von CCS
　　Wichtige Initianten waren neben den Flughafengesellschaften, Spediteuren oder dem Zoll vor allem die Airlines. Diese begannen im Jahre 1988 ihre internen Systeme an Agenten für Buchungen, Tarif- und Statusabfragen zu öffnen. Beispiele sind das CARAT-System[131] von BA und das →MOSAIK-System von LH. Dem Bedürfnis der Agenten nach Zugang zu unterschiedlichen Airlines konnten diese Systeme aber nicht entsprechen. Als Lektion aus dem Passagebe-

---

[130] LACES steht für London Airport Cargo EDP Scheme und lief von 1971 bis 1981. Es wurde weiterentwickelt zum ACP80 (Air-Cargo Processing in the Eighties) und anschliessend zum aktuellen ACP90. Der weitere Ausbau soll zum →CCS-UK führen.

[131] CARAT steht für Cargo Agents Reservation Air Waybill Issuance and Tracking System. Neben der führenden BA, waren an Carat auch KLM, Air Canada, Singapore Airlines, Swissair und Aer Lingus beteiligt. Zu CARAT vgl. →CCS-UK.

reich[132] bildeten sich mit dem Zusammenschluss mehrerer Beteiligter (Spediteure, Airlines) etwa gleichzeitig Initiativen heraus, die neutrale und offene CCS ins Leben riefen. Neben geringeren Koordinationskosten für die Agenten suchten die Airlines aber vor allem ihre Wettbewerbsfähigkeit den Integrators gegenüber zu steigern. Wie beschrieben, besitzen diese eine gute Kontrolle über die Transportkette und eine ausgebaute Informationslogistik.

2 Gruppen: Traxon und CIDIG

Da sich die Airlines des Vernetzungsbedarfes bewusst waren, setzte die IATA im Jahre 1986 eine Arbeitsgruppe mit der Bezeichnung *Cargo Community Systems Council* ein. Sie sollte generelle Empfehlungen für die Entwicklung und den Betrieb von CCS erarbeiten und damit die Vernetzbarkeit nationaler CCS gewährleisten. Im Jahre 1989 wurde mit der Cargo*Star-Spezifikation[133] ein technischer Standard CCS veröffentlicht. Mit dieser Architektur sollten lokale CCS geschaffen werden, die aufgrund der gemeinsamen Architektur leicht vernetzbar sind. Nicht alle Airlines verfolgten jedoch diesen Ansatz. So strebten die Airlines der →TRAXON-Gruppe[134] die Realisierung eines globalen Frachtdistributionssystems an. Anfang der 90er Jahre existierten daher zwei Gruppen zur CCS-Entwicklung: 1. die in der CIDIG[135] zusammengeschlossenen Airlines zur Realisierung der lokalen Strategie und 2. die →TRAXON-Gruppe mit ihrer

---

[132] Die CRS im Passagebereich begannen ebenfalls als IAS, die in einem ersten Ausbauschritt Reisebüros die elektronische Abfrage und Buchung von Kapazitäten erlaubten. Im zweiten Schritt wurden auch konkurrierende Airlines in das System aufgenommen, jedoch wurden die eigenen Angebote bevorzugt angezeigt, was sich zu einem wesentlichen Verkaufsmotiv entwickelte. Im dritten Schritt wurden die Systeme 'neutral', d.h. alle Anbieter waren gleichberechtigt. Die Praxis zeigte, dass neutral ein flexibler Begriff war, weshalb der Gesetzgeber Neutralitätsregeln erliess. Als 'Lektion' bleibt festzuhalten, dass in einem Betreiberkonsortium, zudem einem branchenfremden, tendenziell weniger opportunistische Informationsverzerrung erfolgt [Copeland/McKenney 1988, 353].

[133] Cargo*Star steht für Cargo Switching, Translation and Routing und regelt z.B. die Protokollkonversion (Transmission Layer), die Nachrichtenweiterleitung (Message Handling and Switching Layer) und die Schnittstelle zu Zusatzdienstleistungen (Service Layer).

[134] Zur →TRAXON-Gruppe zählen Air France, Japan Airlines, Lufthansa und Cathay Pacific.

[135] CIDIG bezeichnet die Cargo Information Distribution Interest Group, der BA, KLM, Aer Lingus, Air Canada, Alitalia, Qantas, SAS, Singapore Airlines und Swissair angehören.

globalen Strategie. Seit Mitte 1992 beschlossen beide Gruppen aus Kostengründen bei der Systementwicklung und -integration zu kooperieren [Ritz 1995, 94].

Funktionen eines CCS

Trotz unterschiedlicher Realisierungsansätze unterscheiden sich die CCS in ihrer Funktionalität nur marginal. Generell unterstützt ein CCS mit einem (1) offenen und neutralen System die (2) automatische Weiterleitung und Konvertierung standardisierter luftfrachtbezogener Nachrichten (3) zwischen einer Vielzahl an Beteiligten (n:m-Beziehung) [IATA 1993, 1]. Durch die Neutralität sollte die Bevorteilung einer (Betreiber-)Airline und durch die Offenheit die Buchungsmöglichkeit bei verschiedenen Airlines sichergestellt werden [Macleod 1992, 10]. Wie z.B. →CARGONAUT, →ICARUS, →TRADEVISION oder →TRAXON zeigen, werden diese beiden Grundsätze durch eine breite Verteilung der Eigentümerverhältnisse sichergestellt.

CCS = CRS ?

Obschon CCS z.B. bzgl. Offenheit und Neutralität Parallelen zu den CRS im Passagebereich zulassen, weisen sie in ihrer Funktionalität infolge der unterschiedlichen Branchenstruktur im Frachtbereich erhebliche Unterschiede zu CRS auf. Im Frachtbereich existiert keine grosse Menge anonymer Nachfrager, vielmehr wird meistens eine vordefinierte Transportleistung für einen der Airline bekannten (Stamm-)Kunden erbracht. Dabei werden i.d.R. individuelle Tarife und keine starr aufgeteilten Tarif- und Buchungsklassen veranschlagt. Dieser individuelle Tarif wird durch Abgleich der aktuellen Nachfragesituation, dem erwarteten Frachtaufkommen und der Preisvorstellungen des Auftraggebers von einem Revenue-Management-System, das den Yield-Management Systemen im Passagebereich vergleichbar ist, festgelegt [Lock 1992, 466]. Preisvergleiche und -verhandlungen sehen CCS nicht vor. Die Reservierung von Frachtraum setzt i.d.R. eine Rahmenvereinbarung über die Anzahl buchbarer Kontingente zwischen Airline und Agent voraus.

Ziele von CCS

CCS sind also weniger auf das Schaffen von Markttransparenz als auf die effiziente Übermittlung und das optimale Fliessen von Infomation ausgelegt. Die Funktionspalette umfasst mit Message-Routing und Konvertierung etc. hauptsächlich kommunikationsorientierte Funktionen. Die Buchung eines Agenten leitet das CCS an das Cargo-System der Airline weiter, das dann die Anfrage bestätigt oder zurückweist. Beim Frachtbriefaustausch steht der vorauseilende Informationsfluss zwischen den Beteiligten im Vordergrund, sodass die Frachtbriefdaten vor der Landung des Flugzeuges den Bestimmungsort erreichen. Gleichzeitig vergibt das CCS als Identifikator für

Statusabfragen bzw. die Sendungsverfolgung eine Frachtbriefnummer [Hohagen/Schmid 1991, 15].

Diese Funktionalität gilt es im Sinne einer geschlossenen Informationskette nicht nur punktuell (z.B. an einem Flughafen), sondern über die gesamte Transportkette zu gewährleisten. Wie im Seebereich verhinderten auch im Luftbereich eine Vielzahl verschiedener Kommunikationsprotokolle sowie eine fehlende gemeinsame Marktsprache die Vernetzung der Systeme [King 1992a, 30]. Erste Quasi-Standards stellten die Protokolle der SITA und die Nachrichtenstandards der IATA dar. Letztere tragen die Bezeichnung Cargo*Imp und existieren in verschiedenen zueinander inkompatiblen Versionen.[136] Mit der Cargo*Star-Spezifikation[137] wurde ein Standard für die HW- und Software-unabhängige Kommunikation zwischen CCS veröffentlicht. Die darin festgeschrieben X.25-basierten Kommunikationsprotokolle erlangten in der Folge steigende Akzeptanz, obwohl sie nicht den ISO-Normen entsprechen. Cargo*Imp stellt heute die bedeutendste Marktsprache in der Luftfracht dar. In vielen Projekten wird aber die Einführung von Edifact (Cargo*Fact 2) vorangetrieben [Gräf/Bumba 1992, 17].

Aviation Exchange (AVEX)
CCS in Huntsville (USA)

48

Im Jahre 1990 begann der in Huntsville, Alabama ansässige Konzern Teledyne Brown Engineering (TBE) von den angestammten Geschäftsbereichen (SW und Elektronik im Luftfahrt- und Rüstungsbereich) in den Bereich der Luftfracht zu diversifizieren. Der Grund war der hohe Stellenwert, den die schnelle und zuverlässige Zustellung für die eigenen Produkte besitzt. Über das System sollten die nordamerikanischen Luftfrachtspediteure mit allen den nordamerikanischen Raum bedienenden Luftfrachtführer

---

[136] Cargo*Imp steht für Cargo Interchange Message Procedures, der von IATA und ATA (Air Transport Association of America) entwickelten Marktsprache für den Luftfrachtbereich. Durch laufende Weiterentwicklung existieren mittlerweile zehn Versionen, die je nach Spediteur auch noch genutzt werden.

[137] Cargo*Star steht für Cargo Switching, Translation and Routing und regelt z.B. die Protokollkonversion (Transmission Layer), die Nachrichtenweiterleitung (Message Handling and Switching Layer) und die Schnittstelle zu Zusatzdienstleistungen (Service Layer).

angeschlossen werden. In der Folge wurde eine Marktstudie über das Potential eines nordamerikaweiten CCS erstellt. Daraufhin entschloss sich Teledyne als branchenfremder Anbieter ein neutrales System nach den CCS-Richtlinien zu errichten. Zur zügigen Realisierung wurden die Rechte am →ICARUS-System, insbesondere der Message-Switch Komponente, für die Nutzung am amerikanischen Markt erworben. In Verbindung mit Know-how des IS-Entwicklungsbereiches von TBE (Commercial Systems Division) wurde dieses System 1992 in Betrieb genommen.

Abb. 3.21: Anbindung von AVEX an andere CCS und Informationsnetze

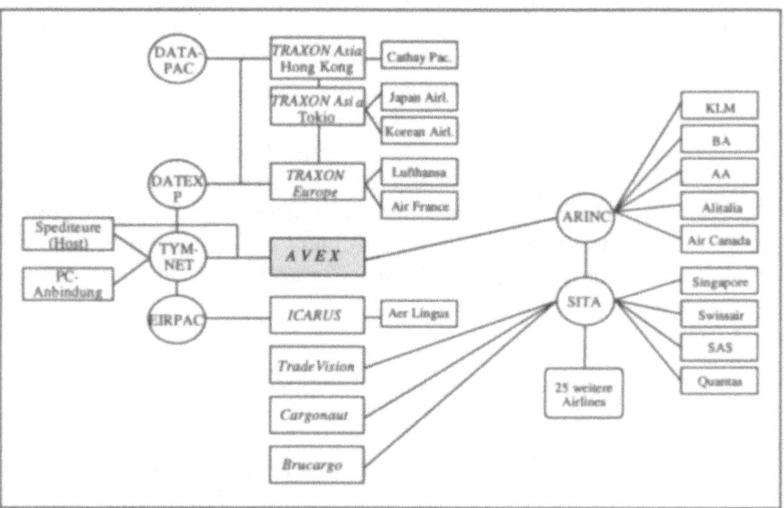

Nachdem AVEX die ICARUS- bzw. Cargo*Star-Architektur übernommen hat, ist damit auch die *Funktionalität* bereits grob festgelegt. Wie dort spezifiziert, werden keine logistikorientierten Datenbanken beim Systembetreiber angelegt, sondern hauptsächlich das Message Routing zwischen den Teilnehmern und anderen CCS (vgl. Abb. 3.21) sowie kommunikationsorientierte Funktionen, wie E-Mail, Konvertierung etc. unterstützt. Diese Funktionalität wird genutzt, um Kapazitäten abzufragen, Buchungen, Luftfrachtbriefe und Tracking und Tracing-Informationen zu übertragen. Daneben können über einen Anschluss an die ABC-Datenbank in London[138] Flugpläne abgerufen werden.

---

[138] Zur ABC-Datenbank vgl. →TRADEVISION.

Das System ist realisiert auf einer Motorola-HW unter UNIX in Huntsville. Die Kommunikation kann entweder über direkte Hostkopplung oder über PC-Verbindungen erfolgen, wobei für letztere die Marktapplikation PC Shipper geschaffen wurde. Als Netzwerk benutzen Spediteure hauptsächlich VANS wie Thymnet und Airlines das ARINC- oder das SITA-Netz. Als Datenstandards werden Cargo*Imp, TDCC und Edifact, als Kommunikationsprotokolle X.25, AX.25, IBM 3780 und P1024B unterstützt.

Situation und Perspektive
Heute kann über AVEX auf 44 Luftfahrtgesellschaften zugegriffen werden, wobei der Funktionsumfang variiert. Beispielsweise unterstützen nicht alle Airlines eine elektronische Buchung. Auf der Seite der Spediteure sind etwa 125 Unternehmen angeschlossen. AVEX zählt damit neben →TDNI zu dem wichtigsten CCS in Nordamerika. Dies erkannten auch die übrigen CCS-Betreiber an.[139] Die Verbindung zu anderen CCS, ein Anliegen der gemeinsam geschaffenen Cargo*Star-Architektur, wird parallel zum Ausbau der Teilnehmerbasis verfolgt. In der Pilotphase oder bereits operativ sind Verbindungen zu →CARGONAUT, →CCN, →ICARUS, →TRAXON (Europe und Asia) und →TRADEVISION, während Verbindungen zu →BCS und →CCS-CH sich noch in der Planung befinden. Im Entwicklungsstadium ist auch die Schnittstelle zum Zoll (Air AMS, →ACS), sowie eine Tracking-Funktionalität nach Fedex oder UPS-Vorbild. Auf längere Sicht ist auch die Schaffung von Schnittstellen zum See- und Schienenverkehr sowie die Realisierung eines CASS[140] zur vereinfachten Frachtkostenabrechnung zwischen Airlines und Spediteuren geplant.

Brucargo Community System (BCS)
CCS in Brüssel (B)

49

Im Jahre 1989 wurde das Unternehmen Brucargo Community System als Initiative der belgischen Flughäfen und der belgischen Luftfrachtagenten gegründet. Es wird von der Flughafenbehörde und dem belgischen Zoll betrieben. Zur neutralen Ausrichtung des Systems wurde diese Konstellation bewusst gewählt. Das Ziel war zunächst die Interoperabilität der IS sämtlicher Luftfrachtbeteiligten. Bei der Konzeption von BCS stützte man sich weitgehend auf die

---

[139] Sowohl die →TRAXON-Gruppe als auch die CIDIG erkennen AVEX und →TDNI als offizielle CCS für Nordamerika an.

[140] CASS bezeichnet ein Cargo Accounts Settlement System.

Cargo*Star Spezifikation der IATA. Für die am Flughafen von Brüssel stattfindende Realisierung wurde das Softwarehaus Orda-B beauftragt. Das System wurde im Januar 1991 in Betrieb genommen. Seit Juli 1991 ist die elektronische Verzollung implementiert und seit September des gleichen Jahres besteht volle Kommunikationsfähigkeit zwischen den Beteiligten (Transporteure, Agenten und Versender). Seit 1993 ist Bcs der Vertriebskanal von →TRAXON Europe in Belgien.

Die *Funktionalität* von Bcs ist CCS-typisch, d.h. es werden Kommunikationsdienste angeboten, die der Übertragung von Frachtbriefen, Reservationen, und Kapazitäts- oder Statusabfragen dienen. Nach der Cargo*Star-Architektur verwaltet Bcs keine Datenbestände, sondern arbeitet im wesentlichen nach dem Store-and-Forward-Prinzip. Aus kommunikationstechnischer Sicht stellt Bcs eine Vielzahl von Kommunikationskanälen bereit: das lokale ISDN Telefonnetz von Brucargo, öffentliche Wählleitungen, Mietleitungen oder das weltweite SITA-Netz. Über das SITA-Netz besteht auch die Zugangsmöglichkeit zu anderen CCS sowie zu den Datenbanken der IATA (Tarife, Flugpläne). Zollanmeldungen werden an das angeschlossene →SADBEL-System übermittelt. Bcs setzt als Marktsprachen Edifact und Cargo*Imp ein, wobei auch Konvertierungsfunktionen angeboten werden. Zugegriffen wird dann über das Frontend-System Bcs Bridge. Unterstützte Kommunikationsprotokolle sind P1024B, X.25 oder DECNET.

Mittlerweile sind fünf Airlines (AA, BA, KLM, Sabena, Swissair), 16 Frachtagenten und Belgavia, ein neutraler Umschlagagent am Brüsseler Flughafen, an Bcs angeschlossen. Um diese Teilnehmer bei der weiteren Entwicklung von Bcs vermehrt zu berücksichtigen, wurde Ende 1992 die Bcs User Group[141] eingerichtet. Der weitere Ausbau des Systems soll sich auf die Funktionalität und die Anbindung an andere CCS erstrecken. Bereits realisiert ist die Verbindung zu →CARGONAUT und →TRAXON (Europe).

50 Cargo Community Network (CCN)
CCS in Singapur (SGP)

Im Mai 1992 wurde in Singapur ein Projekt ins Leben gerufen, das die Position Singapurs im internationalen Güterverkehr stärken soll. Das dazu geplante IOS soll allen Transportbeteiligten als neutraler

---

[141] Diese Gruppe umfasst BA, Sabena, Swissair und Belgavia.

Message Switch dienen. Die Projektleitung liegt bei der Cargo Community Network Pte Ltd., die folgende Eigentümerverhältnisse besitzt: Singapore Airlines (51 Prozent), Trade Development Holdings Pte Ltd. (44 Prozent) und Singapore Aircargo Agents Association Cargo Services Pte Ltd. (5 Prozent). Letztere ist eine gemeinsam von Spediteuren und Agenten betriebene Organisation. Zur Kommunikation zwischen Agenten wurde bereits von den Singapore Network Services (SNS) das System STARNET gegründet. Verglichen dazu besitzt CCN jedoch einen umfangreicheren Funktionsumfang und den Anspruch höherer Neutralität. Allerdings halten zwei Parteien (Singapore Airlines und TDH) einen Anteil von 95 Prozent. Im Oktober 1992 ist das System unter dem Namen CCN (häufig ist auch der Name Spectrum anzutreffen) mit vier Airlines (BA, KLM, Singapore Airlines, Swissair) und den 77 Agenten, die bereits an das interne Cargo-System der Singapore Airlines Forsc[142] angeschlossen waren, in Betrieb genommen worden. Es sollen weiterhin Verbindungen aufgebaut werden mit →CCS-CH und →TRADENET, dem nationalen Kommunikationsnetz in Singapur. CCN gilt daher auch als Erweiterung von →TRADENET auf ein- und ausgehende Fracht [Macleod 1992, 12; o.V. 1992m, 7].

Die *Funktionalität* von CCN umfasst die Übertragung von Frachtbriefen (Mailbox-Dienst), Buchungen, Flugplaninformationen und Statusinformationen (Tracing). Die Kommunikationsdienste beinhalten z.B. BBS-Funktionen für aktuelle Nachrichten und die Verbindung zu anderen CCS (→TRAXON (Europe and Asia), →AVEX, →ICARUS, →CARGONAUT und →TRADEVISION). Der erste Ausbauschritt von CCN betrifft EDI mit dem Message-Routing und der Konvertierung (Cargo*Imp und Edifact). Die Kommunikation kann über die VANS PDN und SITA unter der Verwendung vieler Protokolle (P1024B, IBM3270, AX.25, X.25, ALC) erfolgen.

Mittlerweile sind 12 Airlines, 83 Frachtagenten sowie der Zoll an das System angeschlossen. Geplant ist eine neue SW-Version für Workstations, die z.B. den Ausdruck von Luftfrachtbriefen beim Agenten unterstützen soll. Ferner ist geplant, interne Systeme von Agenten direkt an CCN anzubinden. Weiterhin ist man bemüht, zusätzliche Airlines an das System anzuschliessen und Verbindungen zu anderen CCS herzustellen.

---

[142] Forsc ist mit Carat, dem internen BA-System vergleichbar (→CCS-UK).

Cargo Community System for the United Kingdom (CCS-UK)

51

CCS in London (UK)

Wie bereits im Überblick dieses Kapitels dargestellt, waren der Flughafen in London und der britische Zoll frühzeitige Aktoren im CCS-Bereich. Die erste Systeminitiative, das System LACES (London Airport Cargo EDP Scheme), geht auf das Jahr 1971 zurück und wurde in der Folge neben London Heathrow auch auf anderen Flughäfen (z.B. London Gatwick, Manchester) installiert. Das System lief bis 1981 und wurde zum ACP80 (Air Cargo Processing in the Eighties) und anschliessend zum aktuellen ACP90 weiterentwickelt. Der Betreiber von ACP war bis Ende 1991 Travicom, seitdem ist es die British Telecom. Der Erfolg von LACES und seinen Weiterentwicklungen lässt sich an den Teilnehmerzahlen darstellen: An ACP90 sind ungefähr 700 Spediteure/Agenten, 40 Airlines, 17 Flughäfen und 27 Durchgangslager angeschlossen, die in ihrer Gesamtheit jährlich 17 Mio. Transaktionen tätigen.

Von ACP zu CCS-UK
Anfang 1993 wurde das mittlerweile veraltete ACP-System durch CCS-UK ersetzt [o.V. 1991a, 2]. In diesem wurde auch die mit dem EG-Binnenmarkt notwendig gewordene getrennte Behandlung von Intra- und Extrahandel (vgl. Kapitel 3.3.6) umgesetzt. CCS-UK wurde vom heutigen Betreiber BT Customer Systems nach den Cargo*Star-Richtlinien entwickelt. Wie LH (→MOSAIK) brachte auch BA ihr internes Frachtsystem (Carat) in die Konzeption von CCS-UK ein, um dadurch einerseits (aus CCS-UK-Sicht) den Entwicklungsaufwand zu reduzieren und andererseits (aus BA-Sicht) Carat unter neutraler Trägerschaft weiterbestehen zu lassen.[143] Die *Funktionalität* von CCS-UK wurde schrittweise und in Abhängigkeit der angeschlossenen Teilnehmer entwickelt. Funktionen, die noch nicht von CCS-UK wahrgenommen werden, verbleiben bei ACP90. So erfolgte im Oktober 1993 beispielsweise die Kommunikation noch über ACP90. Als ein Grund wird die noch nicht fertiggestellte SW ASM 2000 genannt [Macleod 1993a, 8]. Ferner ist der parallele Betrieb von

---

[143] Carat (Cargo Agents Reservation Air Waybill Issuance and Tracking System) wurde neben BA von KLM, Air Canada, Singapore Airlines, Swissair und Aer Lingus entwickelt. Diese besitzen daher ähnliche Systemversionen im Einsatz. BA verwendet CARAT seit 1987, um Spediteuren/Agenten den Zugriff auf Routendaten, Flugpläne und Sendungsstati geben [Macleod 1993b, 5].

ACP90 und CCS-UK erforderlich, weil CCS-UK noch keine Zollfunktionen unterstützt.

Die Funktionalität des auf einer Tandem-Infrastruktur realisierten Systems umfasst Kommunikationsfunktionen wie die Konvertierung von Nachrichtensyntax (Cargo-Imp und Cargo-Fact) und -protokollen (BA TAP, P1024B, AX.25, X.25). Zur Kommunikation mit CCS-UK werden öffentliche Netze, SITA und BT Tymnet unterstützt. Ferner werden Mailbox-Dienste, die Verwaltung von Stati sowie ein automatisches Billing angeboten. Als Perspektive sollen alle ACP90-Teilnehmer an CCS-UK angeschlossen werden und der Betrieb von ACP90 eingestellt werden.

52

Cargo Community System Schweiz (CCS-CH)
CCS in Zürich (CH)

Beschreibung als Fallstudie in Kapitel 4.1.

53

Cargo Information System (CIS$_L$)
CCS in Frankfurt a. M. (D)

CIS$_L$ ist das System zur informationslogistischen Handhabung der Luftfracht am grössten europäischen Luftfrachtflughafen. Es wurde von der Flughafen Frankfurt/Main AG (FAG) gegründet, um die Mitarbeiter der FAG und die im Flughafenbereich abgefertigten Airlines zu verbinden. Weitere Teilnehmer sind Spediteure, Agenten und Empfänger. Die *Funktionalität* von CIS$_L$ umfasst [Gräf 1989, 305]:

❑ die Buchung von Frachtraum bei angeschlossenen Airlines,

❑ die Abfrage von Informationen, wie Lagerbestandsabfragen[144] oder die Abfrage von Statusinformationen (z.B. 'Ready to go/ Not ready to go'),

❑ den Austausch und die Erstellung von Zolldokumenten (Import und Export) zwischen Spediteuren und dem Zoll,

❑ Informationen zum Gefahrengüterhandling (IATA-Vorschriften mit Artikelnummer und Gefahrenklasse sowie den dazugehörigen Transportregelungen),

---

[144] Airlines oder Spediteure können ihre Bestände über 'Interaktives EDI' entweder von CIS$_L$ oder über das SITA-Netz weltweit abfragen.

❏ die automatische Erstellung und Überprüfung von Manifesten, sowie die Erfassung und Verwaltung des Luftfrachtbriefes.

Wie Abb. 3.22 zeigt, ist CIS_L an das SITA-Netz angebunden, worüber u.a. Importsendungsdaten und Statusmeldungen über Bewegungen ausserhalb des Flughafens übertragen werden können. Importdaten werden über die Verbindung zu →ALFA an den Zoll übermittelt. Zur Abwicklung von Exporten besteht eine Verbindung zum KOBRA-System[145] des Zolls. Eine zusätzliche Erweiterung ist das von Airlines und Agenten gemeinsam betriebene Abrechnungssystem Cargo Accounts Settlement System (CASS).[146] Ein weitere Verbindung ist zu →TRAXON und der ABC-Flugdatenbank aufgebaut worden [Hilscher 1991, 42].

Abb. 3.22:
Einbettung
von CIS_L

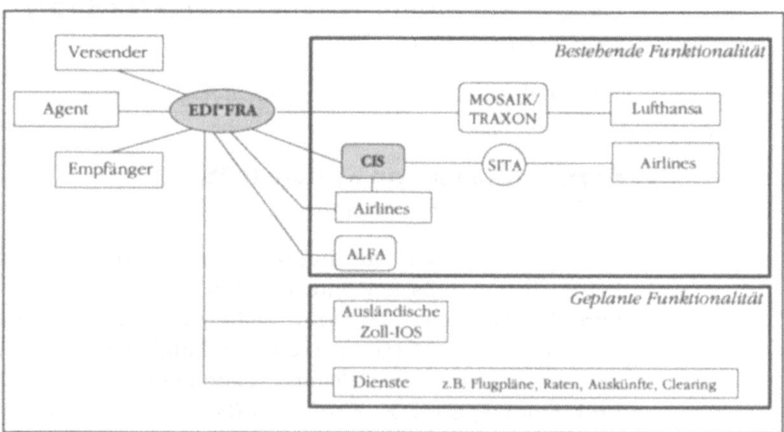

Zur Kommunikation mit dem Tandem-Rechner von CIS_L benötigen die Teilnehmer den Frontend-EDI Konverter EDI*FRA bzw. EDI*SYS, der einen PC unter UNIX erfordert. Dieser Konverter stellt die Weiterführung des vom BmFT in den Jahren von 1986 bis 1989

---

[145] KOBRA steht für das System 'Kontrolle bei der Ausfuhr' des deutschen Zolls, das an 200 Zollstellen eingesetzt wird und vom Hauptzollamt Darmstadt koordiniert wird.

[146] Ein CASS zielt darauf ab, die Frachtkostenabrechnung zwischen Spediteuren und Airlines zu vereinfachen, indem Frachtbriefe über das CCS an CASS weitergeleitet werden. Über die gleiche Schnittstelle kann die Rechnung an die Spediteure oder an Banken gelangen.

geförderten Projektes LOG-Luft[147] dar. Er unterstützt die Kommunikation zwischen CIS_L, →ALFA, →MOSAIK, den Airline-Systemen und den Speditionssystemen. Heute sind ca. 350 Endgeräte angeschlossen, die hauptsächlich von der FAG und den ca. 70 Airlines genutzt werden. Als Basis der Kommunikation mit den Airlines werden i.d.R. Datex-P-Verbindungen verwendet, die sich FTAM-Protokollen mit Edifact-Syntax bedienen. Für Teilnehmer mit besonders grossen und besonders kleinem Datenvolumen bestehen Sonderanschlüsse.

Die Kommunikation mit →ALFA erfolgt über Datex-L oder Standleitung nach BSC-Protokoll mit →ALFA-Syntax (die Unterstützung von CUSDEC ist geplant) [Bumba 1991, 251]. Auf Teilnehmerseite können generell proprietäre Standards, Edifact der Cargo*Imp unterstützt werden. Für den technologisch offenen Zugang werden alle gängigen Kommunikationsprotokolle unterstützt, z.B. OSI, TCP/IP, OFTP, SDLC oder ASYNC. Dadurch können Teilnehmer den Konverter auch für andere Verbindungen als jene mit CIS_L einsetzen.

54 CARGONAUT
CCS in Amsterdam (DK)

Gegen Ende des Jahres 1981 wurde von KLM, der Dänischen Gesellschaft der Luftfrachtspediteure und der Flughafenbehörde des Amsterdamer Flughafens Schiphol beschlossen, die bislang isoliert voneinander existierenden IAS der Luftfrachtbeteiligten zu verbinden. In der Folge wurde unter Federführung der Flughafenbehörde das Unternehmen Cargonaut B.V. gegründet, das von 1985 bis 1988 das CCS CARGONAUT entwickelte und implementierte. Das System wurde im Juli 1988 in Betrieb genommen und besitzt als Teilnehmer hauptsächlich Luftfrachtspediteure. Daneben sind Airlines, Banken, der Zoll und die Flughafenbehörde angeschlossen. Eine Verbindung zur Bahn besteht nicht.

Die *Funktionalität* von CARGONAUT umfasst kommunikationsorientierte Funktionen wie den zentralen Mailboxdienst, die Protokoll- und Syntaxkonversion, die Formatprüfung und die Teilnehmerautorisierung. Darauf aufbauend, werden eine Vielzahl anwendungsorientierter Meldungen unterstützt, z.B. die Buchung und die Buchungsbestätigung, die Statusanfrage und -antwort, Tarifabfragen oder die Übertragung von Frachtbriefen und Einfuhranmeldungen.

---

[147] LOG-Luft steht für 'Logistische Optimierung Gütertransportkette Luftfracht', eine Komponente des gesamten LOG-Projektes (→LOG).

Über einen Anschluss an die ABC-Datenbank in London[148] können auch Flugpläne u.ä. abgefragt werden. Alle Anfragen an CARGONAUT sollen realtime, d.h. innerhalb von 10 Sekunden, beantwortet werden.

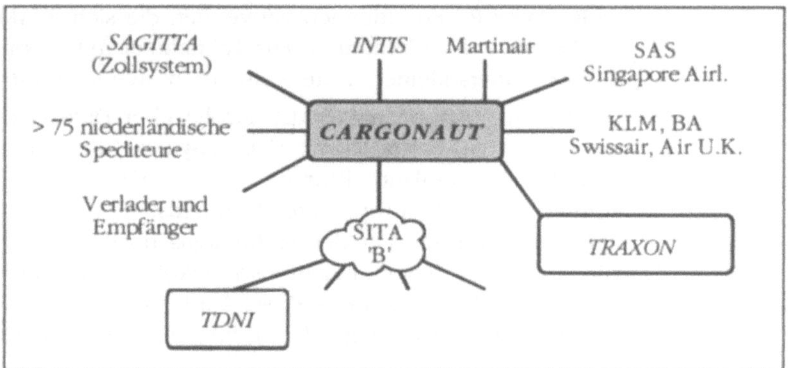

Abb. 3.23: Verbindungen von CARGONAUT

Auf *technischer* Seite baut CARGONAUT auf einem zentralen Bull-System in Amsterdam auf. Für Teilnehmer existieren drei Zugriffsarten, wobei es sich bei den 116 Teilnehmerverbindungen meistens um direkte Host-host Kopplungen handelt. Wählleitungen und der Anschluss über Netze sind zu vernachlässigen. Für die PC-gestützte Kommunikation bietet CARGONAUT seinen Teilnehmern die Marktapplikation Piconaut an, unterstützte Netzwerke umfassen öffentliche Netze und das SITA-Netz. Die Kommunikation kann erfolgen unter Verwendung folgender Protokolle: P1024B, IBM3270, AX.25, X.25 und X.400. An Marktsprachen werden Cargo*Imp, Edifact und das proprietäre Format CGN verwendet.

Wie die Teilnehmerzahl verdeutlicht, kann CARGONAUT als ein gut etabliertes System bezeichnet werden. So waren Ende des Jahres 1993 109 Teilnehmer angeschlossen, davon 13 Airlines, ca. 80 Spediteure und Agenten, sowie der niederländische Zoll. Es wird berichtet, dass sich mit CARGONAUT die Durchlaufzeit von Sendungen am Flughafen um rund 25 Prozent verbessert hat [IATA 1993, 20]. Ein weiterer Nutzen für die Teilnehmer ist die gute Einbettung von CARGONAUT in die internationale Cargo-Community. Es dient als Gateway zu →AVEX, →BCS, →CCS-CH, →CCN, →ICARUS, →TDNI, →TRADEVISION und seit November 1992 zu →TRAXON

---

[148] Zur ABC-Datenbank vgl. auch die Beschreibung unter →TRADEVISION.

Europe. Dadurch erhöht sich die Zahl der Unternehmen, die auf CARGONAUT zugreifen können, auf etwa 500. Weiterhin besteht eine Verbindung zum Zollsystem SAGITTA und zum HIS →INTIS in Rotterdam. Als ein weiterer Schritt hin zu einem multimodalen System ist eine Verbindung zum niederländischen Vtx-Transportsystem →TRADICOM geplant, wodurch Luftfrachtspediteuren die Frachtverfolgung auf der Strasse möglich wird [Macleod 1992, 10].

Cargo Information Exchange Scheme (CIES)
CCS in Hong Kong (HKG)

Im Jahre 1983 begann die HACTL (Hong Kong Air Cargo Terminals Limited) mit Arbeiten, zur Erweiterung ihres internen Systems um eine Standard Interface Facility (SIF) für die Luftfrachtabwicklung. Die seit 1976 existierende HACTL ist per Regierungsbeschluss der einzige Terminalbetreiber für Luftfracht in Hong Kong und schlägt nach eigenen Angaben das grösste Volumen weltweit um.[149] Ihr internes System COSAC (Community System for Air Cargo) verwaltet seit 1976 für die Airlines sämtliche Informationen bei Ein-, Aus- und Durchfuhr. Mit Weiterentwicklung von COSAC zu einem SIF sollte der Austausch von Manifest-Informationen und die Abfrage von Statusinformationen zwischen COSAC und den internen Airline-Systemen über das SITA-Netzwerk möglich werden. Dazu wurde im März 1984 von HACTL und der TWG (Airline Technical Workgroup) eine Arbeitsgruppe unter dem Namen CIES Working Group eingesetzt. Die erste Phase von CIES, die den Anschluss der Airline-Systeme über das SITA-Netz umfasste, wurde im Februar 1985 abgeschlossen. Im August des gleichen Jahres wurde eine zweite Phase realisiert, die eine erweiterte Automatisierung bei Einfuhren brachte.

Das 'Herz' von CIES stellt das COSAC-System dar. Wichtiger Bestandteil von COSAC ist eine zentrale Datenbank, die vier Datensätze verwaltet und folgende *Funktionalität* besitzt:

☐ Anzeige von Flugplänen innerhalb eines Zeitfensters von 13 Tagen: Flugdaten werden in einem Flight Record (FCR) verwaltet, der acht Tage vor Ankunft bzw. Abflug erstellt und vier Tage nach Ankunft/Abflug gelöscht wird.

---

[149] 1992 wurden 918'518 t bzw. 1'890'995 Sendungen von 60 Airlines umgeschlagen, 1993 hofft man eine Mio. t zu überschreiten.

☐ Erstellung und Verwaltung von Sendungs- und Ladungsdaten: Ladungsdaten werden in den sog. Unit Records (UDR) und Sendungsdaten werden in einem Consignment Record (CNR) verwaltet. Letzterer wird ebenfalls nach vier Tagen gelöscht, anschliessend jedoch archiviert. Auf FCR, UDR und CNR erstellt COSAC automatisch eine Reihe von Indexi, die es erlauben, die Datensätze zu sortieren und entsprechende Listen (z.B. eine Unit List) auszugeben.

☐ Unterstützung der Zollabwicklung, durch Vorverzollungen und die Verwaltung des Customs Inventory Record (CIR).

☐ EDI mit Meldungen für Statusabfrage, Luftfrachtbrief und Frachtraumbuchung,

Gegenwärtig sind 26 Airlines (Stand: 9/1993) über das SITA-Netz an COSAC/CIES angeschlossen, die Nachrichten nach IATA- bzw. Cargo*Imp-Standard austauschen. Neben den Airlines sind etwa 250 Agenten angeschlossen, die sowohl über →TRAXON, über Wählleitung als auch über Telefon (HAC-TEL) zugreifen können. HAC-TEL wird mit etwa 800 Anrufen täglich genutzt. Als dritte Zugriffsmöglichkeit existieren für Agenten und die HACTL insgesamt 300 lokal auf den Terminalanlagen verteilte PCs bzw. Terminals und 150 Drucker. Daneben besteht eine Verbindung zum Flight Information Display System (FIDS) der Luftfahrtbehörde. Das COSAC-System ist auf einem IBM ES9121-System unter VSE/ESA und CICS/VS 1.7 für die Online-Verarbeitung realisiert. Hauptrechner und Kommunikationsrechner sind über ein Token-Ring-Netzwerk gekoppelt.

In Zukunft möchte CIES/COSAC auch jene (häufig lokalen) Airlines anschliessen, die bislang über Telefon zugegriffen haben. Eine weitere, ausbaufähige Stossrichtung ist der verstärkte Anschluss der Inhouse-Systeme von Agenten, um auch diesen die Möglichkeit zu Buchung und der Übertragung von Luftfrachtbriefdaten zu geben. Eine dritte Ausbauoption betrifft die Zollfunktionalität und die Einbindung von Regierungsstellen (statistisches Amt, Handelsministerium). Ein weiterer Schritt deutet mit dem Anschluss von Finanzinstituten in Richtung integrierte Logistik (vgl. Kapitel 2.3.2).

56   Customer, Operations, and Service Master On-Line System (COSMOS)

Kommunikationssystem von Fedex (USA)

Federal Express (Fedex) ist ein globaler Integrator, d.h. Spediteur und Frachtführer in einem. Nach Erwerb der Cargo-Airline Flying Tigers im Jahre 1989 gilt Fedex als weltweit grösster Integrator, der im Heimmarkt Amerika einen Marktanteil von etwa 40 Prozent besitzt.[150] Die angebotene Dienstleistung geht auf das Jahr 1973 zurück, als Fedex die Zustellung von kleinem Stückgut über Nacht im Haus-zu-Haus-Verkehr einführte. Realisieren konnte man dies nur durch das Hub-and-Spoke-Prinzip und die ausgeprägten informationslogistischen Fähigkeiten. So holt Fedex nach Auftragserteilung die Sendungen mit Lkw ab, fliegt sie zum Hub in Memphis, Tennessee, schlägt sie dort auf andere Flugzeuge um und stellt sie mit Lkw am nächsten Tag zu. Das Unternehmen verteilt heute täglich 1,5 Mio. Sendungen über das eigene Distributionsnetzwerk. Nach Angaben von Fedex ist für das Erreichen dieser Zahl einerseits die Attraktivität der warenlogistischen Leistungsfähigkeit (Haus-zu-Haus über Nacht) verantwortlich. Andererseits wird der informationslogistischen Leistungsfähigkeit der gleiche Stellenwert eingeräumt.[151] Dazu besitzt Fedex als Vorreiter der Branche seit 1977 das System COSMOS, das es mit seinen Systemkomponenten erlaubt, eine Fracht von Annahme bis Zustellung zu verfolgen. Die *Funktionalität* verdeutlichen die folgenden beiden Punkte [OECD 1992, 168]:

Funktiona-
lität von
COSMOS

1. Nachdem Fedex einen Kundenauftrag erhalten hat, wird von der Leitstelle ein in Kundennähe befindlicher Fahrer über seinen Bordcomputer (DADS[152]) benachrichtigt. Nach Übernahme der Ware wird diese vom Fahrer mittels des Barcode-Systems *Super-Tracker* eindeutig gekennzeichnet. Diese (Frachtbrief-)Daten werden entweder vom Bordcomputer direkt an den lokalen Fedex-Rechner rückübertragen oder in einer *Smart Box* bis zur nächsten Station zwischengespeichert, um dann von dort an COSMOS übertragen zu werden.

---

[150] Gefolgt wird Fedex von UPS mit einem Marktanteil von 20 Prozent [Foster 1993, 49].

[151] So wird ein Fedex-Manager zitiert mit der Aussage: „We decided that the information about the package was as important as the package itself."

[152] DADS steht für Digitally Assisted Despatch System.

2. Die lokalen Fedex-Rechner übertragen die relevanten Informa-
    tionen an die zentrale Fedex-Datenbank COSMOS in Memphis,
    Tennessee. In der Datenbank werden sämtliche Stati bzw.
    Zustandsänderungen, die bei jedem Umschlagsvorgang (z.B. am
    Flughafen) durch Scanning erfasst werden, übertragen und ge-
    speichert. Auf diese Weise kann eine geschlossene Informations-
    kette realisiert werden, was Fedex jederzeit innerhalb von höch-
    stens 30 Minuten ein Tracking (Standortbestimmung) ermöglicht.
    Grundlage für diese Funktionalität beruht auf der Erfassung der
    Daten an den Umschlagspunkten mittels Barcodesystem. Dabei
    handelt es sich weitgehend um die Frachtbriefdaten, d.h. um
    codierte Frachtbriefe.

Als ein weiterer Funktionsbereich sind die dispositiven Funktionen
zu nennen, welche die Koordination des gesamten Fedex-Netzes zu
Boden und in der Luft umfassen. Beispiele dafür sind die Planung
der Flugbewegungen, die Überwachung des Bodenpersonals, sowie
die gesamte Abwicklung des Workflows.

Technische Infrastruktur Die Systemarchitektur von COSMOS besteht aus den mobilen Bordcomputern, den etwa 1'400 Rechnern an Umschlagspunkten (z.B.
Flughäfen), den lokalen Fedex-Rechnern sowie dem Zentralrechner
in Memphis. Das dortige Rechenzentrum beherbergt sieben IBM
3090-Mainframes und 18 IBM 3745-Frontend-Rechner. Sie dienen
der Verwaltung der zentralen Datenbank und bedienen 18 Call-
Centers, die täglich 297'000 Anrufe von Kunden entgegennehmen.
Die Kunden können sich dabei einer gebührenfreien Nummer
bedienen. Anfragen beziehen sich etwa auf Zeitpunkte, in denen
die Ware den Ursprungsort oder das Umschlagszentrum verlassen
hat. 93 Prozent der Gespräche können innerhalb von 20 Sekunden
beantwortet werden. Kunden mit hohem Transaktionsvolumen wird
die Möglichkeit geboten, direkt auf die Fedex-Informationen
zuzugreifen. Dazu wird beim Kunden das sog. *PowerShip*-System
installiert [Quinn 1992, 137]. Neben der Kommunikation Kunde-
Fedex wird z.B. bei Störungen eine Kommunikation in umgekehrter
Richtung angestossen, d.h. der Kunde wird umgehend benachrichtigt. Zum Management der unvermeidlichen Schnittstellen zu den
Zollbehörden ist COSMOS in vielen Ländern an die dortigen Zoll-
systeme angeschlossen und geniesst damit den Vorteil von Vor- und
Schnellverzollungen. Beispiele sind Anschlüsse zu Zollsystemen in
Hong Kong, England, Japan, Singapur (→ACCESS), Kanada und
Australien (→TRADEGATE) [o.V. 1991c, 3; OECD 1992, 168].

Cosmos wird heute für über 200 Mio. Sendungen jährlich verwendet und konnte in der Vergangenheit beträchtlichen Nutzen realisieren. So wird geschätzt, dass das System für rund 10 Mio. US$ Umsatz jährlich verantwortlich ist und dass die zum Kundenkontakt erforderliche Personalstärke reduziert werden konnte. Gleichzeitig kann sich das flacher organisierte[153] Fedex-Personal auf wesentliche Aktivitäten beschränken, denn Cosmos „allows Fedex couriers to concentrate their attention on the friendlier aspects of customer service." [Quinn 1992, 138] Ferner dient es verbesserter Debitorenbuchhaltung, indem offene Posten leichter ermittelbar sind.

Partsbank-Konzept

Eng mit Cosmos verbunden ist das *Partsbanks*-Konzept. Dabei handelt es sich um ein internationales Netzwerk an Lagerhäusern von Federal Express Business Logistics, einer spezialisierten Tochter von Fedex. Sie bieten den etwa 200 Benutzern eine Reihe internationaler Dienste an, bei denen auch EDI eine wichtige Rolle einnimmt. Partsbanks existieren in Leicester, Amsterdam, Singapur und fünf amerikanischen Städten. Jede Partsbank ist rund um die Uhr betriebsbereit, wodurch Zeitunterschiede vermieden werden können. Angebotene Dienstleistungen sind u.a. Sammeln der Ware, Transport, Lagerung, Sortierung, Lagerverwaltung, Zollbehandlung und Zustellung. Das System kann sowohl passiv (Kunde bekommt ein logistisches 'Fenster' auf die Güterbewegung) oder auch aktiv vom Kunden benutzt werden. In letzterem Fall bekommt der Kunde ein voll funktionsfähiges Logistiksystem mit Zugriffsmöglichkeit über X.25 i.V.m. Edifact/Ansi X12. Angestrebt werden Verbindungen des Systems zu möglichst vielen nationalen Zollstellen. Funktionsfähig ist bereits die Verbindung zum niederländischen Zollsystem Sagitta [o.V. 1992j, 14].

Fretair

57

CCS in Paris (F)

Unter dem Namen Fretair ging im Juni 1987 auf Initiative der Airlines in Frankreich ein CCS in Betrieb. Das System wurde von dem SW-Haus GSI (→Dalog) entwickelt und wird von General

---

[153] Die flachere Organisationsstruktur resultiert einerseits aus dem hohen Stellenwert der Unternehmenskultur, andererseits aber auch der Möglichkeit, die Leistung des Personals besser erfassen zu können. Das Unternehmen besitzt höchstens fünf Hierarchieebenen, wobei typische Kontrollspannen 15 bis 20 Mitarbeiter umfassen [Quinn 1992, 136].

Systems Informatique betrieben. Initianten und Eigner des Systems sind die vier Airlines BA, Iberia, KLM und Swissair, nicht hingegen die Air France. Ziel von FRETAIR ist der Betrieb eines Message Switches für die französischen Spediteure. Gemessen an diesem Ziel hat das System eine hohe Durchdringung erreicht, waren doch Ende 1993 rund 95 Prozent der französischen Spediteure angeschlossen. Dies entspricht einer Zahl von 700.

Die Mehrzahl dieser Teilnehmer ist über das französische Vtx-System Minitel angeschlossen, lediglich 20 Teilnehmer besitzen eine Verbindung über öffentliche Netze oder das SITA-Netz. Die vier Airlines besitzen Host-host Verbindungen. Fretair ist auf einem IBM-System realisiert und unterstützt infolge der hohen Anzahl an Vtx-Teilnehmern nur eine beschränkte Anzahl an Kommunikations-protokollen (P1024B/C und X.25) und Nachrichtenformaten (Cargo*Imp). Unterstützte Cargo*Imp-Nachrichten umfassen Status-meldungen (FSR, FSA), Flugpläne (FIR, FIA) und Frachtraum-buchungen (FFR, FFA) [IATA 1993, 26].

FRETAIR ist noch stark auf Spediteure fokussiert, in Zukunft sollen jedoch weitere Airlines (z.B. Air Portugal) angeschlossen werden. Ob auch eine (sinnvoll erscheinende) Verbindung zum französi-schen Zoll (→SOFI) hergestellt werden soll, ist noch unklar.

Irish Community Aircargo Realtime Users System (ICARUS)
CCS in Dublin (IRL)

Im Jahre 1988 wurde in Dublin als Initiative von Fluggesellschaften und Spediteuren die Gesellschaft Cargo Community Systems Limited (CCSL) gebildet. Sie ist zu 50 Prozent im Besitz von LH, BA und Aer Lingus, während die anderen 50 Prozent in den Händen von fünf Spediteuren sind. Das Gemeinschaftsunternehmen liess von Phillips (Irland) das erste CCS nach Cargo*Star Empfehlungen entwickeln. So entstand mit ICARUS im Juni 1990 ein System, das Verbindungen zwischen verschiedenen Airlines und Spediteuren herstellt. Der Zoll ist seither nicht beteiligt. Mit Anschluss an ICARUS können sich die Teilnehmer folgender (CCS-typischer) *Funktionalitäten* bedienen:

❑ *Kommunikationsorientierte Funktionen.* ICARUS bietet zentrale Mailboxdienste und Store-and-forward Funktionen sowie Nach-richten- und Protokollkonvertierung an.

☐ *Logistikorientierte Funktionen.* Nachdem ICARUS nach der Cargo*Star-Architektur realisiert ist, steht die zentrale Speicherung von Informationen nicht im Zentrum. Datenbanken sollen bei den Teilnehmern verbleiben und nicht zentral repliziert werden. Unterstützt wird die Übertragung von logistikspezifischen Nachrichten, die das Tracking und Tracing, die Reservierung, Frachtbriefen sowie Flugplandaten betreffen.

Technische Infrastruktur

Der Zugang zum zentralen ICARUS-System, das auf einer IBM RS 6000 unter UNIX realisiert ist, erfolgt hauptsächlich über Host-host Kopplungen, da eine PC-basierte *Übergangslösung* nicht im Interesse der Teilnehmer war. Dabei sind Wähl- und Direktleitungen sowie VANS-Verbindungen möglich. So sind über die unterstützten VANS PTT, PDN oder BT Tymnet Teilnehmer wie etwa LH angeschlossen. Teilnehmer (z.B. BA) können sich ebenfalls des SITA-Netzes bedienen, das gleichzeitig auch die Verbindung zu anderen CCS herstellt. ICARUS unterstützt die Marktsprachen Cargo*Imp und Edifact (primär IFTM) sowie die Kommunikationsprotokolle ASYNC, P1024B, IBM3270, AX25, X.25 und X.400. Die jüngste Erweiterung stellt ein interaktiver X.400/X.435-EDITS-Dienst dar.[154]

Insgesamt waren Ende 1993 15 Teilnehmer aus dem Speditionsbereich[155] und 42 Airlines[156] mit ICARUS verbunden. Die Zahl der dabei übertragenen Nachrichten hängt von saisonalen Faktoren ab und liegt im Durchschnitt bei etwa 14'000 pro Monat. Für die Zukunft ist die Realisierung einer relationalen (SQL-)Datenbank geplant. Es sollen Informationen über bereits ausgelieferte Fracht und Kapazitäten abrufbar sein. Weiterhin denkbar wäre es, ICARUS an die Irländische Version von Minitel anzuschliessen. Dies werden jedoch ebenso wie die Einbeziehung von Gefahrengutinformationen die künftigen Bedürfnisse der Teilnehmer entscheiden. Fest geplant ist dagegen die breite Einführung des Cargo*Star-Konzeptes im Laufe der nächsten Jahre. Beispiele realisierter bzw. in Realisierung befindlicher Systeme nach Cargo*Star sind →AVEX, →CCS-CH, →CCS-

---

[154] EDITS steht für Electronic Data Interchange for Transporters and Shippers [o.V. 1993g, 18].

[155] Etwa 80 Prozent der irischen Spediteure sind an ICARUS angeschlossen. Dazu zählen u.a. Air Sea Forwarding, Byrne Airfreight, Irish Express Cargo, J.P. Jones, LEP International, MSAS Cassin, O'Reilly Aerlod, Reindeer Shipping, SeaSky Express, Walsh Western und Williams Air Freight.

[156] Dazu zählen u.a. Aer Lingus, Air France, British Airways, Cathay Pacific Airways, Lufthansa, Japan Airlines und KLM.

UK oder →Traxon (Europe), →CCN, →Cargonaut, →TradeVision. Durch die einheitliche Architektur erhöhen sich auch die Chancen für ein globales Luftfracht-Netzwerk zwischen diesen CCS [Macleod 1992, 10].

Um diese Entwicklung zu fördern, vertreibt Icarus seine Message-Switch-Komponente als eigenes Produkt. So hat beispielsweise für den amerikanischen Markt Teledyne Brown die Lizenzrechte erworben, um →Avex aufzubauen. Nach dem gleichen Muster versucht die TIAS[157], ein CCS für Australien aufzubauen.

59 Multifunktionales offenes Sendungs-, Abwicklungs-, Informations- und Kommunikationssystem (MOSAIK)
Luftfrachtbuchungssystem der LH (D)

Mosaik ist eine Entwicklung der deutschen Lufthansa (LH) und der Technologie Management Gruppe (TMG). Es soll als zentraler Message-Switch die Systeme von Agenten, Speditionen und dem Zoll mit jenen der Airlines verbinden. Ziel der LH ist es, ein offenes und neutrales System zu errichten. In einer ersten Phase ging es primär um die Integration der Teilnehmersysteme mit dem internen Frachtsystem der Lufthansa Usas*Cargo. Mosaik wurde ab September 1988 entwickelt und begann Mitte 1989 mit einer Pilotgruppe von Agenten der Unternehmen Rhenus, Panalpina, Lassen, Kühne&Nagel, Union Transport, Euram und Paul Günther den Betrieb. In einer ersten Phase deckt Mosaik die vier folgenden *Funktionalitäten* ab [Winkelmann 1990, 338]:

❑ *Sendungsstatusabfrage.* Die LH-Stati[158] können abgerufen werden bzw. werden bei Abweichungen automatisch gemeldet.

❑ *Reservierung.* Abgefragt werden können der aktuelle LH-Flugplan mit Kapazitätsinformationen, wobei Buchungsalternativen (z.B. Sonderangebote) und buchungsrelevante Zusatzinformationen (z.B. Embargos) berücksichtigt werden.

---

[157] Die TIAS bezeichnet die Travel Industries Automated Systems Ltd., ein Joint Venture von Qantas, Ansett und Air New Zealand Airlines [o.V. 1994t, 7].

[158] Die LH hat folgende Stati: Übernommen durch die LH, Abgeflogen, Angekommen sowie Übergabe des Frachtbriefes an den Empfangsspediteur.

❑ *Datenaustausch.* Zwischen den Teilnehmern und LH wird hauptsächlich der Luftfrachtbrief und zwischen LH und dem Zoll die Zollanmeldungen übertragen.

❑ *Kommunikationsfunktionen.* Dieser Bereich umfasst das Message-Switching, Konvertierungsfunktionen sowie Sicherheitsfunktionen bzgl. Systemzugang und autorisierter Nachrichten. Während bei ersterem Passwörter etc. verwendet werden, sind bei letzterem die zwischen zwei Teilnehmern erlaubten Nachrichtentypen gespeichert.

Als zentraler Rechner (Message-Switching Komponente) wird ein fehlertoleranter Stratus XA2000 unter VOS verwendet, der das Routing der Nachrichten, die Zugriffskontrolle und die Konvertierung von Protokollen und Datensyntax übernimmt. Die nach Edifact oder Cargo*Imp-Spezifkation formatierten Nachrichten werden standardmässig über X.25-Leitungen (Datex-P) übertragen [Winkelmann 1990, 336].

Nachdem sich nur zögerlich Teilnehmer an MOSAIK angeschlossen haben, wurde das System zur Akzeptanzsteigerung in eine neutrale Trägerschaft überführt. Mit der Beteiligung von LH an GLS wurde MOSAIK in →TRAXON eingebracht[159] und dient weiterhin zum Zugriff der Teilnehmer auf →TRAXON.

60   Nippon Air Cargo Clearance System (NACCS)
CCS in Tokio (J)

Im Jahre 1977 wurde vom japanischen Finanzministerium die Nippon Air Cargo Clearance System Operations Organisation gegründet, die im August 1978 das NACCS-System in Betrieb nahm. NACCS wurde von der japanischen PTT (NTT) auf Initiative des Zolls, des Finanzministeriums und von Airlines entwickelt und umfasste bei Inbetriebnahme vor allem die Verzollung eingehender Luftfracht am Flughafen Narita. Im Jahre 1985 wurde das System auf die Behandlung ausgehender Luftfracht und die Flughäfen Baraki und Osaka ausgeweitet. In einer dritten Phase im Jahre 1993 wurde es auch in den Flughäfen Ngo, Yokohama, Kobe und Haneda installiert.

---

[159] Die Tatsache, dass bei →TRAXON die gleiche Systeminfrastruktur (Zentralrechner) verwendet wird, lässt auf einen hohen Stellenwert von MOSAIK innerhalb der →TRAXON-Gemeinschaft schliessen.

Die Systemfunktionalität umfasst einen Mailboxdienst, die Stativerwaltung und die automatische Rechnungsstellung. Im November
1993 waren 176 Teilnehmer an NACCS angeschlossen, davon 75
Airlines, 100 Spediteure/Agenten und der Zoll. Insgesamt besitzen
diese Teilnehmer 764 Verbindungen zum System, die fast alle auf
Host-host Kopplung beruhen. Das dabei eingesetzte Kommunikationsprotokoll ist ein proprietäres (DINA) des Computerherstellers
NEC, von dem auch die HW des Systems stammt [IATA 1993, 51].

61 TOTEM
Luftfrachtbuchungssystem von Air Canada (CAN)

TOTEM ist primär ein IAS, das einen verständlichen und doch knappen Einblick in Airline-Systeme gibt, wie sie bei den CCS angeschlossen sind. Bei Totem ist das seit Oktober 1991 existierende
Frachtsystem der Air Canada. Es setzt sich zusammen aus einer
Vielzahl von Anwendungen, die sich im wesentlichen in vier Bereiche einteilen lassen:

1. *Cargo Operational System (COS)* ist ein Modul für die Verwaltung
   und Aufzeichnung von Buchungen, die Erfassung von Frachtbriefdaten, zur Verwaltung der Frachtterminalaktivitäten und
   zum Tracking von Fracht. Dieses Systemmodul wird weltweit
   eingesetzt.

2. *Advanced Cargo Rating (ACR)* ist in COS integriert und bildet mit
   diesem die operationellen Systeme von Air Canada. ACR enthält
   veröffentlichte Frachttarife, Verträge und sonstige Abkommen
   und ermöglicht es automatisch den Wert bzw. die Kosten von
   Frachtbriefen zu schätzen.

3. *Cargo Revenue Accounting (CRA)* dient der Verwaltung aller
   Finanztransaktionen für Frachtleistungen. Es verwaltet
   Rechnungen auf Debitoren- und Kreditorenseite, Abrechnungen
   zwischen den Airlines, sowie alle Finanzberichte.

4. *Cargo Revenue Enhancement (CRE)* ist ein MIS-Modul[160], das
   Daten aus den administrativen und dispositiven Systemen
   verdichtet. Es dient der Überwachung des eigenen Kundenservices und der Identifizierung von Trends und möglichen
   Zukunftsmärkten. Wie bei MIS üblich, können individuelle
   Berichte generiert werden.

---

[160] MIS steht für Management Informations System.

Sowohl SW wie HW wurde von Unisys bereitgestellt. Die HW besteht aus drei Unisys-Mainframes, die im Air Canada Data Centre in Montreal implementiert sind. Aufgabenmässig ist jeweils eine Maschine den Applikationen COS und ACR, den Applikationen CRA und CRA sowie der Entwicklung und dem Backup zugeteilt. Zur Kommunikation mit einigen Kunden und CCS werden verschiedene VANS (u.a. SITA) eingesetzt. Angeschlossene CCS sind →AVEX, →TradeVision und →TDNI. Als Marktsprache verwendet man Cargo*Imp. Über diese Infrastruktur sind insgesamt 500 PCs angeschlossen, die insgesamt täglich 430'000 Transaktionen ausmachen. Nachdem es sich primär um ein IAS handelt, wird das Gros dieser Transaktionen von internem Personal getätigt.

62 TradeVision
CCS in Kopenhagen (DK)

TradeVision wurde im August 1990 als ein Projekt der SAS ins Leben gerufen, um EDI im Luftfrachtbereich innerhalb des skandinavischen Raumes zu etablieren. Im Jahre 1991 wurde das System in die SMART (Scandinavian Multi-Access System) Holding in Stockholm eingegliedert. Dieses Unternehmen ist zu 95 Prozent im Besitz von SAS und zu fünf Prozent von Amadeus, dem Betreiber des globalen CRS im Passagebereich. Der Systemname wurde in der Folge auf SMART-TradeVision geändert. Im Sinne der Neutralität des Systems ist geplant, den Anteil der SAS zugunsten anderer skandinavischer Unternehmen zu reduzieren. Das Anbieten eines neutralen EDI-Kommunikationsdienstes für alle im internationalen Handel Beteiligten (Transporteure, Industrie, Zoll, Banken, Versicherungen etc.) aus den nordischen Ländern, steht im Mittelpunkt.

Das in Kopenhagen situierte und aus dem internen SAS-System entstandene System, wird stufenweise entwickelt. Der erste Schritt umfasst das Routing von Nachrichten zur Frachtbuchung und Statusabfrage sowie die Übertragung von Frachtbriefen. Mit Installation einer neuen Switch-Komponente im Jahre 1992 wurden auch Nachrichtenkonvertierung und Mailboxdienste möglich. Daneben wird seit März 1992 der Zugriff auf das englische ABC Cargo Timetable IS in Dunstable (Flugpläne, Verbindungszeiten, Codes, Tarife) und auf Versicherungen angeboten. Als weitere Dienstleistung wird nordischen Luftfahrtgesellschaften ohne Reservationssystem unter dem Namen SMART-TradeVision Automatic Reservation

System (ResLink) ein Frachtsystem angeboten. Für diese richtet TRADEVISION ein eigenes Reservationssystem ein.

Zur Teilnahme am IBM-System von TRADEVISION bestehen drei prinzipielle Zugriffsarten: (1) Seit Mitte 1992 die PC-Version Trade-Vision 2000 (Windows 3.1-basiert); (2) Die PC-Version TradeVision DialUP (wie 1. jedoch offline-Erfassung) und (3) TradeVision Host-Link für eine direkte Systemkopplung. Als Marktsprache werden Cargo*Imp und Edifact, als Kommunikationsprotokolle P1024B, IBM3270 und VT100, verwendet. Unter anderem über das SITA-Netz bestehen Verbindungen zu →TRAXON, →CARGONAUT, →BCS, →ICARUS, →CCN, →AVEX und →TDNI.

Über diese Verbindungen ist jedoch bislang 'lediglich' eine Kommunikation zwischen Frachtführer und Agenten möglich. Mit 80 Prozent aller Frachtagenten in den nordischen Ländern konnte man sich eine vorherrschende Marktposition aufbauen. Beteiligt waren Ende 1993 insgesamt 125 Teilnehmer, davon 115 Spediteure/Agenten[161], acht Airlines[162], Versicherungen und der schwedische Zoll (→TDS).[163]

Perspektive   Der weitere Ausbau von TRADEVISION beinhaltet die Kommunikation zwischen den Agenten[164] der angeschlossenen Systeme (vgl. oben). Die dadurch entstehende Gemeinde aus etwa 2'000 Agenten soll nach dem Willen der CCS Operators Group in einem weltweiten Verzeichnis, das Profile sämtlicher angeschlossener Agenten beinhaltet, dokumentiert sein. Die Inter-Agenten-Kommunikation wird in Form strukturierter wie auch unstrukturierter Nachrichten möglich sein.[165] Unter der Funktion Market Place verteilt TradeVision seit April 1994 Neuigkeiten (Zeitpläne, Sonderaktionen etc.) im Auftrag

---

[161] Beispiele sind: Kühne&Nagel, DLF, Hamburg Express GmbH, Schenker, Emery Airfreight und LEP.

[162] Es sind dies Aer Lingus, Air Canada, Alitalia, KLM, Qantas, SAS, Singapore Airlines sowie Swissair.

[163] Laufende Veränderungen von Teilnehmerzahlen und Funktionalität sind in trans*ACTION, dem Newsletter von TRADEVISION, veröffentlicht.

[164] Dabei sollen drei Nachrichten unterstützt werden: House Waybill Data Message, House Waybill Data Request und House Waybill Consolidation List. Nach Angaben von TRADEVISION sollen diese Meldungen bis zur Definition von Edifact-Meldungen im Cargo*Imp-Format implementiert werden.

[165] Seit April 1994 können Agenten mittels unstrukturierter Nachrichten (Free-text) zusätzliche Nachrichten, z.B. die 'Proof of Delivery' oder den 'Status on Consolidated Shipments' übertragen.

der Anbieter an die Teilnehmer (Agenten). Weitere Entwicklungen betreffen eine verbesserte Zollfunktionalität, die Verbindung zu einem CASS und die Unterstützung anderer Transportarten wie Strasse oder Schiene.

63	**Transport Data Network International (TDNI)** *CCS in Vancouver (CAN)*

Das Unternehmen Transport Data International wurde im Jahre 1988 von den Systemhäusern Shared Network Services (SNS) und CANSIF in Vancouver gegründet. Die Initiierung eines CCS für den gesamten nordamerikanischen Raum ging gemeinsam von Airlines, Spediteuren und dem Zoll aus. Bereits Anfang 1989 wurden Pilotprojekte für Luft- und Seefracht implementiert und im März des gleichen Jahres wurde das Transport Data Network International (TDNI) in Betrieb genommen.

Funktionalität von TDNI Es deckt einerseits kommunikationsorientierte *Funktionen* wie Syntax- (Cargo*Imp, Edifact, Ansi X12, TDCC, WINS) und Protokollkonversion (P1024B, IBM3270/80, AX.25, X.25) sowie Mailboxdienste ab. Andererseits bietet es logistikorientierte Funktionen an, die von der Übertragung von Luftfrachtbriefen und Zolldeklarationen, der Abfrage von Statusinformationen, der Frachtbuchung bis zur elektronischen Übertragung von Zahlungen (EFT) reichen. Seit 1993 ist TDNI treibende Kraft bei der Entwicklung des kanadischen Cargo Accounts Settlement System (CASS), die das im Einsatz befindliche papierbasierte Abwicklungssystem durch ein EDI-System zu ersetzten sucht. In einer ersten Phase, welche die EDI-basierte Rechnungsstellung durch CASS Canada umfasst, ist das Projekt bereits realisiert [IATA 1993, 34].

TDNI ist an 25 Orten in Kanada in Verwendung und besitzt eine Gesamtteilnehmerzahl von 44 Unternehmen (Stand: 11/1993). Allein 20 dieser Unternehmen stammen aus dem Transportbereich, z.B. Danzas, Kühne&Nagel, Schenker, United Customs Broker oder Sea Air Minshall. An Fluggesellschaften sind beteiligt: Air Canada, British Airways, Canadian Airlines International, KLM und Swissair. Der Zugriff erfolgt in 15 Fällen über Direktverbindungen, 25mal über Wählverbindungen und viermal über externe Netzwerke. An externen Netzen werden unterstützt: SITA, ARINC, PTT, GEIS und BT Tymnet. Damit sind u.a. Verbindungen zu →CARGONAUT, →TRADE-VISION und →TRAXON realisiert.

TDNI konnte sich auf dem amerikanischen Markt gut etablieren. Neben →AVEX wird es von der →TRAXON-Gruppe wie der CIDIG[166] als offizielles amerikanisches CCS anerkannt.

64   Tracking and Tracing Online (Traxon)
CCS in Darmstadt, Tokio und Hong Kong (intern.)

Wie in der Übersicht dieses Kapitels erwähnt, stellt TRAXON neben den in der CIDIG zusammengeschlossenen Airlines das zweite wichtige Konsortium in der CCS-Entwicklung dar. Ein wesentliches Motiv der TRAXON-Airlines war die Effizienz im Luftfrachttransport, vor allem den Integrators gegenüber, auszubauen. Durch Aufbau eines weltweiten Netzwerkes sollten die informationslogistischen Schnittstellen zwischen Airlines und Spediteuren effizienter gestaltet werden.

Entstehung von TRAXON

Daher wurde im Juli 1991 die Gesellschaft Global Logistics System Worldwide (GLS) gegründet. Dabei handelt es sich um eine Dachgesellschaft der GLS Asia mit Sitz in Tokio und der GLS Europe mit Sitz in Darmstadt. An ersterer beteiligt sind zu gleichen Teilen Japan Airlines (JAL) und Cathay Pacific, an letzterer Lufthansa und Air France mit 51 Prozent. Die restlichen 49 Prozent befinden sich in Streubesitz. Weitere Teilhaber bei GLS Tokio sind seit 1992 Korean Airlines und bei GLS Europe Cargolux [Mecham/Proctor 1990, 56]. Mit der Vielzahl an Teilhabern sollte die Neutralität des (damit jedoch immer noch Airline-lastigen) Systems gewährleistet werden, das unter dem Namen TRAXON errichtet werden sollte. Folglich wurde das System der GLS Asia als TRAXON Asia und jenes von GLS Europe als TRAXON Europe bezeichnet. TRAXON Europe deckt Europa, Afrika und den Mittleren Osten ab, TRAXON Asia den Fernen Osten, Süd-Ost Asien und Australien. TRAXON Asia besitzt mit Hong Kong und Tokio zwei Standorte. Daneben ist für den amerikanischen Markt seit Januar 1993 unter dem Namen TRAXON America eine Verbindung zu den etablierten amerikanischen Systemen →AVEX und →TDNI hergestellt worden.[167]

---

[166] Zur Cargo Information Distribution Interest Group vgl. den Überblick dieses Kapitels.

[167] Ursprünglich sollte für Amerika ein eigenes System unter dem Namen TRAXON America aufgebaut werden. Man entschloss sich jedoch zur Kooperation: „The idea of some airlines to install a terminal in every agents office has proved to be an impossible Utopia" [o.V. 1993i].

Das ambitiöse Ziel von TRAXON ist der Aufbau des ersten globalen, neutralen und integrierten Kommunikationssystems für alle Luftfrachtbeteiligten. Mit diesem System soll es möglich werden, eine den Integrators adäquate Haus-zu-Haus-Dienstleistung auch für kleinere Sendungsgrössen (u.U. sogar Stückgut) anzubieten. Den Grossteil von 70-80 Prozent des Frachtgeschäftes, der mit einer kleineren Anzahl von ca. 20 Grosskunden erzielt wird, soll TRAXON in den entscheidenden Bereichen der Buchung und der Sendungsverfolgung unterstützen. Die *Funktionalität* des auf ein Investitionsvolumen von US$500 Mio. geschätzten CCS beschränkt sich im wesentlichen auf Clearing-Center Funktionen, womit bereits ein zentraler Unterschied im Vergleich zu den elektronischen Märkten im Passagebereich angesprochen ist.[168] Nachdem auch TRAXON nach den Cargo*Star-Regeln gebaut wurde, wird eine Duplizierung von Datenbeständen konsequent vermieden. Die Funktionalität lässt sich wie folgt zusammenfassen:

Funktionalität von TRAXON

- ☐ *Kommunikationsfunktionen.* Basis der Informationsdrehscheibe TRAXON stellen die Funktionen zur Übertragung strukturierter und unstrukturierter Nachrichten dar. Dazu werden Marksprachen- und Protokollkonversionen, Autorisierungsprüfungen, E-Mail und Message-Routing-Funktionen vorgehalten.

- ☐ *Sendungsverfolgung.* Über die *Drehscheibe* TRAXON werden Statusmeldungen, Unregelmässigkeiten etc. unmittelbar zwischen den Beteiligten übertragen. Im endgültigen Ausbau sollen analog zu den Integrators, Haus-zu-Haus-Verkehre unterstützt werden.

- ☐ *Buchung.* In Abhängigkeit der bilateralen vertraglichen Vereinbarungen werden Verfügbarkeitsabfragen (bezüglich Zeit und Kapazität) und Buchungen übertragen.

- ☐ *Frachtbriefaustausch.* Diese Informationen werden nun direkt in die Inhouse-Systeme der Beteiligten übermittelt, was gleichzeitig einen vorauseilenden Informationsfluss gestattet.

Mit der Systementwicklung von TRAXON Europe wurde das SW-Unternehmen Danet in Darmstadt betraut, welches das System auch wartet und weiterentwickelt. TRAXON Asia wurde von Danet (Hong Kong) und Novus entwickelt und wird von EDS Electronic Data Systems Ltd sowie JAL Data Communications Systems betrieben.

---

[168] So möchte TRAXON weder die Inhouse-Systeme seiner Teilnehmer ersetzen, noch zentrale Datenbestände aufbauen. CRS im Passagebereich besitzen zum Vergleich von Informationen umfangreiche zentrale Datenbestände.

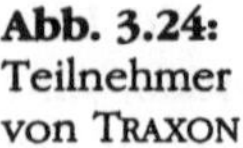

Abb. 3.24:
Teilnehmer
von TRAXON

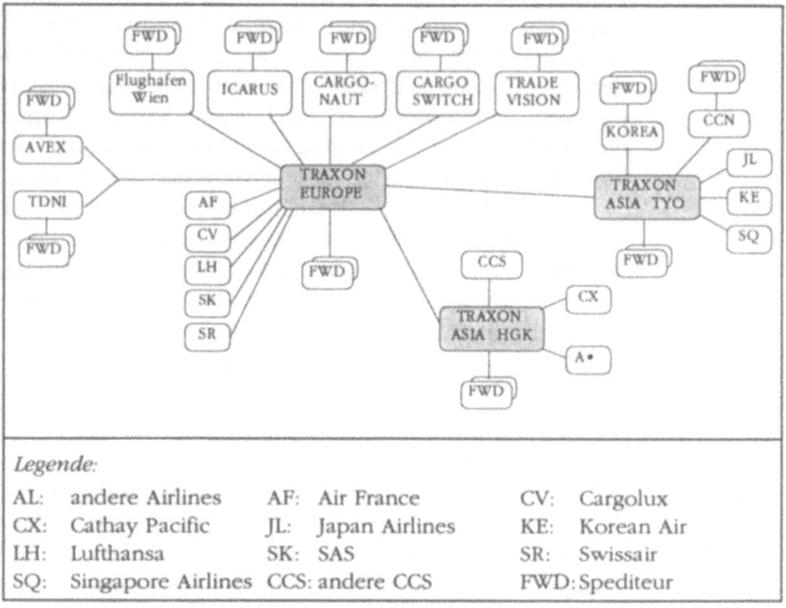

Technische
Infrastruktur

TRAXON baut teilweise auf den internen Systemen der Airlines auf. So brachte Lufthansa ihr System →MOSAIK in TRAXON Europe und Japan Airlines ihr System MSB in TRAXON Asia ein. Die bestehenden Teilnehmer dieser Systeme sind auch weiterhin über diese an TRAXON angeschlossen. Beide TRAXON-Systeme laufen auf einer HW von Stratus (XA 2000/120) unter VOS und V.10x. Die verwendeten Kommunikationsprotokolle reichen von asynchron, X.25 (SVC, PVC), IBM 3270 über IBM SNA LU.26 (APPC) hin zu X.25 (bzw. AX.25) und können von PC oder Mainframe aus eingesetzt werden. Für erstere besteht eine spezielle Marktapplikation namens TRAXON PC[169]. Als Infrastruktur können die öffentlichen X.25-Netze, PDN oder SITA dienen. Als Marktsprache werden Cargo*Imp, Cargo*Fact (Edifact), sowie proprietäre Strukturen für Grosskunden unterstützt. Über diese technische Plattform soll die Übermittlung einer Standard-Nachricht mit Anfrage und Rückantwort durchschnittlich

---

[169] Die PC-SW Traxon PC unterstützt folgende Funktionen: Abfrage von Verfügbarkeiten, Buchung, Statusabfragen, Traxon Mail, AWB-Übertragung sowie Backoffice-Funktionen.

5 Sekunden in Europa und 10 Sekunden bei Verbindungen nach Asien betragen [Lock 1992, 471].

Neben der geographischen Integration Europa/Asien, liegt ein weiterer Schwerpunkt in der Integration externer Systeme. Mittlerweile bestehen Verbindungen zu →AVEX, →BCS, →CCN, →ICARUS, →CCS-CH, →CARGONAUT, →TDNI und zu →TRADEVISION. Momentan besitzen weder TRAXON Europe noch TRAXON Asia Verbindungen zu Zollsystemen (vgl. Abb. 3.24) [Rollig 1992, 268].

Tab. 3.16: Verbindungen zu TRAXON nach Zugriffsart

	TRAXON Europe	TRAXON Asia HGK	TRAXON Asia Tokio	TRAXON America	Gesamt
Zugriff über TRAXON PC	49	175	40	187	451
Zugriff über Host-to-host	189	-	20	174	383
Gesamt	238	175	60	361	834

TRAXON ermöglicht Verbindungen zu insgesamt neun Inhouse-Systemen von Airlines[170] und zu einer Vielzahl von Spediteuren. Die Zahlen vom Juni 1993 sind in Tab. 3.16 enthalten. An *TRAXON Europe* sind zwölf Frachtführer und etwa 130 Speditionen angeschlossen.[171] Neben den oben erwähnten Netzen (öffentliches X.25, SITA) wird der Anschluss über die INFO AG unterstützt. TRAXON Europe ist seit November 1991 über das SITA-Netz mit *TRAXON Asia* verbunden. An dieses waren Ende 1993 neun Airlines und 200 Spediteure angeschlossen.[172] Aufgrund der erwähnten Dominanz der Airlines in der Teilhaberstuktur schlossen sich in der Vergangenheit Spediteure jedoch nur zögernd an. Wie Tab. 3.16 zeigt, wird durch die Verbindung mit anderen CCS der 'virtuelle' Teilnehmerkreis jedoch erheblich ausgeweitet. Über TRAXON Asia sind dann etwa 450 Spediteure in 15 Ländern erreichbar [IATA 1993, 21].

---

[170] Es sind dies Air France, Cargolux, Cathay Pacific, Japan Airlines, Korean Air, Lufthansa, SAS, Swissair und Singapore Airlines.

[171] Zu Teilnehmern zählen u.a. German Cargo Services, Aerofret, Air Express International, Danzas, Kühne&Nagel, Panalpina, Rhenus und Union Transport [Ritz 1995, 123].

[172] Zu Teilnehmer zählen u.a. Air Express, Airborne Freight, Danzas, DHL, Emery Air Freight, Fedex (→COSMOS), Kühne&Nagel, Panalpina, Schenker und UPS.

Perspektive   Die Aktivitäten des weiteren Ausbaus von TRAXON lassen sich in vier Bereiche fassen:

1. die erweiterte Sendungsverfolgung, was die verstärkte Integration von Vor- und Nachlaufverkehren bedingt.

2. die Zollabwicklung, z.B. die Verbindung zu →ACS.

3. die Entwicklung eines CASS (Cargo Accouts Settlement System) für eine vereinfachte Frachtkostenabrechnung zwischen Spediteuren und Airlines. Frachtbriefe werden direkt von TRAXON an CASS weitergeleitet. Im Gegenzug wird über TRAXON eine Rechnung an die Spediteure bzw. zum Zahlungsausgleich an teilnehmende Banken direkt übermittelt.

4. der Anschluss weiterer Airline-Systeme; geplant ist z.B. der Anschluss von Qantas.

65 United States Cargo Community System (USC)
CCS in Atlanta (USA)

Hinter USC verbirgt sich die SITA, der zentrale Kommunikationsdienstleister in der Luftfahrt. Im April 1992 gründete der Netzwerkbetreiber als hundertprozentige Tochter das Unternehmen Scitor, um das weltweite SITA-Netz kommerziell einsetzen zu können. Dies war bislang nicht möglich, da die SITA ein gemeinnütziger Zusammenschluss von Airlines ist und das Netzwerk bislang nur Airlines offenstand. Scitor soll nun als VANS in anderen Branchen, wie Handel, Industrie, Tourismus, Finanz und eben Transport, Marktanteile erzielen. Die Rolle von Scitor ist jedoch mit dem verstärkten Auftreten der SITA auf dem Markt nicht mehr eindeutig. Beispielsweise bietet die SITA unter dem Namen Open Trading Services (OTS) Konvertierungsdienste (Edifact, Ansi X12) und unter dem Namen EDI Clearing House (ECH) X.400-Kommunikationsdienste an [o.V. 1994q, 6].

Ein wichtiger Geschäftsbereich von Scitor liegt in der Luftfracht. Hier möchte man mit USC das CCS für Nordamerika errichten, wobei Scitor das CCS nicht nur auf den Lufttransport beschränken möchte. Nach der allgemeinen Zielsetzung sollen Unternehmen aller Transportmodi angeschlossen sein. Unterstützt wird die Scitor-Initiative vom amerikanischen Spediteursverband (AAI) und der amerikanischen ATA[173], deren Interesse an einem CCS in der Verbindung zwischen amerikanischen und internationalen Lufttransporteuren besteht. Das CCS wurde im Auftrag nach der Cargo*Star-Spezifikation der IATA von Novus, das diese Komponente auch in anderen CCS (z.B. →Traxon) einsetzt, entwickelt und ist seit Oktober 1992 in Betrieb.

USC unterstützt kommunikationsorientiere *Funktionen* wie Konvertierungs-, Routing- und Mailboxdienste, sowie anwendungsbezogene Funktionen wie Stativerwaltung und automatische Rechnungsstellung. Das System selbst ist auf einer Stratus-HW implementiert, die an das ARINC- und das SITA-Netz angeschlossen ist. Der SITA-Hintergrund dürfte auch die Vielzahl an Kommunikationsprotokollen (P1024B, AX.25, X.25, X.28, X.29, X.400) und Marktsprachen (Cargo*Imp, Cargo*Fact, Edifact, Ansi X12) erklären. Für Teilnehmer stellt Scitor die Marktapplikation CargoPartner zur Verfügung. Aufgrund von Sicherheitsbedenken seitens der Airlines wurde ausser der Kommunikation über das SITA-eigene Netzwerk erst später die Kommunikation über X.400 und andere Netzwerke möglich [Bugbee 1993, 16]. Bereits realisiert ist die Verbindung zum amerikanischen Zoll (Air AMS →Acs) [IATA 1993, 43].

USC besass Ende 1993 97 Teilnehmer, davon 19 Airlines und 78 Spediteure/Agenten. Der grosse Vorteil von USC liegt im weit verbreiteten SITA-Netz. Das CCS besitzt dadurch einen Zugang in 187 Länder und zu ca. 440 Airlines sowie einer grossen Zahl potentieller Abnehmer von CCS-Dienstleistungen. Es ist zu vermuten, dass die vorhandene Kommunikationsinfrastruktur in Verbindung mit dem dabei aufgebauten Know-how die Markteintrittsbarriere für USC erheblich senkt. Kritisch anzumerken ist jedoch, dass USC zwar versucht, mit der AAI und der ATA Interessengruppen (und damit potentielle Systemteilnehmer) an das Projekt anzubinden, jedoch vereinen diese nur einen Bruchteil des amerikanischen Speditionsmarktes. Besser etabliert in Nordamerika sind die CCS →Tdni und →Avex.

3.3.6   Behördenbereich

Der Behördenbereich besitzt aufgrund des staatlichen Monopols eine besondere Struktur. Gerade bei grenzüberschreitenden Ge-

---

[173] AAI steht für American Forwarders Association; ATA bezeichnet die Air Transport Association.

schäftstransaktionen führt kein Weg an den nationalen Zollbehörden und deren spezifischen Regelungen vorbei. So beinhaltet jede internationale Logistikkette mindestens zwei Schnittstellen zum Zoll. Weitere beteiligte Behörden sind statistische Ämter und, wie am europäischen Binnenmarkt deutlich wird, auch Steuerbehörden. Damit ist die wesentliche Unterteilung im Behördenbereich angesprochen: zuerst werden *traditionelle* bzw. Handelsbeziehungen mit Beteiligung von nicht-EG-Ländern thematisiert (im folgenden bezeichnet als internationaler Handel) und anschliessend solche *innerhalb der EG* (im folgenden als innergemeinschaftlicher Handel oder Intrahandel bezeichnet).

Internationaler Handel

Der traditionelle internationale Handel beruht auf Grenzformalitäten, die von den jeweiligen nationalen Zollinstitutionen abgewickelt werden. Deren traditionelle Aufgaben liegen in der Ermittlung des Sendungswertes, der Berechnung bzw. Erhebung von Zöllen und Steuern, der Überwachung von Einfuhrvorschriften (Einfuhrquoten, Quarantänevorschriften, Währungseinfuhren etc.) und der Verhinderung illegaler Einfuhren (z.B. Schmuggel). Die Erbringung dieser Dienstleistungen verursacht bei den Zollverwaltungen Produktionskosten, die hauptsächlich durch den beim Versand von Sendungen zu entrichtenden Zollbetrag zu decken sind. Kompetitive Umweltbedingungen vorausgesetzt, addieren sich diese zu den Transportkosten und erhöhen folglich auch den Preis des primären Gutes.[174] Zollgebühren werden einerseits durch Festsetzung der Zollsätze, aber auch durch die interne Effizienz der Behörden beeinflusst. Gerade angesichts der gestiegenen Umweltkomplexität gestaltet sich die Kostendeckung (bei konstanten Tarifen) für Zollverwaltungen zunehmend schwieriger. So erhöhen sich angesichts des vermehrten Welthandels und der verstärkten Verwendung von Luftfracht und Containern die Sendungsfrequenzen, während die Sendungsgrössen und -werte tendenziell sinken (vgl. JIT-Konzept).[175] Die Produktionskosten des Zolls je abzuwickelnder Sendung sind aber unabhängig von Sendungsfrequenz und dem Sendungswert und werden

---

[174] Bspw. wird durch die Senkung der Zollgebühren für Halbleiterprodukte (DRAMs, Eproms etc.), LC-Displays und Platinen auch mit einer neuen Runde von Preiskämpfen im PC-Markt gerechnet [o.V. 1994k, 97].

[175] Eine weitere Einflussgrösse sind die höhere Heterogenität der versandten Güter (z.B. Rechte, toxische Abfälle etc.), was sowohl die Wertermittlung als auch die Kontrolle erschwert.

gedeckt durch einen fixen, relativ kleinen Prozentsatz vom zu entrichtenden Zollbetrag [Evans 1993, 12]. Mit höheren Sendungsfrequenzen und geringeren Sendungswerten erhöhen sich die Produktionskosten linear mit der Sendungsanzahl, während gleichzeitig mit den Sendungswerten auch die Zollbeträge und damit die Deckungsbeiträge sinken.

Abb. 3.25: Kommunikationsbeziehungen im internationalen Handel[176]

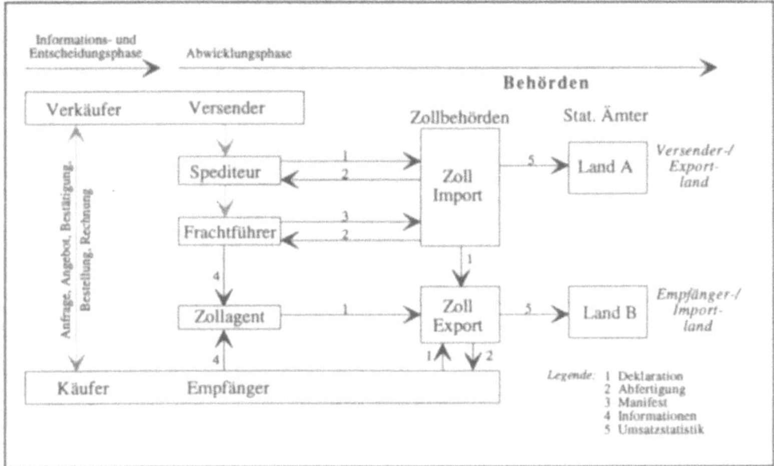

Einsatz von IAS

Neben der (prinzipiell möglichen) Variante einer Zollsatzerhöhung, entschieden sich viele Zollverwaltungen mit dem IS-Einsatz für eine interne Effizienzsteigerung bzw. eine Produktionskostenreduzierung. Ein erster Schritt war die interne computergestützte Verwaltung der vielen, bei einer Verzollung anfallenden papiergebundenen Dokumente.[177] Wie an den numerierten Pfeilen in Abb. 3.25 deutlich wird, fallen diese in acht Kommunikationsbeziehungen an, die bei internationalen Handelstransaktionen im Vergleich zu einer nationalen Transaktion prinzipiell erforderlich sind.

Für den Versender steigt die Komplexität zusätzlich, da die Inhalte und deren Strukturierung in Abhängigkeit länderspezifisch divergierender Vorschriften unterschiedlich komplex und umfangreich sind.

---

[176] Erstellt in Anlehnung an Evans [1993, 10].

[177] Die Systeme stellen entweder Eigenentwicklungen der Zollbehörden dar oder Standardsysteme wie etwa das Automated System for Customs Data and Management (ASYCUDA) der UNCTAD.

Dies ist trotz der auf das Jahr 1923 zurückgehenden, internationalen Harmonisierungsbestrebungen der Fall. Die damals vom Völkerbund verabschiedeten Handelserleichterungen fanden ihre Fortsetzung im GATT-Abkommen des Jahres 1947. Trotz permanenter Arbeiten der in der Folge gegründeten CCC und PTC[178] kam es erst 1973 zu einer internationalen Vereinbarung (Kyoto Convention) über einheitliche Zollverfahren. Weitere Verfahren über einfachere Bestimmung der Zolltarife wurden im Rahmen der Uruguay-Runde der GATT-Verhandlungen festgelegt. Die dennoch verbleibende hohe Komplexität veranschaulicht das Klassifikationssystem für Zolltarife, das über 13'000 verschiedene Tarife kennt [Evans 1993, 12].

Die Zollabwicklung erfordert daher z.T. erhebliches spezifisches Know-how, weshalb sich zur personalintensiven, manuellen Abwicklung der Formalitäten auch spezialisierte Zollagenten bzw. Speditionen etabliert haben. Obwohl die zur Verzollung erforderlichen Import- oder Exportdaten (vgl. Tab. 3.17) im internen Bestellwesen bzw. im Auftragssystem der Verlader grösstenteils bereitstehen, erscheint angesichts der Know-how-Intensität eine direkte Interaktion der Verlader mit dem Zoll nur bei einem hohen Sendungsvolumen und einer Integration des eigenen IS mit dem Zollsystem, sinnvoll [Petri 1990, 151].

---

[178] Das 1952 gegründete Customs Cooperation Council (CCC) soll Harmonisierung im Bereich der Zollmassnahmen und der Zollgesetzgebung erzielen. Es gründete in den 50er Jahren das PTC (Permanent Technical Commitee), das die technischen Aspekte von Zollverfahren sowie die Informationflüsse betrachten sollte [Evans 1993, 8]. Das CCC besitzt heute insgesamt 135 Mitglieder, wovon 55 Unterzeichner des Abkommens von Kyoto sind.

Tab. 3.17: Dateninhalte für die Kommunikation mit dem Zoll [Petri 1990]	Unternehmen ⇨ Zollverwaltung	*Anmeldedaten* - allg. Daten (Abrechnender, Zeitraum etc.) - Warenbezeichnung - Gewicht - Zollwert - Herkunftsland - Einkaufsland - zugehörige Belege
	Zollverwaltung ⇨ Unternehmen	*Abrechnungsdaten* - allg. Daten (Abrechnungszeitraum) - Zahlungsempfänger (Zollstelle) - Fälligkeitstermin - Bemessungsgrundlage - Abgabensatz - Abgabenbetrag

Entwicklung von IOS

Mit der Integrationsmöglichkeit von Zolldaten und unternehmensinternen Daten ist der zweite Schritt einer Evolution von Zollsystemen angesprochen. Zwar konnten sich IAS in fast allen Industrieländern etablieren, doch verlief die Kommunikation mit Handelstreibenden weiterhin papierbasiert. Die zweite Stufe setzt an diesen Kommunikationsbeziehungen (numerierte Pfeile in Abb. 3.25) an, die nun durch elektronische Nachrichten ersetzt werden. Diese fliessen zwischen den IS von Verladern, Zollagenten oder Spediteuren, womit sich die IAS zu IOS entwickelten. Bei der Realisierung waren die Zollverwaltungen in unterschiedlichem Masse aktiv. Tabelle 3.17 zeigt die Vorreiter in Europa. Als weltweit erstes Zoll-IOS wird das 1971 realisierte LACES System am Londoner Flughafen (vgl. →DEPS) genannt. Die Führerschaft behielt GB im wesentlichen bis heute, wo über 95 Prozent aller Importdaten elektronisch erfasst werden [Sawhney 1993, 33]. Wie in Irland (>80 Prozent) oder Australien beruht dies auch auf geographischen Vorteilen, da Importe nur über die See- und die Lufthäfen erfolgen können. Zum Vergleich dazu erreicht das →SOFI-System in Frankreich nur knapp 50 Prozent.

Land	Angeschlossene Zollstellen	Land	Angeschlossene Zollstellen
Belgien/Luxemburg	2/16	Dänemark	31
Deutschland	556	Frankreich	377
Grossbritannien	130	Irland	150
Niederlande	233		

Tab. 3.18: Interorganisatorische Zollsysteme in Europa[179]

Neben den erwähnten Vorreitern sind in fast allen europäischen Ländern[180] sowie in Amerika (→ACS), Australien (→TRADEGATE) und Neuseeland[181] Aktivitäten zur Einrichtung von Zoll-IOS zu verzeichnen. Die drei wesentlichen Triebkräfte dieser Entwicklung sind das erwähnte Abkommen von Kyoto, die Standardisierungsbemühungen im Rahmen von Edifact sowie die erheblichen Nutzeffekte für eine Effektivitätssteigerung der Zollaktivitäten. Nachdem eine Vielzahl von Zollverwaltungen in die *Edifact-Aktivitäten* zur Erarbeitung einer einheitlichen Marktsprache für den Zollbereich involviert sind, besteht eine grosse Bereitschaft, die geschaffenen proprietären Lösungen durch die Edifact-Nachrichten zu ersetzen. Das *Abkommen von Kyoto*, das in der Aktualisierung von 1989 die harmonisierten Zollverfahren auf EDI überträgt, legt dabei die Grundlage, dass die den Nachrichten zugrundeliegenden Zollverfahren weitgehend gleichartig sind, somit die Edifact-Nachrichten in allen Ländern Anwendung finden können. Vom CCC werden die Edifact-Meldungen beim EDI-Einsatz empfohlen. Abb. 3.26 zeigt die bereits vorgestellten, internationalen Kommunikationsbeziehungen unter Einsatz der Edifact-Nachrichten.

---

[179] Erstellt nach Zahlenmaterial aus den Systembeschreibungen und aus Gotschlich [1993, 19] sowie Evans [1993, 13].

[180] Beispiele sind die Schweiz (→ZOLLMODELL 90), Norwegen (→NODI), Schweden (→TDS), Finnland, Slowenien, Ungarn oder Österreich. Zu den Plänen in Österreich [Rozum 1993, 22].

[181] Zu nennen sind die Systeme CEDI*FIT sowie das neuere, Edifact-Meldungen verwendende NETWAY-System [o.V. 1992k, 22; o.V. 1994l, 5].

Abb. 3.26:
Kommuni-
kationsbe-
ziehungen
im internatio-
nalen Handel
mit Edifact[182]

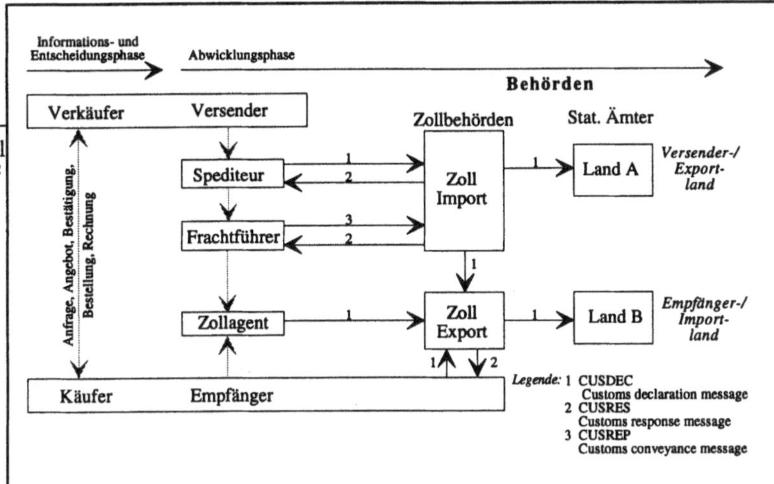

Die aus dem IOS-Einsatz resultierenden *Effektivitätssteigerungen* beruhen auf der schnellen Verfügbarkeit aktueller Informationen in den IS der nationalen Zollverwaltungen. In Verbindung mit erhöhter Effizienz tragen sie zur Lösung des traditionellen Dilemmas der Zollverwaltungen bei. Diese sind einerseits dem Druck der Handeltreibenden nach möglichst schneller und bürokratiearmer Abfertigung ihrer Ware ausgesetzt. Andererseits drängen die Regierungen auf maximale Einhaltung der Zollvorschriften. Als Beispiele für Effektivitätssteigerungen können angeführt werden:

Beispiele
möglicher
Effektivi-
tätssteige-
rungen

1. *Verstärkte Handelserleichterungen.* Verlader, Zollagenten etc. besitzen bereits vor der Zollabfertigung die zollrelevanten Informationen. Ein vorauseilender Informationsfluss an die Zollbehörde erlaubt Vorverzollungen, d.h. an der Grenze sind keine Zollformalitäten mehr abzuwickeln. Damit ist eine erhebliche Beschleunigung des physischen Güterstroms verbunden, da sich in der Vergangenheit infolge nicht vorhandener Informationen und der Kontrollen häufig lange Wartezeiten ergaben. Beispielsweise verursachten die Leerzeiten im Gütertransport aufgrund verzögerter Zollabfertigung im EG-Bereich der Industrie Kosten von jährlich annähernd 650 Mio. DM [Lock 1992, 469].

2. *Effektivere Zollkontrollen.* Die vorauseilenden Informationen können i.V.m. historischen Informationen von XPS analysiert werden. Handelstransaktionen werden dann in Abhängigkeit

---

[182] Erstellt in Anlehnung an Evans [1993, 10].

gespeicherter Risikoprofile überprüft, wodurch Betrug, Schmuggel, Korruption etc. besser aufgedeckt werden können.[183] In Verbindung mit 1. werden physische Zollkontrollen nur noch in begründeten Fällen notwendig, was ferner zur Entlastung knapper Personalressourcen beiträgt.

3. *Standardisierung.* Durch zentrale Speicherung und Verwaltung der Zollrichtlinien sind diese an allen Zollstellen aktuell und in gleichem Masse verfügbar, was zu deren einheitlicher Anwendung innerhalb eines Landes beiträgt.

4. *Auswertung.* Nachdem Handelsdaten unmittelbar in das Zollsystem übertragen werden, können Umsatzdaten ermittelt und Aussenhandelsstatistiken erstellt und weitergeleitet werden [Gotschlich 1993, 17].

5. *Effektiverer Personaleinsatz.* Durch Rationalisierung der personalintensiven, papierbezogenen Tätigkeiten ist innerhalb der letzten fünf Jahre bei einer Verdopplung der Anzahl an Zoll-Transaktionen die Anzahl der Zoll-Mitarbeiter fast unverändert geblieben [Lock 1992, 469]. Mit der gleichen Personalstärke kann eine grössere Anzahl an Abfertigungen durchgeführt werden. Daneben kann die freigesetzte Personalkapazität auch für Zollkontrollen beim Versender eingesetzt werden und damit zur Flexibilisierung der Zolldienstleistungen beitragen. Die Möglichkeit, Sendungen unter Zollverschluss bis zum Empfänger zu transportieren, entschärft gleichzeitig die Situation an den Grenzstellen und damit einen potentiellen Engpass in der logistischen Kette.

Aus dieser Aufzählung geht die Funktionalität der Zollsysteme bereits teilweise hervor. Als wesentliche Funktionsbereiche zu nennen sind: die Zollabgabenberechnung, die Ermittlung des Prüfungsgrades, die automatische Abfertigung, die Bereitstellung statistischer Funktionen, die Generierung von Managementinformationen, sowie Routing-Funktionen zu anderen Systemen [Gotschlich 1993, 18].

Innergemeinschaftlicher Handel

Als 1987 die Grundlage für den grenzenlosen, europäischen Binnenmarkt gelegt wurde, implizierte dies wichtige Veränderungen für die Handelstreibenden und die europäischen Zollbehörden. So

---

[183] Die damit geschaffenen Möglichkeiten korrupte Handelspraktiken aufzudecken, ist für einige Länder, z.B. Nigeria, Grund, sich gegen eine Einführung von EDI wehren [Evans 1993, 12].

ergab sich mit Inkrafttreten des Binnenmarktes zum 1. Januar 1993 die Notwendigkeit zwischen innergemeinschaftlichem Handel (Intrahandel) und dem Handel mit Drittländern (Extrahandel) zu unterscheiden. Die Handelsbilanz eines EG-Landes besteht daher aus der Zusammenführung von Intra- und Extrahandel. Beide Bereiche waren Änderungen unterworfen. Die bedeutendsten fanden naturgemäss im Intrahandel statt. Nach einigen Anmerkungen zum Extrahandel wird vertieft auf den Intrahandel eingegangen.

Extrahandel   Bereits vor dem 1. Januar 1993 existierten im Extrahandel einheitliche EG-Regelungen (z.B. Einheitspapier für die Ausfuhranmeldung), die jedoch mit Wegfall der Grenzkontrollen weiter vereinheitlicht werden mussten. So wird das o.g. Einheitspapier in einem einheitlichen zweistufigen Verfahren weiterhin verwendet: (1) Die Waren sind bei der Versandzollstelle am Sitz des Ausführers (bzw. Verpackers, Verladers) zu gestellen. Diese meldet die Transaktion an Behörden, wie etwa das Statistische Bundesamt. (2) An der Ausgangszollstelle zum Drittland wird die Ausfuhr bestätigt, was auch als Ausfuhrnachweis für Umsatzsteuerzwecke dienen kann. Dieses Verfahren kann auch Erleichterungen erfahren, z.B. mit dem Vorausanmeldeverfahren oder dem in D geplanten Anschreibeverfahren (→ALFA). Im Bereich des Extrahandels werden die oben genannten IOS auch weiterhin angewendet.

Intrahandel   Für den Intrahandel sind jedoch neue Regelungen für drei Bereiche erforderlich: (1) für die Besteuerung des innergemeinschaftlichen Erwerbs, (2) für die Besteuerung verbrauchspflichtiger Waren und (3) für die Erhebung der Daten zur Intrahandelsstatistik. Die Abschaffung der Zollkontrollen ging im wesentlichen mit neuen Regelungen im Bereich der Umsatz- und Verbrauchssteuern einher. Dabei wird unterschieden zwischen dem Bestimmungs- und Ursprungslandprinzip sowie zwischen privatem und gewerblichem Handel. Im *privaten* Bereich (Ausnahme: Autokauf) gilt seit dem 1. Januar 1993 das Ursprungslandprinzip, d.h. jede Ware wird am Ort der Herstellung (Lieferung etc.) auf Umsatz versteuert. Die Besteuerung am Bestimmungsort entfällt. Transaktionen im Intrahandel sind analog dem inländischem Handel zu verstehen; beispielsweise muss ein Deutscher, der Waren in Frankreich kauft, künftig wie ein Franzose die dortige Steuer entrichten.

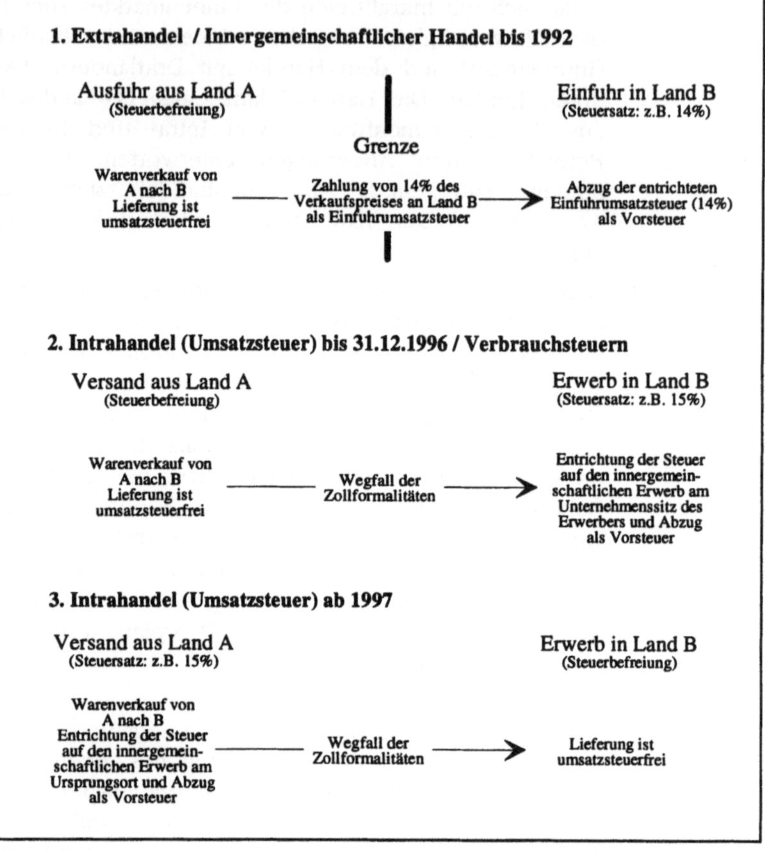

Eine andere Regelung gilt für den *gewerblichen* Bereich, der mittels bestimmter Richtmengen vom privaten Bereich abgegrenzt wird. Hier gilt das Bestimmungslandprinzip (vgl. Abb. 3.27), d.h. die Steuern werden am Ort des Verbrauchs erhoben. Wie im Extrahandel ist die Ware im Ursprungsland steuerfrei und wird erst im Bestimmungsland besteuert. Die Umsatzsteuer wird ermittelt, indem der dortige Weiterverkäufer monatlich oder vierteljährlich in seinen Umsatzsteuervoranmeldungen sowie einmal jährlich in seiner Steuererklärung seine Umsätze und die in Rechnung gestellte Steuer angibt. Zur vereinfachten Identifikation des Handelspartners besitzt jedes Unternehmen eine Umsatzsteuer-Identifikationsnummer, die zusätzlich auf den Erklärungen zu vermerken ist.[184] Ab 1997 soll das Bestimmungslandprinzip im Umsatzsteuerbereich durch das Ursprungslandprinzip abgelöst werden.[185] Hingegen soll für den Bereich der Verbrauchssteuern (z.B. Mineralöl-, Tabak- und Alkoholsteuer) auf Dauer das Bestimmungslandprinzip gelten [BmF 1992b, 18].

Intrahandels-statistik Als dritter Punkt ist eine Intrahandelsstatistik zu erstellen. Diese Statistik wird erforderlich, da mit Wegfall von Zollkontrollen und Zollformalitäten folglich den Zollbehörden die Datengrundlage zur Durchführung dieser Aufgaben entzogen wurde. Statt über die Instanz Zoll müssen die Unternehmen künftig mittels dem permanenten statistischen Erhebungssystem *(Intrastat)* ihre innergemeinschaftlichen Handelstransaktionen direkt den statistischen Erhebungsstellen (in D etwa dem Statistischen Bundesamt) melden. Dies gilt für grundsätzlich jede am Intrahandel beteiligte natürliche oder juristische Person, die in einem EG-Land umsatzsteuerpflichtig ist. Statistische Meldungen sind jedoch nur dann erforderlich, wenn der Sendungswert im Intrahandel eine gewisse Schwelle überschreitet (in D z.B. 200'000 DM jährlich). Die betroffenen Unternehmen müssen regelmässig, zumindest aber fünf Werktage nach Monatsende (in GB 10 Tage) ihre Daten mittels eines bestimmten Erhebungsvordruckes, dem Einheitspapier, mittels Datenträger oder über ein elektronisches System (→EDCS) einreichen. Neben der Statistikerstellung führen die statistischen Behörden zur Kontrolle vierteljährlich wertmässige Abgleiche mit den gemeldeten Umsatzsteuerdaten durch [BmF 1992a, 18].

Folgen Wie die Beschreibungen der Steuer- und Statisikerhebung zeigen, führt der Intrahandel nicht zu einem Entfallen der bisherigen Zollaufgaben, sondern vielmehr zu einer Aufgabenverlagerung in die Unternehmen und an die jeweiligen Finanzbehörden. Die Unternehmen müssen die relevanten Daten innerbetrieblich erfassen und von sich aus der jeweiligen Behörde (statistische Behörde, Finanzamt) melden. Daneben gilt es auch seitens der IAS, die Unterscheidung zwischen Intra- und Extrahandel vorzunehmen, damit korrekte Daten weitergegeben werden. So stehen den (unbestrittenen) Handelserleichterungen des Binnenmarktes zusätzliche Aufgaben für Unternehmen gegenüber. Es wird daher argumentiert, dass insbesondere KMU mit einem Zusatzaufwand für statistische und

---

[184] Zu den notwendigen Voraussetzungen vgl. →VIES.
[185] Damit wird auch ein erweiterter Nutzen verbunden [Battersby 1994, 11].

steuerliche Erhebungen konfrontiert sind, der es einfacher macht, eine Ware in ein Drittland einzuführen, als sie innerhalb der Gemeinschaft zu verkaufen [Heiner 1992, 42].

Im Intrahandel werden die Systeme des Extrahandels unwichtig und durch IOS für die Erfassung von Steuern und Handelsstatistiken ersetzt. Als Beispiel sei →EDCS in England erwähnt. Daneben bestehen Systeme zur verbesserten Kooperation der nationalen Behörden (→VIES).

66 Advanced Clearance for Courier and Express Shipments (ACCESS)
Luftfrachtorientiertes Zollsystem (SGP)

Initianten des ACCESS-Systems sind die Zollbehörde in Singapur (CNE) und die Singapore Network Services (SNS), die auch Betreiber der staatlichen Informationsinfrastruktur →TRADENET sind. →TRADENET unterstützt eine Vielzahl von Branchen im interorganisatorischen Informationsaustausch und besitzt eine wichtige Komponente in der Abwicklung von Ein- und Ausfuhren im Seehafen von Singapur. ACCESS ist geschaffen worden, um den Integrators DHL Worldwide Express, Fedex (→COSMOS) und UPS – den ersten drei Teilnehmern von ACCESS – die schnelle Abfertigung ihrer Sendungen am Flughafen von Singapur zu ermöglichen. Im Sinne eines vorauseilenden Informationsflusses können die Integrators Frachtdaten vor Eintreffen der Güter via →TRADENET an den Zoll übertragen.

ACCESS stellt damit aus Sicht der Integrators eine Möglichkeit dar, die häufig einzige externe Schnittstelle effizient zu handhaben. Vermutet werden Zeiteinsparungen in der Höhe von 60 Prozent der bisherigen Abwicklungzeit. Aus Sicht des Zolls stellt es das erste System in Südost-Asien dar, das Zollbeamten erlaubt, die Selektionskriterien für die Auswahl von Sendungen zu einer Prüfung ex ante festzulegen. Das System ging Anfang 1994 in Betrieb und verwendet Meldungen nach dem Edifact-Standard [o.V. 1994d, 9].

67 Australian Customs Service
Zollsysteme (AUS)

Beschreibung im Rahmen von →TRADEGATE (Kapitel 4.5).

68 Automatisiertes Luftfrachtabwicklungsverfahren (ALFA)
Luftfrachtorientiertes Zollsystem für Einfuhren (D)

Bereits seit Ende der 70er Jahre wurde von der deutschen Zollverwaltung ein elektronisches Abfertigungsverfahren für die Einfuhr und die Durchfuhr von Waren entwickelt.[186] Unter der Bezeichnung ALFA wurde es im Juni 1978 auf dem Flughafen Frankfurt ($\rightarrow$CIS$_L$) und ab 1984 auf die Flughäfen München, Stuttgart, Köln/Bonn, Düsseldorf, Hamburg, Hannover, Nürnberg, Berlin-Tegel und Bremen ausgedehnt. ALFA erlaubt dem Benutzer, die zu übertragenden Zollanmeldungen schrittweise im Dialog zusammenzustellen. Es dient sowohl der Erfassung und der Abwicklung von privatem wie gewerblichem Handel. In ersterem Fall ist der Benutzer von ALFA i.d.R. der Zollbeamte, während bei gewerblichem Handel i.d.R. die Spediteure, deren Agenten, Frachtführer etc., Teilnehmer von ALFA sind. ALFA bietet daneben EDI-Schnittstellen für Unternehmen an und wird unter dem Akronym $\rightarrow$DOUANE auf nicht-Flughafen-Zollstellen ausgeweitet. Ziel ist es, Handelserleichterungen in Form von Vorausanmeldungen und übersprungener physischer Warenprüfung zu ermöglichen. Nachdem mit der Einführung des europäischen Binnenmarktes Verzollungen innerhalb der EG durch Steuer- und Statistikmeldungen ersetzt wurden, wird ALFA nicht für den innergemeinschaftlichen Handel (Intrahandel) verwendet.

Für jede zollpflichtige Importware aus Nicht-EG-Staaten (Drittstaaten) muss mit der Funktion Zollbehandlung ein Zollantrag erstellt werden. Dies kann entweder durch die Zollstelle oder durch den Teilnehmer selbst erfolgen. Für privaten Handel geschieht dies direkt an der Zollstelle. ALFA errechnet in diesem Fall die zu erhebenden Zollgebühren und erstellt einen Abfertigungshinweis (enthält Anmeldedaten, Abfertigungshinweise etc.), der die Grundlage für die Annahme (und weiterer Massnahmen) oder die Ablehnung des Antrages darstellt. Nach Abschluss der Zollbehandlung

---

[186] Für den Ausfuhrbereich besitzt der deutsche Zoll das System KOBRA (Kontrolle bei der Ausfuhr), das im folgenden nicht näher dargestellt wird. An KOBRA sind etwa 200 Zollstellen und das Zollkriminalinstitut angeschlossen. Die koordinierende Stelle ist das Hauptzollamt Darmstadt. Die Funktionalität umfasst u.a. die Erfassung der Ausfuhrdaten, den Datenträgeraustausch, die zentrale Verarbeitung und Speicherung der Daten, die Unterstützung bei der Ausfuhrüberwachung und die Ausgabe von Abfertigungshinweisen an die Zollstellen. In Zukunft sollen auch Teilnehmereingaben unterstützt werden.

erfolgt eine Erledigungseingabe. Im gewerblichen Bereich können zugelassene Teilnehmer (Spediteure etc.) Anmeldedaten über ein Terminal oder ihr Inhouse-System übertragen. Dies kann auch in einer Vorausanmeldung geschehen.[187] Nach Fehlerprüfung wird eine eindeutige Nummer vergeben und nach vorgegebenen Merkmalen klassifiziert. Unterschieden werden Anträge ohne Ausschlussgrund, Anträge mit bedingtem Ausschlussgrund und Anträge mit absolutem Ausschlussgrund. Mit dem Entscheid, spätestens aber nach einer Bearbeitungsfrist von 30 Minuten, wird dem Teilnehmer eine Mitteilung über die Annahme bzw. Ablehnung der Vorausanmeldung zugestellt. Noch vor dem Eintreffen der Ware wird entschieden, ob eine Zollprüfung erfolgt oder nicht. Endgültige Bescheide können nach der Gesetzeslage erst beim Eintreffen der Ware am Zoll ausgegeben werden. Das gesamte Verfahren wird allerdings auch weiterhin durch die korrespondierenden Papierdokumente begleitet, da das Regelwerk des Zolls auf deren Erhalt besteht. Die *Funktionalität* von ALFA umfasst daher zusammengefasst:

Funktionalität von ALFA

- ☐ *Überwachung des Warenverkehrs.* Für die Einfuhr über Flughäfen sind Speicher- (Manifestdaten, Warenbewegungen, Überlassungen, Zollbehandlungen), Überwachungs- (Weiterleitungs- und Durchfuhrfristen) sowie Auswertungsfunktionen (Auswertung aktueller wie archivierter Daten) vorhanden. Beispielsweise können Sendungen, die sich zwischen angeschlossenen Flughäfen bewegen, verfolgt werden (Tracking).

- ☐ *Abwicklung der Anträge.* Die Bearbeitung von Anträgen auf Abfertigung zum freien Verkehr (Einzelverzollung) beinhaltet die Verarbeitung der vom Teilnehmer eingegebenen Anmeldedaten auf den EG-weit einheitlichen Zollpapieren und die Erstellung der Zollbescheide. Ferner werden die aufbereiteten Daten an die zuständigen Bundesämter (Statistisches Bundesamt, Bundesamt für gewerbliche Wirtschaft, Bundesamt für Ernährung und Forstwirtschaft, Bundesanstalt für landwirtschaftliche Marktordnungen) übermittelt.

---

[187] Das Anschreibeverfahren beinhaltet die 'unvollständige Anmeldung' bzw. das 'vereinfachte Anmeldeverfahren'. Es erlaubt das Ausfüllen der Zollformulare bei den beteiligten Unternehmen. Dabei können die Daten auch nachgereicht werden. Die Beteiligung an diesem Verfahren bedingt eine Bewilligung des Zolls [BmF 1992a, 15].

❐ *Registrierung der Anträge.* Zollanträge und Abschreibungen der Warensätze bzw. der Gestellungsbuchinformationen[188] bei sonstiger Zollbehandlung (Sammelzollverfahren, besondere Zollverkehre) werden registriert.

Der Zugriff auf ALFA ist über Standleitungen und Datex-L möglich, eine Datex-P-Verbindung ist geplant. Die eingesetzten Datenformate sind insbesondere aufgrund des Dialogbetriebes proprietärer Art. Künftig sollen aber mittels eines Konverters (EDIFACT-ALFA) auch Edifact-Formate unterstützt werden.

Situation Durch die Fokussierung von ALFA auf den Luftverkehr sind nur wenige der deutschen Zollstellen (ca. 15 von 500) mit ALFA ausgestattet. Ein deutlicher Ausbau dieser Zahl ist aber durch Ausweitung des Systems auf Seehäfen und andere Zollstellen erreicht worden. Dazu wurde das auf ALFA aufbauende System →DOUANE implementiert. Insgesamt machten die vereinfachten Zollverfahren 1991 im Einfuhrbereich einen Anteil von 70 Prozent und im Exportbereich von 90 Prozent aus [Seelig 1991, 423]. Ein Hindernis für die weitere Diffusion von ALFA könnte im bereits etablierten Sammelzollverfahren (Aufzeichnung der Importe in den eigenen Geschäftsbüchern und Sammeldeklaration am Monatsende) liegen, über das heute etwa 70 Prozent aller Fälle abgewickelt werden. Es bietet insbesondere importorientierten Unternehmen eine starke Vereinfachung, sodass (bisher) eine weitergehende Automatisierung von den Teilnehmern als nicht erforderlich beurteilt wurde.

69 Customs Handling of Import and Export Freight (CHIEF)
Zollsystem für Ein- und Ausfuhren (GB)

CHIEF setzt die in →DEPS beschriebene Entwicklung der britschen Zollsysteme fort. Der Evolutionspfad der britischen Zollsysteme verläuft damit von LACES über →DEPS zu CHIEF. Nach mehrfacher Verzögerung[189] ist das neu konzipierte CHIEF seit Frühjahr 1994 voll in Betrieb. Es wurde wie bereits die Vorgänger im Auftrag des britischen Zolls von BT entwickelt. Die Implementierung von CHIEF erfolgte schrittweise in drei Phasen:

---

[188] Die Gestellungsdatei enthält Stückzahl, Gewicht, Warenkurzbezeichnung sowie die Zollnummer.

[189] Als Ursache der Verzögerungen werden notwendige Abstimmungsarbeiten innerhalb von CHIEF und mit externen Systemen angeführt.

1. *Management Support System (MSS)*. Im Juni 1991 wurde mit MSS eine Datenbank eingerichtet, die sämtliche (aus →Deps übernommene) Einfuhranmeldungen enthält. Im Vergleich zu →Deps ermöglicht MSS flexiblere Auswertungen, z.B. die Erstellung von Berichten in Realtime.[190] Im Sinne eines MIS können die Zollstellen und die Zollverwaltung die Aussagekraft der Anmeldedaten etc. besser ausschöpfen. Angeschlossen an MSS sind bislang die Zollverwaltungen in London, Southend und Manchester, ca. 20 Inkassostellen des Zolls, ca. 25 Steuerbehörden und ca. 60 Zollstellen (Entry Processing Units).

2. *CHIEF Exports*. Im November 1992 wurde die Funktionalität von CHIEF auf die Erfassung und Überprüfung von Ausfuhranmeldungen ausgeweitet. Ähnlich dem →ALFA-System, werden Voranmeldungen und das vereinfachte Anmeldeverfahren unterstützt. Vorerst erfolgt jedoch keine automatische Festlegung der Zollbehandlung. In Anlehnung an die MwSt-Identifikationsnummer für den Intrahandel (→VIES) erhalten die Teilnehmer von CHIEF eine eindeutige Teilnehmernummer. Im Rahmen dieser Ausbaustufe wurde auch die Funktionalität von MSS auf Ausfuhren ausgeweitet.

3. *CHIEF Import/Export Service (IES)*. Ursprünglich auf Anfang 1993 terminiert, ist seit dem April 1994 das dritte Modul und damit die gesamte Funktionalität von CHIEF verfügbar. Die grundlegende Funktionalität des Import-Moduls entspricht prinzipiell jener der Ausfuhrseite. Weiterhin erlauben Kontrollroutinen unter dem Namen Front End Credibility (FEC) eine erweiterte Analyse der Anmeldungen. Beispiele sind der Vergleich von Menge und Wertansatz oder der Vergleich von Ware und Ursprungsland. Weitere Funktionselemente sind der Einbezug verschiedener Zahlungsarten, wozu die Einführung eines *General Guarantee Account* (d.h. einer Zollgarantie[191]) als Teil des Flexible Accounting System (FAS) zählt. Eine automatische Auswahl der Zollbe-

---

[190] Beispiele möglicher Abfragen sind etwa: 'Anzahl jährlicher Einfuhren von Dubai nach GB' oder 'Anzahl Einfuhren von Dubai nach Felixstowe und Art der Güter' oder 'Ausgabe aller steuerfrei eingeführten Güter'.

[191] Für die Zollgarantie besitzt jeder Handelstreibende ein Konto, das einen (garantierten) Betrag enthält. Im Falle eines Importes wird dieser Betrag in Höhe der Zollfaktura reduziert und bei Zahlung des Zolls wieder um diesen Betrag erhöht.

handlung soll (im Vergleich zu →DEPS) erweiterte Kriterien berücksichtigen.

Technische Infrastruktur
Das Rechenzentrum von CHIEF, dessen Herz ein ICL 3980 Mainframe unter VME und TPMS bildet, befindet sich in Portmouth. Sowohl Systembetrieb wie Systemmanagement (einschliesslich Helpdesk) liegt in den Händen von BT, die Zuständigkeit für Datenpflege hingegen alleine beim Zoll. Im Vergleich zum Vorläufer →DEPS erfolgt die Datenorganisation nicht mehr dateiorientiert, sondern in einer relationalen Datenbank (IDMS X). Kommunikationsseitig wurde CHIEF deutlich offener ausgelegt als sein Vorgänger, z.B. werden weitgehend OSI-Standards eingesetzt. Edifact wird nur für jene Funktionen verwendet, die nicht die Anmeldungsübertragung und Statusabfragen betreffen. Für letztere wird mit dem VDU ICAB02-Standard weiterhin eine proprietäre Sprache verwendet. In beiden Fällen erfolgt die Übertragung über X.25-Netze. Die Behördenstellen sind wie bei →DEPS über das von Racal Data Networks betriebene Government Data Network (GDN) angeschlossen. Auch die Benutzer kommunizieren weiterhin über die DTI-Gemeinschaftssysteme, was jedoch seitens der DTI-Gemeinden die Erfüllung der Technical Interface Specification (TIS) bedingt. Diese erfüllten Mitte 1993 die DTI-Gemeinden →CNS, →FCP80, →CCS-UK und →DOVER DTI.

Weitere Erweiterungen von CHIEF sind im Rahmen der Network Interface Strategy Study (NISS) dokumentiert. Zu nennen sind die Nutzung von X.400, der verstärkte Einsatz von Edifact (CUSDEC und CUSRES) sowie der Einsatz von FTAM zur Übermittlung von Zollanmeldungen.

70

Departmental Entry Processing System (DEPS)
Zollsystem für Ausfuhren (GB)

Der Zoll in Grossbritannien gehört zu den Pionieren bei der Einführung von EDI. Bereits im Jahre 1971 gab es am Londoner Flughafen Heathrow ein gemeinschaftlich von Zoll, Fluggesellschaften und Spediteuren entwickeltes System, welches das erste computergesteuerte Zollabwicklungsverfahren der Welt war. Das London Airport Cargo EDP Scheme (LACES) bestand aus einem zentralen Rechner in Harmondsworth an den Terminals in einem Umkreis von fünf Meilen angeschlossen waren. Die Verzollungskomponente von LACES wurde 1978 durch das Inhouse System *Customs Project Team* (CPT) zur Verarbeitung der Anmeldungen ergänzt. 1981 wurden

Von LACES zu DEPS

LACES und CPT zum neuen System DEPS verschmolzen. Dabei wurde die Funktionalität von LACES durch das DEPS-Modul DTI (Direct Trader Input) und jene von CPT durch CIE (Customs Input of Entries) ersetzt. Während CIE die Eingabe von Anmeldungen durch den Zollbeamten betraf, konnte durch das nun in Hemel Hempstead lokalisierte DTI-System der Zoll aufgrund der Dateneingabe direkt beim Zollagenten erheblich Zeit einsparen und damit den Verzollungsprozess abkürzen. Die Terminals wurden durch Host-host-Verbindungen ersetzt.

Der Erfolg von DEPS am Londoner Flughafen Heathrow führte ab Mitte der 80er Jahre zu seiner Nutzung für Einfuhren im Seebereich. Dort begannen sich analog zum Luftbereich ebenfalls Gemeinschaftssysteme (HIS) zu bilden (z.B. →FCP80). Zur gleichen Zeit erfuhr auch die DTI-Komponente, die sich bislang nur auf den Anschluss von Mainframes beschränkte, eine wesentliche Erweiterung. Mittels dem *Hub-and-Spoke* Prinzip sollten mit einem DTI-Anschluss ganze Teilnehmergruppen an DEPS (Hub*)* angeschlossen werden, d.h. die Teilnehmer sollten nicht direkt an DEPS verbunden sein. Die DTI-Gemeinschaftssysteme (Spokes) sollten als Clearing-Center für DEPS operieren und damit auch Syntax- und Semantikprüfungen vornehmen. Typische Beispiele für DTI-Gemeinden sind heute IOS an Flug- oder Seehäfen.

Funktionali-
tät von DEPS

In einer ersten Phase wurden die Anmeldungen[192] im Dialog mit DEPS erfasst, das dann nach der Verarbeitung den Ausdruck einer Bestätigung und der Prüfungsmodalitäten (physische Warenprüfung, Prüfung der Dokumente, Überspringen) beim Teilnehmer veranlasste. Neben der Verzollung können auch Währungs- und Einheitenumrechnungen (z.B. lbs in kg), Zölle, MwSt-Sätze, Statistiken und Zollstati abgerufen werden. In einer zweiten Phase wurde die Interaktion von DTI mit DEPS ausgebaut. Danach kann DEPS auf einen, im DTI-System gespeicherten, Sendungsdatensatz (Manifest- und Statusdaten) zugreifen und diesen aktualisieren. Dies setzt eine lokale Datenbank bei den DTI-Systemen voraus.

DEPS wird, wie bereits LACES, von BT betrieben. Als HW wird ein NAS-Mainframe unter dem Betriebssystem Monitor und TP verwendet. Die Datenorganisation ist dateiorientiert. Kommunikationsseitig muss bei DEPS zwischen Kommunikationsverbindungen zwischen Behörden und der Privatwirtschaft (DTI) unterschieden werden.

---

[192] Wie bereits bei →ALFA beschrieben, ist dies meist das Einheitspapier bzw. in GB das Single Administrative Document.

Während letztere weiterhin über BT erfolgen, sind erstere auf das Government Data Network (GDN) verlagert worden. Die (proprietäre) Marktsprache und die verwendeten Kommunikationsprotokolle (z.B. CO3, VT100, 3270) sind in einem als *The Blue Book* bekannt gewordenen Dokument enthalten.

Ein Nachfolger für DEPS ist unter dem Namen →CHIEF (Customs Handling for Import and Export Freight) entwickelt worden. →CHIEF ist auf ein grösseres Transaktionsvolumen ausgelegt und unterstützt sowohl die Einfuhr- wie die Ausfuhrseite. Als wesentliche Erweiterung gilt ferner die Verwendung von Edifact-Nachrichten.

DV-organisierte Unterstützung der Abfertigung nach Einfuhr (DOUANE)

71

Zollsystem für Einfuhren (D)

Wie bereits in der Beschreibung des →ALFA-Systems erwähnt, galt es, das auf Flughäfen begrenzte Zollsystem →ALFA auf nicht-Flughafen-Zollstellen auszuweiten. Unter dem Namen DOUANE führte die deutsche Bundesfinanzverwaltung das System an Binnen-, Grenz- und Freihafenzollstellen ein. Die koordinierende Stelle für DOUANE ist die Oberfinanzdirektion Frankfurt/M. In der Funktionalität ist das System weitgehend identisch mit →ALFA. Unterstützt werden die Überwachung des Warenverkehrs bei Binnen- und Grenzzollstellen (ausser Flughafenzollstellen), die Abfertigung zum freien Verkehr (Einzelverfahren) sowie die Registrierung der Zollanträge und Abschreibung der Gestellungsbuchinformationen bei sonstiger Zollbehandlung an Binnenzollstellen (Sammelzollverfahren, besondere Zollverkehre). Mit der Einführung des europäischen Binnenmarktes wurde, wie →ALFA, auch DOUANE auf den Extrahandel beschränkt.

DOUANE
und ALFA

Gemeinsam mit →ALFA deckt DOUANE 556 Zollstellen in Deutschland ab, womit ein Grossteil der eingehenden Warenbewegungen elektronisch erfasst wird [Gotschlich 1993, 20]. Zu den Teilnehmern zählen Systeme von Speditionen sowie HIS (→DBH, →DAKOSY). Geplant ist die Ausweitung des Systems auf weitere Zollstellen, die Unterstützung weiterer Zollverfahren und die Realisierung weiterer Schnittstellen für die Teilnehmereingabe in Anlehnung an internationale Normen und Standards (z.B. Edifact).

Electronic Data Capture Service (EDCS)
Datenerfassungssystem des Zolls für den Intrahandel (GB)

72

Im EG-Binnenmarkt werde die Güterflüsse nicht mehr durch Grenz-übertritt, sondern über die MwSt-Umsatzmeldungen der Händler kontrolliert. Zur elektronischen Übertragung dieser Informationen haben die jeweiligen nationalen Zollbehörden Dienste ins Leben gerufen, wie sie im folgenden am Beispiel Englands skizziert werden. Der EDCS-Dienst des britischen Zolls (HM Customs and Excise) dient als einheitliche Schnittstelle zur Erfassung periodischer Verzollungen (für nicht-EG-Waren), der vierteljährlichen MwSt-Umsatzdaten sowie der monatlichen EG-Handelsstatistikdaten (Intrastat). Intrastat-Meldungen werden erforderlich, wenn der Wert von Exporten oder Importen die Schwelle von 135'000£ überschreitet. In einer einzigen Übertragung werden ab dem 1.1.1993 die MwSt- und Statistikinformationen sowie die periodischen Umsatzmeldungen an die in Shoeburyness lokalisierte Information Technology Infrastructure Division des Zolls übertragen. Von EDCS werden diese Meldungen dann in die verschiedenen internen Formate der Anwendungen des Zolls konvertiert. Man bedient sich hauptsächlich Subsets der Edifact-Meldung CUSDEC sowie der Edifact-Meldung INSTAT. Letztere wird bis zu ihrer Fertigstellung durch die proprie-täre Meldung SEMDEC abgedeckt.[193] Ziel der Zollbehörde ist es, die 4'000 grössten Exporteure/Importeure mit insgesamt 80 Prozent der innergemeinschaftlichen Handelserklärungen anzuschliessen. Die Verbindung zu EDCS kann auf dreierlei Art hergestellt werden:

☐ VANS, wobei Kontakte zu INS Tradanet, INS Customslink, IBM IE, →BIFANET, AT&T EASYLINK, BT EDI*NET und GEIS bestehen.

☐ HIS, die als DTI-Gemeinden operieren, z.B. →CNS, →PACE oder →FCP80.

☐ Physische Datenträger (3,5 und 5,25 Zoll Disketten) können über den Postweg an den Zoll geschickt werden.

---

[193] Insgesamt werden sieben Meldungen unterstützt: SEMDEC (Single European Market Declaration), SAVREC (Statistical and VAT Reconciliation), PENTRI (Period Entry Imports), PENTRX (Period Entry Exports), PEWHSE (Period Warehousing), CUSSUM (Customs Summary), sowie INSTAT (Intra-Statistics) [Marshall 1994a, 76; Marshall 1994b, 85].

Von diesen Möglichkeiten haben nach Angaben des Zolls bis Mitte Februar 1993 über 1'000 Unternehmen Gebrauch gemacht. Dies entspricht einem Volumen von 1'800 Transaktionen. Davon wurden im Verzollungsbereich 225 Transaktionen über Diskette bzw. Magnetband und bereits 1'600 mittels EDI getätigt. 36 Unternehmen haben auch die MwSt-Aufstellungen elektronisch übertragen.[194] Weitere Zahlen entstammen einer Untersuchung von →CNS. Danach erhielt der Zoll die Statistikdaten in 87 Prozent der Fälle in traditioneller, papierbasierter Form, in 9 Prozent auf Diskette und lediglich in 4 Prozent über EDI. Dies ist insbesondere interessant vor dem Hintergrund, dass eine Vielzahl der papier- oder diskettenübertragenden Unternehmen für andere Geschäftsprozesse einen Anschluss zu einem VAN und damit die Möglichkeit für den elektronischen Datenaustausch besitzen. Angesichts der hohen Fehlerquote bei Papierdokumenten (34 Prozent) und Disketten (75 Prozent) ist es nicht überraschend, dass 78 Prozent aller Befragten den Einsatz von EDI erwägen [o.V. 1994c, 6].[195] Auch die Erfahrungen von EDCS bis Mitte 1994 lassen auf eine deutlich geringere Fehlerquote schliessen. Während in der ersten Hälfte des Jahres 1993 in 40 Prozent aller Übertragungen Fehler auftraten, hat sich die Quote bis Mitte 1994 auf 10 Prozent reduziert.

73 Irish National Electronic Trading Agency (INET)
Zollsystem und Frachtinformationssystem (IRL)

Das Unternehmen INET Ltd. ist aus einer Initiative der Regierung entstanden, die den Austausch elektronischer Zollanmeldungen mit dem irischen Zoll ermöglichen wollte. INET wurde daraufhin im April 1991 als ein Joint Venture zwischen An Post (nationale PTT) und Telecom Eirann (je 50 Prozent Aktienanteil) gegründet. INET stellt einen nationalen X.400 Message-Handling Service bereit, der

---

[194] Um die Zahl an EDI-Nutzern zu erhöhen, hat der britische Zoll gemeinsam der EG das Electronic Data Interchange Community Funding (EDICOM) Programm ins Leben gerufen, wonach neue Teilnehmer, die ihre INTRASTAT-Meldungen über VANS an EDCS schicken, eine Prämie von 600£ erhalten [o.V. 1993c, 6].

[195] Natürlich sind die Ergebnisse dieser Studie vor dem Hintergrund zu sehen, dass →CNS Anbieter von VAN-Diensten für die INTRASTAT-Übertragung ist.

als MTA[196] für die Verbindung zum MTA des Zolls, dem Zollsystem AEP sorgt. Weitere Verbindungen können über →CNS, z.B. zu →PACE hergestellt werden. Der MTA von INET läuft auf einer DEC VAX und ist über die X.25-Netze von Eirpac oder Postnet zugänglich. Die Mehrzahl der ca. 180 Teilnehmer kommt aus dem Frachtbereich und nutzt das System für Verzollung oder zur Versendung von Dokumenten in diesem Kontext (z.B. →VIES- oder Intrastat-Meldungen).

Die Hauptaufgabe des Systems liegt in der Weiterleitung von Nachrichten (Message Routing). Als weitere Entwicklung ist geplant, der mit der Zollfunktionalität geschaffenen Kundenbasis eine weitere Funktionalität anzubieten. Dies betrifft neben der Tracking und Tracing-Funktionalität, Informationsdienste wie Wechselkursinformationen oder eine Frachtenbörse (Lkw-Fahrer können nach Frachten suchen) [o.V. 1992i, 5]. Daneben sollen weitere Edifact-Meldungen eingeführt werden.

Norwegian Data Interchange (NODI)
Zollsystem für Ein- und Ausfuhren (N)

Ein starker Aussenhandel schlägt sich naturgemäss bei diesem Land auch in der Zahl zu verarbeitender Import- und Exportanmeldungen nieder. Zollverwaltungen mit hohen Produktionskosten bzw. Ineffizienzen können sich auf eine derartig orientierte Volkswirtschaft besonders nachteilig auswirken. Mit eben diesem Problem sah sich die Zollverwaltung Norwegens konfrontiert. So beanspruchten nach Schätzungen dieser Behörde die papierbasierten Formalitäten 40 bis 50 Prozent der gesamten Transportzeit von Gütern von und nach Norwegen. Nachdem der Zoll zudem Anfang der 80er Jahre einen Anstieg des Anmeldungsvolumens bei gleichzeitig angespannter Budgetlage feststellte, wurde 1985 mit Arbeiten zu einem IAS begonnen.

Der erste Schritt betraf organisatorische Massnahmen, galt es doch, das bisherige Zollformular (SAD-Formular) auf einer elektronischen Struktur abzubilden. Dieses mit 60 Mio. NOK Investitionsvolumen bezifferte Projekt trug das Akronym TVINN. Auf dieser Basis wurde

---

[196] Ein Message Transfer Agent ist ein Bestandteil des Message Transfer Systems nach X.400-Definition und leitet empfangene Meldungen an andere MTAs oder an Teilnehmersysteme (User Agents) weiter [Plattner et al. 1993, 62].

noch im gleichen Jahr in Zusammenarbeit mit dem Softwarehaus Avenir mit der elektronischen Speicherung von Einfuhranmeldungen in einem internen System begonnen. Um den Handelstreibenden die direkte Eingabe von Anmeldungen in TVINN zu ermöglichen, wurde 1986 ein weiteres Projekt unter dem Namen NODI lanciert. Hier galt es Austauschformate für die Anmeldung zu definieren, die sich von den TVINN-Formaten durch die Ausrichtung auf internationale Standards unterscheiden sollten.

NODI-Import   So wurden vom Zoll gemeinsam mit 12 Unternehmen (6 Importeure, 5 Spediteure bzw. Frachtführer und der Telekom) zwischen 1987 und 1988 insgesamt 14 Nachrichten für die elektronische Einfuhranmeldung (NODI-Import) erstellt. Weil die Edifact-Syntax berücksichtigt wurde, ähneln die erarbeiteten Nachrichtentypen stark der CUSDEC-Nachricht von Edifact [Isaksen 1991b, 168]. Die erste EDI-Übertragung für die Einfuhranmeldung wurde im Jahre 1988 durchführt. Die Teilnehmer übertragen die Anmeldungen in ihre Mailbox, auf die TVINN zugreift. Anschliessend werden die Dokumente vom Edifact- in das interne Format umgewandelt. Nach Plausibilitätsprüfungen (Zollvorschriften etc.) haben Zollbeamte die Möglichkeit, Anmeldungen zu überprüfen, bestimmte Prüfarten festzulegen oder die Ware freizugeben. Nach Freigabe wird an den Teilnehmer eine Zollfaktura übertragen.

NODI-Export   Ein zweites Projekt wurde unter dem Namen NODI-Export im Jahre 1990 für die Ausfuhrseite lanciert. Wie bereits bei NODI-Import, waren neben dem Zoll und der Telekom auch Unternehmen (20 Spediteure bzw. Frachtführer und Verlader) beteiligt. Ende des Jahres 1991 fanden in Pilotprojekten die ersten Übertragungen von Ausfuhranmeldungen statt.

Die Systemarchitektur besteht aus einem Zentralrechner in Oslo, neun regionalen Rechenzentren und etwa 650 angeschlossenen lokalen Workstations. Kommunikationsseitig wurden die Speicher-, Routing- und Kontierungsaufgaben an den VANS-Dienstleister Kommunedata abgegeben, der als Clearing-Center sämtliche Verbindungen vom internen System TVINN zu den Teilnehmern übernahm. Mittlerweile kann über die VANS KD-NETT, IBM IIN, GEIS und über ein X.400-Gateway auf NODI zugegriffen werden. Darüber wurden im Jahre 1991 von 60 Unternehmen (gesamte Teilnehmerzahl: 115) etwa 20'000 Abfertigungen wöchentlich abgewickelt, was rund 28 Prozent aller Einfuhranmeldungen in Norwegen ausmacht.

Insgesamt werden die von TVINN induzierten Einsparungen auf 150 Mannjahre geschätzt. Weiterhin wird betont, dass mittlerweile der Break-even überschritten wurde und sich das System aus Verkaufseinnahmen des Manuals, aus Mitgliedsbeiträgen sowie aus Beratung selbst trage. Um die Nutzung weiter zu steigern, sind mittlerweile die Grosszahl der Zollstellen mit dem System ausgerüstet worden. Daneben wurde 1990 ein Projekt zum Austausch von Anmeldungen (CUSDEC-Nachrichten) mit dem amerikanischen Zoll (→ACS) initiiert. Der norwegische Zoll ist ferner an Verhandlungen beteiligt, die von der EG mit EFTA-Ländern geführt werden, um Handelserleichterungen bei Durchfuhren (Transite) zu realisieren [Melby/Holen 1991, 326].

75 Système Automatisé de Dédouanement Belgique (SADBEL)

Zollsystem für Ein- und Ausfuhren (B, L)

Das System SADBEL ist bereits seit 1982 an der Belgischen Zollstelle Zaventem in Betrieb. Mit dem Ziel, alle Zollstellen des Landes anzuschliessen, wurde es in der Folge auf weitere Zollstellen in Belgien und Luxemburg ausgeweitet. Derzeit sind 20 belgische und fünf luxemburgische Zollstellen angeschlossen. Bei allen mit SADBEL ausgerüsteten Zollstellen ist für Zollagenten seit dem 1.7.1991 die elektronische Verzollung obligatorisch. Neben den Zollstellen kann sich jeder, der Importe, Exporte oder Transite in Belgien oder Luxemburg anmeldet, an SADBEL anschliessen. Dabei existiert für Teilnehmer, die noch über keine eigene DV verfügen, die Version mini-SADBEL, die keine Zölle berechnet, sondern lediglich den eingegebenen Zollantrag auf Korrektheit prüft und überträgt.

Die volle Funktionalität von SADBEL beinhaltet die Erfassung, Prüfung, Änderung und Übertragung von Zollanmeldungen, die Ermittlung des Zollsatzes und die Währungsumrechnung. Die an den Zoll übertragenen Daten sind: Flugnummer, Datum, Nummer des Manifests, Zielort der Ware, Sammelbeschreibung der Waren, das Bruttogewicht sowie der Lagerort. Die Verbindung zu den drei Frontend-Kommunikationsrechnern des Bull DPS 90 Zentralrechners in Brüssel erfolgt über Wählleitung, Mietleitung oder das SITA-Netz. SADBEL unterstützt für den Luftfrachtbereich den Cargo*Imp-Standard, für die anderen Bereiche verwendet man proprietäre Standards. Der Einsatz von Edifact-Nachrichten erfolgt bisher lediglich bilateral mit dem →SEAGHA-System.

Mitte 1993 bestanden ca. 500 Verbindungen zu SADBEL (davon 16 in Luxemburg), die monatlich im Mittel 300'000 Verzollungen durchführen. Dies entspricht 68 Prozent aller Einzelverzollungen auf Importseite und 52 Prozent aller Einzelverzollungen auf Exportseite.

76   Système d'Ordinateurs pour le Fret International (SOFI)
Zollsystem für Ein- und Ausfuhren (F)

SOFI wird seit 1982 von der *französischen Zollverwaltung, der Di*rection Générale de Douanes et de Droits Indirects (DGDDI) betrieben. Die Benutzer stammen hauptsächlich aus der französischen Handelsmaklerorganisation FFOCT[197] und der DG XIII der EG (statistische Daten). Neben der Ermittlung von Handelsstatistikdaten für den Extrahandel, bietet SOFI sowohl auf Import- wie auf Exportseite die Möglichkeit vereinfachter Zollanmeldung (Ermittlung der Zollprüfung) und dient der Errechnung und Verwaltung erhobener Zölle und Steuern sowie der Kontrolle der Abfertigung. Angeschlossen sind französische HIS, z.B. →ADEMAR in Le Havre.

Kommunikationsseitig wird Atlas 400, das öffentliche französische X.400 Netz sowie das öffentliche französische X.25 Netz, Transpac, verwendet. Als Nachrichtenstandard wird Edifact mit den Nachrichtentypen CUSDEC und CUSRES eingesetzt. SOFI hatte im Januar 1990 folgende Beteiligte: 41 Regionalabteilungen (einschliesslich der Verwaltungsabteilungen für die überseeischen Gebiete), 377 Zollstellen, 460 Prüfstellen und 20'095 Agenten. Seitens EDI werden deutliche Akzeptanzprobleme genannt, die durch die Einführung neuer Kommunikationsdienste (die z.B. einen PC erfordern) noch verstärkt wurden [Röcker et al. 1991, 148].

77   Tulldatasystemet (TDS)
Zollsystem für Ein- und Ausfuhren (S)

Mit TDS zielte der schwedische Zoll (Tull) auf Verbesserung der eigenen Produktivität und einem Erhalten der Wettbewerbsfähigkeit schwedischer Unternehmen. So belaufen sich die vom schwedischen Zoll erhobenen Zölle, und Steuern (z.B. MwSt) auf jährlich ca. 80 Milliarden SEK und die bei den Zolldeklarationen bislang anfallenden Papierdokumente auf jährlich 30 Mio. Die mit der Ein-

---

[197] Die FFOCT stellt einen Zusammenschluss von 1'400 Spediteuren dar.

führung eines IOS verbundenen Einsparungspotentiale werden auf 3 Milliarden SEK veranschlagt.

Phasenweise Einführung

Im Jahre 1986 begann daher eine Regierungskommission (Tulldatautredningen) mit Arbeiten zur Einrichtung eines elektronischen Zollsystems unter dem Namen TDS. Mit dem Mitte 1989 erstellten Abschlussbericht ging die Verantwortung für das System an den Zoll über. Unter Federführung der zentralen Zollbehörde in Stockholm wurde vom Rechenzentrum in Luleå (Tulldata) ab 1990 mit der Einführung von TDS begonnen. Die Systemeinführung erfolgte in drei Phasen: In einer ersten Phase wurde schrittweise vom Juni 1990 bis zum Dezember 1991 das Modul für die Deklaration von Exporten und (exportbezogenem) Transithandel eingeführt. In der zweiten Phase wurde im November 1992 das Modul für die Verzollung von Importen (und entsprechendem Transithandel) landesweit in Betrieb genommen. In der dritten Phase wurde im Mai 1993 ein Modul für das Inkasso von Abgaben etc. eingeführt.

Anhand dieser drei Module wird auch die *Funktionalität* von TDS deutlich. (1) Jeder Teilnehmer von TDS ist mit einer Nummer (eine oder mehrere für ein Unternehmen) eindeutig identifiziert und übermittelt die Deklarationen an den Zoll. Für jede Deklaration vergibt das System eine eindeutige Nummer. (2) Nach Plausibilitätsprüfungen entscheidet TDS in Abhängigkeit gespeicherter Kriterien (unvollständige Angaben, Zufallsauswahl, Voreinstellung, Risikoprofil) zwischen Freigabe der Ware ('grüner Kanal') und physischer Prüfung ('roter Kanal'). Ein Ziel von TDS ist es, die physischen Kontrollen weitgehend beim Empfänger durchzuführen (Post facto controls). (3) TDS erstellt die Zollfaktura und sendet sie dem Teilnehmer zu.

Technische Infrastruktur

Das System besteht aus drei Subsystemen: Front Office (für Deklaration, Inkasso etc.), Back Office (Handelsstatistiken, Verwaltung der 'Post Facto Controls') und Support (Verwaltung von Zolltarifen, Codes, Zugangsberechtigungen, Unternehmensinformationen). Die Kommunikation der Unternehmen mit dem Zoll kann entweder über EDI oder durch traditionelle Dokumente, die an der lokalen Zollstelle in das System eingegeben werden, erfolgen. Im Falle von EDI werden sie mit einem asymetrischen Verfahren verschlüsselt und an das Clearing-Center der Schwedischen Telekom (Televerkeret) weitergeleitet. Letzteres stellt die Verbindung zum zentralen Zollrechner her. Dieses Vorgehen illustriert Abb. 3.28, worin die TDS-Systembestandteile schattiert dargestellt sind.

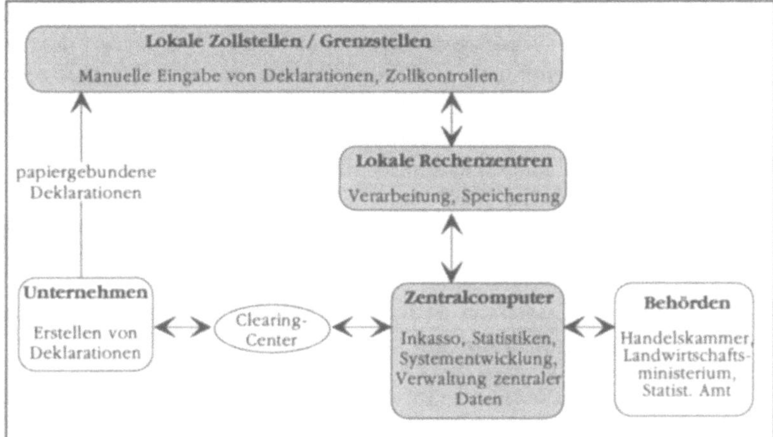

Abb. 3.28: Aufgabenverteilung bei TDS

Neben der externen Kommunikation dient der zentrale Zollrechner in Luleå der Erstellung von Statistiken, dem Inkasso, der Systementwicklung und als Hub für die Steuerung der daran angeschlossenen 17 lokalen Systeme. Bei den lokalen Systemen handelt es um DEC-Maschinen unter UNIX, an die insgesamt über LANs 1'700 Terminals und 600 Drucker angeschlossen sind. Sie dienen der Verarbeitung und Speicherung von Deklarationen. Zur Kommunikation zwischen dem Zentralrechner und den lokalen Rechnern verwendet man X.25-Verbindungen der Televerkeret (schwedische Telekom), die LANs basieren auf TCP/IP. Die externen Teilnehmer können direkt oder über das öffentliche Datapak-Netz über X.25, X.32 oder X.28 mittels der Protokolle OFTP und SNA 3770 auf TDS zugreifen. Die Marktsprache Edifact (CUSDEC, CUSREP) unterstreicht den offenen Charakter des Systems.

Seit dem Systemstart im Jahre 1990 verzeichnete TDS ein steigendes Volumen. Die anfänglich 70'000 Abfertigungen erhöhten sich auf 5,5 Mio. im Jahre 1993. Für 1994 werden 7,5 Mio. Abfertigungen erwartet. Von besonderer Bedeutung zeigten sich die rechtlichen Aspekte. Elektronische und papiergebundene Nachrichten wurden in einem eigens erlassenen Gesetz gleichgestellt. Dieses schreibt die Gerichtsfähigkeit elektronischer Dokumente fest. Schweden zählt damit gemeinsam mit Korea (→KTNET) zu den Pionieren in der Gestaltung allgemein gültigen Rechts für den elektronischen

Geschäftsverkehr.[198] Die Gerichtsfähigkeit elektronischer Dokumente erklärt auch die hohen Anforderungen an die Übertragungssicherheit (Verschlüsselungsmechanismen) und an die teilnehmenden Unternehmen (Erfüllung bestimmter Voraussetzungen). Seitens der Zollprozeduren zeigte es sich, dass mit dem IOS neue Lösungen möglich bzw. erforderlich wurden. Dazu ist der schwedische Zoll auch in den Gremien EDISTAT (Gruppe von Behörden zur Förderung von EDI) und EDIS (branchenübergreifende Gruppe von schwedischen Unternehmen zur Förderung von EDI) eingebunden.

78 US Customs Automated Commercial System (ACS)
Zollsystem für Ein- und Ausfuhren (USA)

Der amerikanische Zoll führte zur Übertragung von Zollanmeldungen bereits Anfangs der 60er Jahre EDI ein und zählt damit (neben →DEPS) zu den Vorreitern im IOS-Bereich. Diese Systeme wurden jedoch angesichts eines steigenden Transaktionsvolumens und wachsender Anforderungen in den 70er Jahren durch leistungsfähigere ersetzt. Eingeführt wurde das Automated Merchandise Processing System (AMPS), das in den frühen 80er Jahren durch weitere Applikationen ergänzt wurde.[199] Diese getrennt voneinander arbeitenden Systeme stellten sich jedoch als aufwendig und teuer heraus. Als Ergebnis einer 1982 vom Zoll durchgeführten Studie wurde daher mit der Entwicklung eines integrierten Systems begonnen. Unter dem Namen Automated Commercial System (ACS) ging dieses System 1984 in Betrieb. Dazu wurde eigens ein Amt mit vier Abteilungen gegründet. Bis 1991 ist seitdem die Menge aller computergestützen Verzollungen von 8 auf 90 Prozent gestiegen. Dies entspricht neun Mio. Zollanmeldungen pro Jahr und einem Warenwert von einer Milliarde Dollar.

ACS ist ein integriertes Online-Datenbanksystem, das alle bei der Importverzollung und der Zollzahlung anfallenden Tätigkeiten unterstützt. Beispiele sind das Verschicken der Importeurskautionen,

---

[198] In den meisten Ländern ist eine derartige, allgemeine Rechtsgrundlage für den elektronischen Handel nicht vorhanden. Die Verbindlichkeit, d.h. das gegenseitige Anerkennen, der elektronischen Meldungen wird dann üblicherweise in Rahmenverträgen vereinbart. Dazu bieten EDI-Organisationen, z.B. SITPRO, DEUPRO oder SWISSPRO standardisierte Rahmenverträge an.

[199] Beispiele sind das Independent Collections System (ICS) und das Revenue Accounting System (RAS).

die Zahlung der Zölle sowie Tracking und Tracing. Im Laufe der Zeit erfuhr ACS verschiedene Verbesserungen, z.B. Barcodeleser mit denen Lkws innerhalb von 20 Sekunden bei der Erstuntersuchung und innerhalb von 15 Minuten bei der Zweituntersuchung abgefertigt werden können. Daneben kann ACS auch als Datenerfassungsstelle für andere Regierungsstellen dienen. Heute umfasst das System mehrere hundert Module. Beispiele aus dieser Fülle sind das In-Bond System zur Verfolgung von Durchfuhren an andere amerikanische Häfen sowie intermodaler Güterbewegungen, das Cargo Selectivity System zur Festlegung der Zollprüfung und das Collection System zur elektronischen Bezahlung über das Automated Clearinghouse →ACH. Die wesentlichen Module, die auf der CAMIR[200]-Spezifikation basieren, sollen im folgenden kurz angerissen werden.

Module von ACS

Ein wichtiger Bestandteil ist das *Automated Broker Interface* (ABI), das es zugelassenen Teilnehmern erlaubt, Daten von Importgütern direkt an den Zoll zu übertragen. ABI umfasst die Prüfung von Anträgen sowie die Abfrage von Stati, nicht aber die eigentliche Vorbereitung einer Transaktion. Daneben können Informationen wie Herstellerinformationen, Tarife, Länder-, Hafen- und Transporteurcodes sowie Währungskurse abgefragt werden. Anfang 1991 zählte man 1'296 Teilnehmer[201], für 1994 werden bereits 1'700 genannt.

Die Kommunikation mit dem Rechenzentrum des Zolls kann über Wählleitungen mittels einer kostenfreien 800er Nummer oder über Mietleitungen des Teilnehmers erfolgen. Protokollumwandlungen werden nicht durchgeführt. Die übertragenen Daten können ein proprietäres Format des Zolls (US-Customseize mittels IBM 2780/3780 Protokoll) oder das Edifact-Format[202] besitzen. Die hauptsächlichen Erweiterungen von ABI betreffen den Anschluss von weiteren Behörden (z.B. Food and Drug Administration, Gesundheits-, Innen- und Verkehrsministerium etc.), die elektronische Rechnungsstellung eine erweiterte E-Mail-Funktionalität. Die Rechnungsstellung ist bereits in einem Pilotprojekt, an dem sich 14

---

[200] CAMIR steht für Customs Automated Manifest Interface Requirements.

[201] Dies entspricht 87 Prozent aller Zollanmeldungen.

[202] Unterstützt werden CUSDEC, CUSRES, CUSCAR und CUSREP [Curry 1993, 24].

Häfen[203] beteiligt haben, implementiert. Dabei können Rechnungen bei den Importeuren oder den Agenten mittels dem sog. Automated Invoice Interface (A II) erfasst werden.

Ein weiteres wichtiges Modul ist das *Air and Sea Automated Manifest* System (AMS Ocean/Air). Es dient zur Sendungsüberwachung zwischen der Übertragung der Manifestdaten an den Zoll und der Freigabe der Ware durch den Zoll. AMS ersetzt das traditionelle papiergebundene Manifest durch ein elektronisches Manifest. Seitens der Marktsprache werden bei AMS Sea modifizierte TDCC-Nachrichten verwendet, die Ansi X12 unterstützen. Bei AMS Air benutzt man als Marktsprache Cargo*Imp i.V.m. den Kommunikationsprotokollen AX.25, ARINC, SITA, LU 6.2 oder ein eigenes Protokoll. AMS Air wurde im März 1992 in 10 amerikanischen Flughäfen eingesetzt [King 1992a, 33].

Wie bereits angeschnitten, kann die Kommunikation mit ACS über Wählleitung, host-host-Kopplung oder über VANS (SITA, GEIS) erfolgen. Hervorzuheben sind die Verbindungen zur Bahn (→RAILINC), zu amerikanischen Häfen, zu anderen Zollverwaltungen wie Singapur (→TRADENET), Norwegen, Australien und Neuseeland. Eine Reihe weiterer Verbindungen sind zudem in Planung. Bemerkenswert ist auch die Finanzkomponente, da über →ACH Teilnehmer eine anerkannte Bank für die Zahlung autorisieren können.

Perspektive — Aufgrund der Vielfalt an ACS-Modulen können auch nur einige Weiterentwicklungen von ACS genannt werden. Beispielsweise wurde von dem CESAC[204] ein *Generic Customs Interface* entwickelt, das im September 1994 die Funktionalität von Sea AMS auf Schienen- und Strassentransporteure erweitern soll. Ziel ist die Realisierung einer einheitlichen Schnittstelle für alle Verkehrsträger ausser der Luftfracht. Einen weitereren Aspekt stellt die Migration von der Marktsprache Ansi X12 auf Edifact dar, werden doch im Jahre 1997 alle Ansi X12-Entwicklungen zugunsten von Edifact eingestellt.

---

[203] Es sind dies die Häfen in San Francisco, New York (2x), Los Angeles, Houston, New Orleans, Charleston, Norfolk, Jacksonville, Savannah, Baltimore, Boston, Chicago und Detroit.

[204] CESAC bezeichnet das Customs Electronic Systems Advisory Commitee, das vom amerikanischen Zoll geleitet wird und sich zusammensetzt aus Vertretern der American Trucking Association (ATA), der Association of American Railroads (AAR) sowie Vertretern aus dem Seebereich.

79

VAT Information Exchange System (VIES)
Mehrwertsteuerverrechnungssystem für den europäischen Binnenhandel

Wie im Überblick zum innergemeinschaftlichen Handel beschrieben, sorgte die Gründung des europäischen Binnenmarktes für einen erheblichen Wandel im Zoll- und Mehrwertsteuerbereich. Durch Wegfall der Grenzeinrichtungen galt es neue Mechanismen zur Registrierung von Warenströmen und der Mehrwertsteuer einzurichten. Abweichend vom bisherigen System (keine MwSt im Exportland, MwSt-Belastung im Importland) musste das neue System im wesentlichen die MwSt-Entrichtung am Ort des Verkäufers unterstützen. Während das neue System für Privatpersonen bereits gilt, wurde für kommerzielle Transaktionen als Übergangslösung bis zum 31.12.1996 das bisherige System (keine MwSt im Exportland, MwSt-Belastung im Importland) beibehalten. Einzig wird nun von Lieferanten statt Exporteuren und von Käufern statt von Importeuren gesprochen. Dazu mussten einige Voraussetzungen geschaffen werden, die im Dezember 1990 festgeschrieben wurden:

☐ *Identifikationsnummer.* Teilnehmer am innergemeinschaftlichen Handel müssen genau identifizierbar sein. Dazu wurde eine europaweit einheitliche MwSt-Identifikationsnummer geschaffen (VIES Identification Data), die von jedem Mitgliedsstaat für seine Handelstreibenden in einer Datenbank verwaltet werden soll.

☐ *Umsatzdaten.* Jeder Mitgliedsstaat sollte eine Datenbank einrichten, die vierteljährliche Umsatzdaten (VIES Turnover Data) der Lieferanten des jeweiligen Landes enthält. Jeder Mitgliedsstaat muss in der Lage sein, ohne Verzögerung die Identifikationsnummer und die vierteljährlichen Umsatzdaten aus anderen Mitgliedsstaaten abzurufen. Dadurch wird es den Mitgliedsstaaten möglich, die Umsatzdaten der Lieferanten jenen der Käufer gegenüberzustellen. Über die Identifikationsnummern-Datenbank kann dann bei Unregelmässigkeiten der Handelnde genau ermittelt werden. Eine Aufschlüsselung der Umsatzdaten soll nach Rückfrage möglich sein.

Für die Realisierung eines derartigen europaweiten IS für Mehrwertsteuerfragen stand im Dezember 1990 jedoch keine adäquate Infrastruktur zur Verfügung. Anfang 1991 wurde daher von der EG-Kommission DG XXI mit einer Anforderungsdefinition zu einer völligen Neukonzeption begonnen. Die zwei zentralen Punkte waren: (1) die Errichtung der obig genannten Datenbanken und (2) die Errichtung der erforderlichen Telekommunikationsinfrastruktur zum Informationsaustausch zwischen diesen Datenbanken. Erhebliche Schwierigkeiten bereiteten die neun verschiedenen Sprachen und die zwölf verschiedenen Währungen. In der zweiten Hälfte 1991 folgte eine Machbarkeitsstudie und zum Januar 1993 die Inbetriebnahme von VIES. Anfänglich auf MwSt-Identifikationsanfragen beschränkt, wurde die Funktionalität von VIES im Juli 1993 mit der Übertragung der Umsatzdaten vollständig verfügbar.

Abb. 3.29:
Architektur
von VIES[205]

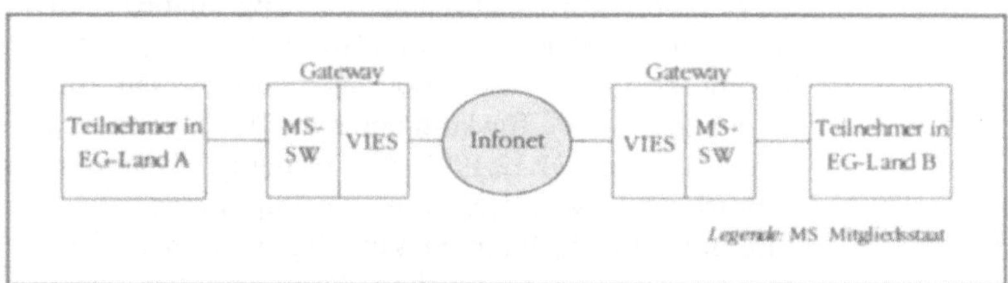

Als technologische Lösung wurde eine dezentrale Architektur in Verbindung mit einem VANS beschlossen. Nach dem Prinzip der verteilten Datenhaltung werden die Daten nur in den einzelnen Mitgliedsstaaten und nicht zentral vorgehalten. Die jeweiligen Mitgliedsstaaten sollen daher über nationale Gateways ihre Systeme an das VIES-System anschliessen, das für das Message Routing und die Interoperabilität der Rechner zuständig ist. Der Zugriff auf VIES kann synchron (OSI-TP), asynchron (X.400-84; Mailbox) oder als Dateitransfer (FTAM) erfolgen. Die Hardware stammt von NCR, als VANS wurde Infonet gewählt. Das System wird verwaltet vom zentralen VIES Technikcenter in Brüssel und konnte in den ersten drei Monaten operativen Betriebes 350'000 ID-Anfragen von Behörden der EG-Mitgliedsstaaten verarbeiten (Stand: 4/1993). Über diese Behörden können auch Unternehmen Informationen[206] über die Gültigkeit von IDs erhalten. Je nach Land findet der Kontakt zwischen Behörde und Unternehmen online (z.B. Vtx), über Telefon, Mail oder Fax statt.

Als mögliche Weiterentwicklungen von VIES werden genannt: die Möglichkeit zur Umsatzübertragung auch ausserhalb des regelmässigen vierteljährlichen Rhythmus, die Einrichtung eines Systems zur

---

[205] In Anlehnung an Sarson [1992a, 50].
[206] Es handelt sich dabei nicht um Adressdaten, sondern lediglich um die Meldung 'in Ordnung' respektive 'nicht in Ordnung'.

Übertragung von Rückfragen zwecks detaillierterer Angaben und die Implementierung eines IS zur Behandlung von Steuerdelikten (z.B. Betrug) bzw. bei Verdacht darauf.

80   Zollanmeldung auf Datenträgern (ZADAT)
Erfassungssystem des Zolls für Einfuhren (D)

ZADAT erlaubt es deutschen Unternehmen, ihre Zollformulare für den Handel mit nicht-EG Staaten (Extrahandel) über Datenträger (Magnetband, Diskette) oder DFÜ bei der Bundesfinanzverwaltung einzureichen. In Ausnahmefällen, z.B. bei Unternehmen mit grossem Extrahandelsanteil, ist ZADAT auch für die Einreichung von Intrastat-Meldungen zulässig. Wird das für den Extrahandel erforderliche Einheitsformular des Zolls um einen bestimmten Code ergänzt, leitet der Zoll die Daten an das Statistische Bundesamt weiter. Dieses Verfahren ist insbesondere für grössere Unternehmen sinnvoll, deren Rechner mit jenen des Zolls gekoppelt sind. Umgekehrt sorgen vom Zoll zurücklaufende Informationen dafür, dass die internen Funktionalbereiche der Unternehmen (z.B. Kreditorenbuchhaltung oder Kostenrechnung) automatisch mit Daten versorgt werden.

Die Vorteile für angeschlossene Unternehmen sind jedoch eher als sekundäre Nutzeffekte zu beurteilen. Der primäre Nutzeffekt sollte sich für die Finanzverwaltung selbst ergeben, indem Datenerfassung und -rücklauf (vgl. Tab. 3.17) rationalisiert wurden. Ferner kann der Dokumentenausdruck lokal und die Datenweiterleitung an andere Behörden wie etwa das statistische Bundesamt (z.B. zur Überwachung von Importquoten) erfolgen [Petri 1990, 200].

81   Zollmodell 90
Zollsystem für Einfuhren (CH)

Im Jahre 1985 begann die Eidgenössische Oberzolldirektion in Bern Arbeiten zur Einrichtung eines IOS, das von den Hauptaufgaben des Zolls, den Abgabenbezug, die Ursprungskontrolle, die Handelsstatistik und nichtzollrechtliche Massnahmen, wie Ein- und Ausfuhrbeschränkungen oder Lebensmittelkontrolle, unterstützen sollte. Neben dem schienen-, strassen-, luft- und wassergebundenen Frachtverkehr galt es, die Rohrleitungstransporte, nicht aber den Reisenden- und Postverkehr abzudecken. Nachdem sich die Schweizer Importe mit etwa neun Mio. Abfertigungen auf knapp das Doppelte der Exporte (5 Mio. Abfertigungen im Jahre 1991) belaufen, sollte das System im ersten Schritt nur den Importbereich abdecken. Mit der Gründung des ZOLLMODELL 90 wurden im wesentlichen zwei Ziele verknüpft:

Ziele des ZOLLMODELL 90

1. Erhalten der Wettbewerbsfähigkeit der Schweiz, indem ein durchgängiger Informationsfluss einen schnelleren Warenfluss (JIT-Konzepte) sowie Handelserleichterungen erlaubt. Beide Punkte gewinnen insbesondere angesichts des angrenzenden europäischen Binnenmarktes für die Schweiz an entscheidender Bedeutung.

2. Produktivitätssteigerung innerhalb des Zolls, da einerseits die Abfertigungen durch kleinere und häufigere Sendungen steigen und andererseits die Personalbestände rückläufig sind. Steigerungen ergeben sich durch reduzierte manuelle Papierbearbeitung, gezielte Zollkontrollen und die effiziente Erstellung von Statistiken.

In die Projektarbeit zum ZOLLMODELL 90 waren der Schweizerische Spediteurverband (SSV), die Swisspro (nationales Edifact-Board) sowie diverse Spediteure, Importeure und Frachtführer eingebunden. Nachdem Spediteure das Gros an Verzollungen ausmachen, stellen diese die primäre Zielgruppe und damit neben dem Zoll die Hauptakteure dar. Für beide Seiten fallen durch das System einmalige und laufende Kosten an. Auf Zollseite wurden zur Errichtung des Systems etwa 10 Mio. SFr. aufgewendet, während für laufende Kosten ca. 3 Mio. SFr. veranschlagt werden. Die Break-even-Schwelle hofft man im Laufe des Jahres 1993 zu erreichen. Insbesondere für kleine Spediteure, die noch über keine IS verfügten, waren mit dem Zollmodell erhebliche Kosten verbunden.

Funktions-umfang

Anhand der Schritte einer automatischen Zollabfertigung soll nun die *Funktionalität* des Systems illustriert werden (vgl. Abb. 3.30). (1) Der Spediteur erstellt auf seinem Rechner die Zolldeklaration und übermittelt diese an den Zoll. Die Erstellung der Deklaration erfolgt durch ein von der Zollverwaltung freigegebenes Zollprogramm, das bereits erste Plausibilitätsprüfungen durchführt. (2) Im Anschluss an weitere Plausibilitätsprüfungen beim Zoll erfolgt die (automatische) Selektion der Art der Zollabfertigung und der erforderlichen Papiere. In Abhängigkeit gespeicherter Kriterien ist die Sendung für den Spediteur unmittelbar verfügbar (frei) oder gesperrt, d.h. es werden bestimmte formelle und materielle Grenzkontrollen durchgeführt. Daneben wird festgelegt, ob die

Abfertigung mit den üblichen (schriftlichen) Zollpapieren oder papierlos erfolgt. (3) Das Ergebnis der Selektion wird innerhalb von Minuten an den Speditionsrechner übermittelt. Dieser ermöglicht auch den Ausdruck von Einfuhrliste und Bezugsschein.

Das ZOLLMODELL 90 stellt eine Grundlage zu neuen *Produkten* im Zollbereich dar. Ein Beispiel ist die Lösung 'Zugelassener Empfänger', welche vorsieht, dass derartige Sendungen im Transit direkt zum Empfänger transportiert werden. Dort finden auch die Zollprüfungen statt. Ende Juni 1993 wurde diese Lösung 40mal in Anspruch genommen [o.V. 1994v, 20].

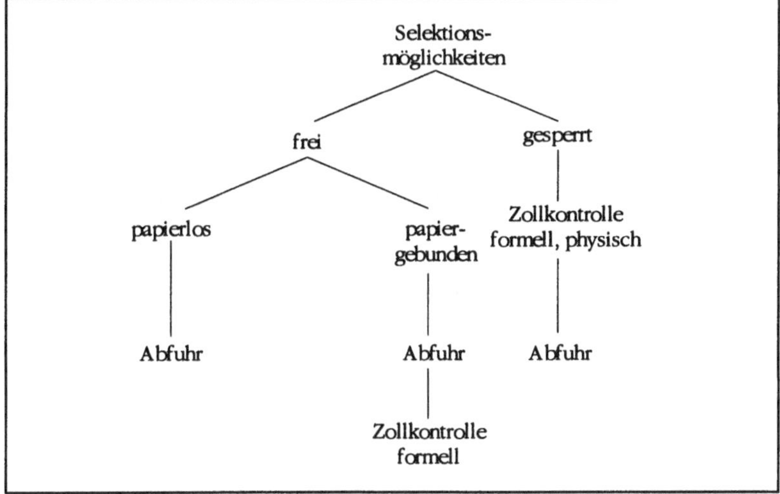

Abb. 3.30: Selektionsmöglichkeiten beim ZOLLMODELL 90

Unter der Vorgabe grösstmöglicher technischer Offenheit wurde das System auf einer NCR-HW unter dem Betriebssystem UNIX realisert. Zur Verwaltung von Verzollungsdaten wird die Datenbank Oracle eingesetzt. Der Spediteur kann frei über die Verwendung von HW und SW entscheiden, lediglich die Verzollungsprogramme müssen nach Regeln des Zolls gestaltet sein. Kommunikatitonsseitig finden X.25 (Telepac mit Closed User Group), X.400 sowie als Marktsprache EDIFACT Verwendung. Neben den regionalen Rechenzentren besitzt der Zoll für Systemausfälle etc. ein Ausweichrechenzentrum in Bern.

Über die dargestellte Systemkonfiguration wurde 1988 entschieden, im Oktober 1990 wurde der operative Betrieb beim Zollamt Basel-Flughafen aufgenommen. Der Systemeinführung folgte eine Phase eher schwacher Resonanz (0,3 Mio. Abfertigungen 1991), die jedoch überwunden wurde. So verzeichnet das Jahr 1992 einen Sprung auf etwa 1 Mio. Abfertigungen. Ende Juni 1993 waren an die 11 regionalen Rechenzentren des Zolls 46 Zollämter und etwa 110 Beteiligte (Spediteure, Importeure) angeschlossen. Mit diesen Beteiligten wurden 1993 etwa 1,2 Mio. Einfuhrdeklarationen verarbeitet, für 1994 erwartet man einen deutlichen Anstieg dieser Zahl. An Weiterentwicklungen ist für 1995 geplant, die Leistung des Systems durch den Einsatz neuer Rechner in den elf regionalen Rechenzentren auszubauen. Ein weiterer Ausbauschritt betrifft die Realisierung einer Ausfuhrkomponente. Analog zur Lösung 'Zugelassener Empfänger' soll damit die Grundlage einer Lösung 'Zugelassener Versender' geschaffen werden.

Die Einführung des Zollmodells wird als überwiegend positiv beurteilt. Hervorgehoben werden die hohen Lernaufwendungen, Performanceprobleme des Systems im ersten Jahr und das anfängliche Misstrauen der Spediteure. Es hat sich gezeigt, dass bei Ausfall des Systems der Verkehr zum Erliegen kommt, was sowohl die Relevanz eines Backup-Rechenzentrums wie auch die erlangte Position im Zollverkehr unterstreichen dürfte [Mock 1992].

3.4 IOS für die Finanzlogistik

3.4.1 Überblick

Weil Unternehmen der Nominalgüterindustrie nur in Ausnahmefällen mit den primären Gütern in direkten Kontakt kommen, sind sie im Vergleich zu Unternehmen der Warenlogistik vorwiegend informationsverarbeitende Betriebe [Grad/Ong 1992, 68]. Gerade sie sind jedoch dem Vorwurf ausgesetzt, dass die Produktivität über die vergangenen Jahre eher abgenommen hat. Banken und Versicherungen haben auf diesen Produktivitätsverlust mit einem massiven Ressourceneinsatz im Bereich von IOS reagiert, und noch immer scheinen die Rationalisierungspotentiale gross zu sein. Die interne Leistungserstellung im Back-Office-Bereich[207] ist in den letzten Jahrzehnten weitestgehend automatisiert worden [Langenohl 1994, 42; Enders 1991, 110], weshalb sich der Fokus der IT deshalb

---

[207] Zum Back-Office werden die Bereiche einer Bank gezählt, die nicht mit Kunden in Kontakt treten (Bsp. DV).

typischerweise hin zu höherwertigen Prozessen verlagert. MIS und XPS sind aus den informationsintensiven Bereichen des Bank- und Versicherungsgeschäftes nicht mehr wegzudenken. Der Börsenhandelsbereich ist von dieser Entwicklung besonders betroffen.

Aufgrund der Durchdringung aller Geschäftsbereiche ist die IT heute für die Banken ein strategisches und geschäftspolitisches Instrument. Diese Bedeutung kommt insbesondere der interorganisatorischen Kommunikation mit Kunden, Märkten, Banken und anderen Dienstleistern zu [Grad/Ong 1992, 68]. Die Elektronisierung von Finanz- und Devisenmärkten und die Verbindung zu diesen gilt als das prädestinierte Einsatzgebiet von IOS im Finanzbereich (z.B. Hongkong Stock Exchange, Swiss Options and Financial Futures Exchange (SOFFEX)). Der Fokus dieser Studie liegt jedoch vielmehr auf den mit Realgüterströmen zusammenhängenden Zahlungskreisläufen (z.B. Zahlungsverkehr, Dokumentargeschäft).

Logistikproblem

An IOS zur Unterstützung des Austausches von Finanzinformationen werden aus der in Kap. 2.1 eingeführten Logistikbetrachtung verschiedene wesentliche Anforderungen gestellt: Die Funktionstüchtigkeit und Konkurrenzfähigkeit einer Volkswirtschaft und die Wirtschaftsbeziehungen im einzelnen sind wesentlich von der Verfügbarkeit effizienter Dienstleistungen des Nominalgüterbereiches abhängig [UNCTAD 1994, 3]. Sie haben wesentlichen Einfluss auf den Kaufentscheid, die Kosten der Handelstransaktion und somit auf die Frage der vertikalen Integration.

Zeitkritische Finanzinformationen | Finanzinformationen im Zusammenhang mit Realgütertransaktionen sind zeitkritisch. Dies trifft in erster Linie auf den grenzüberschreitenden Handel zu. Beruht die Bezahlung der Güter auf einer Form der Handelsfinanzierung, so müssen die verschiedenen Informationsströme bezüglich der Waren- und Finanzströme aufeinander abgestimmt sein, um Verzögerungen zu verhindern. Der Anspruch der Zeitgerechtheit trifft immer mehr auch auf den Binnenhandel und auf Gütertransaktionen zu, die zwar grenzüberschreitend sind, aber dennoch mittels Open-Account-Zahlungen[208] bezahlt werden. Ineffiziente Zahlungs- und Clearingmechanismen können den Zahlungskreislauf entscheidend verlängern und damit den Kapitalbedarf eines Unternehmens erhöhen. Die Unternehmen entlang der

---

[208] Bei Open-Account-Zahlungen handelt es sich um Handelstransaktionen ohne Sicherheitsmechanismen, z.B. den Zahlungsverkehr.

Wertschöpfungskette sind sensibilisiert auf die Kosten hoher Liquiditätsreserven und versuchen deshalb diese durch die Einführung effizienter Cash Management Tools zu senken (vgl. Kapitel 2.4).

Die Beteiligten an Handelstransaktion haben neben der Effizienz einen erhöhten Anspruch an die Sicherheit von Systemen im Nominalgüterbereich. Bezüglich IOS wird diese in drei Hauptaspekte gegliedert, die es zu berücksichtigen gilt: Ressourcenschutz, d.h. Schutz gegen unberechtigten Zugriff, Kommunikationssicherheit, d.h. die Gewährleistung des sicheren Informationsaustausches zwischen Rechnern mittels eines Kommunikationsmediums, und die Authentifizierung, d.h. die Sicherstellung, dass der Empfänger einer Nachricht diese unmodifiziert erhält [Göbel 1994, 5; Burkert 1994, 1; Riecke 1994, 7]. Unter anderem hat dieser erhöhte Sicherheitsanspruch im Finanzbereich zu den geschlossenen Interbanksystemen geführt.

Beteiligte in der Logistikkette

Insbesondere im Binnenhandel wird von der in Kapitel 2.1 eingeführten umfassenden Logistikbetrachtung meist abstrahiert. Gründe für die Trennung des Waren- und Finanzbereiches können einerseits in der Spezialisierung von Dienstleistern, andererseits in der unternehmensinternen Trennung von finanz- und warenbezogener Verarbeitung von Transaktionen gesehen werden. Der grenzüberschreitende Handel hingegen muss differenzierter betrachtet werden. Hier stellt der entgegengesetzte Austausch von Gütern und Finanzmitteln (ursprünglicher Prozess) sowie deren Unterstützung durch die damit verbundenen Informationsströme (informationslogistischer Prozess) eine idealtypische Form einer Handelstransaktion dar. Die Realität ist geprägt durch eine Vielzahl von Spezialfällen bei der Abwicklung von Transaktionen. Ausserdem lassen sich in diesem Bereich des Handels transaktionsbezogene Finanz- und Versicherungsdienstleistungen nicht immer eindeutig von anderen, nicht mit der Transaktion in direktem Zusammenhang stehenden, Dienstleistungen unterscheiden. Im Finanzbereich ist die Bezahlung von Gütern teilweise mit kurz- bis mittelfristigen Krediten an die Exporteure verbunden.

Regulierung durch den Staat

In den meisten Ländern ist das Finanz- und Versicherungsgeschäft traditionell sehr stark durch den Staat reguliert. Wegen ihrer kritischen Rolle für die Volkswirtschaft unterliegen Banken einer höheren Zulassungsschwelle und einer strafferen Aufsicht. Die Finanzdienstleistungen im Zusammenhang mit Handelstransaktionen des

Realgüterbereiches werden in erster Linie von Banken und traditionell im internationalen Handel beteiligten Handelshäusern erbracht. Die Einschränkung für Banken zur Tätigkeit ausserhalb des Finanzbereiches und umgekehrt von Nicht-Banken im Finanzbereich, wie sie in verschiedenen Ländern bestehen, hat die Strukturen dieses Sektors entscheidend geprägt. Bereiche, die gesetzlich nicht den Banken zugerechnet werden (z.B. Kreditwürdigkeitsinformationen, Transportversicherung), werden von spezialisierten Dienstleistern erbracht. Diese Bereiche werden vorwiegend von einigen wenigen, z.T. sehr traditionsreichen Unternehmen (z.B. Lloyds) beherrscht.

Klar geteilte hierarchische Struktur

Informationslogistische Systeme im Finanzbereich zeichnen sich durch eine klar geteilte hierarchische Struktur aus: der Bank-Kunden- und der Interbankbereich (vgl. Abb. 3.31). Die Institutionen auf den zwei Stufen beanspruchen unterschiedliche Systeme für die Abwicklung von Finanzgeschäften. Auf der unteren Stufe sind die eigentlichen Benutzer des Systems, die (gewerblichen) Bankkunden, angesiedelt. Zur Effizienzsteigerung der Geschäftstransaktionen bieten verschiedene Geschäftsbanken ihren Kunden Dienstleistungen über elektronische Schnittstellen an. Die Kommunikation auf dieser Ebene ist grundsätzlich bilateraler Art. In den meisten Fällen werden die abzuwickelnden Finanztransaktionen durch die Geschäftsbeziehungen der Bankkunden zu ihren Marktpartnern verursacht [Petri 1990, 111]. Auf der zweiten Stufe sind Geschäftsbanken angesiedelt, die untereinander Zahlungen und Wertpapierrechte austauschen. Zu diesem Zweck werden Nettingvereinbarungen[209] abgeschlossen und/oder Konten bei Korrespondenzbanken unterhalten. Viele der nationalen Clearingsysteme[210] für den Interbankbereich beruhen auf Nettingsystemen, die durch Clearingstellen einer Bankengemeinschaftsorganisation oder der Staatsbank betrieben werden. Üblicherweise werden in diesen Clearingsystemen die aufgelaufenenen Zahlungen periodisch - meist einmal pro Tag - abgerechnet und ausstehende Beträge über Konten bei Korrespon-

---

[209] Unter 'Netting' versteht man das gegenseitige Aufrechnen von ein- und abgehenden Zahlungen zu einem Saldo.

[210] Clearing ist ein Verfahrenskomplex, bei dem Finanzinstitute Daten bezüglich Geld- oder Wertpapiertransaktionen an andere Finanzinstitute an einem einzigen Ort (Clearingstelle) vorlegen und austauschen. Die Verfahren enthalten oft auch einen Mechanismus für die Berechnung der bilateralen oder multilateralen Nettoposition (Netting), um den Ausgleich der Verpflichtungen auf einer Nettobasis zu erleichtern [BIZ 1989].

denzbanken oder der Staatsbank beglichen [Passacantando 1993, 9].
Im Rahmen dieser Ist-Erhebung wird zwischen Anwendungen im
Wertschriften- und Zahlungsverkehrsbereich unterschieden. Der
überwiegende Anteil dieser beschriebenen Anwendungen entfällt
auf die Übermittlung von Zahlungsaufträgen und Kontoinformationen [Röcker et al. 1991, 72].

Abb. 3.31:
System-
gruppierung
im Finanz-
bereich

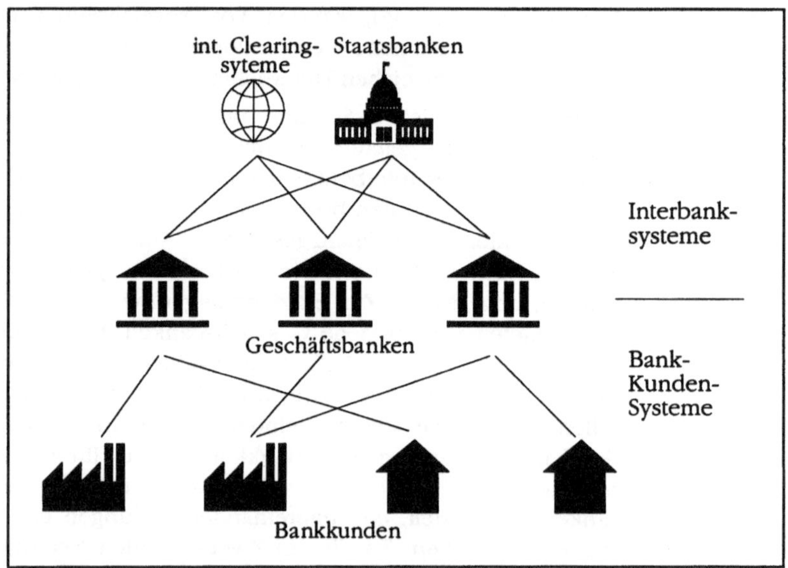

Dienstleistungsbereiche der Finanzlogistik

Fünf verschiedene Gruppen von Finanz- und Versicherungsdienstleistungen können im Zusammenhang mit Warentransaktionen
unterschieden werden [UNCTAD 1994, 24]:

☐ *Informationen über die Kreditwürdigkeit von Handelspartnern.*
   Die Verfügbarkeit von präzisen und objektiven Informationen
   bezüglich der Kreditwürdigkeit von Partnern in internationalen
   Handelsbeziehungen gilt als eine Voraussetzung für den internationalen Handel. Diese Informationen sind jedoch in vielen
   Fällen schwierig zu erhalten und teuer. Aus diesem Grund sind
   viele Exporteure auf Garantien von Handelshäusern und Banken
   oder auf Formen der Handelsfinanzierung angewiesen. Informationen über die Kreditwürdigkeit von Handelspartnern kommen
   aus zwei Hauptquellen: Banken stellen ihren Kunden Informationen zur Verfügung, über die sie aufgrund von Beziehungen

zu Korrespondenzbanken im betreffenden Land verfügen. Dieser Service der Banken stellt meist eine kostenlose Zusatzdienstleistung an die Kunden dar. Die Informationen sind jedoch nicht immer umfassend und nicht über alle potentiellen Handelspartner verfügbar. Die zweite und teurere Gruppe von Informationsquellen stellen spezialisierte Informationsagenturen (z.B. Reuters, Bureau Veritas) dar. Diese sammeln die entsprechenden Informationen bezüglich der Kreditwürdigkeit einzelner Firmen mittels Befragung der Unternehmen und Auswertung von veröffentlichten Angaben. Die Agenturen stellen die gesammelten und verdichteten Informationen über on-line-Datenbanksysteme oder papierbasiert zur Verfügung.

❑ *Finanzierungsdienstleistungen.* Die Verfügbarkeit von leistungsfähigen Telekommunikationsnetzen, hoher Rechnerleistung und neuen Risikomanagementinstrumenten erlaubt es Handelshäusern und Banken, eine unbeschränkte Vielzahl von massgeschneiderten Formen der Finanzierungsdienstleistung anzubieten. Es lassen sich in Bezug auf den zeitlichen Ablauf einer Handelstransaktion zwei Gruppen von Finanzierungsdienstleistungen unterscheiden: erstens die Finanzierung vor, zweitens nach der Auslösung der Transaktion des primären Gutes. Die verschiedenen Arten der Vorfinanzierung von Handelstransaktionen haben zum Zweck, den Produzenten mit Kapital für die Produktion und den Händler mit Kapital für den Ankauf der Güter zu versorgen. In der Regel muss der Kreditnehmer Sicherheiten stellen. Die Formen der Finanzierungsdienstleistung nach Auslösung der eigentlichen Transaktionen sind ebenso vielfältig: Beispiele häufig beanspruchter Formen der Finanzierung sind Exportfinanzierung mit staatlicher Garantie, Dokumenten-Akkreditiv und Forfaitierung. Sie dienen der Absicherung der ausstehenden Beträge für gelieferte Produkte und geleistete Dienste und versorgen den Lieferanten und Dienstleister vor der tatsächlichen Fälligkeit mit Finanzmitteln.

❑ *Zahlungsverkehr.* Die Erfüllung von Verpflichtungen aus Finanzierungsdienstleistungen oder aus den eigentlichen primären Handelstransaktionen erfolgt über nationale und internationale Zahlungsverkehrssysteme. Die in der Abwicklung einer Zahlungstransaktion involvierten Beziehungen lassen sich in zwei Gruppen unterteilen: Bank-Kunden-Beziehungen auf vertikaler Ebene und Interbankbeziehung auf horizontaler Ebene. Im einfachsten Fall einer Finanztransaktion halten beide

Geschäftspartner bei derselben Bank ein Konto. In der Regel, insbesondere in internationalen Transaktionen, sind Banken der Geschäftspartner, Clearingstellen oder Korrespondenzbanken involviert. Zahlungen zwischen Banken innerhalb der Grenzen eines Landes werden über Clearingorganisationen und Konten bei der jeweiligen Staatsbank abgewickelt. Verfügt eine Bank bei einer internationalen Transaktion nicht über ein Konto bei der jeweiligen Bank des Geschäftspartners im Ausland, so wird die Zahlung über mindestens eine Korrespondenzbank und evtl. eine internationale Clearingorganisation abgewickelt. Die Geschäftsbeziehungen zwischen den Banken und ihren Kunden werden mehr und mehr technisch unterstützt. Meist dient das internationale Interbanknetzwerk →SWIFT als Telekommunikationsplattform.

❏ *Kreditversicherung und andere Risikoabsicherungen.* Kreditversicherungen schützen Lieferanten gegen Insolvenz oder Versäumnis der Kunden. Diese Form der Versicherung wird vor allem in Europa und Japan angewendet. Diese Form der Versicherung wird typischerweise von zwei Gruppen nachgefragt: Firmen, die ihre Lieferungen an inländische und ausländische Kunden absichern wollen und Finanzintermediäre, die Handelstransaktionen finanzieren, jedoch das Risiko verringern wollen. Kreditversicherungen werden alternativ zu den verschiedenen Formen der Handelsfinanzierung angewendet. Der Versicherungskontrakt wird in der Regel für den gesamten jährlichen Output eines Lieferanten gegen eine Prämie ausgestellt und kann die Absicherung sowohl internationaler als auch nationaler Lieferungen gegen kommerzielle und politische Risiken umfassen. Die Policen der Kreditversicherungen können wiederum als Sicherheit für die Finanzierung von Lieferanten bei Handelsbanken dienen. Das moderne Risikomanagement von Unternehmen mittels Geschäften auf Geld-, Finanz- und Warenmärkten stellt eine weitere Form der Risikoabsicherung im Zusammenhang mit Handelstransaktionen dar. Auf den verschiedenen Märkten sind Instrumenten wie Futures, Swaps, Optionen und Forwards zur Absicherung von Währungs-, Zins- und Preisrisiken verfügbar. Weil IOS zur Unterstützung von Geld-, Finanz- und Warenmarktgeschäften mit dem primären Warenstrom nur in einem indirekten Zusammenhang stehen, ist diesen in der vorliegenden Studie nur ein kurzer Exkurs gewidmet (vgl. Kapitel 3.4.4).

❑ *Transportversicherungen.* Das Transportversicherungsgeschäft als einer der ältesten Bereiche der Branche dient der Versicherung gegen Schäden, die mit dem Transportmittel - beispielsweise einer Schiffhavarie - oder mit dem transportierten Gut selbst in Verbindung stehen. Der Geltungsbereich der Transportversicherungen erstreckt sich über die Zeit des eigentlichen Transportes von der Vorlagerung oder -reise auf eine allfällige Zwischen- und Nachlagerung [Fuhrer 1991, 1]. Verträge können für einzelne Handelstransaktionen oder sämtliche Transporte innerhalb eines bestimmten Zeitraumes abgeschlossen werden. Ebenso können bestimmte Gefahren aus dem Vertrag ausgeschlossen werden. Das Transportversicherungsgeschäft ist im Verhältnis zu anderen Versicherungssektoren relativ klein. Die Vertriebskanäle der Transportversicherungen beruhen in erster Linie auf einem Netzwerk von Versicherungsbrokern.[211]

Kommunikation

Einzelne Industriezweige sind schon sehr früh dazu übergegangen, Kommunikationsstandards und -netzwerke mit dem Ziel der Effizienzsteigerung zu definieren und aufzubauen. Die Homogenität der Benutzergruppe und die Beteiligung des Staates bzw. der Staatsbanken mag in der Vergangenheit dazu geführt haben, dass im Interbankverkehr vor allen anderen Logistikbereichen IOS eingeführt wurden. Die Gründung von →SWIFT geht beispielsweise auf das Jahr 1973 zurück [Passacantando, 1993, 12].

Der Finanzsektor sieht sich heute in seiner Gesamtheit einem zunehmenden Konkurrenzdruck im Innern und gegenüber potentiellen neuen Konkurrenten von ausserhalb des Bankbereiches ausgesetzt. Gründe dafür sind u.a. die Globalisierung und Liberalisierung der Finanz- und Dienstleistungsmärkte. Typischerweise steigen mit der Globalisierung der den Finanztransaktionen zugrundeliegenden Geschäften im Warenbereich die Anforderungen an die Verfügbarkeit der Bankdienstleistungen. Effiziente Kommunikationskanäle zählen deshalb zu den Grundvoraussetzungen des

---

[211] Der Versicherungsbereich wird in dieser Studie aufgrund von Parallelen zu den Anwendungen im Bankbereich unter die Finanzlogistik subsumiert: Versicherungsdienstleister führen - wie Bankdienstleister - keine Tätigkeiten am oder im Zusammenhang mit dem primären Gut aus, die der Veränderung dessen Eigenschaften (insbesondere Ort und Zeit) dienen. Ein Versicherungskontrakt weist gewisse Ähnlichkeit mit einer Option auf.

Bankgeschäftes. Grossbanken unterhalten aus diesem Grund teilweise eigene globale Kommunikationsnetzwerke für die Übertragung von Finanzinformationen zwischen ihren Niederlassungen rund um die Welt (z.B. Ubinet der Schweizerischen Bankgesellschaft, Netzwerk der Hongkong and Shanghai Banking Corp., vgl. Abb. 3.32).

Abb. 3.32:
Globales
Netzwerk
der Hong-
kong and
Shanghai
Banking
Corp.

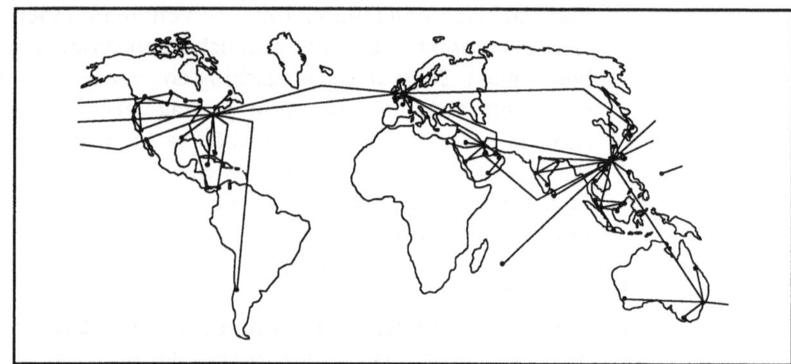

FEDI und
EFT

Der Austausch von strukturierten Daten zwischen Geschäftsbanken und Kunden (Bank-Kunden-Systeme) wird als Financial Electronic Data Interchange (FEDI) bezeichnet. FEDI wird dabei in Wissenschaft und Praxis vom Electronic Funds Transfer (EFT) abgegrenzt. Als Begründung für diese Abgrenzung wird die fehlende Kompatibilität zwischen EFT- und gängigen EDI-Standards herangezogen [O'Hanlon 1993, 2]. Diese Begründung ist jedoch nicht ausreichend. Die Unterscheidung von EFT und FEDI ist vielmehr vor dem Hintergrund ihrer Historie zu sehen. Die erste Anwendung unter der Bezeichnung EFT wird dem →ACH von Kalifornien zugeschrieben und geht auf das Jahr 1972 zurück. Die erste sogenannte FEDI-Anwendung wurde von GM erst im Jahre 1986 zur Übertragung von Zahlungsinformationen an ihre Partnerbanken lanciert. Betreffend des Anwendungsgebietes lassen sich EFT und FEDI nicht voneinander unterscheiden. Mit EFT/POS zwischen gewerblichen Bankkunden und Banken bzw. EDI im Interbankbereich (z.B. →IDX) sind beide Formen auf den zwei Stufen des Zahlungssystems vertreten. Für diese Bestandsaufnahme wird EFT unter FEDI subsummiert: Die Einsatzgebiete von FEDI gehen über die reine Übertragung von Zahlungsinformationen hinaus und können beispielsweise Kontoinformationen und Informationen über Handelsfinanzierung beinhalten. FEDI ist wiederum als Teilgebiet von EDI anzusehen. Das verhältnismässig lange Bestehen von elektronischen Verarbeitungssystemen im Finanzbereich - insbesondere im Interbanksektor - hat dazu geführt, dass sich einerseits aufgrund des Fehlens von Kommunikationsstandards proprietäre Datenformate herausgebildet haben, die weitgehend noch heute bestehen und andererseits der physische DTA in vielen Anwendungsfällen noch immer breite Verwendung findet.

Abb. 3.33: Elektronischer Handelskreislauf

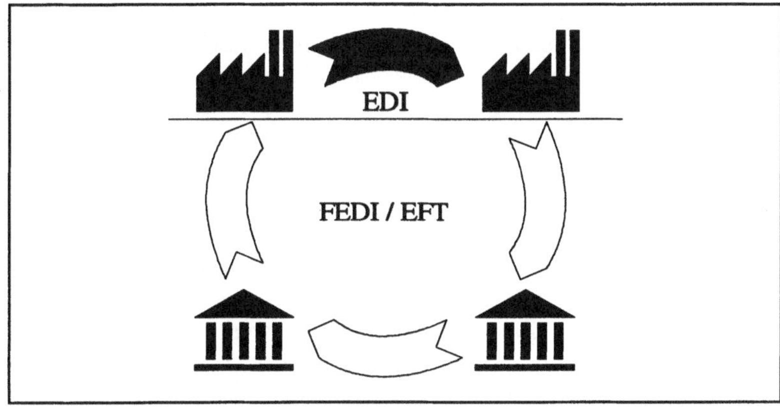

Electronic Banking und FEDI

Zu unterscheiden ist ausserdem zwischen Electronic Banking und FEDI. Die Bezeichnung Electronic Banking bezieht sich auf Systeme im Bank-Kunden-Bereich und umfasst sämtliche DL, die über elektronische Kommunikationsnetzwerke angeboten werden [Straub 1990, 33]. FEDI findet im Gegensatz dazu auch im Interbankbereich Anwendung, deckt jedoch im Bank-Kunden-Bereich nur die Bereiche des EDI ab. Darüber hinaus bieten Bank-Kunden-Systeme oft DL an, die auf einem unstrukturierten Austausch von Informationen basieren (z.B. E-Mail, Kontoauszüge).

3.4.2   Bank-Kunden-Bereich

Das erste Glied in der Finanzdienstleistungskette zur vollständigen elektronischen Abwicklung von Gütertransaktionen stellen die Bank-Kunden-Systeme dar. Bei den Systemen zur Unterstützung der Bank-Kunden-Beziehungen handelt es sich fast ausschliesslich um 1:n-Systeme. Sie sind auf die Unterstützung des Datenaustausches und den damit verbundenen Vorteilen der Netzwerkebene (geringere Fehleranfälligkeit, höhere Geschwindigkeit der Übertragung, keine Mehrfacherfassung usw.) ausgerichtet (vgl. Kapitel 2.4).

<table>
<tr><td>Pionieran-
wendungen
im angel-
sächsischen
Raum</td><td>

Die Pionieranwendungen in diesem Bereich der IOS sind im angel-
sächsischen Wirtschaftsraum angesiedelt und entstanden in den 80er
Jahren. Entsprechend weit fortgeschritten sind die Systeme und
deren Verbreitung in diesem Raum heute. In den USA war es die
Firma GM, die 1982 als erste die Telematik zur Unterstützung der
Finanztransfers einsetzte. Heute werden die Zahlungstransaktionen
an 5'300 von gesamthaft 15'000 Lieferanten durch das GM EFT-
System elektronisch unterstützt. Pro Monat werden rund 21'000
Transaktionen mit einem Gesamtwert von rund 1,6 Mrd. US$ ausge-
löst (Stand 1991). Als treibende Kraft hinter der Entwicklung von
elektronischen Banksystemen in den USA ist auch der Staat mit
Initiativen in verschiedenen Regierungsbereichen (Finanz-, Verteidi-
gungsministerium) zu sehen [O'Hanlon 1993, 33 und 65].

</td></tr>
</table>

Im Gegensatz zum angelsächsischen und asiatischen Raum einerseits und den anderen Anwendungsbereichen von IOS in der
primären und sekundären Wertschöpfungskette andererseits verläuft
die Diffusion von Bank-Kunden-Systemen auf dem europäischen
Festland schleppend. Hier steckt der Austausch von Finanzinformationen über elektronische Netzwerke noch in den Kinderschuhen
[Hitachi 1993, 93]. Zur Zeit sind jedoch rund 40 Banken in über 15
europäischen Ländern damit beschäftigt, im Rahmen der
→SWIFT/EDI-Initiative ihre elektronischen Kundensysteme aufzubauen.

Dienstleistungsbereiche einer Bank

Das gesamte Spektrum an Dienstleistungen eines Finanzinstitutes
umfassen die drei Bereiche Kreditvermittlung, Zahlungsvermittlung
und Effektengeschäft [Albisetti et al. 1990, 21]:

❑ *Kreditvermittlung.* Unter das Bankgeschäft der Kreditvermittlung
fallen die Aktiv- und Passivgeschäfte einer Bank. Das Passivge-
schäft beinhaltet die Entgegennahme und Verwahrung von Kun-
dengeldern; zum Aktivgeschäft werden die Kreditgeschäfte der
Bank an ihre Kunden gezählt. Eine enge Verbindung zu Transaktionen im Realgüterbereich weisen beispielsweise Diskont-
kredite (Diskontierung von Ladepapieren) oder Anlagekredite
(Vorfinanzierung bei grösseren Aufträgen) auf.

❑ *Zahlungsvermittlung.* In die Gruppe der Zahlungsvermittlung
fallen aus Sicht der Gütertransaktionen der Zahlungsverkehr
nach dem Inland und Ausland in all seinen Formen, das Doku-
mentar-, das Inkasso- und das Devisengeschäft.

◻ *Effektengeschäft.* Diese Gruppe fasst sämtliche mit dem primären und sekundären Wertschriftenmarkt verbundene Dienstleistungen der Bank zusammen: die Emission, der An- und Verkauf sowie die Verwahrung und Verwaltung von Wertschriften. Das Effektengeschäft nimmt in Bezug auf die Telematikanwendung einen immer grösseren Stellenwert ein.[212] Für IOS in der Logistik spielen sie insofern eine untergeordnete Rolle, als dass sie nicht mit der Warenlogistik in direktem Zusammenhang stehen. Anhand eines Exkurses in den Bereich der Abwicklung internationaler Wertschriftentransaktionen sollen eventuelle Parallelen aufgezeigt werden.

Die Dienstleistungsbereiche der Finanzlogistik werden entsprechend ihrer Ausgestaltung unter die drei Dienstleistungsbereiche der Bank subsumiert. Für die Telematikunterstützung der Bank-Kunden-Beziehung kommen in erster Linie Dienstleistungen in Frage, die entweder für eine Bank oder einen Kunden von hoher strategischer Bedeutung sind, die grosse Transaktionsvolumina bei gleichzeitig hohem Grad der Standardisierung aufweisen oder die zeitkritisch sind. Auf den Zahlungsverkehr und die Kontoverwaltung treffen letztere beiden Bedingungen in verstärktem Masse zu. Diese zwei Bereiche sind auch typischerweise die beiden Basisapplikationen eines Bank-Kunden-Systems.

Kommunikation

Die →SWIFT/EDI-Initiative unterstreicht die Bedeutung der →SWIFT- und Edifact-Standards für die Finanzbranche in Europa. Die Zahl der Edifact-Nachrichten für den Finanzbereich beläuft sich zur Zeit auf 27 und wird derzeit weiter ergänzt. Die Nachrichten sind auf Finanztransfers und auf das Dokumentargeschäft ausgerichtet. Weil in verschiedenen Ländern noch immer unterschiedliche Standards im Finanzbereich vorherrschen und →SWIFT bislang nicht in der Lage war, mit dem Güterstrom zusammenhängende Informationen (Remittance Informationen) wie beispielsweise Liefernummer über ihr Netzwerk auszutauschen, wurden in der →SWIFT/EDI-Initiative die zwei neuen →SWIFT-Nachrichtentypen MT105 und MT106 entwickelt. Sie dienen als Umschlag für die Übermittlung von Remittance Advice Messages (REMADV) und Payment Order Messages (PAYORD) über das →SWIFT-Netzwerk. Mit →SWIFT/EDI kann die Nominalseite einer Geschäftstransaktion durchgängig elektronisch

---

[212] Zu den Beispielen zählen die Elektronischen Börsen Schweiz (EBS).

unterstützt werden [Hitachi 1993, 183]. Für die Kommunikation zwischen Bank und Kunde stehen neben den erwähnten eine Reihe weiterer Nachrichten für den Zahlungsverkehr, das Dokumentar- und das Factoringgeschäft zur Verfügung.

Sicherheit

Eine grosse Bedeutung in der elektronischen Bank-Kunden-Kommunikation kommt der Sicherheit zu (vgl. beispielsweise →LLOYDS-LINK). Sicherheit wird im Zusammenhang mit IOS im Finanzbereich in erster Linie mit Computerkriminalität in Verbindung gebracht (Ressourcenschutz). Daneben gilt es jedoch auch, die Kommunikationssicherheit und die Authentifizierung sicherzustellen (vgl. dazu Kap. 3.4.1). In allen Bank-Kunden-Systemen werden eine oder mehrere der folgenden Massnahmen zum Schutz gegen unautorisierten Zugang zum System angewendet: Smart Cards, systeminterne Autorisierung, Encryption, Authentisierung, digitale Unterschrift. Ein ebenso grosses Risiko stellen natürliche und technische Zwischenfälle (Feuer, Erdbeben, Überschwemmung, Stromausfall, Rechnerausfall) dar. Betriebssicherheit bieten in diesen Fällen unternehmensinterne oder -externe Back-up-Rechnersysteme [O'Hanlon 1993, 73].

Auswahl der IOS

Im Rahmen dieser Studie wurden 19 Bank-Kunden-Systeme untersucht. Die Mehrzahl der Systeme unterstützt mindestens die Zahlungsverkehrs- und Kontoinformationsfunktion. Besondere Beachtung wurde aus diesem Grund Dienstleistungen geschenkt, die über diese Grundfunktionalität hinaus angeboten werden. Darunter fallen beispielsweise Systemverbindungen zu anderen Logistiksystemen, Multibankfähigkeit und weitere Bankdienstleistungen. Stellvertretend für die weitverbreiteten Vtx-Systeme wurde das System →VIDEOSERVICE7777 des Schweizerischen Bankvereins erhoben.[213]

---

[213] Eine ausführliche Untersuchung der Vtx-Systeme wurde nicht durchgeführt: Die verschiedenen Systeme sind bezüglich ihrer technischen und anwendungsspezifischen Ausgestaltung sehr ähnlich (ähnliche Funktionalität, gleiche Kommunikationslösung usw.). Vtx-Systeme sind in erster Linie auf Privatkunden und kleinere Unternehmen ausgerichtet.

	BankLine Interchange
82	*Electronic Banking System der National Westminster Bank (GB)*

BANKLINE INTERCHANGE ist die elektronische Schnittstelle für Geschäftskunden der National Westminster Bank (NatWest). Sie wurde 1990 als Pilotprojekt mit dem Einzelhandelsunternehmen Spar, einer Verteiler- und Ladenkette mit 2'450 Geschäften und acht Verteilerzentren in Grossbritannien eingeführt. NatWest ist eine weltweit tätige Geschäftsbank mit Hauptsitz in London. Von 1991-92 war sie mit vier anderen Grossbanken massgeblich an der Entwicklung von →IDX beteiligt. Der Betrieb von BANKLINE INTERCHANGE und die Betreuung von FEDI-Kunden wird durch die eigene Automated Business Services Abteilung durchgeführt. Die *Funktionalität* von BANKLINE INTERCHANGE umfasst die:

☐ Übermittlung von Zahlungs- und Überweisungsaufträgen an BANKLINE INTERCHANGE. Die Nachrichten werden entsprechend der technischen Voraussetzungen beim Geschäftspartner und dessen Bank über →IDX, →CHAPS oder →BACS weitergeleitet. NatWest handelt mit den Kunden tägliche, monatliche und jährliche Limite aus, bis zu denen Zahlungen überwiesen werden können. Bei deren Überschreitung wird die Überweisung von der Bank verweigert.

☐ Übermittlung von Gutschriften, Belastungs- und Überweisungsanzeigen von NatWest zum Kunden.

Die Servicegebühren belaufen sich auf 75p pro Zahlungsauftrag und 25p pro Überweisungsanzeige. Zuschläge werden erhoben für Zusatzdienstleistungen wie Papierauszüge oder manuelle Faxübermittlung. Pro Monat wird eine Gebühr von 45£ für Software updates und Help Desk Funktionen verrechnet. Ferner berät die NatWest-Tochter Centre File Ltd. Unternehmen bei der EDI-Einführung. Die Tagessätze pro Berater belaufen sich auf 550£.

Technische Infrastruktur
Der Datenaustausch zwischen FEDI-Kunde und BANKLINE INTERCHANGE basiert wahlweise auf dem Standard Edifact oder dem britischen Standard Tradacoms. Edifact-Anwendern stehen die Nachrichten Payment Order (PAYORD), Extended Payment Order (PAYEXT), Remittance Advice (REMADV), Credit Advice (CREADV), Extended Credit Advice (CREEXT) und Debit Advice (DEBADV) zur Verfügung. Die Telekommunikationsverbindung erfolgt wahlweise über einen beliebigen grösseren VANS oder über eine Direktverbindung des öffentlichen Fernmeldenetzes. Die Marktapplikation basiert entweder auf einer PC-Lösung mit Smart Card Lesegerät als

Einstiegslösung oder auf Mainframe für Grosskunden. Die Software für den Betrieb, die Lesegeräte und Smart Cards müssen von den Kunden bei Centre File für ca. 2'500 bis 2'700£ erworben werden [O'Hanlon 1993, 53]. BANKLINE INTERCHANGE kann auf verschiedenen Computersystemen installiert werden und wird deshalb als technologisch flexibles System beurteilt.

83 BankLink International

Electronic Banking System der Chemical Banking Corp. (GB)

BANKLINK ist der Name für das Dienstleistungsangebot der gleichnamigen Tochterfirma der Chemical Technologies Corp. Diese ist wiederum zu 100 Prozent im Besitz der Chemical Bank Corp. und Schwestergesellschaft der Chemical Bank. BANKLINK dient als multibankfähige Electronic Banking Plattform zwischen verschiedenen Banken sowie zwischen Kunden und Banken für die Übermittlung von Status- und Auftragsinformationen. Diese Dienstleistungen, die 1977 auf dem Markt eingeführt wurden, sind mittlerweile weltweit verfügbar.

Der Grund für die Einführung war, dass zu dieser Zeit eine Vielzahl der vor allem kleineren Banken noch nicht über ausreichendes Telematik-Know-how verfügten, um die steigenden Ansprüche der Kunden zu befriedigen. Am Betrieb der verschiedenen Dienstleistungsbereiche ist die Chemical Bank insofern beteiligt, als dass für bestimmte Funktionen auf das →SWIFT-Netzwerk zurückgegriffen werden muss, zu dem nur Banken zugelassen sind. Der Betrieb von BANKLINK basiert auf dem Netzwerk und der Rechnerleistung von GEIS. Das Dienstleistungsangebot umfasst u.a. folgende Bereiche:

❏ *Multi-Bank Reporting.* Erstellen von konsolidierten Kontostandinformationen verschiedener Bankkonten bei rund 500 Banken im In- und Ausland für Kunden der angeschlossenen Banken.

❏ *Kontoinformationen.* Übermittlung von Informationen über Kontostand und -bewegungen des laufenden Tages und vergangener Zeiträume an Bankkunden.

❏ *Geldmarkt- und Devisenhandelsbestätigung.* Interaktive Verbindung zwischen Kunden und Banken zur Bestätigung von Geldmarkt- und Devisenhandelstransaktionen.

❏ *Zahlungsauftrag.* Erteilung verschiedener Zahlungsaufträge.

Die benötigte Software für die erwähnten Dienstleistungen sind auf Rechnern von GEIS installiert, andere Dienstleistungen werden von BANKLINK selbst angeboten. Den Lizenznehmern und deren Kunden steht somit das gesamte Netzwerk von GEIS für Verbindungen zu BANKLINK zur Verfügung. Daneben wird das →SWIFT-Netzwerk intensiv für den Informationsaustausch zwischen BANKLINK und Lizenznehmer und zwischen BANKLINK und Banken des Multi-Bank Reporting-Verbundes genutzt. Verbindungen bestehen zum Tymnet Communication Network [o.V. 1992a, 2].

Zur Zeit verfügt BANKLINK über einen Teilnehmerkreis von rund 90 Banken als Lizenznehmer und damit 13'500 Bankkunden als Informationsempfänger und -lieferanten, 500 Institute dienen als Informationslieferanten für Reportingdienstleistungen.

84 CashScreen
Electronic Banking System von Fides Informatik (CH)

Die Fides Informatik ist ein Unternehmen der Beratungs- und Treuhandgruppe KPMG Fides Peat. Das Unternehmen Fides wurde Anfang des Jahrhunderts als Treuhandgesellschaft gegründet und ist heute als Fides Informatik international im Bereich Informationsmanagement als Beratungsunternehmen im Bankbereich tätig. Vor diesem Hintergrund ist die Einführung des bankneutralen CASHSCREEN Service zu sehen.

Funktions-
umfang

CASHSCREEN ist ein multibankfähiges System, d.h. es verbindet mehrere Banken mit ihren Kunden. Mit dem Service werden hauptsächlich Bank-Grosskunden, vermehrt aber auch KMU, angesprochen. CASHSCREEN umfasst die folgenden *Funktionalitäten:*[214]

❏ *Account Report System (ARS)*. Über ARS können die Kunden Kontoinformationen (Bankpositionen, Transaktionen, Buch- und Valutasalden) von ihren verschiedenen Banken beziehen und aggregieren (z.B. Kontenzusammenzüge, Informationen über Engagements pro Währung, Cash-Situation bestimmter Unternehmens-Einheiten). Mit der Applikation Treasurer-PC können die Daten für die Finanzplanung sowie für Kredit- und Anlageentscheide verdichtet werden.

---

[214] Neben den CASHSCREEN-Diensten bietet Fides Informatik Realtime-Informationsservices verschiedener Finanzmärkte an.

❏ *Portfolio Report System (PRS).* PRS liefert den Kunden Informationen zu ihren Depots (z.B. Käufe, Verkäufe, Zins- und Dividenden-Abrechnung).

❏ *Electronic Funds Transfer (EFT).* Über EFT können Zahlungstransfers von Konten bei den verschiedenen Banken eines Kunden ausgelöst werden.

Abb. 3.34:
Electronic
Banking-
Verbin-
dung für
Zahlungs-
verkehrs-
dienste

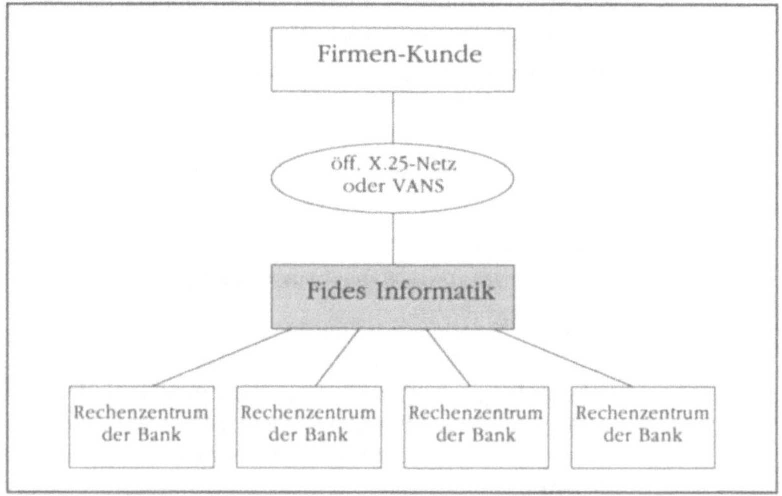

❏ *DTA/LSV- und ZED-Direct.*[215] Über den Service DTA/LSV-Direct können auf DTA/LSV-Standard basierende Massenzahlungen und LSV-Transaktionen durchgeführt werden. Das DTA-Verfahren hat sich nach der Freigabe der Bankspesen im Schweizerischen Zahlungsverkehr für die Bankkunden als kostenmässig günstigste Form des Zahlungsverkehrs herausgestellt. An den DTA/LSV-Dienstleistungen sind über Telekurs AG (→SIC) alle Finanzinstitute in der Schweiz beteiligt.[216] ZED-Direct unterstützt im Gegensatz zum DTA/LSV-Service die Zahlungseingangsbearbeitung. Der Kunde bezieht ein von der Bank erstelltes und bei der Fides Informatik aufbereitetes File mit den Zahlungseingangs-Records. Das File enthält neben den Zahlungsinformationen zusätzlich Informationen der Geschäftspartner.

---

[215] LSV steht für Lastschriftverfahren, ZED steht für Zahlungseingangsdaten.

[216] Die Telekurs AG ist ein Dienstleistungsunternehmen der Schweizer Grossbanken und operiert als Clearing-Center für alle DTA- und LSV-Transaktionen in der CH.

Die Software für CASHSCREEN kann auf Grossrechnern und PC installiert werden. Zahlungsaufträge des Bankkunden werden online oder im Batch-Verfahren übermittelt. Die Zahlungsverkehrsservices sind durch eine Reihe von Fehlerkontrollen und Plausibilitätstest abgesichert.

Im Vergleich zur DTA-Verarbeitung der Telekurs AG für die Banken haben die Services von Fides Informatik eine geringe Verbreitung. Dies ist in erster Linie auf die hohen Preise für die Verarbeitung der einzelnen Aufträge zurückzuführen.

85   Citicash
Electronic Banking System der Citibank (USA)

Unter dem Namen CITICASH subsumiert Citibank sämtliche Cash Management- und Zahlungsverkehrsdienste der Bank. Die FEDI-Applikation wurde 1987 in das CITICASH-Serviceangebot integriert und umfasst folgende Dienstleistungen:

- ❐ Übermittlung von Zahlungsaufträgen, Massenaufträgen, Gutschriften und Überweisungs-Informationen.

- ❐ Unterstützung bei der Migration von (Financial) EDI und beim EDI-Datentransfer mit Geschäftspartnern, die noch nicht über genügend EDI-Fähigkeiten verfügen.

- ❐ Aufgrund von Verbindungen zum Zollsystem besteht in den USA die Möglichkeit, über CITICASH Zollformalitäten auszuführen. Damit stellt CITICASH für die Kunden eine Verbindung zwischen Finanz- und Warenlogistik her, über die Zollanmeldungen, Rechnungen des Zolls an die Kunden und deren Bezahlung durchgeführt werden können.

- ❐ In Europa können die CITICASH-Dienste für grenzüberschreitende Finanztransaktionen genutzt werden.

Die Gebührenstruktur ist volumenabhängig, für grosse Volumina wird eine Reduktion gewährt. Beratungsdienste werden gesondert verrechnet. Citibank unterstützt bei der Datenübertragung direkte Verbindungen über das öffentliche Telekommunikationsnetz und sämtliche grösseren VANS, insbesondere Netzwerke, die in anderen Erdteilen vertreten sind. Die Ansi X12, Edifact, BAI-[217] und Zoll-

---

[217] BAI steht für Bank Administration Institute. Das BAI-Format ist ein standardisiertes Datenformat für den Austausch von Finanzinformationen zwischen US Banken.

Standards (→Acs) können als Datenformat verwendet werden
[Phillips 1993, 93].

86 Client Information Center (CIC)
Electronic Banking System der Schweizerischen Bankgesellschaft (CH)

Beschreibung als Fallstudie in Kapitel 4.2.

87 Electronic Banking (ELBA)
Electronic Banking System der Raiffeisen Zentralbank (A)

ELBA ist der Service der Raiffeisen Zentralbank in Österreich für die
Abwicklung des elektronischen Zahlungsverkehrs. Das Angebot
richtet sich insbesondere an Firmenkunden mit mittlerem bis
grossem Zahlungsvolumen. Mit dem Service versucht die
Raiffeisenbank die Effizienz im Zahlungsverkehr kunden- und
bankseitig zu steigern.

Das System ist eine Eigenentwicklung der Bank und wurde primär
für die Abwicklung des Zahlungsverkehrs entwickelt. Daneben
stehen dem Benutzer weitere Applikationen zur Verfügung, durch
die ELBA mit dem IAS der Kunden enger verknüpft werden kann.
Beispiele dieser Applikationen sind Kontoinformationen, Umsatz-
auswertungen, Verwaltung von Fremdwährungskonten, eine Informationsdatenbank, die Informationen über Devisen- und Aktien-
kurse übermittelt, sowie ein Cash Managementsystem.

Technische
Infrastruktur
Die Raiffeisen Zentralbank und die Raiffeisen Bankengruppe verfügen über einen landesweiten Rechnerverbund, der zehn Micro-VAX-
Rechenzentren miteinander verbindet und über das an Spitzentagen
bis zu einer Million Transaktionen getätigt werden. Mittels DATEX-P
oder Telefonwählleitung werden die Kunden an das Netz
angebunden. Zur Zeit wird das VTAM-Protokoll und V2, ein öster-
reichisches Format, verwendet. Die Verbuchung der übermittelten
Zahlungen erfolgt im Batch-Verfahren.

Heute sind rund 4'000 Teilnehmer über ELBA an einen der zehn
Knotenrechner angeschlossen. Dabei handelt es sich vorwiegend
um mittelgrosse Unternehmen. Für Grosskunden werden Lösungen
auf bilateraler Basis gesucht. Die Preispolitik der Raiffeisen Zentralbank ist so angelegt, dass elektronisch übermittelte Zahlungsaufträge für den Kunden preislich günstiger sind als papiergebundene.

Für die nächsten Jahre strebt die Raiffeisen Zentralbank eine Öffnung hin zu einer multibankfähigen Kundenplattform an, die im Gegensatz zur jetzigen DOS-Version auf der Windows-Oberfläche aufbaut. Das gesamte ELBA-Serviceangebot soll neu modulmässig aufgebaut werden, was es den Teilnehmern erlauben wird, das individuelle Dienstleistungspaket nach eigenen Bedürfnissen zusammenzustellen.

88 Electronic Data and Payment Interchange (EDPI)
Electronic Banking System der Chemical Bank (USA)

Die Chemical Bank führte 1985 ihre FEDI-Applikation EDPI für Geschäftskunden ein. Mit EDPI können verschiedene Arten von EDI Zahlungs- und Inkassoaufträgen durchgeführt werden. Die Dienstleistung schliesst die Übermittlung von Zahlungsaufträgen, den Empfang von Gutschriften, die Verarbeitung von Überweisungsinformationen und technische EDI-Beratungsleistungen ein. Die Gebührenstruktur ist vom Transaktionsvolumen abhängig. Für internationale Transaktionen bestehen Verbindungen zu den Diensten des →SWIFT-Netzwerkes und zu →BANKLINK in Grossbritannien.

Die Datenübertragung zwischen den Geschäftskunden und der Chemical Bank erfolgt über die Netzwerke von GM, Advantis, AT&T, GEIS und Harbinger. Die Dateneingabe kann über PC oder Mainframe synchron oder asynchron erfolgen. Neben den Standardformaten Ansi X12, BAI und NACHA werden u.a. auch Zollformate unterstützt. Für proprietäre Standards besteht die Möglichkeit der Konversion. Im Rahmen des →SWIFT/EDI-Pilotprojektes, an dem die Chemical Bank teilnimmt, können neu auch Daten im Edifact-Format verarbeitet und weitergeleitet werden [Phillips 1993, 93; Röcker et al. 1991, 217].

89 Financial EDI Service₁
Electronic Banking System der Canadian Bank of Commerce (CAN)

Im Februar 1989 beschlossen Vertreter der sechs führenden Banken Kanadas, in ihren Banken EDI-Kunden-Systeme zu initiieren. Kurz darauf wurde das Inter-Financial Institution Electronic Data Interchange Committee zur Förderung von EDI in der kanadischen Finanzwelt gegründet. Mitglieder sind die sechs kanadischen Bankeninstitute Bank of Nova Scotia, Caisse Populaire, Canada

Trust, Royal Trust, Bank of Montreal und Canadian Bank of Commerce. Die Entscheidungen dieser EDI Gruppe haben bedeutenden Einfluss auf die Ausgestaltung jedes einzelnen Banken-EDI-Systems, da alle bezüglich Standard, Sicherheit und Abwicklung aufeinander ausgerichtet sind. Die Einführung des FEDI-SERVICE$_1$ für Geschäftskunden der Canadian Bank of Commerce erfolgte 1989.

Die *Funktionalität* des FEDI-SERVICE$_1$ der Canadian Bank of Commerce ist auf den Zahlungsverkehr beschränkt. Die Zahlungsaufträge von FEDI-Kunden können datiert werden. Informationen betreffend eingehender Zahlungen werden von der Bank elektronisch oder papierbasiert an die Kunden übermittelt. Zusatzfunktionen der FEDI-Applikation schliessen den Vergleich von Zahlungs- und korrespondierenden Rechnungsinformationen, eine Helpdesk-Funktion sowie Konvertierungsfunktionen ein. Die Gebührenstruktur für die Übertragung von Zahlungsaufträgen und Gutschriften über den FEDI-Service$_1$ ist volumenabhängig, wobei Zusatzfunktionalitäten gesondert verrechnet werden.

Technische Infrastruktur

Die Kommunikation zwischen der Canadian Bank of Commerce und den Geschäftskunden erfolgt über IIS, das seinerseits Verbindungen zu jedem anderen grösseren VANS in Kanada aufrechterhält. Die Bank unterstützt in erster Linie das Ansi X12 Format. Massenzahlungen können aber auch direkt im proprietären Format des kanadischen Interbankclearingsystems ACSS (→IIPS), internationale Zahlungen im →SWIFT-Format übertragen werden. Die Canadian Bank of Commerce plant im Zuge der zunehmenden Verbreitung von →SWIFT/EDI ebenfalls Finanzdaten im Edifact-Format zu verarbeiten [Phillips 1993, 93].

Die Initiative der kanadischen Banken bezüglich einer gemeinsamen Erarbeitung von Richtlinien ist sehr positiv zu beurteilen. Die Zusammenarbeit bei der Entwicklung und dem Betrieb eines Zahlungsverkehrssystems durch die kanadischen Banken wurde allerdings ausgeschlossen.

90   Financial EDI Service$_2$
Electronic Banking System der Bank of Montreal (CAN)

Die Initiative zur Einführung des FEDI-SERVICE$_2$ der Bank of Montreal (BoM) geht zurück auf die Aktivitäten des Inter-Financial Institution Electronic Data Interchange Committee. Zusammen mit der BoM entschlossen sich fünf der sechs kanadischen Grossbanken zum

Einstieg in den elektronischen Datenaustausch zur Vervollständigung des Kundenangebotes.

Funktions-umfang

Die Gestaltung der *Funktionalität* ist geprägt durch die Übernahme der US-amerikanischen Bank Harris Savings and Trust of Chicago durch die BoM im Jahr 1984. Da die Harris Bank zu diesem Zeitpunkt bereits über Know-how im Bereich FEDI verfügte, gestaltete sich der Eintieg für die BoM verhältnismässig leicht. Der Service ist über die beiden Banken sowohl in den USA als auch in Kanada verfügbar. Zahlungsaufträge können wahlweise in US$ und CAN$ erstellt werden. Im Bereich des Zahlungsverkehrs können kanadische Kunden über die Bank of Montreal und amerikanische Kunden über die Harris Bank in beiden Währungen Zahlungsaufträge erteilen und Zahlungen entgegennehmen. 1992 wurde die Funktionalität im Zahlungsverkehr um die Bereiche North American Automated Lockbox[218] und Handelsfinanzierung erweitert. Bei letzterer können die Kunden der Bank of Montreal zwischen zwei verschiedenen Akkreditivservices, Docupac und Impac, wählen.

Abb. 3.35:
Bank of
Montreal
FEDI-Service$_2$

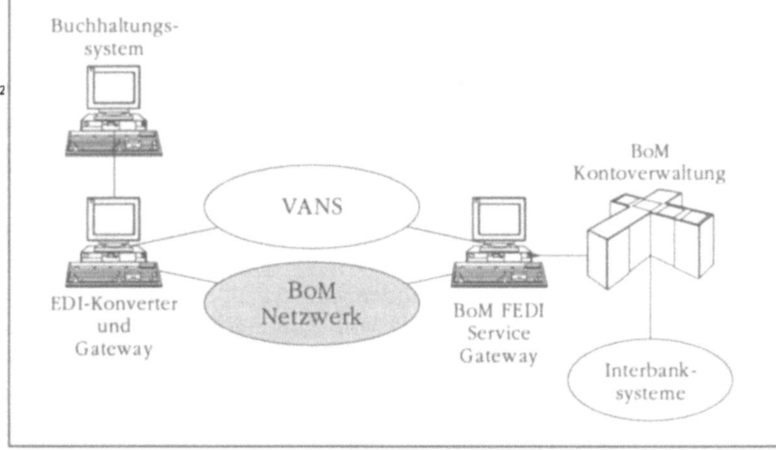

Die Verbindung zwischen Kunden und dem BoM FEDI-SERVICE$_2$ können entweder über VANS oder über das BoM Network aufgebaut werden. Für den Zahlungsverkehr werden ausschliesslich nach Ansi X12 strukturierte Files verarbeitet. Bei den Handelsfinanzie-

---

[218] Lockbox bezeichnet eine Form des Informationsdienstes, bei der Konto- und Zahlungsinformationen von Konten verschiedener Banken aggregiert werden.

rungen erfolgt die Datenübertragung bei Docupac im Batch-, bei Impac im Realtime-Verfahren. Eine Erweiterung des Systems um den Edifact-Standard wird zur Zeit diskutiert.

91 Financial EDI Service₃
Electronic Banking System der Pittsburgh National Bank (USA)

Die Pittsburgh National Bank bietet ihren Geschäftskunden seit 1984 einen FEDI-SERVICE₃ an. Diese Bankschnittstelle umfasst die Standarddienste des Zahlungsverkehrs: Übermittlung von Zahlungsaufträgen sowie das Empfangen von Gutschriften und Belastungsinformationen. Die Dienstleistung ermöglicht es den Kunden, jederzeit Statusinformationen zu Finanzaufträgen zu erhalten.

Für die Datenübertragung können die Kunden auf sämtliche grösseren VANS im amerikanischen Raum zurückgreifen (z.B. GEIS, IIS). Entsprechend werden Nachrichten in den Standards Ansi X12, BAI, Edifact und einer Vielzahl von proprietärer Formaten verarbeitet. Die Datenverarbeitung bei der Pittsburgh National Bank erfolgt durch IBM Mainframes [Phillips 1993, 93].

92 Financial EDI SERVICE₄
Electronic Banking System der National Bank of Canada (CAN)

Die Initiative zur Einführung eines FEDI-SERVICE₄ der National Bank of Canada geht zurück auf die Initiative des Inter-Financial Institution Electronic Data Interchange Committee. Die National Bank of Canada ist eine Geschäftsbank mit Hauptsitz in Montreal. Seit 1988 bietet sie ihren Kunden einen FEDI-SERVICE₄ an, dessen Funktionsumfang den Versand von Zahlungsinstruktionen an die Bank, den Empfang von Gutschriften und Überweisungsanzeigen von der Bank sowie die Abfrage von Kontoinformationen umfasst.

Die Datenübertragung zwischen Kunden und der National Bank of Canada erfolgt wahlweise über IIN, Mediatel, GEIS oder Telecom Canada. Verbindungen zu anderen VANS werden auf Wunsch aufgebaut. Der Service unterstützt den Anis X12 Standard. Die Datenverarbeitung im Rechenzentrum der Bank erfolgt durch IBM Mainframes und durch IBM Software Netpay/MVS [Phillips 1993, 93]. Zur Zeit sind rund 50 Firmen über den FEDI-SERVICE₄ mit der National Bank of Canada verbunden.

Hexagon

93

Electronic Banking System der Hongkong and Shanghai Banking Corp. (HKG)

Die Hongkong and Shanghai Banking Corporation (HSBC) ist eine der bedeutendsten Geschäftsbanken des asiatischen Raumes. In Hongkong zählt sie mit zu den drei Notenbanken der Kolonie. Mit HEXAGON bietet die HSBC ein weltweit verfügbares Electronic Banking Produkt für institutionelle Kunden an. Das Serviceangebot ist in vier Gruppen unterteilt:

Funktions-umfang

☐ *Information Services.* HEXAGON versorgt die Kunden mit Informationen zu den aktuellen Entwicklungen an den Devisen-, Rohstoff- und Wertschriftenmärkten und mit Wirtschaftsanalysen über Brancheninfos im asiatischen und amerikanischen Wirtschaftsraum.

☐ *Cash Management.* Finanztransaktionen werden aufbereitet und für die Kontoverwaltung zusammengefasst. Zahlungsaufträge können in verschiedenen Währungen an Empfänger weltweit übermittelt werden. Zu diesem Zweck verfügt die HSBC durch nationale Niederlassungen über Zugang zu den dortigen Clearingsystemen. Die Kernfunktion des Cash Managments bildet das Multibank-Reporting, das die Kontoinformationen verschiedener Banken konsolidiert und aufbereitet.

☐ *Trade Services.* Der Service ermöglicht es den Bankkunden, Dokumentarkredite zu beantragen und deren Status während ihrer Laufzeit zu verfolgen.

☐ *Securites Services.* Diese Funktionsgruppe beinhaltet den Kauf und Verkauf von Wertschriften und das Portfolio-Managment.

Die Kommunikation zwischen dem Stand-alone PC oder dem Netz des Kunden und den Knoten des bankeigenen Informationsnetzes (siehe Abb. 3.32) erfolgt online oder offline über Telefonleitungen. Die Niederlassungen in den entsprechenden Ländern stellen die Knoten des Informationsnetzes dar. Die Bank verfügt über direkten Zugang zu verschiedenen nationalen Clearingsystemen (→FEDWIRE, →CHIPS, →ACHs, →CHAPS, →BACS) sowie zu →SWIFT und den internationalen Informationsnetzen, Instant Link und Speedlink.

94 LloydsLink / TradeLink
Electronic Banking System der Lloyds Bank (GB)

Die Lloyds Bank ist eine der fünf Geschäftsbanken Grossbritanniens, die an der Entwicklung von →IDX beteiligt waren. In diesem Kontext ist die Markteinführung der korrespondierenden Bank-Kundenschnittstelle TRADELINK im Jahr 1990 zu sehen. LLOYDSLINK dient den Kunden der Lloyds Bank als Schnittstelle für den Zahlungsverkehr über das britische Interbanksystem →BACS. Diese beiden Services stellen die beiden Hauptkomponenten des Electronic Banking Serviceangebotes der Lloyds Bank dar. Die *Funktionalität* von LLOYDSLINK, der älteren FEDI-Applikation der Lloyds Bank, umfasst folgende Teilbereiche:

Funktions-
umfang

❏ *Zahlungsverkehr.* LLOYDSLINK ermöglicht es den Kunden, Zahlungstransaktionen über die Bank und →BACS durchzuführen. Die Transaktionen erfolgen in den drei Einzelschritten Übermittlung, Autorisierung und Auslösung. Die Aufträge werden offline in Files bis zu 200 Transaktionen übermittelt und können bis zu zwei Monate vordatiert werden. Am entsprechenden Tag wird durch das System eine Autorisierung angefordert. Danach werden die Transaktionsaufträge an →BACS weitergeleitet.

❏ *Handelsfinanzierung.* LLOYDSLINK erlaubt die elektronische Übermittlung von Akkreditivanträgen und deren nachträgliche Anpassung per E-Mail.

❏ *Cash Management.* Diese Komponente ermöglicht es den Kunden, sich über vergangene, aktuelle und zukünftige Kontobewegungen und -stände zu informieren und die Belastung ihres Kontos durch ausgestellte Checks zu kontrollieren.

❏ *Elektronische Post.* LLOYDSLINK unterhält für seine Kunden einen E-Mail-Service zur Übertragung unformatierter Nachrichten.

Technik und
Sicherheit

LLOYDSLINK ist ein Applikation auf PC-Basis. Die Software wird auf einem IBM-kompatiblen PC installiert, der über einen Anschluss an ein Modem für die Kommunikation mit der Lloyds Bank, an einen Drucker und an ein Smartcard-Lesegerät verfügt. Die Kommunikation zwischen Kunde und Bank erfolgt über das öffentliche Telefonnetz. Dem Sicherheitsaspekt wird in LLOYDSLINK eine grosse Bedeutung beigemessen: Das Sicherheitskonzept beinhaltet Smartcards für die Authentisierung des Senders und Verschlüsselung der Nachricht sowie einen Codegenerator zur eindeutigen Identifikation des Senders durch LLOYDSLINK.

Mit der zunehmenden Verbreitung von Edifact in Industrie und Handel werden auf diesem Standard basierende Lösungen von den Bankkunden verstärkt nachgefragt. Seit ihrer Einführung wird deshalb der Edifact-Applikation TRADELINK steigende Bedeutung beigemessen. Bei der Einführung von TRADELINK konnte die Lloyds Bank auf die reichen Erfahrungen aus einem Pilotprojekt mit Peugeot, Lukas und Barclays Bank schöpfen [O'Hanlon 1993, 42].

95 Pay$tream / Receipt$tream
Electronic Banking System der First National Bank of Chicago (USA)

Mit PAY$TREAM bzw. RECEIPT$TREAM bietet die First National Bank of Chicago seinen Geschäftskunden seit 1984 eine FEDI-Applikation für ein- und ausgehende Zahlungen sowie weitere Dienstleistungen an. Das Electronic Banking System besteht aus zwei Hauptbestandteilen für das Versenden und Empfangen von Finanztransaktionsdaten:

☐ PAY$TREAM erlaubt den Kunden eine weitgehende Automation verschiedener Zahlungsvarianten über eine Schnittstelle. Über das System können sowohl elektronische Zahlungen als auch papierbasierte Checkzahlungen ausgelöst werden. Nach Erhalt der Zahlungsanweisungen leitet die First National Bank of Chicago die Überweisungsinformationen je nach Weiterverarbeitungsmöglichkeiten der Kunden und Korrespondenz- bzw. Empfängerbanken entweder elektronisch oder papierbasiert weiter. Neben dem Empfang von Informationen zu eingehenden Zahlungen lassen sich auch Belastungsinformationen elektronisch übertragen.

☐ Über RECEIPT$TREAM erhalten die Firmenkunden Informationen über eingegangene Zahlungen bei der Bank. Diese Zahlungen können wiederum elektronisch oder papierbasiert sein. Die eingehenden Zahlungen von verschiedensten Interbanksystemen (→ACH, →SWIFT) werden durch die Applikation in einem einzigen File konsolidiert.

Die Datenübermittlung zwischen der First National Bank of Chicago und ihren Kunden erfolgt direkt oder über die Dienste eines VANS. Die Bank unterstützt die Dienste sämtlicher grösseren VANS (z.B. GEIS, IIN). Das Format der Daten basiert vorwiegend auf dem Ansi X12- oder BAI-Standard. Es werden jedoch auch andere Formate wie beispielsweise die der Zollsysteme (→ACS) unterstützt [Phillips

1993, 93; Röcker et al. 1991, 217]. Zur Zeit nehmen mehr als 200 Firmen diesen Dienst in Anspruch. Für die FEDI Services der First National Bank of Chicago wird den Kunden ein monatlicher Fixbetrag zuzüglich einer vom Transaktionsvolumen abhängigen Gebühr verrechnet.

96 Postal Giro
Electronisches Girosystem der schwedischen PTT

Die Entwicklung des schwedischen Zahlungssystems ist gekennzeichnet durch ein stetig steigendes Zahlungsvolumen und durch eine starke Computerisierung im vergangenen Jahrzehnt. Das Zahlungsvolumen des Einzelhandels repräsentiert den grössten Teil des Transaktionsvolumens des schwedischen Finanzsystems, wobei seit 1987 vermehrt EFT/POS-Zahlungssysteme eingesetzt werden. Nur rund 10 Prozent der Transaktionen, aber 90 Prozent des Zahlungsvolumens wird über Bank Giro, das Girosystem der Banken und POSTAL GIRO der schwedischen PTT, abgewickelt.

Bedeutung des IOS

Das Giro System der Post ist älter und an Volumen grösser als Bank Giro. POSTAL GIRO ist eine eigenständige Administrationsabteilung innerhalb der schwedischen Post. So kann diese beispielsweise Saldoüberschüsse selbständig am Finanz- und Geldmarkt investieren. Bei ihrem Serviceangebot kann das Girosystem auf das landesweite Netz von Postämtern zurückgreifen. POSTAL GIRO zählte Ende 1992 rund 1,8 Mio. Konten zwischen denen 415 Mio. papierbasierte und elektronische Transaktionen ausgetauscht wurden. Rund 65 Prozent der Aufträge werden elektronisch übermittelt [BIS 1993a, 329]. Der Service umfasst die Basisdienstleistungen Zahlungsverkehr und Kontoinformationen sowie eine Form des Direct Debit Auftrages. Seit 1986 ist die schwedische PTT Teilnehmer am →SWIFT Netzwerk. Die Kunden der Post können dadurch internationale Transaktionen elektronisch durchführen.

Die POSTAL GIRO Applikation kann direkt in das Cash-Management des Kunden eingebunden werden. Die Zahlungsaufträge werden von den Kunden im Batch-Verfahren übermittelt. Informationen über Kontostand und -bewegungen sowie Beratung im Rahmen des Cash-Managements werden über ein Terminal online übermittelt. Sowohl das POSTAL GIRO als auch Bank Giro Services werden fortlaufend überarbeitet und um neue Applikationen erweitert [BIS 1989, 184].

97   **SCOTIA*EDI**
Electronic Banking System der Bank of Nova Scotia (CAN)

Die Einführung von SCOTIA*EDI geht auf die Initiative der führenden
Banken Kanadas im Rahmen des Inter-Financial Institution Electronic Data Interchange Committee (→FEDI-Service₁) zur Förderung
von EDI zurück. Im April 1990 wurde im Rahmen dieses
Programmes ein erster Pilotbetrieb der Bank of Nova Scotia
eingeführt. Das Pilotprojekt umfasst die Universität von Manitoba,
eine Scotia Kundin und deren Lieferanten Baxter Canlab, ein
Toronto Dominion Bank Kunde. Die Funktionalität des heutigen
SCOTIA*EDI umfasst Zahlungsanweisungen und Belastungsanzeigen
in Kanada und nach den USA.

Aufgrund der weiten Verbreitung von Ansi X12 in den USA hat man
sich innerhalb des FEDI Förderungskomitees entschlossen, diesen
auch in Kanada einzuführen. Der steigenden Bedeutung des
Edifact-Standards wird durch dessen geplante Einführung Rechnung
getragen. Für die Kommunikation zwischen Kunden und der Bank
of Nova Scotia steht das Netz und das Mailboxsystem der Telecom
Canada zur Verfügung. Trotzdem greifen die meisten auf die
Dienste eines VANS zurück. Die Kommunikation erfolgt im Batch-
Modus.

Für einen zukünftigen Ausbau des Systems von SCOTIA*EDI werden
Funktionalitäten wie Konto- und Transaktionsinformations-DL
entwickelt. Zur Zeit sind rund 25 Kunden der Bank of Nova Scotia
an SCOTIA*EDI angeschlossen. Die Kosten für Transaktionen über
das System schliessen einmalige Installationskosten, einen monatlichen Fixbetrag und eine Gebühr für jede Payment Order und jede
Belastungsanzeige ein.

98   **TradePay**
Electronic Banking System Midland Bank (GB)

Mit TRADEPAY bietet die Midland Bank als eine von fünf Gründer-
banken des Interbanksystems →IDX eine entsprechende Kunden-
schnittstelle auf Edifact-Basis an. Die Midland Bank mit Sitz in
London ist eine Tochtergesellschaft der Hongkong and Shanghai
Banking Corporation (→HEXAGON). Der FEDI-Dienst TRADEPAY
wurde 1991 im Zusammenhang mit der bevorstehenden
Inbetriebnahme von →IDX auf dem Markt eingeführt. Bei der
Entwicklung von TRADEPAY konnte die Bank auf die Erfahrungen

beim Aufbau der European Banks' International Company (EBIC)[219] zurückgreifen. Die Midland Bank gehört ausserdem zur Gruppe der →SWIFT/EDI-Pilotanwender zur Unterstützung von grenzüberschreitenden Transaktionsaufträgen.

Die *Funktionalität* von TRADEPAY lässt sich anhand der unterstützten Edifact-Nachrichtentypen beschreiben:

❑ TRADEPAY unterstützt die Übermittlung von Zahlungsaufträgen in Form von Payment Order Messages (PAYORD) und Extended Payment Order Messages (PAYEXT). Letztere beinhalten zusätzlich zu den von der Bank benötigten Daten Remittance Informationen für den Zahlungsempfänger.[220]

❑ Neben den Zahlungsaufträgen an die Bank können die FEDI-Kunden Remittance Informationen über TRADEPAY an die Geschäftspartner übermitteln. Diese haben die Form von Remittance Advice Messages (REMADV) und können beispielsweise Referenzen auf Rechnungen beinhalten.

Technische Infrastruktur　Die Midland Bank verfügt über ein eigenes landesweites X.25-Netzwerk, zur Verbindung zwischen ihren Kunden und TRADEPAY. Die Weiterleitung an die Geschäftspartner ihrer Kunden erfolgt ebenfalls über das eigene Netzwerk, einen VANS oder papierbasiert per Fax oder Briefpost. Die Zahlungsaufträge nach dem Inland werden von der DV-Zentrale der Bank für das Clearing und Settlement an die Interbanksysteme →IDX oder →BACS übermittelt. Grenzüberschreitende Zahlungsaufträge werden entsprechend über das →SWIFT-Netzwerk an die Korrespondenzbanken im Ausland weitergeleitet. Die Implementation von TRADEPAY beim Bankkunden kann sowohl auf Stand-alone Lösungen als auch in das Intraorganisationssystem integriert erfolgen. Die Software, von den

---

[219] EBIC wurde 1990 als Pilotprojekt für die Übermittlung von Edifact-basierten Finanztransaktionen zwischen sieben europäischen Grossbanken eingeführt. Der Betrieb wurde in der Zwischenzeit jedoch wieder eingestellt.

[220] Die Edifact-Nachricht Extended Payment Order (PAYEXT) setzt sich aus den Daten der Payment Order Message (PAYORD) und Remittance Advice Message (REMADV) zusammen. Die Trennung in PAYORD und REMADV ist meist durch den beschränkten Funktionsumfang der Interbanksysteme bedingt. So kann beispielsweise das britische Interbanksystem →BACS keine Remittance Informationen verarbeiten. Diese müssen von der Bank über dritte Netzwerke an den Zahlungsempfänger übermittelt werden.

britischen Softwarehäusern SAA Consultants und Hoskins/Perwill entwickelt, erfordert einen IBM-kompatiblen PC, ein Modem für den Anschluss an das X.25-Netzwerk, ein Smartcard-Lesegerät und einen Drucker. Die Midland Bank misst der Sicherheit in ihrem FEDI-System einen sehr hohen Stellenwert bei. Das Sicherheitskonzept von TRADEPAY basiert auf einem Smartcard-System mit PIN-Code und digitaler Unterschrift der Zahlungsaufträge.

Wie auch andere britische Geschäftsbanken verrechnet die Midland Bank höhere Gebühren für den Datenaustausch über TRADEPAY und das Interbanksystem →IDX als für den Transfer über das ältere System →BACS. Die Begründung der Bank, dass die Einsparung beim Kunden durch höhere Effizienz des Edifact-basierten Systems die höheren Gebühren überwiege, fand offenbar bisher bei den Bankkunden wenig Akzeptanz: Die Kundenzahlen sind nach wie vor niedrig [O'Hanlon 1993, 54].

99	**Trading Master** *Electronic Banking System der Barclays Bank (GB)*

Die erste Anwendung von Edifact-Finanznachrichten in internationalen Geschäftstransaktionen geht in Grossbritannien auf das Jahr 1988 zurück. In einem Pilotprojekt übermittelten der Autohersteller Peugeot (GB) und dessen Zulieferer Lucas, die bereits einen bilateralen EDI-Nachrichtenaustausch unterhielten, Zahlungsinstruktionen an die Barclays Bank. Aus dieser ersten Anwendung entwickelte die Barclays Bank TRADING MASTER die 1990 eingeführte FEDI-Applikation für Firmenkunden.

Evolution des IOS

Im Unterschied zum Stammsitz befindet sich das Electronic Banking Department der Barclays Bank ausgegliedert in Coventry. Die Abteilung ist neben dem Betrieb der FEDI-Applikation auch für die Verbindungen des Instituts zu den Interbanksystemen →BACS, →CHAPS und →SWIFT zuständig. Gemeinsam mit vier anderen britischen Grossbanken wurde 1991 das Interbankclearingsystem →IDX lanciert und 1992 offiziell in Betrieb genommen. Das Serviceangebot von TRADING MASTER umfasst folgende Hauptbereiche:

❏ *Verarbeitung von Zahlungsüberweisungsaufträgen.* Die Zahlungsinstruktionen basieren auf den Edifact-Nachrichten Payment Order Message (PAYORD) und Extended Payment Order (PAYEXT). Die Verarbeitung von Zahlungsinstruktionen durch

TRADING MASTER ist unabhängig davon, ob der Geschäftspartner eine elektronische Schnittstelle unterhält.

☐ *Verarbeitung von Direct Debit Aufträgen.* Durch eine Direct Debit Message (DIRDEB) wird die Bank angewiesen, das Konto einer anderen Partei, beispielsweise eines Kunden, zu belasten. Um diesen Dienst auch für internationale Transaktionen anbieten zu können, verfügt Barclays International Direct Debiting Service über ein Netz von Partnerbanken und Niederlassungen in 15 europäischen Ländern. Diese Banken führen den Direct Debit Auftrag über das jeweilige nationale Interbankclearingsystem aus.

☐ *Übermittlung von Gutschriften.* Diese Finanzinformationen werden von TRADING MASTER in der Form von Credit Advice Messages (CREADV), Extended Credit Advice Messages (CREEXT) und Remittance Advice Messages (REMADV) übermittelt [Schlieper 1993].

TRADING MASTER am Beispiel der Norwich Health Authority

Ein Referenzbeispiel von TRADING MASTER ist die Anwendung mit der Norwich Health Authority (NHA). NHA ist z.Zt. in Europa einer der bedeutendsten FEDI-Anwender. Die Organisation ist eine von 14 regionalen Health Authorities in GB, die für den Betrieb des National Health Service (NHS) zuständig sind. NHA kauft die für den Betrieb benötigten Produkte und Dienstleistungen über den Markt bei rund 5'000 Zulieferern ein. In Zusammenarbeit mit dem Electronic Banking Department der Barclays Bank entwickelte NHS 1990 eine FEDI-Lösung für die Übermittlung von Finanzinformationen an TRADING MASTER, um der zunehmenden Zahl von Transaktionen effizient zu begegnen. Die Zahlungsaufträge werden durch einen Konverter vom Intraorganisationssystem der NHA in Edifact-Nachrichten umgewandelt und über eine X.25-Direktverbindung an TRADING MASTER übermittelt. Die Datenverarbeitungszentrale von TRADING MASTER übermittelt die Transaktionsaufträge für Edifact-fähige Zulieferer über →IDX an die entsprechende Bank. Verfügen die Zulieferer nicht über Edifact-Applikationen, werden Transaktionsaufträge über das Interbanksystem →BACS oder papierbasiert über den Service EDIPOST[221] weitergeleitet [o.V. 1991f, 12; O'Hanlon 1993, 40].

---

[221] EDIPOST ist ein Service der britischen Royal Mail, bei dem eingehende EDI-Nachrichten auf Papier ausgedruckt und an nicht-EDI-fähige Empfänger gesandt werden und umgekehrt [o.V. 1992d, 6].

Abb. 3.36:
Anwen-
dungsbei-
spiel NHA

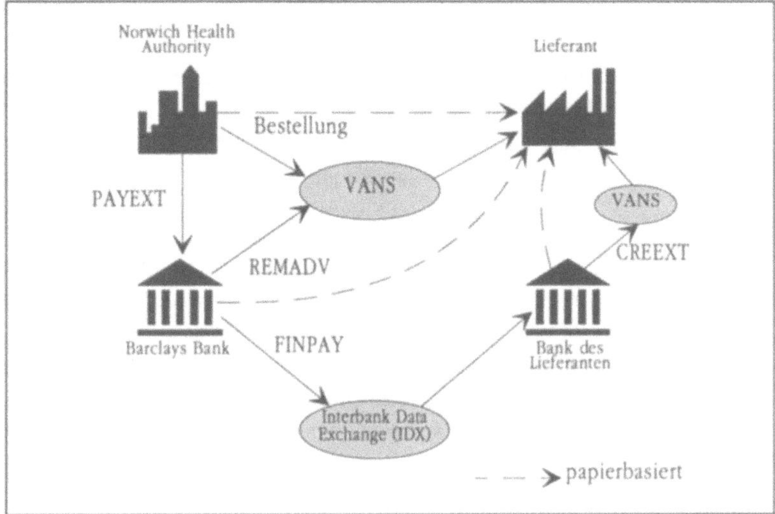

In einem weiteren Pilotprojekt führt die Barclays Bank seit 1992 internationale Zahlungen durch. In diesem Projekt tauscht die britische Niederlassung von Peugeot mit allen französischen Zulieferern Finanzinformationen aus. Zulieferer, die über keine EDI-Schnittstelle verfügen, erhalten von der Barclays Bank über EDIPOST Papierauszüge der Zahlungsinformationen.

Die Datenübertragung zwischen den FEDI-Kunden und dem Barclay Gateway, der Schnittstelle zu TRADING MASTER, erfolgt wahlweise via öffentliches Telekommunikationsnetz oder VANS. Barclays Bank unterstützt namentlich AT&T EasyLink, INS Tradanet, BT EDI*Net, IBM IE und GEIS →EDI*EXPRESS. Die Dienste von TRADING MASTER sind ausschliesslich auf Edifact und das Interbanksystem →IDX ausgerichtet. Mit der Weiterentwicklung von Edifact durch die UNO-Gremien werden auch die Funktionalitäten des IOS ausgebaut.

VideoService7777

Electronic Banking System des Schweizerischen Bankvereins (CH)

In der Schweiz betreiben rund 30 Banken ein auf Vtx basierendes Telebanking-System. Zielgruppe dieser Systeme sind Privatkunden und kleinere kommerzielle Kunden. Alle drei Grossbanken sowie die schweizerische PTT sind in dieser Gruppe der Betreiberbanken vertreten. Das System VIDEOSERVICE7777 des Schweizerischen Bankvereins (SBV) steht an dieser Stelle repräsentativ für diese Services in der Schweiz und im Ausland. Der Service der SBV umfasst die folgenden Funktionalitäten:

❑ *Zahlungsverkehr.* VIDEOSERVICE7777 unterstützt die Zahlungsarten Auftrag mit blauem und grünem Einzahlungsschein[222], Kontoübertragung sowie Auftrag ohne Einzahlungsschein nach dem In- und Ausland. Als Bestätigung des Auftrages wird das Bild, so wie es von der Bank empfangen wurde, an den Benutzer zurückübermittelt. Der Benutzer bestätigt die fehlerfreie Übermittlung und löst damit den Auftrag aus.

❑ *Kontoinformationen.* Die wesentlichen Komponenten des Funktionsbereiches Kontoinformaitonen sind die Abfrage des Kontosaldos, die Anzeige des Kontoauszuges sowie die Kontoübersicht, d.h. die Übersicht über die Salden der Konten unter dem Telebanking-Vertrag mit der SBV.

Die Endgeräte werden von den Kunden zur Verfügung gestellt und betrieben. Für den Vtx-Betrieb kann die entsprechende SW auf PC installiert werden oder ein spezielles Vtx-Terminal genutzt werden. Für die Kommunikation wird das öffentliche Fernsprechnetz der PTT genutzt.

Videotex in der Schweiz

Vtx-Systeme konnten sich in der Schweiz nicht auf breiter Basis durchsetzen.[223] VIDEOSERVICE7777 weist zwar einige tausend Nutzer und nach wie vor ein geringes Wachstum aus, im Vergleich zur Gesamtzahl der potentiellen Kunden ist diese Zahl jedoch eher bescheiden. Verschiedene Gründe sind dafür verantwortlich: die Gebührenstruktur der Dienste- und Netzwerkanbieter, die heterogene Systemlandschaft, kulturelle Voraussetzungen usw. [Hebendanz 1992, 8].

Der SBV betreibt im Bereich des Electronic Banking ausserdem die FEDI-Schnittstelle Swiss Bank Corporation Customer Interface (SCI) und ist auch am →SWIFT/EDI-Pilotprojekt beteiligt. SCI unterstützt

---

[222] Der blaue Einzahlungsschein beinhaltet eine Referenznummer, mit deren Hilfe der Empfänger der Zahlung diese verarbeiten kann. Auf dem grünen Einzahlungsschein befindet sich im Gegensatz dazu ein Feld für Mitteilungen. Im →SIC werden Überweisungen mit blauem Einzahlungsschein über eine eigene Transaktionsart abgewickelt [Albisetti et al. 1990, 153].

[223] Ganz im Gegensatz dazu war bspw. die Einführung des Minitel in Frankreich sehr erfolgreich.

die Funktionen Zahlungsverkehr, Akkreditiv und Kontoinformation. Die Kommunikation zwischen den SCI-Kunden, die hauptsächlich in Süd-, Mittel- und Nordamerika angesiedelt sind, und der jeweiligen SBV-Niederlassung erfolgt via GEIS.

3.4.3   Interbankbereich

Bargeldlose elektronische Finanztransaktionen sind nur möglich, wenn zwischen Zahler und Empfänger mindestens ein Vermittler, in den meisten Fällen eine Bank, eingeschaltet ist, der über ein elektronisches Kommunikationsmedium verfügt. Ob die mit einer Gütertransaktion zusammenhängende Finanztransaktion elektronisch abgewickelt wird, ist einerseits von den Handels- und Zahlungssitten und andererseits von der Verfügbarkeit eines sicheren und effizienten Kommunikationssystems abhängig [Albisetti et al. 1990, 151]. Im Zusammenhang mit Warentransaktionen kommt der Bezahlung der Güter mittels Finanztransaktionen und den dafür vorgesehenen IOS im Interbankbereich eine zentrale Bedeutung zu.

Hohe Homogenität Der Interbankbereich zeichnet sich durch eine hohe Homogenität aus. Obwohl weltweit zwischen Geschäftsbanken ein teilweise starkes Konkurrenzverhältnis vorhanden ist, zeigen die aufgeführten Beispiele eindrücklich, dass für den Aufbau und Betrieb von Interbanksystemen auf nationaler und internationaler Ebene eine Zusammenarbeit der beteiligten Banken nötig und möglich ist. Eine Zusammenarbeit von Banken ist zwar nicht unüblich, doch speziell die Festlegung eines einheitlichen Datenstandards und der grosse Investitionsbedarf im Zusammenhang mit dem Netzwerkaufbau erfordern eine enge Kooperation, um eine (kosten-) effiziente Infrastruktur für das Bankgeschäft zur Verfügung stellen zu können [BIS 1989, 3].

Funktionalität von Interbanksystemen

Die Funktionalität von Interbanksystemen ist unterschiedlich: Während insbesondere nationale und regionale Systeme in erster Linie auf das Clearing und Settlement von Zahlungstransaktionen ausgerichtet sind, steht bei internationalen Systemen, wie beispielsweise →SWIFT eher die Kommunikationsfunktionalität im Vordergrund. Das Clearing von Transaktionen zwischen teilnehmenden Geschäftsbanken umfasst das buchhalterische Verrechnen von Zahlungen. Zu diesem Zweck übermittelt die auftraggebende Bank die Transaktion an die Clearingstelle, meist ein Rechenzentrum im Auftrag der Staatsbank oder einer Gruppe von Geschäftsbanken.

Die eingehenden Zahlungen werden zunächst einer Kontrolle unterzogen (Validierung) und danach verrechnet. Diese Verrechnung von Transaktionen im Rechenzentrum wird über die Dauer einer Clearingperiode fortgeführt. Am Ende der Clearingperiode erfolgt das Settlement, d.h. die Zahlungen werden über die Konten bei der Clearingstelle - meist der Staatsbank - verbucht.

Brutto- und Nettoverfahren

Das Clearing kann in einem Brutto- oder einem Nettoverfahren geschehen. Im Bruttoverfahren erfolgt das Settlement jeder einzelnen Buchung, während im Netting lediglich gegeneinander aufgerechnete Beträge verbucht werden müssen. Das Nettoverfahren (Netting) kennt in Bezug auf die institutionelle und rechtliche Organisation verschiedene Varianten: Institutionell kann zwischen bilateralem und multilateralem Netting unterschieden werden. Bei bilateralen Nettingsystemen kommt es zwischen jeweils zwei Banken beim Settlement am Ende einer Clearingperiode zu genau einer Zahlung, d.h. jede Bank empfängt oder versendet n-1 Zahlungen. In multilateralen Nettingvereinbarungen reduziert sich die Anzahl der Zahlungen auf genau eine Zahlung pro teilnehmende Bank [BIZ 1989].

Internationale und nationale Systeme

Systeme zur Unterstützung des internationalen Finanztransfers auf der Stufe der Interbanksysteme unterscheiden sich von nationalen und regionalen Systemen durch zwei charakteristische Eigenschaften. Erstens bestehen auf internationaler Ebene (noch) keine multilateralen Nettingsysteme, an denen alle international tätigen Banken partizipieren. Zweitens stehen keine Staatsbankkonten zur Verfügung, über die das Settlement der Zahlungen abgewickelt werden könnte. Nationale und regionale Systeme verfügen zwar nicht zwingenderweise, aber doch regelmässig über multilaterale Nettingabkommen. Dieses Charakteristikum ist nicht nur darauf zurückzuführen, dass im internationalen Verkehr eine Vielzahl von verschiedenen Währungen und Staatsbanken involviert sind, sondern auch darauf, dass nur in einem Land ansässige Geschäftsbanken Zugriff auf Konten und Geld der jeweiligen Staatsbank haben.

Zum Zweck des Austausches von Währungen und des Settlements der entsprechenden Obligationen greifen Geschäftsbanken im internationalen Finanzverkehr auf Konten bei Korrespondenzbanken im entsprechenden Land zurück. Diese Korrespondenzbanken haben ihrerseits Zugang zum nationalen Clearingsystem. Eine einzige internationale Finanztransaktion kann sich auf diese Weise in bis zu drei einzelne Teiltransaktionen - zwei nationale und eine internationale - aufsplittern. Die verschiedenen Teilschritte machen eine internationale Zahlung ungleich komplexer als Zahlungen innerhalb eines nationalen Clearingsystems. Grenzüberschreitende Zahlungen beanspruchen deshalb mehr Zeit für deren Ausführung. Diese Zweiteilung des Interbankverkehrs wurde über Jahrzehnte durch ein verhältnismässig geringes internationales Transaktionsvolumen und die Dominanz des US-Dollars begünstigt. Die Bedeutung dieser Faktoren verringert sich mit stärkerer internationaler Verflechtung der Wirtschaft [Passacantando 1993, 16].

Abb. 3.37:
Ablauf einer
Finanz-
transaktion

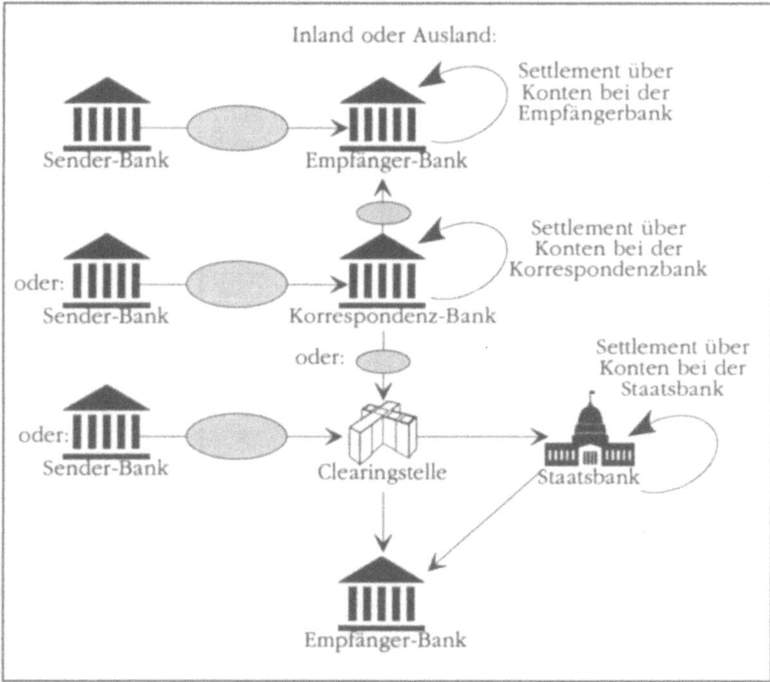

Die nationalen und internationalen Zahlungsströme haben sich innerhalb der letzten zehn Jahre vervielfacht: Über die amerikanischen Systeme →CHIPS und →FEDWIRE wird alle 3,5 Tage und über das schweizerische System →SIC gar alle 1,5 Tage das Äquivalent des jeweiligen Jahresbruttoinlandproduktes abgewickelt [Hitachi 1993, 113]. Somit kann nur ein relativ geringer Bruchteil mit Transaktionen der Warenlogistik in Zusammenhang stehen. Der überwiegende Anteil der über die Interbanksysteme abgewickelten Zahlungen entfällt auf Interbankzahlungen im Zusammenhang mit Finanzmarkt- und Devisengeschäften. Zur umfassenden Darstellung der Finanzlogistik und dem Verständnis der Logistik als geschlossenem Kreislauf Rechnung tragend, ist jedoch eine Untersuchung einiger ausgewählter Interbanksysteme unerlässlich.

Folgendes Zahlenmaterial soll die Bedeutung der wichtigsten Interbanksysteme in verschiedenen Staaten verdeutlichen: Die Tabellen vergleichen Teilnehmerzahlen, Art der Verarbeitung und des Settlements und andere Eigenschaften der Systeme:[224]

Tab. 3.19:
Interbanksysteme im Jahr 1992 - Tab. 1

System (Land)	Typ[1]	Besitzer/ Betreiber[2]	Anzahl Teilnehmer	davon direkt	Verarbeitung[3]	Settlement[4]	Teilnahme[5]
Biss (I)	G	ZB	379	379	R	B	O
Bgc (NL)	K	GB	67	67	O+R	N	O
Boj-Net (J)	G	ZB	175	175	R	B	B
Bacs (GB)	K	GB	35'000	19	O+R	N	B
Cec (B)	K	GB+ZB	129	-	O+R	N	O
Chaps (GB)	G	GB	434	14	R	N	B
Chips (USA)	G	GB	122	122	R	N	B
Eaf (D)	G	ZB	39	-	R	N	B
Fedwire (USA)	G	ZB	11'200	11'200	R	B	O
Iips (CAN)	G	GB+VZ	67	23	_[6]	_[6]	B
Eil-Zv (D)	G	ZB	5'703	-	R	B	O
Sagittaire (F)	G	ZB	62	62	R	N	B
Rix (S)	K+G	ZB	111	20	R	B	B
Sit (F)	K	GB	204	25	R	N	B
Sips (I)	G	ZB	292	292	R	N	O
Sic (CH)	K+G	GB+ZB	162	162	R	B	B

Legende:
[1]   K: Kleinbeträge; G: Grossbeträge
[2]   GB: Geschäftsbank; ZB: Zentralbank; VZ: Verband der Zahlungsverkehrsbanken
[3]   O: offline; R: realtime
[4]   B: brutto (mit Möglichkeit des bilateralen Nettings)
[5]   B: auf bestimmte Kriterien beschränkt; O: offen für jede Bank
[6]   siehe Systembeschreibung

---

[224] Alle Zahlenangaben ohne Jahresbezeichnung in Tabellen sowie Fallbeschreibungen beziehen sich auf das Jahr 1992 [BIS 1993a, 520].

Tab. 3.20: Interbanksysteme im Jahr 1992 - Tab. 2	System (Land)	Zentralisierung[1]	Kosten je Transaktion[2]	Anzahl Transaktionen (Jahr, in 1000)	Volumen (Jahr, in Mrd. US$)	Verhältnis Volumen/BSP
	Biss (I)	Z	V	20	80	0,1
	BGC (NL)	D	G	1'043,7	1'942	3,4
	Boj-Net (J)	D	V	3710	283'462	77,2
	Bacs (GB)	Z	G	1'820'000	1'459	1,3
	Cec (B)	Z	G	695'200	496	2,7
	Chaps (GB)	D	G	9'000	36'969	35,2
	Chips (USA)	Z	G	39'073	283'255	39,5
	Eaf (D)	Z	V	7'774	53'237	29,7
	Fedwire (USA)	D	G	67'600	199'175	33,0
	Iips (CAN)	D	K	1'560	8'359	14,7
	Eil-Zv (D)	D	G	2'649	8'728	4,9
	Sagittaire (F)	Z	G	3'300	10'981	8,5
	Rix (S)	D	G	301'800	44	0,03
	Sit (F)	Z	G	79	7'660	31,0
	Sips (I)	Z	G	2'780	9'733	8,0
	Sic (CH)	Z	G	64'279	23'774	98,6

Legende:
[1] Geographischer Zugriff auf System: Z: zentralisiert; D: dezentralisiert.
[2] Kosten pro Transaktion für Teilnehmer:
     G: Gesamtkosten (fix+variabel); V: variable Kosten; K: keine.

Sicherheit

Die Bedeutung von Interbanksystemen für den jeweiligen Wirtschaftsraum, sowie die Transaktionsvolumina, die über diese Systeme abgewickelt werden, lassen Sicherheitsaspekte wie bei keiner anderen Gruppe von IOS in den Vordergrund treten. Dabei handelt es sich weniger um das Risiko krimineller Handlungen, als vielmehr um das den Systemen inhärente wirtschaftliche Risiko (Systemrisiko): Das Unvermögen eines Mitgliedes, seine Verpflichtungen bei Fälligkeit nicht erfüllen zu können, kann zur Illiquidität anderer Mitglieder führen. Dadurch können diese ihrerseits ihre Verpflichtungen bei Fälligkeit nicht erfüllen. Als Beispiel wird in diesem Zusammenhang oft auf die Herstatt-Krise des Jahres 1974 verwiesen, bei der das deutsche Bankhaus Herstatt, eine kleinere Bank im Devisenhandelsgeschäft, von der deutschen Bankenaufsicht vom Geschäft suspendiert wurde. Dadurch kam es bei Handelspartnern von Herstatt zu Verlusten [BIZ 1989, 12; BIS 1993a, 486; BIS 1993b].

101   Automated Clearing House (ACH)
Clearingsysteme für den Interbankzahlungsverkehr (USA)

Das nationale amerikanische System ACH ist eine Vereinigung von 43 regionalen Clearinghäusern, die in ihrem jeweiligen Einzugsgebiet Finanztransaktionen verarbeiten. Durch die Elektronisierung wird die Abwicklung des in den USA weit verbreiteten Checkverkehrs automatisiert. Allerdings erfolgt die Transaktionen über die verschiedenen ACH noch nicht überall nur elektronisch, bei einzelnen werden parallel auch papier- und datenträgerbasierte Aufträge angenommen. Die folgenden Ausführungen beschränken sich auf die telematikbasierte Form der Datenübertragung. Als erstes dieser Clearinghäuser führte die Calwestern Automated Clearing House Association (CACHA) 1972 in Kalifornien ein elektronisches System für die Verarbeitung von Sozialversicherungstransaktionen ein. Die Dachorganisation der ACH, die National Association of Clearing House Associations (NACHA) wurde 1974 gegründet und legt die Geschäftspolitik und -regeln der ACH fest.

Seit 1983 können über das ACH auch Finanztransaktionen von Nicht-Banken abgewickelt werden. Die Dienste von den an ACH angeschlossenen Banken werden von Unternehmen und der öffentlichen Verwaltung für den Versand und Empfang von Lohn-, Versicherungs-, Zins- und Pensionszahlungen genutzt. Diese Transaktionen machen einen Anteil von 90 Prozent der Transaktionen aus. Die restlichen 10 Prozent der Transaktionen entfallen auf branchenübergreifende Systeme wie beispielsweise EFT/POS oder das Automated Broker Interface (ABI) des amerikanischen Zolls (→ACS): Importeure, die über ein ABI-Modul verfügen, können über diese Schnittstelle sowohl Zollabfertigungen durchführen als auch korrespondierende Zahlungsaufträge an die ACH senden.[225] Abb. 3.38 zeigt beispielhaft den Ablauf des Direct Debiting Systems der CACHA.

Kontakt zur Warenlogistik

---

[225] Die Finanztransaktion über ABI funktioniert in ähnlicher Weise wie der Direct Debiting Service der CACHA: Das System der Zollbehörde erstellen aufgrund der über ABI eingegangen Verzollungsinformationen einen Direct Debiting Auftrag, der, wenn durch den Importeur autorisiert, zur Verrechnung an das ACH gesandt wird.

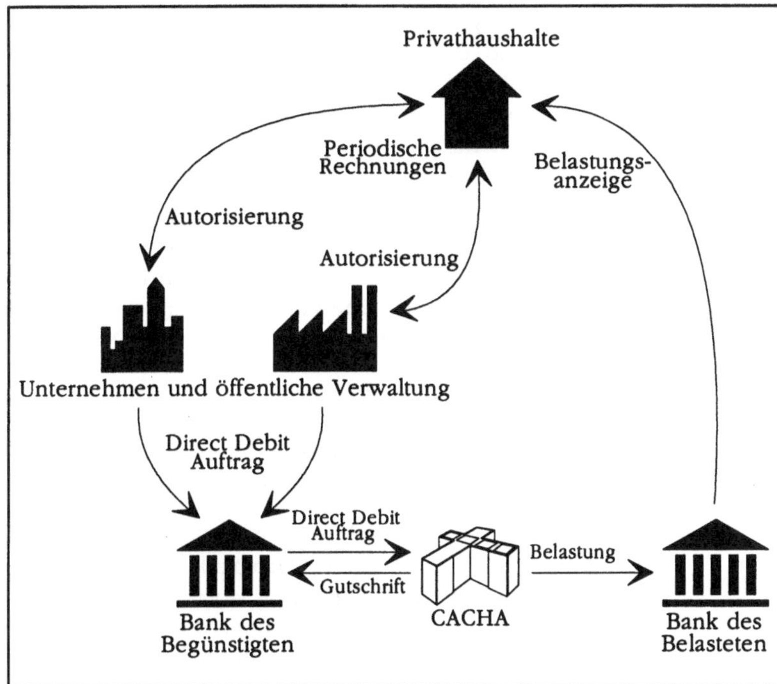

Abb. 3.38: Direct Debiting System des CACHA

Das Settlement der Transaktionen erfolgt über Konten der jeweiligen lokalen FED-Niederlassung. Private Betreiber von ACH übermitteln zu diesem Zweck am Ende einer Clearingperiode die Nettosalden der Teilnehmer an die Niederlassung. 1992 waren 6'200 Organisationen elektronisch mit einem der Clearinghäuser verbunden. Es wurden insgesamt 2 Mrd. Transaktionen mit einem Gesamtwert von 9'000 Mrd. US$ über die ACH ausgeführt. 30 Prozent dieser Transaktionsaufträge stammen von der Bundesregierung. Die Gebühren für die Bearbeitung belaufen sich je nach ACH auf 0,005 bis 0,01 US$ für eine lokale Überweisung und 0,014 bis 0,015 für überregionale Transaktionen [BIS 1993a, 446].

Netz der ACH Die Datenverarbeitung verschiedener ACH wird von der Federal Reserve Bank durchgeführt, für drei ACH führt die Kreditkartenorganisation VISA die Verarbeitung durch, die New York Clearing House Association und die Chase Manhattan Bank betreiben je eine eigene Verarbeitungszentrale. Die Dienste der Federal Reserve Bank und von VISA sind national zugänglich. Erstere verfügt über ein eigenes landesweites Telekommunikationsnetz. Die Transaktionen werden aufgrund der meist parallel geführten elektronischen, papier- und datenträgerbasierten Übertragung im Batch-Verfahren durchgeführt. Anschliessend werden die eingehenden Transaktionen im lokalen ACH nach empfangenden Instituten sortiert und an die Federal Reserve Bank zur Übertragung an das entsprechende ACH weitergeleitet.

Trotzdem liegt das Transaktionsvolumen der ACH heute noch deutlich unter dem Volumen des Checkverkehrs: Es wird erwartet, dass mit dem heutigen Wachstum von jährlich rund 20 Prozent bis 1995 ein Volumen in der Höhe von 10 Prozent des Checkverkehrs erreichen wird [Steiner/Teixeira 1990, 162; BIS 1989, 263; Hitachi 1993, 75].

102 Banca d'Italia Settlement System (BISS)
Clearingsystem für den Interbankzahlungsverkehr (I)

BISS ist eines der elektronischen Settlementsysteme der Banca d'Italia, der italienischen Staatsbank. Das gesamte Finanztransfersystem besteht aus dem Bruttoabrechnungssystem BISS und drei Teilsystemen mit Nettoabrechnung, die dem italienischen Finanzmarkt zum Clearing und Settlement von Klein- und Grossbeträgen über Konten bei der Staatsbank dienen. Es sind dies die Interbank-Teilbereiche →SIPS und Memorandum Elettronico für beleglose Grossbetragszahlungen sowie das System für beleglose Massenzahlungen. 1976 wurde eine erste automatisierte Settlementapplikation implementiert, die am Ende jeder Clearingperiode die Nettosumme für jeden einzelnen Kontoinhaber bei der Staatsbank verbucht. Die Einführung des Bruttoabrechnungssystems BISS in der heutigen Form erfolgte 1989.

Vierteiliger Funktionsumfang

Die *Funktionalität* von BISS umfasst die Verbuchung von Finanztransaktionen über zentralisierte Konten bei der Banca d'Italia im Echtzeitverfahren. Die Transaktionen können in vier Kategorien unterteilt werden: Belastung aus dem Scheckverkehr, Barabhebungen und -einzahlungen, Girokontoübertragungen zwischen Banken sowie Zahlungsverkehr mit der Banca d'Italia und dem Schatzamt. BISS wird von der Staatsbank verwaltet und in Zusammenarbeit mit der Interbankvereinigung für Automation (SIA) betrieben. Die Teilnehmer können entweder über das Interbank-Netzwerk RNI der SIA oder über eine der Niederlassungen der Banca d'Italia und deren internes Netz auf die Dienstleistungen von BISS zugreifen [BIS 1990, 51]. Von den 877 Geschäftsbanken, die bei der Banca d'Italia ein Girokonto unterhalten, nehmen 379 direkt am BISS teil. Elektronische Überweisungen können während der Dauer des Geschäftstages an das System übermittelt werden. Die Beteiligten einer Transaktion werden in einem automatischen Verfahren in Echtzeit über die Ausführung der Überweisung und den Saldo auf ihrem Konto informiert. Für die einzelnen Buchungen wird den Teilnehmern eine Pauschale verrechnet. Durch das BISS können keine Liquiditäts- oder Bonitätsrisiken entstehen, da ein Zahlungsauftrag nur dann ausgeführt wird, wenn die zahlungspflichtige Bank über genügend Mittel auf ihrem Konto bei der Banca d'Italia verfügt [Gouverneursausschuss 1993, 301; Polo 1991b, 26].

103

Bankers Automated Clearing System (BACS)
Clearingsystem für den Interbankzahlungsverkehr (GB)

Mit BACS steht der Finanzbranche Grossbritanniens ein elektronischer Finanztransaktionsservice für das automatische Clearing von Zahlungsaufträgen zur Verfügung. Das IOS wurde vor über 20 Jahren von den Banken Barclays, National Westminster, Midland und Lloyds angedacht, um die zunehmende Flut von Zahlungsaufträgen zu bewältigen. Ziel der elektronischen Abwicklung war die Straffung des Interbanktransfers und damit die Reduktion der Papierflut.

In der Zwischenzeit hat sich der Benutzerkreis über den Bankensektor hinaus ausgeweitet. Es ist inzwischen Firmen verschiedener Industriezweige möglich, indirekt Aufträge über eine der direkt an BACS angeschlossenen Banken einzugeben. Das System zählt heute 19 direkte und 35'000 indirekte Teilnehmer, die 1992 1,82 Mrd. Auträge mit einem Gesamtwert von 1'459 Mrd. US$ austauschten [BIS 1993a, 523].

Breiter Funktionsumfang

BACS bietet unter anderem Applikationen für die Bereiche Lohn- und Pensionszahlungen, Mieten, Dividenden, Zahlungen für Gütertransaktionen an. Die Funktion der Applikationen besteht im Clearing und Settlement von Aufträgen. Ein sehr hoher Prozentsatz der Aufträge wird per Filetransfer mit Magnetbändern und Disketten an BACS übermittelt. Durch die automatische Abwicklung ist es zu einer Verkürzung der Bearbeitung auf drei Tage gekommen. Der Anteil der elektronisch transferierten Daten ist steigend. Für diesen elektronischen Datenaustausch steht Bacstel, ein Telekommunikationsnetzwerk für synchrone Übermittlung strukturierter Daten zur Verfügung. Die dabei verwendete Marktsprache ist aufgrund des langen

Bestehens von BACS proprietär. Eine Weiterentwicklung hin zu gängigen EDI-Standards ist nicht geplant. Dies erlaubt es, die verrechneten Kosten mit 5p sehr tief zu halten [BIS 1989, 236; Gifkins/Hitchcock 1988, 247; Röcker et al. 1991, 119].

Seit 1993 wird in einem grossen Software-Entwicklungsprojekt mit einem Aufwand von 60 Mio. £ die Kapazität von BACS auf 40 Mio. Transaktionen pro Tag erhöht. Die tiefen Kosten können kurzfristig den Nachteil der mangelnden Integrationsfähigkeit des Datenformates aufheben. Vertreter britischer Banken sind jedoch der Meinung, dass der entgangene Nutzen mit IAS der Banken und anderen IOS auf lange Sicht den Kostenvorteil überwiegen wird (→IDX) [o.V. 1993a, 6].

104   Bank Giro Centrale (BGC)
Clearingsystem für den Interbankzahlungsverkehr (NL)

Die BGC ist ein 1967 gegründetes Gemeinschaftsunternehmen der niederländischen Geschäftsbanken zur Unterstützung der Transaktionsverarbeitung zwischen den Teilhaberbanken und anderen Transaktionssystemen. Das niederländische Zahlungsverkehrswesen ist ein weitgehend dezentralisiertes Netz aus einem Post-, einem Staatsbanken- und dem privaten Banken-System BGC. Alle Banken, die Einlagen annehmen, sind am elektronischen Transaktionssystem der BGC beteiligt.

Funktions-
weise

Die Zahlungsaufträge der Bankkunden werden, sofern sie nicht bereits in elektronischer Form vorliegen, durch die Niederlassungen der Geschäftsbank in maschinenlesbare Datensätze umgewandelt und an die BGC weitergeleitet. Diese werden von der Zentrale verarbeitet und an die Begünstigtenbank übermittelt. Obwohl die meisten Geschäftsbanken über ein internes Verarbeitungssystem von Zahlungsaufträgen verfügen, werden sogar bankinterne Zahlungen über die BGC abgewickelt. Das Settlement der Zahlungen erfolgt einmal täglich auf Nettobasis über Konten bei der Staatsbank. Bezüglich seiner Funktionalität und seines Anwendungsfeldes lässt sich das System in drei Subsysteme unterteilen: BG-SWIFT für internationale Interbankzahlungen auf Gulden-Basis[226], BGC-Spoedcircuit für dringliche Zahlungen und das Bankgiro System für Massenzahlungen.

---

[226] Diese Zahlungsinformationen werden vorwiegend über das →SWIFT-Netzwerk übertragen.

Die Systemarchitektur von BGC besteht aus zwei Verarbeitungszentralen, auf die die Teilnehmerbanken zugreifen können. Die
meisten Sparkassen sind nicht direkt an die Knotenrechner angeschlossen. Sie geben ihre Aufträge über die Bank der Bondspaar-
banken, einer Geschäftsbank im Besitz der Sparkassen, ein. Die
Übertragungen finden ausschliesslich elektronisch und mittels
Magnetbänder statt. Verbindungen bestehen zu den Netzwerken der
niederländischen Postbank, die hauptsächlich mit Magnetbändern
operiert und dem Online-Netzwerk der Nederlandsche Bank.

Bis vor einigen Jahren haben nur ein Teil der Geschäftsbanken
aktiv über die BGC Daten ausgetauscht, der überwiegende Rest war
passiv daran beteiligt. In der Zwischenzeit hat sich das Verhältnis
stetig hin zur aktiven Teilnahme verlagert [Gouverneursausschuss
1993, 366]. Heute sind 67 Banken direkt an das System angeschlossen. Insgesamt wurden über BGC 1992 1'043,7 Mio. Zahlungen mit
einem Gesamtwert von 1'942 Mrd. US$ transferiert.[227]

<table>
<tr><td>105</td></tr>
</table>

Bank of Japan Financial Network System (BOJ-Net)
Clearingsystem für den Interbankzahlungsverkehr (J)

BOJ-NET ist das Interbanksystem der japanischen Finanzindustrie.
Vor der Einführung des elektronischen Netzwerkes im Oktober
1988 tauschten die Geschäftsbanken jeden Nachmittag Zahlungsinstruktionen auf dem Floor der Tokyo Bankers' Association aus.
Die BOJ ist Betreiber des Netzwerkes, an dem die Finanzinstitute
durch privatrechtliche Verträge beteiligt sind. Alle Teilnehmer
müssen über ein Konto bei der BOJ verfügen, über das das Settlement der Zahlungen auf Bruttobasis durchgeführt werden kann.

Das BOJ-NET unterstützt die Abwicklung von Zahlungen verschiedenster Geschäftshintergründe: Zahlungen im Zusammenhang mit
Finanz- und Geldmarkttransaktionen, Intrabankzahlungen[228], Settle-
ment-Zahlungen von privat organisierten Clearingorganisationen,
Finanztransaktionen zwischen Geschäftsbanken und der BOJ, Interbanktransfers und Zahlungsaufträge von Bankkunden. Für Transaktionen im Auftrag von Bankkunden über das Netzwerk gilt ein
Minimalbetrag von 300 Mio. Yen (2,8 Mio. US$). Die Möglichkeiten

---

[227] Diese Zahlen beinhalten sowohl über Telekommunikationsnetzwerke
übermittelte als auch datenträgerbasierte Aufträge [BIS 1993a, 300].

[228] Für Zahlungen innerhalb einer Bank können neben Gutschriften auch
Belastungsaufträge übermittelt werden.

der Übermittlung von individuellen Daten sind sehr eingeschränkt, so ist es beispielsweise nicht möglich, den Namen des Auftraggebers über das Netzwerk zu übermitteln.

Nationales Netz
Das IOS ist als landesweites Netzwerk mit einem zentralen Host aufgebaut, das eine Verrechnung auf Real-time-Basis erlaubt. Aus Sicherheitsgründen stehen vier identische Host-Rechner zur Verfügung. Die Kommunikation erfolgt über Mietleitungen im Gebiet Tokyo und über den DDX-Paketvermittlungsdienst der Nippon Telegraph and Telephone Corporation (NTT) aus anderen Landesteilen [BIS 1990, 65; o.V. 1991i, 34]. Die Eingabe der Aufträge erfolgt entweder über Terminals oder über eine direkte Rechnerverbindung.

Abb. 3.39:
Aufbau des
BOJ-NET

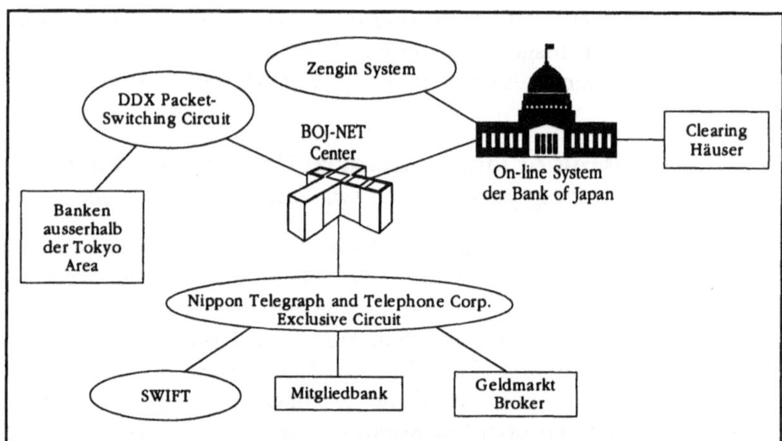

Bereits unmittelbar nach der Einführung 1988 waren rund die Hälfte der 640 Kontoinhaber bei der BOJ am System angeschlossen. Mitte 1993 waren es insgesamt 371 Teilnehmer. Es sind dies in erster Linie inländische Geschäftsbanken aller Bereiche, Sogos, Auslandsbanken und Wertschriftenhandelshäuser. Das Transkationsvolumen für das Jahr 1992 betrug 3,7 Mio. Zahlungen mit einem Gesamtwert von 283'000 Mrd. US$ [BIS 1993a, 523]. Die Bank of Japan erhebt zwar Gebühren für den Anschluss an BOJ-NET und die Übermittlung der Transaktionsdaten, vermag aber damit die Kosten für den Aufbau und den Betrieb nicht zu decken: Für Interbanktransfers wird eine Gebühr von 40 Yen (0,4 US$) und für Kundenaufträge 60 Yen (0,6 US$) erhoben [BIS 1993a, 266].

	Clearing Center für das belgische Finanzsystem (CEC)
106	*Clearingsystem für den Interbankzahlungsverkehr (B)*

Der belgische Finanzsektor verfügt über drei Systeme zur Unterstützung von Finanztransaktionen: das interne Telekommunikationsnetzwerk der Staatsbank, das CEC und das Interbank Manual Clearing House. CEC ist eine Non-Profit-Organisation, die 1974 durch die Mitglieder des belgische Finanzsektors gegründet wurde. Sie dient dem Interbankfinanztransfer zwischen diesen Instituten. Die belgische Staatsbank hat den Vorsitz des Clearing Centers inne. Sie administriert und führt den Betrieb in Zusammenarbeit mit CEC. Die Zulassung zu CEC ist auf Geschäftsbanken, Privatbanken, öffentliche Kreditinstitute, die Postgirozentrale und die Staatsbank beschränkt. Auslandsbanken dieser Sektoren haben uneingeschränkten Zutritt und gleiche Rechte wie die Inlandbanken.

Funktionsumfang
CEC wird vorwiegend für den Austausch von Zahlungsinformationen über kleinere Beträge genutzt: Über das Netzwerk laufen Kundenzahlungen in Form von Zahlungsanweisungen, Chequezahlungen, Direct Debit-, ATM- und EFT/POS-Transaktionen. CEC ermöglicht es den Teilnehmern, während des Tages aktuelle Statusinformationen abzufragen. Kürzlich wurde eine neue Applikation eingeführt, die ausschliesslich dem Austausch von Aufträgen mit einem Wert von über 5 Mio. BEF vorbehalten ist [Committee of Governors 1992, 11]. 1987 wurde der Magnetbandbetrieb um die Möglichkeit der elektronischen Datenübertragung erweitert, was seither einen 24-Stunden-Betrieb erlaubt. Die Daten werden per Magnetband, Diskette oder elektronischem Transfer an die zentrale Rechnerstelle des CEC bei Staatsbank übermittelt, wo sie einmal täglich auf Basis eines multilateralen Nettings verbucht werden.

Situation
Das System ist bezüglich des wertmässigen Volumens das kleinste der drei bestehenden Clearingsysteme: Die 129 Teilnehmer tauschen zwar 95 Prozent aller Transaktionen des Zahlungsverkehrssystem über das System aus, der Wert aller Transaktionen beträgt jedoch nur 5 Prozent (695,2 Mio. Transaktionen mit einem Gesamtwert von 496 Mrd. US$). 31 Prozent der aller eingehenden und 52 Prozent aller ausgehenden Daten werden elektronisch übermittelt. Die Betriebskosten des Netzwerkes werden von den Benutzern anteilig nach Gesamtvolumen bezahlt. Es wird keine Transaktionsgebühr erhoben. CEC verzeichnet auf Kosten des papierbasierten Interbank Manual Clearing Houses hohe Zuwachsraten [BIS 1990, 9].

107   **Clearing House Automated Payment System (CHAPS)**
Clearingsystem für den Interbankzahlungsverkehr (GB)

CHAPS nahm am 9. Februar 1984 seinen Betrieb als elektronisches Interbankclearingsystem des britischen Bankensektors auf. Vor der Einführung wurden Zahlungen über das papierbasierte Town Clearing System und →BACS abgewickelt. Heute teilt sich CHAPS das Interbankgeschäft mit →IDX, →BACS, dem Cheque- und Credit-Clearing sowie dem Town Clearing. Bis 1985 wurde CHAPS durch das Committee of London Clearing Bankers (CLCB) betrieben und verwaltet. Danach wechselte die Aufsicht aufgrund von Restrukturierungen zur Association for Payment Clearing Services (APACS). Die Reglementierung des Betrieb erfolgt durch Vorschriften der Mitglieder und durch APACS. Am Ende jedes Clearingstages findet das Settlement auf Nettobasis über Konten bei der Bank of England statt. Bezüglich der Art des Zahlungsauftrages wird nur eine sehr limitierte Anzahl verschiedener Möglichkeiten angeboten: Es besteht zwar optional die Wahlmöglichkeit, den Begünstigten zu benachrichtigen, dagegen kann beispielsweise der exakte Zeitpunkt der Zahlung nicht bestimmt werden.

Bilaterale Architektur
CHAPS verfügt nicht über eine zentrale Clearingzentrale. Die Teilnehmer kommunizieren bilateral über ihre internen Verarbeitungssysteme, Gateways und das X.25-Netzwerk von British Telecom miteinander. Die sendenden und empfangenden Banken rechnen ihre Verpflichtungen und Guthaben über die Dauer der Clearingperiode auf. Am Ende der Periode sendet jede Teilnehmerbank ihre Bruttozahlungsbestände zur Bank of England, wo die Zahlen verifiziert und auf Nettobasis über die Konten verbucht werden [BIS 1990, 111; Tyne 1992, 68].

Situation
14 Banken mit über 13'500 Niederlassungen und die Bank of England sind Mitglieder von CHAPS. Jede der Niederlassungen ist bemächtigt, selbständig Zahlungsaufträge zu generieren. Ausserdem verfügen weitere 420 Banken und eine Anzahl von Grossunternehmen über einen indirekten Zugang zu CHAPS über eine der Teilnehmerbanken [BIS 1993a, 400]. Über CHAPS werden jährlich 9 Mio. Zahlungen in einer Durchschnittshöhe von 2,3 Mio. £ abgewickelt. Die Kosten der Mitgliedschaft umfassen eine einmaligen Eintrittsgebühr sowie die Beteiligung an den laufenden Kosten.

Abb. 3.40:
Ablauf des
Clearing bei
CHAPS

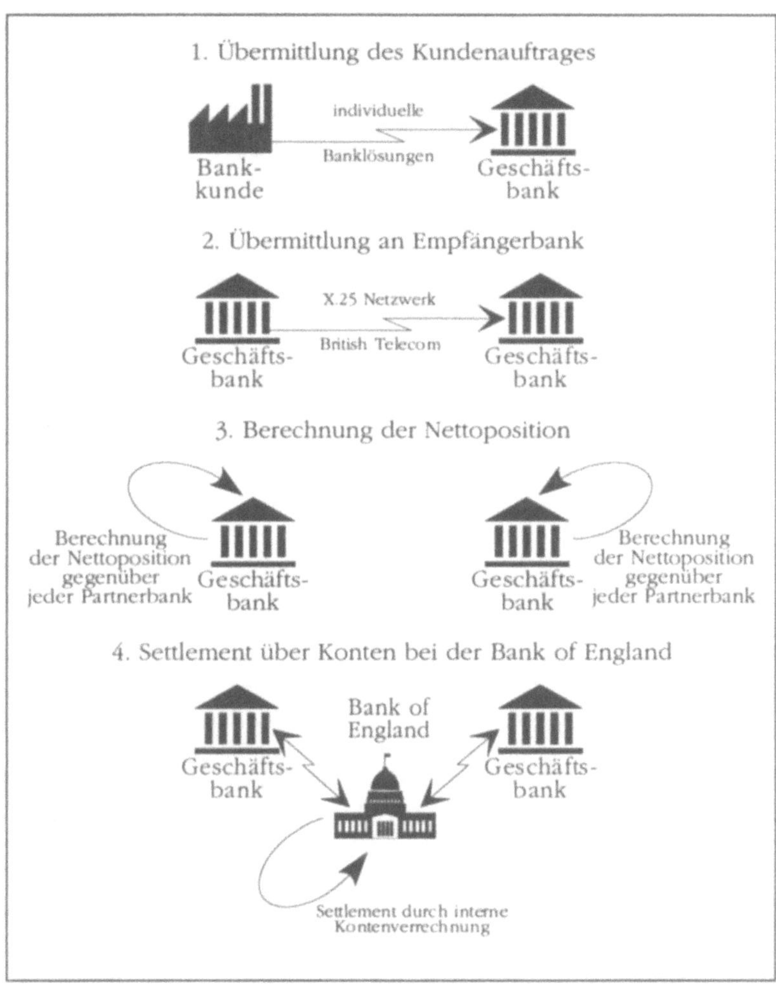

108   Clearing House Interbank Payment System (CHIPS)
Clearingsystem für die New Yorker Banken (USA)

CHIPS ist der internationale Arm der New York Clearing House
Association für Zahlungen im Dollarbereich. Die Inbetriebnahme im
Jahr 1971 kennzeichnet den Übergang von papierbasierter Verarbeitung zu einem elektronischen Clearing [Lee 1990, 47]. CHIPS ist
ein privatrechtlich organisiertes System im Besitz von zwölf New

Yorker Geschäftsbanken, die gleichzeitig den Mitgliederkreis der New York Clearing House Association (NYCHA) darstellen. Die NYCHA ist die Betreiberin des Systems. Ausser den Mitgliedern nehmen weitere New Yorker Geschäftsbanken, 110 New Yorker Niederlassungen von ausländischen Banken und eine Anzahl von bankähnlichen Betrieben teil.

Funktions-
weise

Von den Teilnehmern übermittelte Zahlungsaufträge werden durch das zentrale System bei der NYCHA verrechnet und am Ende einer Clearingperiode über Konten bei der Federal Reserve Bank of New York auf Nettobasis verbucht. Neben den eigentlichen Transaktionsdaten besteht für die Teilnehmer die Möglichkeit, sogenannte Service Messages zu übermitteln, die es erlauben, bereits getätigte Transaktionen zu widerrufen oder zu verändern. Die Fixkosten des Betriebs werden nach Volumen des Vormonates auf die Teilnehmer verteilt (minimum 1500 US$).

Am Beispiel des Tokyo Dollar-Clearing System in Abb. 3.41 wird gezeigt, wie das Clearing von Geldmarkttransaktionen auf dem japanischen Devisenmarkt über CHIPS abgewickelt wird. Das Clearing der Devisentransaktionen zwischen A und B wird von der Tokyoter Niederlassung einer amerikanischen Geschäftsbank C, zum Beispiel durch die Chase Manhattan Bank, durchgeführt. Das Settlement der Nettopositionen am Ende einer Clearingperiode wird an die Zentrale in New York übermittelt und der Betrag der New Yorker Niederlassung der begünstigten Bank B zur Verfügung gestellt. Ausstehende Zahlungen einer Clearingperiode gelangen über die New Yorker Niederlassung der zahlungspflichtigen Bank A und eine CHIPS-Mitgliedbank D ins CHIPS-Clearingsystem. Der Nettobetrag aus dem Tokyo Dollar-Clearingsystem wird der Bank C gutgeschrieben und das Settlement durch die Federal Reserve Bank of New York durchgeführt.

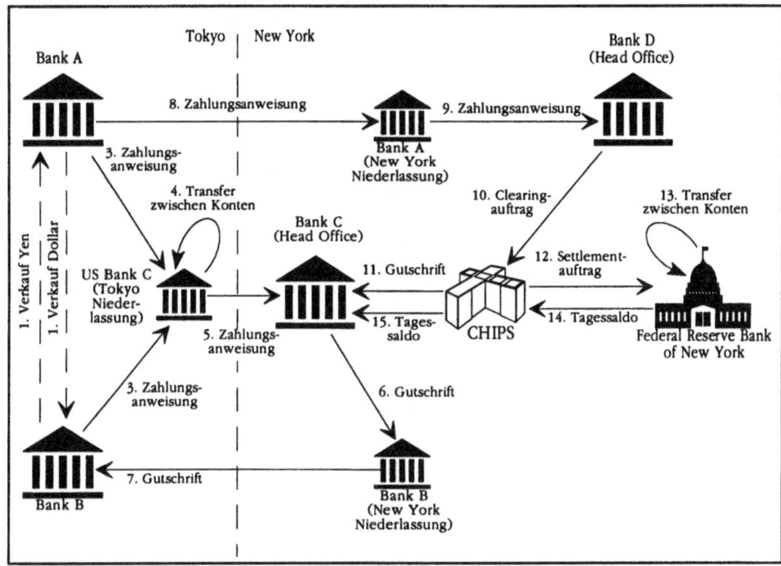

Abb. 3.41: Tokyo Dollar-Clearing System durch CHIPS

Die Zahlungsaufträge werden hauptsächlich über Fednet, das Netzwerk der Federal Reserve Bank übermittelt. Ausserdem steht der Zugang über Wähllinien des Fernsprechnetzes offen. Hohe Verarbeitungsgeschwindigkeit wird durch den zentralen Mehrprozessorrechner sichergestellt. Das Settlement am Ende der Clearingperiode erfolgt ebenfalls über das Fednet. Die NYCHA räumte der Sicherheit und Verfügbarkeit von CHIPS einen sehr hohen Stellenwert ein. Zahlreiche Backup- und Sicherheitsinstallationen verhelfen zum bisher einwandfreien Betrieb des Systems [BIS 1989, 32].

Situation

Die Gesamtteilnehmerzahl beläuft sich auf 122. Über CHIPS werden heute rund 95 Prozent aller internationalen Dollarzahlungen in jährlich ca. 40 Mio. Transaktionen mit einem Gesamtbetrag von 240'000 Mrd. US$ abgewickelt. Damit ist es das bedeutendste Zahlungsverkehrssystem in dem Bereich. Für die Übermittlung von Auträgen wird eine Gebühr von 0,13 US$ und für den Empfang 0,18 US$ verrechnet. Banken mit einem Volumen von über 80'000 Aufträgen pro Monat wird eine geringere Gebühr belastet [BIS 1993a, 450].

109   Eiliger Zahlungsverkehr (Eil-ZV)
Clearingsystem für den Interbankzahlungsverkehr (D)

In Deutschland betreiben die Grossbanken, die Organisationen der Sparkassen und der Kreditgenossenschaften, die Postbank sowie die Deutsche Bundesbank jeweils eigene Gironetze (vgl. Abb. 3.42). Die Bundesbank betreibt seit 1987 das von ihr eingerichtete Girosystem EIL-ZV zur Unterstützung von Zahlungsüberweisungen zwischen den Girobanken der Bundesbank-Zweigstellen. Im Zuge der elektronischen Öffnung wurde 1992 die Applikation *Eilüberweisung* für Grossbetragsüberweisungen in Höhe von 50'000 DM und mehr eingerichtet. EIL-ZV wird von der Bundesbank verwaltet und betrieben. Teilnehmer des Systems sind alle Kreditinstitute mit Girokonto bei einer Stelle der Bundesbank sowie die Zweiganstalten und die Dienststelle des Direktoriums der Deutschen Bundesbank. Das System wird in erster Linie für Interbanktransfers im Zusammenhang mit Geldmarktgeschäften benutzt (→EAF).

Abb. 3.42:
Clearingnetze in Deutschland

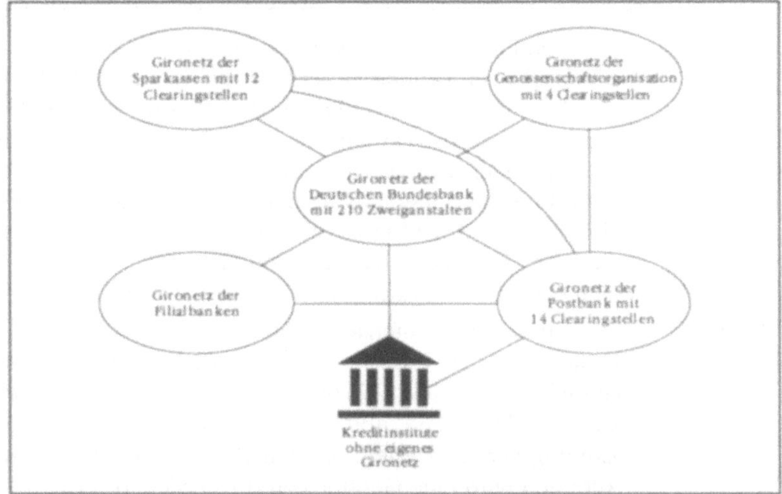

Die Übermittlung und der Empfang von Eilüberweisungen können an den elektronischen Schalter einer der Zweiganstalten der Bundesbank übermittelt werden. Es können Zahlungen an sämtliche Girokontoinhaber der Bank geleistet und Gutschriften von diesen empfangen werden. Diese Funktionalität ist unabhängig davon, ob die Teilnehmer ihre Daten über den elektronischen Schalter empfangen und senden oder ob diese papierbasiert sind. Die Überweisungen werden nur ausgeführt, wenn ausreichende Deckung auf den Konten bei der Bundesbank vorhanden ist. Das Konto des Auftraggebers wird belastet, bevor die Zahlung weitergeleitet wird. Nicht gedeckte Aufträge verbleiben bis zum Eingang der entsprechenden Deckung in einer Warteschlange des Systems. Aufgrund der strikten Deckungsregelung und des Bruttozahlungsprinzips bei der Eilübertragung besteht für die Bundesbank grundsätzlich kein Kredit- oder Liquiditätsrisiko.

Funktionsweise
Aufbau und Datensatzstruktur der elektronisch ein- und ausgelieferten Dateien richtet sich nach den interorganisatorisch abgestimmten Verfahren. Im DFÜ-Verfahren basiert die Verbindung zwischen Girobank und Zweiganstalt auf dem öffentlichen Datex-P-Netz der Telecom. Die Datensätze werden in Form des Filetransfers (DTA) übertragen. Im Intervall von 20 Minuten übertragen die Zweiganstalten die aktuellen Daten an die Girobanken. Die Daten werden auf dem Übertragungsweg durch ein besonderes Authentisierungsverfahren vor Manipulationen geschützt. Bei der Übermittlung der Daten zwischen einzelnen Zweiganstalten ist kein zentralisiertes System eingeschaltet. Jede Anstalt leitet die Zahlung weiter und verrechnet diese im Direktverkehr mit jeder der Empfänger-Anstalten [BIS 1993a, 169; Gouverneursausschuss 1993, 88].

Situation
EIL-ZV verfügt über eine Teilnehmerzahl von 5'703. 1992 wurden von der Deutschen Bundesbank 0,9 Mio. Eilüberweisungen mit einem Gesamtwert von 262 Mrd. DM und 1,9 Mio. telegraphische Transfers über einen Gesamtbetrag von 13'349 Mrd. DM abgewickelt. Für jede Eilüberweisung wird eine Gebühr von 0,30 DM, für jede telegraphische Überweisung 10 DM berechnet.

110 Elektronische Abrechnung mit Filetransfer (EAF)
Clearingsystem für den Interbankzahlungsverkehr (D)

Beim EAF handelt es sich neben →EIL-ZV um das zweite Clearing- und EDI-Abwicklungssystem der Deutschen Bundesbank und ihrer Länderniederlassungen für den Zahlungsverkehr. Für den Raum Frankfurt a.M. fand die Umstellung auf den Online-Verkehr 1990 im Rahmen eines Pilotversuches statt. Das elektronische System löst ein papier-, magnetband- und diskettenbasiertes Clearing ab, das täglich lokal in den Niederlassungen der Bundesbank durchgeführt wurde. Ziel des elektronischen System ist es, das stark steigende Zahlungsvolumen auch in Zukunft zeitgerecht abwickeln zu können (vgl. auch →EIL-ZV).

EAF wurde von der Landeszentralbank in Hessen entwickelt und wird auch von dieser betrieben. Das Clearing erfolgt auf Basis des multilateralen Nettings. Die Dienste der Clearingstellen sind für die Teilnehmer kostenlos. Die Finanzierung der Entwicklung und des Betriebs erfolgt durch allgemeine Einnahmen der Landeszentralbank. Teilnehmer sind die Geschäftsbanken des Bundeslandes Hessen.

Girobanken ohne elektronische Schnittstelle sind als passive Teilnehmer am EAF beteiligt, Niederlassungen ohne eigenes Girokonto wickeln ihre Zahlungen über Servicebanken ab, die direkt am EAF teilnehmen. Zahlungsanweisungen können entweder als Zahlungen über 10'000 DM im DTA-Format oder als internationale Zahlungen ohne Limite im →SWIFT-Standard übermittelt werden. Die Teilnehmer erhalten von der Clearingstelle regelmässig den aktuellen Nettosaldo übermittelt. Das eigentliche Settlement des Saldos einer Clearingperiode, typischerweise ein Tag, erfolgt über die Girokonten bei der Landeszentralbank.

Abb. 3.43: Systemaufbau des EAF

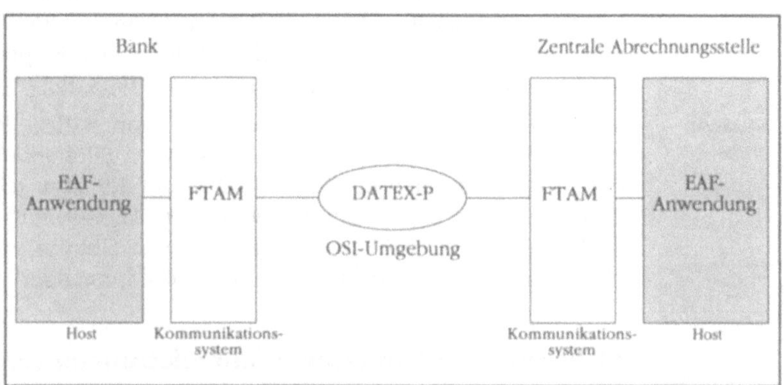

Die Teilnehmerzahl beträgt 39 Institute. Bedingung für die Teilnahme ist ein Girokonto bei der Landeszentralbank. Für die einzelnen Zahlungsüberweisungen wird den Girobanken ein Betrag von 0,30 DM berechnet. Das Volumen beläuft sich auf jährlich 7,7 Mio. Transaktionen mit einem Gesamtwert in der Höhe von 83'023 Mrd. DM [BIS 1993a, 175] In Zukunft soll in den einzelnen Bundesländern durch die Einführung des EAF ein Verbund von Clearingsystemen entstehen, die über das Gironetz der Deutschen Bundesbank miteinander verbunden sind. Die Verbindungen zwischen Geschäfts- und Landeszentralbanken soll auf dem Paketvermittlungsnetz DATEX-P und dem FTAM-Protokoll basieren. Ausserdem wird zur Zeit bei der Deutschen Bundesbank über ein neues System EAF2 diskutiert. Durch EAF2 soll das Settlement von Zahlungen auch während des Tages ermöglicht werden. Ausserdem soll die Harmonisierung von Kommunikationsstandards durch die Einführung von Edifact auch konsequent in der Finanzlogistik umgesetzt werden.

111 Exchange Clearing House Limited (ECHO)
Clearingsystem für den internationalen Devisenhandel

Zur Zeit wird in London ECHO, ein weltweit verfügbares Clearingsystem für das Netting und Settlement von Devisenhandelsgeschäften im Interbankbereich aufgebaut. Das Netting wird im Unterschied zu anderen grenzüberschreitenden Systemen (vgl. →FXNET) auf multilateraler Basis erfolgen. Dies ermöglicht es den teilnehmenden Banken, pro Clearingperiode und Währung nur noch eine Zahlung tätigen zu müssen. Bei Bruttoclearingsystemen oder Clearingsystemen auf Basis des bilateralen Nettings ist im Gegensatz jeweils eine Zahlung pro Partnerbank und Währung erforderlich. Durch das multilaterale Netting werden sich wiederholende Tätigkeiten im Handelsgeschäft und Ineffizienzen im Bereich des Settlements konsequent ausgeschaltet. ECHO soll es den teilnehmenden Banken zukünftig erlauben, die Kosten der Devisenhandelsgeschäfte durch eine Reduktion der Zahlungsströme massiv zu senken, das Risiko im Zusammenhang mit Devisengeschäften zu vermindern und den Kapitaleinsatz zu minimieren.

Entstehung des IOS — Initianten und Teilhaber von ECHO sind 14 Grossbanken aus dem europäischen und asiatischen Raum, jedoch weder eine der Schweizer, noch eine der amerikanischen oder japanischen Grossbanken. Das Fernbleiben von weiteren Teilnehmern wird teilweise auf die Restriktionen der jeweiligen Staatsbank und auf Beteiligungen bei Konkurrenzsystemen zurückgeführt. Es wird jedoch bei Betriebsaufnahme auch Nicht-Teilhabern möglich sein, am Clearingsystem teilzunehmen. Die Finanzierung wird von den Beteiligten durch Aktienkapitaleinlagen gedeckt. Die Entwicklung des IOS wurde an die drei Gesellschaften Hoskyns, Logica und →SWIFT abgetreten. Der Betrieb des Systems wird von ECHO in der Londoner Zentrale selbst geführt werden.

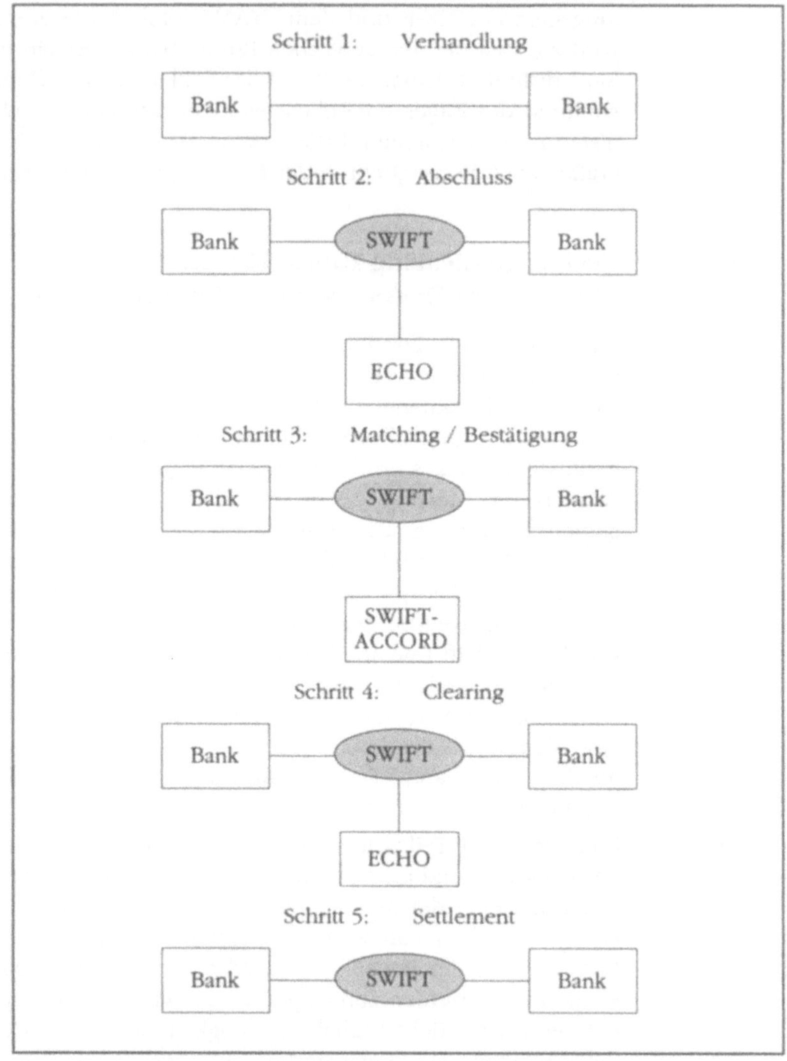

Die *Funktionalität* von ECHO beschränkt sich auf das Clearing von Devisenhandelsgeschäften bis zu einer Maturität von zwei Jahren in 24 verschiedenen Währungen. Für den Handel können auch in Zukunft Telex, Telefon, Reuters oder andere Handelsplattformen genützt werden. Der Handelsabschluss kommt jedoch nicht mit der Gegenpartei, sondern mit dem Clearinghaus zustande. Nach dem

Abschluss werden die Positionen über das →SWIFT Accord System gematcht und bestätigt. Einmal pro Handelstag werden die aufgelaufenen Positionen gegenüber dem Clearinghaus in jeder Währung berechnet und Zahlungsforderungen bzw. -aufträge ausgelöst.

Für alle Netzwerkverbindungen im Zusammenhang mit dem ECHO-Clearing steht der Netzwerkdienst und das Datenformat von →SWIFT zur Verfügung. Logica entwickelt die zentrale Rechnereinheit, die auf dem eigenen Produkt Trademaster Treasury Management System und dem Fastwire Kommunikationssystem beruht. Das Matching und die Bestätigung laufen über das →SWIFT-Netzwerk und →SWIFT Accord; ECHO regelt anschliessend nur die Handelsgeschäfte, die aufgrund von Unstimmigkeiten nicht gematcht werden konnten [o.V. 1991e, 5; Polo 1991a, 10; BIS 1993a, 498].

Wie auch in anderen Finanznetzwerken wird dem Sicherheits- und Risikoaspekt grösste Bedeutung beigemessen. Ob Nettingsysteme und insbesondere Systeme mit multilateralem Netting das Risiko zu vermindern vermögen, ist sehr stark von der vertraglichen Ausgestaltung der Rahmenverträge zwischen Clearinghaus und teilnehmenden Banken und der ensprechenden Rechtsgrundlage des jeweiligen Landes abhängig. Die Akzeptanz und damit der wirtschaftliche Erfolg von ECHO wird in starkem Masse von diesen Aspekten abhängig sein.

Fedwire

112

Clearingsystem der Federal Reserve Banken (USA)

FEDWIRE ist ein amerikanisches Transfersystem, das Finanzinstituten das Clearing und Settlement von nationalen Geld- und Wertschriftentransfers erlaubt. Vor der Einführung des elektronischen Transaktionssystems im Jahre 1982 wurden Zahlungsinstruktionen über 60 Jahre mittels eines privaten Telegraphennetzes übermittelt. Mit dem Wechsel zur Telegraphenübermittlung ging man 1918 auch vom wöchentlichen zum täglichen Settlement über.

Getragen wird das System von den 12 Federal Reserve Banken der USA.[229] Diese Banken verwalten und betreiben FEDWIRE. An die Federal Reserve Banken sind insgesamt 11'200 Finanzinstitutionen und Regierungsstellen angeschlossen. 70 Prozent der Benutzer, die ihrerseits rund 99 Prozent des Transaktionsvolumens in FEDWIRE ausmachen, sind elektronisch mit der entsprechenden Federal Reserve Bank verbunden. Die Art der übermittelten Finanztransaktionsdaten gliedert sich einerseits in Interbank- und Dritt-Partei-Transfers und andererseits in Zahlungsverkehr- und Wertschriftentransaktionen. Die einzelnen Transaktionen werden innerhalb eines Arbeitstages über die Konten der Federal Reserve Banken verbucht. Die Bank garantiert dabei dem Begünstigten die Zahlung, so dass dieser bereits nach der Übermittlung über den Betrag verfügen kann.

Technische Infrastruktur
Jede der Federal Reserve Banken verfügt über einen eigenen Rechner, an dem die jeweiligen Kontoinhaber angeschlossen sind. Die Federal Reserve Bank of New York bewältigt die Hauptlast des gesamten Systems, da über ihre Konten sowohl Transfers von →CHIPS verbucht, als auch die meisten Staatspapiertransaktionen abgewickelt werden. Die Kommunikation zwischen den einzelnen Federal Reserve Banken und ihren Kunden kann sowohl in Form einer Realtime-Host-Verbindung als auch in einer Batch-Verbindung mittels PC erfolgen [BIS 1993a, 448; BIS 1990, 123].

Das Netzwerk wird teilweise durch die Verrechnung von Gebühren für die Datenübermittlung finanziert. So wird für jede Transaktion eine Gebühr von 1,06 US$ - je 0,53 US$ vom Sender und Empfänger - erhoben. Insgesamt besteht FEDWIRE aus einem Netz von 12 Grossrechnern, die 1992 67,6 Mio. Transaktionen über einen Gesamtbetrag von 199'000 Mrd. US$ und 12 Mio. Transaktionen von US Government Securities über einen Betrag von 140'000 Mrd. US$ abgewickelt haben.

---

[229] Der Federal Reserve Act von 1913 schuf die rechtliche Basis zur Schaffung der amerikanischen Zentralbank Federal Reserve (FED). Das FED ist für die Notenpressen, den Zahlungsverkehr, die Marktüberwachung und die Geldpolitik zuständig. Das FED-System schliesst die 12 regionalen Federal Reserve Banken und das Board of Governors in Washington mit ein. Die 12 Federal Reserve Banken besitzen ihrerseits 25 Zweigstellen und 11 Checkverarbeitungszentren. Vgl. dazu ausführlicher BIS [1993a, 439].

Foreign Exchange Network (FXNET)
Clearingsystem für den internationalen Devisenhandel

113

Seit 1987 dient FXNET dem internationalen und nationalen Fremdwährungshandel als bilaterales Nettingsystem. Banken, die ihre Handelsgeschäfte weder über FXNET noch über →CHIPS tätigen, müssen für das Clearing grenzüberschreitender Geschäfte bislang einen Auftrag an eine Korrespondenzbank im entsprechenden Land erteilen. Durch eine Teilnahme an FXNET reduzieren sich die Tätigkeiten für jede Bank auf eine Transaktion pro Währung, Partnerbank und Tag. FXNET wurde 1985 durch 12 führende internationale Banken auf dem Finanzplatz London gegründet. Bis 1990 war das Einsatzgebiet auf das britische Staatsgebiet beschränkt.

Betrieben wird FXNET von der Londoner Citicorp-Tochter Quotron, einem weltweit tätigen Telekommunikations- und Datenverarbeitungsunternehmen im Finanzbereich. Die Mitglieder übermitteln Transaktionsbeträge an den Rechner von FXNET. Dieser berechnet pro Abrechnungsperiode für jede einzelne Partnerbeziehung eine Nettosumme (bilaterales Netting). Das Settlement für diese Nettozahlungssumme erfolgt üblicherweise über das →SWIFT Netzwerk und eine Korrespondenzbank im entsprechenden Land oder über ein nationales Zahlungssystem und Banken im selben Land.

Da Quotron über ein eigenes Kommunikationsnetz verfügt, werden die Daten über dieses Netzwerk in den Rechner eingespeist, wo sie in Echtzeit verarbeitet und bestätigt werden. Die Bestätigung erfolgt im →SWIFT Format. Heute nehmen weltweit bereits über 40 Banken am System teil, darunter auch die Londoner Niederlassungen der Schweizer Grossbanken, die z.T. auch Gründungsmitglieder des Netzwerkes sind. Die Finanzierung erfolgt weitgehend über eine einmalige Beitrittsgebühr und vierteljährliche Fixgebüren, die so hoch sind, dass sich eine Teilnahme nur dann lohnt, wenn auch entsprechend viele Geschäfte mit den anderen Teilnehmern getätigt werden. Gegenüber internationalen Transaktionen im Fremdwährungsbereich mittels Korrespondenzbanken wurde durch FXNET eine erhebliche Reduktion der Transaktionsbeträge bei gleichzeitiger Reduktion des Risikos erreicht. Für die Zukunft sind eine weitere Vergrösserung des Teilnehmerkreises und eine Erweiterung um das bankeninterne Netting geplant [Hartmann 1991, 36; o.V. 1991e, 5].

114 Interbank Data Exchange (IDX)
Clearingsystem für den Interbankzahlungsverkehr (GB)

Beschreibung als Fallstudie in Kapitel 4.4

115 Interbank International Payment System (IIPS)
Clearingsystem für den Interbankzahlungsverkehr (CAN)

IIPS dient der Abwicklung von internationalen und nationalen Transaktionen über grosse Beträge zwischen den kanadischen Geschäftsbanken. Das System nahm 1976 seinen Betrieb mittels Telextransaktionen auf. Durch die Einführung von FEDI hat sich die Teilnehmerzahl und damit die Datenmenge ständig ausgeweitet. Inzwischen sind auch ausländische Banken angeschlossen.

Am Aufbau waren eine Gruppe von Finanzinstituten zusammen mit den beiden Vereinigungen der Banken, der Canadian Bankers' Association (CBA) und der Canadian Payment Association (CPA), eine der Dachorganisationen des Finanzsektors, beteiligt. Die CPA stellt die Infrastruktur für die Transaktionen in Form des Automated Clearing Settlement System (ACSS) zur Verfügung. Am Netzwerk partizipieren 23 Teilnehmer direkt und 67 indirekt. Die Kontrolle des Betriebes unterliegt gemeinsam der IIPS Direct Participants' Group und der CPA. Die Transaktionen können in drei Gruppen unterschiedlichen Ursprungs unterteilt werden: internationale Zahlungen, Transaktionen, die mit dem Finanzmarkt in Zusammenhang stehen, sowie die heterogene Gruppe von kommerziellen und öffentlichen Zahlungen. Zahlungen zwischen direkten Teilnehmern werden am Tag nach dem Eingang über Konten bei der Bank of Canada abgerechnet.

SWIFT als Basis

IIPS beruht auf dem →SWIFT-Datenformat und dem →SWIFT-Netzwerk. Die direkten Teilnehmer müssen aus diesem Grund über eine →SWIFT-Mitgliedschaft verfügen. Die Finanzinstitute sind über on-line Terminals angeschlossen. Die Direct Clearer übermitteln über diese Terminals Files mit Zahlungstransaktionen an die Clearingstelle sowie an die jeweiligen Empfänger und erhalten Informationen über den aktuellen Saldo [BIS 1989, 51; Tullet 1991, 5]. Der Telex dient auch heute noch als Back-up-Medium. Mit IIPS Enhanced erweiterte sich das Dienstleistungsangebot auf das Netting von sowohl nationalen als auch internationalen Zahlungen [BIS 1993a, 59].

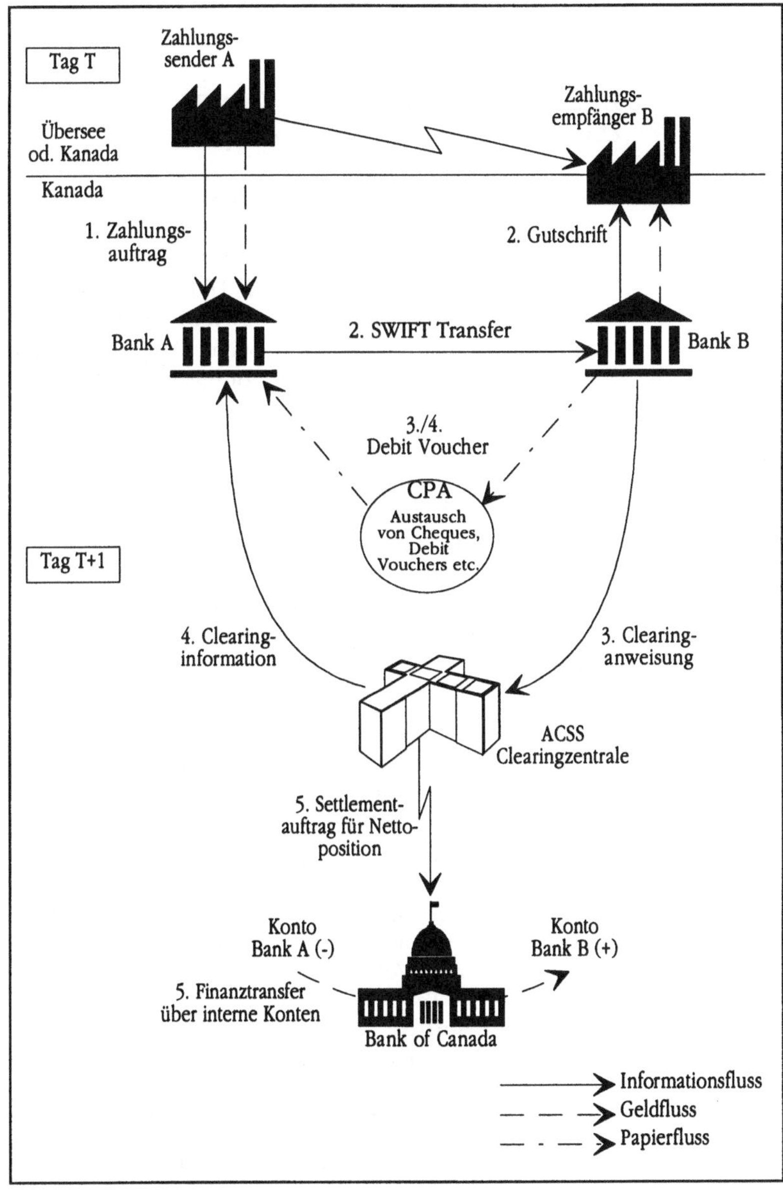

Über IIPS werden pro Tag etwa 7'000 Transaktionen über einem durchschnittlichen Betrag von 5 Mio. CAN$ (4,1 Mio. US$) durchgeführt.[230] Die jährliche volumenmässige Zuwachsrate beträgt seit 1988 17 Prozent.

116   Inter Bank Online System (IBOS)
Clearingsystem europäischer Geschäftsbanken

Das IBOS dient europäischen Banken als Clearingsystem für den grenzüberschreitenden Zahlungsverkehr. IBOS ist ein Joint Venture der Hauptaktionäre Banco Santander aus Spanien, Royal Bank of Scotland in Edinburgh (GB) und IT-Dienstleisters Electronic Data Systems (EDS) aus Texas (USA) sowie dem Minderheitsaktionär und IBOS-Finanzberater Goldman & Sachs. Mitglieder der IBOS-Association sind neben den beiden Gründungsmitgliedern Banco Santander und Royal Bank of Scotland auch die Crédit Commercial de France und die portugiesische Banco de Comercio e Industria. Derzeit kommunizieren 2'600 Bankfilialen in Grossbritannien, Frankreich, Spanien und Portugal über IBOS miteinander.

Über IBOS können international agierende Kunden der Mitgliedbanken ihr Cash-Management und ihre Zahlungsaufträge zentralisieren und Überweisungen in verschiedenen Währungen vornehmen. Mit Hilfe von IBOS können ausserdem die Konten und Fonds der Mitgliedbanken und ihrer Firmen- und Privatkunden aggregiert werden.

Durch den neulichen Einstieg des Informationsdienstleisters EDS in das IBOS-Miteigentümergremium ist zu erwarten, dass sich der Anwendungsbereich des auf Europa beschränkten Systems auf den gesamten Globus ausdehnen wird. Zur Zeit werden bei IBOS Applikationen entwickelt, die es den Bankkunden in Zukunft

---

[230] Im kanadischen Zahlungsverkehrssystem werden täglich 27'500 Transaktionen mit einem Betrag von über 50'000 CAN$ durchgeführt. Dies entspricht einem Volumen von 68,1 Mrd. CAN$ (56,4 Mrd. US$). 93,4 Prozent dieser Transaktionen werden durch ACSS verarbeitet, aber nicht über IIPS übermittelt.

Pro Tag werden durch die 23 Direct Clearers rund 10,6 Mio Transaktionen abgewickelt. Diese Transaktionsaufträge werden mittels Datenträgern oder papierbasiert per Luftkurier an die Verarbeitungszentralen eines Direct Clearers überbracht. Diese fassen die einzelnen Transaktionen in Grossüberweisungen zusammen, die sie via IIPS an ACSS übermitteln. Das kanadische Zahlungsverkehrssystem ist somit ein verteiltes System mit 23 dezentralen Verarbeitungszentralen und einer Clearingstelle.

erlauben werden, von privaten PCs oder vom Arbeitsplatz aus Informationen abzufragen oder Transaktionen durchzuführen [o.V. 1994i, 70; Javetski et al. 1994, 38].

117	**Riksbank Clearing- und Interbanksystem (RIX)**

Riksbank Clearing- und Interbanksystem (RIX)
Clearingsystem für den Interbankzahlungsverkehr (S)

Das RIX ist das System zur Unterstützung des schwedischen Zahlungsverkehrs. Alle Interbank-, Klein- und Grosstransaktionen werden über RIX abgewickelt. Das System wird durch die Riksbank, die schwedische Staatsbank, verwaltet und betrieben. Alle Teilnehmer müssen durch sie autorisiert werden.

Brutto-verfahren

Das Clearing der Transaktionsaufträge wird auf Brutto-Basis in Echtzeit ausgeführt.[231] Jeder direkte Teilnehmer verfügt über ein Konto bei der Riksbank, über das die Zahlungen im Laufe der Clearingperiode verbucht werden können. Das Settlement einer Zahlung wird durchgeführt, wenn die Gegenpartei die Transaktion bestätigt. Das Realtime-System ermöglicht es den Teilnehmern, ihre Position während des Tages zu verfolgen. Die Banken und die nationale Schuldenverwaltungsstelle können ihre Konten bei der Riksbank sowohl während als auch zwischen den Clearingperioden in praktisch unbeschränkter Höhe überziehen.[232] Zwei Formen der Transaktion werden unterschieden: Interbankzahlungen, die vom System über die Dauer der gesamten Clearingperiode und Drittpartei-Transaktionen, die nur vormittags verarbeitet werden.

Liberali-sierung

Im Zusammenhang mit dem Beitritt zur EU wird innerhalb der Riksbank über transparentere und liberalere Beitrittsbestimmungen zu RIX diskutiert. Dies hat verschiedene Gründe: Der schwedische Finanzsektor war in den letzten Jahren finanziellen Schwierigkeiten ausgesetzt. Durch den erleichterten Beitritt zum RIX möchte die Staatsbank den Aufbau neuer Geschäftsbanken fördern. Ausserdem hat die EU im Zusammenhang mit Beitrittsverhandlungen kürzlich die Abschaffung diskriminierender Zutrittsbarrieren verlangt [BIS 1993a, 331].

Die Gesamtteilnehmerzahl beläuft sich auf 20 (inklusive Staatsbank): 8 inländische und 7 ausländische Geschäftsbanken, sowie das Post

---

[231] Teilweise handelt es sich bei den Zahlungsaufträgen im RIX um Nettopositionen einer bilateralen Bankbeziehung.

[232] Seit 1992 gelten für das Überziehen der Clearingkonten verschärfte Anforderungen.

Giro System, das Bank Giro System, die Wertschriftenzentrale VPC und die nationale Schuldenverwaltungstelle sind am System angeschlossen. Die Sparbanken Sverige dient für eine Anzahl von Sparkassen, die nicht direkt am System teilnehmen, als Clearingbank. Die Teilnahmegebühr beläuft sich auf jährlich 160'000 SKr (20'000 US$). Die Wertschriftenzentrale VPC und das Bank Giro System dienen auch als Subsysteme des RIX: Das Settlement der Nettozahlungstransaktionen dieser Systeme wird über RIX vollzogen. Das von RIX jährlich verarbeitete Volumen beläuft sich auf 79'000 Transaktionen über einen Gesamtbetrag von 7'660 Mrd. US$.

118 SIA International Payment System (SIPS)
Clearingsystem für den Interbankzahlungsverkehr (I)

SIPS nahm 1989 als einer der drei vollelektronischen Teilbereiche des neuen Clearingsystems für den italienischen Interbankzahlungsverkehr seinen Betrieb als Clearing- und Settlementsystem für Grossbeträge auf. Neben dem Teilsystem Memorando Elettronico ist SIPS das zweite elektronische System zur Abwicklung von Grossbeträgen im Interbankverkehr. Im Gegensatz zum dritten Teilsystem →BISS ist SIPS ein System mit multilateraler Nettoabrechnung. Über das System werden auch Banküberweisungen von Ausland-Liregeschäften und die Lire-Gegenwerte von Devisengeschäften abgewickelt. Diese machen den überwiegenden Teil des Gesamtwertes des Interbankzahlungsverkehrs aus.

Institutionelle Aspekte

SIPS wird von der italienischen Interbankvereinigung für Automation (SIA) im Auftrag der Banca d'Italia, der italienischen Staatsbank, betrieben. Die Banca d'Italia erlässt die Vorschriften für den Betrieb und überwacht das System. Die Grundlage für den Betrieb bilden die Vereinbarungen zwischen der Banca d'Italia und der SIA einerseits und der SIA und den Teilnehmern des Systems andererseits. Die Zulassung neuer und der Ausschluss aktueller Teilnehmer fällt ebenfalls unter die Gewalt der Staatsbank. Jede Geschäftsbank, die am nationalen Clearingsystem teilnimmt und an das Interbanknetz angeschlossen ist, kann sich um die Mitgliedschaft in SIPS bewerben.

Die Transaktionen können während fünf Tagen vor dem Wertstellungsdatum und bis zum Ende des Clearingperiode des Wertstellungstages an das Rechenzentrum gesandt werden. Die Eingabe und unwiderrufliche Freigabe von Transaktionen können im SIPS zeitlich getrennt werden. Die Teilnehmer können so beispielsweise die Freigabe von Zahlungen von der Bereitstellung der Deckung durch den ursprünglichen Auftraggeber abhängig machen. Die eingegebenen Transaktionen werden in einer SIPS-Datenbank gespeichert. Durch Datenbankabfrage kann jeder Teilnehmer in Echtzeit Informationen über eingegangene oder eingehende Zahlungsmeldungen sowie ihren Saldo erhalten. Nach Ende der Clearingperiode werden die Nettosalden gegenüber jeder Gegenpartei an die Banca d'Italia gemeldet und über deren Konten verbucht. Die Kosten der Einrichtung von SIPS wird von der Banca d'Italia und der SIA übernommen. Die Gestaltung der Gebührenstruktur richtet sich nach dem Grundsatz, dass die Einnahmen die Betriebskosten decken müssen. Die Datenübermittlung an die Datenverarbeitungszentrale von SIPS erfolgt ausschliesslich über das Interbanknetzwerk Sitrad.

Situation   Zur Zeit nehmen 292 Institute am System teil. SIPS verarbeitet ein Transaktionsvolumen von 2,78 Mio. Transaktionen mit einem Wert von 9'733'000 Mrd. US$ [BIS 1993a, 220]. Der Schwerpunkt der gegenwärtigen Aktivitäten der Banca d'Italia und der koordinierenden Gremien auf dem Gebiet des Zahlungsverkehrs liegt in der Verbesserung der Funktionsfähigkeit des Systems und der Wettbewerbsfähigkeit der inländischen Teilnehmer. Das Interbank-Netzwerk Sitrad wird zur Zeit in der Weise ausgebaut, dass es in Zukunft die Übermittlung sämtlicher Interbankgeschäfte gewährleisten kann und sich so zum einzigen nationalen Netz entwickelt [Gouverneursausschuss 1993, 308; Polo 1991b, 26; Lane 1992, 38].

Society for Worldwide Interbank Financial Telecommunication (SWIFT)

119

System für den internationalen Interbankzahlungsverkehr

Die SWIFT ist eine privatrechtlich organisierte, 1973 durch 250 europäische und amerikanische Banken in Belgien gegründete Genossenschaft zur Unterstützung des Finanznachrichtenaustausches mit einem eigenen IOS in 73 Ländern. Die Anwendungsgebiete des Nachrichtenaustausches umfassen die Bereiche Zahlungsverkehr, Kontostatusinformationen, Handelsfinanzierung, Devisen- und Geldmarkgeschäfte sowie Wertschriften. Die gesamte SWIFT-Gruppe befasst sich neben dem Unterhalt des Netzwerks auch mit der Entwicklung, dem Marketing und dem Verkauf von Terminals und Software. SWIFT s.c. hatte Ende 1991 weltweit 1963 Genossenschafter. Sie ist hundertprozentige Eigentümerin der SWIFT Service Partners s.a. (SSP), der SWIFT Terminal Services s.a. (STS) in Belgien, einer Rückversicherungsgesellschaft in Luxemburg sowie einer Anzahl weiterer Tochtergesellschaften in verschiedenen Ländern. Vor der Einführung von SWIFT mussten Finanzinformationen mittels Telex, Telegramm, Briefpost und später über verschiedene proprietäre Telekommunikationsnetzwerke ausgetauscht werden. Diese Verfahren waren langsam, oft teuer und boten nicht die Sicherheit, dass die Informationen in der gewünschten Form bei der Gegenpartei eintrafen. Ausserdem mussten die eingehenden Informationen wiederum in das IAS eingegeben werden.

Institu-
tionelle
Aspekte

SWIFT übermittelt Finanznachrichten zwischen 3'582 Finanzinstitutionen in 88 Ländern, die an das Netzwerk angeschlossen sind. Seit 1987 ist es neben den traditionellen Anteilseignern (alles Banken) auch einer Reihe von Wertpapiermaklern sowie banknahen Institutionen wie den Clearingcentern →CEDEL und →EUROCLEAR möglich, Daten über SWIFT auszutauschen. Die Kreditkartenorganisation Mastercard nimmt SWIFT für die Online-Autorisierung von Kreditkarten in Anspruch. Diese zweite Gruppe von Teilnehmern besitzen keine Anteile an der Genossenschaft, und ihre Möglichkeiten des Nachrichtenaustausches sind beschränkt.

Das SWIFT-Netzwerk kann sowohl für den grenzüberschreitenden als auch für den nationalen Finanztransfer verwendet werden. Finanzinstitute, die SWIFT-Nachrichten austauschen, müssen selbst für das Settlement, also den Zahlungsausgleich, der eingehenden Zahlungsaufträge sorgen. Dies erfolgt durch Inanspruchnahme bilateraler Korrespondenzbankbeziehungen oder durch Weiterleitung an die nationalen Interbanksysteme. Der jeweilige Anteil des Inlandverkehrs ist von verfügbaren nationalen Interbankdiensten und den Vorschriften der nationalen Fernmeldebehörde abhängig. Die Teilnehmer in GB und F greifen für nationale Transaktionen am häufigsten auf die Dienste des SWIFT-Netzwerkes zurück. Im Falle von Frankreich ist dies insbesondere darauf zurückzuführen, dass das Clearing- und Settlementsystem →SAGITTAIRE auf dem SWIFT Netzwerk aufbaut. 1992 wurden über das Netzwerk gesamthaft 405,5 Mio. Nachrichten ausgetauscht (vgl. Tab. 3.21) [BIS 1993a, 484].

Tab. 3.21:
SWIFT Ver-
kehr, Teil-
nahme und
Beteiligung
(1992)

Land	*Nachrichten*			*SWIFT-Teil-haber*	*Anteil Aktien-Beteiligung*	*SWIFT-Teil-nehmer*
	versandt in %	*empfan-gen in %*	*inlän-disch in %*	*in %*	*in %*	*in %*
B	4,46	3,72	16,1	1,68	3,96	1,95
CAN	2,27	2,11	30,5	0,72	2,74	1,12
CH	7,11	6,36	17,3	5,64	8,76	4,59
D	8,04	11,07	17,0	7,33	8,97	6,10
F	7,47	7,02	31,0	5,26	9,27	5,12
I	5,21	4,93	16,4	9,06	6,32	5,59
J	4,39	4,25	13,3	5,40	5,36	4,94
NL	3,34	3,17	13,0	1,40	4,57	1,41
S	1,75	1,45	14,0	0,53	2,29	0,51
GB	11,88	10,40	24,0	2,75	8,90	7,56
USA	16,03	17,5	16,9	7,43	14,92	10,74
andere	28,06	28,01	17,9	52,80	23,94	50,37
Gesamt	100,0	100,0	19,0	100	100	100

Die Basisdienstleistung von SWIFT stellt der Austausch von Nachrichten für unterschiedliche Bereiche des Banksektors dar. Neben diesen Basisdienstleistungen bietet SWIFT den Teilnehmern eine Anzahl von Mehrwertdiensten im Finanzbereich an.

Funktionali-
tät von SWIFT

☐ *ECU Netting.* Dieser Dienst bezieht sich auf das Clearing- und Saldenausgleichssystem für private ECU des ECU-Bankenverbandes. Die über das SWIFT-Netzwerk übertragenen ECU-Zahlungsnachrichten zwischen Verbandsmitgliedern werden durch das zentrale SWIFT-Nettingsystem abgeglichen. Der Service ECU Netting wird von SSP erbracht.

☐ *SWIFT Accord.* Bei diesem Dienst handelt es sich um ein rechnergestütztes System für den Abgleich von Devisenhandels- und Geldmarktgeschäften (→ECHO). Der Service SWIFT Accord wird ebenfalls von SSP erbracht.

☐ *SWIFT Interbank File Transfer (IFT).* IFT dient dem Austausch von grossen Datenmengen, z.B. Berichten zwischen Zweigstellen oder Zahlungsaufträgen, zwischen Teilnehmern. Künftig soll IFT auch zum Austausch von Edifact-Nachrichten genutzt werden.

❑ *Premium*. Dieser Dienst ermöglicht es, SWIFT-Nachrichten zu kopieren. Dadurch wird der Betrieb von Clearingsystemen wie →SAGITTAIRE vereinfacht.

❑ *SWIFT/EDI*. Die SWIFT-Nachrichten MT105 und MT106 besitzen die Funktion eines Umschlages und ermöglichen es Edifact-Nachrichten über SWIFT zu versenden. Zur Zeit nehmen rund 55 Banken an einem weltweiten SWIFT/EDI-Pilotprojekt zur Einführung dieser Funktionalität teil [O'Hanlon 1993, 65].

Basis des IOS: das SWIFT-Netz

Um den Teilnehmern diese Dienste zugänglich zu machen, verfügt die Genossenschaft über ein eigentumsrechtlich geschütztes Netz, das sich aus zwei Grossrechnern, Mietleitungen und der entsprechenden Software zusammensetzt. Zur Gewährleistung der Vertraulichkeit werden die Nachrichten für die Übermittlung verschlüsselt. SWIFT übernimmt die Haftung bezüglich der Datenübertragung. Das Netz steht den Teilnehmern rund um die Uhr das ganze Jahr zur Verfügung. Zur Sicherstellung des Betriebs verfügt SWIFT über Back-up-Rechner, wobei ein Netzausfall seit der Inbetriebnahme noch nie zu verzeichnen war. Den Teilnehmern stehen neun Kategorien mit über 120 eigenentwickelten Nachrichtentypen zur Verfügung, die auf spezifische Datenbedürfnisse der zugrundeliegenden Bankgeschäfte zugeschnitten sind. Der für die Nachrichten verwendete Standard ist SWIFT-spezifisch. In jüngster Zeit beschäftigt sich SWIFT allerdings auch aktiv an der Weiterentwicklung von Edifact.

Beurteilung

Zusammenfassend ist SWIFT als das bedeutendste IOS im Finanzbereich zu beurteilen, das den Interbankbereich während der letzten zwei Jahrzehnte entsprechend mitgeprägt hat. SWIFT nimmt im Bereich des internationalen Interbankgeschäftsverkehrs die Stellung des 'Major Players' ein. Als konkurrierendes System im Dollarbereich ist →CHIPS zu nennen. Zur Zeit sind ausserdem eine Anzahl von spezialisierten internationalen Zahlungssystemen in der Planungsphase: TIPA und →IBOS, zwei Netzwerke zwischen Geschäftsbanken, EUROGIRO, das europäische Netzwerk der PTT und MEGALINK, ein Netzwerk, das durch ein Konsortium von 75 asiatischen Geschäftsbanken aufgebaut wird. Diese Netzwerke sind jedoch im Gegensatz zu SWIFT regional begrenzt.[233]

---

[233] Vgl. zu SWIFT folgende weiterführende Literatur: [o.V. 1992n, 44; o.V. 1992o, 6; Whybrow 1992, 18; McKenzie 1993, 4; Penrose 1993, 14; Chavez 1992, 20; Horten 1992, 32; Tutt 1991, 28].

120   **Swiss Interbank Clearing (SIC)**
Clearingsystem für den Interbankzahlungsverkehr (CH)

Das SIC wurde 1987 für das Clearing und Settlement des nationalen Zahlungsverkehrs der Schweiz in Betrieb genommen. Davor waren über den Zeitraum von drei Jahrzehnten Zahlungen zwischen Geschäftsbanken mittels Papierbelegen ausgetauscht worden. Bis zu Beginn der achziger Jahren war der Aufwand für den papierbasierten Transfer so stark angestiegen, dass für die Verarbeitung von Spitzentagen mehrere Arbeitstage nötig waren. Während dieser Verarbeitungszeiten hatten die Teilnehmer keinen Zugang zu aktuellen Saldoinformationen, und die Schweizer Nationalbank (SNB) musste Kontoüberzüge auf den Girokonten der Geschäftsbanken in Kauf nehmen. Um diese Defizite zu eliminieren und die Effizienz der Verarbeitung des Interbankzahlungsverkehrs zu steigern, wurde 1980 beschlossen, das papierbasierte System durch ein elektronisches System zu ersetzten.

Institutionelle Aspekte
SIC wurde von 1981-86 durch die Telekurs AG, ein Gemeinschaftsunternehmen der Geschäftsbanken und jetzige Betreiberin des Systems, in Kooperation mit der SNB entwickelt. Es wurde dabei als Bruttosettlementsystem konzipiert, das jede einzelne Zahlung über die Konten bei der SNB abrechnet. Die Einführungsphase dauerte bis 1989. Während dieser Zeit wurde das vorgängige System schrittweise abgelöst. Zur Teilnahme sind Banken des Schweizer Rechts, die in der Schweiz oder im Fürstentum Lichtenstein ansässig sind, zugelassen. Die Betriebskosten werden durch eine Entschädigung pro Transaktion gedeckt. Diese Gebühr ist von der Höhe des transferierten Betrages und vom Zeitpunktes innerhalb der Clearingperiode abhängig.

Funktionalität von SIC
SIC steht den Teilnehmern an Werktagen rund um die Uhr zur Verfügung, wobei das Realtime-Settlement über die Girokonten der SNB während zwei Stunden pro Tag aufgrund der Abrechnung der Clearingperiode nicht möglich ist. Voraussetzung für das erfolgreiche Settlement durch das SIC ist die Deckung in der Höhe des zu belastenden Betrages. Ist diese nicht vorhanden, werden die Transaktionsaufträge vom System so lange zurückgehalten, bis der benötigte Betrag auf dem Konto vorhanden ist. Allenfalls können Transaktionsaufträge von den Teilnehmern oder von SIC storniert werden. Die Teilnehmer haben die Möglichkeit, den Status der Transaktionen online mitzuverfolgen.

Die technische Konzeption des SIC stützt sich auf ein zentrales Computersystem bei der Telekurs AG mit Online-Anschluss der teilnehmenden Banken. Für den Backup-Fall besteht zusätzlich die Möglichkeit, Zahlungen mittels physischem DTA einzuliefern. Die Verbindung zwischen den teilnehmenden Finanzinstituten und dem Rechenzentrum der Telekurs AG beruht auf Mietleitungen der Schweizer PTT.

Situation   162 Geschäftsbanken (Stand Ende 1992) und die SNB sind über die Rechner der Telekurs AG miteinander verbunden. 1992 wurden über das System 64 Mio. Zahlungen über einen Gesamtbetrag von 33'000 Mrd. SFr. abgewickelt [BIS 1993a, 362]. Eine Alternative zum SIC stellt das Girosystem der PTT dar, die nicht online an SIC angeschlossen ist. Transfers zwischen SIC und dem Girosystem der PTT werden mittels physischem DTA sichergestellt [Vital 1990, 69; BIS 1989, 204; BIS 1990, 101].

121 Système Automatique de Gestion Intégrée par Télétransmission de Transactions avec Imputation de Règlement Etranger (Sagittaire)
Clearingsystem für den Interbankzahlungsverkehr (F)

SAGITTAIRE wickelt seit 1984 den Zahlungsverkehr für Grossbeträge im Zusammenhang mit internationalen Franc-Überweisungen von und nach Frankreich ab. Es ist so gestaltet, dass es die Systematik von →SWIFT auf die nationale Ebene ausweitet. Ziel ist eine effiziente Verarbeitung von internationalen Überweisungen zu ermöglichen. SAGITTAIRE wird von der Banque de France, der französischen Staatsbank, verwaltet. In ihrer Eigenschaft als Clearingstelle nimmt sie auch direkt am Austausch teil. Die Beziehungen zwischen dem System und jedem einzelnen Mitglied werden durch bilaterale Verträge geregelt. Das Netzwerk steht allen in Frankreich tätigen Kreditinstituten offen, die →SWIFT-Mitglieder sind. Ausländische Banken können sich über ihre Tochterinstitute oder Zweigstellen in Frankreich anschliessen.

SWIFT als   Die Übermittlung der Nachrichten basiert auf dem →SWIFT-Netz-
Basis   werk. Die Mitglieder senden die Überweisungsaufträge über das → SWIFT an das zentrale SAGITTAIRE-System. Die Aufträge werden bei Eingang auf inländischen Konten verbucht und die Empfänger anschliessend ebenfalls über →SWIFT benachrichtigt. Einmal eingeleitete Überweisungen sind einzig von der Banque de France

widerrufbar: Verfügt eine Bank am Ende einer Clearingperiode nicht über entsprechende Deckung zur Glattstellung ihrer Sollposition, kann die Banque de France bestimmte Überweisungen annullieren. Die Nettopositionen der Mitglieder werden nach Abschluss des Buchungstages errechnet und über die Konten bei der Banque de France verbucht. Aufträge, die ausserhalb der Betriebszeit des SAGITTAIRE-Systems eingereicht werden, werden von den →SWIFT-Verrechnungszentren gespeichert und zu Beginn des folgenden Verrechnungstages verarbeitet.

Abb. 3.46:
Aufbau von
SAGITTAIRE

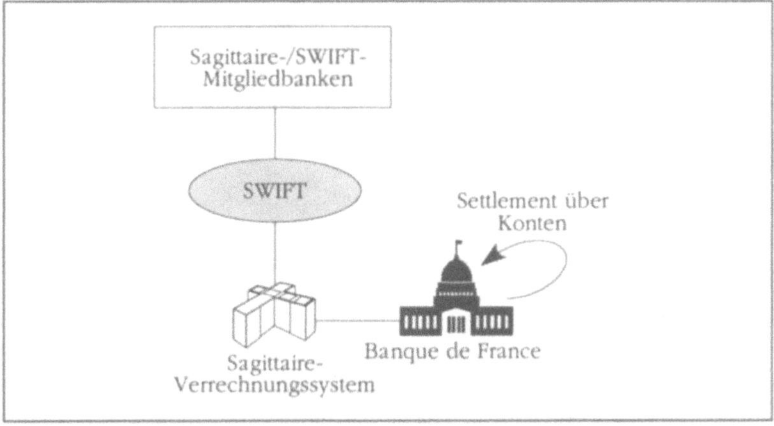

Zur Zeit beläuft sich die Mitgliederzahl auf 62 Institute. Von den 3,3 Mio. übermittelten Nachrichten im Jahr 1992 entfielen 52 Prozent der gesendeten und 54 Prozent der empfangenen Nachrichten allein auf fünf Banken.

122 Système Interbancaire de Télécompensation (SIT)
Clearingsystem für den Interbankzahlungsverkehr (F)

Auf Vorschlag der Banque de France, der französischen Staatsbank, wurde 1983 von den Geschäftsbanken beschlossen, ein neues nationales System für den Massenzahlungsverkehr zu schaffen, das ausschliesslich auf Fernmeldeverbindungen beruht. Zielsetzung ist es, das 1969 eingeführte Netz der Computer-Clearingzentren abzulösen und so die Übermittlungs- und Verarbeitungszeit für Interbankzahlungen zu verkürzen, die Beleglosigkeit des Zahlungssystems zu gewährleisten sowie die Kosten des Interbankaustausches zu reduzieren. SIT nahm 1990 seinen Betrieb als Pilotnetz auf, über das die teilnehmenden Institute anfangs relativ geringe Transaktionsvolumina austauschten. Der Ausbau des flächendeckenden Systems wurde 1992 abgeschlossen. Der Anwendungsbereich umfasst das Clearing von Überweisungen, Lastschriften, Abhebungen an Geldausgabeautomaten, elektronischen Wechseln, Interbank-Zahlungsaufträgen und Kartenzahlungen.

Abb. 3.47:
Elektronische
Clearing-
netzwerke
in Frankreich

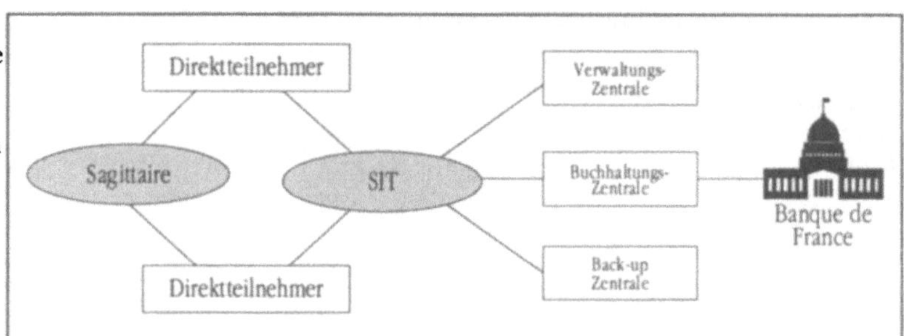

Das SIT wurde als Netz dezentraler Austauscheinrichtungen konzipiert, das die Datenverarbeitungszentren der verschiedenen Kreditinstitute miteinander verbindet. Jeder Teilnehmer hat ein oder mehrere Verarbeitungszentren, deren Terminals als Zugänge zum SIT dienen. Diese Zentren sind über das gemeinsame Netzwerk an die Rechner für die Verwaltung, die Buchhaltung und für Back-ups angeschlossen. Jedes Terminal enthält zwei logische Einheiten, die Sende- und die Empfangseinrichtung, die mit jenen des SIT und der übrigen Teilnehmer in Verbindung stehen. Die drei Netzzentralen erfüllen dabei genau umrissene Funktionen. Das Verwaltungszentrum überwacht das Netz und kontrolliert den Transaktionsfluss. Das Buchhaltungszentrum, verwaltet durch die Banque de France, führt die Konten im Zusammenhang mit dem Clearing. Die Datensätze werden über das öffentliche X.25-Netz Transpac übermittelt. Der Austausch von Zahlungsinformationen zwischen dem sendenen und dem empfangenden Institut löst automatisch die Übermittlung von Buchungsmitteilungen an das Buchhaltungszentrum aus [Gouverneursausschuss 1993, 148].

Situation   Das System verarbeitete im Jahr 1992 die relativ geringe Zahl von 301,8 Mio. Transaktionen über einen Gesamtwert von 44 Mrd. US$. Mit der Integration des Clearing von beleglos eingezogenen Schecks wird SIT in Zukunft das einzige nationale Netz für den Austausch elektronischer Massenzahlungen sein. Damit dürfte das Volumen des Systems noch deutlich ansteigen. Um als Direktteilnehmer in Frage zu kommen, muss ein Institut ein Mindestzahlungsvolumen erreichen und zur Minimierung des Ausfallrisikos über ausreichende Deckung verfügen. Indirekte Teilnehmer können Zahlungen über einen Direktteilnehmer einreichen oder empfangen. Am System sind 25 Institute direkt und weitere 179 indirekt angeschlossen [BIS 1993a, 112].

123   **Zengin**
Clearingsystem für den Interbankzahlungsverkehr (J)

ZENGIN dient den teilnehmenden Geschäftsbanken in Japan seit 1973 als landesweites Zahlungstransaktions- und Settlementsystem. Seit diesem Zeitpunkt ist das System zweimal überarbeitet und die Kapazität erhöht worden [BIS 1990, 69]. Der Tokyo Bankers Association (TBA) obliegt die Verwaltung und der Betrieb von ZENGIN. Die Bestimmungen zum Betrieb des Systems bestehen aus zwei Teilen: den vertraglichen Regelungen zwischen den teilnehmenden Geschäftsbanken und der TBA als Besitzerin des Systems auf der einen Seite und den hoheitlichen Vorschriften der Bank of Japan (BOJ), der japanischen Staatsbank, für den Betrieb des Clearing- und Settlementsystems auf der anderen Seite. Direkte Teilnehmer am System müssen über ein Girokonto bei der BOJ verfügen, über das die Nettosalden am Ende einer Clearingperiode abgerechnet werden können. Verfügt eine Bank nicht über ein solches Konto, so kann sie dennoch indirekt über einen Teilnehmer auf die Dienste von ZENGIN zugreifen.

Funktions-
umfang

Die Funktionen von ZENGIN umfassen das Clearing von Finanztransaktionen aller Art. Die Transaktionen können die Form eines einfachen Zahlungsauftrages oder eines Direct Debiting Auftrages haben. Diese Aufträge werden durch das Clearingsystem während einer Clearingperiode zu einer Nettoposition aufgerechnet und über Girokonten bei der BOJ verbucht. Bei fehlender Deckung auf dem Girokonto einer Geschäftsbank gewährt die BOJ einen kurzfristigen Kredit. Damit wird das in einem Nettingsystem inhärente Risiko stark eingedämmt.

Die Teilnehmer an ZENGIN senden und empfangen Transaktionsaufträge über das ZENGIN Terminal, die Schnittstelle zu ZENGIN. Diese Terminals sind entweder bei jedem einzelnen Teilnehmer oder bei Datenverarbeitungszentren von Bankgruppen installiert. Diese Gruppen, beispielsweise Kreditbanken, verfügen über ein eigenes landesweites Kommunikationsnetz. Für den Anschluss an das Clearingsystem stehen die Dienste der NTT zur Verfügung. Für die Verarbeitung von Zahlungsaufträgen wird je nach Höhe des zu überweisenden Betrages eine Gebühr zwischen 3,9 und 5,8 US$ erhoben [BIS 1993a, 263].

Situation
Die indirekten Teilnehmer mit einbezogen, sind mit wenigen Ausnahmen alle Finanzinsitute Japans am System angeschlossen. Ausländische Geschäftsbanken in Japan unterliegen dabei den selben Bestimmungen wie japanische. Ende 1993 waren 4'123 Institute (davon 153 direkt) mit insgesamt 45'133 Niederlassungen an ZENGIN angeschlossen. Mit ZENGIN für die Transaktion von Kleinbeträgen, dem →BOJ-NET für Grossbetragszahlungen und dem Foreign Exchange Yen Settlement System (FEYSS) für Devisentransaktionen und internationale Transfers stehen der japanischen Finanzindustrie drei sich ergänzende Zahlungsverkehrssysteme zur Verfügung.[234]

3.4.4 Exkurs: Wertpapier-Abwicklungsbereich

Einen interessanten Vergleich zu den Systemen zur Unterstützung der Warenlogistik bietet der folgende Exkurs in den Wertpapier-Abwicklungsbereich. Das Grundgeschäft dieser Systeme ist der Handel mit Aktien, Obligationen, Optionen, Futures und anderen Derivaten. Der Handel mit Wertpapieren ist zur Zeit auf verschiedenen Plätzen im Mittelpunkt der Automatisierungsbestrebungen (z.B. die elektronischen Börsen Schweiz EBS), während vielerorts die Abwicklungssysteme bereits früher elektronisiert wurden. Die Bestrebungen zur Effizienzsteigerung des Abwicklungsbereiches im Wertschriftenhandel hat zwei wichtige Gründe: Erstens ist es wie in der Warenlogistik für die Kaufentscheidung von Bedeutung, welcher Anteil der Gesamtkosten auf das eigentliche Gut und auf die Abwicklung entfällt. Zweitens ist die Effizienz von Handels- und Abwicklungssystemen im Wertschriftenbereich insofern von wirtschaftlichem Interesse, als mangelnde Leistungsfähigkeit in extremen Situationen zu wirtschaftlichen Instabilitäten führen

---

[234] Alle drei Systeme unterstehen der Aufsicht der BOJ, der japanischen Staatsbank. Im Falle des Zengin Systems ist sie gleichzeitig auch 'Lender of the Last Resort' (Kreditbank bei Zahlungsunfähigkeit).

kann.[235] Effizienz wird im Zusammenhang mit Clearing- und Settlementsystemen mit zentraler Verwahrung der Papiere bei gleichzeitig buchmässiger Eigentumsübertragung, Netting der Wertschriftentransaktionen und möglichst schneller Wertstellung auf der Wertschriften- und Zahlungsseite einer Transaktion in Verbindung gebracht. Weil die Abwicklungssysteme der bedeutenden Märkte heute nicht mehr an die physische Übergabe der Wertpapiere gebunden sind, sind die Mechanismen mit jenen des (Interbank-)Zahlungsverkehrs vergleichbar. Der Zahlungsverkehr ist neben dem Transfer des Wertpapieres aber immer auch ein Teil der Abwicklung eines Wertpapiergeschäftes. Insofern sind die Clearing- und Settlementsysteme im Wertschriftenbereich eher mit den IOS zur Unterstützung des Realgütertransfers (vgl. Kapitel 2.1) vergleichbar.

Zur Auswahl der Beispiele — Die beiden aufgeführten Beispiele →CEDEL und →EUROCLEAR sind Abwicklungssysteme für internationale Wertschriftentransaktionen. →CEDEL und →EUROCLEAR sind die beiden wichtigsten Verwaltungs- und Abwicklungsorganisationen auf den internationalen Wertpapiermärkten. Beide Organisationen wickeln hauptsächlich internationale, aber teilweise auch nationale Transaktionen ab. Zielsetzung dieser Organisationen ist das Angebot effizienter und kostengünstiger Instrumente für Marktteilnehmer auf neutraler, nicht gewinnorientierter Basis. Sie unterscheiden sich von nationalen Clearing- und Settlementsystemen vor allem durch das zugrundeliegende grenzüberschreitende Wertschriftengeschäft und das verteilte System der Wertpapierdepots. Diese Rahmenbedingungen machen wie bei internationalen Zahlungsverkehrssystemen den Aufbau und den Betrieb eines internationalen Abwicklungssystems ungleich komplexer.

124 Centrale de Livraison de Valeur Mobilières (Cedel)

Clearingsystem für den internationalen Wertschriftenhandel

CEDEL ist eine von 66 vorwiegend kontinental-europäischen Finanzinstituten gegründete Aktiengesellschaft mit Sitz in Luxemburg.

---

[235] Dies sei am Beispiel des Börsenkrachs vom Oktober 1987 verdeutlicht: Verschiedene Experten führen die Ursache des Black Monday darauf zurück, dass der Markt und das Abwicklungssystem nicht leistungsfähig genug waren, alle Kauf- und Verkaufaufträge ohne Verzögerung auszuführen [Lucas/Schwartz 1989].

Derzeit halten 108 Finanzinstitute aus 20 Ländern maximal drei-bzw. fünfprozentige Anteile an der Gesellschaft. Insgesamt sind 2'500 Staatsbanken, Geschäftsbanken, Wertpapierhäuser und staatliche Institutionen als Teilnehmer an das System angeschlossen (Stand 1992). Die Wertschriftenbestände dieser Teilnehmer werden bei ausgewählten, erstklassigen Banken oder nationalen Clearingorganisationen deponiert, die gleichzeitig auch die Zahlung für eine Transaktion abwickeln. Ein weitgehender Versicherungsschutz deckt die Risiken der Wertschriftenverwaltung ab [Bommer 1988, 175; Gouverneursausschuss 1993, 466].

Ziel von CEDEL
Der Hauptzweck von CEDEL ist die Verwaltung von international gehandelten Wertpapieren und Edelmetallen, insbesondere Eurobonds sowie die technische Abwicklung im Zusammenhang mit Finanzmarkttransaktionen und deren Bezahlung. Diese Aufgaben beinhalten u.a. die Aufbewahrung der Effekten im Tresor, die Kuponverwaltung, die Weiterleitung von Dividenden- und Tilgungszahlungen, die Ausübung von Bezugs- und Wandelrechten sowie sonstiger Optionen. Über die reine Verwaltung von Effekten und Abwicklung von Transaktionen werden eine Reihe von bankähnlichen Dienstleistungen wie beispielsweise Kreditdienstleistungen und Wertschriftenleihe angeboten.

Eine Besonderheit des internationalen Wertschriftenmarktes ist, dass die meisten Papiere (noch) nicht dematerialisierte Inhaberpapiere sind. Grundsätzlich bedingt daher der Eigentumsübergang die Übertragung der Wertpapiere durch physische Auslieferung. Der Vorteil einer Hinterlegung bei CEDEL oder →EUROCLEAR liegt darin, dass die Übertragung des Eigentums an den Wertpapieren durch eine Buchübertragung zwischen Wertschriftenkonten erfolgen kann. Verfügen die Kontoinhaber gleichzeitig auch über Geldeinlagen bei →CEDEL oder →EUROCLEAR, kann auch die Bezahlung der Transaktion direkt über eine dieser Organisationen abgewickelt werden. In diesem Sinne sind beide sowohl Wertschriften- als auch Finanztransaktionssysteme [Gouverneursausschuss 1993, 464].

Bruttoprinzip
Die Abwicklung von →CEDEL erfolgt nach dem Bruttoprinzip: Jeder Auftrag wird einzeln ausgeführt, wobei die Gutschrift bzw. Belastung auf dem Wertschriftenkonto gleichzeitig mit der entsprechenden Gutschrift bzw. Belastung auf dem Geldkonto stattfindet. Die Ausführung der Wertschriftentransaktion erfolgt dabei grundsätzlich nur bei Vorhandensein der Deckung auf dem Geldkonto.

Um eine effiziente Abwicklung von Wertschriftentransaktionen mit einem Handelspartner zu erlauben, der über ein Konto bei →EUROCLEAR verfügt, bieten die beiden Settlementsysteme eine elektronische Brücke zwischen den Systemen an. Beide Gesellschaften unterhalten jeweils ein Wertschriften- und ein Geldkonto bei der anderen Gesellschaft. Ausserdem bestehen direkte elektronische Anschlüsse zum französichen Wertschriften-settlementsystem SICOVAM, dem Deutschen Auslandskassenverein AG und anderen nationalen Wertschriftenclearing- und Settlement-systemen für Abwicklungen von Transaktionen auf diesen Binnen-märkten. Zu diesem Zweck halten →CEDEL und →EUROCLEAR ein Konto bei der nationalen Abwicklungsorganisation, damit ohne Mitwirken dieser Organisation Transaktionen durchgeführt werden können.

Die Qualität der Dienstleistung von →CEDEL als auch von →EURO-CLEAR liegt weitgehend im effizienten zentralen EDV-System begründet. Die Dienste sind mit den verschiedensten Produkten der Benützer kompatibel. In Zukunft wird die Übertragung von Abwick-lungsaufträgen mittels IOS noch weiter an Bedeutung gewinnen.

125 Euroclear
Clearingsystem für den internationalen Wertschriftenhandel

EUROCLEAR bietet seinen Teilnehmern wie →CEDEL Zugriff auf ein elektronisches Abwicklungssystem für internationale Geschäfte mit Wertschriften mittels zentral verwalteten Wertpapier- und Geld-konten und Telekommunikationskanälen. Zielsetzung von EURO-CLEAR ist das effiziente Settlement von Transaktionen bei gleichzei-tiger Reduktion der Transaktionsrisiken.

Evolution des IOS

EUROCLEAR wurde 1968 vor dem Hintergrund des zu diesem Zeit-punkt noch relativ jungen Eurobondmarktes durch die Brüsseler Niederlassung von Morgan Guaranty Trust Company of New York in Betrieb genommen. Seit 1972 ist das System in Besitz einer unabhängigen Organisation, die unter der Aufsicht von Handels-banken und -häusern steht. 2'100 der 2'700 Teilnehmer am System sind gleichzeitig auch Teilhaber an der Organisation. Das Aufsichts-organ legt die strategische Ausrichtung des Systems, dessen Gebüh-renstruktur und die Aufnahme von neuen Mitgliedern und Wert-papieren in das System fest. EUROCLEAR Clearance System Société Coopérative, die heutige Form dieser Organisation, ist eine Organi-sation des belgischen Rechts mit Verwaltungssitz in Zürich. Das

EUROCLEAR Operations Centre (EOC) wird auf vertraglicher Basis nach wie vor durch Morgan Trust, Brüssel betrieben. Die über EUROCLEAR transferierten 40'000 verschiedenen Wertpapiere sind bei Morgan Guaranty und anderen Handelsbanken und -häusern hinterlegt.

Funktions-
umfang von
EUROCLEAR

Den Teilnehmern am EOC stehen vier Grunddienstleistungen zur Verfügung: Clearing und Settlement von Wertpapieren in 30 verschiedenen Währungen, Securities Lending und Borrowing[236], der erwähnte Custody Service[237] und Geldtransaktionen. Die Gebührenstruktur von EUROCLEAR ist ebenfalls in die folgende vier Hauptkomponenten unterteilt: Service Gebühren für die vier hauptsächlichen Dienstleistungen des Systems (Wertschriftenclearing und -settlement, Securities Lending und Borrowing, Custody Services, Geldtransfer), Teilnahmegebühr zur Deckung der Fixkosten des Systems, Gebühren für Reports und Anfragen und Datenübertragungsgebühren. Für eine einzelne Transaktion einer Aktie mit korrespondierender Zahlung über Konten bei EUROCLEAR wird beispielsweise eine Gebühr von 5 US$ verrechnet (Stand: August 1993).

Technische
Infrastruktur

Das EOC baut auf zwei IBM 9000 Mainframe Computern auf. Separate Paare fehlertoleranter Tandem-Rechner überwachen die Kommunikation und andere Servicefunktionen das EOC. Sämtliche wichtigen Rechnerdienste verfügen über vollumfassende Back-up-Rechner innerhalb des EOCs. Für den Fall eines totalen Ausfalls des

---

[236] Unter Securities Lending und Borrowing wird das Ausleihen von Wertschriften verstanden. In der Regel sind bei einer Securities Lending bzw. Borrowing Transaktionen drei Parteien involviert: der Lender, der Borrower und der Agent. Der Agent z.B. EUROCLEAR oder →CEDEL vermittelt zwischen Angebot und Nachfrage, bringt die Partner zusammen und ist für die administrative Abwicklung der Geschäfte zuständig. Der Anreiz für den Lender besteht in der Möglichkeit, eine zusätzliche Rendite auf seinen Anlagen zu erzielen, ohne ein nennenswertes Risiko einzugehen, da die Rückgabe durch Lombarddeckung, Kontoguthaben oder anderweitige Garantien sichergestellt ist.

[237] Unter Custody Services wird die Verwahrung und (Depot-)Verwaltung von Wertpapieren verstanden. Die Verwahrung wird von EUROCLEAR nur zum Teil wahrgenommen, in den meisten Fällen werden Vertragspartner in den Ursprungsländern der Wertpapiere mit der Verwahrung beauftragt. Die Verwaltung schliesst die Abrechnung von Zinsen, Dividenden, Coupon- und Steuerzahlungen, die Ausübung von Bezugs- und Wandelrechten sowie sonstigen Optionen ein.

EOCs verfügt EUROCLEAR über ein Ausweichrechenzentrum an anderer Lage. Die Kommunikation zwischen Teilnehmern und dem EOC in Brüssel erfolgt via Telex, →SWIFT oder Euclid 90, dem proprietären Kommunikationsnetz von EUROCLEAR, das von General Electric über Mark III angeboten wird. Mit Euclid 90 haben die Teilnehmer die Möglichkeit, mit EUROCLEAR über Terminals, PCs oder mittels Host-Kopplung zu kommunizieren. Mit der vor kurzer Zeit eingeführten Marktapplikation Euclid PC Arbeitsstation bietet EUROCLEAR eine eigene Hard- und Softwarelösung für die Dateneingabe und den Empfang von Nachrichten über ausgeführte Transaktionen oder Statusinformationen an. Wie →CEDEL, zu dessen System eine elektronische Verbindung besteht, bietet auch EUROCLEAR eine elektronische Brücke zum französischen Settlementsystem SICOVAM der Deutschen Aussenhandelskassenverein AG und anderen nationalen Clearing- und Settlementorganisationen für die Abwicklung von nationalen und internationalen Wertschriftentransaktionen an.

Das EOC verarbeitete Ende 1992 täglich 35'000 Aufträge für verschiedenste Dienstleistungen, und der Umsatz belief sich für das Jahr 1992 auf 9'700 Mrd. US$. EOC verwaltet Wertschriften im Wert von 1,27 Mrd. US$.

3.4.5   Versicherungsbereich

Die Versicherungswirtschaft stellte in den fünfziger Jahren den Pionierbereich für den Rechnereinsatz dar. Die Relevanz der IT ist in der Branche aufgrund des hohen Datenvolumens unbestritten. Ein Indiz dafür ist, dass Versicherungsunternehmen im Vergleich zu anderen Dienstleistungsbranchen einen höheren Anteil für IT in ihren Betriebsausgaben vorweisen und bis 1995 einen Anstieg dieser Ausgaben auf rund 15 Prozent der Betriebsausgaben erwarten. Die IAS der früheren Jahre wandelten sich verstärkt zu IOS [Lenz 1993, 1]. Im Versicherungsmarkt als einer der typischen Dienstleistungsbereiche beschränkt sich der Geschäftskontakt mit Partnern vorwiegend auf den Austausch von Informationen. Es handelt sich dabei um Informationen, die entweder mit dem Vertrag in Zusammenhang stehen oder um korrespondierende Finanzinformationen. Institutionell teilt sich der Versicherungsmarkt in die zwei Bereiche Erst- und Rückversicherung auf (vgl. Abb. 3.48).

Abb. 3.48:
Erst- und
Rückversi-
cherungs-
markt

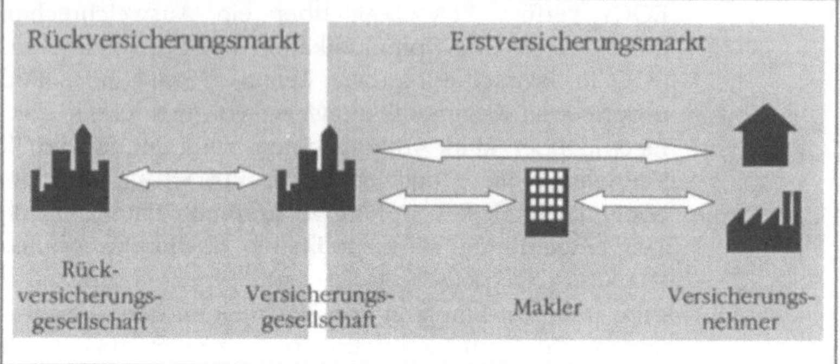

Dienstleistungsbereiche

Versicherungsdienstleistungen werden üblicherweise in Personen-, Sach- und Vermögensversicherungen eingeteilt. Zur Sachversicherung zählen neben der Transportversicherung auch die Sparten Feuer-, Diebstahl-, Wasser-, Glas-, Wertsachen-, Fahrzeugkasko-, Tier- und technische Versicherung. Die Sachversicherung schützt bei allfälligen Verlusten, die durch Beschädigung oder Verlust von Sachwerten entstehen können. Die wirtschaftliche Bedeutung der einzelnen Versicherungsdienstleistungen ist sehr unterschiedlich. Der Anteil der Sachversicherungen am gesamten Versicherungsmarkt ist relativ gering (rund 10 Prozent), während der Anteil der Personenversicherungen rund 2/3 des Prämienvolumens ausmacht [Hauswirth/Suter 1990, 40].

Transport-
versicherung

Im Zusammenhang mit IOS im Logistikbereich steht der Transportversicherungsbereich im Mittelpunkt des Interesses. In der Abwicklungsphase einer Geschäftstransaktion stellen Versicherungsdienstleistungen wie Finanzdienstleistungen ein Teil des sekundären Wertschöpfungsprozesses dar, der die Abwicklung des primären Gutes unterstützt. Der Transportversicherungsbereich ist stark reguliert: Die International Union of Marine Insurance hat rund 60 Länder identifiziert, die den Transportversicherungssektor sehr stark mit Regeln belegt haben. In diesen Ländern sind die Prämien aufgrund von Steuern und Restriktionen bis zu 20 Prozent höher als im internationalen Durchschnitt [UNCTAD 1994, 8]. Unter dem Begriff der Transportversicherung werden aufgrund des gemeinsamen Geschäftshintergrundes verschiedenste Dienstleistungsbereiche zusammengefasst. Das Geschäftsvolumen ist gegenüber anderen Bereichen verhältnismässig klein: In der Schweiz umfasst die Sparte der Transportversicherungen rund 1,1 Prozent der Prämieneinnahmen des Gesamtversicherungsmarktes, dies entspricht einem Volumen von 252 Mio. SFr. [Hauswirth/Suter 1990, 51].[238] Weltweit wird der überwiegende Anteil aller Transportversicherungsverträge über Makler abgeschlossen. Der Bereich der Transportversicherungen kann nach verschiedenen Kriterien eingeteilt werden, so etwa nach der Art des Transportmittels, nach dem zu versichernden Interesse, nach dem Gegenstand der Versicherung oder nach der Art des Vertrages [Fuhrer 1991, 3].

Unterscheidungskriterien

❑ *Art des Transportmittels.* Es wird zwischen Hochsee- und Binnenschiffahrt, Bahn, Luft und Motorfahrzeug unterschieden, wobei zu beachten gilt, dass Motor- und Luftfahrzeuge in gesonderten Motor- bzw. Luftfahrzeugversicherungen erfasst sind.

❑ *Versicherbares Interesse.* Abhängig vom Träger der jeweiligen Interessen werden die zu transportierenden Güter, der imaginäre Gewinn, die Fracht und das Schiff in der Transportversicherung als versicherbares Interesse akzeptiert.

❑ *Gegenstand der Versicherung.* Gegenstand der Transportversicherung können die zu transportierende Ware, die Transportmittel und die Fracht sein. Entsprechend den drei versicherbaren Gegenständen unterscheidet man drei Versicherungsarten, die Waren- und Valorenversicherung, die Kaskoversicherung sowie die Frachtversicherung.

❑ *Art des Vertrages.* Bei der Versicherung der zu transportierenden Güter ist zwischen einer Einzel-, einer General- und einer Umsatzpolice zu unterscheiden. Im Gegensatz zu einer Einzelpolice werden bei der Generalpolice eine Vielzahl identischer Transporte versichert. Bei der Umsatzpolice sind die zu versendenden Güter, deren Menge, die zu verwendenden Fahrzeuge sowie die Abgangsdaten noch nicht bestimmt.

Kommunikation

Die Intensität der EDI-Aktivitäten unterscheidet sich deutlich nach den Marktsegmenten Erst- bzw. Rückversicherungsmarkt und nach Ländern mit unterschiedlichen Vertriebsformen im Erstversicherungsmarkt. Der Rückversicherungsmarkt weist eine grosse Homogenität und die ausgetauschten Daten einen hohen Standardisierungsgrad auf und bilden dadurch eine ideale Voraussetzung für die Schaffung gemeinsamer weltweiter Infrastrukturen. Entsprechend

---

[238] In Deutschland belief sich der Umsatz im Transportversicherungsgeschäft im Jahr 1992 auf rund 2,9 Mrd. DM [Gesamtverband 1993, 86].

besitzen diese in der Entwicklung und bei der Anwendung von
Edifact einen deutlichen Vorsprung gegenüber dem Erstversicherungsmarkt. Darüber hinaus sind die Rückversicherungsunterneh-
men traditionell international ausgerichtet. EDI-Anwendungen weisen hier eine verhältnismässig hohe Dichte auf. Vor diesem Hintergrund ist im internationalen Rückversicherungsmarkt vor allem das
Netzwerk →RINET zu nennen. →RINET hat im Hinblick auf die Stan-
dardisierungsarbeit grosse Vorarbeit geleistet. Einige der von
→RINET entwickelten Nachrichtentypen konnten später von der
UNO übernommen werden [Röcker et al. 1991, 82].

Auch zwischen Rückversicherungsgesellschaften und zwischen
Erstversicherungs- und Rückversicherungsgesellschaften findet die
Kommunikation häufig über IOS statt. Im Erstversicherungsmarkt ist
die Verbreitung wesentlich geringer. Zwar sind in einigen Ländern
Makler und Versicherungsgesellschaften in IOS zusammen-
geschlossen [King 1994, 10], der Datenaustausch zwischen Makler
und Versicherten bzw. zwischen Erstversicherungsgesellschaft und
Versicherten ist vorwiegend papierbasiert [Lenz 1993, 15].
Wesentliche Gründe dafür sind im geringen auszutauschenden
Datenvolumen einerseits und der geringen Bedeutung für das
Kerngeschäft der Versicherten andererseits zu suchen. Abb. 3.49
zeigt beispielhaft Informationsflüsse zwischen den beteiligten
Parteien der Versicherungsbranche, den Versicherungsnehmern und
den Banken.

Warum Ver-
sicherungs-
IOS?

Die unterschiedliche wirtschaftliche Bedeutung der einzelnen
Sparten sowie deren Regulierung hat einen wesentlichen Einfluss
auf die Verbreitung von IOS: Die Beteiligten des Transportversiche-
rungssektors sind noch zu einem sehr geringen Teil in IOS zusammengeschlossen. Die überbetriebliche Kommunikation basiert weitgehend auf Telefon, Fax und Telex [UNCTAD 1994, 80]. Es gibt
jedoch zwei Gründe, weshalb allgemeine Versicherungssysteme in
dieser Studie behandelt werden:

❑ Die Systeme des Rückversicherungsmarktes sind nicht auf spezielle Versicherungssparten ausgerichtet und schliessen somit
  Transaktionen im Zusammenhang mit der Versicherung von
  Gütertransaktionen mit ein. Damit stellen sie durchaus ein Glied
  der sekundären Wertschöpfungskette dar.

❑ Die Applikationen der meisten dargestellten Systeme sind auf
  andere Bereiche als den Transportversicherungssektor ausgerichtet, die verwendeten Kommunikations- und Marktsprachen sind

jedoch spartenunabhängig und auch auf den Transportversicherungssektor anwendbar. Aus den Systemen lassen sich somit Parallelen ziehen.

Abb. 3.49: Informationsfluss im Versicherungsmarkt [Klein 1991, 215]

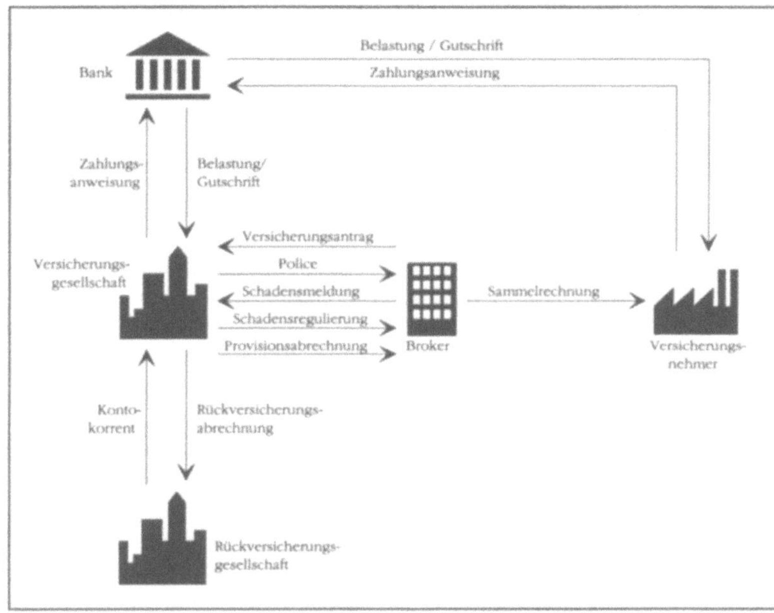

126   Assurantie Data Netwerk (ADN)
IOS der Versicherungsbranche (NL)

ADN ist ein Netzwerk, das niederländische Versicherungsgesellschaften und Makler verbindet. Im Unterschied zum deutschsprachigen Raum ist die Versicherungsbranche in den Niederlanden so aufgebaut, dass Makler zwischen Versicherungsunternehmen und Versicherten angesiedelt sind, die meist mehrere Gesellschaften gleichzeitig vertreten. Diese Form des Vertriebs umfasst mit 7'000 bis 8'000 Brokern rund 60 Prozent des Erstversicherungsmarktes der Niederlande. Die restlichen 40 Prozent sind Einzelvertreter und Banken. Vor der Einführung von ADN wurde die Kommunikation zwischen Brokern und Versicherungsgesellschaften mit Telefon, Telefax und Briefpost abgewickelt. Das Ziel von ADN ist die Entwicklung und der Betrieb eines neutralen Systems zur Unterstützung der Kommunikation zwischen den EDV-Systemen von Versicherungsgesellschaften und Maklern. Damit sollen die Kosten der Vertriebskanäle gesenkt und die Wettbewerbsfähigkeit der Makler gegenüber den Banken und Einzelvertretern gesteigert werden. Zur Zeit wird die Zulassung von Finanzinstitutionen zum System geprüft. ADN wurde 1989 auf Initiative von zwei Organisationen für Versicherungsmaklern und neun Versicherungsgesellschaften ins Leben gerufen. Die Idee für ein Versicherungsnetzwerk geht auf des Jahr 1986 zurück. Heute ist das Netzwerk im Besitz von insgesamt 28 Versicherungsgesellschaften. Die Höhe des eingebrachten Aktienkapitals richtet sich nach den Umsatzzahlen der jeweiligen Gesellschaft.

Technische Infrastruktur

Als Marktsprache wird neben einer selbst entwickelten Syntax Edifact unterstützt. Neben der Haupttätigkeit der Informationsvermittlung zwischen Maklern und Versicherungsgesellschaften entwickelt ADN Nachrichtenübersetzungs- und Kommunikationssoftware für Edifact sowie EDI-Messages für Applikationen der verschiedenen Versicherungszweige. Messagesätze sind für die Bereiche Motorfahrzeug-, Feuer- und Rechtsschutzversicherung vorhanden. Ausserdem wird der Austausch von E-Mails unterstützt. Primär ist jeder Teilnehmer für die Installation des eigenen Systems selbst zuständig. ADN liefert die gewünschte Übersetzungs- und Kommunikationssoftware. Die Software für das System wurde von GEIS B.V. entwickelt, über dessen VANS auch die Kommunikation abgewickelt wird. ADN steht den Benutzern über einen Helpdesk zur Verfügung.

Situation

34 Gesellschaften und 1'500 Makler sind an ADN angeschlossen. Diese repräsentieren über 70 Prozent des niederländischen Versicherungsmarktes. Pro Jahr werden über 4 Mio. Nachrichten ausgetauscht (Stand 1993). Wichtigste Weiterentwicklung des Funktionsbereichs von ADN ist die Integration von Finanzfunktionalitäten. Diese Erweiterung wird zur Zeit geprüft.

127 Assurance Network (ASSURNET)
IOS der Versicherungsbranche (B,F)

ASSURNET, ein Kooperationsunternehmen von belgischen Versicherungsgesellschaften und Maklern, wurde 1986 als Pilotprojekt und zwei Jahre später in vollem Umfang in Betrieb genommen. Zweck des Netzwerks ist es, die Betriebskosten zu reduzieren und gleichzeitig die Übermittlungsgeschwindigkeit von Informationen zu erhöhen. Die belgische Versicherungsbranche war sich bei Initialisierung des Systems einig, dass auf dem Markt nur ein Netzwerk aufgebaut werden soll und nicht einzelne Versicherer durch Aufbau eines eigenen IOS Marktvorteile erlangen sollten. Die Initiative für das Projekt stammte deshalb vom Versicherungsmarkt selbst, die Entwicklung wurde nicht an eine dritte Partei vergeben.

Abb. 3.50:
Organisation
von ASSURNET

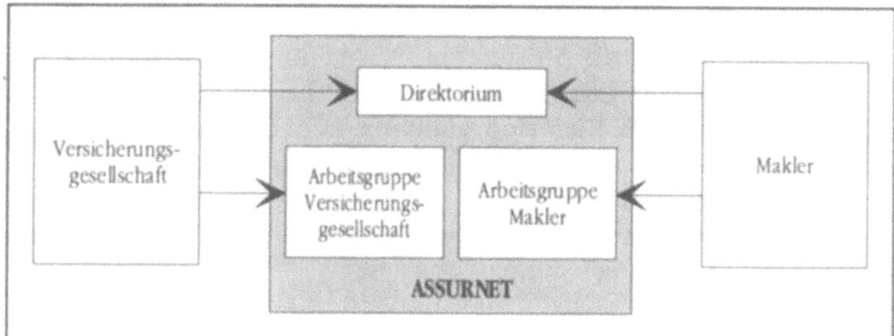

Über das Netzwerk von IBM können sowohl neue Versicherungsgeschäfte abgeschlossen als auch Rechnungen verschickt und Schadensfälle abgewickelt werden. Die Verbindungen zum IBM Host werden über das Paketwählnetz DCS oder über das herkömmliche Telefonnetz hergestellt. Wie die folgende Abbildung zeigt, unterscheiden sich die Applikationen von ASSURNET je nach Anwendungsebene. Zwei Arbeitsmodi sind vorgesehen: Daten können sowohl interaktiv als auch via Filetransfer ausgetauscht werden. Bei letzterem müssen die Files ASSURNET-Standard haben. Die Files werden an den IBM-Host gesandt und von dort an die Empfänger weitergeleitet. Sämtliche Applikationen von ASSURNET basieren auf dem belgischen Telebib-Standard. Für die Entwicklung neuer Messages findet eine enge Zusammenarbeit mit der Edifact Insurance Working Group MD7 statt.

Situation   Aufgrund des grossen Erfolges von ASSURNET auf dem belgischen Versicherungsmarkt wurde 1990 ASSURNET France durch 13 französische Versicherungsgesellschaften in Frankreich eingeführt. Gemeinsam wurde eine übergreifende Organisation ASSURNET International gegründet, die Informations- und Entwicklungsaufgaben wahrnimmt. Eine weitere Verbreitung über Frankreich hinaus wird nicht ausgeschlossen. Das Netzwerk hat seit seiner Inbetriebnahme einen rasanten Zuwachs an Teilnehmern erfahren. Im Jahr 1990 waren 59 Versicherungsgesellschaften, was etwa 80 Prozent des Marktes entspricht, und über 1'000 Makler, etwa 40 Prozent des Erstversicherungsmarktes, Teilnehmer im ASSURNET. Die Organisation, als

gleichzeitige Betreiberin, zählt 27 Mitarbeiter, die für Applikations-
entwicklung, System- und Netzwerkmanagement und Training
zuständig sind. 1992 wurden rund 15 Mio. Nachrichten ausgetauscht. Von den 30 proprietären Versicherungsnetzwerken, die
vor 1987 in Betrieb waren, sind heute nur noch die acht Systeme
vorhanden, die in ASSURNET integriert wurden. Die grosse Dynamik
hat zwei massgebliche Gründe: Die Versicherungsgesellschaften
tragen die Kosten und sind für den Betrieb verantwortlich, die
Broker entscheiden aber, welche Applikationen installiert werden.
Viele Broker sind zudem nur noch bereit, mit Versicherungen zu
handeln, die am Netzwerk angeschlossen sind. Entwicklungs-
perspektiven des Netzwerkes bezüglich der Applikationen
schliessen den Lebensversicherungs- und den Industrieversiche-
rungsbereich ein.

Abb. 3.51:
Applikatio-
nen von
ASSURNET

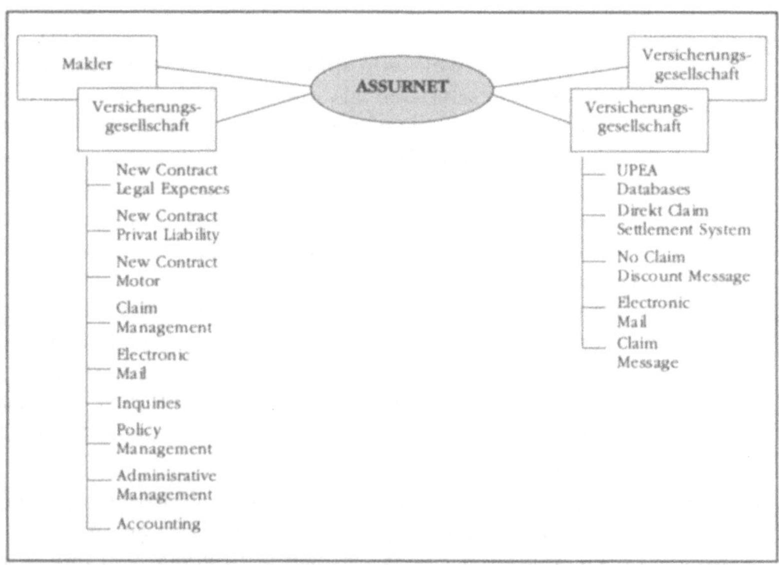

128   Brokernet
IOS der Versicherungsbranche (GB)

BROKERNET ist ein IOS, das Makler, Versicherungsunternehmen und
Syndikate des britischen Versicherungsmarktes miteinander
verbindet. Vor der Einführung mussten sich die Teilnehmer des
Versichungsmarktes einzeln um die elektronische Verbindung zu

ihren Geschäftspartnern bemühen. Dadurch entstand eine Vielzahl proprietärer Standards und Verbindungen. BROKERNET beruht auf einer Initiative des VANS INS und einzelner mittelgrosser Versicherungsgesellschaften. Das IOS wurde 1986 mit dem Ziel in Betrieb genommen, die Position von Initianten und Maklern gegenüber den grossen Versicherungsgesellschaften zu stärken und das Serviceangebot zu erweitern.

INS-Netz als
Basis

Zur Übermittlung von EDI-Nachrichten dient das INS Netzwerk. Der Versuch der Gruppe von Versicherungsgesellschaften INSCO, einen brancheneinheitlichen Standard zu entwickeln, wurde 1988 durch die Marktführer unterlaufen. Die auf dem alten UNGTDI-Standard entwickelte Marktsprache blieb proprietärer Standard von INS, bis die Association of British Insurers (ABI) im Jahre 1990 deren Pflege übernahm und sie der gesamten Branche zugänglich machte. Die Applikationen umfassen die Bereiche Auto-, Lebens-, Haushalts- und Geschäftsversicherungen.

Situation

Bis 1990 wurde BROKERNET nicht als offizielles Netzwerk der Versicherungsbranche anerkannt. Mit weniger als hundert Maklern war die Diffusion entsprechend gering. Durch die Beteiligung der Automobile Association (AA) mit über hundert Niederlassungen in Grossbritannien hat sich das Volumen in kürzester Zeit verdoppelt. Eine weitere Steigerung des Nachrichtenaustausches wurde durch die Vertriebsunterstützung von Policy Master, einem Software Haus im Besitz von Versicherungsgesellschaften, erreicht. 1991 waren rund 500 Makler und 23 Versicherungsgesellschaften in BROKERNET zusammengeschlossen, die 250'000 Nachrichten austauschen. Mit den genannten Benutzerzahlen hat BROKERNET voraussichtlich die kritische Masse auf dem britischen Versicherungsmarkt erreicht. Ein Problem, das sich in Zukunft verstärkt stellen wird, ist die Beschränkung auf den proprietären Standard: Das Konkurrenznetzwerk →LIMNET verwendet den Standard Edifact und plant eine engere Zusammenarbeit mit belgischen und niederländischen Versicherungsgesellschaften und Maklern [Sarson 1991, 10]

129

Insurance Value Added Network Services (IVANS)
IOS der Versicherungsbranche (USA, CAN)

IVANS ist eine 1983 von 21 Versicherungsgesellschaften gegründete Non-Profit-Organisation in Nordamerika zur Unterstützung der elektronischen Kommunikation auf dem Versicherungsmarkt. Zielsetzung des Netzwerkes ist die Bereitstellung eines IOS für die

Branche. Dadurch sollen Kosten reduziert und verursachergerecht verteilt und die Branche als ganzes unterstützt werden. Der Betrieb von IVANS wird durch das IBM Information Network (IIN) sichergestellt. Die Teilnehmergruppen sind in Abb. 3.52 dargestellt.

Abb. 3.52:
Teilnehmer-
gruppen

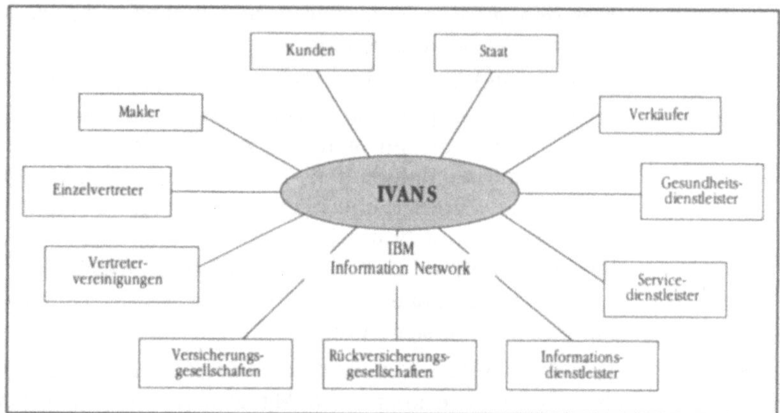

Die Dienste von IIN werden von IVANS für verschiedenste Applikationen genutzt. Die wichtigsten davon sind im Bereich Property & Casualty, Life Insurance, Health Insurance und weitere Dienste wie Insurance System Vendor Support, Electronic Mail, Bulletin Board, Information Database. (vgl. Tab. 3.22).

Tab. 3.22:
Applikatio-
nen von
IVANS

Property & Casualty	Life Insurance	Health Insurance	Insurance Service Providers
New Business Application	New Business Applications	Membership Administration	Insurance System Vendor Support
Endorsements	Proposals	Remittance Advice	E-Mail
Property Valuation	Policy Changes	Eligibility	Bulletin Board
Motor Vehicle Reports	Claims Processing	Claims Submission and Processing	Information Database
Fraud Detection and Enforcement	Policy Status	Coordination of Benefits	
Loss Valuation	Investment Reporting	Coverage Benefits and Co-Pay	
Underwriting		Claims Status	
Subrogation			
Credit Checks			
Claims Submission			

Zur Zeit sind rund 200 Versicherungsgesellschaften, 30'000 Broker und 70 Service- und Informationsdienste über IVANS zusammengeschlossen. Es bestehen über 150 permanente Hostverbindungen. Die Dienste werden kumuliert über 150'000 Stunden pro Monat beansprucht. Für die zukünftigen Ausbaupläne stehen Verbindungen nach Europa und Asien zur Diskussion.

Abb. 3.53:
Netzwerk-
verbidungen

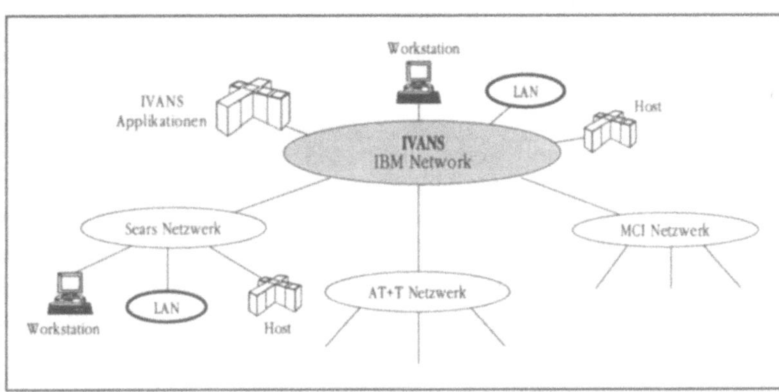

130

London Insurance Market Network (LIMNET)
IOS der Versicherungsbranche (GB)

LIMNET des Londoner Versicherungsmarktes ist ein IOS zur Abwicklung von Versicherungsgeschäften in GB sowie mit Teilnehmern anderer Länder. Mit LIMNET und →BROKERNET ist der Versicherungsmarkt London einer der technisch fortschrittlichsten im sonst eher konservativen Versicherungsmarkt. Das Netzwerk wurde 1987, also nur ein Jahr nach der Initiierung von →BROKERNET, ins Leben gerufen. Vor diesem Zeitpunkt hatten vor allem die grösseren Versicherungsgesellschaften und Makler eigene bilaterale IOS. Dadurch entstand eine sehr heterogene Netzlandschaft.

Die Initianten von LIMNET sind die Versicherungsgesellschaft Lloyds, die London Insurance and Re-Insurance Market Association (LIMRA) und das Institute of London Unterwriters (ILU). Das IBM IIN ist Betreiber des Dienstes. Heute nehmen über 850 Versicherungsgesellschaften und Broker am Netzwerk teil, mehr als 30'000 Terminals haben direkten Zugang. Pro Jahr werden gegen 25 Mio. EDI-Nachrichten zum Abschluss, zur Rechnungsstellung und Abwicklung von Versicherungsverträgen übermittelt. Der geographische Einsatzradius ist nicht mehr nur auf den Londoner Versicherungsmarkt beschränkt, insbesondere Lloyds tauscht über LIMNET und IIN weltweit Nachrichten mit Geschäftspartnern und Vertretungen aus. Als Besonderheit unter den Applikationen bei LIMNET gilt der Akkreditiv-Service von Citibank für britische Rückversicherer mit amerikanischen Versicherungsgesellschaften.

LIMNET unterstützt den Edifact-Standard, IIN konvertiert jedoch auch Messages anderer Formate. Ausserdem steht den Teilnehmern das gesamte DL-Angebot von IIN zur Verfügung. Über die Dienste von IIN lassen sich Verbindungen zu →IVANS und →RINET herstellen. 1992 wurde ein Joint Venture zwischen →RINET, LIMNET, der Brokers and Reinsurance Market Association (BRMA) und der Reinsurance Association of America (RAA) eingegangen. Ziel dieser Verbindung ist es, einen weltweit gültigen Standard für die Versicherungsbranche auszuarbeiten.

Situation   LIMNET hatte wie →BROKERNET in den ersten Jahren seines Betriebes mässigen Erfolg. Erst in jüngster Zeit sind die Teilnehmerzahlen und die Anzahl der Transaktionen gestiegen. Mit der Einführung von elektronischen Kommunikationssystemen im Versicherungsmarkt hat sich die Abwicklungszeit von Schadensfällen auf lediglich ein Drittel der bisherigen Zeit reduziert. In den letzten Jahren haben neben →BROKERNET und LIMNET noch andere, zum Teil mit diesen Netzwerken assoziierte, Gesellschaften IOS aufgebaut.

131 Reinsurance and Insurance Network (RINET)
IOS der Rückversicherungsbranche (intern.)

Wie in der Einleitung zu diesem Kapitel erwähnt, zeichnet sich der Rückversicherungsmarkt durch homogene Geschäftsabläufe aus, so dass eine ideale Basis für die Schaffung eines gemeinsamen Standards gegeben ist und die Entwicklung von Edifact-Nachrichten entsprechend weit fortgeschritten ist. Der bedeutendste Zusammenschluss zu einem Netzwerk in diesem Markt ist RINET. Die Organisation wurde 1987 durch die Münchner Rückversicherung, der Schweizer Rück und der Skandia International gegründet.

Evolution   1990 nahm RINET seinen Betrieb mit dem Ziel auf, die Position der
von RINET   europäischen Versicherungsbranche durch effiziente und schnelle Kommunikationsdienste zwischen Rückversicherungsgesellschaften, Versicherungsgesellschaften und Maklern zu stärken [Röcker et al. 1991, 8]. 1992 schloss sich RINET, →LIMNET, die BRMA und die RAA mit dem Ziel, einen weltweit einheitlichen Standard für Rückversicherungsgesellschaften, Versicherungsgesellschaften und Makler zu

entwickeln, zu einem Joint Venture zusammen. RINET wird wie auch
→IVANS von IBM IIN betrieben. Dies erlaubt eine Verknüpfung der
beiden Systeme. Überdies lässt sich der administrative und perso-
nelle Aufwand auf ein Minimum reduzieren: RINET beschäftigt rund
30 Mitarbeiter [Röcker et al. 1991, 83].

Funktions-
umfang von
RINET

Funktional gliedert sich RINET in drei Bereiche: Neben der Übermittlung von EDI-Nachrichten stehen den Anwendern E-Mail und
Datenbankabfragen zur Verfügung. Die zunächst für die proprietäre
Verwendung entwickelten Nachrichten sind in der Zwischenzeit
teilweise von der UNO für den branchenunabhängigen Standard
Edifact übernommen worden. RINET beteiligt sich an den Arbeiten
der Standardisierungsgruppe MD7 der UNO. Die elf Nachrichtentypen, die den Anwendern zur Verfügung stehen, beziehen sich in
erster Linie auf die Bereiche Accounting und Claim. Neue Nachrichten werden jährlich in einem vierstufigen Prozess eingeführt.
Dadurch wird sichergestellt, dass neue Nachrichten sowohl auf der
technischen, als auch auf der wirtschaftlichen Ebene getestet werden können. RINET stellt den Benutzern SW für die Übertragung von
EDI-Nachrichten zur Verfügung, die diese entweder auf Stand-
alone-PCs oder auf PC-Frontends eines Hostsystems einrichten
können [Tickner 1993, 35].

Abb. 3.54:
Beispiel
Scandia
International

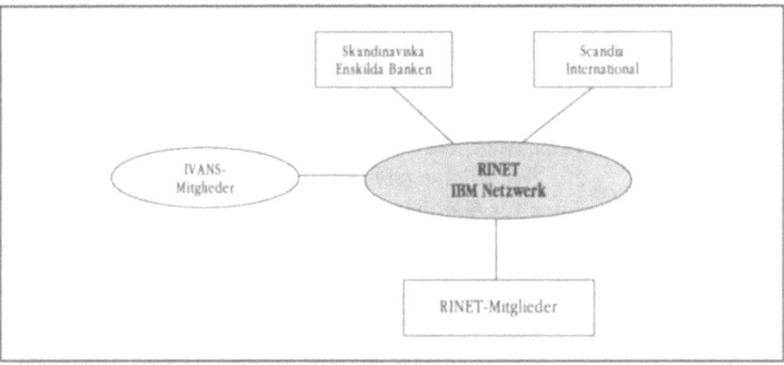

Situation

RINET zählt heute 107 Mitglieder in insgesamt 29 Nationen. Die
grösste Marktdurchdringung erreicht das Netzwerk in Europa, insbesondere in Deutschland, der Schweiz, Grossbritannien und
Italien: Von insgesamt 51 Rückversicherungsgesellschaften waren
1993 26 mit einem Marktanteil von 77 Prozent am europäischen
Rückversicherungsmarkt durch RINET verbunden. Von den 107 teilnehmenden Unternehmen sind rund 55 Prozent Rückversicherungs-

gesellschaften, 38 Prozent Erstversicherungsgesellschaften und 7 Prozent Makler. Die Teilnehmer entrichten eine einmalige Beitrittsgebühr sowie einen jährlichen Pauschalbetrag entsprechend des eigenen Geschäftsvolumens. Für jede Transaktion wird eine Benutzungsgebühr erhoben. Seit 1991 nutzt das Gründungsmitglied Skandia International den Zugang zu IIN auch für die Abwicklung von mit dem Versicherungsgeschäft korrespondierenden Zahlungen (vgl. Abb. 3.54). In dieser speziellen Anwendung wird RINET zum Bank-Kunden-System für Skandia International.

132 Rete Italiana di Teleinformatica Assicurativa (RITA)
IOS der Versicherungsbranche (I)

RITA ist eine Gemeinschaftsorganisation des italienischen Versicherungsmarktes zur Unterstützung des Datenaustausches zwischen Versicherungs- und Rückversicherungsgesellschaften, Maklern, Einzelvertretern, Verband und anderen Versicherungsnetzwerken. Ziel des Systems ist es, Strukturveränderungen des Marktes zu unterstützen, die Konkurrenzfähigkeit des italienischen mit ausländischen Märkten zu erhöhen, und Verbindungen mit diesen zu ermöglichen. Das Versicherungsnetzwerk geht auf eine Initiative des Verbandes der italienischen Versicherungsgesellschaften (Associazione Nationale Imprese di Assicuratione, ANIA) zurück. RITA wurde 1988 gegründet, 1990 nahm das Netzwerk seinen operativen Betrieb auf. Die *Funktionalität* von RITA umfasst folgende Bereiche:

Funktions-
umfang

- ☐ MERITA/IBD erlaubt die Online-Abfrage der Datenbanken des Verbandes der Versicherungsgesellschaften (ANIA), des Verbandes der Rückversicherungsgesellschaften (UIR) und des Konkordates für Kreditkaution (CCC).

- ☐ MERITA/ACR ermöglicht es den Teilnehmer, interaktiv auf verschiedene Online-Applikationen von Versicherungsgesellschaften zuzugreifen.

- ☐ TELERITA unterstützt den Austausch von E-Mail und elektronischen Unterschriften.

- ☐ EDI Versicherung und Banking unterstützt den Austausch von Zahlungsinformationen, Prämienforderungen, Datenbank-Updates sowie Broker Messages.

- ☐ MERITA/ISF dient der Datensammlung und -distribution sowie dem Filetransfer zwischen Beteiligten von RITA.

Technische
Infrastruktur

Das Netzwerk wird von RITA selbst betrieben und besteht aus einer Zentrale und mittlerweile 13 Knotenrechnern, die über das Land verteilt sind. Neben dem Direktanschluss an RITA ist auch eine Verbindung über VANS und andere Telekommunikationsnetzwerke möglich. RITA verfügt ausserdem über Verbindungen zu anderen Versicherungsnetzwerken und zum italienischen Bankensektor für die Übermittlung von Zahlungsinformationen. Bezüglich der EDI-Dienstleistungen richtet sich RITA vermehrt auf den Edifact-Standard aus.

Abb. 3.55:
RITA Netz-
werk

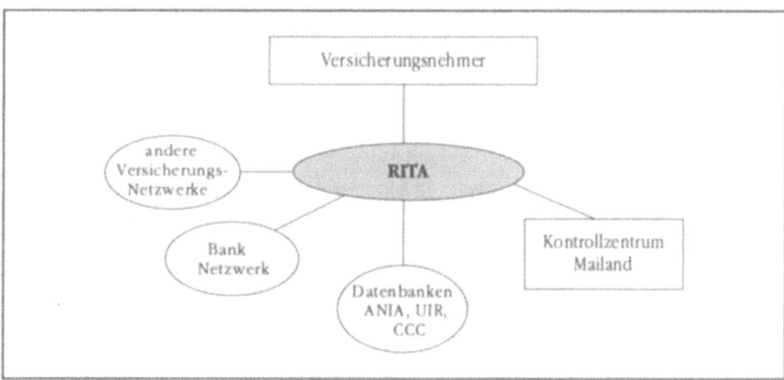

Situation

Heute sind bereits 87 Versicherungsgesellschaften direkt an RITA angeschlossen, die insgesamt ein ein Marktvolumen von über 75 Prozent erreichen. Das IOS strebt in den nächsten Jahren sowohl ein qualitatives als auch ein quantitatives Wachstum an. Es sollen einerseits weitere Versicherungsgesellschaften, Makler und Einzelvertreter an das Netzwerk angeschlossen und andererseits neue Dienstleistungen angeboten werden. So ist beispielsweise die Integration von Finanzdienstleistungen in das Serviceangebot angedacht. Nennenswert ist ausserdem die aktive Mitarbeit im UN/EDIFACT-Board MD7 für die Versicherungsbranche.

133

TIDE
IOS der Schiffversicherungsbranche (Eur.)

Das europäische Versicherungsnetzwerk TIDE beruht auf einer Initiative der britischen Verwaltungsgesellschaft für Versicherungs-verbände Thomas Miller & Co. Das Netzwerk verbindet Thomas Miller & Co mit Versicherungsnehmern im Schiffahrtsbereich in

Griechenland und den Niederlanden. Die Teilnehmer erwarten sich Kosteneinsparungen, eine schnellere Abwicklung von Schadensmeldungen und eine Vergrösserung der Servicevielfalt.

Abb. 3.56:
TIDE

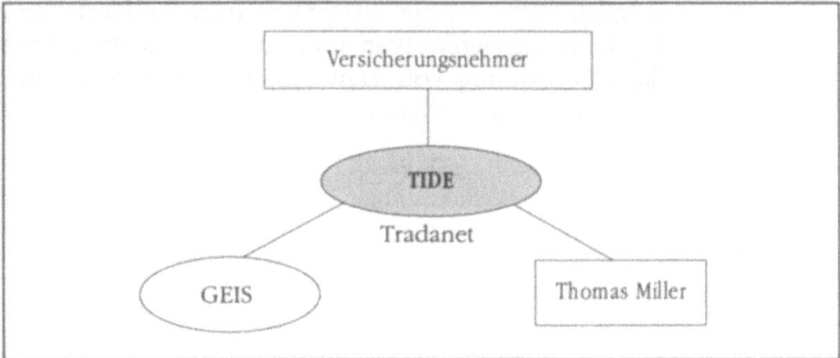

TEDIS, das Forschungsprogramm der EU, unterstützte die Entwicklung in der Projektphase mit 250'000 ECU. Die Entwicklung von TIDE wurde durch das belgische Berater- und Systementwicklungshaus ICL Belgium in Zusammenarbeit mit Thomas Miller & Co und dem britischen Netzwerkanbieter INS durchgeführt. Aus technischer Sicht stand die Erarbeitung eines Standarddatensatzes sowie die Entwicklung von Software für den Betrieb der Pilotinstallationen im Vordergrund. Mit dem Betrieb des Netzwerkes ist Tradanet International Service, ein gemeinsames Tochterunternehmen von GEIS und INS, beauftragt.

INS als Basis Die *Funktionalität* von TIDE umfasst den Austausch von speziell für den Seebereich erweiterten Edifact-Datensätzen über Tradanet. Als Zugriffsmöglichkeit auf TIDE stehen den Teilnehmern auch die Kommunikationsdienste von INS und GEIS zur Verfügung.

3.5   Bereichsübergreifende IOS

Aus Sicht der in Kapitel 2.3.2 dargestellten Handlungsstrategien kommt der Gruppe der branchenübergreifenden IOS eine besondere Bedeutung zu. Ihr übergreifender Charakter kann sich darin dokumentieren, dass sie entweder mehrere Verkehrsträger innerhalb eines Bereiches (der Waren- oder Finanzlogistik) oder den Logistikbereich in seiner 'Gesamtheit' informationslogistisch unterstützen. Diese Unterstützung kann auf zwei Ebenen stattfinden.

Auf Ebene der *kommunikationsorientierten* Funktionen dient das IOS dem Informationsaustausch zwischen Beteiligten verschiedener Verkehrsträger. Das IOS bietet zwar keine bereichsübergreifenden logistikorientierten Funktionen, es kann aber die kommunikationstechnische Basis dafür darstellen. Denn Systeme dieser Gruppe, zu denen z.B. VANS zu zählen sind, bieten häufig durch die Vielzahl unterstützter Kommunikationsprotokolle und Marktsprachen sowie durch Konvertierungsdienste eine Vielzahl an Zugriffsmöglichkeiten. Vor dem Hintergrund der gewachsenen Systemstrukturen (Marktsprachen, Protokolle) bei den jeweiligen Verkehrsträgern repräsentiert die Integration auf technischer Ebene eine wichtige Voraussetzung branchenübergreifender IOS.

Zu einer stärkeren Integration der Informationen kommt es auf der Ebene der *logistikorientierten* Funktionen. Hier greifen Unternehmen verschiedener Verkehrsträger auf gemeinsame Datenbestände zu und/oder verwenden einheitliche Dokumente. Letzteres ist insbesondere vor dem Hintergrund sinnvoll, als alle Beteiligten der logistischen Kette einen gemeinsamen 'Grundstock' an Daten besitzen.

Während IOS aus der ersten Gruppe bereits weit verbreitet sind, zählen IOS der zweiten Gruppe zu den jüngeren Systemen. Dies spiegelt sich auch in den nachfolgenden Beschreibungen wider.

134   Community Electronic Trading Service (CETS)
IOS-Projekt in Hong Kong

Verglichen mit Nordamerika oder Europa befanden sich asiatische Staaten Mitte der 80er Jahre noch deutlich im Hintertreffen. Wie auch in Singapur (→TRADENET), haben gezielte Investitionen in Hong Kong dazu geführt, dass dort die meisten grösseren Unternehmen heute VANS einsetzen, um Dokumente mit Handelspartnern in Europa und Nordamerika elektronisch auszutauschen. Allerdings waren die Aktivitäten nicht wie in Singapur staatlich gesteuert, sondern erfolgten nach dem individuellen Kalkül der Unternehmen. Um die führende Rolle Hong Kongs im internationalen Handel zu erhalten, sollten die EDI-Aktivitäten auf eine breitere Basis gestellt und insbesondere bei der Vielzahl an KMU EDI eingeführt werden.

Initiierung von CETS

Gemeinsam mit elf international tätigen Unternehmen[239] gründete die Regierung Hong Kongs im September 1988 das Unternehmen Tradelink Electronic Document Services Ltd. Um eine breite Interessenverteilung sicherzustellen, wurden 52 Prozent der Anteile an die elf Unternehmen gestreut. Der Staat ist dabei mit 48 Prozent die mit Abstand einflussreichste Gründerpartei. Tradelink Ltd. wurde beauftragt, innerhalb von sieben Jahren ein Gemeinschaftssystem für EDI zu errichten und zu betreiben.

Um möglichst viele der etwa 100'000 in Hong Kong ansässigen international tätigen Unternehmen anzuschliessen, sollte das neue System CETS aus technischer und juristischer Sicht möglichst offen sein. Alle potentiellen Benutzer sollen unabhängig von ihrer Grösse und ihrer IS-Infrastruktur über CETS EDI durchführen können. Zur Zielgruppe zählen Hersteller, Importeure und Exporteure, daneben aber auch Dienstleistungsunternehmen wie Banken, Frachtterminals (Luft und See), Transporteure, Spediteure, Ministerien und Versicherungen [Sarson 1992c, 26]. Die Systemfunktionalität des geplanten CETS lässt sich in zwei Bereiche einteilen:

Funktionalität von CETS

❐ *Kommunikationsfunktionen.* Zentraler Bestandteil von CETS sind die EDI-Dienste und die Gateway-Funktion, wodurch eine sichere und einheitliche Schnittstelle zwischen lokalen und internationalen Unternehmen einerseits und der Regierung andererseits hergestellt werden soll. Der Zugriff kann direkt über eine spezielle Zugangs-SW, durch VANS oder durch den Community Access Service (CAS) erfolgen. Daneben werden Prüf- und

---

[239] Es handelt sich dabei um folgende Unternehmen: China Resources Ltd., Hong Kong Air Cargo Terminals Ltd., Hong Kong Association of Freight Forwarding Agents, The Hong Kong General Chamber of Commerce, The Hongkong & Shanghai Banking Corporation Ltd., Hongkong International Terminals Ltd. Hong Kong Telecommunications Ltd., Maersk Hong Kong Ltd., Modern Terminals Ltd., Standard Chartered Bank und Swire Pacific Ltd.

Validierungsdienste angeboten, die Nachrichten auf Vollständigkeit prüfen und damit die heutigen Verzögerungen in der Papierbearbeitung von einigen Tagen reduzieren sollen.

Kleine Unternehmen ohne eigene DV können Papierdokumente per Hand, Fax etc. an die über die gesamte Kolonie verteilten CAS-Zentren übergeben und von dort per EDI weiterleiten lassen. Eine weitere Verbreitung von CETS wird durch die Unterstützung chinesischer Dokumente, die rund 30 bis 50 Prozent aller Handelsdokumente repräsentieren, angestrebt.

❏ *Logistikfunktionen.* Gegenwärtig werden von der 'Hong Kong Official Trade Message Development Group' Nachrichten für den Verkehr der Teilnehmer mit der Regierung entworfen. So sollen einerseits Frachtführer mittels der Edifact-Meldungen CUSCAR und CUSREP Manifestinformationen und andererseits Handelstreibende Textilkontingente an Regierungsstellen übertragen können. Daneben werden Nachrichten für Ausfuhrgenehmigungen und Ursprungszeugnisse definiert, die der Benachrichtigung (notifying) dritter Parteien wie etwa Banken dienen. Weiterhin soll das System sämtliche Zahlungen zwischen Tradelink-Teilnehmern und der Regierung abdecken [Itoh 1994, 21].

Voraussichtliche Entwicklung

Nachdem sich das System noch in der Evaluationsphase befindet, ist der genaue Funktionsumfang, insbesondere die Logistikfunktionalität, noch nicht abschätzbar. Es darf jedoch vermutet werden, dass aufgrund der Vielzahl bereits realisierter Zollsysteme Zollanmeldungen etc. vorrangig realisiert werden. Der hohe Anteil chinesischer Dokumentation dürfte sicher zu der relativ späten Realisierung beigetragen haben. Unklar ist ferner das technische Konzept. Planungen gehen von einer Entscheidung Mitte 1993 und einem Pilotbetrieb Ende 1994 aus. Für die operationelle Betriebsaufnahme wurde Anfang 1995 genannt. Schätzungen zur Nutzung des Systems gehen in der Anfangsphase von etwa 180 Benutzern und 1'900 Nachrichten täglich aus. Ende des siebten Jahres sollen es ca. 150'000 Benutzer mit einem Nachrichtenvolumen von ca. 500'000 sein. Aufgrund der getätigten Investitionen wird erwartet, dass erst in sechs bis sieben Jahren der Break-even erreicht wird.

135

EDI*EXPRESS
EDI-Dienst von GEIS

EDI*EXPRESS ist der EDI-Dienst des VANS General Electric Information Services (GEIS). Er stellt Clearing-Center Funktionalitäten bereit, die nicht an eine spezifische Branche gebunden sind. Neben GEIS betreiben die meisten VANS[240] ähnliche Dienste, jedoch soll EDI*EXPRESS exemplarisch beschrieben werden, da viele IOS diesen Dienst einsetzen.[241] Mittels EDI*EXPRESS können Teilnehmer E-Mail und EDI über das weltweite GEIS Mark III Netz durchführen. Dadurch wird der lokale Zugriff von 750 Städten aus auf das Netzwerk (23 Netzwerkkontrollzentren; 800'000 Km) und auf öffentliche Netze von 75 Ländern möglich. Im wesentlichen besteht die Funktionalität aus der Bereitstellung von Mailboxen, E-Mail, Konvertierung und der Syntaxprüfung von Nachrichten. EDI*EXPRESS unterstützt sämtliche etablierten Kommunikationsprotokolle[242] und Marktsprachen[243] sowie proprietäre Formate. Der Anschluss an EDI*EXPRESS kann über Mainframes (EDI*CENTRAL Zugangs-SW) oder über PCs (EDI*PC Zugangs-SW) erfolgen.

Über EDI*EXPRESS laufen auch branchenbezogene Anwendungen, wie etwa CARGO*LINK, ein System mit CCS-Funktionalität für den Luftfrachtbereich. Verbindungen zu anderen IOS werden über das Mark III-Netz hergestellt. Beispielsweise besitzt CARGO*LINK/Customs Connection eine Verbindung zum Automated Air Manifest System von →ACS [o.V. 1992g, 4; Bugbee 1993, 16].

136

ENCOMPASS
Globales branchenübergreifendes multimodales IOS

ENCOMPASS ist ein noch stark im Entwicklungsstadium befindliches System, das für seine Teilnehmer als einheitliche Schnittstelle zu Geschäftspartnern wie Lieferanten, Transporteuren, Banken, Versicherungen und Händlern dienen soll. Weiterhin soll es alle Funk-

---

[240] Beispiele sind IN von IBM, EASYLINK von AT&T, EDI*NET von BT oder Infonet, ein Zusammenschluss nationaler PTTs.

[241] Vgl. →BIFANET, →TRACKNET, →ACES, →INTIS.

[242] Dazu zählen z.B. asynchron, IBM-bisynchron, X.400/X.500, TCP/IP, ODETTE X.25 und IBM-2780/3780.

[243] Dazu zählen z.B. Ansi X12, auf Ansi basierende Standards (z.B. EDX, CIDX, AIAG, ICOPS), Edifact und TDCC (UCS, WINS, OCEAN, AIR, RAIL, MOTOR).

tionalitäten unterstützen, die zwischen Bestellbestätigung und end-
gültiger Zustellung des primären Gutes anfallen. Als Ziel wird die
Errichtung eines globalen Logistiksystems für das gesamte Transportwesen genannt, das alle wichtigen Speditionsfirmen, Frachtführer sowie andere Logistikdienstleister elektronisch zusammen-
schliesst (vgl. Abb. 3.57).

Abb. 3.57:
Prinzip von
ENCOMPASS

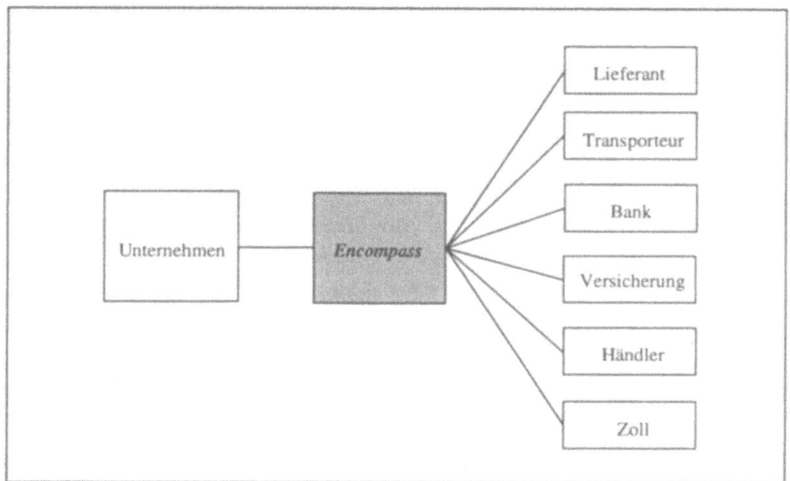

ENCOMPASS besteht als Projekt seit Ende 1989 und wird seit April
1992 unter dem Namen ENCOMPASS geführt. Initianten waren AMR,
die Mutter von American Airlines, und die CSX Corporation. Der
CSX-Konzern umfasst mehrere Transportunternehmen, z.B. die in
Transatlantikverkehren tätige Spedition SeaLand und mehrere amerikanische Bahnunternehmen. AMR und CSX sind als Betreiber zu
65 Prozent an ENCOMPASS beteiligt. Die verbleibenden Anteile sind
im Besitz der niederländischen PTT. Für die Errichtung von
ENCOMPASS wird ein Investitionsvolumen von US$ 20 Millionen
genannt.

Ziel von
ENCOMPASS

Grosse Beachtung wurde insbesondere seitens CSX auf einen
multimodalen Ansatz gelegt, d.h. das System soll Informationen aller
Verkehrsträger abdecken. Als Zielgruppe bestimmt wurden nicht die
Unternehmen des sekundären WSP (Carrier oder Agenten), sondern
jene des primären WSP. ENCOMPASS zielt daher einerseits auf die
Integration der Logistik in den primären WSP und andererseits
durch Anschluss möglichst vieler Verkehrsträger auf die Realisierung
einer integrierten Logistik. Daher sind auf Versenderseite die

Unternehmen Procter&Gamble, DEC, Johnson&Johnson, Apple Computer, Campbell Soup und Philips (bei ENCOMPASS Europe) beteiligt. Auf Spediteurs- bzw. Frachtführerseite sind P&O, Hapag Lloyd, Mitsui, K-Line, Sea-Land, Circle Air und MSAS beteiligt [Macleod 1993a, 8]. Die ersten angeschlossenen Airlines waren KLM, Swissair und Aer Lingus - nicht aber AA.

Um die notwendige globale Reichweite herzustellen, werden in USA, Europa und Asien lokale ENCOMPASS-Unternehmen gegründet. Für den europäischen Markt wurde beispielsweise unter 35 prozentiger Beteiligung der niederländischen PTT im Mai 1992 eine Niederlassung in Rotterdam eröffnet, welche die Dienste unter dem Namen ENCOMPASS Europe anbietet. Die, z.T. noch geplanten, Funktionen von ENCOMPASS umfassen die [Trunick 1992, 32]:

Funktionalität von ENCOMPASS

- [ ] Unterstützung von Konsolidierung und Dekonsolidierung sowie der Erstellung der Handelsdokumentation.

- [ ] Abfrage von Flug- bzw. Fahr- und Strassenplänen. Letztere dienen dazu, die Wahl des optimalen Verkehrsträgers zu bestimmen.

- [ ] Buchung von Transportdiensten im Luft- und Seefrachtbereich. Analog zum Luftpassagebereich (CRS) sollen Angebote innerhalb von Sekunden bzgl. Transportroute und -termin vom Teilnehmer abrufbar und über gleiche Masken und Befehle bei allen Anbietern buchbar sein.

- [ ] Abfrage von Frachtstati sowie Tracking und Tracing. Die Abfragen können dabei nach verschiedenen Schlüsseln (z.B. sendungs- oder teilnehmerbezogen) erfolgen.

- [ ] Kommunikationsfunktionen, welche die automatische Verteilung von Nachrichten (z.B. die Verspätung eines Verkehrsmittels) an die jeweils Betroffenen, die Verbindung von Applikationen wie MRP, Lagerhaltung etc., E-Mail sowie die Konvertierung von Datenformaten umfassen.

- [ ] Zentrale Logistik-Datenbank in der angeschlossene Spediteure und Transporteure ihre Informationen ablegen. Jeder Kunde besitzt eine 'eigene' Datenbank für Daten über seine Produkte, Frachtführer, Spediteure und Lieferanten.

Technische Infrastruktur

Vor dem Hintergrund der Strategie von ENCOMPASS, alle externen Geschäftsbeziehungen eines Teilnehmers abzudecken, erlangen die technische Offenheit und die globale Präsenz eine hohe Bedeutung. Teilnehmer sollen nicht durch technische Eintrittsbarrieren oder fehlende Zugriffsmöglichkeiten von einem Anschluss abgehalten werden. ENCOMPASS unterstützt drei prinzipielle Zugriffsarten: Wähl- und Mietleitungen sowie Netzwerke. Im November 1993 waren sechzehn Verbindungen über Wähl- und Mietleitungen und 28 über Netzwerke realisiert. Dabei werden folgende Netzwerke unterstützt: AIST, EDINET, GEIS, Harbinger, IBM, Kleinschmidt, Ordernet, SITA, TranSettlements, BT Tymnet, Sprint sowie öffentliche (X.25) Netze [IATA 1993, 24]. Als Marktsprachen verwendet ENCOMPASS Ansi X12, TDCC, Cargo*Imp und Edifact. Während Cargo*Imp in einem Pilot-projekt mit KLM eingesetzt wird, besteht für die Verwendung der Edifact-Syntax noch wenig Interesse [Macleod 1993a, 8]. Höhere Bedeutung besitzen noch die Konvertierungsdienste für proprietäre Formate. Der offene Zugriff spiegelt sich auch bei den unterstützten Kommunikationsprotokollen wider; es sind dies IBM 3270/80, AX.25, X.25, sowie X.400.

Die Systemarchitektur von ENCOMPASS ist nach Gesichtspunkten verteilter IS gestaltet. Im Endausbau soll ENCOMPASS aus mehreren Tausend weltweit verteilter Knoten bestehen, die eine Vielzahl verschiedener Netze und Datenbanken verbinden. Bereits operativ ist die Verbindung zum europäischen Netzwerk, das von der niederländischen PTT vorgehalten wird. Um trotz der heterogenen Teilnehmersysteme (Betriebssysteme, Datenbanksprachen, Netzwerkprotokolle) dem Teilnehmer gleiche Masken und Befehle anzubieten, wird eine Middleware-Lösung von Suite-Dome ver-wendet. Bei ENCOMPASS werden als HW-Plattformen Systeme von Digital und IBM eingesetzt.

Perspektive Das System soll Ende 1993 an den amerikanischen Zoll (→ACS) angeschlossen werden, ferner geplant sind Kontakte zu Banken, Versicherungen und anderen CCS. ENCOMPASS weist daher stark auf eine Verknüpfung von Waren- und Finanzlogistik hin. Die Höhe der Investitionen (Zeitaufwand und Sachmittel) deutet aber gleichzeitig auch auf die Markteintritts- bzw. -austrittsbarrieren hin, die mit dem Aufbau eines derartigen globalen System verbunden sind.

137 Informore
Logistikinformationssystem in den Niederlanden

In Kooperation mit zwölf international tätigen niederländischen Strassentransporteuren entstand 1990 mit INFORMORE ein neutrales Dienstleistungsunternehmen, das die im (multimodalen) Transport auftretenden Informationslücken zwischen den beteiligten Unternehmen schliessen sollte. Zwar konnten diese Informationslücken durch Anschluss an die jeweilgen Systeme der Frachtführer theoretisch geschlossen werden, doch gingen damit infolge der Vielzahl an bilateralen Verbindungen hohe Aufwendungen (Telekommunikations-know-how, Vielzahl verwendeter Kommunikationsstandards etc.) einher. INFORMORE soll diese Verbindungen als spezialisierter Dienstleister herstellen und die entstehenden Aufwendungen durch Synergien bzw. Skaleneffekte decken.

Funktionsumfang von INFORMORE

INFORMORE bietet für seine Teilnehmer eine einheitliche EDI-Schnittstelle und stellt je nach Bedarf die Verbindungen zu den Frachtführern (See, Schiene, Luft, Strasse), zu Banken, zu Versicherungen und zu Zollbehörden her. Die Funktionalität des IOS ist abhängig von der spezifischen Vereinbarung mit dem jeweiligen Teilnehmer, sie lässt sich jedoch im Sinne eines 'Maximalraumes' in folgende vier Bereiche aufteilen:

❑ *Kommunikationsfunktionalität.* INFORMORE stellt die Verbindung zu den Frachtführern etc. her (vgl. Abb. 3.58). Die Kommunikation kann über EDI, E-Mail oder Fax erfolgen. Im Falle von EDI werden auch Syntax-Konversionen (Ansi X12, Edifact etc.) durchgeführt.

Abb. 3.58: Traditionelle Kommunikationsstruktur und Kommunikation über INFORMORE

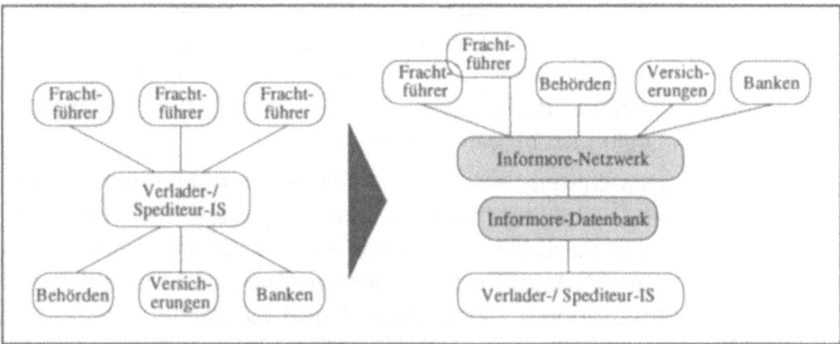

❑ *Sendungsverfolgung.* Über die Verbindung zu den Frachtführern wird ein lückenloses Tracking und Tracing (auf Behälter-, Sendungs- und Artikelebene) angestrebt. Das System besitzt dazu eine zentrale Datenbank, welche der Kontrolle des Sendungsverlaufes, der Tarifberechnung und der Erstellung eines detaillierten Zeitplanes dient. Bei Störungen oder Verzögerungen kann im Sinne einer aktionsorientierten Datenverarbeitung eine sofortige Benachrichtigung erfolgen.

❑ *Überwachung der Leistung von Frachtführern.* Nachdem das System sowohl Informationen über die mit dem Frachtführer vereinbarten Leistungen als auch Informationen über den realen Sendungsverlauf besitzt, kann durch Gegenüberstellung dieser beiden Grössen eine Leistungsmessung des Frachtführers (Zuverlässigkeit etc.) erfolgen. INFORMORE kann daher Auskunft über die Zuverlässigkeit von Frachtführern geben.

❑ *Zentrales Invoicing und zentrales Clearing.* INFORMORE erstellt seinen Teilnehmern eine Rechnung (aufgeschlüsselt nach Sendungen) pro Abrechnungsperiode, was eine direkte Verrechnung mit dem Frachtführer erübrigt. Dazu werden auch EFT-Dienste angeboten. Die Verrechnung der INFORMORE-Leistung erfolgt als Prozentsatz auf die Frachtkosten, d.h. es fallen keine fixen Teilnahmegebühren an.

Technische Infrastruktur
INFORMORE ist im März 1992 neu gestaltet worden und basiert nun auf einem PC-Netzwerk unter dem Betriebssystem MS-DOS und der Netz-SW Novell 3. Im Netzwerk enthalt sind insgesamt 13 PCs, wobei je zwei 486/33-Eisa Systeme als File- (Speicherkapazität je 650 MB) und Datenbankserver (Speicherkapazität je 40 MB), acht 286/16-Systeme als Kommunikationsserver und ein 286/16-PC als Druckerserver eingesetzt sind. Die File- und Datenbankserver sind aus Sicherheitsgründen doppelt ausgelegt.

138   Korea Trade Network (KTNet)
Branchenübergreifendes IOS in Korea

Mitt einem Handelsvolumen von US$ 153 Milliarden rangiert Korea an weltweit zwölfter Stelle. Angesichts eines Volumens von 3,8 Millionen internationaler Transaktionen im Jahre 1991 gelangte man an die Grenze der bestehenden physischen und informationellen Infrastruktur.[244] Mit EDI sollen durch schnellere Abfertigung und effizientere Koordination die warenlogistische Infrastruktur (z.B. Umschlagsanlagen an den Häfen) besser ausgenutzt und die Informationsflüsse durch Reduzierung der erforderlichen Dokumente schlanker gestaltet werden. Mit den Massnahmen hofft man die Abwicklungskosten um 20 Prozent und die zur Abwicklung erforderliche Zeit von den heutigen 19 bis 28 Tagen auf 4 bis 7

---

[244] Die 3,8 Millionen Transaktionen teilen sich auf in 1,86 Millionen Exporte und 1,94 Importe [o.V. 1994f, 24]. Weitere Informationen zu KTNET sind zu finden in [o.V. 1991g, 30].

Tage zu verringern. Ferner soll für Unternehmen durch verbesserte informationslogistische Möglichkeiten, die z.B. JIT-Konzepte erlauben, die Attraktivität des Standorts Korea gesteigert werden.

Initiierung von KTNet

Ähnlich wie in Singapur (→TRADENET) ist die Regierung ein wichtiger Akteur bei der Umsetzung der genannten Ziele. Gemeinsam mit der KFTA[245] entwickelte das MTI[246] im Jahre 1987 ein Konzept für den elektronischen Handel, das 1990 zur Gründung des KOREA TRADE NETWORK durch diese beiden Parteien führte. KTNet erhielt den Auftrag, EDI für sämtliche Ein- und Ausfuhraktivitäten einzuführen. Um die Akzeptanz des zu errichtenden IOS sicherzustellen, wurde vom MTI das Trade Automation Committee eingerichtet, das sich aus den wichtigsten Regierungsstellen, Handelsunternehmen und -verbänden zusammensetzte und das Trade Automation Projekt vorantreiben sollte. Weitere Anwender fanden sich im August 1991 im Logistics Automation Commitee zusammen, das die Kooperation zwischen den Beteiligten sicherstellen und die verwendeten 400 Dokumente vereinfachen sollte.

Pionier bei Anpassung des Rechts

Als ein wichtiger Schritt zur breiten Diffusion von EDI wurde die Schaffung rechtlicher Rahmenbedingungen angesehen. Mit Inkraftsetzen eines Gesetzes für den elektronischen Handel gilt Korea neben Schweden (→TDS) als Pionier auf diesem Gebiet. Zentraler Punkt des neuen Rechts ist die Gerichtsfähigkeit elektronischer Dokumente [Goebel 1994], wodurch diesen der gleiche Stellenwert wie den papiergebundenen Dokumenten eingeräumt wird. Diese Regelung gilt ausdrücklich für alle Arten elektronischer Nachrichten (Handel, Banken, Transport) und ist an drei Voraussetzungen geknüpft:

❏ die Übertragung kann nur durch 'konzessionierte' Telekommunikationsanbieter erfolgen;[247]

❏ die Dokumentstruktur muss den Vorgaben des MTI entsprechen (KEdifact);

❏ die Fälschung oder Änderung der elektronischen Informationen wird unter Strafe gesetzt.

Unter diesen idealen Rahmenbedingungen sollten von KTNET Anwendungen für die Bereiche Verzollung, Transport, Versicherung

---

[245] KFTA bezeichnet die Korea Foreign Traders Association, die etwa 20'000 Mitglieder besitzt.

[246] MTI steht für das Ministry for Trade and Industry.

[247] Der Telekommunikationssektor Koreas ist seit 1991 dereguliert.

und Devisentransfer entwickelt werden. Daneben sollten Verbindungen zu internationalen Netzwerken aufgebaut werden. Die Realisierung erfolgt in drei Schritten. In der Ende 1992 fertiggestellten ersten Phase wurden 29 Nachrichten, die basierend auf Edifact 91.1 im nationalen KEdifact-Standard definiert sind, ausgetauscht. Zu den Teilnehmern zählten acht Banken, fünf Reedereien, ein Spediteur, drei Versicherungen sowie sechs Zollbroker. Die zweite Phase soll Ende 1994 die Nachrichten vervollständigen, die schliesslich in einer dritten Phase ab 1995 auch international ausgetauscht werden sollen. Für diese Entwicklung stellt der Staat rund US\$ 300 Millionen bereit. Im November 1994 befand sich KTNET mit 41 Unternehmen im Pilotbetrieb, wobei hauptsächlich Import-, Export- sowie Akkreditivdokumente ausgetauscht wurden. Nach dieser, auf ein Jahr terminierten, Testphase soll das System den operativen Betrieb aufnehmen. Der Zoll wird entgegen der urspünglichen Planung KTNET nicht zur Bearbeitung von Zollanmeldungen verwenden, sondern ein eigenes System entwickeln [Kim 1994, 4].

Hemm-
faktoren

Ein besonderes Problemfeld repräsentiert die Akzeptanz von EDI. So beruht das traditionelle Geschäftsgebaren in Korea weniger auf schriftlichen Dokumenten denn auf persönlichen Absprachen. Bestellungen werden eher persönlich als schriftlich abgegeben. Ferner werden die Vorteile einer schnellen Abwicklung, z.B. einer Rechnung innerhalb von Minuten statt in ein bis zwei Tagen, noch zu wenig erkannt. Und obwohl Korea weltweit an siebter Stelle bei der Zahl installierter Computersysteme rangiert, sind viele Unternehmen noch mit der Entwicklung von IAS beschäftigt. Zur Lösung dieser Probleme hofft man auf einen raschen gesellschaftlichen und kulturellen Wandel. Diesen versuchen staatliche Aktivitäten nicht zuletzt durch die beschriebene Anpassung der rechtlichen Rahmenbedingungen und durch die KTNET-Initiative voranzutreiben.

139

Tradegate
Logistikinformationssystem in Australien

Beschreibung als Fallstudie in Kapitel 4.5.

140

TradeNet
Branchenübergreifendes IS in Singapur

Beschreibung als Fallstudie in Kapitel 4.6.

4   Ausführliche Fallbeispiele

4.1   Cargo Community System Schweiz (CCS-CH)[1]

Motivation und Zielsetzung

Branchenhintergrund

CCS-CH ist ein IOS aus dem Luftfrachtbereich, das schweizerische Spediteure mit Airlines verbindet, die den Schweizer Markt bedienen. Nachdem sich die Situation in der Schweiz ähnlich der allgemeinen Situation in der Luftfracht (vgl. Kapitel 3.3.5) gestaltet, wird nur kurz auf den Hintergrund eingegangen.

Steigende Bedeutung der Luftfracht

Die Luftfracht ist angesichts ihres steigenden Anteils an der Gesamttonnage in Westeuropa von zunehmender Bedeutung. In diesem Wachstumsmarkt streben Airlines, auch getrieben durch den hohen Leistungsstandard der Integrators, nach einer Effizienzsteigerung ihrer Dienstleistung. Diese ist stark geprägt von interorganisatorischen Informationsflüssen. Buchungsanfragen und -bestätigungen, Flugpläne, Luftfrachtbriefe, Statusinformationen etc. seien als Beispiele genannt. Häufig ist jedoch der sendungsbegleitende Informationsfluss langsamer als der physische Transport, wodurch der Geschwindigkeitsvorteil der Luftfracht partiell verloren geht.

Seit Mitte der 80er Jahre sind die Airlines deshalb bemüht, ihre internen, proprietären Luftfrachtsysteme mit Spediteuren und anderen Airlines zu verbinden. Über eine zentrale Informationsdrehscheibe soll zwischen den Partnern einer nationalen Cargo-Community sowie internationalen Handelspartnern ein durchgängiger Informationsfluss realisiert werden. Ein CCS ist daher ein IOS, das offen und neutral ist und Nachrichten zwischen einer Vielzahl

---

[1] Diese Fallstudie beruht auf Interviews mit den Herren Wohler und Brütsch, Cargo Switch AG, Zürich-Flughafen.
Weiterhin verwendete Literatur: [o.V. 1991d, 42; Ritz 1995; Swissair 1991a; Swissair 1991b; Swissair 1992; Trunick 1992, 29]

an Beteiligten verteilt. Im Jahre 1986 wurde von der IATA mit dem CCS-Council eine Arbeitsgruppe eingesetzt, die generelle Empfehlungen für die Entwicklung und den Betrieb von CCS erarbeiten sollte. In 1989 veröffentlichte diese Arbeitsgruppe die Cargo*Star Spezifikation. CCS-CH ist nach diesen Bestimmungen konzipiert.

Zielsetzung

Initiative
der Swissair

Die Initiative zu CCS-CH ging von der Swissair aus. Diese besass mit CARIDO[2] ein proprietäres Frachtbuchungssystem, das von Schweizer Spediteuren über Terminals der Swissair genutzt werden konnte. Arbeiteten die Spediteure jedoch mit mehreren Airlines zusammen, so mussten sie, analog der Situation der Reisebüros im Tourismusbereich, die jeweiligen proprietären Systeme der Airlines zur Übermittlung von Frachtbuchungen und -briefen einsetzen. Zudem waren die veralteten CARIDO-Terminals für die Spediteure im Unterhalt sehr teuer. Vor diesem Hintergrund bestand das Hauptziel der Initianten des CCS-CH darin, eine für sämtliche Airlines und Schweizer Spediteure offene Kommunikationsplattform innerhalb der nationalen Cargo-Community zu schaffen. Eine wichtige Rolle spielte dabei auch die Erhaltung der Wettbewerbsfähigkeit von Swissair und Schweizer Spediteuren.

Institutionelle und finanzielle Aspekte

Initianten

Wie erwähnt, ging die Initiative zu einem nationalen CCS von der Swissair aus, die in Zusammenarbeit mit der IATA bereits in den frühen 80er Jahren entsprechende Vorstudien durchgeführt hatte. Ende 1988 wurde das Projektvorhaben für CCS-CH genehmigt. Im Jahre 1989 wurde ein Request for Proposal an HW und SW-Anbieter ausgesandt, auf dessen Basis die Lieferanten von HW und System-SW (Tandem Computers) bzw. der Anwendungs-SW (BT) ausgewählt wurden. Im Januar 1990 konnte der Antrag auf Realisierung an die Geschäftsleitung der Swissair gestellt werden. Aufgrund der Adaption des Cargo*Star Standards wurde das CCS-CH-Projekt von der IATA im März 1989 zudem als eines von weltweit zwei CCS-Pilotprojekten bestimmt.[3]

---

[2]   CARIDO steht für Cargo Reservation Information and Document Handling System. Das System wurde von Alitalia entwickelt und 1980 bei Swissair eingeführt.

[3]   Das andere CCS mit diesem Status war →ICARUS in Irland.

Pilotan-
wender

Als Pilotspediteure wurden die Firmen Danzas AG, Goth Logistics AG, Jaecky Maeder & Co., Kuoni Transport AG und Panalpina durch die Swissair in Zusammenarbeit mit dem Schweizerischen Spediteurverband (SSV) ausgewählt. Diese fünf Unternehmen verfügen gemeinsam über einen Marktanteil von rund 46 Prozent des gesamten schweizerischen IATA-Luftfrachtumsatzes. Neben der Swissair nahmen drei weitere Airlines an der Testphase des CCS-CH teil. Es handelte sich dabei um British Airways, KLM und Singapore Airlines. Gemeinsam weisen diese vier Unternehmen ebenfalls rund 46 Prozent Marktanteil auf. Abb. 4.1 zeigt die Struktur der Pilotteilnehmer im Frühjahr 1992. Der operationelle Betrieb wurde im September 1992 aufgenommen.

Abb. 4.1:
Struktur von
CCS-CH

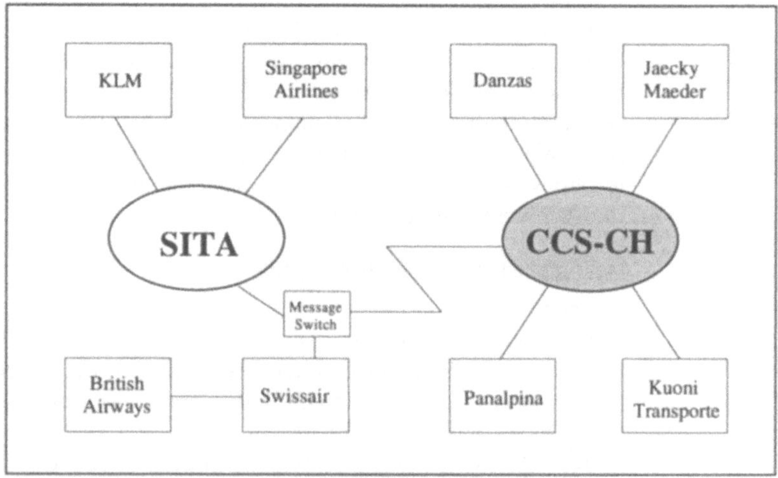

Neutrale
Trägerschaft

Um möglichst viele potentielle Teilnehmer zu animieren, sollte CCS-CH von einer nicht-gewinnorientierten, neutralen Trägerschaft eingeführt und betrieben werden. Aufgrund der Koordination der Test- und Einführungsarbeiten, dem Betrieb und dem Weiterausbau des CCS_1 wurde im Dezember 1991 die Firma Cargo Switch AG gegründet. Um die angestrebte Neutralität zu garantieren, wurde die maximale Beteiligung an diesem Unternehmen auf 49 Prozent für Gruppen (z.B. eine Gruppe von Airlines oder Spediteuren) und 25,1 Prozent für einzelne Teilhaber begrenzt. Gleichzeitig versuchte man, eine vielschichtige Teilhaberstruktur zu gewinnen, in der sämtliche Interessengruppen vertreten sein sollten. Heute setzt sich das Aktionariat der Cargo Switch AG aus 34 Speditionen, vier Airlines, zwei SW-Häusern, zwei Beratungsunternehmen sowie zehn Privatpersonen zusammen. Den grössten Teil am Aktienkapital halten mit etwa 35 Prozent die 34 Spediteure. Der Anteil der Swissair, die rund fünf Millionen SFr. in den Aufbau von CCS-CH   investierte, liegt heute bei 25 Prozent.

Zielgruppe

Weil viele der grossen, international tätigen Luftfrachtspediteure und Airlines bereits eigene Kommunikationslösungen besitzen, wird der Bereich der kleineren und mittleren Anbieter als Zielmarkt definiert. Entsprechend der neutralen, offenen Konzeption des CCS können sich in einer weiteren Ausbauphase nebst Spediteuren und Airlines auch der Zoll, Banken und Versicherungen, Exporteure und Importeure, PTT, SBB sowie weitere Verkehrsträger an die Plattform anschliessen, um so eine vollständige Vernetzung der gesamten Cargo Community zu erreichen.

Kosten

Einmalige Kosten

An einmaligen Investitionskosten fallen bei den Teilnehmern Ausgaben für die Schnittstellen-SW (sofern nicht bereits vorhanden), den Verbindungsaufbau sowie das CCS-Einführungspaket an. Die Kosten für das Schnittstellen-Modul belaufen sich auf rund 40 bis 70'000 SFr., die Kosten des Verbindungsaufbaus sind von der gewählten Verbindungsart (Wahl- oder Standleitung) abhängig. Das Einführungspaket kostet, je nach Umfang (Anschluss, Testläufe, Ausbildung, Unterstützung etc.) 3'000-6'000 SFr.

Monatliche Kosten

Die aus Teilnehmersicht monatlich anfallenden Kosten umfassen die Anschlussgebühr an das CCS in der Höhe von 300 bis 700 SFr., die PTT-Gebühren (variierend je nach Wahl- oder Standleitung) sowie die CCS-Gebühren je übertragener Nachricht. Letzere belaufen sich auf SFr. 0,60 pro übermittelter Nachricht für Spediteure bzw. auf SFr. 2,50 pro übermitteltem Luftfrachtbrief für die Airlines. Ein wesentlicher Grund für die unterschiedliche Tarifgestaltung bei der Nachrichtenübermittlung liegt darin, dass die Spediteure den Datenerfassungsaufwand tragen und den Airlines daher ein höherer Kostenanteil je Transaktion belastet wird.

Bei der Kostenzuteilung gilt der Grundsatz, dass der Teilnehmer sämtliche Kosten der Nachrichtenübermittlung von seiner Inhouse-Applikation bis zum CCS zu tragen hat, während das CCS die Kosten übernimmt, die bei der Weiterleitung der Meldungen an andere Teilnehmer entstehen.

Funktionalität

Das Ccs-ch verbindet die Inhouse-Systeme der angeschlossenen Luftfrachtspediteure und Airlines. Es funktioniert gemäss den Cargo*Star Spezifikationen als zentrales Nachrichtenvermittlungs- und Übertragungssystem im Sinne eines Clearing-Centers[4]. Im Gegensatz zu anderen CCS werden daher beim Ccs-ch keine der bei den angeschlossenen Partnern existierenden Datenbanken und Applikationen dupliziert oder zentralisiert. Aufgrund dieser Konzeption existiert keine zentrale Informationsdatenbank. Das CCS funktioniert vielmehr als neutrale *Nachrichtendrehscheibe*, wobei sich die angebotenen Dienstleistungen immer nur auf die Vermittlung und die Weitergabe von Meldungen, nicht aber auf deren Inhalt beziehen. Die EDI-Dienste hängen daher stark von der Leistungsfähigkeit der Inhouse-Systeme der angeschlossenen Airlines ab.

Abb. 4.2:
Meldungstypen und Standards

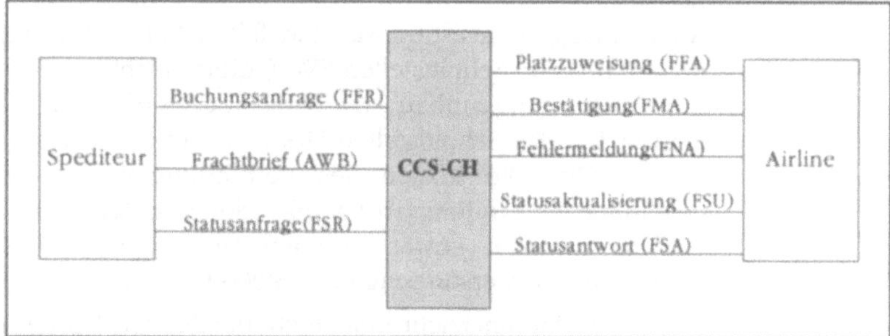

Rahmenverträge

Wie Abb. 4.2 zeigt, können gegenwärtig Buchungs- und Statusmeldungen sowie Luftfrachtbriefe übermittelt werden. Die grösste Bedeutung im operativen Betrieb kommt heute Luftfrachtbuchungen zu. Rund 6'000 der monatlich ca. 7'500 Meldungen betreffen Buchungsanfragen und -bestätigungen. Die angeschlossenen Spediteure besitzen Rahmenverträge mit den Airlines, in denen Kontingente, Free-Sale-Limiten und Tarife spezifiziert sind. Diese Kontrakte werden i.d.R. halbjährlich angepasst. Auf der Basis dieser Verträge richten die Spediteure gezielte Buchungsanfragen an eine der angeschlossenen Airlines. In rund 90 Prozent der Fälle sind solche Anfragen beim ersten Versuch erfolgreich und werden entsprechend bestätigt. Andernfalls erfolgt eine negative Rückmeldung an den Spediteur. In diesem Fall kann der Auftraggeber eine neue Anfrage

---

[4]   Zum Clearing-Center Konzept vgl. Kapitel 2.2.

an eine andere Airline richten. Sobald über das CCS-CH auch Frei-textmeldungen übermittelbar sind, sollen Airlines über die heutige Funktionalität hinaus auch *Last-minute* Angebote im Broadcast-Verfahren an alle angeschlossenen Spediteure senden können.

Technisches Konzept

Kommunikationsarchitektur

SITA als Basis

CCS-CH verfügt über kein eigenes Kommunikationsnetz, sondern nutzt das internationale SITA-Netzwerk. Zum Zugang zum SITA-Netz, der künftig direkt erfolgen soll, benutzt man noch ein Gateway der Swissair. Das CCS-CH unterstützt verschiedene Kommunikationsprotokolle, unter anderem P1024B, X.25, SNA und SLC. Für 1994 ist zusätzlich die Implementierung des X.400 Protokolls vorgesehen. Die Syntax der Nachrichten kann sich nach dem von der IATA entwickelten und im Verkehr zwischen den Airlines gebräuchlichen Cargo*Imp oder nach Edifact richten. Edifact soll insbesondere in einer geplanten, weiteren Ausbaustufe die Offenheit zu anderen Branchen sicherstellen.

Die Spediteure kommunizieren mit CCS-CH über das öffentliche Telepac-Netz (X.25), wobei je nach Bedarf Wahl- oder Standleitun-gen eingesetzt werden können. Die Verbindung zu anderen CCS erfolgt über das SITA-Netz bzw. über Gateways zu anderen VANS. CCS-CH besitzt gegenwärtig Anschlüsse an die CCS →CARGONAUT, →TDNI, →TRADEVISION sowie →TRAXON Europe. Im Idealfall kom-munizieren Spediteure und Airlines direkt von Applikation zu App-likation. Bei Bedarf, z.B. bei kleineren Spediteuren, können auch Frontend-PC's vorgeschaltet werden, um so die Migration zu Host-to-host-Lösungen zu vereinfachen. Gegenwärtig fallen 69 Prozent aller Verbindung in die erste Kategorie und 31 Prozent in jene der PC-Verbindung. Die folgende Abbildung zeigt die Kommunikations-struktur des CCS-CH im Überblick:

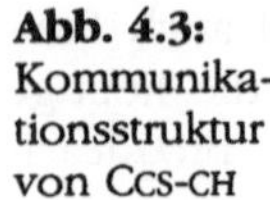

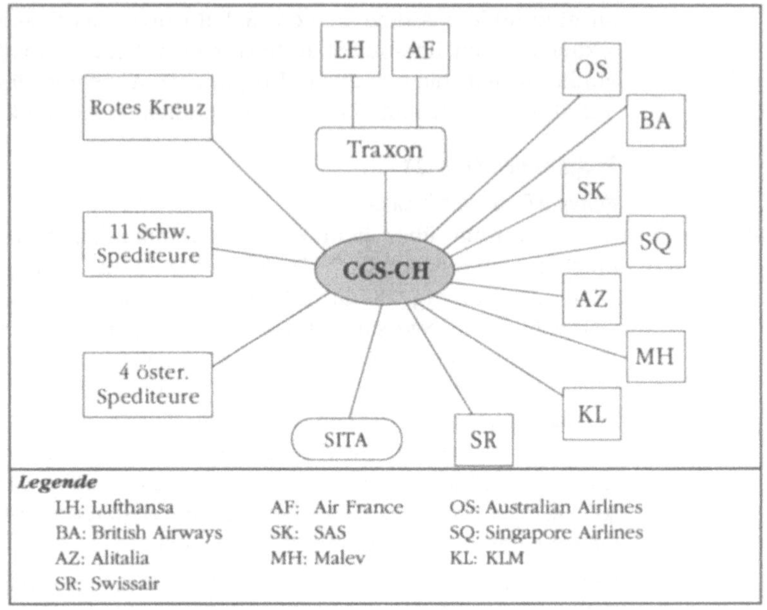

HW/SW-Architektur

Die HW von Ccs-ch besteht aus zwei fehlertoleranten Systemen von Tandem Computers mit Standort in Zürich: einem CLX 720 für den Testbetrieb und einem CLX 820 für den operativen Betrieb. Die SW für das CCS wurde unter dem Namen *Cargo*Star* von BT erstellt. Im Juli 1991 wurde die SW für die Testphase I (Austausch von Buchungsmeldungen) abgeliefert. Speziell zu erwähnen ist, dass die Ccs-ch SW Eigentum von BT ist. Gegen Zahlung einer jährlichen Wartungs- und Lizenzgebühr vergibt BT eine unbegrenzte Nutzungslizenz an das Ccs-ch.

Beurteilung und Entwicklung

Ursprünglich wurde bei der Planung des Ccs-ch an eine rasche Ausdehnung des Systems auf weitere Gruppen in der Cargo Community wie z.B. Banken, Versicherungen oder den Zoll gedacht. Aufgrund der Erfahrungen, insbesondere im Hinblick auf den Zeitbedarf zur Implementierung neuer Nachrichtentypen und die damit verbundenen Kosten, konzentriert man sich jedoch zunächst auf den Luftfrachtbereich. In diesem Kontext werden verschiedene Funktionalitätserweiterungen diskutiert. Dazu zählt ein Cargo

Accounts Settlement System (CASS), wobei es sich um ein Clearing-System zur Abrechnung von Luftfrachtaufträgen zwischen den beteiligten Spediteuren und Airlines handelt. Dazu befindet sich Cargo Switch in Verhandlung mit Banken, Swissair und der IATA. Die vorgesehene Verbindung zum Zoll wurde für den Moment zurückgestellt, da die meisten der Teilnehmer bereits über entsprechende eigene Lösungen verfügen.

Verbindungen zu anderen CCS An Verbindungen zu anderen CCS sind gegenwärtig Anschlüsse an die Systeme →AVEX und →CCN geplant. Höhere Priorität wird allerdings dem Direktanschluss von zusätzlichen Airlines an CCS-CH beigemessen, da dieser Anschluss rascher und kostengünstiger vollzogen werden kann. Weitere Entwicklungen betreffen die auf 1994 geplante Einführung von X.400 sowie den Ausbau der unterstützten Edifact-Nachrichten.

Die Aufnahme des operativen Betriebs, die im September 1992 erfolgte, verzögerte sich um rund ein Jahr. Verantwortlich für diese Verzögerung waren in erster Linie technische Probleme bei der Implementation. Als negativ hat sich in dem Zusammenhang auch die Entwicklung, Wartung und Weiterentwicklung der SW durch BT in England erwiesen, da infolge dieser Distanz lange Kommunikationswege entstanden. Als Folge dieser zeitlichen Verzögerungen konnten die im Business Plan vorgesehenen finanziellen Ziele ebenfalls nicht vollumfänglich erreicht werden.

Beurteilung Ungeachtet dieser zeitlichen Verzögerungen und der erfolgten Redimensionierungen ist die Initiative des CCS-CH insgesamt als erfolgreich zu beurteilen. Die Ende 1993 angeschlossenen 22 Teilnehmer (19 Airlines und 13 Spediteure) tauschten über das System etwa 20'000 Meldungen im Monat aus. Damit konnte CCS-CH das Transaktionsvolumen, das im März 1993 noch bei 10'000 Nachrichten monatlich lag, bereits verdoppeln. Es ist den Initianten und Pilotteilnehmern gelungen, ein System zu realisieren, das bei der nationalen Cargo Community auf breite Akzeptanz stösst. Positiv auf die Entwicklung des CCS-CH haben sich die enge Anlehnung an den Cargo-Star Standard der IATA sowie der frühe Einbezug der relevanten Verbände ausgewirkt. Der frühe Einbezug des SSV hat bewirkt, dass dieses Gremium seine Wünsche und Anforderungen in das Design des Systems miteinbringen konnte und daher seine Mitglieder positiv zur Teilnahme am CCS-CH beinflusst hat. Ferner hat die Neutralität des Systems sowie die Non-Profit-Orientierung der gesamten Initiative wesentlich zur guten Resonanz bei den Beteiligten beigetragen.[5]

4.2   Client Information Center (CIC)[6]

Motivation und Zielsetzung

Branchenhintergrund

Die Zahl der Banken und bankähnlichen Unternehmen nach Schweizer Gesetz beläuft sich landesweit auf 569 mit einem Total von 4'169 Niederlassungen. Davon sind 330 Institute mit 3'356 Niederlassungen an das →Swiss Interbank Clearing (SIC) angeschlossen, das von der Telekurs AG, einem Joint Venture der Geschäftsbanken, betrieben wird. Die Regionalbanken verfügen über ein eigenes Clearingcenter für den Zahlungsverkehr und sind über diese indirekt mit SIC und den anderen Geschäftsbanken verbunden. Eine grosse Bedeutung im nationalen und zunehmend auch im internationalen Zahlungsverkehr kommt der PTT zu. Sie verwaltet 1,4 Mio. Kundenkonten und führt jählich 249,1 Mio. Überweisungsaufträge aus. Im Vergleich dazu werden 110,0 Mio. Transaktionen über die Geschäftsbanken durchgeführt (Stand Ende 1992).

Die SBG ist mit einer Bilanzsumme von 230 Mrd. SFr. und rund 27'500 Mitarbeitern neben der Schweizerischen Kreditanstalt (SKA) und dem SBV die grösste der drei Schweizer Grossbanken (Stand Ende 1993). Das Geschäftsfeld der SBG umfasst sämtliche Bereiche des Banking.[7] Während die grösste Bedeutung in der Vergangenheit der Kreditvermittlung zukam, ist das Verhältnis zum Effektengeschäft heute ausgeglichen.

Zielsetzung

Rund 80 Prozent der Kunden senden ihre Zahlungstransaktionsaufträge papierbasiert an eine der Niederlassungen, wo diese mit optischen Lesegeräten und über Tastatur in das bankinterne System eingegeben werden. Die 20 Prozent der Kunden, die ihre Aufträge

---

5   Welche Bedeutung diesem Punkt beikommt, zeigt das (negative) Beispiel →TRAXON, das von vier grossen Airlines in Eigenregie als Profit-Center realisiert wurde, und an das sich die Spediteure aus Furcht vor einer zu grossen Abhängigkeit nur zögernd anschliessen.

6   Diese Fallstudie beruht auf Interviews mit Herrn J.H. Staub, SBG Zürich.

7   Vgl. dazu die Einführung zu Kapitel 3.4.

papierlos übertragen, nutzen Datenträger oder eine Form der elektronischen Übermittlung. Im Bereich des Electronic Banking sind alle drei Grossbanken, die PTT und einige andere Institute aktiv. Durch den Betrieb der Produkte Ubilink, Ubicash und Videotex verfügt die SBG über eine langjährige Erfahrung mit elektronischen Kundensystemen.

Die PC-basierten Services Ubilink und Ubicash sind auf Mittel- bis Grossbetriebe ausgerichtet und basieren auf einem SBG-eigenen Protokoll und Datenformat [Hitachi 1993, 81]. Sie werden z.Zt. durch das CIC für Grosskunden und Vtx für KMU ersetzt. Mit CIC wird eine Plattform geschaffen, die die bestehende Situation konsolidiert, die bezüglich Kommunikation offen ist und zukünftige Entwicklungen zu integrieren vermag. Mit CIC soll den Grosskunden eine kostengünstige Standardschnittstelle zur Verfügung gestellt werden, die die Verbindung mit den verschiedensten IAS der Kunden erlaubt.

Institutionelle und finanzielle Aspekte

Initianten

Kosten   Das Verhältnis der SBG und ihren Kunden weist im Zusammenhang mit CIC eine typische hierarchische 1:n-Struktur auf. Die Entwicklung der Schnittstelle erfolgte eigenverantwortlich durch die Informatikabteilung in Zusammenarbeit mit den jeweiligen Fachbereichen. Das System wird durch eine Abteilung verwaltet und betrieben. Die Bank stellt ihren Kunden wahlweise eine Schnittstellendokumentation für die Eigenentwicklung oder zwei verschiedene SW-Pakete zur Verfügung. Je nach Funktionsumfang und zusätzlichen Dienstleistungen kostet diese SW 50.- SFr. bis 2'500.- SFr. (zum Funktionsumfang der einzelnen Pakete siehe Kapitel 4.3.3 unten). Die Schnittstellendokumentation und Globallizenzen für den Vertrieb von UBS-X.CHANGE werden ausserdem an interessierte Standard-SW-Hersteller abgegeben. Zur Zeit bieten sechs SW-Hersteller (u.a. Abacus, Simultan, Lyncs) Intraorganisationspakete (Buchhaltungsprogramme) mit integrierter Bankschnittstelle an (zwei weitere Hersteller befinden sich in Diskussion).

Systemteilnehmer

Zielgruppe   CIC ist auf Grosskunden mit entsprechendem Zahlungsvolumen ausgerichtet. Durch die offene technische Konzipierung wird es einer Vielzahl potentieller Kunden ermöglicht, ihr IAS durch eine Bankschnittstelle zu ergänzen, die sowohl für die Kommunikation mit der SBG als auch mit Fides (→CASHSCREEN) und anderen Banken genutzt werden kann. Im September 1993 wurde der erste Kunde über CIC an die Bank angeschlossen. Die Teilnehmerzahl beträgt zur Zeit rund 50 und ist stark steigend (z.Z. monatliche Verdoppelung). Unter den Teilnehmern befinden sich fast ausschliesslich Nutzer von Standard-SW-Paketen dritter Hersteller.

Anschlussgebühren werden von der SBG nicht erhoben. Transaktionen innerhalb der Schweiz in SFr. sind kostenlos (papierbasiert: 4.- SFr.), Überweisungen ins Ausland sowie in Fremdwährungen innerhalb der Schweiz kosten 5.- SFr. (papierbasiert: 10.- SFr.). Eine Differenzierung der Gebühren für On-line- und Batch-Transaktionen wird diskutiert.

Funktionalität

6 Funktions-
bereiche

CIC ist ein Bank-Kunden-System, das die elektronische Abwicklung der häufigsten Bankgeschäfte mit der SBG ermöglicht. Darunter fallen Geschäfte des Zahlungsverkehrs, der Konten- und Effektendepotverwaltung:

Fast-Pay

Im Rahmen von Fast-Pay ermöglicht die SBG den Kunden, ihre Einzelzahlungen auf elektronischem Weg mittels Zahlungsverkehrsmeldung im →SWIFT-Format an die Bank zu übermitteln. Voraussetzung ist, dass der Auftraggeber eines Zahlungsauftrages in der Lage ist, →SWIFT-formatierte Meldungen abzusetzen. In der heutigen Ausbaustufe sind folgende Zahlungsarten vorgesehen:

1. Dringende Einzelzahlungen in Schweizer Franken zugunsten eines Kontos bei einer Schweizer Bank oder einer Bank im Ausland.

2. Alle Fremdwährungszahlungen zugunsten eines Kontos bei einer Schweizer Bank oder einer Bank im Ausland.

Die Wertstellung von Zahlungen über Fast-Pay in SFr erfolgt am Tag der Eingabe, bei Fremdwährungen meist einen bis maximal drei Tage nach der Eingabe.[8] Für die Erteilung von Zahlungsaufträgen im →SWIFT-Format stehen folgende CIC-Funktionen zur Verfügung.[9]

---

[8]   Diese Übertragungszeiten gelten bei Einhaltung der von der SBG vorgegebenen Cutoff-Zeiten am Eingabetag (Cutoff-Zeit je nach Währung zwischen 9.00 und 14.00 Uhr).

[9]   Die Fast-Pay-Funktionen beruhen auf den →SWIFT-Meldungstypen MT100, MT10L und MT01K.

Cash Bulletin

Im Rahmen der Kontoverwaltung ermöglicht es die SBG den Kunden, ihre Kontoinformationen mittels Kontoinformationsmeldungen im →SWIFT-Format über CIC abzufragen. Dabei können nicht nur Informationen von SBG-Niederlassungen in der Schweiz, sondern auch von SBG-Geschäftsstellen oder anderen Banken im In- und Ausland bezogen werden:[10]

1. Kontoauszug: wird jeweils am Morgen nach der Tagesendverarbeitung bereitgestellt und bezieht sich auf den Vortag;

2. Verbuchte/pendente Bewegungen: werden jeweils am Morgen nach der Tagesendverarbeitung bereitgestellt und beziehen sich auf den Vortag;

3. Intraday-Bewegungen: werden während des Tages aus dem Zahlungsverkehr der SBG ereignisorientiert bereitgestellt und gelten bis zum Ausweis im Kontoauszug als pendent.

SBG-DTA

Die Dienstleistung SBG-DTA[11] ermöglicht es den Kunden, ihre Sammelzahlungen über CIC an die SBG zu übermitteln. In der heutigen Ausbaustufe sind folgende Transaktionsarten vorgesehen:

1. Einzahlungsschein mit Referenznummer (ESR)-Zahlungen[12]

2. SFr.- und Fremdwährungszahlungen an Banken im Inland

3. SFr.- und Fremdwährungszahlungen an Banken im Ausland

4. Bankchecks in SFr. und Fremdwährungen

Dem Kunden steht zur Wahl, ob er die Aufträge mit einer elektronischen Unterschrift versehen will und ob er ein Verarbeitungsprotokoll als Rückmeldung von CIC erhalten will. Vor der Verarbeitung unterzieht die SBG die Sammelaufträge verschiedenen Prüfungen. Ergibt eine dieser Prüfungen ein negatives Ergebnis, oder enthält das DTA-Auftrags-File Daten, die nicht verarbeitet werden können, so wird das File vom CIC abgewiesen. Grundsätzlich können Zah-

---

[10] Die Cash Bulletin-Funktionen beruhen auf den SWIFT-Meldungstypen MT92W, MT940, MT941 und MT942.

[11] Datenträgeraustausch (DTA) bezieht sich nicht nur auf den Austausch von physischen Datenträgern. Die Daten werden in der Schweiz vermehrt über Kommunikationsnetzwerke ausgetauscht. Dabei entspricht das Fileformat dem der physischen Datenträger. Dieser Standard wird in Zukunft voraussichtlich durch Edifact abgelöst.

[12] ESR ist ein standardisierter Einzahlungsschein der PTT, dessen Daten durch Lesegeräte in das DTA-Format umgesetzt werden können.

lungen bis zu 30 Kalendertagen im voraus eingereicht werden Für leitungs- oder softwarebedingte Störungen hat der Kunde die Möglichkeit, die DTA-Sammelaufträge via Datenträger an die Verarbeitungsstelle einzureichen.[13]

SBG-BESR

Beim Bankeinzahlungsschein mit Referenznummer (BESR) handelt es sich um einen maschinenlesbaren Einzahlungsschein, den die Unternehmen an ihre Kunden für Zahlungen abgeben. Die Dienstleistung SBG-BESR ermöglicht es den Kunden, die BESR-Eingänge auf ihren Konten über CIC im BESR-Format abzufragen. Der Kunde ist beim Bedrucken der Einzahlungsscheine verpflichtet, die Richtlinine der SBG bezüglich Gestaltung, Druckschrift, Druckqualität und Lesetests genau einzuhalten. Bei leitungs- und softwarebedingten Störungen hat der Kunde die Möglichkeit, die BESR-Eingänge mittels Datenträger zu beziehen.

SBG-RPOS

Die Dienstleistung SBG-RPOS (SBG-Rückmeldung von EFT/POS-Zahlungen) bietet den Kunden die Möglichkeit, ihre EFT/POS-Eingänge im RPOS-Format über CIC abzufragen. Bei leitungs- und softwarebedingten Störungen hat der Kunde die Möglichkeit, die RPOS-Eingänge mittels Datenträger zu beziehen.

Security-Bulletin

Die Dienstleistung Security-Bulletin ermöglicht es den Kunden, ihre Depotinformationen über CIC mittels Depotinformationsmeldungen im SWIFT-Format abzufragen. Dabei können nicht nur Informationen von SBG-Niederlassungen in der Schweiz, sondern auch Informationen von SBG-Geschäftsstellen oder anderen Banken im In- und Ausland bezogen werden:[14]

1. Depotauszug: wird jeweils am Morgen nach der Tagesendverarbeitung bereitgestellt und bezieht sich auf den Vortag;

2. Depotbewegungen: werden jeweils am Morgen nach der Tagesendverarbeitung bereitgestellt und beziehen sich auf den Vortag;

---

[13]   Die SBG-DTA-Funktionen beruhen auf den DTA-Meldungstypen TA826, TA827, TA830 und TA832.

[14]   Die Security-Bulleting-Funktionen beruhen auf den →SWIFT-Meldungstypen MT510, MT570, MT571 und MT572.

3. Börsenabrechungen: werden jeweils am Abend nach der Zuteilung und Abrechnung der entsprechenden Aufträge bereitgestellt.

Die Verfügbarkeit von Informationen von SBG-Geschäftsstellen oder Banken im Ausland muss im Einzelfall mit diesen vereinbart werden.

Technisches Konzept

Kommunikationsarchitektur

Das gesamte Kundensystem der SBG setzt sich zusammen aus der Schnittstelle vom kundeninternen IS, dem Kommunikationsnetz und der Schnittstelle CIC zum bankinternen Verarbeitungssystem. Die SW wird den Kunden entweder von der SBG für einen geringen Betrag zur Verfügung gestellt (siehe unten), selbst entwickelt oder als integriertes Paket von dritten Standard-SW-Herstellern bezogen. Mittels einem von sechs vorgeschlagenen Modems gelangen die Kunden über das Kommunikationsnetz, in der Regel das paketvermittelte X.28-Netz der PTT zur Bank. Als Protokolle werden XModem, Kermit, FTAM und X.400 unterstützt.

Abb. 4.4:
Technisches
Konzept CIC

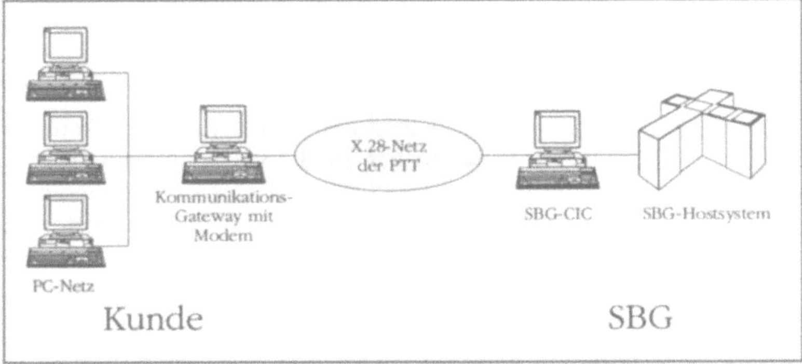

CIC stellt auf der Seite der SBG die Schnittstelle zwischen Netz und dem internen Verarbeitungssystem dar. Als Gateways dienen DEC-6000VAX-Rechner. Das IAS der SBG baut auf dem internen Netzwerk Ubinet und dem Hostsystem Abacus mit zwei Verarbeitungszentralen in der Schweiz (Zürich und Lausanne) auf. Zur Zeit werden die nationalen Standards DTA und BESR für Zahlungen im Inland und der →SWIFT-Standard für Zahlungen nach dem Ausland verwendet.

Sicherheit

Der Zugang zum CIC setzt immer eine Identifikation mittels Kunden-Benutzer-ID, Passwort und Challenge Resoponse Test (CRT) voraus. Das CIC-Sicherheitssystem basiert auf dem DEC-Encrypt Chiffrierprogramm. File Chiffrierung, CRT und Prüfsummenbildung entsprechen den Empfehlungen der ISO. Das kundenseitige Sicherheitsdispositiv ist Sache des Anwenders. Vom CIC wird nur die Identität des Kundencomputers bei der Kommunikationsaufnahme geprüft. Es liegt demnach in der Verantwortung des Kunden, die interne Benutzung so zu regeln, dass einem etwaigen Missbrauch vorgebeugt werden kann. Der Kunde kann den Zugang zum CIC im Notfall telefonisch oder per Fax sperren lassen.

HW/SW-Architektur

Die Wahl der HW und SW ist dem Kunden freigestellt. Lediglich die Schnittstelle wird durch die Schnittstellendokumentation vorgegeben. Verschiedene SW-Lösungen stehen den Kunden zur Verfügung. Neben dritten Standard-SW-Paketherstellern bietet die SBG drei verschieden ausgestaltete SW-Pakete an:

- ❑ UBS-X.PORT: Low-End-Lösung für SBG-DTA, SBG-BESR und SBG-RPOS. Der Preis beläuft sich auf 50.-.

- ❑ Basispaket UBS-X.CHANGE: Das Basispaket deckt die Lizenzgebühr für den Einbau und den Betrieb der Software mit vollem Funktionsumfang ab. Der Preis beläuft sich auf 1000.- SFr.

- ❑ Gesamtpaket UBS-X.CHANGE: Wahlweise kann in Verbindung mit dem Basispaket ein Implementationssupport in Form einer halbtägigen Ausbildung und einem zehnstündigen Test-Support zugekauft werden. Der Preis des Gesamtpaketes beläuft sich auf 2500.- SFr. Für die zehn Stunden übersteigende Testunterstützung wird ein Stundensatz von 150.- SFr. berechnet.

Preispolitik · Die Preise der SW-Pakete werden als Schutzgebühren verstanden und sind nicht kostendeckend. Die Preisfestlegung von den Standard-SW-Herstellern im Rahmen der Globallizenz abgegebenen Softwarepakete UBS-X.CHANGE ist Sache dieser Hersteller. Für neue Releases der SW, die eine wesentliche Funktionserweiterung bringen, werden die Preise im Einzelfall festgelegt. Die SW, die die SBG ihren Kunden anbietet, unterstützt die für eine Kommunikation mit dem CIC erforderlichen Mechanismen für das Ver- und Entschlüsseln von Files, die Bildung der Test-Zahl (MAC) und die Übertragung von Files.

Beurteilung und Entwicklung

Die weiteren Ausbauschritte von CIC sehen eine um die Wertschriftenverwaltung und das Cash-Management erweiterte Funktionalität, eine Migration zum Edifact-Standard, Windowsfähigkeit der Paket-SW und die Nutzung des ISDN-Netzes vor.

Edifact
: Im Rahmen des →SWIFT/EDI-Pilotprojektes bietet die SBG ihren Kunden seit März 1992 eine Edifact-Schnittstelle unter dem Namen Payplus an. Über diese Schnittstelle können die Nachrichten PAYORD, PAYEXT, DEBADV, CREADV und CREEXT zwischen Bank und Kunde übermittelt werden. Diese Dienstleistung befindet sich nach wie vor in der Startphase und wurde bislang noch nicht sehr rege genutzt (insgesamt ca. 40'000 Nachrichten). Wie bei CIC werden jedoch hohe Zuwachsraten erwartet. Die organisatorische Trennung von CIC und Payplus in verschiedene Abteilungen ist vor dem Hintergrund der Entstehung der Systeme zu sehen. Eine Migration mit CIC wird angestrebt.

Perspektive
: Die SBG hat wie die anderen Grossbanken und die PTT eine langjährige Erfahrung mit der Entwicklung und dem Betrieb von elektronischen Kundensystemen. Systeme wie Ubicash und Ubilink basieren jedoch auf proprietären Standards, die eine Interoperabilität mit anderen Systemen nicht erlaubten (z.T. Stand-alone-Lösungen) bzw. nicht für die Kommunikation mit anderen Instituten genutzt werden konnten. Die Öffnung hin zu verbreiteten Kommunikationsprotokollen und -standards, die Offenlegung von Schnittstellen-Spezifikationen sowie die Zusammenarbeit mit Standard-SW-Herstellern trägt zur steigenden Akzeptanz von elektronischen Kommunikationsmedien im Bank-Kunden-Bereich bei. Insbesondere die Integration mit IAS der Kunden und mit Bank-Kunden-Systemen anderer Anbieter lassen die Vorteile offener Systeme erkennen. Die SBG rechnet deshalb damit, mit ihrem Angebot elektronischer Bank-Kunden-Systeme gegenüber Anbietern vergleichbarer Dienste einen Wettbewerbsvorteil zu erlangen.

4.3 European Logistic Information System (EURO-LOG)[15]

Motivation und Zielsetzung

Branchenhintergrund

Differen-
zierung vs.
Effizienz

Wie in Kapitel 2.3.1 geschildert, ist der Logistikbereich strukturellen Anpassungszwängen von Industrie und Handel ausgesetzt. Dies spiegelt sich in neuen Konzepten der Arbeitsteilung zwischen dem (Industrie- oder Handels-)Unternehmen und dem Logistikdienstleister wider. Im Sinne einer Beschränkung auf Kernkompetenzen verlagern erste ihre Logistikaufgaben an letztere. Individuelle Systemlösungen sind häufig die Folge. Dies determiniert die Produktpalette des LDL, der sich dadurch in der Schere zwischen individualisierter Differenzierung und auf Mengenvorteilen beruhender Effizienz befindet. Aufgrund der beinahe zu vernachlässigenden Margen im Bereich reiner Transportdienstleistungen sind effizient erbrachte Systemlösungen eine Option für Anbieter von Logistikdiensten, um auf dem Markt zu bestehen. Informationslogistische Infrastrukturen stellen eine wichtigen Baustein innerhalb derartiger Lösungen dar, da sie einen vorauseilenden, parallelen oder rückwirkenden Informationsfluss zwischen mehreren Beteiligten ermöglichen und damit die Koordinationskosten bzw. Informationsbeschaffungskosten erheblich senken können.

Zielsetzung

Stern-
topologie

Die Geschäftsidee des Unternehmens EURO-LOG ist es, ein globales Informations- und Kommunikationssystem anzubieten, das an der Realisierung eines neutralen, transportmodi- und damit unternehmensübergreifenden Informationsflusses ansetzt. Wie in Abb. 4.5 dargestellt, sollen die bislang bilateral verlaufenden Informationsströme durch ein zentrales Gateway geöffnet werden. Das in Entwicklung befindliche gleichnamige System EURO-LOG soll dazu weltweit allen Beteiligten einen einheitlichen Zugriff auf die relevanten Systeme ermöglichen. EURO-LOG ist im vorliegenden Werk trotz dieser bereichsübergreifenden Zielsetzung dem Strassenbereich zugeordnet, da die Basis des Systems in der Unterstützung des

---

[15] Diese Fallstudie beruht auf Angaben von Herrn H. Braun, Euro-Log B.V., Hoofddorp, Herrn D. Lummitsch, EU-LOG, München und Frau S. Cornelius, Softlab, München.
Weiterhin verwendete Literatur: [Braun 1993, 10; Gromball 1992, 3; Langenohl 1994].

strassengebundenen Transportes liegt und die Realisierung des Systems mit diesem Bereich beginnt.

Abb. 4.5:
Systemstruktur von EURO-LOG

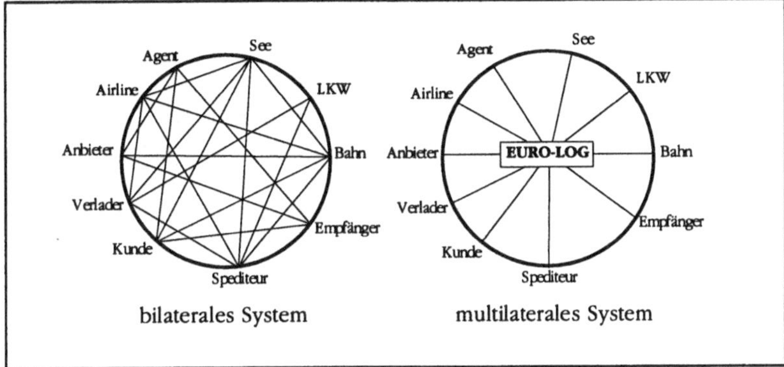

Neutralität

Das geschilderte Gesamtziel lässt sich mittels drei Punkten konkretisieren. Basis des Systems ist eine informationslogistische Infrastruktur, die existierende (und künftige) informationslogistische Systeme integriert und Zugriffsmöglichkeiten auf weltweit ausgerichtete IS offeriert. EURO-LOG tritt als neutraler VANS auf, der allen Beteiligten gleichen Zugriff ermöglichen soll. Auf dieser Infrastruktur gilt es, die relevanten logistischen Funktionen in Form von Applikationen anzubieten. Zu unterstützen sind die Funktionen Planung, Steuerung und Kontrolle der gesamten Transportkette auf branchenübergreifender Ebene, d.h. für die Bereiche Industrie, Handel und Transport. Auf beiden Ebenen, der technologischen und der logistischen (Produktebene), möchte EURO-LOG angesichts des bestehenden Mangels derartiger integrierter und übergreifender Anwendungen möglichst weitgehend mit den eigenen Produkten Standards setzen.

Bei der Umsetzung dieser Ziele (Soll-Vorgaben) wurde mit der Zielgruppendefinition (Speditionsbereich, Luftfrachtbereich etc.) begonnen. Ausgehend von einer Ist-Erhebung der Aktivitäten in der logistischen Kette einerseits und der heute gebräuchlichen Informationssysteme andererseits, wurde die Funktionalität der zu schaffenden Funktionalitäten identifiziert und analysiert. Einer Analyse bzw. Beschreibung unterzogen wurden insbesondere:

❑ die Transportoperationen und die zugehörigen Informationsflüsse bezüglich ihrer Organisationsstruktur,

❑ die Rahmenbedingungen (z.B. EG-Regelungen),

❏ die heute gebräuchlichen IS, sowie

❏ der Arbeitsfluss mit seinen internen und externen Schnittstellen innerhalb von Abteilungen.

Die durchgeführten Analysen und Beschreibungen ergaben, dass die heutige Marktsituation noch von mangelnder (horizontaler und vertikaler) Kooperation gekennzeichnet ist, was sich in der Mangelnden Interaktion der IS niederschlägt. Das Produktkonzept von EURO-LOG sieht deshalb vor, die Lücke auf der Systemebene durch eine Integration existierender Frachtsysteme verschiedener Anbieter zu schliessen, um eine Optimierung des Warenflusses wie auch eine Verbesserung der Kommunikation zwischen Systemen und Verantwortlichen zu ermöglichen.

Institutionelle und finanzielle Aspekte

Initianten

EURO-LOG B.V. wurde am 2. Juli 1992 als gemeinsame Tochter der EUCOM[16], des Computerunternehmens DEC und der Münchner Technologie Management Group (TMG) gegründet. Als weitere Beteiligte kamen später die belgische und die holländische Telekom hinzu. Das Gesellschaftskonzept von EURO-LOG sieht vor, dass Speditionen nicht in den Betreiberkreis aufgenommen werden, da man fürchtet, konkurrierende Speditionen würden die Systemnutzung meiden. EURO-LOG B.V. ist ein europaweit-orientiertes Unternehmen mit derzeit sechs nationalen Vertriebs- und Dienstleistungsgesellschaften zur Berücksichtigung lokaler Bedürfnisse. Die Systementwicklung wird von den Unternehmen Eu-Log und Softlab seit dem Jahre 1990 durchgeführt.[17]

---

[16] Die EUCOM GmbH ist ein 1988 gegründetes Tochterunternehmen der Deutschen Telekom und der France Télécom und besitzt ein Stammkapital von 105 Millionen DM. Das Ziel von EUCOM ist die Entwicklung und Vermarktung branchenspezifischer Telekommunikations-Mehrwertdienste [o.V. 1993d, 79].

[17] Die Eu-Log System GmbH ist eine in Unterföhring ansässige, hundertprozentige Tochter von Euro-Log und wurde zur Realisierung des Systems gegründet. Softlab ist ein in München ansässiges Softwarehaus mit ca. 600 Mitarbeitern, das seit 1971 besteht und seit 1992 hundertprozentige BMW-Tochter ist.

Abb. 4.6:
Unterneh-
mensstruktur

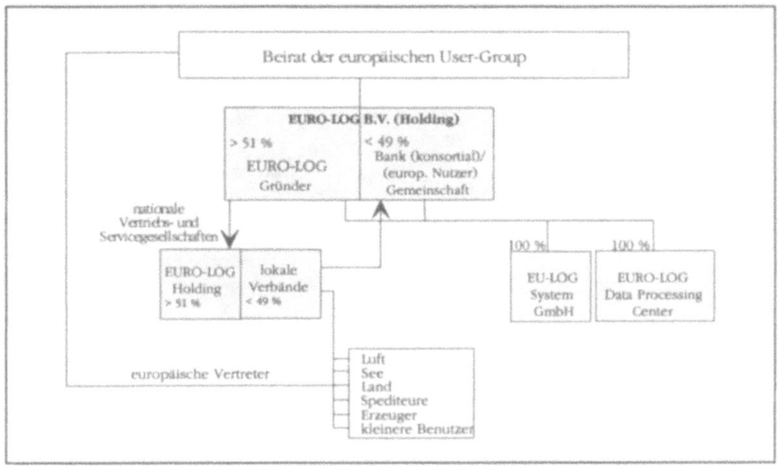

Systemteilnehmer

Anhand der Zielvorgaben lässt sich ein (Be)nutzerprofil identifizieren. Primäre Benutzer des Systems sollen die am logistischen Prozess beteiligten Parteien (insbesondere Empfänger und Spediteure)
sein, denen durch EURO-LOG als einheitliche Schnittstelle zu allen
relevanten Systemen Zugang gewähren soll. Dazu sind neben
diesen *Nachfragersystemen* die *Anbietersysteme* der Transporteure,
dem Zoll etc. anzuschliessen. Eine wesentliche Zielgruppe von
EURO-LOG ist, nicht zuletzt aufgrund der Übernahme von Softlab
durch BMW, die Automobilindustrie. Alle Teilnehmergruppen
erfahren Unterstützung bezüglich der bei der Systemnutzung auftretenden Probleme. Grosse Bedeutung legt man auf intensive
Betreuung (z.B. 24-Stunden Hotline) und die schnelle Fehlermel-
dung an die verantwortlichen Stellen. Die Vergütung der EURO-LOG-
Dienste erfolgt nutzungsabhängig, d.h. die Benutzungskosten sind
gestaffelt nach Art und Umfang der in Anspruch genommenen
Dienstleistungen. So ist jede Dienstleistung (z.B. Proof of Delivery)
mit einem bestimmten Preis versehen.

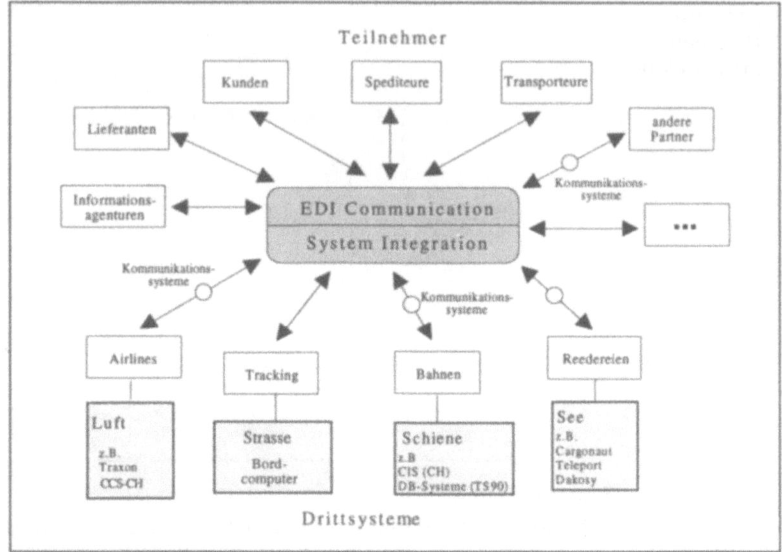

Funktionalität

Fasst man die Geschäftsziele und Vorgehensweisen zur Zielerreichung zusammen, so lassen sich für das Euro-Log System folgende Funktionalitäten identifizieren:

❏ Die Planung, Buchung, Beobachtung, Kontrolle und Analyse von Güterbewegungen in der logistischen Kette (insbesondere im landgebundenen Transport).

❏ Die Integration von Systemen verschiedener Transportmodi (Strasse, Luft, See und Schiene) und von Zollsystemen im europäischen Umfeld.

❏ Den Daten- und Dokumentenaustausch via EDI (Interpretation und Übersetzung, Clearing-Center Funktionalitäten) zwischen allen Teilnehmern einer logistischen Kette.

❏ Die effiziente Frachtabfertigung durch Trennung von physischem Güterfluss und zugehörigem Informationsfluss (vorauseilende Informationen).

Diese Funktionen spiegeln sich in elf modular aufgebauten Produktgruppen wieder, die wiederum in 46 Produktapplikationen aufgeteilt sind. Der Schwerpunkt der in Tab. 4.1 dargestellten Produktgruppen liegt in den Funktionsfeldern Systemintegration, Dokumentenaustausch (EDI), sowie Tracking und Tracing.

Tab.: 4.1: Die elf Produktgruppen von EURO-LOG		
1.	Prüfung der Frachtdokumente und Datentransfer	7. Lieferungskontrolle
2.	Dokumenten- und Datenaustausch (EDI)	8. Sprachkommunikation
3.	Passives Tracking	9. Tracing
4.	Aktives Tracking	10. Produktinformation
5.	Ladungsvertriebsmanagement (Adminstration, Zeitplan, Status)	11. Reservierung - Buchung (kombiniert/nicht kombiniert)
6.	Transfertest	

Einführung in Phasen

Die Funktionalität von EURO-LOG soll schrittweise realisiert werden, wobei mit der Systemintegration und dem Dokumentenaustausch innerhalb des Strassentransportes begonnen wird. In einer ersten, im Juni 1994 beginnenden Pilotphase (ein Spediteur und drei Zulieferer) wird neben dem Aufbau einer Infrastruktur für den Strassentransport (Satellitenortung) die Funktion *Proof of Delivery* unterstützt. Die weiteren Entwicklungsschritte sehen den Ausbau der Systemintegration, die Buchung und Reservierung, sowie die vollständige Tracking und Tracing Funktionalität vor.

Technisches Konzept

Auf technischer Ebene findet sich die beschriebene Funktionalität von EURO-LOG in Form dreier Systemkomponenten abgebildet. Dies sind die Funktionsbereiche:

Kommunikationsfunktionalität

- ❏ *Systemintegration.* Das Modul EIS soll Haus-zu-Haus Transporte unterstützen und integriert die vorhandenen Partialsysteme der Beteiligten.

- ❏ *EDI.* Mit dem Modul EDI werden Dokumentenaustausch sowie Konvertierungsfunktionen erfüllt. Gemeinsam mit der Systemintegration stellt es die Clearing-Center Funktionen dar.

- ❏ *Tracking und Tracing.* TRACOS, ein Modul für die strassengebundene Frachtverfolgung, das auf einem Bordcomputer in jedem Fahrzeug, einer Barcodekennung zur eindeutigen Identifizierung der Ware und Mobilkommunikation nach dem GSM-Standard beruht.

Kommunikationsarchitektur

Im Kommunikationsbereich unterscheidet man prinzipiell zwischen internen und externen Kommunikationsfunktionen. Die Kommunikation innerhalb des Systems erfolgt über das EURO-LOG Netzwerk, welches die Frontend- und Backend-Systeme verbindet. Geplant ist die Einrichtung von ein bis zwei Backend-Systemen, welche die Applikationen bereithalten. Über das interne X.25/X.75-Netz wird die Verbindung zu den Frontend-Systemen hergestellt, die je einmal in jedem angeschlossenen Land bestehen. Diese Frontends stellen, als nationale Konzentratoren, die Kommunikation zu den Teilnehmern sicher, was insbesondere aus Kostenperspektive erfolgt.[18] Der Zugang an diese Frontends ist beispielsweise durch Bordcomputer (für mobile Nutzer), Fax, Workstations (Standardausrüstung), benutzereigene Hostsysteme, öffentliche X.400-Mailboxen oder auch andere Logistiksysteme (z.B. →DAKOSY) möglich (vgl. Tab. 4.2).

Tab. 4.2:
Kommunikationsarchitektur von
EURO-LOG[19]

Kommunikationssystem	*Zugangsmöglichkeiten*	*Übertragungsart/-rate*
PSTN (öffentliche Telefonnetze)	europaweit	Sprache, Daten (Modem), PSPDN
gemietete Leitungen	mietbar bei nationalen PTT	von 9600 b/s bis 1.92 kb/s
ISDN	nicht überall	64 kb/s
X.25, X.75, Datex P, Transpac (F)	europaweit	PSPDN
mobile Kommunikation europaweit	nicht überall	Sprache, Daten (via EMCN)
öffentl. X.400 Services	europaweit	E-Mailsystem
öffentl. Vtx , Minitel/Btx	europaweit	Videotext Service

Nachdem EURO-LOG eine durchgehende globale logistische Kette anstrebt, wurde auf eine offene und flexible Systemstruktur Wert gelegt. Das Netzwerkmanagement erfolgt über das *EURO-LOG Data Processing Center* (vgl. Abb. 4.7). In jedem Land, in dem EURO-LOG Dienste angeboten werden, existiert für die Frontend-Dienste ein *Processing Center*, z.B. ein *Data Processing Center* oder ein X.25-Knoten zu einem entsprechenden *Data Center*. Die Infrastruktur basiert auf festen Netzen (X.25), Satellitenkommunikation (INMARSAT C) oder zellulären Verbindungen (z.B. in Deutschland

---

[18]   Durch diese nationalen Frontends trägt der Teilnehmer nur die Kommunikationskosten bis zum 'seinem' nationalen Frontend und nicht die Kommunikationskosten bis zum Backend in München.

[19]   Die in der Tabelle aufgeführten Abkürzungen stehen für: Public Switched Telephone Network (PSTN), Packet Switched Public Digital Network (PSPDN) und European Mobile Communication Network (EMCN).

D1). Das MHS des Data Processing Center (Frontend-Bereich) basiert auf X.400 (88) und X.435 (vgl. Abb. 4.8).

Abb. 4.8:
Überblick
Kommuni-
kation

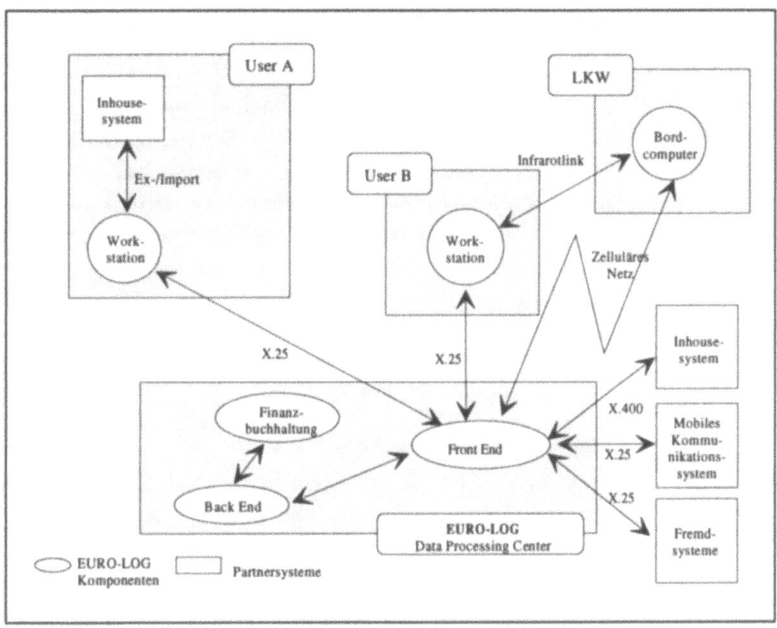

Zweischicht-
struktur

Allgemein lässt sich die Kommunikationsarchitektur in zwei Hauptmodule zerlegen, die schichtenmässig angeordnet sind und entsprechende Schnittstellen zueinander bzw. zu anderen Applikationen oder Protokollen aufweisen. Im unteren Layer sind Einzelmodule zusammengefasst, die verschiedene Protokolle unterstützen (z.B. X.400 (88), FTAM, Mobilfunk, etc.). Darauf setzt ein System zur Nachrichtenspeicherung auf. Nachrichten werden auf Anforderung kodiert/dekodiert und EURO-LOG zugeteilt. Dieser Layer bietet Anknüpfungspunkte zu darüberliegenden EURO-LOG-eigenen Modulen (Tracking und Tracing, Systemintegration, EDI) wie auch zu Applikationen auf anderen Systemen. Als Nachrichtenstandards sollen Edifact und Odette[20] verwendet werden. Die Kommunikationsstruktur veranschaulicht Abb. 4.8.

---

[20] Odette, ein De-facto Standard in der europäischen Automobilindustrie, wird verwendet, da die Automobilindustrie eines der wesentlichen Zielgebiete von EURO-LOG ist.

HW/SW-Architektur[21]

Prinzipiell ist EURO-LOG unter architektonischen Aspekten als ein offenes System zu bezeichnen, dessen Struktur heterogenen Erscheinungscharakter hat. Die Komponente *Data Processing Center* hat Gatewaycharakter, das Frontend des Centers stellt eine Hostaufschaltung für externe Systeme dar. Inhouse- und Fremdsysteme können eine Client-Server Struktur aufweisen, da hier verteilte Datenhaltung und verteilte Applikationstrukturen innerhalb der Benutzersysteme (im Hause) vorliegen können. Betriebssystemtechnisch kann von lokalen Betriebssystemen ausgegangen werden, die um entsprechende Netzwerkkomponenten erweitert sind.

Abschliessend lässt das technische Konzept von EURO-LOG auf Änderungen im Entwurf von Reservationssystemen schliessen (hin zu offenen verteilten Systemstrukturen). Positiv anzusehen ist vor allem die Verwendung standardisierter Kommunikationsprotokolle und Nachrichtenstandards.

Beurteilung und Entwicklung

Start im Strassen-bereich

Bei EURO-LOG handelt es sich um ein derzeit mit starkem Nachdruck verfolgtes Projekt, dessen besonderer Reiz in der Verbindung der bestehenden, isoliert gewachsenen Systeme besteht. Mit dieser Aufgabenstellung zwangsläufig verbunden ist eine hohe Komplexität bezüglich der Realisierung, die daher vorerst auf den Strassenverkehr fokussiert. Zusätzlich zu den Eigenentwicklungen erhielt EURO-LOG mit der Eingliederung von →TRANSPONET weiteres Knowhow (und damit auch potentielle Anwender). Nach den Systemtests (technische Infrastruktur) ist geplant, im Juni 1994 ein erstes Pilotprojekt mit einem Spediteur und einem Zulieferer in der Automobilbranche zu beginnen. Für die realisierte Funktionalität, Landtransport mit Satellitenortung und der Meldung *Proof of Delivery*, sind die Lkws mit einem Bordcomputer und Mobilkommunikation ausrüstet. Die zweite Stufe von EURO-LOG sieht einen Ausbau der Mobilkommunikation und der Bordkommunikation vor und soll Anfang 1995 in seine Pilotphase treten. Frühestens im gleichen Jahr ist mit der Funktionalität *Buchung und Reservierung* zu rechnen. Aufgrund der hohen Prioriät des Strassentransportes bleiben die übrigen Transportmodi sowie die Zollsysteme vorerst ausgespart. Geprüft wird jedoch bereits der Anschluss des Systems an

---

[21] Zur HW- und SW-Architektur sind nur allgemeine Aussagen zu treffen, da sich das System noch in der Designphase befindet und Angaben im Rahmen der SW-Entwicklung nur begrenzt erhältlich sind.

→TRAXON.[22] Eine (Laderaum- bzw. Frachten-)Börse ist aufgrund der unbefriedigenden Erfahrungen in der Schweiz und Deutschland in Zukunft nicht geplant.[23] Bei EURO-LOG rechnet man mittelfristig mit einem Marktpotential von etwa fünf Prozent des europäischen Güterverkehrsmarktes. Für den Erfolg von EURO-LOG erscheinen folgende Punkte als wichtig:

Erfolgsfaktoren von EURO-LOG

☐ Die zentrale Stärke von EURO-LOG besteht in der Integration der Systeme verschiedener Verkehrsträger. Voraussetzung einer jeden Systemintegration ist der Kooperationswille der jeweiligen Systembetreiber. Wie in Kapitel 2.3.2 beschrieben, sind im Transportbereich zwar zunehmend Formen vertikaler Kooperation anzutreffen, jedoch noch kaum solche horizontaler Kooperation.

☐ Wenn der primäre Nutzen von EURO-LOG in der Integration von Systemen verschiedener Verkehrsträger liegt, so drückt sich dieser naturgemäss auch nur in verkehrsträgerübergreifenden Transportketten aus. Jedoch liegt eine Stärke von EURO-LOG in dem Aufbau einer Infrastruktur für die Strasse. Wie aus Kapitel 3.3.2 ersichtlich, bestehen in diesem Bereich zwar vereinzelt betriebliche Systeme, jedoch noch kaum überbetriebliche Systeme. Nachdem die meisten Transporte, z.B. als zuführende Transporte, auf den Strassenverkehr angewiesen sind, ist für eine durchgängige Logistikette eine Schnittstelle zum Strassentransport sinnvoll.

☐ Die technischen Anforderungen an Teilnehmer können als Eintrittsbarriere wirken. So ist die Voraussetzung für die Teilnahme eines Strassentransporteurs, dass seine Fahrzeuge mit telekommunikationsfähigen Bordcomputern ausgerüstet sind. Angesichts der geringen Margen im Speditions- bzw. Transportgeschäft sind die Investitionen für Bordcomputer und Barcodeleser (ca. 5'000 DM pro Fahrzeug) und die Inmarsat-Ausrüstung (ca. 5'000 DM pro Fahrzeug) sicherlich ein wichtiges

---

[22] Dabei wird insb. die Frage geklärt, welche vertragliche Regelung zwischen dem EURO-LOG-Teilnehmer, EURO-LOG und →TRAXON besteht. Nachdem bisher die Kontingente bilateral zwischen Airline und Agent verhandelt wurden, ist zu klären, ob der Agent mit der Kommunikation über EURO-LOG dann einen Vertrag zu →TRAXON und EURO-LOG benötigt oder lediglich zu EURO-LOG.

[23] Zu den Frachtenbörsen vgl. →TELEROUTE INTERNATIONAL, →TELEWAYS und →TRANSPOTEL STRASSE.

Kriterium für Transporteure. Dies gilt nur, solange eine derartige Ausrüstung noch kein Standard bei Lkws ist.[24]

☐ Die Art der vertraglichen Beziehung zu EURO-LOG bestimmt den Nutzen ebenso wie die angebotene Produktpalette. Je mehr Teilnehmer (Zoll, Verkehrsträger etc.) über EURO-LOG erreichbar sind, desto eher wird die Vision einer einheitlichen externen Schnittstelle für die Nutzer Wirklichkeit. Flexible Koordinationsformen, die Unternehmen einerseits eine flexible und andererseits eine feste Bindung erlauben, können daher die unternehmerischen Motive zur Teilnahme steigern.

4.4   Interbank Data Exchange (IDX)[25]

Motivation und Zielsetzung

Branchenhintergrund

Auf Initiative ihrer Kunden arbeiten die fünf grössten britischen Banken seit 1987 an der Einführung von Bank-Kunden-Zahlungsdienstleistungen auf Basis von Edifact. Im Zuge dieser Einführungen wurde erkannt, dass die etablierten Interbanksysteme den Anforderungen einer durchgängigen Verwendung des Edifact-Standards nicht genügen. 1990 vereinbarten deshalb die fünf Grossbanken die Einführung eines Pilotbetriebes für Interbankzahlungen auf Edifact-Basis. Das IDX-Pilotprojekt ist die erste Dienstleistung dieser Art in Europa. Die eigentliche Pilotphase begann Ende 1991 und dauerte bis Juni 1992. [26]

IDX und BACS In GB sind Checkzahlungen in Verbindung mit nacheilenden Überweisungsanzeigen noch immer sehr weit verbreitet. Obwohl die Identifizierung von eingetroffenen Checkzahlungen einfach ist, gibt es bei dieser Zahlungsart wesentliche Nachteile, wie hohe administrative Kosten, Wartezeiten und Fehlerquellen. Unternehmen lösen zunehmend Zahlungen via →BACS aus. Die korrespondierenden Überweisungsanzeigen werden anschliessend per Post zugestellt.

---

[24] Bereits heute rüsten einige Lkw-Hersteller ihre Fahrzeuge gegen Aufpreis ab Werk mit Bordcomputern aus.

[25] Diese Fallstudie beruht auf einem Interview mit Herrn S. Rahman, National Westminster Bank, London. Weiterhin verwendete Literatur: [o.V. 1992f, 10; Whybrow 1992, 18; o.V. 1992o, 6].

[26] Der IDX-Service ist vergleichbar mit dem →SWIFT/EDI Projekt [Tyne 1992, 67].

Aus Käufersicht reduzieren sich zwar die Kosten der Zahlungsausführung durch →BACS erheblich, die Überweisungsanzeige ist jedoch nach wie vor papierbasiert, und eine durchgängige Elektronisierung einer Geschäftstransaktion ist über dieses System nicht möglich. Aus Sicht der Gläubiger ergibt das zeitversetzte Eintreffen der Zahlung und der Überweisungsanzeige ein Abstimmungsproblem. Aus diesem Grund wurde im Zuge der Elektronisierung vermehrt dazu übergegangen, Überweisungsanzeigen über branchenunabhängige VANS zu verschicken. Der Käufer kann dadurch seine Transaktionskosten zwar reduzieren, das Abstimmungsproblem bleibt für den Empfänger aber weiterhin bestehen.

Abb. 4.9: Konventionelle Zahlungsabwicklung

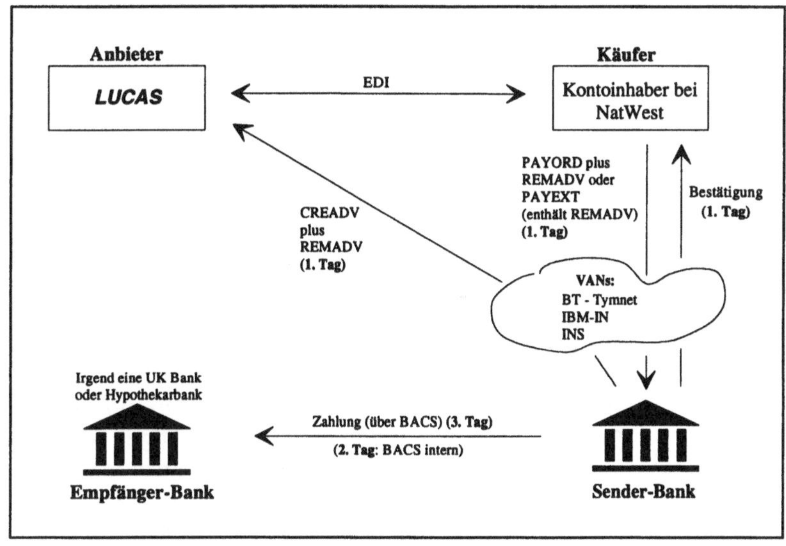

Zielsetzung

IDX soll es erlauben, sowohl die Zahlung als auch die Überweisungsanzeige über den selben Kommunikationskanal zu schicken. Sowohl Käufer und Gläubiger können dadurch Kosten einsparen, da die Informationen nicht zeitverschoben eintreffen und deshalb keine Abstimmungsprobleme entstehen. Die initiierenden Banken haben sich zum Ziel gesetzt, durch die Einführung eines Interbanksystemes auf Edifact-Basis die Vorreiterrolle im Bereich von EDI-Entwicklungen in Europa sichern zu helfen.

Institutionelle und finanzielle Aspekte

Initianten und Systemteilnehmer

Die Finanzierung wird durch die fünf Initianten (Barclays, Lloyds, Midland, NatWest und Royal Bank of Scotland im Namen der APACS[27]) sichergestellt und belastet das Budget der partizipierenden Kunden zur Zeit nicht. Die Verwaltung wird durch APACS wahrgenommen. Obwohl die britische Regierung Anregungen einfliessen lässt, wird das Projekt nicht mit staatlichen Geldern unterstützt. Die Testumgebung wird durch die interne Infrastruktur der fünf Banken unterhalten. Teilnehmer bzw. teilnehmende Branchen auf Bankkundenseite sind:[28] Sheffield Health Authorities (Betreiber regionaler Krankenhäuser; gehören zum National Health Service), Lucas (Komponenten für Flugzeug- und Automobilbau), Peugeot (Automobile), Boots (Pharmazie und allgemeine Einzelhandelsprodukte), 3M und Johnson & Johnson (Gesundheitswesen) sowie Triplex (Glasproduzent).

Kosten

Zur Zeit kostet eine vollständige IDX Transaktion je nach Berechnungsart von ca. 1£ bis 5£ [Queree 1992, 3]. Die Kosten bei BACS belaufen sich je nach Route von 0,03£ bis 0,25£ zuzüglich Versandkosten oder Netzwerkgebühr für die Überweisungs-Anzeige [Peverett 1992, 29]. Die Gesamtkosten pro Transaktion können bei BACS von 0,03£ bis 5£ variieren. Die Gesamtkosten für eine Transaktion mit Check liegen zwischen 5£ bis 10£ [Queree 1992, 3]. Die IDX Tarife sind abhängig von den Operationskosten und vom Transaktionsvolumen. Bei einer endgültigen Einführung von IDX werden Parameter wie aktuelle Marktsituation, Stärke der Konkurrenz und die Bedeutung jeder einzelnen Kundenbeziehung ausschlaggebend für den vereinbarten Tarif sein.

Funktionalität

Das Grundprinzip einer Zahlungsabwicklung über IDX kann wie folgt beschrieben werden. Für eine Zahlungsabwicklung werden i.d.R. zwei Tage benötigt:

---

[27]   APACS bezeichnet die Association for Payment Clearing Services, eine in UK anerkannte Autorität in allen Bereichen des Geldtransfers. APACS besteht aus 13 Mitgliedern. Die Mitgliedschaft steht allen Banken und Bausparkassen (Hypothekarbanken) offen.

[28]   Diese Aufzählung enthält nur Teilnehmer, die einer Bekanntgabe ihrer Teilnahme zugestimmt haben.

Ablauf einer
Zahlung

❐ *Erster Tag:* Der zahlende Kunde (Käufer) schickt eine Zahlungs-anweisung inklusive Überweisungsinformation in Form von strukturierten EDI-Nachrichten (PAYORD, PAYEXT, REMADV) zu seiner Bank gemäss einer mit der Bank vorher vereinbarten Zeit. Die Bank des Schuldners schickt als Folge am selben Tag um 14.30 Uhr eine Zahlungsnachricht (FINPAY) zur Bank des Gläu-bigers (Collecting Bank = einziehende Bank).

Abb. 4.10:
Zahlungs-
abwicklung
über IDX

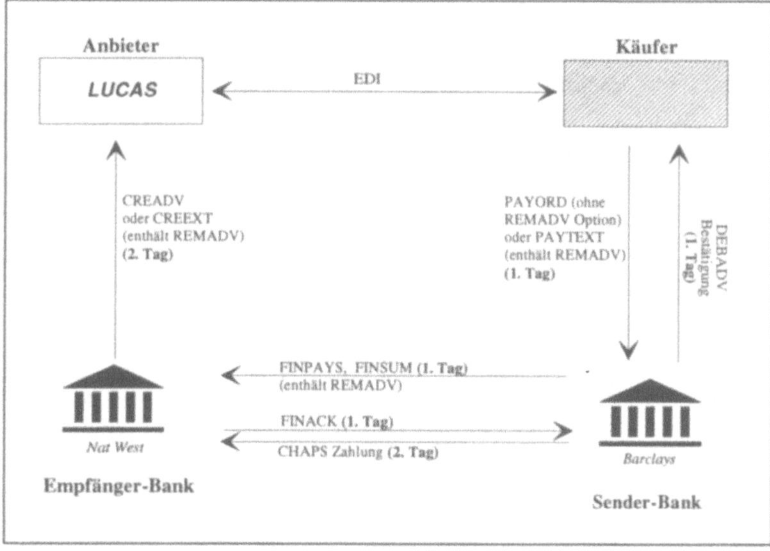

❐ *Zweiter Tag:* Die Schuldnerbank schickt zwischen 9.30 und 10.00 Uhr des zweiten Tages eine Zahlung für den Gesamtbetrag aller FINPAY-Transaktionen des Vortages über →CHAPS an die Emp-fängerbank. Die Gutschriftsanzeige und die Überweisungsdetails werden von der Empfängerbank am Mittag an ihren Kunden weitergeleitet.

Die zeitliche Steuerung von Belastung, Gutschriften und den dazu-gehörigen Anzeigen wird unter Berücksichtigung der oben angege-benen Zeiten individuell mit dem Kunden festgelegt. In ähnlicher Weise werden die Gebühren zwischen Bank und Kunde ausgehan-delt.

Technisches Konzept

Den Teilnehmern werden bezüglich des Einsatzes von SW keine Auflagen gemacht. Die Bank benötigt für die Operationalisierung einige Tage, während beim Kunden vom Vertragsabschluss bis zur Inbetriebnahme mit drei bis sechs Monaten gerechnet werden muss. Sowohl auf der Banken- wie auf der Kundenseite werden PCs eingesetzt. IDX basiert auf Edifact, wobei folgende Nachrichten zum Einsatz kommen: CREADV (Gutschrifts-Anzeige), CREEXT (Gutschrifts-Anzeige mit Zusatzinformationen), DEBADV (Belastungs-Anzeige), FINACK (Transaktions-Bestätigung), FINSUM (Clearingmeldung), PAYORD (Zahlungsauftrag), PAYEXT (Zahlungs-Auftrag mit Zusatzinformationen), REMADV (Zahlungsavisierung).

Der Betrieb von IDX soll in Zukunft durch eine noch zu gründende IDX Ltd. sichergestellt werden. Die Mitgliedschaft soll für andere Banken geöffnet werden [Tyne 1992, 66]. IDX benutzt die Mehrwertdienstleistungen von IBM, INS[29] und Information Systems and Telecommunications (Istel) [Peverett 1992, 29].

Beurteilung und Entwicklung

Cash
Management

Bei Einsatz von IDX ergeben sich im Vergleich zum vorherigen Zustand für die Kunden folgende qualitative Vorteile: Zahlungen und Übermittlungs-Details werden auf demselben Kanal verschickt, was zur Harmonisierung des Abwicklungsprozesses führt. Bei Einsatz von IDX ergeben sich für die Kunden folgende finanzielle Vorteile: Da Zahlungen und Übermittlungsdetails auf demselben Kanal verschickt werden, hilft dies, die administrativen Kosten zu senken. Die Kunden erhalten eine Anzeige der eingegangenen Zahlung früher. Dadurch kann das Cash Management verbessert werden [Pheasant 1992]. Im Vergleich zu →BACS konnte die Abwicklungszeit bei IDX um einen Tag auf zwei Tage verkürzt werden [Peverett 1992, 29].

IDX ist ein Beispiel für die Kooperationsbereitschaft der britischen Banken, um der eigenen Industrie entgegenzukommen und um Wettbewerbsfähigkeit auf Dienstleistungsebene zu erhalten. Erkenntnisse aus dem IDX-Pilotprojekt fliessen in die Zusammenarbeit der Banken mit der Electronic Data Interchange Association Financial Interest Section (EDIA FIS) und der Article Number Association (ANA) ein. EDIA ist der Dachverband der EDI

---

[29] INS ist der führende Netzwerkdienstleistungsanbieter in UK und ist im Besitz von GE und ICL. ISTEL gehört AT&T.

Anwender in GB. Die ANA führte in Grossbritannien die Barcodes auf Verkaufsartikeln in Supermärkten ein und entwickelte den Tradacoms EDI-Standard.

Stärken /
Schwächen
Die Schwächen von IDX liegen hauptsächlich im bislang geringen und nur langsam zunehmenden Zahlungsvolumen. Als Begründung dieser zähflüssigen Inbetriebnahme wird angeführt, dass Schwierigkeiten bei der Festsetzung von Testzeitplänen mit fünf Banken und ihren Kunden auftreten. Es ist geplant, dass in naher Zukunft weitere Banken zu IDX stossen werden. Unternehmen, die am Pilotprojekt teilnehmen, haben die Möglichkeit, während der Entwicklung aktiv Einfluss zu nehmen, so dass ihre Bedürfnisse abgedeckt werden. Im geplanten weiteren Verlauf sind internationale Zahlungen vorgesehen.

Die Befürworter einer Edifact-Erweiterung von →BACS stellen die niedrigen Kosten für den Zahlungsverkehr mit →BACS in den Vordergrund. Diesem Argument wird entgegengehalten, dass ein Upgrade von →BACS ungefähr 10 Millionen Pfund kosten würde und damit die Transaktionskosten für jeden Benutzer massiv erhöht werden müssten. Diese Erhöhung würde alle Benutzer von →BACS treffen [o.V. 1992f, 12].

4.5   Tradegate[30]

Motivation und Zielsetzung

Branchenhintergrund

Die Gründung von TRADEGATE ist vor den spezifischen geographischen Gegebenheiten Australiens zu beurteilen. Aufgrund dieser Lage können internationale Handelsströme nur über den See- oder Luftweg verlaufen. Diese Verkehrsträger stellen die beiden Pfeiler des ausgeprägten internationalen Handels Australiens dar. Tab. 4.3 illustriert dies anhand der Sendungsvolumina und -werte.

---

[30] Die Informationen beruhen auf Angaben von A.J. Robertson, Tradegate Australia Ltd. Weiterhin verwendete Literatur: [Swatman 1994, 107; Clarke 1994, 114; Tradegate 1992].

Tab. 4.3:
Sendungs-
volumina
und -werte
für Australien

	Volumen in Mio. t	*Wert in Mia. A$*
Importe		
See	34	36
Luft	0,167	14
Exporte		
See	316	44
Luft	0,198	11
Nationale Transporte		
Strasse	1'000	
Schiene	340	
See	4	
Luft	0,138	

Situation vor
TRADEGATE

Beide Verkehrsträger besitzen etwa den gleichen Anteil an den 1,6 Millionen Importen und 700'000 Exporten pro Jahr. Nachdem mit jeder Sendung auch Dokumente verknüpft sind, waren im papierbasierten System zwischen 70 und 150 Millionen Dokumente jährlich zu verarbeiten. Die auf 1,6 Millionen gestiegene Zahl jährlich handzuhabender Container in den australischen Häfen[31] brachte die Schwerfälligkeit des damaligen Systems zutage: zur Abfertigung eines Containers wurden im Durchschnitt drei bis fünf Tage und im Ausnahmefall gar 10 bis 15 Tage benötigt. Das darin noch enthaltene Rationalisierungspotential dokumentiert ein Vergleich mit anderen (europäischen, amerikanischen oder asiatischen) Häfen, die z.T. weniger als acht Stunden benötigen (vgl. z.B. →TRADENET). In den Jahren 1987 und 1988 wurde daher von der NCWP[32] eine Studie zu den Gründen der mangelhaften Leistungsfähigkeit durchgeführt, die im wesentlichen drei ursächliche Punkte identifizierte.

Ineffizienzen

☐ *Interaktionsmuster.* An einer Abwicklung sind bis zu 20 verschiedene Unternehmen und Behörden beteiligt, die nur ungenügend kooperieren.

☐ *Informationsdefizite.* Veraltete, grossteils papierbasierte Kommunikationssysteme verursachen Informationsdefizite, z.B. sind Informationen nicht rechtzeitig verfügbar.

---

[31] Australien besitzt sechs wichtige Häfen, deren Stellenwert die Zahl gehandhabter Container dokumentiert. Es sind dies Melbourne (680'000 Container), Sydney (520'000), Brisbane (145'000), Fremantle (123'000), Burnie (83'000) und Adelaide (49'000).

[32] Die NCWP, eine von der australischen Regierung eingesetzte Arbeitsgruppe, steht für National Communications Working Party on Cargo Movements.

❏ *Hohe Kosten.* Die Beteiligung vieler Instanzen mittels ineffizienter Mechanismen und der langsame Umschlag ein- und auslaufender Sendungen (Kapitalbindung) addieren sich zu den Produktkosten.

Neutralität Auf Basis dieser Problemfaktoren wurde vom NCWP-Bericht als Problemlösung die Gründung einer neutralen Organisation vorgeschlagen, die sich der informationslogistischen Fragen annehmen sollte. Im Jahre 1989 wurde daher TRADEGATE Australia Ltd. gegründet. Dieser Gründung ging die Initiative Tradegate*Express voraus - ein Versuch ein nationales, gemeinschaftliches Frachtverfolgungssystem einzurichten. Das Projekt scheiterte jedoch aufgrund der unzureichenden Berücksichtigung von Branchenaspekten (Datenautonomie, Schutz bestehender Investitionen, Marketing).

Zielsetzung

Das umfassende strategische Ziel von TRADEGATE ist es, EDI und damit verbundene Informationsdienstleistungen für die gesamte australische Handelsgemeinde, d.h. Umschlagsbetriebe, Behörden und Frachtführer (Strassentransporteure, Bahnen, Airlines) zur Verfügung stellen. Jede nach Australien kommende sowie jede das Land verlassende Fracht soll über TRADEGATE-Installationen an allen See- und Flughäfen computerunterstützt plan-, verfolg- und abfertigbar sein. Als weitere Funktionen wurden Clearingdienste sowie die Unterstützung bei Planung und Betrieb von EDI-Lösungen ins Pflichtenheft geschrieben. Wesentliche Eckpunkte bei der Durchführung dieser Strategie waren:

TRADEGATE- ❏ *Neutralität.* Weder innerhalb der Teilnehmer- noch der Betrei-
Strategie   bergruppe sollte es dominierende bzw. bevorteilte Teilnehmer oder Koalitionen von Teilnehmern geben. Beispielsweise sollten Zugangs- und Nutzungskosten für alle identisch sein. Gleichzeitig sollten bestehende Machtpotentiale, z.B. von Kurier-, Post- und Faxdiensten abgebaut werden.

❏ *Standards.* Durch Verwendung einheitlicher Marktsprachen sollten Teilnehmer leichter und zu geringeren Kosten kommunizieren können (Benutzeroffenheit).

❏ *Gemeinschaftscharakter.* Teilweise mit dem Neutralitätspostulat verknüpft ist der höhere Grad an Kooperation der Teilnehmer. Verlader, Frachtführer, Spediteure etc. sollten mit Blick auf eine 'End-to-end'-Verbindung zusammenarbeiten, um 'Automationsinseln', wie sie in anderen Häfen zu beobachten sind, zu vermeiden.

Institutionelle und finanzielle Aspekte

Initianten

Tradegate ist eine nicht-gewinnorientierte Organisation, die getragen wird von den in Tab. 4.4 aufgeführten zehn Teilhabern, die insgesamt über 2'000 Organisationen repräsentierten. Als Startkapital bestehen insgesamt 1,1 Mio. A$, wobei Qantas, ACS und AAPMA jeweils 250'000A$ beisteuerten, die übrigen Organisationen teilten sich zu gleichen Teilen (je 50'000A$) den verbleibenden Betrag (350'000A$).

Tab. 4.4:
Teilhaber an
TRADEGATE

ACS (Australian Customs Service)	AAPMA (Association of Australian Port & Marine Authorities)
QANTAS (repräsentiert die IATA)	ACOS (Australian Chamber of Shipping)
ANMA (Australian National Maritime Association)	CAFA (Customs Agents Federation)
ARTF (Australian Road Transport Federation)	AFEDIA (Australian Forwarders EDI Association)
AUSTRADE (Australian Trade Commission)	ROA (Railways of Australia)

Systemteilnehmer

Die hoch gesteckten Ziele, alle Handelstransaktionen abzudecken, erforderte den Anschluss von Handelstreibenden auf breiter Basis. Deshalb sollte eine heterogene Teilhaberbasis die Neutralität des IOS gewährleisten. Heute sind Teilnehmer aus allen wichtigen Branchen an TRADEGATE angeschlossen, was den Erfolg dieser Strategie unterstreicht. Beteiligt sind Regierungsstellen, Hafenbehörden, Reedereien, Spediteure, Frachtführer (Strasse, Bahn), Umschlagsbetriebe, Airlines, Versender und Empfänger. Die grösste Gruppe stellen die Zollbroker dar, was auf die heutige Ausrichtung von TRADEGATE schliessen lässt (siehe unten).

Kosten

Bei Teilnahme am TRADEGATE-System entstehen einmalige Anschlusskosten von 100A$ und weitere jährliche Teilnahmekosten, die zwischen 200A$ bis 500A$ rangieren. Daneben fallen Anschaffungskosten für die SW an, die nach der in Anspruch genommenen Funktionalität (vgl. Kapitel 4.4.3) differenzieren. Beispiele sind E-Mail (300A$), EDI (750A$ bis 8'500A$), Exit1 (225A$) oder Exit2 (750A$). Aus Kommunikationsperspektive entfallen Kosten für E-Mail (30A$ einmalig und 25A$ monatlich) sowie Übertragungskosten für E-Mail (2¢ je Nachricht), VANS (3,5¢ je 1'000 Zeichen) und

EDI. Zur Kalkulation der EDI-Kosten wird eine Staffelung nach Volumen verwendet.

Funktionalität

Integrierte Logistik als Ziel

Im endgültigen Ausbau soll TRADEGATE eine der obigen Zielsetzung entsprechend umfassende Funktionalität anbieten. Diese reicht von kommunikationsorientierten Funktionen (EDI, E-Mail) über die Verzollung bei Ein- und Ausfuhr, der Abfrage von Verfügbarkeiten und Stati, der Buchungsmöglichkeit auf Schiff, Schiene, Strasse und Flugzeug bis hin zur Autorisierung von Zahlungen. Dieser 'Maximalrahmen' ist jedoch erst teilweise ausgefüllt, wobei die realisierten Funktionsblöcke vor allem die kommunikationsorientierten Funktionen und die Zollabwicklung abdecken.

Im Zugang zum Zoll liegt heute ein Schwerpunkt von TRADEGATE. Als Teilhaber von TRADEGATE hat der australische Zoll die Entscheidung getroffen, TRADEGATE als Gateway für alle EDI Messages von und zur Handelsgemeinde zu benutzen. Dies ist in einem bis 1996 laufenden Vertrag festgelegt. ACS ist bereits seit den 60er Jahren bezüglich elektronischer Verzollungssysteme aktiv und besitzt eine reiche Teilnehmerbasis (ca. 600 Zollmakler und Importeure), die nun auch mit TRADEGATE verbunden ist. Über TRADEGATE sind daher alle in Abb. 4.11 dargestellten elektronischen *Zolldienstleistungen* verfügbar. Die wichtigsten Systeme von ACS sind:[33]

3 Anwendungen der australischen Zollbehörde

☐ *Compile.* Importeure und Zollbroker sind seit den 60er Jahren in der Lage, über Terminals im Dialog (Online) Importdokumente zu erstellen und diese an ACS zu übertragen. Das System wurde beständig weiterentwickelt, beispielsweise durch eine Zahlungskomponente (Compile EFT) und durch Monitoringfunktionen (Electronic Lodgement). Letztere erlauben es, Manifeste aller Sendungen an ACS zu übertragen und diese Daten den (zuvor übertragenen) Anmeldungsdaten gegenüberzustellen. Die Entwicklungen von Compile sollen in Edifice[34], einem Edifact-basierten EDI-Interface für die Compile-Dienste, ihren vorläufigen Höhepunkt finden.

---

[33] Zu den Anwendungen des australischen Zolls vgl. Swatman [1994, 115] und Clarke [1994, 126].

[34] Edifice steht für EDI for Input of Customs Entries und ist nicht zu verwechseln mit der EDI-Anwendergruppe EDIFICE (EDI Forum for Companies Interested in Computing and Electronics).

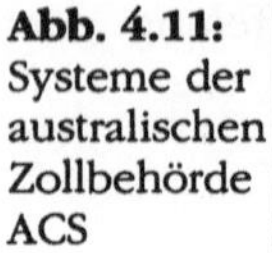

Abb. 4.11:
Systeme der
australischen
Zollbehörde
ACS

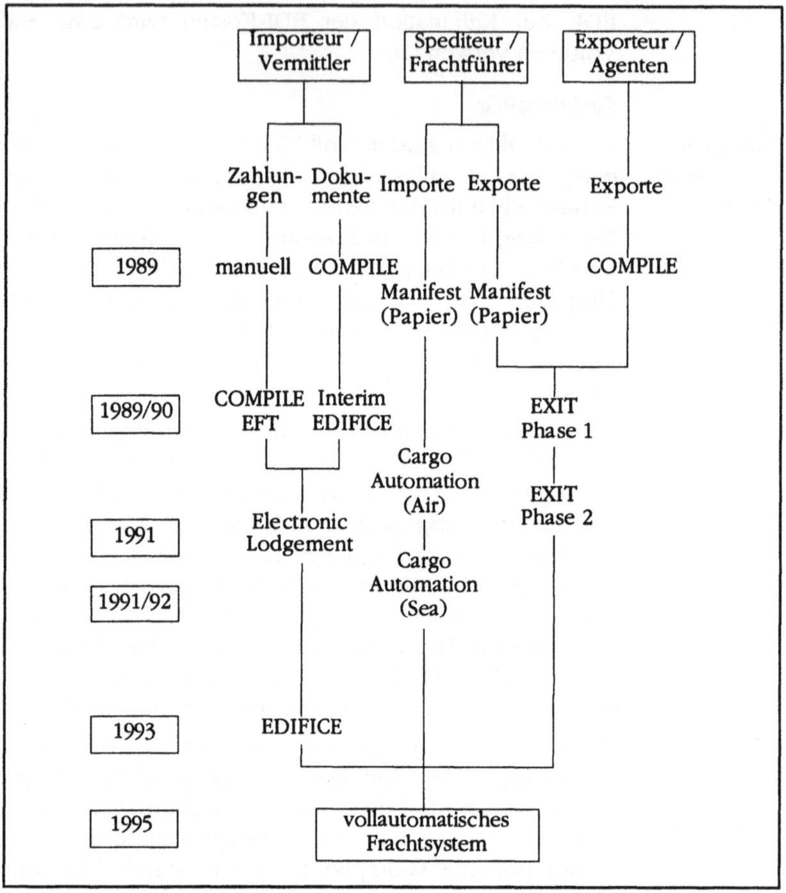

☐ *Exit.* Auch im Ausfuhrbereich sind die 'elektronischen Wurzeln'
bei Compile zu finden. Wie Abb. 4.11 zeigt, wurde es mit Einführung von Exit auch Frachtführern und Spediteuren möglich
Ausfuhranmeldungen elektronisch durchzuführen. Das System
wurde in drei Phasen eingeführt. Exit1 wurde im Jahre 1988 eingeführt und unterstützt hauptsächlich Exporteure bzw. deren
Agenten beim Beantragen von Ausfuhrgenehmigungen. Exit1
wurde dafür im Jahre 1991 in 97 Prozent aller Fälle benutzt. Im
Rahmen von Exit2 wurde der fokussierte Teilnehmerkreis auf
Frachtführer (Reedereien, Airlines) und Spediteure ausgeweitet.
Es enthält analog dem Electronic Lodgement, Monitoring-Funk-
tionen für den Zoll, die es erlauben, aus historischen Daten Risi-

koprofile von Unternehmen zu erstellen und gezielte Prüfungen zu initiieren.[35] Die Akzeptanz von Exit2 muss differenziert beurteilt werden: Während im Luftbereich bereits 85 Prozent aller Airlines damit ihre Master Waybills übertragen, sind Spediteure und auch der Seebereich (20 Prozent) noch eher zurückhaltend.

☐ *Cargo Automation.* Gemeinsam mit dem Australian Quarantine and Inspection Service (AQIS) initiierte ACS die Projekte Air Cargo Automation (ACA) und Sea Cargo Automation (SCA). Für beide Behörden sollte somit eine gemeinsame Schnittstelle für Einfuhren geschaffen werden. Einerseits können mittels Cargo Automation die Einfuhranmeldungen der Importeure oder Zollbroker mit den Importmanifesten der Frachtführer zusammengebracht und andererseits die Zoll- und Quarantäneverarbeitung integriert werden. Das System legt die Art der Prüfung fest und stellt Statusdaten zur Verfügung.

Die Arbeiten zu ACA wurden 1986 begonnen und führten vier Jahre später zur ersten Pilotinstallation in Sydney. 1992 wurde ACA an allen bedeutenden australischen Flughäfen eingeführt. Ende 1993 waren 25 Airlines und 18 Spediteure[36] angeschlossen, wobei etwa 1,5 Millionen Frachtbriefe (ca. 70 Prozent aller Frachtbriefe) verarbeitet wurden. Neben den luftfrachtbezogenen Cargo*Imp-Meldungen werden auch Edifact-Meldungen verwendet. Eingesetzt werden zur Kommunikation der Teilnehmer zum Zoll die Edifact-Meldungen CIREPT und CSINFO und zur Kommunikation des Prüfungsstatus vom Zoll zu den Teilnehmern die Nachricht CSTNOT.[37] Mittels ACA besteht bei Eintreffen der Sendungen bereits Klarheit über die zollamtliche Behandlung der Güter, wodurch Zeitersparnisse von durchschnittlich einem Tag realisiert werden.

---

[35] Risikoprofile bestanden zuvor gewissermassen 'in den Köpfen' der jeweiligen Zollbeamten. Diese wissen i.d.R. aufgrund vergangener Erfahrungen, welche Unternehmen genauer zu prüfen sind. Dieses Wissen wird nun computergestützt verwaltet und damit kollektiv verfügbar.

[36] Die Spediteure besitzen insgesamt über 50 Installationen von TRADEGATE. Es handelt sich dabei u.a. um: TNT International, Hellman, Expeditors International, Pace Express, International Cargo World, Universal Air Cargo, Allied Freight, Air Express, DHL und UPS.

[37] CIREPT bezeichet die Meldung Customs Inventory Report, CSINFO die Meldung Customs Supplementary Information und CSTNOT die Meldung Customs Status Notification.

Die erste Realisierung von SCA fand 1988 in Melbourne statt. Die dabei auftretenden Probleme waren jedoch erheblich, sodass der Betrieb bis zur Neuauflage im März 1993 eingestellt wurde. Seit März 1993 ist SCA am Hafen von Brisbane unter Beteiligung von 12 Pilotteilnehmern (4 Reedereien, 4 Umschlags- und Lagereibetriebe, 3 Spediteure und Hafenamt) in Betrieb. Wie ACA soll auch SCA auf andere Standorte ausgeweitet werden, so z.B. im März 1994 auf den Hafen von Sydney. SCA verwendet die Edifact-Meldungen CUSREP, CUSCAR, CUSRES und IFTMCS.

Neben diesen drei Hauptanwendungen sind mittels der Anwendung Tapin auch die wichtigsten Zolltarife online abfragbar. Weiterhin werden parallel zu den elektronischen Diensten noch konventionelle angeboten. Statt zu einer Kostensenkung führte dies sogar zu einem Kostenanstieg und verzögerte das Erreichen der kritischen Masse. Mit Blick auf den Ausbau des jetzigen Marktanteils und die Kostensenkung des dualen Systems, plant ACS die elektronische Verzollung massiv zu fördern.

Für TRADEGATE bedeutet die Förderungspolitik des Zolls, dass die kritische Masse an Teilnehmern tendenziell schneller erreicht wird, da den Zollteilnehmern prinzipiell auch die TRADEGATE-Dienste zur Verfügung stehen. Es handelt sich dabei um die Kommunikationsfunktionen sowie die Anwendungen Interport EDI, Alata und NVBS.

❑ *Kommunikationsfunktionen.* Neben der Kommunikation zwischen den Beteiligten (E-Mail, EDI) verwaltet TRADEGATE Mailboxen und bietet BBS-Funktionen an. Dadurch werden beispielsweise Verfügbarkeiten von Umschlagsanlagen oder Containern abgefragt. Rund 200 Teilnehmer benutzen regelmässig die BBS-Funktionen.

Logistische Funktionen von TRADEGATE

❑ *Interport EDI.* Rund 30 australische Häfen waren 1992 durch Interport EDI vernetzt und tauschten untereinander Schiffs- oder Gefahrengüterbewegungen aus. Bewegungen von Schiffen und Gefahrengütern können so an der australischen Küste verfolgt werden. Interport EDI soll künftig um EDI-Komponenten, wie etwa einer Buchungsmöglichkeit bei Reedereien oder der Übertragung von Schiffsmanifesten zum Hafen[38], erweitert werden. Darüberhinaus plant man europäische, amerikanische und asiatische Häfen in den Datenaustausch einzubeziehen.

---

[38] Dabei ist man bestrebt, die gleichen Nachrichtentypen wie bei der Übertragung von Zolldokumenten zu verwenden.

❐ *Alata.* Bei Alata handelt es sich um eine Marktapplikation auf PC-Basis mit integrierter Datenbank. In einer ersten Version unterstützte Alata die Erstellung und Übertragung der wichtigsten seegebundenen Dokumente und Zolldokumente. In einer, für Mitte 1994 geplanten Version, sollen entsprechende Meldungen für die Luftfracht unterstützt werden. Für künftige Versionen wird insbesondere die Einführung eines EFT-Moduls geplant [o.V. 1994a, 8].

❐ *National Vehicle Booking Service (NVBS).* NVBS wurde in Zusammenarbeit mit GEIS für Frachtführer und Containerterminals gegründet. Erstere können über ein BBS die Verfügbarkeit der Terminals abfragen und elektronisch Zeitscheiben bei den Terminals buchen, wobei beide Parteien bezüglich Ressourceneinsatz und -planung profitieren. Beispielsweise entfällt die bei manueller Auskunft übliche Warteschlange. NVBS wurde 1992 in Melbourne eingerichtet und besitzt ca. 200 Benutzer.

Technisches Konzept

Kommunikationsarchitektur

Die technische Infrastruktur für TRADEGATE wird vom Netzwerkanbieter Paxus ComNet (früher CSIRONET) mit einem Backbone-Kommunikationsnetz, zentralen EDI-Diensten und E-Mail zur Verfügung gestellt. Im November 1992 ging der Netzwerkbetreiber ein Joint Venture mit AT&T Easylink ein, weshalb die neue Organisation nun unter AT&T Easylink Services Australia Ltd firmiert.[39] Man verspricht sich insbesondere durch das weltweite Netz von AT&T[40] verstärkt globale und lokale Kommunikationsmöglichkeiten. Kommunikationstechnisch bietet TRADEGATE über das AT&T-Netz folgende Dienste an:

Kommunikationsdienste von TRADEGATE

❐ Zentrale EDI-, Mailbox- (AT&T/Istel, Edict), sowie E-Mail- und BBS-Dienste.

❐ Verbindung des Paxus-Netzes mit dem Qantek Australia Netz und dem internationalen AT&T-Netz.

❐ Verbindung zu anderen australischen EDI-Netzen (z.Zt. GEIS für EDI und NVBS und AOTC für Exit).

---

[39] AT&T Easylink Services Australia Ltd besitzt drei Anteileigner: AT&T (51 Prozent), Paxus (34 Prozent) und Quantek (15 Prozent).

[40] Nach Angaben von AT&T Easylink Services werden in 160 Ländern E-Mail-, EDI- und VANS-Dienste angeboten.

❏ Verbindung zu internationalen Netzen (z.Zt. SITA für ACA via Qantas, IBM und GEIS).

❏ Verbindung zum Paxus-Netz in Neuseeland (New Zealand Link).

Anforde-
rungen an
Teilnehmer

Die Benutzer sollen TRADEGATE mit standardisierter HW ansprechen können, weshalb man sich für die Konfiguration PC-Modem bzw. Akustikkoppler entschieden hat. Obwohl TRADEGATE eine Datenbasis besitzt, ist es eher auf den Transfer, denn auf die Speicherung von Daten ausgerichtet. So erreicht die Grosszahl der Frachtbriefe Australien über das SITA-Netz und wird dann über Tradegate an die Rechner der Airlines, Spediteure und des Zolls weitergeleitet. 98 Prozent der EDI Nachrichten haben im Durchschnitt eine Antwortzeit von 15 Minuten. Dies ist jedoch mit der Voraussetzung verknüpft, dass der Empfänger die Nachrichten unverzüglich aus seiner Mailbox abruft. Beispielsweise fragt der Zoll im Zwei-bis-Drei-Minuten-Rythmus seine Nachrichten ab.

Standards

Die Nachrichten können dabei eine Vielzahl an Formaten besitzen. So werden einerseits die Formate der oben beschriebenen ACS-Systeme unterstützt, andererseits aber auch Nachrichten zur Kommunikation zwischen Unternehmen einer Hafengemeinde. Insgesamt unterstützt TRADEGATE bisher über Edifact- (20 Typen), Cargo*Imp und Ansi X12-Nachrichten. Relevante Edifact-Nachrichten sind das IFTM-Rahmenwerk[41], die Meldungen IFTSTA und IFCSUM[42], die Intracon-Nachrichten des Containerbereiches sowie die Ladungsplan-Nachrichten BAPLIE und BAPLTE.

HW/SW-Architektur

AT&T-Netz
als Basis

Mit Übergang der IT-Aufgaben von Paxus auf AT&T veränderte sich auch die technologische Basis von TRADEGATE. So wurden die bislang auf einer IBM 3090/200 unter VM bei Paxus betriebenen EDI-Dienste bei AT&T auf eine UNIX-Plattform umgestellt und können nun über X.400 genutzt werden. Eine ähnliche Umstellung ist bei den E-Mail-Diensten, welche die BBS-Funktionen enthalten, zu verzeichnen. Unverändert ist die Systemkonfiguration bei den Zollfunktionen, da das bestehende IBM 3270 Compile-Netz durch den

---

[41]   Unterstützte Meldungen des IFTM-Rahmenwerkes (vgl. Kapitel 3.3.1) sind: Arrival notice, Booking Confirmation, Firm Booking, Provisional Booking, Instruction Contract Status (Bill of Lading) und Forwarding Instruction.

[42]   IFTSTA steht für die 'Multimodal Status Report Message' und IFCSUM für die 'International Forwarding and Consolidation Summary Message'.

Telekommunikationsbetreiber nicht betroffen ist. Ein wichtiger Teil von TRADEGATE stellt das Anbieten von Zugangs-SW dar: Exicute für Exit1, Exmas für Exit2, Pacair für ACA, Railcon für EDI mit der Bahn und Interbridge, einem Ansi/Edifact-Konverter.

Beurteilung und Entwicklung

Zur Zeit sind ca. 30 australische Häfen mit TRADEGATE verbunden, die Mitte 1992 ca. 5'000 Frachtbriefe wöchentlich austauschten. Für Anfang 1993 erwartet man eine deutliche Steigerung, wobei das angepeilte Ziel bei 10'000 pro Woche liegt. Im Jahre 1992 wurden etwa 8 Millionen Nachrichten verarbeitet, wobei es sich bei ca. vier Mio. um Edifact- und bei den verbleibenden um E-Mail oder interaktive Nachrichten handelt. Für das Jahr 1993 wird ein Transaktionsvolumen von 13 Millionen genannt. Trotz dieses erkennbaren Anstiegs war der bisherige Geschäftsverlauf weitgehend defizitär, weil die Mitgliedszahlen und damit die Transaktionsvolumina nicht wie erwartet stiegen. Im Juni 1993 bestanden 591 Mitglieder und insgesamt 2'122 angeschlossene Terminals.

Tab. 4.5: Mitglieder und Anschlüsse bei TRADEGATE [Tradegate 1993, 4]

Kategorie	*Mitgliedschaft*		*Anschlüsse*	
	30.6.1992	30.6.1993	30.6.1992	30.6.1993
Regierungsstellen	5	5	18	18
Hafenbehörden	18	18	18	18
Reedereien	19	21	41	47
Spediteure	46	54	123	141
Zollagenten	359	379	427	445
Strassentransp.	18	20	25	299
Containerterminals	3	3	7	7
Airlines	4	4	12	9
Banken	0	0	0	0
Exporteure	20	12	820	1'050
Importeure	57	70	61	77
Andere	4	5	4	5
Gesamt	553	591	1'556	2'122

Für die kommenden Perioden erwartet TRADEGATE infolge höherer Mitgliederzahlen und einem höheren Transaktionsvolumen eine ausgeglichene Gewinn- und Verlustrechnung. So strebt man für den Luftfrachtbereich einen Marktanteil von 80 Prozent, respektive zwei Mio. Transaktionen p.a. an. Durch Ausweitung des Vehicle Booking

Service auf Sydney soll allein dieser ein Volumen von 350'000 Buchungen p.a. erreichen. Insgesamt zeigt sich jedoch, dass die meisten Transaktionen in Beziehungen zum Zoll anfallen und TRADEGATE damit momentan hauptsächlich als Zollsystem eingestuft werden kann. Wie das folgende Beispiel zeigt, wird die Zollfunktionalität laufend ausgebaut. So werden im Rahmen des Maritime Imports Commercial-Projektes[43] die Module Compile und SCA ausgeweitet, sodass Zollbroker und Importeure direkt mit der betreffenden Reederei oder dem jeweiligen Spediteur kommunizieren können. Dieses Projekt, mit dem man die Zeit einer Verzollung erheblich zu verkürzen hofft, soll Mitte 1994 beginnen und ist auf 15 Monate terminiert. Der Erfolg bei der elektronischen Zollanmeldung führt bereits zu Überlegungen, die Verwendung des elektronischen Verfahrens für Einfuhren zwingend vorzuschreiben [o.V. 1994e, 7]. Als Vorreiter kann der Ausfuhrbereich gelten, da dort 1991 die Nutzung von Exit1 vorgeschrieben wurde.

Logistikbereiche

Obschon Teilnehmer aus einer Vielzahl anderer Bereiche angeschlossen sind, sind andere Funktionalitäten, wie etwa die CCS-Funktionalität, noch nicht realisiert, wofür sicherlich ähnlich →EURO-LOG die hohe Komplexität der Problemstellung eine Erklärung darstellt. Für den CCS-Bereich sind in Australien neben TRADEGATE Entwicklungen der Travel Industries Automated Systems Ltd. (TIAS[44]) im Gange, die Mitte 1994 unter Verwendung der →ICARUS-SW ein CCS einrichten wollen [o.V. 1994t, 7; o.V. 1994o, 7]. Die Beteiligung von Qantas an diesem Projekt könnte darauf hindeuten, dass sich TRADEGATE nicht mehr auf diesen Bereich ausdehnt, sondern eher seinen Teilnehmern den Anschluss an TIAS bereitstellt.

3 Erfolgsfaktoren

TRADEGATE ist ein System, das die Integration zwischen den Verkehrsträgern eindrücklich darstellt. Obzwar geographische Vorteile (Import- und Export nur über Luft- und Seeweg) bestehen, zeigt der Erfolg des vergleichsweise jungen Systems die Bedeutung von drei Punkten auf:

❏ *Neutralität.* Durch die Beteiligung von Verbänden der jeweiligen Teilnehmerkategorien werden einerseits eine ungleiche Nutzen-

---

[43] Beteiligt an diesem Projekt sind das Department of Transport (DOT), EDICA und Tradegate, wobei Tradegate und DOT je 100'000A$ und EDICA 150'000A$ investieren werden [o.V. 1994b, 5].

[44] Die TIAS ist ein Joint Venture von Qantas, Ansett und Air New Zealand Airlines.

verteilung unter den Teilnehmern vermieden und andererseits die Interessen der Teilnehmer berücksichtigt. Diese, bereits beim Systemdesign eingebracht, können zu einem schnellen Erreichen der kritischen Masse beitragen.

❒ *Hub.* See- und Flughäfen sowie der Zoll sind zentrale Stellen in der logistischen Kette. Sie repräsentieren informationslogistische Hubs, d.h. Informationen über die Güterströme laufen hier zusammen. Die Einrichtung informationslogistischer Systeme an diesen Stellen kann beträchtliche Rationalisierungseffekte induzieren.

❒ *VANS.* Durch Einbezug eines globalen Netzbetreibers können eine Vielzahl kommunikationsorientierter, anwendungsunabhängiger Dienste, wie etwa Konvertierungs- oder Mailboxdienste, genutzt werden. VANS stellen damit eine gute Infrastruktur zur Kommunikation mit den Teilnehmern wie auch zur internationalen Kommunikation dar. Dies zeigt sich auch am Beispiel TRADEGATE, das Anschlüsse zu AT&T, SITA und GEIS besitzt. Über diese werden die internationalen Informationsbeziehungen ausgebaut. Geplant sind beispielsweise Verbindungen nach Korea (→KTNET) und Singapur (→TRADENET).

4.6   TradeNet[45]

TRADENET ist ein staatliches System zur Geschäftsabwicklung in Singapur. Nachdem TRADENET als erfolgreiches System und Singapur als ein Pionier im breiten Einsatz von IOS gelten kann, wird in dieser Fallstudie weiter ausgeholt, wobei der Akzent vor allem auf der Einführungsstrategie liegt.

Motivation und Zielsetzung

Branchenhintergrund

Nationale IT-Strategie in Singapur
Die seit 1965 unabhängige britische Kolonie Singapur besitzt etwa drei Millionen Bürgern und ein Territorium von etwa 640 km². Trotz der nachfolgend beschriebenen starken Rolle des Staates ist die Regierung demokratisch gewählt. Nach der Unabhängigkeit war Singapur mit seinem kleinen lokalen Markt und einem technologischen Defizit von ausländischen Investoren abhängig. Ende der

---

[45] Verwendete Literatur: [Bower/Konsynski 1990; Chan 1991; Neo 1992; Raman 1993; Neo/King 1994]

70er Jahre identifizierte eine Studie des Commitee on National Computerization (CNC) die Stärken Singapurs im Informationsbereich. Angesichts des Mangels im primären (praktisch keine Rohstoffvorkommen) und sekundären (kaum Industrie) Sektor war ein Wettbewerbsvorteil kaum durch stärkeres Engagement im Industriebereich zu erreichen. Stattdessen sollten sich sich die Aktivitäten auf den tertiären Sektor (Dienstleistungen) und den Produktionsfaktor Information konzentrieren. Erklärtes Ziel dabei war es, weltweit zu einem Pionier im IT-Bereich zu werden und dadurch die Wohlfahrt und Wettbewerbsfähigkeit von Singapur zu steigern. In der Folge wurden eine Vielzahl von Programmen lanciert, deren wichtigste im folgenden historischen Abriss erwähnt werden.

Starkes staatliches Engagement

Im Jahre 1979 wurde die Informatisierung der öffentlichen Verwaltung im Rahmen des Civil Service Computerization Programme (CSCP) vom Finanzministerium begonnen. Zwei Jahre später wurde das National Computer Board[46] (NCB) ins Leben gerufen, das dieses Programm sowie den gesamten IT-Einsatz künftig koordinieren sollte. Schwerpunktmässig konzentrierten sich die Aktivitäten des NCB bis 1986 auf die Einrichtung von IAS im öffentlichen Bereich, dem Aufbau einer SW-Industrie sowie von Know-how. Auf 1986, ein Jahr der Rezession in Singapur, gehen auch die ersten IOS-Aktivitäten zurück. Im Zuge von Rationalisierungsbestrebungen wurde mit dem Handel der bedeutendste Wirtschaftsbereich[47] als Rationalisierungsobjekt ausgewählt. Nachdem Flug- und Seehafen Knotenpunkte im Handel (und der Dokumentation) darstellen, wurde hier mit der Realisierung begonnen. So besitzt der Seehafen aufgrund der geographischen Lage eine strategische Position für Verkehre zwischen dem pazifischen und dem indischen Ozean. Gemessen in Bruttoregistertonnen stellt er den grössten Hafen der Welt dar. Für den Bereich der Luftfracht stellt der Flughafen von Singapur einen wichtigen Knoten in der Region dar.

---

[46] 'Boards' sind wichtige Bestandteile der Wirtschaftsordnung in Singapur. Sie erfüllen hoheitliche Aufgaben (Telefon-, Strasseninfrastruktur, Flughäfen, Seehäfen, Stadtplanung etc.), stellen jedoch keine Behörden dar. Zwar werden diese Gremien von der Regierung eingesetzt, sie sind jedoch i.d.R. nicht staatlich subventioniert und besitzen ein aus Beamten, privaten Unternehmern und Arbeitnehmern zusammengesetztes Management.

[47] Singapur besitzt ein Handelsvolumen von S$ 216 Milliarden, das dem 3,5-fachen Bruttosozialprodukt von Singapur entspricht. Dieser Wert wird von keinem anderen Land erreicht.

Zielsetzung

Situation vor TradeNet

Die Steigerung der Wettbewerbsfähigkeit des Standortes Singapur sollte durch Reduzierung der im Abwicklungsbereich eingesetzten Dokumente und durch deren Elektronifizierung ausgebaut werden. Noch im Jahre 1985 waren in eine Verzollung in Singapur bis zu 20 Regierungsstellen involviert, wobei jede unterschiedliche Dokumente verwendete [Itoh 1994, 22]. Im Durchschnitt waren 4 bis 20 Dokumente erforderlich, die Kosten von 4 bis 7 Prozent der Sendungswerte verursachten. Wie erwähnt, fokussierte die IOS-Initiative des Jahres 1986 auf See- und Flughäfen des Landes. Beide besitzen einen hohen Stellenwert im internationalen Handel, der mit TRADENET erhalten bzw. ausgebaut werden sollte.

Institutionelle und finanzielle Aspekte

Initianten und Systemteilnehmer

In die Informatisierungsstrategie, die im National IT Plan[48] dokumentiert wurde, sollten von 1986 an verstärkt die Unternehmen der jeweiligen Hafengemeinde einbezogen werden. Um für diese (zumeist KMU) einen Anreiz zur Teilnahme zu schaffen, wurde vom NCB das Small Enterprises Computerisation Program (SECP) zur Förderung des IT-Einsatzes in KMU gegeründet. Im gleichen Jahr wurde vom Wirtschaftsministerium im Rahmen des IT Application Programms des NCB die Entscheidung zur Einrichtung eines IS zur Geschäftsabwicklung an den Häfen unter dem Namen TRADENET getroffen.

Redesign von Dokumenten

Folglich galten die ersten Schritte zu TRADENET einem Redesign der erforderlichen Dokumente. Dazu wurde das TRADENET Steering Commitee mit Untergruppen für den See-, Luft- und Behördenbereich gegründet. Ergebnis dieses (politischen) Prozesses war Ende 1986 ein umfangreiches Dokument für die Geschäftsabwicklung, das anschliessend von TDB in einem Prototypen namens Trade-Dial-Up getestet wurde. Anfangs 1987 erhielt Price Waterhouse die Aufgabe, potentielle Teilnehmer zu identifizieren und die Informationsprozesse zu untersuchen. Ende 1987 wurde IBM als Systemlieferant und Realisator für TRADENET ausgewählt. Im März 1988 riefen die vier Promotoren von TRADENET (TDB, Hafenbehörde, Flughafenbehörde und PTT) die gewinnorientierte Singapore Network

---

[48] Der National IT Plan von 1986 umfasst eine 7-teilige Strategie mit folgenden Entwicklungsschwerpunkten: IT-Industrie, IT-Personal, IT-Kultur (Gesellschaft), Kommunikationsinfrastruktur, IT-Applikationen, Kreativität/F&E und Koordination/Zusammenarbeit (betrifft NCB).

Services Pte Ltd (SNS) ins Leben, den späteren Systembetreiber.[49] SNS sollte für die wichtigsten Branchen vier Dienste anbieten: EDI, Informationsdatenbanken, E-Mail und internationale Verbindungen. Als Basis wurde unter dem Namen SNS network eine nationale Informationsinfrastruktur aufgebaut. Für die Anwendungsentwicklung gründete das NCB 1988 das Programm IT Industry.

In diese Aktivitäten war auch TRADENET eingebunden. Mitte 1988 wurde der Vertrag mit IBM abgeschlossen, wonach IBM für alles ausser der SW an der Benutzerschnittstelle (Marktapplikation) verantwortlich war. Diese wurde an vier lokale SW-Häuser (u.a. Computer Systems Advisers Pte Ltd) vergeben. Bereits sechs Monate später, am 1.1.1989, nahm TRADENET mit 50 Teilnehmern den Pilotbetrieb auf. Im Juni 1989 war die Grundfunktionalität des Systems vorhanden. Als Zielgruppe wurden in der Studie die wichtigsten Handelstreibenden in Singapur, eine Gruppe von etwa 2'200 Unternehmen unterschiedlichster Branchen, identifiziert.

Kosten

Geringe
Anforde-
rungen an
Teilnehmer

Die Teilnahme an TRADENET verursacht bei den Teilnehmern einmalige Anschlusskosten in Höhe von S$ 750, monatliche Kosten von S$ 30 und Kosten pro Transaktion in Höhe von S$ 0,5 pro Kilobyte übertragener Information (eine durchschnittliche Zollanmeldung benötigt 0,7 Kilobytes). Darüber hinaus fallen die Kosten für HW an, wobei ein PC, ein Drucker, ein NMP-Modem und die Marktapplikation erforderlich ist. Letztere umfasst einen Edifact-Konverter und die Kommunikations-SW IBM PC-IE. Darüberhinaus muss eine Erklärung für das Direct-Debiting-Verfahren unterzeichnet werden, damit die automatische Gebührenabrechnung erfolgen kann.

Funktionalität

Die Funktionalität von TRADENET baut auf der Kommunikationsinfrastruktur von SNS auf. Damit sind eine Vielzahl kommunikationsorientierter Funktionen verbunden, wie Message Routing, Konvertierung, Mailboxen etc. Daneben besitzt TRADENET aber ausgebaute logistische Funktionen, die sich in folgende fünf Bereiche aufteilen lassen (Stand: 1992):

---

[49]   SNS ist ein Joint-venture der Trade Development Board Holdings Pte Ltd (TDB; 55 Prozent), der Telecommunications Authority of Singapore (TAS; 15 Prozent), der Civil Aviation Authority of Singapore (CAAS; 15 Prozent) und der Port of Singapore Authority (PSA; 15 Prozent).

<table>
<tr>
<td>Logistische Funktionen von TRADE-NET</td>
<td>

❑ *Handelsdokumentation.* Durch das integierte TRADENET-Dokument werden alle Informationen zusammengefasst und an TRADENET übertragen. TRADENET leitet die Informationen automatisch an die relevanten Stellen (Zoll, TDS etc.) weiter. Die Rückmeldung erfolgt innerhalb von durchschnittlich zehn Minuten. Durch das integrierte Dokument wird es möglich, ehemals getrennte Prozesse wie das Erstellen von Ursprungszeugnissen oder Zollanmeldungen gleichzeitig zu erledigen.

❑ *Handelsinformationen.* Zur Entscheidungsunterstützung sind in Datenbanken Information über Länder (Überblick, Bestimmungen), Unternehmen, Marketinginformationen, Handelsstatistiken, Wirtschaftsnachrichten, Handelscodes, Flug-/Schiffspläne und Wechselkurse abrufbar.

❑ *PORTNET, Mains und STARNET.* Über TRADENET sind Verbindungen zu den Gemeinschaftssystemen PORTNET und STARNET möglich (vgl. Abb. 4.12). PORTNET ist ein von der Hafenbehörde Singapur initiiertes HIS. Gemeinsam mit Mains[50] ermöglicht es Buchungen bei Hafenbeteiligten (Umschlags-, Tallyunternehmen etc.) und Statusabfragen (Tracking und Tracing) sowie die Abfrage von Schiffsinformationen (Ankünfte, Abfahrten). Ein mit PORTNET vergleichbares System wurde mit STARNET (→CCN) für den Luftfrachtbereich geschaffen. Durch die Kopplung mit TRADENET können TRADENET-Nutzer Verbindungen zur Cargo-Community (Luftfrachtagenten, Airlines, Umschlagsagenten, Behörden) in Singapur herstellen. STARNET ermöglicht die Abfrage von Informationen (Flugpläne, BBS-Funktionen) und die Buchung von Kapazitäten.

❑ *Internationale Systemverbindungen.* Externe Verbindungen entstanden, um die Position Singapurs im internationalen Warenfluss zu stärken. Die Verbindung zu →INTIS ist bereits operational und unterstützt die dem Güterstrom vorauseilende Übertragung von Manifesten, Frachtbriefen etc. Daneben ist die Verbindung mit dem amerikanischen Zoll (→ACS) geplant, die in Verbindung mit der Anwendung Electronic Visa (ELVIS) der Kommunikation der Behörden in Singapur und USA bei der Vergabe von Textilkontingenten dient. Über GLOBALNET können Verbindungen zum Fujitsu-Netz, zu IBM IN, SITA und GEIS hergestellt werden.

</td>
</tr>
</table>

---

[50] Mains steht für Maritime Information System.

Finanz-
logistik

☐ *Finanzdienstleistungen.* Über TRADENET können Teilnehmer (z.B. Spediteure) einerseits Zahlungsaufträge an ihre (angeschlossenen) Banken und an den Zoll übermitteln. Andererseits unterstützt TRADENET die Funktion direct GIRO Interbank Funds Transfer.

Abb. 4.12:
Aufbau von
TRADENET

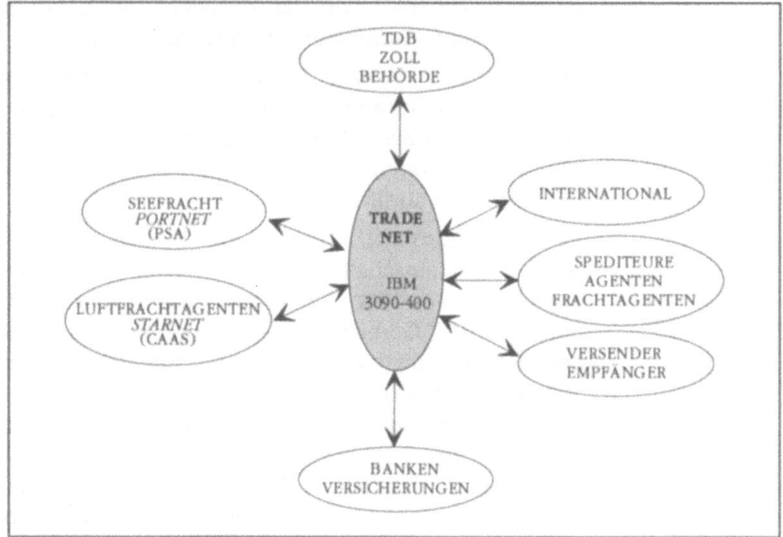

Technisches Konzept

TRADENET ist auf einem zentralen Rechner, einem IBM 3090-400, bei SNS realisiert. Auf diesem Rechner werden sowohl die Basisdienste wie MaiLink als auch die Datenbanken für die jeweiligen Anwendungen vorgehalten (vgl. Tab. 4.7). Implementiert ist auch die interne EDI-SW von IBM (Tampa-Engine). Auf die Dienste von TRADENET können die Teilnehmer auf unterschiedliche Art zugreifen. Kleinere Unternehmen besitzen einen PC mit Drucker und Modem sowie die Kommunikations-SW IBM PC-IE. Eine Integration mit Inhouse-Anwendungen ist hier nicht vorgesehen. Grössere Anwender realisieren Host-host-Verbindungen mit TRADENET und können sich dabei vor allem IBM-Protokollen bedienen. Die Kommunikation erfolgt dann über X.25, wobei proprietäre Standards und Edifact eingesetzt werden.

Beurteilung und Ausblick

Durch konsequentes Verfolgen des CSCP-Programms wandelten sich die Abläufe im öffentlichen und privaten Sektor Singapurs beträchtlich. Der öffentliche Sektor ist heute weitgehend mit Systemen unterstützt. Während 1981 lediglich zwei Ministerien informatisiert waren, waren zehn Jahre später bereits alle wesentlichen Ministerien und Behörden (30 Stellen) mit IT unterstützt. Insgesamt waren 1991 340 Systeme implementiert und weitere 94 in Planung. Basis ist dafür das Interdepartmental Network (IDNet), ein System mit 29 Hauptrechnern und 5'000 angeschlossenen Terminals. Anwendungsbeispiele umfassen das School Link System[51], Handelsregistereintragungen oder die Erstellung von Handelsstatistiken und Geburtsurkunden.[52]

Tab. 4.6: Auswirkungen der IT-Strategie in Singapur

I. Allgemeine Auswirkungen des IT-Einsatzes	
- Wachstum des IT-Marktes	28 Prozent p.a.
- Per capita Einkommen	1965: US$ 800 1991: US$ 12'650
- SECP (KMU) Investitionen	S$ 12 Mio.
- CSCP (öffentlicher Bereich) Investitionen p.a. Einsparungen durch CSCP	US$ 73,3 Mio. US$ 198,3 Mio.
- IT Industry-Programm; Erlöse	S$ 2 Mia.
- Erlöse durch IT	1981: S$ 127 Mio. 1989: S$ 1'483 Mio.
- Arbeitsplätze für IT-Fachleute	1980: 500 1990: 10'000
II. Auswirkungen des TradeNet-Einsatzes	
- Produktivitätssteigerungen	20-30 Prozent
- Kosteneinsparungen	50 Prozent
- Einsparungen insgesamt p.a.	S$ 1 Mia.

---

[51] Das School Link System verbindet das Bildungsministerium mit 400 Schulen zur Kommunikation von Einschreibungen, Prüfungsergebnissen etc. Durch das System konnte bei konstanter Personalstärke die doppelte Anzahl an Studenten verwaltet werden.

[52] Handelsregistereintragungen für Unternehmen bedürfen statt ehemals 50 Tagen nur mehr 8 Tage. Handelsstatistiken können in einem statt in vier Monaten erstellt werden. Geburtsurkunden sind bereits nach einem statt nach zehn Tagen verfügbar.

Nachdem sich die Informatisierung der staatlichen Stellen nicht nur auf den Einsatz von Intra-, sondern auch auf IOS erstreckte, strahlten die staatlichen Aktivitäten erheblich auf die Privatwirtschaft aus. Unterstützt durch das SECP-Programm (Fördersumme: 2,5 Mio. S$) konnte der IT-Einsatz erheblich ausgeweitet werden.[53] Eine ähnliche Entwicklung konnte in Verbindung mit Ausbildungsprogrammen bei der Know-how Basis (Personal) bewirkt werden. Die in Tab. 4.6 dargestellten allgemeinen Auswirkungen illustrieren den Erfolg des geschilderten Vorgehens [Chan 1991, 79].

Evolution von TRADENET

Daneben hatte TRADENET erhebliche Auswirkungen im interorganisatorischen Bereich. Durch den hohen Integrationsgrad der Behördensysteme und das Redesign der Dokumente konnte die zur Abwicklung von Ein- und Ausfuhren benötigte Zeit von ein bis vier Tagen auf durchschnittlich 15 Minuten verringert werden. Dadurch besassen die 50 Pilotteilnehmer während der dreimonatigen Pilotphase erhebliche Wettbewerbsvorteile. Nach Ende dieser Phase schlossen sich im Juni 1989 rasch viele, vor allem grössere Unternehmen an. Ende 1989 waren mit 750 Unternehmen bereits die meisten grossen Unternehmen angeschlossen und 40 Prozent aller Zollanmeldungen erfolgten elektronisch. Die Grosszahl an KMU wurde, nicht zuletzt getragen vom SECP-Programm, in den folgenden zwei Jahren angeschlossen, sodass Ende 1992 mit etwa 1'800 Teilnehmern die wesentlichen der 2'200 Handelstreibenden auch TRADENET-Teilnehmer waren. Eine im Jahre 1993 unter den Teilnehmern durchgeführte Studie ergab, dass dabei alle Teilnehmer positive Effekte verbuchen konnten [Teo 1993, 13]. Ursächliche (operative) Faktoren sind die effizientere Dokumentenverarbeitung, der beschleunigte Güterfluss, die geringere Kapitalbindung infolge seltenerer Lagerhaltung sowie die schnellere Freigabe der Sendungen. Daneben werden strategische Vorteile wie Anbieten neuer Produkte, Erreichen neuer Märkte, effizientere und flexiblere Arbeitsabläufe genannt. Der Nutzen ist umso ausgeprägter, je höher die Integration mit Inhouse-Systemen erfolgt und je aktiver die verfolgte Strategie des Teilnehmers ist (Pionier/Folger). Überraschenderweise sind die Nutzenpotentiale bei kleinen Teilnehmern ausgeprägter als bei grossen. Einige quantitative Nutzengrössen finden sich in Tab. 4.6.

---

[53] Abhängig von der Firmengrösse werden für die IT-Nutzung der Jahre 1985 und 1989 folgende prozentuale Angaben genannt: 10-24 Mitarbeiter (MA): 26 bzw. 56 Prozent, 25-49 MA: 40 bzw. 65 Prozent, 50-99 MA: 51 bzw. 90 Prozent, >100 MA: 74 bzw. 90 Prozent.

Tab. 4.7:
Angebots-
palette von
SNS

	System	*Bereich*
1.	**Basisdienste**	
	GLOBALINK	Informationsdatenbanken (Geschäftskontakte, Flug-/Schiffspläne, Liegenschaftsinformationen, Statistiken)
	MAILINK	E-Mail, BBS-Funktionen, Fax-Gateway, Kalender
	ORDERLINK	Branchenunabhängige und globale Unterstützung von Beschaffungsvorgängen; 180 Teilnehmer
	$-LINK	Elektronischer Zahlungsverkehr (EFT)
2.	**Anwendungen**	
	AUTONET	Automatisierungsbereich (Brancheninformationen, Dienste, Produktinformationen)
	BIZNET	Informationen (Geschäftskontakte, Zertifizierung etc.) des nationalen Handelsregisters (RCB[1])
	COINNET (Construction Industry Network)	Bauindustrie: Informationen (Datenbanken für Material-preise, Angebote/Ausschreibungen, Nachrichten) und Datenaustausch mit der SCAL[2]
	EPCNet (Enterprise Promotion Centres Network)	Informationen zur Entscheidungsunterstützung (Firmenprofile, Zertifizierung etc.) durch lokale Handels-kammern, Verbände u.ä.
	GLOBALNET	VAN-Dienst zur internationalen Kommunikation über GEIS, Infonet, Fujitsu, IBM IN, SITA und →INTIS. GlobalNet umfasst MAILINK, GLOBALINK und EDI
	GRAPHNET	Konstruktionsbereich (Austausch und Konvertierung von CAD/CAM-Daten)
	LAWNET	Rechtsbereich (Kommunikation und Informationsdaten-banken für Justizbehörden und Anwälte)
	MEDINET	Gesundheitsbereich (Kommunikation von Versicherungen, Krankenhäusern und Gesundheitsbehörden[3]; Patienten-informationen und Abruf historischer Krankheitsverläufe)
	PORTNET	HIS
	PROFNET	Kommunikation des MINDEF[4] mit seinen Lieferanten (Angebote, Bestellungen) (120 Teilnehmer Ende 1992)
	REALNET	Informationen über Liegenschaften und Vermietungen (lokal und international) mit Matchingmechanismus und Kalkulationsfunktionen
	STARNET	CCS
	TRADENET	Geschäftsabwicklung

Legende:

1 RCB (Registry of Companies and Businesses) gründete gemeinsam mit SNS und NCB das BIZNET.
2 SCAL (Singapore Contractors Association Ltd.), der Verband der Bauunternehmer in Singapur, gründete gemeinsam mit SNS das COINNET.
3 MOH (Ministry of Health) gründete 1990 gemeinsam NCB und SNS das MEDINET.
4 MINDEF (Ministry of Defence) gründete gemeinsam mit SNS im Dezember 1991 PROFNET (Procurement and Finance Management of Logistics Supplies). Ende 1992 liefen etwa 75 Prozent aller Ausschreibungen über PROFNET.

Auf Behördenseite verzeichnete man einen Anteil von über 90 Prozent elektronischer Anmeldungen am gesamten Anmeldungsvolumen. Deshalb wurde die obligatorische Nutzung von TRADENET im Zollbereich um zwei Jahre auf 1991 vorverlegt. Für Nicht-TRADENET-Teilnehmer wurden drei Ausweich-Möglichkeiten geschaffen. So kann die Geschäftsabwicklung an Servicezentren abgegeben oder die konventionelle Dokumentation in TDB-Büros oder an öffentlichen Terminals vor Ort eingegeben werden.

Volkswirtschaftliche Bedeutung

Durch TRADENET ist die integrierte Geschäftsabwicklung in Singapur weit fortgeschritten. In Verbindung mit Systemen für andere Branchen gibt es weltweit wohl kaum eine vergleichbar ausgebaute elektronische Infrastruktur. Denn auf die im Rahmen von TRADENET aufgebaute Infrastruktur (SNS Network) setzen weitere IOS auf, die ab Anfang der 90er Jahre jeweils für spezifische Anwendungsbereiche geschaffen wurden (vgl. Tab. 4.7).[54] Die verschiedenen Anwendungssysteme greifen dabei immer auf die gleichen Basisdienste (z.B. MaiLink) zu.

4 Erfolgsfaktoren

Aus der beschriebenen Entwicklung sowie der Vielfalt der SNS-Systeme lassen sich mehrere Schlüsse ziehen. Erstens erscheint die Rolle des Staates als zentralem Promotor der Entwicklung von Bedeutung. Die dadurch reduzierte Interessenvielfalt dürfte gemeinsam mit der einheitlichen Koordination der Aktivitäten (durch das NCB) zum raschen und effizienten Aufbau der Systeme geführt haben. Ausgehend von der Informatisierung des öffentlichen Sektors konnte eine grosse Wirkung auf den privaten Sektor erzielt werden. Zweitens wird die Rolle einer breiten Infrastruktur deutlich. Ist eine alle wesentlichen Teilnehmer einschliessende (investitionsintensive) Kommunikationsplattform vorhanden, so ist die Einrichtung von Anwendungen darauf mit vergleichbar geringerem Aufwand durchführbar. Drittens kann durch ausgewogene Nutzenverteilung und geringe technische Eintrittsbarrieren rasch eine breite Teilnehmerbasis erreicht werden. So waren dank des hohen Integrationsgrades von TRADENET mit den Applikationen von TDS, Zoll etc. rasch Rationalisierungsvorteile (10 Minuten Abwicklungszeit) erzielbar. Eine wichtige Rolle ist dabei viertens in der Synthese mehrerer Handelsdokumente zu einem einheitlichen TRADENET-Dokument zu vermuten. Innerhalb des gleichen Dokumentes bearbeiten die Akteure die jeweils für sie relevanten Infor-

---

[54] Vgl. zu aktuellen Entwicklungen von SNS auch deren Newsletter EDI-Link.

mationen. Die i.d.R. auf Dokumentenebene zu beobachtende Trennung zwischen Waren- und Finanzlogistik erscheint aufgehoben. Fünftens zeigt TRADENET wie profund die Wettbewerbsfähigkeit eines Landes durch IT beeinflusst werden kann.

Perspektive Singapurs

Der weitere Ausbau dieser Wettbewerbsfähigkeit ist unter der Vision *Singapore - The Intelligent Island* mit dem im Dezember 1990 ins Leben gerufenen IT 2000 Programm bereits in Arbeit. Durch Intensivierung des Dienstleistungsbereiches und verstärkte Nutzung des Faktors Information soll sich Singapur zu einer Drehscheibe (Global Hub) im weltweiten Handel entwickeln. Dazu sollen die SNS-Produkte verstärkt international angeboten und vermehrt Verbindungen zu anderen Netzwerken hergestellt werden. Beispielsweise wird unter wesentlicher Beteiligung von SNS ein mit TRADENET vergleichbares System in Mauritius zum Juli 1994 eingerichtet.[55] Neue Produkte sollen sowohl durch Ausbau als auch Integration verschiedener Medien und Technologien (Telekommunikation, IT, Fernsehen etc.) entstehen. Beispiele sind Multimedia-Anwendungen (CBT, Teleshopping, Unterhaltung), Smartcards, Road Pricing etc. Wie in der Vergangenheit wird auch für diese künftigen Entwikklungen der Staat bzw. werden die staatlich gelenkten Gremien (Boards) als zentrale Koordinierungsinstanz auftreten.

---

[55] Dazu wurde die Mauritius Network Services gegründet, ein Joint Venture von SNS (40 Prozent), der Regierung von Mauritius und dortigen Unternehmen. Das System soll insb. auf der Integration von Banken und der effektiven Abwicklung von Zollzahlungen (z.B. mittels EFT) liegen [o.V. 1994g, 10].

5 Auswertung der Erhebung

Wie die Systembeschreibungen der Kapitel 3 und 4 gezeigt haben, variieren IOS in vielerlei Hinsicht. Das vorliegende Datenmaterial erlaubt uns eine Auswertung nach folgenden Fragen: Wie entstehen die IOS in der Logistik? Gibt es einen dominanten Evolutionspfad für IOS? Richten sich die IOS auf Teilnehmer der gleichen oder fremder Branchen aus? Welchen Stellenwert besitzen IOS in den unterschiedlichen Logistikbranchen? Welche Funktionalität besitzen IOS in der Logistik? Wie ist es um die technische Offenheit der IOS bestellt? Gibt es einen Trend hin zur integrierten Logistik? Gibt es einen Trend hin zur Integration der Logistik? Diese Fragen sollen beantwortet werden, indem alle Systeme nach gleichen Gesichtspunkten (vgl. Kapitel 5.1) verglichen werden. Durch die Analyse der IOS nach diesen Klassen ergibt sich eine Übersicht, wie sie in Kapitel 5.2 enthalten ist. Die daraus gewonnenen prozentualen Grössen sind die Grundlage der Auswertung, die einmal die Systeme (Kapitel 5.3) und einmal den Anwendungskontext (Kapitel 5.4) in den Vordergrund stellt. Während erstere die Analyse der IOS aller Logistikbereiche zum Inhalt hat, fokussiert letztere auf jeden einzelnen Anwendungsbereich und erlaubt damit eine wesentlich detailliertere Beurteilung. Wie sich die heutige Situation zu den in Kapitel 2.3.2 aufgeführten Strategien der integrierten Logistik und der Integration der Logistik künftig verhält, wird abschliessend in einem Ausblick beantwortet (Kapitel 5.5).

5.1 Auswertungsraster

Die Systembeschreibungen aller in Kapitel 3 und 4 erfassten IOS beruhen auf dem in Kapitel 3.1 eingeführten Erhebungsraster. Um die Systeme in einer Beschreibung möglichst umfassend und vergleichbar darzustellen, wurden alle IOS systematisch nach den gleichen Klassen beleuchtet. Die Auswertung der Erhebung beschränkt sich auf diejenigen Klassen des Erhebungsrasters, die einfach beobachtbar, gut vergleichbar und einer geringstmöglichen Subjektivität des Betrachters unterliegen. Es sind dies:

Beurteilungs-
klassen

☐ *Beteiligung an der Initiierung und am Aufbau.* Für die Ausgestaltung, den Nutzen und nicht zuletzt für die Erfolgschancen eines IOS ist bedeutend, wer an der Initiierung und am Aufbau des Systems beteiligt war. Unter der Initiierung ist das Erkennen des möglichen Anwendungsfeldes und -bedarfes, das Suchen von eventuellen Partnern und das Bilden einer Projektorganisation zu verstehen. Als Gründer kommen folgende fünf Gruppen in Frage: Staat/Behörde, einzelnes Unternehmen, Gruppe von Unternehmen, Neugründung[1], Wirtschafts- und Industrieverband. Bezüglich der Branchenzugehörigkeit dieser Gruppen wird in der Auswertung zwischen der Branche des betreffenden IOS und anderen Branchen unterschieden. Unter dieselbe Branche fallen im jeweiligen Abschnitt Unternehmen bzw. Gruppierungen der betreffenden Systemgruppe. Mit 'anderer Branche' werden entsprechend Unternehmen bzw. Gruppierungen bezeichnet, die einem anderen Logistikbereich (z.B. Seebereich, Interbankbereich) oder einem anderen Wirtschaftszweig angehören (z.B. VANS).

☐ *Verwaltung des IOS.* Die initiierende und aufbauende Institution ist nicht zwingendermassen gleichzeitig auch Verwalter des IOS. Die Funktion der Verwaltung kann auch durch eine Drittpartei wahrgenommen werden. Von der Verwaltung durch eine Drittpartei wird beispielsweise dann gesprochen, wenn zu diesem Zweck durch die beteiligten Initianten ein Joint Venture gegründet wird. Unter der Verwaltung eines IOS ist die Leitung und Überwachung des operativen Betriebes und u.U. die strategische Führung, nicht aber der Betrieb selbst, die Datenpflege und die Beratung der teilnehmenden Unternehmen des Systems zu verstehen. Verschiedene Verwaltungsformen sind vorstellbar. Ebenso vielfältig sind die Hintergründe der jeweiligen Form, die Gründe für den institutionellen Wechsel sowie dessen Auswirkungen.

---

[1] Unter einer Neugründung ist ein IOS zu verstehen, deren Initiant(en) weder einem noch mehreren Unternehmen, weder einem Verband noch der Behörde zugerechnet werden kann (können). Ein Beispiel einer Neugründung stellt eine Privatperson dar, die mit der Geschäftsidee des IOS-Betriebs ein neues Unternehmen aufbaut.

☐ *Betrieb des IOS.* Der Betrieb des IOS kann sowohl bei der verwaltenden Institution als auch bei einer Drittpartei liegen. Die institutionelle Zuordnung der Verwaltung bzw. des Betriebes kann einen massgeblichen Einfluss auf wirtschaftliche bzw. technische Kriterien des Systems haben. Unter dem Betrieb eines IOS ist das Aufrechterhalten einer physischen Infrastruktur zur Unterstützung der im IOS vorgesehenen Funktionen in der vorgesehenen Form zu verstehen. Die physische Infrastruktur von IOS ist vielfältig: Sie kann je nach Ausgestaltung und Zielsetzung des IOS sowohl das Netzwerk und damit zusammenhängende Mehrwertfunktionen, die Rechner zur Unterstützung der zentralen IOS-Funktionen als auch Gateways und Terminals umfassen.

☐ *Teilnehmer.* Von Bedeutung für die Beurteilung eines Systems ist neben der Teilnehmerzahl die Zugehörigkeit zu einer bzw. verschiedenen Branchen. Die Teilnehmerzahl stellt allerdings isoliert ein Beurteilungsattribut mit beschränktem Aussagegehalt dar. Die Bedeutung eines Systems innerhalb eines Logistikbereiches lässt sich nicht ausschliesslich anhand der Zahl angeschlossener Firmen beurteilen, sondern ist vielmehr in Zusammenhang mit der Bedeutung der Teilnehmer innerhalb der jeweiligen Branche, mit dem Funktionsumfang und mit der Ausrichtung des IOS zu setzen. Über die Branchenzugehörigkeit der Teilnehmer lassen sich Aussagen bezüglich der wirtschaftlichen Ausrichtung und der Ausgestaltung des IOS treffen.

☐ *Topologie.* IOS können anhand der Topologie und der Ausrichtung charakterisiert und in drei wesentliche Gruppen unterteilt werden. Die erste Gruppe umfasst die 1:n- bzw. n:1-Systeme. Diese Systeme sind in der Regel vertikal ausgerichtet und hierarchisch (z.B. Bank-Kunden). Bei 1:n-Systemen befinden sich n Teilnehmer auf der vor- und ein Teilnehmer auf der nachgelagerten Stufe. Bei n:1-Systemen ist die Zuteilung zu den vor- bzw. nachgelagerten Stufen entsprechend umgekehrt. Im Unterschied zu 1:n-/n:1-Systemen verbinden vertikale m:n-Systeme m Teilnehmer auf einer Wertschöpfungsstufe mit n Teilnehmern einer nachgelagerten Wertschöpfungsstufe miteinander (z.B. →CCS-UK). In horizontalen m:n-Systemen werden Mitglieder einer Wertschöpfungsstufe und Branche miteinander verbunden (z.B. →SWIFT).

☐ *Kommunikationsprotokoll.* Die erhobenen Systeme werden bezüglich der genutzten Kommunikationskanäle anhand von sieben Gruppen verbreiteter Standards beurteilt. Obwohl die verschiedenen Standards auf unterschiedlichen Stufen des ISO/OSI-Referenzmodelles angesiedelt sind, werden sie in der vorliegenden Erhebung unter einer Kategorie zusammengefasst. Der Zweck der Auswertung anhand der sieben Gruppen ist denn auch weniger die direkte Vergleichbarkeit der Systeme, sondern vielmehr die Darstellung eines Überblickes über die technische Kommunikationsgrundlage der Systeme. Es wird unterschieden nach Protokollen, die den Mobilfunk, die asynchrone PC-Kopplung, die Vtx-Terminals (F.300), die synchrone Host-Kopplung, X.25 und X.400 unterstützten.

❑ *Marktsprache.* In der Auswertung werden die Systeme nach den Standards Edifact, Ansi X12 sowie nach Branchen-, Länder- und proprietären Standards gegliedert.

❑ *Funktionalität.* Die Systeme werden in der Auswertung in zwei Gruppen unterschiedlichen funktionalen Umfangs unterteilt: Systeme, die lediglich die Datenübermittlung zwischen IAS der Teilnehmer unterstützten, und solche, die eine oder mehrere Phasen des Marktes unterstützen.[2] Unter IOS zur Unterstützung der reinen Datenübermittlung werden u.a. IOS subsummiert, die einzig dem Austausch von EDI-Nachrichten dienen. IOS, die Marktfunktionalität aufweisen, sind solche, die Teilnehmer bei einzelnen oder mehreren Phasen des Marktprozesses durch Automation von Funktionen und/oder gemeinsame Datenbestände unterstützen.

❑ *Systemverbindung.* In Bezug auf die telematische Unterstützung der ganzheitlichen Abwicklung einer Warentransaktion ist es von Bedeutung, ob die Systeme über Verbindungen zu IOS anderer an der Abwicklung beteiligter Gruppen und Branchen verfügen.

5.2 Tabellarische Übersicht

Zwei Tabellen enthalten eine Übersicht der Systembeurteilung anhand der obengenannten Klassen. In der ersten Tabelle, die in Anhang A1 zu finden ist, sind die einzelnen Systeme aufgeführt; in der zweiten (vgl. Tab. 5.2) sind die Daten bezüglich einzelner

---

[2] Aufgrund der schwierigen Beobachtbarkeit werden IOS, die über eigene Datenbestände verfügen, und IOS, die Funktionen der Markttransaktion automatisieren, zusammengefasst.

Anwendungsgebiete der IOS verdichtet. In diese zweite Tabelle sind lediglich Systeme eingegangen, zu denen die Informationen zu den betreffenden Beurteilungsklassen bekannt sind. Die Prozentangaben berechnen sich somit pro Gruppe aus der Anzahl Systeme, auf die ein Attribut zutrifft, geteilt durch die Gesamtzahl der Systeme pro Gruppe, über die Informationen zur entsprechenden Klasse verfügbar sind. In diesem Sinne lassen sich auch die Anteile aller Systeme errechnen. Es ist zu beachten, dass bezüglich der meisten Klassen Mehrfachnennungen möglich sind, d.h. die summierten Prozentwerte können einen Wert höher als 100 erreichen.[3]

Tab. 5.1:
Beschreibung der Tabellensymbole

A =	Verband	J =	Joint Venture / Ausgliederung
B =	Beratungsunternehmen	L =	Airline / Luftfahrtgesellschaft
Bk=	Bank, Finanzdienstleister	S =	Schiffahrtsunternehmen
D =	Datenübermittlung	St =	Strassentransporteur
Dl =	Dienstleistungsunternehmen	T =	Terminal
E =	Eisenbahngesellschaft	V =	Verlader
G =	Staat	● =	trifft zu
I =	Informationsdienstleister/ VANS	O =	für die nahe Zukunft geplant

---

[3] Die Symbole beziehen sich sowohl auf die Auswertung auf der Ebene der einzelnen Systeme (Anhang A1) als auch auf die zusammenfassende Bewertung.

Tab. 5.2:
Zusammen-
fassende
Auswertung

	Strasse	Schiene	See	Luft	Behörden	Bank-Kunden	Interbank	Versicherung	übergreifend	Total
	%	%	%	%	%	%	%	%	%	%
Initiierung und Aufbau										
Staat / Behörde	26	0	60	33	100	5	57	0	57	41
einzelnes Unternehmen	47	57	20	56	7	95	0	25	14	36
Gruppe von Unternehmen	21	14	60	33	0	21	26	63	57	31
Neugründung	11	0	0	0	0	0	0	0	0	1
Wirtschafts- und Industrieverband	21	29	25	22	0	21	39	38	43	25
selbe Branche wie IOS	42	100	95	89	100	95	100	100	86	88
andere Branche wie IOS	68	0	30	22	7	5	4	25	86	25
Verwaltung des IOS										
gleich Initiant	47	71	40	33	93	58	61	38	14	51
ungleich Initiant	58	29	60	67	7	42	39	63	86	49
Betreiber des IOS										
gleich Verwalter	78	86	65	78	93	100	83	50	100	81
ungleich Verwalter	28	14	35	22	7	0	17	50	0	20
Teilnehmer										
selbe Branche wie IOS	105	100	100	100	87	11	100	100	100	90
andere Branche wie IOS	47	57	50	28	93	100	4	0	100	51
Topologie										
1:n	11	29	0	6	93	89	0	0	0	26
m:n (vertikale Ausrichtung)	84	43	90	94	7	11	0	100	100	52
m:n (horizontale Ausrichtung)	74	43	95	72	0	0	100	88	71	62
Kommunikationsprotokoll										
Mobilfunk	21	0	0	6	0	0	0	0	0	5
PC-Kopplung	53	29	79	89	73	85	0	80	86	73
Videotex	37	0	5	6	7	8	0	0	0	10
Host-Kopplung (SNA, 3270 etc.)	37	86	68	94	67	62	81	100	57	81
X.25, X.28 u.ä.	63	100	89	94	100	54	44	20	86	85
X.400	37	29	63	17	47	15	0	0	71	36
sonstige	0	0	11	33	40	15	0	0	43	18
Marktsprache										
proprietär	63	86	42	39	80	22	10	14	29	42
Branchen-/Länderstandard	32	29	37	89	20	61	90	14	43	53
Ansi X12	5	14	21	17	0	44	5	0	57	17
Edifact	53	43	74	78	80	39	5	86	100	57
Funktionalität										
reine Datenübermittlung (D)	21	43	37	67	20	89	13	50	43	42
(D) und Marktfunktionalität	79	57	63	39	80	11	87	50	57	62
Systemverbindung										
keine	0	0	5	0	7	21	39	0	0	12
VANS	37	43	68	89	27	68	13	88	86	57
IOS des Strassenbereichs	26	0	5	22	13	0	0	0	43	12
IOS des Schienenbereichs	0	71	16	0	7	0	0	0	14	8
IOS des Seebereichs	5	29	68	6	60	0	0	0	43	23
IOS des Luftbereichs	11	0	5	67	53	0	0	0	71	22
IOS des Behördenbereichs	16	14	58	83	20	0	4	0	100	33
IOS des Bankbereichs	0	0	0	0	7	5	43	25	86	17
IOS des Versicherungsbereichs	0	0	0	0	0	0	0	25	29	3

5.3 Systembezogene Auswertung

Die nach neun Bereichen aufgeteilten IOS werden im folgenden in ihrer Gesamtheit nach neun Gesichtspunkten untersucht. Indem die Systeme verschiedener Logistikbereiche verglichen werden, können generelle Aussagen über Entstehung, Funktionalität etc. von IOS in der Logistik getroffen werden.

5.3.1 Initiierung und Aufbau

Frühere Studien haben gezeigt, dass IOS selten auf der grünen Wiese geschaffen werden, sondern in den meisten Fällen eine Weiterentwicklung bestehender Geschäftsbeziehungen darstellen [Ritz 1991, 9]. Drei Klassen von Motiven zur Schaffung eines IOS wurden dabei identifiziert: Es sind dies: 1. Schaffung eines neuen bzw. Erhaltung eines bestehenden Absatzkanales, 2. Verbesserung der Kosteneffizienz von Geschäftsbeziehungen und 3. Systembetrieb als eigentliche Geschäftstätigkeit [Ritz 1991, 7].

Kritik an IOS

Kritiker sehen in der Einführung von IOS ein Nullsummenspiel, das einem beherrschenden Unternehmen Vorteile auf Kosten seiner abhängigen Partner verschafft. Das Spektrum der damit angesprochenen Beeinflussung des schwächeren Partners reicht von der Vorschrift eines EDI-Standards bis hin zu Eingriffen in die Ablauforganisation des Unternehmens [Doch 1992, 16]. Ausschlaggebend für die Wahrscheinlichkeit eines solchen Konfliktes ist die Gestaltung der formalen Vertragsbeziehungen zwischen den beteiligten Unternehmen (vgl. Kapitel 2.1.2 und 2.2.3) [Picot et al. 1991, 27], die Topologie und nicht zuletzt auch die Form der Integration der Beteiligten. In Ergänzung dieser früheren Untersuchungen lässt sich die vorliegende Studie zu folgenden Resultaten bezüglich der Initiierung und dem Aufbau von IOS verdichten:

Staatliche Dominanz bei der Initiierung

Der Staat weist unter den möglichen Gruppen bei der Beteiligung an der Initiierung und am Aufbau einen überdurchschnittlich hohen Anteil auf: Mit 41 Prozent ist der Staat häufigster Initiant eines IOS in der Logistik. Dies ist u.a. auf den hohen finanziellen Aufwand und die hohe volkswirtschaftliche Bedeutung derartiger IT-Projekte zurückzuführen. Mit 36 Prozent bzw. 31 Prozent folgt die Gruppe der einzelnen Unternehmen bzw. der Unternehmensgruppen. Wirtschafts- und Industrieverbände weisen mit 25 Prozent einen eher geringen Anteil auf. Lediglich ein Prozent aller Initiativen zum

Aufbau eines IOS in der Logistik ging von Personen oder Gruppen aus, die ein neues Unternehmen mit dem Ziel des Systembetriebs gründeten. Dies kann als deutliches Zeichen dafür gewertet werden, dass IOS bei den Beteiligten entstehen. Die Gesamtsumme der Anteile zeigt ausserdem, dass verschiedentlich mehrere Gruppen in der Initiierungs- und Aufbauphase beteiligt sind.

Klare Unterschiede weist die Differenzierung der Branchenzugehörigkeit auf: In 88 Prozent aller Fälle sind Unternehmen der betreffenden Branche an der Initiierung und am Aufbau des IOS beteiligt. Lediglich bei 24 Prozent der Systeme waren branchenfremde Unternehmen oder Gruppen involviert und nur bei 12 Prozent waren diese auch alleinige Initianten. Dies lässt den Schluss zu, dass der Aufbau eines IOS für branchenfremde Unternehmen(-sgruppen) ohne die Beteiligung von Branchenvertretern nur bedingt realisierbar oder wirtschaftlich unattraktiv ist.

5.3.2 Verwaltung des IOS

Der Initiant des IOS muss nicht zwingendermassen nach der Inbetriebnahme auch die Verwaltung des operativen Betriebes übernehmen. Der Initiant besitzt beispielsweise nicht die nötige Kompetenz für die Verwaltung eines Systems, das Outsourcing geschieht aus Kostenüberlegungen, oder der Initiant - meist ein Beteiligter der entsprechenden Branche - ist auf Neutralität des Systems bedacht. Wurde nicht bereits in der Initiierungsphase eine neue Organisation für den Aufbau gegründet, so wird dieser Schritt teilweise beim Übergang zum operativen Betrieb gemacht. Im Gegensatz dazu kann die Vereinigung von Initiant und Verwalter in einer Organisation auf starke Marktstellung und hohe Kompetenz im Aufbau und der Verwaltung eines IOS hinweisen. Die Studie sagt dazu folgendes aus:

Das Verhältnis zwischen den IOS, die auch nach dem Aufbau von dem oder den Initianten verwaltet werden und den IOS, bei denen die Verwaltung an eine dritte Partei übergeben wurde, ist ausgeglichen. In 51 Prozent der Fälle wird das IOS von der gleichen Gruppe auch nach dem Aufbau verwaltet. Bei 49 Prozent der Systeme ging die Verwaltung an eine neue Gruppe über, war die betreffende Gruppe nach der Inbetriebnahme neu zusammengesetzt oder wurde zum Zweck der Verwaltung ein neues Unternehmen (Joint Venture, Auslagerung) gegründet. Von allen Systemen haben sich immerhin 33 Prozent zu einer Gründung eines eigenständigen Unternehmens entschlossen. Diese ist z.T. mit erheblichem Ressourcenaufwand verbunden. Dies zeigt, welchen strategischen Charakter die Beteiligten einem IOS und der Neutralität des Systemverwalters beimessen.

5.3.3 Betrieb des IOS

Der Betrieb eines IOS ist mit einer hohen Komplexität verbunden. Lediglich im Fall von Informationsdienstleistern gehört der Betrieb auch zu den Kernkompetenzen der Logistikbeteiligten. Eine Form der Auslagerung stellt deshalb der Betrieb durch einen Informationsdienstleister dar, wobei ein neugegründetes Unternehmen auch als Informationsdienstleister i.w.S. verstanden werden kann. Die steigende Verbreitung von EDI ist ein Hinweis auf die wirtschaftliche Bedeutung und zukünftige Schlüsselrolle von VANS. Entschliessen sich die Beteiligten, den Betrieb selbst zu führen, so ist dies u.a. auf strategische Überlegungen oder hohe Sicherheitsanforderungen zurückzuführen. Zum Betrieb von IOS liefert die Studie folgende Resultate:

Rund 81 Prozent der verwaltenden Gruppierungen betreiben das System auch eigenverantwortlich. Bei den 20 Prozent der Systeme, bei denen der Verwalter und Betreiber institutionell nicht zusammenfallen, wird der Betrieb in über 80 Prozent der Fälle an VANS übertragen. Ein Zusammenhang zwischen IOS-Gruppe und bevorzugter Auslagerung des Betriebs ist nicht eindeutig: Es lässt sich weder zu einer der initiierenden bzw. aufbauenden noch zu einer der verwaltenden Gruppen ein Bezug herstellen.

5.3.4 Teilnehmer

Systeme, deren Teilnehmer ausschliesslich zur selben Branche gehören, haben eine andere Ausrichtung in Bezug auf die Geschäftsabwicklung. Sie zielen auf die effiziente Abwicklung innerhalb eines Sektors des sekundären WSP ab. Systeme, die Teilnehmer zwei und mehrerer Branchen vereinigen, weisen aufgrund der unterschiedlichen Sichtweisen auf die Geschäftstransaktion und damit unterschiedlichen Zielsetzungen eine höhere Komplexität auf. Diese Systeme sind auf die Effizienzsteigerung an den Schnittstellen zwischen primärem und sekundärem bzw. innerhalb des sekundären WSP ausgerichtet. Einseitige Nutzenverteilungen unter den potentiellen Systemteilnehmern vermindert die Akzeptanz eines Systems. Die Studie liefert dazu folgende Resultate:

Die Mehrheit der IOS, nämlich 90 Prozent, sind auf die Unterstützung der Geschäftsbeziehungen innerhalb der jeweiligen Branche ausgerichtet. 51 Prozent sind auf den Geschäftsverkehr zwischen verschiedenen Branchen ausgerichtet. Aus der Summe der Anteile ist ersichtlich, dass die IOS zu 41 Prozent sowohl auf branchen-interne wie -übergreifende Transaktionen ausgerichtet sind.

5.3.5   Topologie

Die Charakteristik eines IOS ist in hohem Masse von der Topologie des Systems abhängig. So sind 1:n- bzw. n:1-Systeme oft geprägt von einem dominanten Teilnehmer, der das System initiiert und aufgebaut hat und i.d.R. auch betreibt. Indem m:n-Systeme auf jeder Stufe der Wertschöpfungskette mehrere Teilnehmer miteinander verbinden, weisen sie einen Marktcharakter auf. Die Dominanz eines Mitgliedes oder einer Gruppe von Mitgliedern ist nicht derart ausgeprägt wie bei 1:n-Systemen. Die Topologie beeinflusst die Vertragsgestaltung insofern, dass in 1:n eine machtbedingte Hierarchisierung wahrscheinlicher ist als in marktähnlichen m:n-Systemen. Horizontale m:n-Systeme haben im Unterschied zu den vertikalen einen anderen Anwendungsfokus und weisen eine andere Charakteristik auf: Sie sind entweder auf die effiziente Abwicklung von Transaktionen (Abwicklungsphase) oder auf Geschäfte innerhalb der Branche (elektronische Börsensysteme) ausgerichtet. Die Zahl der Teilnehmer, die als Auftraggeber bzw. Beauftragter auftreten, ist variabel. Charakteristisch für diese Systeme ist ausserdem die enge Zusammenarbeit von Konkurrenten. Aus der Auswertung lassen sich zu den drei Gruppen der Topologie folgende Aussagen machen:

Die Gruppe der vertikalen m:n-Systeme weist einen Anteil von 52 Prozent, jene der horizontalen m:n-Systeme einen Anteil von 62 Prozent auf. Damit sind multilaterale IOS unter den untersuchten Systemen doppelt so stark vertreten wie die 1:n-/n:1-Systeme: Die bilateralen Systeme weisen gerade einen Anteil von 26 Prozent auf.

Zwischen der Topologie einerseits und der Initiierung / dem Aufbau, der Verwaltung von IOS und dem Betrieb von IOS andererseits ist eine Verbindung feststellbar: 1:n/n:1-Systeme werden überwiegend von einzelnen Unternehmen oder vom Staat initiiert, von diesen verwaltet und auch betrieben. Dagegen werden m:n-Systeme öfter von mehreren Gruppen initiiert und verwaltet. Der Betrieb wird öfter durch Informationsdienstleister/VANS geführt. Daraus lässt sich auf die höhere Komplexität der letztgenannten Systeme schliessen.

5.3.6   Kommunikationsprotokolle

Die technische Offenheit von IOS ist mit der juristischen Offenheit von zentraler Bedeutung für die Verbreitung eines Systems und die Interoperabilität mit benachbarten Systemen bzw. mit IAS. Die Verwendung von standardisierten Kommunikationsprotokollen ist ein wichtiges Kriterium zur Beurteilung der technischen Offenheit von IOS. Die Auswertung der Systeme ergibt bezüglich der Kommunikationsprotokolle folgendes Bild:

85 Prozent aller Systeme bauen auf den Kommunikationskanälen der Gruppe X.25, X.28 u.ä. auf. Damit stellen die paketvermittelnden Transportprotokolle den verbreitetsten Standard auf den untersten Schichten des ISO/OSI-Referenzmodelles dar. Der Mobilfunk als Trägermedium stellt mit 5 Prozent lediglich eine Nischenlösung für bestimmt spezielle Anwendungen und Branchen dar.[4] Auf den oberen Schichten des ISO/OSI-Referenzmodelles erreicht die Verbreitung von Protokollen zur Unterstützung der Host-Kopplung 81 Prozent, diejenige zur Unterstützung der PC-Kopplung 73 Prozent. Die Ausrichtung an diesen verbreiteten Standards lässt auf technische Offenheit der Systeme schliessen.

Die geringe Verbreitung von Vtx-Terminals unter den untersuchten IOS (10 Prozent) ist in erster Linie auf das Anwendungsspektrum von Vtx zurückzuführen: Während Vtx-Systeme in erster Linie auf die Kommunikation mit Endkunden und Kleinbetrieben abzielen, richten sich die EDI-Systeme auf die Unterstützung der Abwicklung von Transaktionen zwischen institutionellen Geschäftspartnern mit entsprechendem Handelsvolumen aus. Trotzdem bauen einige Systeme auf Vtx auf bzw. bieten alternativ einen Vtx-Kanal zur Datenübermittlung an. Dieser Kanal ist umso wichtiger, je grösser der Anteil an KMU in der Zielgruppe ist.

Mit X.400 steht ein Protokollstandard zur Verfügung, der nach dem Willen von Standardisierungsgremien zu einem globalen Standard für den elektronischen Datenaustausch, insbesondere für die elektronische Post, verbreitet werden soll. Mit 36 Prozent erreicht das Protokoll bereits heute eine relativ grosse Verbreitung.

5.3.7   Marktsprache

Zentrale Bedeutung für die Beurteilung der technischen Offenheit eines IOS kommt neben den Kommunikationsprotokollen der

---

[4]   Vgl. dazu die branchenbezogene Auswertung in Kapitel 5.4.

Marktsprache zu. Die Bedeutung der verwendeten Standards für die Interoperabilität von IOS sowie von IOS und IAS ist aus der aktuellen Diskussion über Edifact als branchenübergreifendem Standard ersichtlich.

Die Verbreitung von Edifact unter den untersuchten Systemen erreicht mit 57 Prozent den höchsten Wert unter den Gruppen der Marktsprachen. Mit 42 bzw. 53 Prozent erreichen aber auch proprietäre bzw. Branchen-/Länderstandards (noch immer) hohe Anwendungsraten. Der tiefe Wert für die Verwendung des Ansi X12 Standards ist in erster Linie darauf zurückzuführen, dass das geographische Schwergewicht der Studie auf Europa liegt. Im amerikanischen Raum ist Ansi X12 trotz der Förderung von Edifact durch die Regierungen noch immer der am weitesten verbreitete Standard.

49 Prozent aller Systeme unterstützen mehr als einen Standard. Bei einer Vielzahl tritt die Kombination proprietärer Standard und Edifact bzw. Branchen-/Länderstandard und Edifact auf. Viele dieser Systeme wurden vor der Einführung von Edifact implementiert und haben im Verlauf des Betriebes das System um die Edifact-Komponente ergänzt.

5.3.8   Funktionalität

Fälschlicherweise werden IOS ausschliesslich mit stragischen Zielen des teilnehmenden oder anbietenden Unternehmens in Verbindung gebracht. Die tabellarische Auswertung bestätigt jedoch die Beobachtung ähnlicher Untersuchungen, dass eine Vielzahl der Systeme auf operative Ziele (Rationalisierungsziele) ausgerichtet sind bzw. dass verschiedene strategisch ausgerichtete Systeme aus ursprünglich rein operativen Gründen entwickelt wurden [Mörk 1992, 53; Schumann/Hohe 1988, 516]. Die Erhebung hat bezüglich der Funktionalität der IOS folgende Resultate erbracht:

Reine Datenübermittlung   Unter die Gruppe der Systeme reiner Datenübermittlung fallen 42 Prozent aller erhobenen Systeme. Es sind dies in erster Linie m:n- bzw. 1:n-/n:1-Systeme. Bei diesen vertikal ausgerichteten IOS steht der Ersatz von papierbasiertem Geschäftsverkehr durch Telematiknetze im Vordergrund. Der Nutzen, der sich aus dem Betrieb und der Teilnahme an einem solchen System ergibt, kann unterschiedlich gross sein. Im unteren Bereich des Nutzenspektrums lassen sich beispielsweise durch eine EDI-Verbindung zweier oder mehrerer Geschäftspartner mittels stand-alone PC kaum strategische Wettbewerbsvorteile erzielen. Die Vorteile der schnelleren Datenkommunikation, der fehlerfreien Übertragung und des Wegfallens der mehrfachen Wiedereingabe am Empfangsort können zwar den teilnehmenden Unternehmen einen operativen Nutzen bringen, Neueinsteiger (Followers) können sich jedoch in relativ geringer Zeit die technische Kompetenz zum Betrieb aneignen und den Nutzenunterschied wettmachen. Teilweise wird eine höhere Flexibilität des Unternehmens und eine kürzere Reaktionszeit auf Kundenwünsche mit dem Betrieb eines IOS in Verbindung gebracht. Diese Auffassung lässt jedoch ausser acht, dass sich diese Effizienz- und Effektivitätssteigerung nicht ausschliesslich auf die Einführung des IOS als technisches System, sondern insbesondere auf die mit der Einführung zusammenhängenden Umstrukturierung des Geschäftsablaufes zurückführen lässt. Im oberen Bereich des Nutzenspektrums sind EDI-Systeme angesiedelt, die aufgrund ihrer Grösse in ihrem Aufbau und Betrieb sehr komplex sind und die dem Betreiber und den Teilnehmern durchaus den Aufbau von Wettbewerbsvorteilen ermöglichen. Beispielhaft sei hier auf die verschiedenen CCS-Systeme verwiesen (vgl. Kapitel 3.3.5).

Marktfunktionalität

Der Anteil der IOS, die über EDI hinaus Marktfunktionalität aufweisen, umfasst 62 Prozent. Die Ausgestaltungen dieser Funktionen sind vielfältig und deren Verbreitung von Anwendungsbereich zu Anwendungsbereich verschieden. Die Marktfunktionalität kann gemeinsame Datenbestände umfassen, über die der Teilnehmer beispielsweise Informationen zu potentiellen Marktpartnern, zu Verfügbarkeit und Preisen von Logistikdiensten beziehen kann. Solche Datenbestände unterstützen die Informationsphase einer Markttransaktion. Anwendungsbereiche sind u.a. der Strassen- und Seebereich. Unter die IOS zur Unterstützung der Marktfunktionalität fallen auch IOS, die bestimmte Funktionen der Markttransaktion automatisieren. Dabei kann es sich wie beispielsweise bei Interbanksystemen um das automatische Netting von Zahlungen handeln (vgl. Kapitel 5.4).

5.3.9   Systemverbindung

In Bezug auf den hier verwendeten umfassenden Logistikbegriff, der sowohl den Waren-, als auch den Finanzbereich einschliesst, kommt dem Funktionsspektrum der Systeme ein wichtiger Stellenwert zu (vgl. Kapitel 2.1.2). Zu IOS, die sämtliche Bereiche der Logistik abdecken, sind bis heute erst Ansätze vorhanden; die Verbindung einzelner Logistikbranchen über IOS stellt eine Lösung dar, welche die Idee des umfassenden Logistikverständinisses aufgreift und sie in pragmatischer Weise umsetzt. Bezüglich der Systemverbindungen ergibt die Erhebung folgendes Bild:

Verbindung zu VANS

Über die Hälfte der Systeme (52 Prozent) verfügt über eine Verbindung zu VANS oder wird von solchen betrieben. Dies zeigt einmal mehr die grosse Bedeutung von Informationsdienstleistern als zentrale Informationsdrehscheibe auf den (Logistik-)Märkten. Es ist zu erwarten, dass sich deren Präsenz in Zukunft noch verstärken wird: Das Rationalisierungspotential der Auslagerung der Informationsverarbeitung scheint erkannt. Nur gerade 10 Prozent der beschriebenen IOS verfügen weder über eine Verbindung zu einem VANS noch über eine solche zu anderen IOS derselben oder anderer Branchen. Dies darf als Erkenntnis der Betreiber und Anwender gewertet werden, dass durch die Verbindung mit VANS und anderen Systemen ein zusätzlicher Nutzen erzielt werden kann. Die Höhe des Nutzens ist dabei stark von der Ausgestaltung der jeweiligen Verbindung abhängig. Die Stärke von VANS liegt in ihren räumlich grossen Netzwerken und der Vielzahl von unterstützen Kommunikationsarten.

Direkte IOS-Verbindung

Der Anteil der direkten Systemverbindungen ist im Strassen-, im Schienen- und im Versicherungsbereich überdurchschnittlich tief (12, 8 und 3 Prozent), im See-, Luft- und Behördenbereich überdurchschnittlich hoch (23, 22 und 33 Prozent). Die höchste Verbindungsrate ergibt sich jeweils innerhalb einer Branche (z.B. Strassensystem - Strassensystem). Eine einschränkende Bemerkung ist jedoch nötig: Systeme bestimmter Branchen - beispielsweise der Versicherungsbranche - verfügen über einen hohen Anteil an Verbindungen zu VANS und evtl. über diese zu Systemen anderer Branchen.

5.4   Branchenbezogene Auswertung

Nachdem die erhobenen IOS aus Sicht des Systems ausgewertet wurden, soll nun der Anwendungsbereich im Vordergrund stehen. Es handelt sich dabei um die Bereiche, die als Gliederungskriterium in Kapitel 3 verwendet wurden. Viele Ausführungen bauen auf den Überblicken zu den Anwendungsbereichen in Kapitel 3 auf, sodass sich deren Lektüre zum Verständnis der nachfolgenden Bewertung empfiehlt.

5.4.1   Strassenbereich

Der Strassengütertransport wurde in Kapitel 3.3.3 charakterisiert als ein Bereich mit hoher Bedeutung bei intrakontinentalen Transporten, der aber gleichzeitig starkem gesellschaftlich-ökologischem Druck unterliegt. IOS können durch verbesserte Informationslogistik zu besserer Nutzung der vorhandenen Infrastruktur beitragen. Die untersuchten Systeme zeigen, dass dieser Handlungsbedarf von vielen Parteien erkannt wird.

Organisation Wie in keinem anderen Bereich zeigt sich eine gleichmässige Verteilung zwischen den Initiierungsmustern, wobei ein dominierendes Initiierungsmuster nicht erkennbar ist. So ist der staatliche Sektor bemüht, mittels Forschungsprogrammen IOS zu fördern (26 Prozent), weil die von KMU und hoher Wettbewerbsintensität geprägte Branchenstruktur dem investitionsintensiven Aufbau von IOS tendenziell entgegensteht.[5] Dies deutet auf eine weitere Initiierungsstrategie, den gemeinschaftlichen Aufbau einer Infrastruktur durch die Beteiligten, hin. Die in Kapitel 2.3.2 erwähnte geringe organisatorische Kooperation zwischen Unternehmen des Strassengütertransports zeigt sich auch in den Systemen: Branchenverbände und Unternehmenskooperationen besassen mit je 21 Prozent nur durchschnittliche Bedeutung. Aktiver waren mit 47 Prozent einzelne Unternehmen, was einerseits auf die grossen Speditionen mit ihren eigenen Netzen, andererseits aber auch auf den hohen Anteil branchenfremder Unternehmen zurückzuführen ist. Verglichen mit den Systemen der anderen Verkehrsträger stammen mit 42 Prozent weniger als die Hälfte der Initianten aus der gleichen Branche (Strassentransport). Informationsdienstleister, Beratungsunternehmen sowie eigens gegründete Unternehmen besitzen bei den untersuchten IOS einen hohen Stellenwert. Dies lässt darauf schliessen, dass das Anbieten informationslogistischer Dienstleistungen als ein attraktives Geschäftsfeld erachtet wird.

Ist die Initiative für ein IOS gestartet, so ging in der Mehrzahl der Fälle die Verantwortung für den Aufbau und die Verwaltung des IOS an andere Beteiligte über. Mit Ausnahme der Forschungsprojekte handelt es sich dabei um die Gründung eines neuen Unternehmens, was insbesondere bei Gruppen von Unternehmen oder branchenfremden Unternehmen der Fall ist. Der Verwalter ist

---

[5]   Die fünf beschriebenen Forschungsprojekte existieren heute z.T. nicht mehr. Sie sind jedoch zur Darstellung der technischen Möglichkeiten durchaus geeignet.

zudem i.d.R. auch der spätere Betreiber des Systems. Ein Outsourcing des Systembetriebs an einen VA*NS wurde nur in vier Fällen* (28 Prozent) durchgeführt. Die geringe Bedeutung von VANS im Strassenbereich dokumentiert sich auch in den Systemverbindungen: 32 Prozent der IOS sind mit einem VANS verbunden. Meistens werden VANS eingesetzt, um den Systembetrieb auszulagern und um Verbindungen zu branchenfremden Teilnehmern herzustellen. Mit 42 Prozent weisen Strassen-IOS durchschnittlich viele Verbindungen zu branchenfremden Teilnehmern (z.B. Verladern) auf. Der Schwerpunkt der IOS liegt jedoch in Kontakten innerhalb der Branche, wobei vertikale und horizontale Interaktionsmuster gleichermassen unterstützt werden. Hohe Bedeutung besitzen, neben der Verbindung zwischen Spediteuren (z.B. zwischen Versand- und Empfangsspediteur), die Kontakte zwischen Spediteuren und Frachtführern.

In ihrer *Funktionalität* gehen die Systeme mehrheitlich über den reinen Datenaustausch zwischen diesen Parteien hinaus. 79 Prozent der IOS besitzen gemeinsame Datenbestände, d.h. im IOS werden Status-, Sendungs- oder Kapazitätsinformationen verwaltet. Diese Systeme lassen sich in zwei Bereiche unterscheiden: Systeme mit Abwicklungsfunktionalität (47 Prozent) und Systeme mit Informationsfunktionalität (53 Prozent). Erstere (a) unterstützen den Dokumentenfluss zwischen den Beteiligten und sendungsbezogene Meldungen (z.B. Statusdaten). Letztere (b) fallen meist in die Kategorie der Frachten- und Laderaumbörsen und setzen an der Beseitigung von Informationsdefiziten an.[6] Der Erfolg dieser Systeme hängt stark von ihrer 'Liquidität' ab, d.h. sie sind auf möglichst viele Teilnehmer angewiesen. Um die technischen Eintrittsbarrieren niedrig zu halten, ist die Nutzung von Vtx verbreitet (32 Prozent). Sämtliche Vtx-Anwendungen sind den Frachten- und Laderaumbörsen zuzuordnen. In diesem Segment finden sich kaum andere Zugangsarten als PC- oder Host-Kopplungen. Allerdings ist bei diesen Systemen mehr der reine Zugang als die effiziente Weiterverarbeitbarkeit der Informationen von Bedeutung.

Kommunikation Die übrigen Systeme besitzen vielfältigere Kommunikationsmöglichkeiten. Dies zeigen die Zahlen für PC- und Host-Kopplungen, die sich für den Strassenbereich im durchschnittlichen Bereich bewegen (53 bzw. 37 Prozent). Eine Besonderheit des Strassenbereiches stellt

---

[6] Zum Prinzip der Frachten- und Laderaumbörsen vgl. →Teleroute International.

aus kommunikationstechnischer Perspektive der Einsatz von Mobilfunk dar, der in keinem anderen Verkehrsträger verwendet wurde.
Diese vier IOS (21 Prozent) sind noch im Entwicklungsstadium bzw.
im Pilotbetrieb, stellen aber künftig einen wichtigen Baustein zur
Sendungsverfolgung dar.

Eine weitere Auswirkung der beiden Funktionsmuster (vgl. oben
a,b) findet sich auf Ebene der Marktsprache wieder. Angesichts der
Vielzahl von Beteiligten, besitzen proprietäre Standards eine hohe
und branchenübergreifende Standards, wie Edifact, eine geringe
Verwendung. Proprietäre Standards werden vorwiegend eingesetzt,
wenn Informationen nicht weiterverarbeitet werden müssen. Dies ist
meistens bei Vtx oder bei innerbetrieblichem Informationstransfer
der Fall - beides Arten, die unter den untersuchten IOS häufig
anzutreffen sind. Systeme, die interorganisatorischen Datenaustausch (EDI) unterstützen, setzen jedoch überwiegend Edifact ein.
EDI mit anderen IOS ist jedoch, abgesehen von IOS grosser Speditionen, noch kaum anzutreffen. Die Verbindungen zwischen den
IOS des Strassenbereichs betreffen primär die Kopplung der Frach-
ten- und Laderaumbörsen.

Fazit   Zusammenfassend kann der Strassenbereich als ein heterogenes
Feld mit vielen Einzelaktivitäten gesehen werden. Die seit längerem
diskutierten Frachten- und Laderaumbörsen konnten das ihnen pro-
gnostizierte Potential bei weitem nicht realisieren. Aufgrund ihrer,
auf die Informationsphase fokussierten, Ausrichtung können sie
auch nur einen Baustein einer informationslogistischen Ausgestaltung des Strassenbereiches darstellen. Daneben gilt es vor allem die
interorganisatorische Kommunikationsfähigkeit bei den IAS der
Beteiligten, den kleinen und mittelständischen Spediteuren und
Frachtführern, sicherzustellen. Auf technischer Seite stellen hier PC-
Kopplungen, X.400 und Edifact einen bedeutenden Schritt dar.
Zuvor gilt es jedoch, die organisatorischen Rahmenbedingungen
anzupassen, d.h. die interorganisatorische Zusammenarbeit muss
mit Koordinationsformen verbunden werden, die eine engere Ko-
operation erlauben. Dadurch kann heutigen Problemfaktoren, wie
Investitionsschwäche oder Misstrauen, entgegengewirkt werden.

5.4.2   Schienenbereich

Verglichen mit dem Strassenbereich weist der Schienenbereich
homogenere Entwicklungsmuster auf. IOS werden entwickelt, um
einerseits die 'Produktion' von schienengebundenen Transporten
effizienter zu gestalten. Dazu gehören Systeme zur Wagenverfol-

gung zwischen verschiedenen nationalen Bahngesellschaften, Systeme zur Sendungsverfolgung und Systeme zur elektronischen Zugsteuerung. Andererseits versuchen die Bahngesellschaften den Informationsfluss mit Versendern und Empfängern ihrer Sendungen zu verbessern.

Horizontale Interaktion

Ein wichtiger Spieler im Schienenbereich ist der internationale Eisenbahnverband (UIC), dessen Mitglieder mit →HERMES ein IOS geschaffen haben, das heute die Mehrzahl europäischer Bahngesellschaften verbindet. Ein vergleichbares Entwicklungsmuster ist auch in den USA zu finden. Hier gründete der amerikanische Eisenbahnverband, die Association of American Railroads, das IOS →RAILINC. Beide Systeme konnten in der Branche einen hohen Stellenwert erzielen. In beiden Fällen agierte ein Verband als Initiant für die darin zusammengeschlossenen Bahnen. Damit wurde einerseits die Entwicklung eines zweiten Systems vermieden und andererseits die späteren Nutzer an der Entwicklung beteiligt. Beide Systeme besitzen einen hohen Stellenwert in der Branche. In der Funktionalität geht →RAILINC über →HERMES hinaus, indem es auch vertikale Beziehungen zu Verladern oder Spediteuren unterstützt.

Vertikale Interaktion

Für die vertikalen Beziehungen sind in Europa die nationalen Bahnen zuständig. Diese Systeme repräsentieren mit 57 Prozent die Initiativen einzelner Unternehmen. Dass es sich dabei meistens um (noch) staatliche Betriebe handelt, relativiert die scheinbar (0 Prozent) nicht vorhandene Rolle des Staates. Während von den Verbänden jeweils eigene Gesellschaften für Verwaltung und Betrieb der IOS gegründet wurden, werden die nationalen Systeme vom Initianten, d.h. der jeweiligen Bahngesellschaft, verwaltet und betrieben.

Kommunikation

Nachdem die vertikal orientierten Systeme Verlader und Spediteure anbinden, ist der Anteil von Teilnehmern ausserhalb des Schienentransportes mit 57 Prozent verhältnismässig hoch. In einem Fall (→RAILINC) besteht zum Anschluss von Kunden eine Verbindung mit einem VANS. Die hohe Zahl von VANS-Kopplungen erklärt sich daraus, dass sich →HERMES, ähnlich wie die SITA im Flugbereich, zum Informationsdienstleister der Branche etabliert hat. Über →HERMES sind die jeweiligen nationalen Bahnsysteme verbunden. Nachdem →HERMES auf X.25 basiert und nur Host-Kopplungen unterstützt, ist auch der hohe Anteil bei diesen Kommunikationsarten nicht überraschend (100 bzw. 86 Prozent). Dabei werden hauptsächlich proprietäre Marktsprachen eingesetzt. Ein Branchenstandard soll mit →DOCIMEL geschaffen werden. Die Einführung von

Edifact ist bei einigen Systemen, welche die vertikale Interaktion mit Kunden unterstützen, zwar geplant, jedoch erst bei 14 Prozent realisiert. Mit der Vielzahl unterstützter Marktsprachen und VANS-Verbindungen bietet →RAILINC umfassende VANS-Dienste an. Diese Rolle zeigt sich auch in der Funktionalität. Hier ist →RAILINC, wie auch →HERMES, auf die reine Datenübermittlung ausgerichtet. Über Datenbestände verfügen die jeweiligen Frachtsysteme der Bahngesellschaften. Ausgesprochene Marktfunktionalität zeigt dabei →KURS'90, das als Parallele aus dem Personenbereich herangezogen wurde.

Integrierte Logistik
Verbindungen bestehen im Schienenbereich zu IOS des Seebereichs (29 Prozent), wobei die Bahnsysteme mit HIS verbunden sind, um eine effiziente Anbindung des schienengebundenen Hinterlandverkehrs an das Hafennetz sicherzustellen. Besteht diese Verbindung, so erübrigt sich eine Einbindung von Zollsystemen, da die Sendungen bereits im Hafen abgefertigt wurden. Andernfalls ist eine Verbindung zu den IOS der Zollbehörden durchaus sinnvoll. Nur →RAILINC besitzt eine derartige Verbindung. Zum Luftfrachtbereich besteht naturgemäss ein geringerer Bedarf einer engen Verbindung, da Luftfrachtgüter kaum auf das Leistungsprofil der Schiene zugeschnitten sind.

Fazit
Zusammenfassend betrachtet, finden sich durchaus Ansätze für IOS im häufig als inflexibel bezeichneten Bahnbereich. Diese Systeme sind jedoch häufig auf die horizontale Kommunikation zwischen den Bahngesellschaften angelegt. Falls sie vertikale Beziehungen unterstützen, sind diese Verbindungen aus technischer Sicht noch zu wenig offen. Zielen die Bahnen auf die vermehrte Anbindung von Kunden ab, so müssen auch Änderungen an der zu wenig flexiblen Produktpolitik erfolgen. Daneben fordert der Verlader zunehmend die gleichen informationslogistischen Dienste wie bei anderen Verkehrsträgern. Beispiele sind die Benachrichtigung bei Störungen, Tracking und Tracing etc. Wie in Kapitel 3.3.4 erwähnt, können solche Funktionalitäten nur angeboten werden, wenn die Informationslogistik innerhalb und zwischen Bahnen diese Informationen auch bereitstellt. Künftig sind mit dem Einsatz von IT im Schienenbereich und wettbewerblichen Unternehmensstrukturen deutliche Leistungssteigerungen möglich. Allein durch eine verbesserte elektronische Zugsteuerung hofft man, die Kapazität stark belasteter Hauptstrecken noch um 30 bis 40 Prozent erhöhen zu können. Die Strategien der Integration der Logistik und der inte-

grierten Logistik müssen in Zukunft daher auch im Schienenbereich einen zentralen Bestandteil der Wettbewerbsstrategie darstellen.

5.4.3   Seebereich

Seehäfen sind kommunikationsintensive Punkte in der logistischen Kette. Für einen Hafen bestimmt nicht zuletzt die Geschwindigkeit der Informationsflüsse zwischen den Beteiligten, wie schnell die physischen Güter abgefertigt werden und den Hafen verlassen können. Die meisten der beschriebenen IOS unterstützen die Kommunikationsstrukturen zwischen den traditionell Beteiligten innerhalb des Hafens.

Initiierung: Kooperation überwiegt

Von diesen Beteiligten geht i.d.R. die Inititiative zur Errichtung eines HIS aus. Meistens finden sich mehrere Unternehmen und die Hafenbehörde (je 60 Prozent) zusammen, wobei das IOS entweder von einem der Beteiligten (40 Prozent) oder von einem neu gegründeten Unternehmen verwaltet wird (60 Prozent). Bei 30 Prozent der Systeme waren Unternehmen einer anderen Branche an der Initiierung beteiligt. Dabei handelt es sich bis auf eine Ausnahme (→EDICOM) um Informationsdienstleister, die zu 80 Prozent auch den späteren Betrieb des Systems übernehmen. Dies geschieht mit 35 Prozent häufiger als in den meisten anderen untersuchten Bereichen.

Multilaterale Topologie

Aufgrund ihrer Zielsetzung, die Beteiligten eines Hafens zu vernetzen, weisen die HIS durchweg eine multilaterale Topologie auf. Keines der betrachteten Systeme fällt in die Kategorie der 1:n Systeme; nahezu alle (90 bzw. 95 Prozent) unterstützen entweder vertikale oder horizontale Beziehungen zwischen mehreren Beteiligten. Vertikale Beziehungen zu Teilnehmern anderer Branchen besitzen dabei einen besonderen Stellenwert für HIS. Denn viele HIS sind mit dem Problem des 'Bypassing' konfrontiert: Als viele HIS Anfang der 80er Jahre entstanden, war mangels technischer Offenheit der Teilnehmersysteme, eine elektronische multilaterale interorganisatorische Kommunikation innerhalb des Hafens nur durch eine zentrale Stelle sinnvoll zu realisieren. Mit Aufkommen standardisierter Kommunikationsprotokolle und Marktsprachen fallen jedoch viele Aufgaben der zentralen Stelle, wie Protokoll- und Marktsprachenkonvertierung, weg. Generell gilt jedoch, dass zentrale Stellen dann von Vorteil sind, wenn häufig der Handelspartner gewechselt wird oder wenn Transaktionen mit geringem Volumen abgewickelt werden. Bei den häufig anzutreffenden, grösseren Transaktionsvolumina in Häfen bewirkt daher die

Standardisierung einen Trend weg vom zentralen System hin zu bilateralen Beziehungen auf der Basis offener Standards.

HIS-Anbieter begegnen diesem 'Bypassing' mit einem differenzierten Ausbau ihrer Dienstleistungspalette. So werden für einzelne Anwendergruppen spezifische Anwendungen entwickelt, Verbindungen zu VANS (68 Prozent), zu anderen HIS und zu anderen Verkehrsträgern hergestellt. Hier deutet sich bereits eine den VANS vergleichbare Strategie an: Das HIS soll als Basis der gesamten externen Kommunikation eines Teilnehmers dienen. Teilnehmer ausserhalb des Hafengebietes oder der Branche sind daher potentielle neue Teilnehmer für die HIS. Dies geschieht nicht zuletzt aus Gründen der Standortsicherung, da eine effiziente informationslogistische Anbindung an einen Hafen Versender dazu bewegen kann, ihre Sendungen über diesen Hafen zu verschiffen, obwohl aus geographischer Sicht ein anderer vorzuziehen wäre. In 50 Prozent der Fälle waren branchenfremde Teilnehmer, meist Verlader, angeschlossen, was angesichts der ursprünglichen Ausrichtung vieler HIS auf hafeninterne Prozesse als hoch gelten kann.

Die Parallele zu VANS zeigt sich auch in der Kommunikationsfähigkeit. Vor dem Hintergrund der Heterogenität der Teilnehmer, die von kleinen bis zu grossen Unternehmen bzw. von kleinem bis zu grossem Transaktionsvolumen reicht, unterstützen die HIS sowohl PC- als auch Host-Kopplungen (79 bzw. 68 Prozent). Bemerkenswert ist auch der hohe Anteil von X.400, das in 63 Prozent der Fälle verwendet wurde. Seitens der Marktsprache besitzt Edifact mit 74 Prozent einen hohen Anwendungsgrad, wobei allerdings einschränkend anzumerken ist, dass die Kommunikation im hafeninternen Bereich häufig (noch) auf proprietären und nationalen Protokollen basiert. Dies ist vor allem der Fall, wenn die Gründung des HIS vor der ab Ende der 80er Jahre einsetzenden Edifact-Standardisierung stattgefunden hat. Eine grosse Rolle spielt Edifact aber, wenn es gilt branchenfremde Teilnehmer, z.B. Verlader oder auch den Zoll, anzuschliessen.

Einen Schwerpunkt der externen Kommunikation bildet die Kommunikation von Teilnehmern mit deren überseeischen Handelspartnern etc. Nachdem diese auch Teilnehmer eines anderen HIS sein können, suchen HIS die Verbindung untereinander.[7] Obwohl in 68 Prozent der untersuchten Fälle Verbindungen zu anderen HIS

---

[7]   Der Verbindung von HIS untereinander liegen mehrere Motive zugrunde, z.B. die Verfolgung von Gefahrengütern zwischen Häfen.

bestehen, handelt es sich dabei um eher punktuelle, bilaterale Kontakte, als um eine Vernetzung von HIS auf breiter Basis. Viele HIS betonen jedoch ihre Absicht zu stärkerer Kooperation untereinander. Aktuelle Handlungsbereiche liegen in der Verfolgung von Gefahrengütern (→PROTECT) zwischen den Häfen oder der Übertragung von Ladeplaninformationen.

Eine weitere Entwicklungslinie für HIS sind Verbindungen zu anderen Verkehrsträgern, die allgemein eine geringere Priorität besitzen. Nachdem viele Häfen jedoch einen Verkehrsträger besitzen, der bei zu- und abführenden Transporten überwiegt, bestehen einige Schnittstellen zu anderen IOS. In einem Fall besteht beispielsweise durch die Nähe zu einem Flughafen die Verbindung zum Luftfrachtbereich und in drei Fällen Verbindungen zur Bahn (16 Prozent). Durch die häufig gute Anbindung von Häfen an die Schiene und durch das ähnliche Profil von see- und schienengebundenen Sendungen, ist dies eine wichtige Verbindung. Für jeden Hafen besitzt auch der Lkw einen wichtigen Stellenwert. Zwar sind Strassentransporteure bei einigen HIS als Teilnehmer angeschlossen, eine Verbindung zu IOS des Strassenbereiches wurde jedoch in nur einem Fall angetroffen. Eine Verbindung, die bei vielen HIS, z.B. den britischen DTI-Gemeinschaften (vgl. →DEPS), die Motivation zu deren Initiierung war, ist jene zum Zoll. Bei 62 Prozent der HIS unterstützen heute elektronische Zollanmeldungen eine effizientere Übermittlung dieser Daten an den Zoll.

Fazit Zusammenfassend kann der Seebereich aus IOS-Perspektive als ein fortschrittliches Gebiet gelten. Die Systeme besitzen heute mehrheitlich zentrale Datenbanken (68 Prozent) und sind im Hafen meistens gut etabliert. Für einen Hafen stellt ein HIS einen wichtigen Beitrag zur Standortsicherung dar. Wettbewerbsvorteile können durch reine Datenübermittlung heute kaum mehr erzielt werden. Zu gross ist die Konkurrenz durch VANS und zu weit fortgeschritten ist die Standardisierung. Das Feld für HIS ist daher kompetitiv und sorgt dafür, dass HIS-Anbieter aktiv nach neuen Dienstleistungen suchen müssen. Die Aufgabenausweitung von der hafeninternen auf die hafenexterne Informationslogistik und die zunehmende Kooperation von HIS sind Beispiele dafür.

5.4.4   Luftbereich

Verglichen mit anderen Verkehrsträgern, stellt die Luftfracht hohe Anforderungen an die Informationslogistik. Die Transportzeiten sind kürzer und die Wertigkeit der Güter ist höher. Bei der Entwicklung von IOS zur Handhabung dieser informationslogistischen Aufgaben lassen sich vielfältige Muster identifizieren. Wie in Kapitel 3.3.5 erwähnt, besitzen Integrators (→Cosmos) seit längerer Zeit Systeme, die sich durch Anschluss von Kunden- und Behördensystemen zu IOS entwickelten. Eine ähnliche Evolution war bei einigen Airlines zu beobachten, indem Kunden und Behörden an ihre Inhouse-Frachtsysteme angeschlossen wurden. Diese einzelbetriebliche Strategie musste jedoch zugunsten einer interorganisatorischen, kooperativen Strategie aufgegeben werden.

Kooperativer Charakter
Obwohl einzelne Unternehmen zu 56 Prozent an der Initiierung von IOS beteiligt waren, handelt es sich bei lediglich vier der zehn Systeme um eine Öffnung innerbetrieblicher IS (IAS). Die übrigen Einzelunternehmen kooperierten, abgesehen von einem branchenfremden Initianten (→Avex), mit Verbänden. Verbände waren zu 22 Prozent an der Initiierung beteiligt, traten aber nie als alleinige Initianten auf. Ein ähnliches Bild ergibt sich bei den Behörden: Diese sind zwar in 33 Prozent der Fälle beteiligt, treten aber in nur einem Fall (→Naccs) als alleinige Initianten auf. Bei der Initiierung von IOS im Luftfrachtbereich dominieren daher kooperative Ansätze, wobei die Unternehmen mehrheitlich (89 Prozent) aus der gleichen Branche stammen.[8]

Der kooperative Charakter ist eng mit der Idee von CCS verknüpft. Eine geschlossene logistische Kette für die Luftfracht bedingt die Kommunikationsfähigkeit der Systeme aller Teilnehmer.[9] Um möglichst viele Airlines und Spediteure zu einem Anschluss ihrer Inhouse-Systeme an die CCS zu motivieren, ist deren Offenheit und Neutralität von hoher Bedeutung. Zu 67 Prozent wird die Verwaltung an ein neugegründetes Unternehmen übertragen, dessen Anteile unter mehreren Teilnehmern aufgeteilt sind. Airlines kommt dabei eine wichtige Rolle zu. Ein entscheidendes Kriterium ist, ob lediglich Airlines oder auch andere Teilnehmer, wie etwa Spediteure, beteiligt sind. Tendenziell dürfte die Akzeptanz umso höher sein, je deutlicher sich die Teilnehmerstruktur auch in der Beteiligungsstruktur niederschlägt.

---

[8]   Den grössten Anteil besitzen die Airlines. Sie traten bei 10 der 18 betrachteten Systeme als Initiant auf.

[9]   Integrators umgehen dieses Problem durch Internalisierung aller Transportaktivitäten.

Rolle der SITA	Angesichts des Know-hows, das Airlines im IT-Bereich besitzen[10], treten viele der neugegründeten CCS-Verwalter auch als CCS-Betreiber auf. Branchenfremde VANS besitzen als Betreiber mit 33 Prozent eine untergeordnetere Bedeutung. Dafür ist auch die starke Branchendurchdringung der SITA verantwortlich, die fast sämtliche Airlines als Teilnehmer zählt. Es stammen nur 28 Prozent der Teilnehmer aus anderen Branchen, sodass eine integrierte Informationskette in der Luftfracht durch die SITA und durch CCS hergestellt werden kann. Sowohl Airlines als auch CCS sind über das SITA-Netz verbunden, während die Anbindung von Luftfrachtspediteuren oder -umschlagsbetrieben über die CCS erfolgen kann. Diese vertikale Ausrichtung spiegelt sich auch in der Topologie der CCS wider: 94 Prozent unterstützen vertikale und 72 Prozent horizontale Interaktionen.
Funktionalität	Um die Kommunikation zwischen den CCS sicherzustellen, folgen 55 Prozent der IOS den Cargo*Star-Richtlinien[11] der IATA. Diese CCS unterscheiden sich kaum in ihrer Funktionalität. Weil bei vielen Beteiligten, insbesondere den Airlines, Datenbanken und Anwendungen vorhanden sind, unterstützen die IOS im Luftfrachtbereich mehrheitlich (67 Prozent) lediglich die reine Datenübermittlung. Dennoch führen mit 39 Prozent sieben Systeme gemeinschaftliche Datenbestände. Die kommunikationstechnische Funktionalität der Systeme umfasst hauptsächlich die PC-Kopplung (79 Prozent) und die Host-Kopplung (94 Prozent). Die hohe Zahl an Host-Verbindungen ist dadurch zu erklären, dass die Airlines untereinander auf dieser Basis verbunden sind. Nachdem dies über das paketvermittelnde Netz der SITA erfolgt, ist auch der X.25-Einsatz weit verbreitet. Wenig verbreitet ist mit 17 Prozent X.400, das ebenso wie die PC-Kopplungen meist für die Kommunikation mit kleineren Teilnehmern aus dem Speditionsbereich verwendet wird und PC-Kopplungen künftig substituieren könnte.

Neben den eingesetzten Kommunikationsprotokollen legt die Cargo*Star-Architektur auch die verwendete Marktsprache fest. Cargo*Imp (89 Prozent) und Edifact (78 Prozent) sind die beiden verbreitetsten in der Luftfracht. Zwar besitzen viele IOS die Mög-

---

[10] Airlines setzen bereits seit den 70er Jahren interne Systeme zur Verwaltung von Kapazitäten (Sitze, Frachtraum) und zur Disposition ihrer Flugzeuge ein. Im IOS-Bereich zählen Airlines durch die CRS des Passagebereiches und der Kommunikation über das SITA-Netz zu den Pionieren.

[11] Vgl. dazu den Überblick unter Kapitel 3.3.5.

lichkeit Edifact zu verarbeiten, jedoch wird Cargo*Imp deutlich häufiger eingesetzt. Edifact kommt hauptsächlich in der Kommunikation mit Spediteuren und Verladern zum Einsatz. Ein weiterer Einsatzbereich von Edifact stellt die Kommunikation mit dem Zoll dar. Mit 83 Prozent besitzen die meisten Systeme eine Verbindung zu Zollsystemen, da analog zu den Seehäfen das Warten auf die zollamtliche Abfertigung in Flughäfen die Gesamttransportzeit in der Vergangenheit unnötig verzögert hat. Daneben sind 89 Prozent der IOS mit VANS verbunden. Diese Zahl ist allerdings vor dem Hintergrund zu beurteilen, dass viele Teilnehmer lediglich eine Verbindung zum 'Branchen-VANS' SITA besitzen. Über das SITA-Netz sind 67 Prozent untereinander verbunden. Viele CCS besitzen auch Verbindungen zu Systemen der Spediteure (22 Prozent). Nachdem der Strassenbereich eine wichtige Anbindung an das 'Hinterland' der Flughäfen darstellt, wäre eine über die Speditionssysteme hinausgehende Verbindung an IOS des Strassenbereiches sinnvoll. Hier mangelt es jedoch noch an entsprechenden IOS. Systeme des See- und Schienenbereichs interagieren derzeit nur wenig mit dem Luftfrachtbereich. Hier gilt es, wie in Kapitel 5.4.3 angedeutet, die verkehrsträgerspezifische Eignung bei den Transportgütern zu beachten.

Fazit
Der Luftfrachtsektor ist geprägt von der Aktivität der Integrators und der Airlines. Dabei stehen in der vorliegenden Analyse die weitgehend von den Airlines dominierten CCS im Vordergrund. Diese zeigen, wie Frachtführer zur Realisierung eines durchgängigen Informationsflusses kooperieren können und müssen. Dabei weisen die CCS unterschiedliche Kooperationsmuster auf. Hervorzuheben ist jedoch nicht nur die Kooperation der Frachtführer (Airlines) untereinander, sondern aus Gründen der Akzeptanz auch die Kooperation mit den späteren Nutzern. Die auf kooperativer Basis entstandenen CCS werden heute zunehmend miteinander verbunden, was beim weiteren Verfolgen dieser Strategie in ein globales Netzwerk für den Luftfrachtbereich münden dürfte (vgl. Abb. 5.1). Daneben streben viele CCS die Realisierung eines 'Cargo Accounts Settlement Systems' (CASS) an, das die Frachtkostenabrechnung zwischen Airlines und Spediteuren vereinfachen soll. Dies repräsentiert einen deutlichen Schritt in Richtung einer Integration von Waren- und Finanzlogistik.

Abb. 5.1:
Globale Ver-
netzung der
CCS

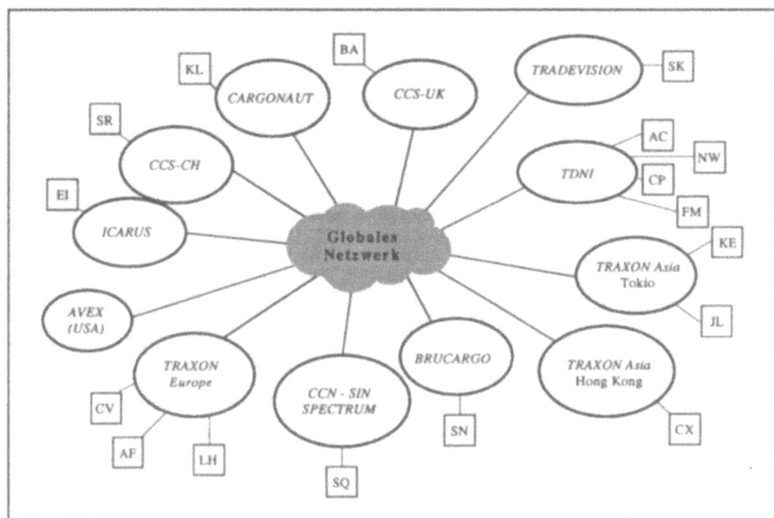

5.4.5   Behördenbereich

IOS im Behördenbereich umfassen die Verzollung sowie die Übertragung von Statistikdaten, wie sie etwa im europäischen Binnenmarkt anfallen. Die Aktivitäten zur Initiierung von Zollsystemen gingen von der zentralen Rolle des Zolls in der Warenlogistik aus. Die Wartezeiten bei der Abwicklung von Zollformalitäten verzögerten die Warenströme und erhöhten den Druck auf die Zollbehörden seitens der Handelsparteien.

Wenig Kooperation bei Initiierung

Die Entstehungsmuster für Zollsysteme sind im Vergleich zu den übrigen Bereichen äusserst homogen. In allen Fällen treten die Zollbehörden selbst als Initianten, Verwalter und Betreiber auf. Lediglich drei Systeme (→ACCESS, →CHIEF, →INET) weichen von diesem Muster ab. Dies ist damit zu erklären, dass in zwei Fällen (→ACCESS, →CHIEF) Informationsdienstleister beteiligt sind und in einem Fall (→INET) das System mit dem Anspruch gegründet wurde, auch weitere Dienstleistungen darüber anzubieten.

Ein ebenfalls einheitliches Bild ergibt sich bei den Teilnehmern und der Topologie. Bei 87 Prozent der Systeme bestehen Verbindungen zu anderen Behörden wie etwa statistischen Ämtern. Nachdem die Zollsysteme für den Verkehr mit Handelstreibenden ausgelegt sind, ist auch der hohe Anteil von 93 Prozent branchenfremder Teilnehmer nicht überraschend. Dieses 1:n Verhältnis zwischen Zollbehörde und Beteiligten spiegelt sich demzufolge auch in der Topologie wider.

Der Vielzahl möglicher Teilnehmer tragen die Zollsysteme durch das Angebot diverser Zugriffsmöglichkeiten Rechnung: 89 Prozent der Systeme können mittels PC- und 67 Prozent mittels Host-Kopplung angesteuert werden. Häufig lagen keine Informationen über die Host-Kopplung vor, jedoch lässt der hohe Anteil an X.25 Protokollen vermuten, dass mehrere Systeme auch die Host-Host-Kommunikation unterstützen. Hervorzuheben ist der mit 47 Prozent verhältnismässig hohe Anteil von X.400. Viele ältere Systeme wurden bzw. werden durch die E-Mail Fähigkeit erweitert, und viele Systeme neueren Datums besitzen sie bereits. Von einer weiteren Zunahme kann daher ausgegangen werden.

Auch seitens der Marktsprache ergibt sich ein einheitliches Bild. Verbreitet sind neben den proprietären Standards der jeweiligen Zollbehörde vor allem die Zollmeldungen aus der Edifact-Normung (jeweils 80 Prozent). Der Edifact-Einsatz ergänzt die proprietären Protokolle, die insbesondere für jene Teilnehmer beibehalten werden, die bereits vor dem Aufkommen von Edifact ihre Zollanmeldungen elektronisch übertragen haben. Nur 20 Prozent der Systeme beschränken sich auf die reine Übermittlung von Zollanmeldungen. 80 Prozent besitzen Datenbestände zur Verwaltung der Anmeldungen, wobei häufig Teilnehmer auch Stati abfragen können.

Wie die Verbindungen zu anderen IOS erkennen lassen, stammen die Teilnehmer aus sämtlichen Bereichen der Warenlogistik. Den grössten Stellenwert nehmen Verbindungen aus dem See- und Luftfrachtbereich ein (60 bzw. 57 Prozent), da hier regelmässig Zollabfertigungen durchzuführen sind. Mit der Umsetzung des europäischen Binnenmarktes sind für den Intrahandel statt Zollanmeldungen Umsatzmeldungen (Intrastat) zu übertragen, wobei insbesondere HIS bereits heute die Übertragung dieser Meldungen (→EDCS) unterstützen. Auch europäische Schienen- und Strassenverkehre sind von den Änderungen des Binnenmarktes stark betroffen. Grosse Speditionen und auch einige Bahngesellschaften sind zwar an Zollsysteme angeschlossen, doch wurde bei keinem der betrachteten IOS eine Funktionalität für den Intrahandel angetroffen. Auch Luftfrachtsysteme unterstützen keine derartigen Funktionalitäten, wofür allerdings hier die grosse Bedeutung des Extrahandels verantwortlich sein dürfte.

Fazit   Zusammenfassend kann der Zollbereich als sehr homogen charakterisiert werden. Die IOS entstehen nach weitgehend gleichen Mustern und besitzen nur geringe Unterschiede in ihrer Funktionalität und den technischen Leistungsmerkmalen. In allen Beispielen wurde bei der Einführung ihre volkswirtschaftliche Bedeutung deutlich hervorgehoben. Allgemein besitzen die Systeme eine starke Vernetzung mit warenlogistischen IOS, wobei insbesondere zum See- und zum Luftfrachtbereich einige Verbindungen existieren. Umwälzungen ergeben sich vor allem durch den europäischen Binnenmarkt, da viele Betreiber (warenlogistischer) IOS aufgrund dessen die Zollfunktionalität ihrer Systeme in Intra- und Extrahandel zweiteilen müssen.

5.4.6   Bank-Kunden-Bereich

In IOS im Bank-Kunden-Bereich steht die rationelle Abwicklung des Zahlungsverkehrs sowie die Versorgung des Unternehmens mit Informationen über die mit der Bank getätigten Geschäfte im Vordergrund. Bank-Kunden-Systeme sind mit wenigen Ausnahmen 1:n-Systeme (89 Prozent), bei denen die Dienstleistungen eines Finanzdienstleisters (Bank bzw. Post) im Zentrum stehen. Entsprechend ist die Verteilung der Teilnahme an der Initiierung, am Aufbau, an der Verwaltung und am Betrieb. Bei allen 1:n-Systemen liegt die Verwaltung und der Betrieb in der Hand dieses Finanzdienstleisters. Einzig bei der Initiierung sind die jeweiligen Systeme in einzelnen Ländern durch die gemeinsame Initiative von Bankgruppen (21 Prozent) oder -verbänden (21 Prozent) entstanden. Die beteiligten Banken haben sich jedoch immer für den Aufbau einer eigenständigen Lösung entschieden.

Multilaterale Systeme   Einzelne Bank-Kunden-Systeme weisen einen marktähnlichen Charakter auf: Diese m:n-Systeme verbinden auf jeder Marktseite mehrere Teilnehmer. Durch die Verbindung einer Mehrzahl von Banken mit einer Vielzahl von Bankkunden über die gleiche Kommunikationsinfrastruktur und die Automatisierung einzelner Teilprozesse (beispielsweise Aggregation von Kontoinformationen), eröffnen die Multibanksysteme ihren Teilnehmern die Möglichkeit, strategische Wettbewerbsvorteile durch eine verbesserte Finanzbewirtschaftung aufzubauen.

Bank-Kunden-Systeme sind typischerweise vertikal ausgerichtet, obwohl sie im Falle von m:n-Systemen auch Mitglieder derselben Branche miteinander verbinden können. Die Abwicklung von Finanztransaktionen auf vertikaler Ebene, d.h. zwischen Banken, fällt in den Interbankenbereich. Beim Betrieb von IOS kann zwischen innovativem und substitutivem Einsatz unterschieden werden. Innovativer Einsatz ist gleichbedeutend mit dem Angebot neuer Dienstleistungen, die durch den Einsatz der IKT erst ermöglicht und sinnvoll werden, wie z.B. der Direktzugriff des Kunden auf Online-Datenbanken [Grad/Ong 1992, 69]. Die Hauptanwendungsfelder von IOS im Bank-Kunden-Bereich haben jedoch substitutiven Charakter. Sie ersetzen papier- oder datenträgerbasierte Dienste durch elektronisch unterstützte Formen der Standarddienstleistungen. Durch den Betrieb eines IOS entfällt die Notwendigkeit des physischen Transportes und der manuellen Verarbeitung von Finanzaufträgen und -informationen weitgehend. Der substitutive Charakter (Verwendung von IOS als reines Datenübertragungsmedium) ist mitverantwortlich, dass Bank-Kunden-Systeme im wesentlichen auf der ersten Integrationsstufe angesiedelt sind und somit lediglich einen geringen strategischen Nutzen aufweisen (89 Prozent). Ihr wesentlicher Vorteil liegt in den rechenbaren Kostenvorteilen durch die schnelle und fehlerfreie Übermittlung, im Wegfallen der mehrfachen manuellen Wiedereingabe der Daten und in der Aktualität der Informationen.

Kommuni-
kation

Auf der kommunikationstechnischen Ebene weisen die Bank-Kunden-Systeme einige gemeinsame Merkmale auf: Die IOS verfügen häufig sowohl über die Möglichkeit der PC-, als auch der Host-Kopplung (85 bzw. 62 Prozent). Dadurch erstreckt sich das Spektrum potentieller Teilnehmer auf der Kundenseite von mittleren Betrieben mit Off-line Betrieb bis hin zu Grossunternehmen, die ihre Transaktionen im On-line Betrieb abwickeln wollen. Unterdurchschnittlich ist die Verbreitung von paketvermittelnden Diensten X.25, X.28 u.ä. (54 Prozent) sowie X.400 (15 Prozent), wobei dies auf die Tatsache zurückzuführen ist, dass für die PC-Kopplungen das Fernsprechnetz mit Modem genutzt wird.

Die IOS dieser Gruppe basieren sehr stark auf länderspezifischen Standards (61 Prozent). Dies hängt vor allem damit zusammen, dass die Finanzdienstleister vorwiegend diejenigen Standards unterstützen, mit Hilfe derer sie die Datensätze danach auch über die länderspezifischen Interbankennetzwerke austauschen. Dadurch vereinfacht sich einerseits die Verarbeitung bei den Banken, andererseits verursacht dies aber einen Medienbruch bei den Bankkunden. Dieser einseitige Nutzeneffekt beeinflusst die Akzeptanz von Bank-Kunden-Systemen bei den Kunden deutlich. Die grosse Verbreitung von Ansi X12 (44 Prozent) rührt von der Dichte der Systeme im amerikanischen Raum her, wo dieser branchenübergreifende Standard nach wie vor am häufigsten eingesetzt wird. Obwohl sich weltweit alle Vertreter der Finanzbranche zur Einführung von Edifact verpflichten, ist der Standard - vor allem unter etablierten Systemen - noch sehr wenig verbreitet (39 Prozent). Aus diesem Grund werden die z.Zt. geringen Teilnehmerzahlen in FEDI-Systemen nicht bekanntgegeben, bzw. es handelt sich bei den Edifact-Systemen nach wie vor um Pilotanwendungen. Während in Europa vielerorts FEDI-Systeme auf Edifact-Basis in Entwicklung sind, werden im amerikanischen Raum die bestehenden Systeme lediglich vereinzelt um den Standard ergänzt.

Einen eindeutigen Hinweis auf die Integration bzw. Integrationsfähigkeit von FEDI-Anwendungen in ein umfassendes Logistikkonzept ergeben die Angaben zu den Systemverbindungen zu anderen Branchengruppen und Banksystemen: Keines der untersuchten IOS verfügt über eine direkte Verbindung zu IOS einer anderen Branche.[12] Dagegen ist die Zusammenarbeit mit VANS unter den Bank-Kunden-Systemen sehr verbreitet (68 Prozent).

Fazit   Zusammenfassend kann der Bank-Kunden-Sektor - vor allem im kontinentaleuropäischen Raum - als wenig innovativ bezeichnet werden. Im angelsächsischen Raum ist die Entwicklung unter dem Einfluss des zunehmenden Drucks auf den Finanzbereich von der Seite der Informationsdienstleister weiter vorangeschritten.

5.4.7   Interbankbereich

Bei den IOS zur Unterstützung des Geschäftsverkehrs zwischen Banken bestehen Unterschiede zwischen Systemen, die den internationalen Finanztransfer unterstützen und solchen, die ausschliesslich auf den nationalen Finanzbereich ausgerichtet sind. Erstere weisen im Vergleich eine stärker betriebswirtschaftlich orientierte Ausrichtung auf, während letztere stärker staatlich reguliert sind. Beiden Gruppen gemeinsam ist allerdings die Branchenzugehörigkeit der Initianten: Bei allen IOS waren Vertreter der Finanzbranche an der

---

[12] Zu beachten ist in diesem Zusammenhang allerdings, dass 86 Prozent der branchenübergreifenden Systeme über eine Verbindung zu einzelnen oder mehreren Banken verfügen. Aus der Untersuchung wird jedoch nicht ersichtlich, ob es sich bei diesen Verbindungen um eigenständige FEDI-Systeme handelt, die von der jeweiligen Bank auch selbständig betrieben werden.

Initiierung und am Aufbau beteiligt, und bei keinem der Systeme trat lediglich ein einzelnes Unternehmen als Initiant auf.

Mitte der 70er Jahre wurde mit dem internationalen →SWIFT-Netzwerk eine wesentliche Voraussetzung für die Einführung der interorganisatorischen Informationsverarbeitung im internationalen Finanzgeschäft geschaffen. →SWIFT gehört zu den 26 Prozent der erhobenen Interbanksysteme, die von einer Gruppe von Finanzdienstleistern initiiert und aufgebaut wurden. Diese Gruppe von IOS deckt sich weitgehend mit denjenigen Systemen, die bezüglich ihres Einzugsgebietes über das Hoheitsgebiet einzelner Staaten hinausgehen und z.T. Banken rund um den Globus miteinander verbinden. Typischerweise werden diese Systeme nach dem Aufbau nicht mehr von den Initianten, sondern von Joint Ventures der beteiligten Finanzinstitute verwaltet. Dies kann als Hinweis für die stärkere Markorientierung dieser Gruppe von Systemen gewertet werden (z.B. bezüglich Kosteneffizienz von spezialisierten Dienstleistern).

Die Interbanksysteme, an deren Aufbau der Staat (57 Prozent) oder Wirtschaftsverbände (39 Prozent) beteiligt waren, sind in erster Linie zum Zweck des nationalen Finanztransfers aufgebaut worden. Bei den staatlichen Institutionen handelt es sich um die Staatsbank oder um Stellen des Finanzministeriums, bei den Wirtschaftsverbänden um nationale Vereinigungen von Banken und banknahen Betrieben. Dies erklärt die geographische Verbreitung der IOS. Diese Systeme werden nach dem Aufbau in der Regel auch von den Initianten verwaltet.

Einen hohen Grad der Deckungsgleichheit weisen die Interbanksysteme bezüglich der übrigen Beurteilungsklassen auf: In der überwiegenden Zahl werden die IOS vom Verwalter auch betrieben (61 Prozent). Die Vereinigung von Initianten, Verwaltern und Betreibern in einer Institution ist bei Interbanksystemen ausgeprägter als bei anderen Branchen. Dies ist darauf zurückzuführen, dass der nationale Interbankenverkehr ein Hoheitsgebiet des Staates ist und dass in diesem Bereich eher Sicherheits- als Kostenaspekte im Zentrum der Betrachtung stehen. Die Ergebnisse bezüglich Teilnehmer und Topologie sind klar: Weil sich Interbanksysteme auf den Geschäftsverkehr zwischen Banken ausrichten, gehören auch (mit Ausnahme von →ACS) alle Teilnehmer der Bankbranche an und weisen eine horizontale Ausrichtung auf.

Kommuni- kation	Bei den Interbanksystemen handelt es sich um IOS, die in der Lage sein müssen, enorme Datenmengen zu verarbeiten. Aus diesem Grund sind Projekte zum Aufbau eines IOS und dessen Betrieb mit grossem Aufwand verbunden. Die Funktionalität der überwiegenden Anzahl der Systeme umfasst neben der Datenübermittlung auch Marktfunktionalitäten (87 Prozent). Letztere bestehen darin, dass Transaktionen in einer zentralen Clearingstelle verbucht und z.T. gegeneinander aufgerechnet werden (Netting). Wo dies nicht stattfindet, werden Finanztransaktionen bilateral durchgeführt (13 Prozent). Die zentralen Stellen übernehmen in diesen IOS Kontroll- und Steuerungs- und Settlementfunktion (Verbuchung auf Staatsbankkonten). Bei den für den Datenaustausch verwendeten Kommunikationssprachen handelt es sich um proprietär entwickelte Nachrichtentypen, die aber aufgrund ihrer Durchdringung des Anwendungsgebietes als Branchen- bzw. Länderstandards angesehen werden können (90 Prozent).

Systemverbindungen zu IOS anderer Branchen stehen für Interbanksysteme nicht im Vordergrund. Dies ist wiederum auf die starke Regulierung und die hohen Sicherheitsanforderungen zurückzuführen. Einzig zu anderen Banksystemen werden Verbindungen aufgebaut (43 Prozent). Dabei handelt es sich oft um Verknüpfungen zwischen nationalen und internationalen IOS des Finanzbereiches. Ein durchgängiger Informationsfluss in der Logistik ist bis heute nur über die an Interbanksystemen teilnehmenden Finanzinstitute möglich. Teilweise sind jedoch Industrieunternehmen in Unternehmensnetzwerken dazu übergegangen, die IOS im Interbankenbereich zu umgehen, indem sie Zahlungsströme gegenseitig verrechnen.

5.4.8   Versicherungsbereich

Die Versicherungswirtschaft wird bezüglich der IT-Einführung als Pionierbereich bezeichnet[13]; bis zum Jahre 1995 wird ein Anstieg der Betriebsausgaben für IT auf bis zu 15 Prozent erwartet [Lenz 1993, 1]. Vor allem im Rückversicherungsmarkt ist die Durchdringung von EDI überdurchschnittlich hoch [Lenz 1993, 15]. Dies belegt die grosse Bedeutung einer effizienten Informationsverarbeitung für die Branche. Aus der Erhebung können bezüglich der

---

[13]   Die Einführung betriebsinterner IT-Anwendungen geht zurück auf die fünfziger Jahre (Vgl. dazu Kapitel 3.4.5).

Entwicklung von IOS im Versicherungsbereich folgende Erkenntnisse abgeleitet werden:

Initiierung — Wie bereits im Finanzbereich zeigt sich auch bei den Versicherungssystemen, dass die Initiierung und der Aufbau von IOS in erster Linie durch Mitglieder der entsprechenden Branche erfolgt: Bei 88 Prozent der Systeme treten allein Versicherungsgesellschaften als Initianten auf. Lediglich bei einem System ist ein Informationsdienstleister beteiligt und dies, obwohl IOS im Versicherungsbereich eine überdurchschnittlich hohe Rate der Zusammenarbeit mit VANS ausweisen: 50 Prozent der Systeme werden von VANS betrieben, 88 Prozent verfügen über Telekommunikationsverbindungen zu solchen Services. Für die Auslagerung der Verwaltung entscheiden sich 25 Prozent.

Geschlossene Branche — In Bezug auf die Teilnehmerstrukturen und die Topologie stellen die IOS in der Versicherungswirtschaft eine ausgesprochen homogene Gruppe dar: Alle Systeme verbinden ausschliesslich Teilnehmer der eigenen Branche. Negativ ausgedrückt bedeutet dies, dass (noch) kein Endkunde an einem IOS beteiligt ist. Trends in diese Richtung sind jedoch vorhanden. Aus dieser institutionellen Sicht ist eine durchgängige Elektronisierung der Abwicklung von Geschäftstransaktionen z.Zt. (noch) nicht möglich. Dies ist darauf zurückzuführen, dass das Transaktionsvolumen zwischen Versicherern und Versicherungsnehmern in den elektronikunterstützten Bereichen für eine kosteneffiziente Einführung von EDI nicht gross genug ist. Im Bereich der Transportversicherungen als einem der kleineren Versicherungsbereiche ist die Unterstützung der Kundenbeziehung durch IOS deshalb bis heute inexistent, obwohl sie technisch ohne Probleme realisierbar wäre. Auf der Kundenseite herrscht diesbezüglich ebenfalls eine passive Haltung vor, da das Versicherungsgeschäft bei Unternehmen der primären Wertschöpfungskette nicht zu den zentralen Geschäftsbereichen zählt und damit die Einführung von EDI hintenansteht. Die Verknüpfung von IOS im Versicherungsbereich ist denn auch auf Versicherungssysteme untereinander und Bankensysteme beschränkt: Je 25 Prozent der Systeme weisen Verbindungen zu IOS dieser beiden Bereiche auf.

Die Analyse der IOS bezüglich Topologie zeigt, dass die Systeme, obwohl sie teilweise von einzelnen Unternehmen initiiert sind, nicht nur eine Versicherungsgesellschaft in den Mittelpunkt stellen, sondern immer als Brancheninfrastrukturen eingeführt werden: Kein System ist als 1:n-/n:1-System konzipiert, alle richten sich auf den Geschäftsverkehr zwischen Maklern und Versicherungsgesellschaften bzw. zwischen Versicherungs- und Rückversicherungsgesellschaften aus. Darüber hinaus unterstützen 88 Prozent der IOS Transaktionen auf horizontaler Ebene.

5.4.9 Bereichsübergreifende Systeme

Die Gruppe der branchenübergreifenden IOS repräsentiert mit einer Grundgesamtheit von sieben Systemen einen kleinen Bereich. Bei vielen dieser Systeme ist zudem die gesamte Funktionalität noch nicht erreicht. Dennoch lassen diese branchenübergreifenden Ansätze einige interessante Eigenschaften erkennen. Aufgrund ihrer Ausrichtung sind sie auf eine Akzeptanz von Teilnehmern verschiedener Branchen angewiesen. Sie bedürfen daher einer klaren Neutralität, um nicht durch die Bevorzugung eines Beteiligten oder einer bestimmten Gruppe andere Teilnehmer von einem Anschluss abzuhalten. In fünf der sieben Systeme erfolgte die Initiierung der IOS unter Beteiligung mehrerer Unternehmen oder von Verbänden, wobei letztere, verglichen mit anderen IOS, überdurchschnittlich an der Initiierung beteiligt waren. Sofern die initiierenden Unternehmen eine grosse Bedeutung innerhalb der jeweiligen Branche besitzen (z.B. Marktführer), kann von ihnen eine 'Sogwirkung' ausgehen und auch andere Wettbewerber der Branche zur Teilnahme bewegen. Bei sämtlichen fünf Systemen wurde zur Verwaltung ein neues Unternehmen gegründet, das in allen Fällen auch für den Systembetrieb zuständig ist. Eine dominante Position besitzen auch die Initianten der zwei übrigen Systeme - jenen von nur einem Akteur gegründeten IOS. Im Falle von →TRADENET war dies der Staat, eine Institution mit Monopolmacht im Bereich der Verzollung und im Falle von →EDI*EXPRESS der führende Informationsdienstleister GEIS.

Die branchenübergreifende Ausrichtung der IOS spiegelt sich erwartungsgemäss in der Topologie und der Teilnehmerstruktur wider. Obwohl 'branchenübergreifend' nicht auf die Beziehungen innerhalb einer Branche abhebt, unterstützen alle Systeme auch Verbindungen innerhalb der Branche. Die übergreifende Ausrichtung schliesst daher Verbindungen innerhalb der Branche mit ein. In zwei Fällen waren die Beziehungen aber deutlich auf vertikale Interaktionen ausgerichtet (→CETS, →KTNET). Die juristische Offenheit der Systeme zeigt sich auch aus technischer Sicht. Aus den beschränkt verfügbaren Informationen kann geschlossen werden, dass die IOS mehrheitlich sowohl PC- als auch Host-Kopplungen nach den gängigen Protokollen unterstützen. Mit 71 Prozent unterstützen die Systeme auch in überdurchschnittlichem Masse die E-Mail Spezifikation X.400. Dies kann, ebenso wie die Verbreitung von Edifact, neben Gründen der technischen Offenheit darauf zurückgeführt werden, dass die Systeme erst in jüngster Zeit entstanden sind bzw. sich noch im Aufbau befinden. Mit 57 Prozent besitzt neben Edifact auch Ansi X12 für Beziehungen zu Unternehmen aus dem amerikanischen Raum einen vergleichsweise hohen Stellenwert.

Aus funktionaler Perspektive unterscheiden sich branchenübergreifende kaum von branchenbezogenen IOS. Es finden sich zu gleichen Teilen Systeme zur reinen Datenübermittlung und Systeme mit Marktfunktionalität. Von einem hohen Anteil werden jedoch sowohl Abwicklungs- als auch Informationsfunktionalitäten unterstützt. Die gemeinsame Datenhaltung ist von besonderer Bedeutung, da viele Beteiligte die gleichen Informationen, z.B. Versender-, Empfänger- und Sendungsdaten benötigen. Erfolgt der Informationsaustausch über die gleiche Instanz kann der branchenübergreifende Informationsfluss deutlich beschleunigt werden. Um weitere Nutzeneffekte zu realisieren, wirken die meisten Betreiber auch aktiv am Entwurf branchenübergreifender Nachrichtenstrukturen mit.

Ein weiterer Effekt der branchenübergreifenden Ausrichtung sind die Vielzahl an Verbindungen zu anderen IOS, die hier überdurchschnittlich hoch ausfällt. 86 Prozent der Systeme besitzen eine Verbindung zu VANS, die primär hergestellt werden, um die Teilnehmer verschiedener Branchen, die bereits mit einem VANS zusammenarbeiten, leichter anschliessen zu können. Jeweils 43 Prozent der Systeme sind mit IOS des See- bzw. des Strassenbereiches verbunden und 71 Prozent mit Luftfrachtsystemen. Während es sich dabei noch häufig um geplante Verbindungen handelt, bestehen zum Behördenbereich, zu welchem alle Systeme eine Verbindung besitzen, die meisten operativen Verbindungen. Besonders interessant sind aus Integrationssicht die Verbindungen zwischen Finanz- und Warenlogistik. Hier zeigt sich, dass die Verbindung der beiden Bereiche in der Praxis zwar erkannt wird, sich jedoch noch weitgehend in Planung befindet. Als besonders interessantes Beispiel der integrierten Geschäftsabwicklung können →TRADENET und →INFORMORE genannt werden.

Fazit   Zusammenfassend kann der branchenübergreifende Bereich als ein dynamisches Entwicklungsfeld und als wichtiger Bestandteil der integrierten Logistik bezeichnet werden. Dabei ist zu erwarten, dass sich die Zahl branchenübergreifender Systeme in absehbarer Zeit erhöhen wird, indem sich branchenbezogene Systeme auf andere Branchen ausweiten.

5.5   Zusammenfassung und Ausblick

Ziel des vorliegenden Buches ist es, den aktuellen Stand von IOS in der Logistik aufzuzeigen. Besonderen Wert wurde bei der Durchführung der Analyse auf ein theoriegeleitetes und strukturiertes Vorgehen gelegt. In Kapitel 2 werden daher zunächst die Grundlagen für die Erstellung des Analyserasters erarbeitet. An diesem Raster orientieren sich sowohl die Systembeschreibungen wie auch die Auswertung der IOS. Vor dem Hintergrund des breiten, die Waren- und Finanzlogistik umschliessenden Logistikverständnisses wurden in der vorliegenden Studie 140 IOS analysiert. Dabei konnten Erkenntnisse zur Entstehung, Funktionalität und Entwicklung von IOS erlangt werden (vgl. Kapitel 5.2 bis 5.4). Diese werden an dieser Stelle zusammengefasst und aus Sicht der beiden Handlungsstrategien - der *Integration der Logistik* und der *integrierten Logistik* - beurteilt. Ein Ausblick auf die mögliche Weiterentwicklung von IOS in der Logistik bildet den Abschluss der Studie.

Ziele von
IOS

Die Ergebnisse der Studie zeigen, dass sich in allen Logistikbereichen IOS etabliert haben, was einerseits die Bedeutung von IOS für die Logistik unterstreicht und andererseits die Integration der Logistik in den elektronisch unterstützten Ablauf von Geschäftstransaktionen hervorhebt. Drei aufeinander aufbauende Zielsetzungen mit unterschiedlicher Reichweite kristallisieren sich als Gründe für eine Systemeinführung heraus (vgl. Kapitel 2.4): Erstens werden IOS eingeführt, um die *Effizienz* bestehender Geschäftsabläufe zu erhöhen. Dass es sich dabei auch um die gesamtwirtschaftliche Effizienz handeln kann, dokumentieren beispielsweise die Zollsysteme. Zweitens kann mit IOS eine Steigerung der *Effektivität* durch die Neugestaltung bestehender Geschäftsabläufe angestrebt werden (Reengineering). Dies eröffnet wiederum ein Potential zu Steigerung der Effizienz (z.B. durch die Verringerung der Zahl benötigter Dokumente). Die beiden aufgeführten Zielsetzungen werden von Unternehmen im Rahmen von Strategien zu erreichen gesucht. Diese Strategien führen zu einer dritten Zielsetzung: der Erhaltung (passive Strategie) oder dem Ausbau (aktive Strategie) der Wettbewerbsfähigkeit. Insbesondere letztere erhöht die Wahrscheinlichkeit, *längerfristige Wettbewerbsvorteile* für einzelne Unternehmen,

Unternehmensgruppen oder eine Volkswirtschaft realisieren zu können.

Aufbau
von IOS

Eng mit der Zielsetzung des IOS ist die Konstellation von Initianten und Betreibern verbunden. So ist die Neutralität des Systems als eine wichtige Voraussetzung zum Erlangen einer breiten Akzeptanz abhängig von der Konstellation der Initianten und Betreiber. Weitere Faktoren, die für den Aufbau von Bedeutung sind, lassen sich in drei Punkten zusammenfassen: Erstens entstehen IOS umso eher, je einflussreicher der Promotor des Systems ist. Als Promotoren können entweder einzelne Parteien wie der Staat oder ein dominantes Unternehmen (z.B. Marktführer) oder aber eine Gruppe von Unternehmen auftreten, die sich zu einem Konsortium oder einem Verband zusammengeschlossen haben. Die Initiierung durch einzelne Unternehmen ist vor allem dann erfolgreich, wenn diese über eine entsprechende Macht- und Marktposition verfügen. Im anderen Fall ist eine in Koalitionen breit abgestützte IOS-Einführung wichtig. Zweitens entstehen IOS umso eher, wenn die Kooperation der Unternehmen auf technischer Ebene mit einer Kooperation auf organisatorischer und strategischer Ebene einhergeht. Diese Verknüpfung dient dazu, die Unsicherheit in interorganisatorischen Beziehungen zu reduzieren (vgl. Kapitel 2.1.2). Drittens entstehen IOS in Bereichen, die für die initiierenden oder teilnehmenden Unternehmen strategische oder normative Bedeutung haben und zum Kernbereich gehören. Letzteres trifft auf alle Unternehmen des sekundären Wertschöpfungsprozesses zu.

Status Quo
in Waren-
und Finanz-
logistik

Die technische und wirtschaftliche Entwicklung von IOS ist in den verschiedenen Anwendungsbereichen in einer teilweise sehr unterschiedlichen Entwicklungsphase: Die Systeme einer frühen Entwicklungsstufe haben entsprechend mit technischen und wirtschaftlichen Problemen zu kämpfen, während die Systeme in anderen Anwendungsbereichen akzeptiert und technisch ausgereift sind. Dabei zeigen sich Unterschiede zwischen den IOS-Anwendungen des Waren- und Finanzbereiches. Allgemein sind Systeme im Finanzbereich - insbesondere Interbanksysteme - etablierter als jene in der Warenlogistik, wofür u.a. die Homogenität der Finanzbranche und die frühe Dematerialisierung von Geld verantwortlich sind. Dieser Unterschied ist insofern von Bedeutung, da die gegenwärtige technische Entwicklung in der Telematik (Standardisierung, Netzwerke) einen grossen Einfluss auf Integrationsbestrebungen hat. Aufgrund des fortgeschrittenen Entwicklungsstadiums ist der Finanzbereich von dieser Dynamik weniger betroffen als die Warenlogistik. Unterschiede zwischen den verschiedenen Anwendungsbereichen zeigen sich auch bzgl. der Funktionalität: Dabei präsentierten die Systeme der Warenlogistik ein dynamischeres und heterogeneres Bild als jene der Finanzlogistik.

Integrierte
Logistik

Nachdem mit der integrierten Betrachtung von Waren- und Finanzlogistik eine verhältnismässig neuartige Perspektive eingenommen wird, sind auch nur wenige Systeme auf eine derartige Integration ausgelegt. Ansatzpunkte zur integrierten Logistik sind vor allem im warenlogistischen Bereich vorhanden, wobei viele Beispiele auf eine Integration von IOS der verschiedenen Verkehrsträger hinweisen. Einige wenige dieser Systeme besitzen sogar bereits finanzlogistische Funktionalität.

I.d.R. sind waren- und finanzlogistische Funktionen aber noch getrennt, was u.a. darauf zurückzuführen ist, dass waren- und finanzorientierte Aufgaben an unterschiedlichen Stellen im Unternehmen anfallen. Innerbetriebliche Strukturen sind gegenwärtig noch weitgehend auf Funktionsbereiche ausgerichtet. Während z.B. Versandabteilungen warenlogistische Aktivitäten wie etwa Transporte initiieren, wird die Bezahlung dieser Aktivitäten von der Buchhaltung oder dem Rechnungswesen durchgeführt. Die aufbauorganisatorische Trennung spiegelt sich häufig auch auf der Ebene des IS in Form verschiedener Applikationen wieder. Derartige Strukturen laufen dem Querschnittscharakter der Logistik ebenso entgegen wie dem, den Waren- und Finanzbereich umfassenden, Logistikdenken. Durch diese Verknüpfung wird ein wichtiger Beitrag zu einer Integration der Logistik (bei Unternehmen des primären WSP) und einer integrierten Logistik (bei Unternehmen des sekundären WSP) geleistet.

Verknüpfung
von IOS und
IAS

Eine mögliche Realisierungsform für das Konzept der Integration der Logistik besteht in der innerbetrieblichen Zusammenführung der Daten aus verschiedenen IOS. Denn es zeigt sich häufig, dass Teilnehmer zwar an waren- und finanzlogistischen IOS angeschlossen sind, die Informationsströme jedoch innerhalb der Unternehmung nicht zusammengeführt werden. Durch die Definition standardisierter Schnittstellen eines integrierten IAS werden die Daten aus den IOS miteinander verknüpft. Die Abhängigkeit von IOS und IAS für die Integration ist eine gegenseitige: Für die IAS ist es von Bedeutung, dass IOS offene Strukturen aufweisen und allgemeingültige Standards verwenden, um die Daten auch betriebsintern weiterverarbeiten zu können. Umgekehrt ist es für eine effiziente

Einbindung von IOS wichtig, dass IAS standardisierte Schnittstellen aufweisen, über die Daten ausgetauscht werden können.

Clearing Center und VANS

In Ermangelung integrierter Logistiksysteme und fehlender Integrationsfähigkeit von IOS und IAS greift heute eine Vielzahl der IOS-Betreiber und -Teilnehmer auf die Dienste eines Clearing Centers oder VANS zurück. Clearing Center und VANS übernehmen insbesondere dann Integrationsfunktion, wenn die verschiedenen IAS (z.B. Finanzbuchhaltung, Einkauf, Logistik) Insellösungen sind und eine Konversion von Daten im überbetrieblichen Bereich für die Verknüpfung verschiedener Logistikbereiche erforderlich machen. Die Studie zeigt, dass insbesondere m:n-Systeme für das Erbringen von zentralen Netzwerkdiensten auf Clearing Center zurückgreifen. Die Nachfrage nach Kommunikationsdiensten von VANS ist sowohl bei den 1:n-, als auch bei den m:n-Systemen sehr hoch.

Standardisierung

Eine grosse Bedeutung sowohl für die integrierte Logistik als auch für die Integration der Logistik kommt der Standardisierung von Kommunikationsprotokollen, -kanälen und -sprachen zu. Dabei geht es einerseits um die Ausdehnung eines einheitlichen Standards auf sämtliche Bereiche der Wirtschaft und der öffentlichen Verwaltung und andererseits um die durchgängige EDI-Unterstützung aller Marktphasen von der Informations- bis zur Abwicklungsphase. Im Rahmen der Edifact-Standardisierung wird sowohl die Diffusion des Standards auf die verschiedensten Bereiche der Wirtschaft und Verwaltung als auch die Standardisierung von vollständigen Geschäftsprozessen - von der Partnersuche bis zur Geschäftsabwicklung - vorangetrieben. Bestehende EDI Verbindungen, die heute Abwicklungsfunktionalitäten unterstützen, können daher in einem weiteren Schritt auch für Informations- und Vereinbarungsfunktionen genutzt werden.

Nutzen von IOS

Die Erhebung hat gezeigt, dass der aus dem Betrieb von bzw. der Teilnahme an IOS fliessende Nutzen unterschiedlich hoch und auf die Beteiligten verteilt ist. Die Erklärung dieser Beobachtung ist äusserst vielschichtig, da neben systemendogenen Bestimmungsfaktoren, wie etwa der Integrationstiefe, auch systemexogene Einflussgrössen, wie etwa die vom Betreiber/Teilnehmer verfolgte Strategie, politische Überlegungen, soziale Auswirkungen oder organisatorische Regelungen, eine starke Rolle spielen.

Seitens der Integrationstiefe weisen die Ansätze zu integrierter Logistik und zur Integration der Logistik starke Unterschiede auf. Beide Formen der Integration sind voneinander abhängig, da sie für sich alleine nicht zum Ausschöpfen der ihnen inhärenten Nutzenpotentiale führen. Dies macht erforderlich, dass der Fokus des Managements sich auf den betriebsübergreifenden Bereich und die Geschäftspartner ausdehnt. Nur so sind Konzepte wie JIT, Continuous Replenishment usw. überhaupt sinnvoll realisierbar.

Neben dem Einfluss der Integrationstiefe auf das Nutzenpotential lassen sich weitere Muster unter den untersuchten IOS feststellen. Vertikale Interaktionsbeziehungen weisen im Gegensatz zu horizontalen Beziehungen meist eine einseitige Nutzenverteilung auf. Auf technischer Ebene kann sich eine asymmetrische Nutzenverteilung durch die Verwendung proprietärer Systeme ergeben. In beiden Fällen besitzen jedoch offene Systeme ein längerfristig grösseres Nutzenpotential als (organisatorisch wie technisch) proprietär gestaltete.

Die Nutzenbeurteilung eines IOS hat vor dem Hintergrund der Situation vor Einführung des Systems zu erfolgen. So ist anzunehmen, dass ein IOS grossen Nutzenzuwachs stiftet, wenn zuvor papierbasiert gearbeitet wurde. Ist jedoch bereits die Verwendung von EDI etabliert (i.S.e. Basistechnologie), müssen wettbewerbsfähige IOS einen deutlichen Mehrwert induzieren.

Erfolgs- Eng mit der Höhe und der Verteilung des Nutzens sind die Erfolgs-
faktoren faktoren eines IOS verknüpft, die aus den bisherigen Punkten zusammengefasst werden. Aus der Untersuchung geht hervor, dass einzelne Ausprägungen der verwendeten Beurteilungskriterien einen Einfluss auf den wirtschaftlichen Erfolg eines IOS haben. Der Nutzen von IOS ist daher umso höher, je akzeptierter die Betreiberkonstellation bei den Teilnehmern ist, je offener die Systeme gestaltet sind, je effizienter sie finanz- und warenlogistische Funktionen verbinden, je tiefer die IOS mit anderen IOS und mit IAS integriert sind, je höher ihr Funktionalitätsvorteil im Vergleich zur bestehenden Funktionalität, je weniger redundant die Geschäftsabläufe gestaltet sind und je aktiver die verfolgte Strategie von Betreibern bzw. Teilnehmern ist.

Trends

In der Studie wurden für IOS des Waren- und Finanzlogistikbereichs retrospektiv technische und wirtschaftliche Entwicklungen dargestellt. Im folgenden Abschnitt werden diese Entwicklungspfade auf die Zukunft von IOS und deren Anwendungsfelder extrapoliert und zu allgemeinen Trends verdichtet.

Geschäftsgrundlage - Wettbewerbsvorteil	Für viele IOS-Betreiber oder -Teilnehmer wird der Betrieb oder die Beteiligung an IOS zur allgemeinen Geschäftsplattform und damit zur Überlebensnotwendigkeit. Dadurch wird die Frage des Nutzens und der Pay-back-Zeit von Investitionen in IT in den Hintergrund gedrängt. Aufgrund der zunehmenden Verbreitung von IOS werden sich allein durch technische Lösungen in Zukunft kaum mehr Wettbewerbsvorteile erzielen lassen. Vielmehr werden Services der ersten und zweiten Integrationsstufe über den wirtschaftlichen Erfolg oder Misserfolg eines Systems und z.T. über das längerfristige Überleben eines Unternehmens entscheiden.
Rechtliche Rahmenbedingungen	Die angesprochene zunehmende Verbreitung und Offenheit von IOS macht die Anpassung des rechtlichen Rahmenwerkes erforderlich.[14] Insbesondere die Gerichtsfähigkeit elektronischer Dokumente ist heute nicht allgemeingültig geregelt und dürfte häufig als Argument gegen den elektronischen Geschäftsverkehr angeführt werden. Für IOS in der Logistik haben rechtliche Fragen eine hohe Bedeutung, weshalb die Anpassung des Rechts die Verbreitung von IOS fördern dürfte.
Organisatorische Rahmenbedingungen	Die Beziehungen zwischen den Partnern im Logistikbereich sind stark von einer politischen und sozialen Komponente geprägt. Damit sich IOS auf breiter Front durchsetzen können, sind auf organisatorischer Ebene Lösungen gefragt, die eine intensive Zusammenarbeit erlauben. Formen netzwerkartiger Organisation und Formen hierarchischer Organisation (Konzentration) sind im Logistikbereich heute anzutreffen. Als Entwicklungsperspektive können vor allem die Netzwerkorganisation und in einigen Bereichen auch die marktliche Organisation gelten, weil diese in besonderer Weise eine höhere Flexibilität in der Inanspruchnahme der Dienstleistungen erlauben.
Rolle von VANS und Clearing-Center	Einheitliche Marktsprachen, wie sie durch die Edifact-Standardisierung entwickelt werden, helfen neue Logistikkonzepte in die Realität umzusetzen und machen in Zukunft das Erbringen von Konvertierungsaufgaben obsolet. Dies bedroht die heutige Geschäftsgrundlage von Clearing-Centers und VANS, weshalb zu vermuten ist, dass sich deren Rolle zu eigentlichen zentralen Marktplattformen und Drehscheiben für verschiedenste Dienstleistungen wandeln dürfte.

---

[14] Eine Anpassung der rechtlichen Rahmenbedingungen wurde bei nur zwei Systemen (→TDS, →KTNET) angetroffen.

Investitions-
aufwand

Anhand einiger Beispiele wurde deutlich, dass der Investitions-
aufwand für hochintegrierte Anwendungen (Integration der Logistik
und integrierte Logistik) aufgrund des Komplexitätsgrades der
Logistik erheblich sein kann. Obwohl gleichzeitig eine Verbilligung
und Standardisierung von Telekommunikationskomponenten
stattfindet, kann davon ausgegangen werden, dass integrierte
Lösungen infolge der IOS-Einführung und der Anpassung von
Geschäftsprozessen bei Teilnehmern zu höheren fixen Kosten
führen. Die Beispiele haben ferner gezeigt, dass die variablen
Kosten einer Geschäftstransaktion durch IOS deutlich sinken,
wodurch sich mit einem höheren Transaktionsvolumen Grössen-
vorteile ergeben dürften. Der Nutzen integrierter Anwendungen
dürfte daher mit zunehmendem Volumen steigen. Weil dabei
höhere Gebühren für den IOS-Betreiber anfallen, fokussieren sich
diese in vielen Fällen auf Grossanwender. Die Untersuchung zeigt
aber gleichzeitig, dass im Zuge eines durchgängigen Informationsflusses alle Beteiligten und damit auch KMU 'elektronische
Handlungsfähigkeit' besitzen sollten. Wie das Nutzenmodell in
Kapitel 2.4 zeigt, kann sich für diese Zielgruppe auch durch
weniger integrierte Lösungen ein wichtiger Nutzen ergeben.

Ziel des vorliegenden Werkes war es einen Einblick in die interorganisatorische Computerunterstützung der Logistik zu vermitteln.
Die Vielzahl an Beispielen zeigt, dass IOS hier zwei zentrale
Funktionen erfüllen. Einerseits erlauben sie einen durchgängigen
Informationsfluss zwischen allen Beteiligten, welcher sich auch
erheblich auf die Geschwindigkeit des primären Güterflusses
auswirkt. Zu diesem Zwecke werden in steigender Zahl EDI-Verbindungen eingerichtet. Andererseits besitzen IOS erheblichen
Einfluss auf die Art der Zusammenarbeit zwischen den Beteiligten -
ein Potential das heute im Logistikbereich noch nicht ausgeschöpft
ist. Denn aufbauend auf einem durchgängigen Informationsfluss
können Marktfunktionalitäten realisiert werden, wie dies die Beispiele der CRS im Tourismusbereich oder der elektronischen Börsen
im Finanzbereich demonstrieren. Der Schritt zu elektronischen
Märkten in der Logistik steht damit noch bevor und es ist zu
erwarten, dass sich angesichts der geschilderten Wettbewerbs-
verschärfung die heutigen Strukturen noch deutlich wandeln
werden. Die Spedition zeigt sich in besonderem Masse betroffen, da
ihr Aufgabenbereich primär aus einer Informationdienstleistung
besteht. Sowohl die direkte Interaktion von Frachtführern und
Verladern wie auch das Aufkommen neuer Maklerdienste zählen zu

den Herausforderungen. Gleichzeitig eröffnen sich mit den geschilderten Strategien der Integration der Logistik und der integrierten Logistik Chancen für Speditionen durch IOS. Auch für die Logistik dürfte daher die Aussage von Bakos [1991, 48] zutreffen:

Interorganizational information systems are becoming more prevalent every day.

A1 Einzelauswertung der Systeme

Randspalten: **Strasse** (linker Rand) · **Schiene** (rechter Rand)

System / System Nummer	1 BifaNet	2 Dalog	3 Danznet	4 EDI*TSL	5 Editrans	6 Euro-Log	7 Frame	8 IFMS	9 Intakt	10 LOG	11 Logsped	12 Neptune	13 ProfitMAX	14 Senardis	15 Teleroute	16 Teleways	17 TrackNet	18 Tradicom	19 Transponet	20 Transpotel
Initiierung und Aufbau																				
Staat / Behörde					●		●	●	●	●										
einzelnes Unternehmen		●	●	●								●	●	●	●	●				●
Gruppe von Unternehmen						●					●						●		●	
Neugründung													●			●				
Wirtschaft- und Industrieverband	●			●													●	●		
selbe Branche wie IOS	●		●	●							●	●		●			●	●		
andere Branche als IOS	I			B	G	I	G	G	G	G			DI		DI	DI			I	DI
Verwaltung des IOS																				
gleich Initiant	●	●	●	●								●	●	●		●		●		
ungleich Initiant					I,B	J	I,St,S	I,B, St,V	A,V, I	St,V	J				J		J		J	J
Betreiber des IOS																				
gleich Verwalter		●	●	●		●	●		●	●	●		●	●		●		●	●	
ungleich Verwalter	I											I			I		I			I
Teilnehmer																				
Zahl	54	500	706		4	2	15	14	5	5		3.000T		500	20.000		75	1.200		700
selbe Branche wie IOS	●	●	●	●	●	●	●	●	●	●	●	●	●	●	●	●	●	●	●	●
andere Branche als IOS		●		●	●	●	●	●	●	●	●	●		●						
Topologie																				
1:n			●								●									
m:n (vertikale Ausrichtung)		●		●	●	●		●	●	●		●	●	●	●	●	●	●	●	●
m:n (horizontale Ausrichtung)	●	●		●	●	●	●	●	●						●	●	●	●	●	●
Kommunikationsprotokolle																				
Mobilfunk						●	●	●				●								
PC-Kopplung	●	●	●	●		●				●		●	●				●		●	
Videotex						●				●					●	●		●	●	●
Host-Kopplung (SNA, 3270 etc.)	●	●	●			●						●					●		●	
X.25, X.28 u.ä.	●	●	●	●	●	●	●		●			●					●		●	
X.400	●	●				●						●		●			●		●	
Sonstige																				
Marktsprache																				
Proprietär		●	●	●					●			●	●	●	●	●		●	●	●
Branchen- / Länderstandard	●	●		●					●		●									
Ansi X12															●					
Edifact	●	●	●	●	●	●	●		●					●					●	
Funktionalität																				
Reine Datenübermittlung (D)				●	●			●					●							
(D) + Marktfunktionalität	●	●	●			●	●		●		●	●		●	●	●	●	●	●	●
Systemverbindung																				
keine																				
VANS	●	●		●	●							●					●			●
IOS des Strassenbereichs						●											●	●	●	●
IOS des Schienenbereichs																				
IOS des Seebereichs			●																	
IOS des Luftfrachtbereichs			●			○														
IOS des Behördenbereichs	●		●			○														
IOS des Bankenbereichs																				
IOS des Versicherungsbereichs																				

No.	System				
24	Hermes	12		J	
25	Kurs'90	17			
26	Railinc	450		J	
27	TS'90				
See					
28	Aces	90	I		
29	Ademar	250		J	
30	Bimcom				
31	CNS	1.000		J	
32	DBH	134		J	
33	Dakosy	203		J	
34	Dover DTI				
35	Edicom			J	E
36	Ediport	12	I	J	I
37	Ediship	10	I	A	
38	FCP80			J	
39	Intis	150	I	J	I
40	Linx	34	I		I
41	Ocean			A	
42	Pace	200	I		
43	Protect	6			I
44	Protis				
45	Seagha	108		J	
46	Shipnets	170	I		I
47	Teleport			J	
Luft					
48	Avex	177			I
49	BCS	22		J	
50	CCN	96		J	
51	CCS-UK	784	I	I	
52	CCS-CH	71		J	
53	CIS	350T			I
54	Cargonaut	109		J	
55	Cies	276			
56	Cosmos				
57	Fretair	700	I	I	
58	Icarus	57		J	
59	Mosaik				
60	Naccs	176	I	J	
61	Totem	500T			
62	TradeVision	125		J	
63	TDNI	44		J	I

No.	Name	Value	Code
66	Access	3	I
68	Alfa	556	
69	Chief	108	I
70	Deps		
71	Douane	556	
72	Edcs	1.000	
73	Inet	180	J
74	Nodi	60	
75	Sadbel	500	
76	Sofi	20.973	
77	TDS	1.700T	
78	ACS	1.296	
79	Vies	12	
80	Zadat		
81	Zollm. 90	156	
Bank-Kunden			
82	Bankline		Bk
83	BankLink	90	
84	CashScreen		I
85	Citicash		
86	CIC		
87	Elba	4.000	
88	EDPI		
89	FEDI Serv.		Bk
90	FEDI Serv.		Bk
91	FEDI Serv.		
92	FEDI Serv.	50	Bk
93	Hexagon		
94	LloydsLink		Bk
95	Pay$tream	200	
96	Postal Giro		
97	Scotia*EDI	25	Bk
98	TradePay		Bk
99	Trading M.		Bk
100	VideoServ.		
Interbank			
101	ACH		
102	BISS	379	G,Dl
103	BACS	19	
104	BGC	67	
105	BOJ-NET	175	
106	CEC	129	

Nr.	Name	Anzahl	Code 1	Code 2	Kategorie
110	EAF	59			
111	ECHO	14		J	
112	Fedwire	11.200			
113	FXNET	40		I	
114	IDX	5		A	
115	IIPS	23			
116	IBOS	4		J	I
117	RIX	20			
118	SIPS	292	G	G,Dl	
119	SWIFT	3.582		J	
120	SIC	162	Dl	G,Dl	
121	Sagittaire	62	I		
122	SIT	25		G	
123	Zengin	153		A	
Wertschriften					
124	Cedel	2.500		J	
125	Euroclear	2.700	Bk	J	
Versicherung					
126	Assurnet	1.100		J	
127	ADN	1.300		J	
128	Brokernet	500	I		I
129	IVANS	31.000	I	J	
130	Limnet	850	I		I
131	Rinet	107	I	J	
132	Rita	87		J	
133	Tide				
übergreifend					
134	CETS	(180)		J	St,I, S,Bk
135	Edi*Expr.				I
136	Encompass	44		J	I,E, L,St
137	Informore	12		J	St
138	KTNet	23		J	V
139	Tradegate	591		J	St,L, E,S
140	TradeNet	1.800		J	

Kontaktadressen

Autoren

Rainer Alt, Ivo Cathomen

Hochschule St. Gallen

Kompetenzzentrum Elektronische Märkte (CCEM)

Institut für Wirtschaftsinformatik IV

Dufourstrasse 50

CH-9000 St. Gallen

Tel.	++41 (0)71 302 297
Fax	++41 (0)71 302 771
X.400	s=ralt (bzw. icathomen) ou=sgcl1 o=unisg p=switch a=arcom c=ch
Internet	ralt(bzw. icathomen)@sgcl1.unisg.ch

Systembetreiber

ADN
Post Box 566
NL-3700 Zeist

Air Canada Base (→TOTEM)
Montreal International Airport (Dorval)
P.O. Box 9000, Postal Station St. Laurent
CAN-Montreal, Quebec H4Y 1C2

All Nippon Airways Co. Ltd.(→Naccs)
Ark Mort Building
1-12-32 Akasaka
Minato-Ku
Tokyo 107, Japan

ASSURNET s.c.
Chaussée de la Hulpe 150
B-1170 Bruxelles

Axime Services/Segin (→Teleroute International)
98 Rue De Charonne
F-75011 Paris

Bank für Internationalen Zahlungsausgleich
(sämtliche Interbanksysteme, →Postal Giro)
Centralbahnplatz 2
CH-4051 Basel

Bank of Nova Scotia
181 University
15th Floor
CAN-Toronto, Ontario M5H 3M7

Barclays Bank plc (→Trading Master)
Barclays Global Payment
P.O. Box 120
UK-Westwood Business Park, Coventry CV4 8JN

BIFA Headquarters (→Bifanet)
Redfern House
Browells Lane
UK-Feltham, Middlesex TW13 7EP

British Telecom Customer Services (→Ccs-uk)
Guidion House
Harvest Crescent
Ancells Park
Fleet, Hampshire GU13 8UZ, UK

Bundesminister der Finanzen
Referat Öffentlichkeitsarbeit
Graurheindorfer Strasse 108
D-53117 Bonn

Bundesverband des Deutschen Güterfernverkehrs e.V. (→Edi*Tsl)
Haus des Strassenverkehrs
Breitenbachstrasse 1
D-60487 Frankfurt a.M.

Canadian Bank of Commerce
777 Bay Street
20th Floor
CAN-Toronto, Ontario M5G 2C8

Cargo Switch AG (→Ccs-ch)
Flughafenstrasse 22
CH-8302 Kloten

Cargonaut Air Cargo Automation
Building 70
NL-1117 AA Schiphol Airport East

Chemical Bank
55 Water Street
Room 644
USA-New York, NY 10041

Citibank
460 West 33rd Street
USA-New York NY, 10043

Community Network Services Ltd. (→Cns)
4 Brunel Way, Fareham
UK-Hants PO15 5 TX

Danzas AG (→Danznet)
Innere Margarethenstrasse 14
CH-4002 Basel

Datenbank Bremische Häfen GmbH (→DBH)
Faulenstrasse 31
Postfach 10 64 43
D-28195 Bremen

Datenkommunikationssystem GmbH (→DAKOSY)
Cremon 9
D-20457 Hamburg

Department of the Treasury (→ACS)
U.S. Customs Service
ACS/rbs/room 2417
USA-Washington D.C., 20229

Docimel Project Union Internationale des Chemins de Fer
1 Place Valhubert
F-75013 Paris

Dover Harbour Board (→DOVER DTI)
Harbour House
UK-Dover, Kent CT17 9BU

EDISHIP Initiative
PO Box 52
UK-Barking, Essex IG11 7HB

Encompass Europe NV
Straat 43-45
NL-2909 le Capelle aan den Yssel
P.O.Box 117

EURO-LOG B.V.
Polarisavenue 9
NL-2132 JH Hoofddorp

Euroclear Operations Centre
Morgan Guaranty Trust Company of New York
Boulevard E. Jacqmain 151
B-1210 Brüssel

Fides Informatik (→CASHSCREEN)
Finanz Informations-Services
Badenerstrasse 172
CH-8004 Zürich

First National Bank of Chicago
One First National Plaza
USA-Chicago IL, 60670

Flughafen Frankfurt Main AG (→CIS$_L$)
Informatik und Ablauforganisation
D-60549 Frankfurt a.M.

General Systems Informatique (→FRETAIR)
B, 13ieme Bouvets
F-92022 Nanterre Cedex

General Tullstyrelsen (→TDS)
Swedish Board of Customs
Box 2267
S-103 16 Stockholm

GSI (→DALOG)
25 Boulevard de l´Amiral Bruix
F-75116 Paris

GSI Transport & Touristik (→DALOG)
Gesellschaft für Datenfernverarbeitung mbH
Bartningstrasse 55
D-64298 Darmstadt

HERMES
N.V. Nederlandse Spoorwegen
Goederenvervoer
Afedling Commercile organisatie goederenvervoer
P.O. Box 2025
NL-3500 HA Utrecht

HM Customs and Excise (→CHIEF)
Customs Information Systems - CD7E
3rd Floor West
New King's Beam House
22 Upper Ground
UK-London SE1 9PJ

HM Customs and Excise (→EDCS)
Electronic Data Capture Services, ITD Branch 23
Room 1311, Alexander House
21 Victoria Avenue
UK-Southend-on-Sea, Essex SS99 1AA

Hongkong and Shanghai Banking Corporation (→HEXAGON)
Box 64
GPO
Hongkong

ICARUS
2 St. John's Court
Santry
IRL-Dublin 9

Informore b.v.
Marathon 3
Arena
NL-1213 PB Hilversum

International Network Services Ltd (→BROKERNET)
INS House
Station Road
UK-Sunbury-on-Thames, Middlesex TW16 6SB

INTIS
Marconistraat 16
NL-3029 AK Rotterdam

Irish National Electronic Trading Agency (→INET)
50 Dawson Street
IRL-Dublin 2

IVANS
777 West Putnam Avenue
USA-Greenwich CT, 06830-5012

Klantenservice Sagitta
P.O. Box 11708
NL-2502 AS Den Haag

Lloyds Bank plc (→LLOYDSLINK / TRADELINK)
Electronic Services
Corporate Banking
P.O. Box 787
6-8 Eastcheap
UK-London EC3M 1LL

Maritime Cargo Processing (→FCP80)
Orwell House
Ferry Lane
UK-Felixstowe, Suffolk IP11 8QL

Midland Bank plc (→TRADEPAY)
Payment Transmission Services
Electronic Banking
120 Cannon Street
UK-London EC4N 6AB

Ministère des Finances (→SADBEL)
Administration des Douanes et Accises
Cité Administrative de l´état
Tour Finances - Bôite 37
Boulevard du Jardin Botanique 50
B-1010 Bruxelles

National Bank of Canada
600 De La Gauchetiere West
4314-1
CAN-Montreal, Quebec H3B 4L8

National Westminster Bank plc (→BANKLINE INTERCHANGE)
The EDI Unit
Automated Business Services
P.O. Box 592
25/26 Throgmorton Street
UK-London EC2N 2AH

Nedlloyd Computer Services B.V. (→NEPTUNE)
Postbus 2454
NL-3000 CL Rotterdam

Norwegian Data Interchange (→NODI)
Drammensveien 30
Postbox 2526 Solli Oslo
0202, Norway

Oberfinanzdirektion Frankfurt a.M. (→ALFA)
Rechenzentrum
Flughafen - Gebäude 176
D-60549 Frankfurt a.M.

Pittsburgh National Bank, N.A.
PNC Corporate Services
210 Sixth Avenue
USA-Pittsburgh PA, 15265

Port of London Authority (→PACE)
London River House
Royal Pier Road
UK-Gravesend, Kent DA12 2 BG

Port of Montreal (→EDICOM)
Port of Montreal Building
Cité du Havre
CAN-Montreal, Quebec H3C 3R5

Railinc
50 F St. NW
Washington, DC
20001, USA

RINET s.c.
Boulevard de la Woluwe 60
Bte. 3
B-1200 Bruxelles

RITA s.c.a.r.l.
Via B. Cellini, 1
Trezzano sul Naviglio
I-20090 Milano

Schweizerische Bankgesellschaft ($\rightarrow$CIC)
Bahnhofstrasse 45
CH-8001 Zürich

Schweizerische Bundesbahnen ($\rightarrow$CIS$_s$)
Direktion Güterverkehr
Mittelstrasse 43
CH-3030 Bern

Scitor ITS Inc. ($\rightarrow$USC)
3100 Cumberland Circle
Atlanta, Georgia 30339, USA

SEAGHA c.v.
Brouwersvliet 33/8
B-2000 Antwerp 1

Singapore Network Services Pte Ltd. ($\rightarrow$TRADENET)
75 Science Park Drive
Singapore 0511

Societé Internationale de Télécommunications Aéronautiques
London Data Processing Centre
Clock Tower Road
UK-Isleworth, Middlesex TW7 6DT

Soget ($\rightarrow$ADEMAR)
Systems and Gateway Engineering Technology
CHCI-Quai George V
F-76600 Le Havre

SWIFT s.c.
Avenue Adele 1
B-1310 La Hulpe

Teledyne Brown Engineering (→Avex)
Cummings Research Park
300 Sparkman Drive NW
P.O. Box 070007
USA-Huntsville AL, 35807-7007

Telekurs AG (→Sic)
Hardturmstrasse 201
CH-8005 Zürich

TF Telefracht AG (→Teleways)
Splügenstrasse 6
CH-8027 Zürich

Tradegate Australia Ltd
Level 2
72 Pitt Street
P.O. Box R986
Royal Exchange
AUS-Sydney NSW 2000

TradeVision Head Office
P.O. Box 1419
S-171 27 Solna

Transport Data Network International Inc. (→Tdni)
3751 Shell Road, Suite 120
CAN-Richmond, British Columbia V6X2Z9

Transpotel Deutschland GmbH (→Transpotel Strasse)
Nordkanalstrasse 36
D-20097 Hamburg

Traxon Asia
11F Sumitomo-Mita Bldg. 5-37-8
Shiba, Minato-Ku
Tokyo 108

Traxon Asia
Allied Kajima Bldg.
134-145 Gloucester Road
Wanchai, Hong Kong

Traxon Europe
Lyoner Str. 15, Atricom Bldg.
D-60528 Frankfurt/Main

Vereinigung Deutscher Kraftwagenspediteure GmbH (→EDI*TSL)
Eduard-Pflüger-Strasse 58
D-53113 Bonn

Abbildungsverzeichnis

Tabellenverzeichnis

Abkürzungen und Akronyme

AA	Automobile Association
AAR	Association of American Railsroads
ABI	Air Broker Interface
ACA	Air Cargo Automation
ACSE	Association Control Service Element
ADMD	Administration Management Domain
ANA	Article Number Association
ANIA	Associazione Nationale Imprese di Assicurantione
APACS	Association for Payment Clearing Services
AQIS	Australian Quarantine and Inspection Service
ARS	Account Report System
ATM	Automatic Teller Machine
AWV	Arbeitsgemeinschaft für wirtschaftliche Verwaltung e.V.
BA	British Airways
BAI	Bank Administration Institute Formate
BBN	Bundeseinheitliche Betriebsnummer
BBS	Bulletin Board System(e)
BddW	Blick durch die Wirtschaft
BDF	Bundesverband des Deutschen Güterfernverkehrs e.V.
BEF	Belgischer Franc
BESR	Bankeinzahlungsschein mit Referenznummer
BFuP	Betriebswirtschaftliche Forschung und Planung
BIFA	British National Freight Association
BIS	Bank for International Settlements (siehe: BIZ)
BIZ	Bank für internationalen Zahlungsausgleich (siehe: BIS)
BmF	Bundesminister für Finanzen (D)
BmFT	Bundesminister für Forschung und Technologie (D)

BSL	Bundesverband Spedition und Lagerei e.V.
BRMA	Brokers and Reinsurance Market Association
Btx	Bildschirmtext (vgl. Vtx)
CASE	Computer Added Software Engeneering
CASS	Cargo Accounts Settlement System
CBA	Canandian Bankers' Association
CCC	Customs Cooperation Council
CCEM	Kompetenzzentrum Elektronische Märkte
CCITT	Comité Consultatif International Télégraphique et Téléphonique
CCS	Cargo Community System(e)
CEC	Commission of the European Communities
CFL	Nationalgesellschaft der Luxemburgischen Eisenbahnen
CIDIG	Cargo Information Distribution Interest Group
CIL	Computerintegrierte Logistik
CIR	Computer Integrated Railroading
CLCB	Committee of London Clearing Bankers
CMI	Comité Maritime Internationale
CMR	Convention Relative au Contrat de Transport International des Marchandises par Route
COMPROs	Commitees for the Simplification of International Trade Procedures
CPA	Canandian Payment Association
CRS	Computer Reservation System
CRT	Challenge Response Test
CSCW	Computer Supported Cooperative Work
DB	Deutsche Bundesbahn
DBW	Die Betriebswirtschaft
DFÜ	Datenfernübertragung
DK	Dänemark
DIN	Deutsches Institut für Normung
Diss	Dissertation
DK	Dänemark
DNA	Digital Network Architecture

DR	Deutsche Reichsbahn
DRIVE	Dedicated Road Infrastructure for Vehicle Safety in Europe
DS	Directory Services
DSA	Directory System Agent
DSB	Dänische Staatsbahnen
DTA	Datenträgeraustausch
DUA	Directory User Agent
DV	Datenverarbeitung
DVWG	Deutsche Verkehrswissenschaftliche Gesellschaft
E-Mail	Electronic Mail
EAN(COM)	European Article Number (Communication)
EBIC	European Banks' International Company
ECU	European Currency Unit
EDI	Electronic Data Interchange
EDIA	Electronic Data Interchange Association (GB)
EDIFACT	EDI for Administration, Commerce and Transport
EFT(/POS)	Electronic Funds Transfer (at Point of Sale)
EG	Europäische Gemeinschaft
EM	Elektronischer Markt / Elektronische Märkte
ESR	Einzahlungsschein mit Referenznummer
FED	Federal Reserve (Bank)
Fedex	Federal Express
FEDI	Financial Electronic Data Interchange
FTAM	File Transfer Access Management
FTL	Full Truck Load
GDS	Global Distribution System
GEIS	General Electrics Information Services
GM	General Motors
HBR	Harvard Business Review
HIS	Hafeninformationssystem(e)
HKG	Hongkong
HMD	Handbuch der modernen Datenverarbeitung
HW	Hardware

IAPH	International Association of Ports and Harbours
IAS	Intraorganisationssystem(e)
IATA	International Air Transport Association
IBM	International Business Machines Corporation
ICS	International Chamber of Shipping
IDMS	Integrated Data Management System
IFT	Interbank File Transfer
IFTM(FR)	International Forwarding and Transportation Message (Framework)
IIN	IBM Information Network
ILU	Institute of London Unterwriters
IM2000	Projekt Informationsmanagement 2000
IN	Integriertes Datennetz
INTRACON	Intermodal Transport of Containers
IOS	Interorganisationssystem(e)
IS	Informationssystem(e)
ISA	Information Services Agreement
ISDN	Integrated Services Digital Network
ISO	International Organization for Standardization
IT	Informationstechnologie
JIT	Just-in-time
JTM	Job Transfer and Manipulation
KMU	Kleine und mittlere Unternehmen
L	Luxemburg
LDL	Logistische(r) Dienstleister
LH	Deutsche Lufthansa
LIMRA	London Insurance and Reinsurance Market Association
LSV	Lastschriftverfahren
LTL	Less than Truck Load
MAV	Ungarische Staatsbahnen
MDE	Mobile Datenerfassung
MHS	Message Handling System
MIS	Management Information System

MMS	Manufacturing Message Specification
MRP	Manufacturing Resource Planning
MS	Message Store
MTA	Message Transfer Agent
MTS	Message Transfer System
NHA	Norwich Health Authority
N	Norwegen
NHS	National Health Service
NS	Niederländische Eisenbahnen
NSB	Norwegische Staatsbahnen
NTT	Nippon Telegraph and Telephone Corporation
NVBS	National Vehicle Booking Service
NVOCC	Non Vessel Owning Common Carrier
NZZ	Neue Zürcher Zeitung
ÖBB	Österreichische Bundesbahnen
ODA	Open Document Architecture
ODI(F)	Open Document Interchange (Format)
OECD	Organisation for Economic Co-operation and Development
OR	Obligationenrecht
OSI	Open Systems Interconnection
PIK	Praxis der Informationsverarbeitung und Kommunikation
PKP	Polnische Staatsbahnen
POS	Point of Sale
PPS	Produktionsplanungs- und -steuerungssystem
PRMD	Private Management Domain
PRS	Portfolio Report System
PTT	Post-, Telefon- und Telegrafenbetriebe
RAA	Reinsurance Association of America
ROSE	Remote Operations Service Element
RTSE	Reliable Transfer Service Element
S	Schweden
SACV	Schweizerische Artikelcode-Vereinigung

SAS	Scandinavian Airlines System
SBB	Schweizerische Bundesbahn
SBG	Schweizerische Bankgesellschaft
SBV	Schweizerischer Bankverein
SCA	Sea Cargo Automation
SEDAS	Standardregelungen einheitlicher Datenaustauschsysteme
SFr	Schweizer Franken
SGP	Singapur
SIA	Interbank Vereinigung für Automation
SITA	Societé Internationale de Transport Aérienne
SKA	Schweizerische Kreditanstalt
SKr	Schwedische Krone
SNA	Systems Network Architecture (IBM)
SNB	Schweizerische Nationalbank
SNCB	Nationalgesellschaft der Belgischen Eisenbahnen
SNCF	Nationalgesellschaft der Französischen Eisenbahnen
SSV	Schweizerischer Spediteurverband
STEP	Standard for the Exchange of Product Definition Data
SW	Software
Swisspro	Swiss Procedures Board (nationales Edifact-Board)
TDCC	Transportation Data Coordinating Comittee
TDED	Trade Data Elements Directory
TDID	Trade Data Interchange Directory
TEDIS	Trade Electronic Data Interchange Systems (EG-Programm)
TP	Transaction Processing
TPMS	Transaction Processing Management System
UA	User Agent
UBS	Union Bank of Switzerland (siehe: SBG)
ULD	Unit Load Device
UNCID	Uniform Rules of Conduct for Interchange of Trade Data by Teletransmission
UNCTAD	United Nations Conference on Trade
UNECE	United Nations Economic Commission for Europe

UNO	Vereinte Nationen (auch UN)
UPS	United Parcel Service
VANS	Value Added Network Service
VDA	Verband der deutschen Automobilindustrie
VT	Virtual Terminal
VTS	Virtual Terminal Service
Vtx	Videotex (vgl. Btx)
WiSt	Wirtschaftswissenschaftliches Studium
WSP	Wertschöpfungsprozess(e)
XPS	Expertensystem(e)
ZfB	Zeitung für Betriebswirtschaft
ZfbF	Zeitschrift für betriebswirtschaftliche Forschung

Literaturverzeichnis

[1] Ad-Hoc-Arbeitsgruppe für EG-Zahlungsverkehrssysteme (Hrsg.) (1993): Zahlungsverkehrssysteme in EG-Mitgliedstaaten. Studie im Auftrag des Gouverneursausschusses der EG-Zentralbanken, Frankfurt.

[2] Albisetti, E. / Boemle, M. / Ehrsam, P. / Gsell, M. / Nyffeler, P. / Rutschi, E. (1990): Bankgeschäfte. 4. Aufl., Zürich.

[3] Alt, R. / Cathomen, I. (1993): Computer Integrated Logistics. In: EM-Electronic Markets, Vol. 3, No. 9/10, S. 15.

[4] Alt, R. / Cathomen, I. / Klein S. (1993): CIL - Computerintegrierte Logistik. Arbeitsbericht IM2000/CCEM/21, Hochschule St.Gallen.

[5] Alt, R. / Zbornik, S. (1993): Elektronische Märkte in der Schweiz: Die Zeit läuft! In: io-Management, No. 1, S. 89-94.

[6] Anner, R. (1988): Rationelle Dienste dank neuer Telematik. In: Afheldt, H. (Hrsg.): Erfolge mit Dienstleistungen. Stuttgart, S. 71-83.

[7] Anner, R. (1992a): Effiziente Nutzung des Verkehrssystems. In: NZZ, 3.11.92.

[8] Anner, R. (1992b): Laderaumbewirtschaftung in Europa - Teleroute. In: Tagungsband Verkehrsforum 1992, Mayrhofen, S. 78-80.

[9] Anner, R. (1993): Elektronische Laderaum- und Frachtenbörsen. In: EM-Elektronische Märkte, Vol. 3, No. 7, S. 8.

[10] Antonelli, C. (Hrsg.) (1992): The Economics of Information Networks. Amsterdam.

[11] Antz, H. (1986): Transport-Disposition mit Bildschirmtext. In: IBM-Nachrichten, Vol. 36, No. 286, S. 39-42.

[12] Augustin, S. (1990): Information als Wettbewerbsfaktor: Informationslogistik - Herausforderung an das Management. Zürich.

[13] Backhaus, K. / Ewers, H.-J. / Büschken, J. / Fonger, M. (1992): Marketingstrategien für den schienengebundenen Güterfernverkehr. Göttingen.

[14] Bakar, K.A. (1994): State of the Nation Report: Malaysia. In: Till, R. (Hrsg.): Proceedings 5th World Congress of EDI Users. London, S. 361-368.

[15] Bakos, J.Y. (1987): Interorganizational Information Systems: Strategic Implications for Competion and Cooperation. Diss. Massachussets Institute of Technology, Boston.

[16] Ballou, R.F. (1978): Basic Business Logistics. Englewood Cliffs.

[17] Barrett, S. (1985): An IS* Case: the Closed Loop Scenario. In: Information and Management, No. 5, S. 263-269.

[18] Barrett, S. / Konsynski, B. (1982): Inter-Organizational Information Sharing Systems. In: MIS Quarterly, Special Issue, S. 92-105.

[19] Battersby, R. (1994): Moving Goods within the European Union. In: Connections, No. 1, S. 11.

[20] Becker, J. / Rosemann, M. (1993): Logistik und CIM. Berlin Heidelberg.

[21] Berger, P. (1992): Le Développement de l'EDI Exige une Normalisation de Fond. In: Le Monde Informatique, 18.5.92.

[22] Bertach, L.H. (1991): Swiss not 'Cautious'. In: Electronic Trader, No. 9, S. 20.

[23] Binnenbruck, H.H. (1982): Informationssystem und dispositiver Faktor im Strassengüter- und Huckepackverkehr. Frankfurt.

[24] BIS (Hrsg.) (1989): Payment Systems in Eleven Developed Countries. Basel.

[25] BIS (Hrsg.) (1990): Large-Value Funds Transfer Systems in the Group of Ten Countries. Basel.

[26] BIS (Hrsg.) (1993a): Payment Systems in the Group of Ten Countries. Basel.

[27] BIS (Hrsg.) (1993b): The Nature and Mangement of Payment Systems Risks: An International Perspective. BIS Economic Papers, No. 36, Basel.

[28] BIZ (Hrsg.) (1989): Bericht über Netting-Systeme. Basel.

[29] Bjelicic, B. (1987): Logistik. In: Muttersprache, Vol. 97, No. 3-4, S. 187-191.

[30] Bloemeke, R. / Esslinger, R. (1992): Die Transportwelt am Draht. In: Harvard Manager, No. 1, S. 22-29.

[31]   BmF (Hrsg.) (1992a): Grenzüberschreitender Warenverkehr im EG-Binnenmarkt. Bonn.

[32]   BmF (Hrsg.) (1992b): Steuerharmonisierung für Europa. Bonn.

[33]   Bollinger, P. (1987): Die Bedeutung des Hinterlandverkehrs und der Hinterlandstruktur für den Wettbewerb der Seehäfen Hamburg und Rotterdam. In: Internationales Verkehrswesen, Vol. 39, No. 6, S. 426-431.

[34]   Bommer, A. (1988): CEDEL. In: Albisetti, E. / Boemle, M. / Ehrsam, P. / Gsell, M / Nyffeler, P. / Rutschi, E. (Hrsg.): Handbuch des Geld-, Bank- und Börsenwesens der Schweiz. 4. Aufl., Thun, S. 175.

[35]   Bommer, J. (1992): Das Reservierungs- und Buchungssystem START-AMADEUS. In: Stroetmann, K.A. (Hrsg.): Informationslogistik. Frankfurt.

[36]   Böndel, B. (1991): Integration des Logistik-Dienstleisters in den betrieblichen Ablauf. In: Logistik im Unternehmen, No. 5, S. 36.

[37]   Bössmann, E. (1983): Unternehmen, Märkte, Transaktionskosten: Die Koordination ökonomischer Aktivitäten. In: WiSt, No. 3, S. 105-111.

[38]   Bower, M. / Konsynski, B. (1990): Singapore Tradenet: A Tale of One City. Harvard Business School Case Study, No. 9-191-009, Boston.

[39]   Bowersox, D.J. (1990): The Strategic Benefits of Logistics Alliances. In: HBR, No. 7-8, S. 36-45.

[40]   Braganza, A. (1992): Effective EDI in the Logistics Function. In: Electronic Trader, No. 6, S. 16.

[41]   Brauer, K.M. (1979): Betriebswirtschaftslehre des Verkehrs, 1. Teil. Berlin.

[42]   Braun, H. (1993): EURO-LOG, ein integriertes Informationssystem. In: EM-Elektronische Märkte, Vol. 3, No. 7, S. 10.

[43]   Bretzke, W.-R. (1990): Strategische Optionen der Spedition im europäischen Binnenmarkt. In: Internationales Verkehrswesen, Vol. 42, No. 5, S. 272-279.

[44]   Bretzke, W.-R. (1992): Wie Handel und Speditionen zusammenarbeiten können. In: BddW, 14.10.92, S. 7.

[45]   Browne, M. (1992): METAFORA. In: Electronic Trader, No. 1, S. 17-18.

[46] Brunnen, D. (1992): VAN Interconnection. In: Electronic Trader, No. 12, S. 10-14.

[47] Brütsch, U. (1993): Kommunikation im Luftfrachtbereich. In: EM-Elektronische Märkte, Vol. 3, No. 7, S. 7.

[48] BSL (Hrsg.) (1989): EDV-Marktübersicht: Speditionssoftware, Kommunikation, Hardware. 2. Aufl., Bonn.

[49] BSL (Hrsg.) (1990): Strukturdaten aus Spedition und Lagerei 1990. Bonn.

[50] Bugbee, B. (1993): An American View of the Transport Scene. In: Electronic Trader, No. 3, S. 16.

[51] Büllingen, F. (1994): Probleme der Verkehrsentwicklung und Kooperation im Strassengüterverkehr. Diskussionsbeitrag No. 122 des Wissenschaftlichen Instituts für Kommunikationsdienste, Bad Honnef.

[52] Bumba, F. (1991): EDI entwirrt in Frankfurt den Luftfrachtknoten. In: EWI (Hrsg.): EDI-Cargo. Starnberg, S. 249-260.

[53] Bumba, F. (1992): EDI in logistischen Leistungsketten. In: it Informationstechnik, No. 3, S. 160-167.

[54] Bumba, F. / Fiege, H. (1984): EDV-Lösungen und Grenzen ihrer Anwendbarkeit. In: Deutsche Verkehrs-Zeitung, 24.4.84, S. 33-35.

[55] Burkert, H. (1994): Legal Uncertainty and Electronic Markets. In: EM-Electronic Markets, Vol. 4, No. 11, S. 1-2.

[56] Canright, C. (1991): Customization Comes to EDI. In: Bank Management, No. 10, S. 59-62.

[57] Cash, J. Jr. (1985): Interorganizational Systems: an Information Society Opportunity of Threat. In: Information Society, No. 3, S. 199-228.

[58] CEC (Hrsg.) (1992a): DRIVE '92. Brüssel.

[59] CEC (Hrsg.) (1992b): Implementing EDI: An Evaluation of 12 Pilot Projects. Tedis Evaluation Report, Brüssel.

[60] CEC (Hrsg.) (1993): COST 320 - The Impact of EDI on Transport. Final Report, Brüssel.

[61] Chan, P. (1991): The Singapore Experience. In: Proceedings Compat 91, Copenhagen, S. 79-86.

[62] Chavez, J. (1992): The SWIFT Project: Bringing EDI to Practice. In: Electronic Trader, No. 12, S. 20-23.

[63]   Chmielewicz, K. (1968): Grundlagen der industriellen Produkt-
        gestaltung. Berlin.

[64]   Christensen, V. (1991): Denmark: Coping with Standards in a Small
        Country. In: Electronic Trader, No. 6, S. 22-23.

[65]   Clarke, R. (1994): EDI in Australian International Trade and Trans-
        portation. In: Gricar, J. / Novak, J. (Hrsg.): Electronic Commerce and
        Electronic Partnership. Proceedings of the 7th International EDI
        Conference, Bled, S. 114-137.

[66]   Clemons, E.K. (1986): Information Systems for Sustainable Compe-
        titive Advantage. In: Information and Management, November,
        S. 131-136.

[67]   Cole, R. (1992): The Electronic Playing Fields of Europe. In:
        Electronic Trader, No. 6, S. 20-23.

[68]   Committee of Governors of the Central Banks of the Member States
        of the European Economic Community (Hrsg.) (1992): Payments
        Systems in EC Member States. Basel.

[69]   Cooper, J. / Browne, M. / Peters, M. (1992): European Logistics.
        Oxford Cambridge.

[70]   Copeland, D.G. / McKenney, J.L. (1988): Airline Reservation
        Systems: Lessons from History. In: MIS Quarterly, September, S. 353-
        370.

[71]   Corsten, H. (1990): Betriebswirtschaftslehre der Dienstleistungs-
        unternehmungen. 2. Aufl., München Wien.

[72]   Cronin, B. / Davenport, E. (1988): Post-Professionalism: Transfor-
        ming the Information Heartland. London.

[73]   Cunningham, C. / Tynan, C. (1993): Electronic Trading, Interor-
        ganizational Systems and the Nature of Buyer-Seller Relationships:
        The Need for a Network Perspective. In: International Journal of
        Information Management, No. 13, S. 3-28.

[74]   Curry, B. (1993): An Introduction to EDI and EDIFACT. In: Global
        Trade Talk, Vol. 3, No. 1, S. 24-25.

[75]   Dale, R. (1992): EDI Alive in South Africa. In: Electronic Trader,
        No. 11, S. 22.

[76]   Danckwerts, D. (1992): Häfen in systemischer Vernetzung. In:
        Bonny, C. (Hrsg.): Jahrbuch der Logistik 1992. Düsseldorf, S. 76-80.

[77]   Davidow, W.H. / Malone, M.S. (1992): The Virtual Corporation. New
        York.

[78]   Delahaie, H. (1992): Overland Transport & The Single Market. In: Electronic Trader, No. 3, S. 8-12.

[79]   Delfmann, W. (1992): Logistik als zentraler Erfolgsfaktor von Wettbewerbsstrategien für den Europäischen Binnenmarkt. In: BFuP, No. 3, S. 185-200.

[80]   Denel, J. / Lelarge, P. (1993): Le Havre EDIPORT: Un téléport original. In: EDI Europe, Vol. 3, No. 4, S. 369-380.

[81]   Deutschland, J. (1992): Geplante und realisierte EDI-Anwendungen der DB mit der Seeverkehrswirtschaft. In: Blenheim Heckmann (Hrsg.): EDI '92 Dokumentation. Düsseldorf, S. 160-171.

[82]   Dichtl, E. (1991): Orientierungspunkte für die Festlegung der Fertigungstiefe. In: WiSt, No. 2, S. 54-59.

[83]   Dirlewanger, W. (1992): EDIFACT, der Schlüssel zu weltweitem elektronischen Geschäftsverkehr. In: PIK, No. 1, S. 36-40.

[84]   Doch, J. (1992): Zwischenbetrieblich integrierte Informatiossysteme - Merkmale, Einsatzbereiche und Nutzeffekte. In: HMD, No. 165, S. 3-17.

[85]   Dooley, A. (1990): Integration Strategies. In: Computerworld, Februar, S. 69-88.

[86]   Drechsler, W. (1988): Markteffekte logistischer Systeme. Göttingen.

[87]   Drucker, P.F. (1992): The Emerging Theory of Manufacturing. In: Harvard Business Review, No. 5-6, S. 94-102.

[88]   Duerler, B. (1992): Strategisches Logistik-Management, In: Krulis-Randa, J.S. / Hägeli, S.W. (Hrsg.): Megatrends als Herausforderung für das Logistik-Management. Bern Stuttgart, S. 35-58.

[89]   Ebers, M. (1994): Die Gestaltung interorganisatorischer Informationssysteme - Möglichkeiten und Grenzen einer transaktionskostenorientierten Erklärung. In: Sydow, J. / Windeler, A. (Hrsg.): Management interorganisationaler Beziehungen - Vertrauen, Kontrolle und Informationstechnik. Opladen.

[90]   Eckstein, W.E. (1985): Kooperative Systembildung in der Transportwirtschaft, Innovationschancen mittelständischer Betriebe. Karlsruhe.

[91]   EDI, Spread the World! (Hrsg.) (1992): Business Partner Directory. Edition VIII Volume I, Dallas.

[92]   Ehlers, D. (1991): Kosten sparen durch moderne Informationssysteme. In: Internationales Verkehrswesen, Vol. 43, No. 7-8, S. 328-331.

[93] Ellis, M.A. (1992): Elektronische Reservierungssysteme. In: EM-Elektronische Märkte, Vol. 2, No. 3, S. 1-2.

[94] Enders, A.J. (1991): Der Aufbau von Wettbewerbsvorteilen bei Banken durch den Einsatz von Informationstechnologie zur Bewältigung zeitkritischer und rechnerintensiver Bereiche. Diss. Hochschule St.Gallen.

[95] Enzweiler, T. (1990): Wo die Preise laufen lernen. In: Manager Magazin, No. 3, S. 246-253.

[96] Erdelbrock, V. (1991): Wie müssen funktionierende EDI-Systeme für Transport und Logistik beschaffen sein? In: EWI (Hrsg.): EDI-Cargo. Starnberg, S. 199-212.

[97] Erdelbrock, V. (1992): Vernetzung verschiedener Verkehrsträger. In: Blenheim Heckmann (Hrsg.): EDI '92 Dokumentation. Düsseldorf, S. 277-288.

[98] Eucken, W. (1959): Die Grundlagen der Nationalökonomie. 7. Aufl., Berlin.

[99] Evans, K. (1993): New Customs. In: Electronic Trader, No. 1, S. 8-13.

[100] Evmolpidis, V. (1992): The Role of Telematics Applications in Shaping the New Road Freight Transport Scene in Europe. In: Transport Reviews, No. 4, S. 343-362.

[101] Fiederer, S. (1991): Datenaustausch wird zur Chefsache. In: Dialog, No. 9-10, S. 7-15.

[102] Foster, T.A. (1993): Air Cargo Brightens Industry Outlook. In: Distribution, July, S. 49-50.

[103] Fuhrer, S. (Hrsg.) (1991): Aktuelles Handbuch für Recht Steuern und Versicherungen - Band 3: Versicherungen, Abschnitt Transportversicherung. Zürich.

[104] Galbraith, J.R. (1987): Organization Design, In: Lorsch, J.W. (Hrsg.): Handbook of Organizational Behaviour. Englewood Cliffs, S. 343-357.

[105] Geiser, K. (1991): Interdependenzen in der Gütertransportkette und ihrer Informationsströme in einem branchenübergreifenden EDI-Verbundsystem. In: EWI (Hrsg.): EDI-Cargo. Starnberg, S. 213-248.

[106] Gesamtverband der Deutschen Versicherungswirtschaft (Hrsg.) (1993): Die deutsche Versicherungswirtschaft Jahrbuch 1993. o.O.

[107] Gifkins, M. / Hitchcock, D. (1988): The EDI Handbook - Trading in the 1990s. London.

[108] Goebel, J.W. (1994): Rechtsprobleme elektronischer Transaktionen. In: EM-Electronic Markets, Vol. 4, No. 11, S. 5-6.

[109] Gotschlich, G.-D. (1993): Compass for Computerization of Customs in Europe: A Status Report of the First Steps into EDI. In: Gricar, J. / Novak, J. (Hrsg.): Strategic Systems in the Global Economy of the 90s. Proceedings of the 6th International EDI Conference, Bled, S. 17-21.

[110] Götz, G.H. / Bienen W. (1992): Leitplan CIR. In: Die Deutsche Bahn, No. 11, S. 1188-1193.

[111] Gouverneursausschuss der EG-Zentralbanken (Hrsg.) (1993): Zahlungsverkehrssysteme in EG-Mitgliedstaaten. Frankfurt.

[112] Grad, T. / Ong, H. (1992): Zwischenbetriebliche Integration (ZBI) im Firmenkundengeschäft von Banken. In: HMD, No. 165, S. 68-74.

[113] Gräf, G. (1989): Implementation von EDI-Anwendungen: Beispiel "LOG-Luft". In: Deutsche Congress (Hrsg.): EDI 89. Starnberg, S. 295-314.

[114] Gräf, G. / Bumba, F. (1992): Air Cargo - an Inside View from Frankfurt. In: Electronic Trader, No. 11, S. 16-17.

[115] Grahm, B. (1992): EDI for Swedish Forwarders. In: Electronic Trader, No. 1, S. 14-16.

[116] Gromball, P. (1992): Euro-Log: Nutzung neuer Informationstechniken für die umweltgerechte Steuerung des europäischen Warenflusses. In: it Informationstechnik, Vol. 34, No. 3, S. 3-11.

[117] Groß, C. (1992): Netzwerk-Studie. In: Blenheim Heckmann (Hrsg.): EDI '92 Dokumentation. Düsseldorf, S. 318-329.

[118] Großklaus, A. (1993): Logistiksysteme bleiben hinter dem Bedarf der Anwender zurück. In: Computerwoche, 19.3.93, S. 16-19.

[119] Grundke, G. (1992): Zur Weiterentwicklung der Logistik. In: Bonny, C. (Hrsg.): Jahrbuch der Logistik 1992. Düsseldorf, S. 168-172.

[120] Handschin, C. (1993): Offene Kommunikation mit Spediteuren. In: EM-Elektronische Märkte, Vol. 3, No. 7, S. 6.

[121] Harter, G. (1991): EDI bietet neue Kommunikationsmöglichkeiten zwischen Unternehmen. In: Logistik im Unternehmen, No. 3-4, S. 16-18.

[122] Hartmann, W. (1991): A Central Banker's Perspective on International Netting and Settlement Arrangements. In: Payment Systems Worldwide, Summer, S. 34-38.

[123] Hastings, P. (1992): Developing the Logistics Concept. In: Transport, No. 5-6, S. 12-14.

[124] Hauswirth, J. / Suter, R. (1990): Sachversicherung. Zürich.

[125] Hautz, E. / Koepnick, G. (1992): Bei Siemens rückt der Wettbewerbsfaktor Logistik immer mehr in den Vordergrund. In: BddW, 1.4.92, S. 8.

[126] Hebendanz, B. (1992): Schweizerische Telebanking-Systeme im Vergleich. Arbeitsbericht IM2000/CCTC/4, Hochschule St.Gallen.

[127] Heiner, V. (1992): Zollabwicklung im EG-Markt stellt der DV neue Aufgaben. In: Computerwoche, 23.10.92, S. 42.

[128] Helmink, G. (1991): Was der Frachtkunde erwartet. In: EWI (Hrsg.): EDI-Cargo. Starnberg, S. 295-311.

[129] Hendricks, B. (1991): Frachtbriefe per Datenleitung. In: Funkschau, No. 25, S. 48-51.

[130] Henrich, L. (1991a): EDI-Anwendungen bei der DB. In: EDI'91 Dokumentation, Wiesbaden, o.S.

[131] Henrich, L. (1991b): Örtliches DV-System Rangierbahnhof. In: Die Bundesbahn, No. 11, S. 1115-1119.

[132] Henrich, L. / Heil, V. (1992): Das Projekt TS'90. In: Die Bundesbahn, No. 11, S. 1206-1211.

[133] Hilscher, G. (1991): Die Luftfracht öffnet ihre Kommunikationssysteme. In: Logistik im Unternehmen, No. 11-12, S. 42-43.

[134] Hitachi Research Institute (Hrsg.) (1993): Payment Systems – Strategic Choices for the Future. Tokio.

[135] Hohagen, U. / Schmid, M. (1991): Stand und Entwicklungstendenzen Elektronischer Märkte in der Logistik. Arbeitsbericht IM2000/CCEM/7, Hochschule St.Gallen.

[136] Holland, C. / Lockett, G. (1993): Motorola Cash Management: The Evolution of a Global System. In: Nunamaker, J.F. / Sprague, R.H. (Hrsg.): Proceedings of the HICSS. Los Alamitos, S. 450-459.

[137] Horten, M. (1993): Skimming the Swift Cream. In: Banking Technology, No. 12, S. 32-34.

[138] IATA (Hrsg.) (1975): Cargo Automation Research Report. Genf.

[139] IATA (Hrsg.) (1993): Cargo Community Systems Directory and Guidelines. 2. Aufl., Montreal Genf.

[140]   IFPCD (Hrsg.) (1993): Attached Documents - Questionnaire and Answer by Member's Ports. Materials for the Working Session at the 2nd IFPCD Regular Conference October 1993, Tokio.

[141]   Ihde, G.B. (1991): Transport, Verkehr, Logistik. 2. Aufl., München.

[142]   Isaksen, K.I. (1991a): Norway: Public and Private Sectors Together. In: Electronic Trader, No. 10, S. 26-28.

[143]   Isaksen, K.I. (1991b): Promotion and Implementation of Electronic Data Interchange (EDI) in Norway. In: Proceedings Compat 91, Copenhagen, S. 168-174.

[144]   Itoh, K. (1994): Asia. In: Connections, No. 1, S. 21-23.

[145]   Ivanitzki, T. (1993): Multimedia auf der Überholspur, aber wohin? In: EM-Elektronische Märkte, Vol. 3, No. 8, S. 1-2.

[146]   Jäggi, P. (1994): Cargo Informations-System CIS. In: Swisspro-Bulletin, No. 1, S. 6-7.

[147]   Javetski, B. / Smith, G. / Abramsom, G. / Weber, J. (1994): This Bantam May Go Heavyweight. In: Business Week, 24.2.94, S. 38-39.

[148]   Jeker, N. (1991): Informations-Philosophie in der Luftfracht. In: EWI (Hrsg.): EDI-Cargo. Starnberg, S. 261-278.

[149]   Johnston, H.R. / Vitale, M.R. (1988): Creating Competitive Advantages With Interorganisational Information Systems. In: MIS Quarterly, Vol. 2, No. 2, S. 153-165.

[150]   Jünemann, R. (1989): Materialfluss und Logistik. Berlin Heidelberg.

[151]   Kearney, K. (1993): A Historical Perspective on Research and Studies on Payment Systems. In: Hitachi Research Institute (Hrsg.): Payment Systems - Strategic Choices for the Future. Tokio, S. 4-7.

[152]   Kim, D.-K. (1994): EDI-Kor. In: EDI-Window, Vol. 1, No. 4, S. 4.

[153]   King, E. (1992a): Air Cargo EDI: Ready for Take Off. In: Global Trade, March, S. 30-33.

[154]   King, J. (1992b): Shipping and EDI. In: Electronic Trader, No. 9, S. 20-24.

[155]   King, J. (1994): Coming Together or Falling Apart? In: Electronic Trader, No. 3, S. 10-12.

[156]   Kleer, M. (1987): Kooperationen im Logistikkanal. In: Zeitschrift für Logistik, No. 1-2, S. 62-66.

[157] Klein, S. (1991): Der Stellenwert von Electronic Data Interchange in der Informationslogistik. In: Stroetmann, K.A. (Hrsg.): Informationslogistik. Garmisch-Partenkirchen, S. 195-223.

[158] Klein, S. (1993): Information Logistics. In: EM-Electronic Markets, Vol. 3, No. 9/10, S. 11-12.

[159] Klein, S. (1994): Virtuelle Organisation. In: WiSt, No. 6, S. 309-311.

[160] Klein, S. / Klüber, K. (1990): EDI - Geschäftskommunikation auf elektronischem Wege - Leitidee, Anwendung, Perspektive. In: cogito, No. 6, S. 12-19.

[161] Krähenmann, N. (1994): Ökonomische Gestaltungsanforderungen für die Entwicklung elektronischer Märkte. Diss. Hochschule St.Gallen.

[162] Krcmar, H. / Bjørn-Andersen, N. / Eistert, T. / Griese, J. / Jelassi, T. / O'Callaghan, R. / Pasini, P. / Ribbers, P. (1993): EDI in Europe - Empirical Analysis of a Multi-Industry Study. Arbeitsbericht Lehrstuhl für Wirtschaftsinformatik, No. 42, Universität Hohenheim, Stuttgart.

[163] Krulis-Randa, J.S. (1992): Megatrends und Logistik-Management. In: Krulis-Randa, J.S. / Hägeli, S.W. (Hrsg.): Megatrends als Herausforderung für das Logistik-Management. Bern Stuttgart, S. 11-24.

[164] Kruse, P. (1991): Integrierter Waren-, Informations- und Zahlungsfluss: Das Service-Logistik-Konzept der Bertelsmann Distribution GmbH. In: Zentes, J. (Hrsg.): Moderne Distributionskonzepte in der Konsumgüterwirtschaft. Stuttgart, S. 119-134.

[165] Kubicek, H. (1993): The Organiszation Gap in Large-scale EDI-Systems. In EDI Europe, Vol. 3, No. 2, S. 105-124.

[166] Kuihara, H. (1993): The Future of Payment Systems from the Perspective of an International Corporation. In: Hitachi Research Institute (Hrsg.): Payment Systems - Strategic Choice for the Future. Tokio, S. 35-37.

[167] Lampe, W. (1991): EDI im internationalen Seetransport. In: EDI'91 Dokumentation, Wiesbaden, o.S.

[168] Lane, D. (1992): Where Cash is King. In: Banking Technology, October, S. 38-41.

[169] Langenohl, T. (1994): Systemarchitekturen elektronischer Märkte. Diss. Hochschule St.Gallen.

[170] Lee, J.F. (1990): Bank Cooperation in a Competitive Environment. In: Payment Systems Worldwide, Winter, S. 47-49.

[171] Lehmann, M. (1991): Elektronische Dienstleistungen im europäischen Güterverkehr, Ein Ausblick. Vortragsunterlagen der IBM Executive-Tagung, 2.10.91.

[172] Lenz, T. (1993): Electronic Data Interchange (EDI) in der Versicherungswirtschaft - Ansätze und Probleme. Praxislabor-Hausarbeit, Bergische Universität - Gesamthochschule Wuppertal, Wuppertal.

[173] Lochmann, H.-D. (1992): Logistikkonzepte für Europa - Restrukturierung ist nun gefragt. In: Computerwoche, 25.12.92, S. 29-31.

[174] Lock, G. (1992): Das Fenster zur Logistik öffnen: Aufbau eines weltweiten EDI-Netzes für den Luftfrachtmarkt. In: EWI, (Hrsg.): Globecom. Tagungsband, 1-3.6.92, München, S. 461-479.

[175] Lucas, H.C. / Schwartz, R.A. (1989): The Challenge of Information Technology for the Securities Markets - Liquidity, Volatility, and Global Trading. Homewood.

[176] Macleod, M. (1992): Airlines and Airports. In: Electronic Trader, No. 11, S. 8-14.

[177] Macleod, M. (1993a): Encompass Encourages EDI Growth and Traxon Provides Airfreight Services. In: Electronic Trader, No. 9, S. 8.

[178] Macleod, M. (1993b): Forwarder Offers EDI Package to Shippers. In: Electronic Trader, No. 5, S. 5.

[179] Macleod, M. (1993c): Shipping: Treading Water with EDI? In: Electronic Trader, No. 3, S. 10-13.

[180] Malone, T.W. / Yates, J. / Benjamin, R.I. (1987): Electronic Markets and Electronic Hierarchies. In: Communications of the ACM, No. 6, S. 484-497.

[181] Mansfield, S. (1991): Making the Most of IT - Tactics for an Unknown Soldier. In: International Management, No. 10, S. 40-43.

[182] Marshall, K. (1994a): Electronic Interfaces in Customs & Excise. In: Till, R. (Hrsg.): Proceedings 5th World Congress of EDI Users. London, S. 74-87.

[183] Marshall, K. (1994b): The Customs Interface Changes Shape. In: Harris, B. / Parfett, M. / Sarson, R. (Hrsg.): The EDI-Yearbook '94. Oxford, S. 85-87.

[184] Marti, F. (1993): Informatiksysteme im SBB-Güterverkehr. In: EM-Elektronische Märkte, Vol. 3, No. 7, S. 5.

[185] Maruschzik, J. (1993): Das komplette Frachtgeschäft stets im Überblick. In: Logistik im Unternehmen, Vol. 7, No. 3, S. 41-43.

[186]   Maser, S. (1971): Grundlagen der allgemeinen Kommunikations-
        theorie, Berlin.

[187]   Matthiesen, M. (1991): EDI in logistischen Ketten. In: EWI (Hrsg.):
        EDI-Cargo. Starnberg, S. 45-60.

[188]   McKenzie, H. (1993): Swift Chiefs Map out Future Strategy. In:
        Banking Technology, Oktober, S. 4.

[189]   Mecham, M. / Proctor, P. (1990): Four Major Cargo Carriers Link CRS
        Systems in Global Venture. In: Aviation Week & Space Technology,
        30.4.90, S. 56-57.

[190]   Melby, M. / Holen, K.M. (1991): EDI in Action in Norwegian Cus-
        toms. In: Proceedings Compat 91, Copenhagen, S. 326-332.

[191]   Mertens, P. (1991): Integrierte Informationsverarbeitung 1. Wies-
        baden.

[192]   Meyer, H. (1993): EDI in der Transportkette. In: EM-Elektronische
        Märkte, Vol. 3, No. 7, S. 1-2.

[193]   Möhlmann, E. (1987): Möglichkeiten der Effizienzsteigerung logisti-
        scher Systeme durch den Einsatz neuer Informations- und Kommu-
        nikationstechnologien im Güterverkehr. Göttingen.

[194]   Monse, K. / Reimers, K. (1994): Interorganisationale Informations-
        systeme des elektronischen Geschäftsverkehrs (EDI) - Akteurskon-
        stellationen und institutionelle Strukturen. In: Sydow, J. / Windeler,
        A. (Hrsg.): Management interorganisationaler Beziehungen.
        Opladen, 71-92

[195]   Mörk, R. (1992): Ein praxisorientiertes Vorgehensmodell zur Einfüh-
        rung von zwischenbetrieblicher Integration (ZBI). In: HMD, No. 165,
        S. 47-67.

[196]   Muckelberg, E. (1987): Seehäfen bieten logistische Problemlösun-
        gen. In: Logistik im Unternehmen, No. 5, S. 83-87.

[197]   Naughton, M. (1991): VANS, EDI and Europe. In: Electronic Trader,
        No. 4, S. 18-20.

[198]   Naumann, D. (1991): Rolle der Seehäfen als Logistik-Dienstleister
        wächst. In: Logistik im Unternehmen, No. 7-8, S. 16.

[199]   Neo, B.S. (1992): Information Technology Policy and Development
        in Singapore. International Case Study vorgetragen am 27.8.92 im
        Rahmen des NDU Programms an der Hochschule St. Gallen, o.S.

[200]   Neo, B.S. / King, J.L. / Applegate, L.M. (1994): Singapore TradeNet:
        The Tale Continues. Harvard Business School Case Study, No. 9-193-
        136, Boston.

[201] Niedzwiedzinski, M. (1993): EDI in Poland - Activities and Strategies. In: Gricar, J. / Novak, J. (Hrsg.): Strategic Systems in the Global Economy of the 90s. Proceedings of the 6th International EDI Conference, Bled, S. 44-46.

[202] Nilson, Å. (1992): Insurance vs Other Industries. In: Electronic Trader, No. 7-8, S. 8-12.

[203] Nowicki, M. (1992): Logistik-Check. Dortmund.

[204] O'Hanlon, J. (1993): Financial EDI - Closing the Loop. London.

[205] o.V. (1989): Electronic Data Interchange für das vereinte Europa. In: Deutsche Verkehrs-Zeitung, 30.5.89, S. 28.

[206] o.V. (1990): BWV präsentiert Verladerbörse. In: Logistik im Unternehmen, Vol. 4, No. 6, S. 62.

[207] o.V. (1991a): A Fair Crack at ACP90? BIFA Tries again, In: Trade-flash, No. 9, S. 2.

[208] o.V. (1991b): BIFA Tries Again. In: Trade-flash, No. 9, S. 2.

[209] o.V. (1991c): Couriers Show the Way. In: Trade-flash, No. 8, S. 3.

[210] o.V. (1991d): Die Luftfracht öffnet ihre Kommunikationssysteme. In: Logistik im Unternehmen, No. 11-12, S. 42-43.

[211] o.V. (1991e): Netting out the Banks. In: iCB Newsletter, December, S. 5-7.

[212] o.V. (1991f): NHA Settlement System. In: Electronic Trader, No. 7-8, S. 12.

[213] o.V. (1991g): Pacific Rim Focus. In: Electronic Trader, No. 10, S. 30-31.

[214] o.V. (1991h): Port Cooperation. In: Electronic Trader, No. 4, S. 4.

[215] o.V. (1991i): The Current Status of Japan's BOJ-NET. In: Payment Systems Worldwide, Autumn, S. 34-40.

[216] o.V. (1992a): Banks Use SWIFT to Send Confirmations to Corporates. In: Financial Technology International Bulletin, September, S.2.

[217] o.V. (1992b): Die Luftfrachtkapazität wird stark ausgeweitet. In: BddW, 16.6.92.

[218] o.V. (1992c): Duisburger Hafen: Verladen ohne Frachtbrief. In: Wirtschaftswoche, 13.3.92, S. 134.

[219] o.V. (1992d): EDIPost to Be Officially Launched at EDI 92. In: Electronic Trader, No. 9, S. 6.

[220] o.V. (1992e): EDISHIP, In: Harris, B. / Parfett, M. / Sarson, R. (Hrsg.): The EDI-Yearbook '93. Oxford London, S. 75-77.

[221] o.V. (1992f): Financial EDI: Why Is Nobody Buying It? In: Electronic Trader, No. 9, S. 10-14.

[222] o.V. (1992g): GEIS Launches Customs Link. In: Electronic Trader, No. 10, S. 4.

[223] o.V. (1992h): Im Hafen von Antwerpen geht nichts ohne EDI. In: DECInfo, No. 5-6, S. 12-13.

[224] o.V. (1992i): INET Set to Expand Services. In: Electronic Trader, No. 12, S. 5.

[225] o.V. (1992j): Logistics for a Shrinking World. In: Electronic Trader, No. 2, S. 14-15.

[226] o.V. (1992k): New Zealand EDIfies its Customs. In: Electronic Trader, No. 11, S. 22.

[227] o.V. (1992l): Port Developments. In: Electronic Trader, No. 1, S. 8-12.

[228] o.V. (1992m): Singapore to Extend TradeNet to Air Cargo. In: EDI Update, Vol. 4, No. 9, S. 7.

[229] o.V. (1992n): SWIFT Busters Strike Out. In: The Banker, May, S. 44-46.

[230] o.V. (1992o): SWIFT Pilot Builds up. In: Electronic Trader, No. 6, S. 6.

[231] o.V. (1993a): BACS Doubles Capacity with £ 60 Million Investment. In: Financial Technology International Bulletin, Januar, S. 6.

[232] o.V. (1993b): BIFANET Spins off from BIFA. In: Electronic Trader, No. 3, S. 5.

[233] o.V. (1993c): EDI Funding for New Intrastat Declarants. In: Electronic Trader, No. 11, S. 6.

[234] o.V. (1993d): EUCOM GmbH: Deutsch-französische Partnerschaft in der Telekommunikation. In: Office Management, No. 1-2, S. 79.

[235] o.V. (1993e): Gesellschafterwechsel bei Logsped. In: Logistik im Unternehmen, No. 3, S. 21.

[236] o.V. (1993f): Mail-Systeme dominieren bei der Übertragung von EDI-Nachrichten. In: Computerwoche, 13.8.93, S. 16.

[237] o.V. (1993g): Opening up the World's Shipping Lines. In: Electronic Trader No. 9, S. 18.

[238] o.V. (1993h): The Development of Electronic Commerce. In: EM-Electronic Markets Vol. 3 No. 9/10, S. 1f

[239] o.V. (1993i): Traxon News. Informationen der Traxon Europe, Frankfurt.

[240] o.V. (1994a): Air Freight Module to be Developed for Alata Software. In: Australasian EDI Report, Vol. 2, No. 1, S. 8.

[241] o.V. (1994b): Australian Joint Effort Paves Way for EDI Import Clearance. In: EDI Update, June, S. 5.

[242] o.V. (1994c): CNS Surveys Highlights INTRASTAT Problems. In: Electronic Trader, No. 4, S. 6.

[243] o.V. (1994d): Customs Pre-Clearance System. In: Electronic Trader, No. 3, S. 9.

[244] o.V. (1994e): Customs Review Recommends Mandatory EDI for Import Clearance. In: Australasian EDI Report, Vol. 1, No. 9/10, S. 7.

[245] o.V. (1994f): EDI in Korea: An In-Depth View. In: Connections, No. 1, S. 24-26.

[246] o.V. (1994g): EDI Network for Mauritius. In: EDI Update, June, S. 10.

[247] o.V. (1994h): EDISHIP Moves Forward. In: Electronic Trader, No. 4, S. 4.

[248] o.V. (1994i): EDS Corp. erwirbt Anteil an europäischem Bankensystem. In: Computerwoche, 18.2.94, S. 70.

[249] o.V. (1994j): Electronic Tracking Bridges the Gap Between Shipper and Cargo. In: EDI Update, June, S. 6-9.

[250] o.V. (1994k): Europas DV-Industrie fühlt sich bei Uruguay-Runde benachteiligt. In: Computerwoche, 25.2.94, S. 97.

[251] o.V. (1994l): GE and Netway Fail to Agree on Interconnect Terms. In: Australasian EDI Report, Vol. 1, No. 9/10, S. 5.

[252] o.V. (1994m): Group of Freight Forwarders Go High-Tech. In: Journal of Commerce, 25.4.94, S. 19A.

[253] o.V. (1994n): Mehr Flugverkehr im ersten Semester. In: NZZ, 23.8.94, S. 23.

[254] o.V. (1994o): Qantas Confirms Backing for New Australian Air Cargo Community System. In: Australasian EDI Report, Vol. 2, No. 1, S. 7.

[255] o.V. (1994p): Shippers Relaunch Deep Sea EDI. In: SitproNews, No. 20, S. 5.

[256] o.V. (1994q): SITA Launches New EDI Services. In: Australasian EDI Report, Vol. 2, No. 1, S. 6.

[257] o.V. (1994r): Stärkere Zusammenarbeit von Eisenbahngesellschaften. In: NZZ, 9.9.94, S. 27.

[258] o.V. (1994s): Startschuss für Schweizer Frachtenbörse. In: NZZ, 2.11.94, S. 25.

[259] o.V. (1994t): TIAS to Set up Australian Air Cargo Community System. In: Australasian EDI Report, Vol. 1, No. 9/10, S. 7.

[260] o.V. (1994u): US Customs May Cooperate with OCEAN Project. In: EDI Update, June, S. 4-5.

[261] o.V. (1994v): Zollmodell 90. In: EurOSInet / Swisspro (Hrsg.): EDI Grundlagen und Erfahrungen. Bern Jona, S. 20-21.

[262] OECD (Hrsg.) (1992): Advanced Logistics and Road Freight Transport. Paris.

[263] Oesau, D. (1992): Was Lieferlogistik Dienstleistern abfordern wird. In: Absatzwirtschaft, No. 8, S. 70-72.

[264] Oevermann, M. (1991): Elektronische Märkte im Transportwesen. 8-Wochen-Arbeit an der Universität Göttingen.

[265] Orlikowski, W. (1992): The Duality of Technology in Organizations. In: Organization Science, Vol. 3, No. 3, S. 398-421.

[266] Ott, R. (1993): Seehäfen als 'elektronische' Schnittstelle im Land-See-Verkehr. In: BddW, 14.4.93, S. 7.

[267] Ovum (Hrsg.) (1990): EDI in Europe: the Business Opportunity. London.

[268] Pällmann, W. (1992): Die Bedeutung der Telekommunikation für eine moderne Dienstleistungsgesellschaft. In: Die Deutsche Bahn, No. 11, S. 1183-1187.

[269] Passacantando, F. (1993): The Evolving Structure of the International Payment System. In: Hitachi Research Institute (Hrsg.): Payment Systems - Strategic Choices for the Future. Tokio, S. 9-21.

[270] Payne, C. (1991): From the Outside. In: Banking Technology, No. 9, S. 18-19.

[271] Penrose, P. (1993): Corporates Come out. In: Banking Technology, Oktober, S.14.

[272] Petri, C. (1990): Externe Integration der Datenverarbeitung. Berlin Heidelberg.

[273] Peverett, T. (1992): Closing the EDI Loop. In: Banking Technology, No. 5, S. 28-30.

[274] Pfeiffer, H.K. (1992): The Diffusion of Electronic Data Interchange. Heidelberg.

[275] Pfohl, H.-C. (1972): Marketing Logistik. Mainz.

[276] Pfohl, H.-C. (1990): Logistiksysteme. 4. Aufl., Berlin Heidelberg.

[277] Pfohl, H.-C. (1992): Total Quality Management - Konzeption und Tendenzen. In: Pfohl, H.-C. (Hrsg.): Total Quality Management in der Logistik, Berlin.

[278] Pheasant, K. (1992): Developments in UK EDI Trade Payments. Referat am EDI Financial Interest Section Open 92, Zürich.

[279] Phillips Business Information (Hrsg.) (1993): The 1993 EDI Directory. Potomac.

[280] Picot, A. (1982): Transaktionskostenansatz in der Organisationstheorie. In: DBW, No. 42, S. 267-284.

[281] Picot, A. (1991): Ein neuer Ansatz zur Gestaltung der Leistungstiefe. In: ZfbF, No. 4, S. 336-359.

[282] Picot, A. / Neuburger, R. / Niggl, J. (1991): Ökonomische Perspektiven eines 'Electronic Data Interchange'. In: Information Management, No. 2, S. 22-29.

[283] Piontek, J. (1994): Internationale Logistik. Stuttgart.

[284] Plattner, B. / Lanz, G. / Lubich, H. / Müller, M. / Walter, T. (1993): Datenkommunikation und elektronische Post. Bonn München Reading.

[285] Polo, R. (1991a): An Update on the ECHO Netting System. In: Payment Systems Worldwide, Spring, S.10-12.

[286] Polo, R. (1991b): Payment Systems Developments in Italy. In: Payment Systems Worldwide, Summer, S. 26-31.

[287] Prahalad, C.K. / Hamel, G. (1990): The Core Competence of the Corporation. In: HBR, May-June, S. 79-91.

[288] Queree, A. (1992): EDI'91 Report - No Honeymoon for Banks Newly Wedded to EDI. In: Cash Management News, No. 75, S. 2-4.

[289] Quinn, J.B. (1992): Intelligent Enterprise. New York.

[290]　Raman, K.S. (1993): Electronic Data Interchange in Singapore. In: Gricar, J. / Novak, J. (Hrsg.): Strategic Systems in the Global Economy of the 90s. Proceedings of the 6th International EDI Conference, Bled, S. 47-60.

[291]　Ready, J. (1994): US/Canadian Customs Railroad EDI Interface Initiative, Details of Design and Implementation. In: Gricar, J. / Novak, J. (Hrsg.): Electronic Commerce and Electronic Partnership. Proceedings of the 7th International EDI Conference, Bled, S. 105-113.

[292]　Reitze, W. (1992): Wie Hase und Igel. In: Wirtschaftswoche, 13.3.92, S. 132-135.

[293]　Ricard, A. / Dawkins, F. (1992): Market Report: VANs in France. In: EEMA Briefing, No. 12, S. 6-7.

[294]　Riecke, F.W. (1994): Schwache Rechtsgrundlage - keine eindeutige Gesetzgebung für EDI. In: EM-Electronic Markets, Vol. 4, No. 11, S. 7.

[295]　Ritz, D. (1991): Entstehungsmuster und Entwicklungsrichtungen Elektronischer Marktsysteme. Arbeitsbericht IM2000/CCEM/8, Hochschule St.Gallen.

[296]　Ritz, D. (1995): The Start-Up of an EDI Network: A Comparative Case Study in the Air Cargo Industry. Diss. Hochschule St. Gallen.

[297]　Rockart, J.F. / Short, J.E. (1989): IT in the 1990s: Managing Organizational Interdependence. In: SMR, Winter, S. 7-17.

[298]　Röcker, B. (1993): Satellite EDI Messages for Truck Drivers. In: Electronic Trader, No. 11, S. 30-31.

[299]　Röcker, B. / Hofer, C. / Kreutz, M. / Jakeman, W. / Desroches, C. / Fox, S. / Levenius, K. / Louwerse, A. / Krieger, N. (1991): Einsatz des Elektronischen Datenaustausches (EDI) in Wirtschaft und Verwaltung. Studie der Cap Gemini SCS BeCom GmbH im Auftrag der Deupro, o.O.

[300]　Rogers, D.S. / Dawe, R.L. / Guerra, P. (1991): Information Technology: Logistics Innovations for the 1990s. In: Proceedings from the Annual Conference of the Council of Logistics Management, Vol. II.

[301]　Rollig, H. (1992): Optimale Luftfrachtabwicklung unter Einsatz von EDI. In: Blenheim Heckmann (Hrsg.): EDI '92 Dokumentation. Düsseldorf, S. 268-275.

[302]　Rothengatter, W. (1989): Wachstum ohne Grenzen? Der Güterverkehr auf der Strasse. DVWG-Schriftenreihe Band B120, Bergisch-Gladbach.

[303] Rowe, M. (1987): Electronic Trade Payment. London.

[304] Rozum, R. (1993): EDI in the Austrian Customs Administration. In: Gricar, J. / Novak, J. (Hrsg.): Strategic Systems in the Global Economy of the 90s. Proceedings of the 6th International EDI Conference, Bled, S. 22-26.

[305] Salzen, H.v. (1992): Die strategische Bedeutung von EDI für die Schnittstelle Land/See. In: Blenheim Heckmann (Hrsg.): EDI '92 Dokumentation. Düsseldorf, S. 290-296.

[306] Sarson, R. (1991): Insurance: Small is Beautiful. In: Electronic Trader, No. 4, S. 8-11.

[307] Sarson, R. (1992a): 1993 and the Exchange of VAT Information. In: Harris, B. / Parfett, M. / Sarson, R. (Hrsg.): The EDI-Yearbook '93. Oxford London, S. 48-50.

[308] Sarson, R. (1992b): 1993 and the VAT Information Exchange. In: Electronic Trader, No. 2, S. 8-11.

[309] Sarson, R. (1992c): Hong Kong. In: Electronic Trader, No. 12, S. 26-27.

[310] Sasseen, J. (1991): Making the Most IT - Putting out a Network Contract. In: International Management, No. 10, S. 46-48.

[311] Sawhney, V.K. (1993): EDI in Government of the United Kingdom. In: Gricar, J. / Novak, J. (Hrsg.): Strategic Systems in the Global Economy of the 90s. Proceedings of the 6th International EDI Conference, Bled, S. 27-35.

[312] Schad, H. (1994): Die Integration der externen Informationsverarbeitung. Diplomarbeit, Universität Konstanz.

[313] Scheer, A.-W. (1990): EDV-orientierte Betriebswirtschaftslehre. 4. Aufl., Berlin Heidelberg.

[314] Schlieper, H. (1993): Introduction to UN/EDIFACT Messages and Frameworks. 7. Aufl., Stuttgart (zu beziehen bei: Henry Schlieper, IBM Germany Information Systems GmbH, Dept. 3114/7106-70, Pascalstrasse 100, D-70548 Stuttgart).

[315] Schmid, B. (1993): Elektronische Märkte. In: Wirtschaftsinformatik, Vol. 35, No. 5, S. 465-480.

[316] Schmid, B. (1994): Electronic Markets in Tourism. In: Schertler, W. / Schmid, B. / Tjoa, A.M. / Werthner, H. (Hrsg.): Information and Communication Technologies in Tourism. New York Wien, S. 1-8.

[317]   Schmid, M. (1992): Kommunikationsmodelle für Elektronische Märkte und mögliche Infrastrukturen zu deren Realisierung. Diss. Hochschule St.Gallen.

[318]   Schmid, M. / Zbornik, S. (1991): Kommunikationsmodelle und Architekturkonzepte für Elektronische Märkte. Arbeitsbericht IM2000/CCEM/12, Hochschule St.Gallen.

[319]   Schmidt, K. / Kaus, P. (1990): Intakt II Abschlussbericht. Studie des BDF, Frankfurt.

[320]   Schmidt, R. (1991): Log-Sped-Gruppe präsentiert "Warenhotel" als Logistik-Dienstleistung. In: Logistik im Unternehmen, No. 7-8, S. 39.

[321]   Schulte, C. (1991): Logistik. 2. Aufl., München.

[322]   Schulte, C. / Schulte, K. (1992): Entwicklungstendenzen in der Distributionslogistik. In: ZfbF, No. 12, S. 1034-1039.

[323]   Schumann, M. (1990): Abschätzung von Nutzeneffekten zwischenbetrieblicher Informationsverarbeitung. In: Wirtschaftsinformatik, No. 4, S. 307-319.

[324]   Schumann, M. (1992): Betriebliche Nutzeneffekte und Strategiebeiträge der grossintegrierten Informationsverarbeitung. Berlin.

[325]   Schumann, M. / Hohe, U. (1988): Nutzeneffekte strategischer Informationsverarbeitung. In: Angewandte Informatik, No. 12, S. 515-523.

[326]   Schweichler, N. (1992): Nationale Grenzen sind keine Logistikgrenzen - Auswirkungen der Euro-Logistik auf die Unternehmensstruktur. In: BFuP, No. 3, S. 227-237.

[327]   Sedran, T. (1991): Wettbewerbsvorteile durch EDI? In: Information Management, No. 2, S. 16-21.

[328]   Seelig, W. (1991): EDI with Customs from the Point of View of an User. In: Proceedings Compat 91, Copenhagen, S. 422-437.

[329]   Shipley, K. (1993): Australian EDI: Bounding Forward! In: Electronic Trader, No. 3, S. 22-26.

[330]   Siemens (Hrsg.) (1987): Wege zur offenen Kommunikation, Das ISO-Referenzmodell im Umfeld der Kommunikation. München.

[331]   SKA (Hrsg.) (1991): Akkreditive, Dokumentarinkassi, Bankgarantien - Mehr Sicherheit im internationalen Geschäft. Heft 77 der Schriftenreihe der SKA, 6. Aufl., Zürich.

[332]   Soliman, S. (1992): Nach der integrierten Produktion die integrierte Logistik. In: Bonny, C. (Hrsg.): Jahrbuch der Logistik 1992. Düsseldorf, S. 146-151.

[333] Städtler, M. (1984): Stand und neuere Konzeptionen einer zwischenbetrieblichen Integration der EDV im Güterverkehr. Diss. Universität Erlangen-Nürnberg, Nürnberg.

[334] Steiner, T.D. / Teixeira, D.B. (1990): Technology in Banking. Homewood.

[335] Stern, L. / Craig, C. (1971): Interorganizational Data Systems. In: Journal of Retailing, No. 2, S. 73-91.

[336] Straub, E. (1990): Electronic Banking - Die elektronische Schnittstelle zwischen Banken und Kunden. Bankwirtschaftliche Forschung, Band 127, Bern.

[337] Streng, R.J. / Sol, H.G. (1992): Dynamic Modelling to Assess the Value of EDI Investments in the Rotterdam Port Community. In: Streng, R.J. / Ekering, C.F. / Heck, E.v. / Schultz, J.F.H. (Hrsg.): Scientific Research on EDI "Bringing Worlds together". Alphen aan den Rijn Zaventem, S. 183-206.

[338] Strothmann, W. / Gerecke, H. (1991): Informationssysteme für den Güterverkehr. In: Die Bundesbahn, No. 11, S. 1111-1114.

[339] Stuart, D. (1992): Australia: Public & Private Sector Success. In: Electronic Trader, No. 3, S. 28-29.

[340] Suomi, R. (1988): Inter-Organizational Information Systems as Company Resources. In: Information & Management, Vol. 15, No. 2, S. 105-112.

[341] Suomi, R. (1992): On the Concept of Inter-Organizational Information Systems. In: Journal of Strategic Information Systems, March, S. 93-100.

[342] Suomi, R. (1993): Schneewittchen und die sieben Zwerge. In: EM-Elektronische Märkte, Vol. 3, No. 7, S. 3-4.

[343] Swatman, P.M.C. (1994): BPR in Australia: An Encouraging Trend. In: Till, R. (Hrsg.): Proceedings 5th World Congress of EDI Users. London, S. 107-124.

[344] Swatman, P.M.C. / Swatman, P.A. (1992): EDI Systems Integration: A Definition and Literature Survey. In: Journal of the Information Society, No. 3, S. 169-205.

[345] Swissair (Hrsg.) (1991a): Businessplan zur Gründung einer Betriebsgesellschaft für das Cargo Community System Switzerland (CCS-CH). Zürich.

[346] Swissair (Hrsg.) (1991b): Interface Handbook CCS-CH Phase 2. Zürich.

[347]   Swissair (Hrsg.) (1992): Bulletins Cargo Community System Switzerland (CCS-CH). Zürich.

[348]   Sydow, J. (1992): Strategische Netzwerke. Wiesbaden.

[349]   Szyperski, N. / Klein, S. (1993): Informationslogistik und virtuelle Organisation. In: DBW, No. 2, S. 187-209.

[350]   Tang, A. / Scoggins, S. (1992): Open Networking with OSI. Englewood Cliffs.

[351]   Teichmann, A. (1988): LOG LF. In: Zeitschrift für Logistik, März/April, S. 69-71.

[352]   Teo, H.-H. (1993): Organizational Factors of Success in Using EDIS: A Survey of Tradenet Participants. In: EM - Electronic Markets, Vol. 3, No. 9-10, S. 13-14.

[353]   Thomas, B.J. (1994): Transport Issues in Relation to Trade Efficiency. UNCTAD-Arbeitspapier der Ad Hoc Working Group on Trade Efficiency, Genf.

[354]   Thord, R. (Hrsg.) (1993): The Future of Transportation and Communication. Berlin Heidelberg.

[355]   Tickner, S. (1993): EDI in Switzerland: A Market Appraisal. Unveröffentlichte Studie der Logica/Tandem, Zürich.

[356]   Timm, F. / Fugmann, M. (1992): Gemeinsame Informationssysteme im Personenverkehr für DB und DR. In: Die Bundesbahn, No. 11, S. 1194-1201.

[357]   Tradegate (Hrsg.) (1991): Tradegate News. Newsletter von Tradegate Australia, Ausgaben 3/91, 2/92, 7/92, 11/92.

[358]   Tradegate (Hrsg.) (1993): Annual Report and Accounts for the Year Ended 30th June 1993. Sydney.

[359]   Troberg, P. (1991): Making Payments in the EC internal Market. In: Payment Systems Worldwide, Winter 91-92, Washington, S. 20-25.

[360]   Trolliet, H. (1988): DOCIMEL, ein internationales Projekt der europäischen Bahnen von UIC und CIT. In: Schienen der Welt, No. 6, S. 13-19.

[361]   Trolliet, H. (1991): Docimel. In: Zeitschrift für den internationalen Eisenbahnverkehr, No. 3, S. 91-109.

[362]   Trunick, P.A. (1992): Cargo Reservation Systems Move Ahead. In: Transport&Distribution, No. 6, S. 29-32.

[363] Tullet, J. (1991): A Banker Perspective on Large Value Transfer Systems. In: Payment Systems Worldwide, Autumn, S. 5-10.

[364] Tutt, N. (1991): SWIFT Leads International Belgium Project. In: Electronic Trader, No. 9, S. 28-29.

[365] TÜV Rheinland (Hrsg.) (1986): LOG Logistische Optimierung von Gütertransportketten. Abschlussbericht, Köln.

[366] Tyne, C. (1992): Interbank EDI. Konferenzunterlagen EDI '92, Birmingham, S. 65-69.

[367] Umar, A. (1993): Distributed Computing - A Practical Synthesis. Englewood Cliffs.

[368] UNCTAD (Hrsg.) (1994): Finance and Insurance Issues in Relation to Trade Efficiency. Genf.

[369] Vital, C. (1990): SIC: Market Responses to an Electronic Interbank Payment System. In: Payment Systems Worldwide, Spring, S. 69-74.

[370] Vogt, G. (1994): Das virtuelle Unternehmen. In: Der Organisator, No. 1-2, S. 6-8.

[371] Waldinger, P. (1991): Datenverarbeitung bei der DB. In: Die Bundesbahn, No. 11, S. 1077-1081.

[372] Walter, S. (1993): Seehafenspedition spart viel Zeit mit massgeschneiderter Software. In: Computerwoche, 5.3.93, S. 13-14.

[373] Weber, J. (1992): Logistik als Koordinationsfunktion. In: ZfB, No. 8, S. 877-895.

[374] Weber, J. / Kummer, S. (1990): Aspekte des betriebswirtschaftlichen Managements der Logistik. In: DBW, No. 6, S. 775-787.

[375] Webster J. (1994): Tadpoles, Whales and EDI - the Swallowing up of SMEs? In: Till, R. (Hrsg.): Proceedings of the 5th World Congress of EDI Users. London, S. 292-305.

[376] Wehnert, J. (1986): Log-Sped-System zur breiteren Nutzung bereit. In: Deutsche Verkehrszeitung, 10.6.86, S. 76.

[377] Wehnert, J. (1992): Switzerland: a Land of Pilot Projects. In: Electronic Trader, No. 3, S. 20-21.

[378] Weidenbach, J. (1991): Die Bedeutung von EDI für das Transportgewerbe. In: EWI (Hrsg.): EDI-Cargo. Starnberg, S. 7-43.

[379] Weinel, C. (1992): Was bietet Teleport? In: Verkehrs-Rundschau, 29.2.92, S. 24-25.

[380]   Weinel, C. (1992): Was ist Teleport? In: Verkehrs-Rundschau, 29.2.92, S. 21-23.

[381]   Werner, M. (1992): The Netherlands: 10000 Users Signed Up. In: Electronic Trader, No. 11, S. 28-30.

[382]   Werzinger, G.W. (1992): Teleport schafft Wettbewerbsvorteile für den weltgrössten Binnenhafen. In: it Informationstechnik, Vol. 34, No. 3, S. 177-181.

[383]   Werzinger, G.W. (1993): Optimierung der Prozesskette Logistik am Beispiel EDI, Anforderungen an ein Clearing Center. In: Häußer, E. (Hrsg.): EDI, ISDN, die neuen Informations- und Kommunikationstechniken in Deutschland und Europa. Online-Congress V, Velbert, S. C516.01-C516.13.

[384]   White, J. (1992): Freight Forwarders. In: Electronic Trader, No. 3, S. 16.

[385]   Whybrow, M. (1992): The Storm before the Calm. In: Banking Technology, No. 10, S. 18-22.

[386]   Williamson, O.E. (1991): Comparative Economic Organization: The Analysis of Discrete Structural Alternatives. In: Science Quarterly, No. 36, S. 269-296.

[387]   Willmott, K. (1991): Still Piecing it all Together. In: Transport, January/February, S. 21-22.

[388]   Winkelmann, K.-J. (1990): Die Ausrichtung der Lufthansa-Inhouse-Systeme auf die Anforderungen der logistischen Dienstleister. In: it Informationstechnik, Vol. 32, No. 5, S. 333-342.

[389]   Wittenbrink, P. (1992): Wirkungen einer Internalisierung negativer externer Effekte des Strassengüterverkehrs auf die Güterverkehrsnachfrage. Göttingen.

[390]   Womack, J.P. / Jones, D.T. / Roos, D. (1990): The Machine that Changed the World. New York.

[391]   Wren, P.J. (1991): Automation's Challenge to Letters of Credit. In: Canadian Banker, No. 9-10, S. 14-20.

[392]   Yankee Group (Hrsg.) (1993): Bypassing Europe's PTTs. Bericht der Yankee Group Research Inc., Watford.

[393] Zbornik, S. (1993): Elektronische Märkte - Auswirkungen von Informations- und Kommunikationstechnologien auf die wirtschaftliche Leistungskoordination. In: Herget, J. (Hrsg.): Neue Dimensionen in der Informationsverarbeitung. Konstanz, S. 58-67.

[394] Zentes, J. (1992): Euro-Logistik des Handels. In: BFuP, No. 3, S. 215-226.

Index

Unternehmenserfolg mit EDI

von Markus Deutsch

1995. VIII, 260 Seiten. (Zielorientiertes Business-Computing; hrsg. von Fedtke, Stephen) Gebunden. ISBN 3-528-05440-9

Aus dem Inhalt: strategische Bedeutung des elektronischen Datenaustausches (EDI) – Integration von EDI in Unternehmensabläufe – Re-Engineering durch EDI – Übertragungswege – Nachrichtentypen – Gestaltung eines Projektes zur Einführung von EDI: Vorbereitung, Durchführung, Nachbereitung – Erfahrungsberichte aus Firmen- und Branchenprojekten.

Das Buch spannt einen Bogen von der Einführung in die Denkweise des elektronischen Datenaustausches (EDI) bis hin zu einer Präsentation der momentanen Einsatzgebiete. Den Schwerpunkt bildet die Gestaltung eines Projektes zur Einführung von EDI im Unternehmen, unabhängig von Branche und Firmengröße. Die Praxisbeispiele und Erfahrungsberichte machen das Buch zu einer leicht verdaulichen Lektüre und Arbeitshilfe, in der die Leser ihre eigenen Problemstellungen wiederfinden können. Mit einer Vielzahl von Checklisten und Erfassungsbögen liefert das Buch einen idealen Begleiter, der weit über die Einführungsphase von EDI hinausreicht.

Über den Autor: Dipl.-Math. Markus Deutsch war mehrere Jahre für EDI-Projekte bei einem Konverterhersteller tätig und ist momentan selbständiger Unternehmensberater.

Verlag Vieweg · Postfach 58 29 · 65048 Wiesbaden

Einführung von CSCW-Systemen in Organisationen

von Ulrich Hasenkamp (Hrsg.)

*1994. XII, 258 Seiten. Kartoniert.
ISBN 3-528-05449-2*

Aus dem Inhalt: Computer-Supported Cooperative Work – Organisatorische Einführung – Einführungsproblematik – Meeting-Systeme – Kooperation – Vorgehen zur Einführung – CSCW in der Produktion – Software-ergonomische Gestaltung – Fallstudien zur Einführung.

Das Buch betrachtet die Problematik der Einführung von CSCW-Systemen in Organisationen. Schwerpunkte bilden die Vorgehensweise zur Einführung, die Problematik der Arbeitskontrolle, der Status Quo der Forschung hinsichtlich Einsetzbarkeit von Meeting-Systemen, Entwicklung von CSCW-Systemen und CSCW in der Produktion. Das Buch ist ein Proceedingsband zur Tagung CSCW '94, die am 29. und 30. September in Marburg stattfand.

Über den Autor: Prof. U. Hasenkamp ist Professor für Wirtschaftsinformatik und Allgemeine Betriebswirtschaftslehre am Fachbereich Wirtschaftswissenschaften der Philipps-Universität Marburg.

Verlag Vieweg · Postfach 58 29 · 65048 Wiesbaden